普通高等学校理工科物理学类规划教材

大学物理（一）

（第二版）

主　编　詹卫伸

副主编　刘立钊　王　硕

王小风　崔　博

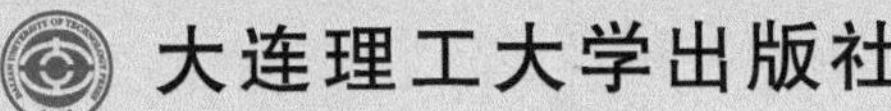

大连理工大学出版社

图书在版编目(CIP)数据

大学物理. 一 / 詹卫伸主编. -- 2 版. -- 大连 : 大连理工大学出版社, 2023.12(2025.4 重印)
普通高等学校理工科物理学类规划教材
ISBN 978-7-5685-4444-3

Ⅰ. ①大… Ⅱ. ①詹… Ⅲ. ①物理学－高等学校－教材 Ⅳ. ①O4

中国国家版本馆 CIP 数据核字(2023)第 105003 号

DAXUE WULI

大连理工大学出版社出版
地址:大连市软件园路 80 号 邮政编码:116023
营销中心:0411-84707410 84708842 邮购及零售:0411-84706041
E-mail:dutp@dutp.cn URL:https://www.dutp.cn
大连朕鑫印刷物资有限公司印刷 大连理工大学出版社发行

幅面尺寸:185mm×260mm 印张:19.75 字数:506 千字
2019 年 1 月第 1 版 2023 年 12 月第 2 版
2025 年 4 月第 3 次印刷

责任编辑:王晓历 责任校对:齐 欣
封面设计:张 莹

ISBN 978-7-5685-4444-3 定 价:56.80 元

前 言

大学物理系列教材的适用对象为全国理工类大学生,目的是培养学生的自学能力,该系列教材内容翔实,分析透彻,可读性强。对于刚从高中跨入大学的新生而言,他们并不完全具备学习的主动性,也未适应大学的学习生活,还不具备自己查找资料的能力。大学物理作为基础课,应该为学生提供丰富的学习资料,培养学生自主学习和思考问题的能力。因此,编者对物理学基本原理进行全方位的讨论和剖析,开阔学生的视野;对例题进行充分的分析,启发学生的思路;同时,例题后面的"点评"非常详尽,内容丰富,旨在培养学生全面分析问题的能力。

使用本系列教材时应注意:为了使学生能够学在平时,应加强平时学习过程的考核。每周至少组织一次学生例题和作业题的小组讨论。本系列教材内容分为四个部分,大体学时相近,各部分可单独作为考试内容,每学期学习两部分并分两次考察。平时给学生合理"增负",减小"期末"压力,有利于良好学风的形成,也能够促使学生养成平时学习的良好习惯,为后续课程的学习打好基础。

本系列教材将大学物理分为四篇:粒子、波动、电磁场和量子力学,共16章。粒子和波的内容相对简单一些,一般安排在第二学期,学完高等数学一之后;电磁场和量子力学的内容相对难一些,一般安排在第三学期,学完高等数学二之后。

教材编写团队深入推进党的二十大精神融入教材,充分认识党的二十大报告提出的"实施科教兴国战略,强化现代人才建设支撑"精神,落实"加强教材建设和管理"新要求,在教材中加入思政元素,紧扣二十大精神,围绕专业育人目标,结合课程特点,注重知识传授、能力培养与价值塑造的统一。

粒子篇从粒子性观点研究物体运动,共5章,包括质点机械运动的描述、质点、质点系、机械振动、相对论基础。其中,把"机械振动"作为质点机械运动的一种特殊形式。之所以将质点与质点系分开,是因为系统不同,研究方法也不同。将"热学"纳入"牛顿力学"体系,由于热力学系统内质点数非常大,所观测到的现象是微观粒子运动的宏观体现,研究方法也由牛顿力学方法过渡到统计平均方法,充分体现了由量变到质变的辩证关系原理。将热力学与气体分子动理论融为一体,体现了理论联系实际的原则,物理学理论是以实验为基础的理论。相对论部分作为质点运动的修正,表明物理学是发展的,是有活力的。波动篇共5章,包括理想气体系统、机械波与电磁波、光波的干涉、光波的衍射、光的偏振,充分展示了物理学观点之一:能量的传播。电磁场篇共3章,包括静电场、稳恒磁场、电磁场。以电场和磁场为例,阐述物理学的一大观点,物质以场的形式存在。量子力学篇共3章,包括量子力学基础、量子力学基本原理、定态薛定谔方程的基本应用。量子力学基础部分从实验出发,逐渐建立"量子"概念:"光波"能量量子化→实物粒子能量量子化→实物粒子波动性。量子力学基本原理部分建立量子力学基本体系,适用于束缚态粒子运动的理论。量子力学应用部分:氢原子量子力学处理,确立量子力学的正确性;谐振子量子力学处理,量子力学成功地应用于束缚态系统;势垒穿透,量子力学成功地应用于非束缚态系统;原子组态,量子力学成功地应用于物质结构研究。

本系列教材理论体系清晰,以物理学的观点重新组织理论结构,充分体现物理学与数学不同,也与实验不同。物理学理论是从实践中抽象出来的理论,是物理学家和全人类集体智慧的结晶。

本系列教材合理地将“质点”与“质点系”分开，使得理论更清晰。将“热力学”与“分子运动学”有机结合在一起，并将之纳入“大质点系”，这是一种大胆的尝试，实践效果很好。传统的大学物理将“磁场能量”放在“电磁感应”之后，由自感电动势推出磁场能量。本教材将“磁场能量”提前至“恒定磁场”之后。由自感线圈的“贮能”推导出“磁场能量”，并绕开了“电磁感应”，而且与“电场能量”相呼应(电场能量由电容器贮能推导而来)，实现了“电”和“磁”的完美对应。将“电磁感应”“位移电流”放在一起讲，充分展示“电”“磁”这一对矛盾统一体。变化的磁场产生电场，变化的电场产生磁场，完美地展示了麦克斯韦的电磁场理论。“场”以电磁场理论的建立过程为主线，从四大方程提出，到最后修正完毕，建立起麦克斯韦方程组和电磁场理论。根据教育部“物理学与天文学教学指导委员会”的要求，本系列教材扩充了有关量子物理的内容，比较完整地讲述了量子力学基本原理和基本应用。

本系列教材体现了物理学家的创造性思维。如“场”具有势，可以用标量空间点函数描述场；“位移电流”的假设以及变化的磁场产生电场和变化电场产生磁场；爱因斯坦由相对论动能公式，提出静止能量的概念；波尔由氢原子光谱的里德堡公式，提出原子能级和跃迁的概念。

本系列教材充分展现辩证唯物主义世界观。质点→质点系→理想气体系统，质点数目逐渐增加到“理想气体系统”，不但描述方法更新，而且研究和处理方法也随之改变。这就是“由量变到质变的飞跃”这一普遍原理的具体表现。物理学本来就是从哲学中分离出来的，是定量化的哲学，必须遵守哲学的普遍原理。

本系列教材是主编几十年教学经验的积累，部分内容来自主编读书时的笔记，全书由詹卫伸总执笔。主编阅读了大量的物理学教材和专著，如程守洙的《普通物理学》、吴百诗的《大学物理》、张三慧的《大学物理学》、陆果的《基础物理学》、漆安慎的《力学》、梁灿彬的《电磁学》、姚启钧的《光学教程》、李椿的《热学》、褚圣麟的《原子物理学》、周世勋的《量子力学》等，以及《中国大百科全书(物理卷)》和《大学物理》杂志。本系列教材吸收了老前辈们的教学心得，对于引用的段落、文字尽可能一一列出，编者借此向老前辈们表示感谢。

《大学物理(一)》(第二版)是大学物理系列教材的第一册，即“粒子”学说的前5章。本教材由大连理工大学詹卫伸任主编；大连理工大学刘立钊、王硕、王小风、崔博任副主编。全书由詹卫伸统稿并定稿。刘立钊、王硕、王小风、崔博负责书中文字部分的核对和素材整理。本教材详细讲述了牛顿力学中描述质点运动的物理量、质点运动的动力学、质点系运动的动力学、质点的特殊运动即机械振动的规律、爱因斯坦狭义相对论力学等。

本系列教材的再版得到了大连理工大学物理学院的大力支持，特别感谢于长水教授对本系列教材再版的关怀。

由于编者水平有限，疏漏之处在所难免，真诚希望阅读此书的老师和同学们多提宝贵意见。

编　者

2023年12月

所有意见和建议请发往：dutpbk@163.com　zhanwsh@dlut.edu.cn
欢迎访问高教数字化服务平台：https://www.dutp.cn/hep/
联系电话：0411-84708445　84708462

目　录

第一章　质点机械运动的描述 …… 1

第一节　质点位置的描述 …… 1

第二节　质点运动的一般描述 …… 4

第三节　质点运动的直角坐标系描述 …… 6

第四节　质点平面运动的自然坐标系描述 …… 9

第五节　质点平面运动的极坐标描述(选讲) …… 12

第六节　质点机械运动的积累 …… 15

第七节　伽利略变换 …… 16

解题指导 …… 19

复习思考题 …… 39

第二章　质　点 …… 40

第一节　牛顿运动定律 …… 40

第二节　质点机械运动的动量 …… 54

第三节　质点机械运动的角动量 …… 56

第四节　质点机械运动的能量 …… 61

解题指导 …… 76

复习思考题 …… 127

第三章　质点系 …… 128

第一节　质点系的动量 …… 128

第二节　质点系的角动量 …… 132

第三节　质点系的能量 …… 135

第四节　质心参考系中的运动 …… 140

第五节　刚体的定轴转动 …… 149

解题指导 …… 158

复习思考题 …… 200

第四章　机械振动 …… 202

第一节　简谐振动 …… 203

第二节　简谐振动的运动学特征 …… 205

第三节　简谐振动的合成…… 209
第四节　谐振分析…… 218
第五节　阻尼振动…… 220
第六节　受迫振动…… 222
解题指导…… 226
复习思考题…… 268

第五章　相对论基础…… 270
第一节　狭义相对论的实验基础和基本假设…… 271
第二节　洛伦兹变换…… 275
第三节　狭义相对论的时空观…… 278
第四节　相对论力学…… 286
解题指导…… 292
复习思考题…… 309

参考文献…… 310

思政小课堂1

思政小课堂2

思政小课堂3

第一章 质点机械运动的描述

自然界中的所有物体都处于运动之中，运动的形式是多种多样的。物体最普遍也是最简单的运动是机械运动，即宏观物体之间或物体内部不同部分之间相对位置随时间改变的过程。物体做机械运动时，其运动状态就会发生变化。定量描述物体运动状态的物理量主要有位置矢量、速度矢量和加速度矢量以及运动轨道。研究物体运动状态和运动状态随时间变化的物理学方法称为运动学。运动学研究物体机械运动的几何性质，不涉及引起运动和运动状态变化的原因。运动学的主要任务就是研究物体运动状态随时间演化的规律。

为了研究物体的运动，不仅需要确定描述物体运动的物理量，还要对复杂的物体运动进行科学合理的抽象，即建立物理模型，以便突出主要矛盾。为此，常把实际物体近似地简化为与实际物体及其运动相近的理想模型。研究这一理想化模型的机械运动规律，近似于研究实际物体的基本机械运动规律。然后，把这些规律与实际情况相比较，并不断修改物理模型，使模型逐渐与实际相符合。这也是物理学不断发展的模式。在物理学中，最简单的理想化模型是质点模型，将宏观物体抽象为一个具有一定质量的空间点。

为了描述质点的运动状态，需要建立物体运动的参考物体，即参考系；为了使用数学工具定量地描述物体机械运动状态和研究机械运动状态随时间的变化，还要在参考系上建立一个坐标系。选作参考的物体是多种多样的，可以分为惯性参考系和非惯性参考系。坐标系也有多种选择，主要有直角坐标系、柱坐标系和球坐标系以及自然坐标系。

第一节 质点位置的描述

第一章 第一节 微课

一、质点

任何物体都有一定的大小、形状和内部结构。一般说来，当物体做机械运动时，物体内部各点的运动状态是各不相同的，物体的形状和大小也可能发生变化。如果在所研究的问题中，物体上各点运动状态的不同只占很次要的地位，我们就可以忽略物体的大小、形状和内部结构，把它看成一个只有一定质量的物理意义上的几何点，称为**质点**。把物体看作质点来处理的力学称为**质点力学**。研究质点运动状态及其随时间变化的质点力学称为质点运动学；研究质点运动状态变化物理机制的质点力学称为质点动力学。

忽略物体的大小和形状，把物体看作质点，是为了简化问题，在客观物质世界中，质点是不存在的。一个物体可以被看作质点的条件为，在研究这个物体的运动规律时，其体积大小和形状对问题的研究没有影响，但质量却是影响运动的主要因素。质点这一理想化模型，突出了实际物体的质量和空间位置等主要的物理特征。一个做机械运动的物体是否能够被抽象为一个质点，是有条件的，取决于物体本身的尺寸和那些对于所研究的问题具有最重要意义的运动区域的大小以及物体的运动特性。同一个物体，在不同的问题中有不同的处理方式。

物体在运动过程中不变形、不做转动，物体上各个点的速度和加速度都相同，物体上任何一点都可以代表所有点的机械运动，即物体上所有点的运动规律相同，那么只研究物体上的一小部分(点)的机械运动就可以了。我们可以将做这样的机械运动的物体的全部质量集中在质心处,而把物体看作一个物理上的几何点,研究质心的机械运动,就代表了整个物体的机械运动。例如,沿铅直轨道高速运动的动车(刚体),各个部分没有相对的运动,尽管是个庞然大物,仍可以看作是一个质点;但是,如果我们要研究动车各个车厢之间的相对运动,就不能再将整个动车看作一个质点了。再如,在空中飞行的飞碟,如果只研究飞碟整体的飞行轨迹,就可以将飞碟看作是一个质点;但是,如果要研究飞碟在空中的转动,就不能再将飞碟看作是一个质点了。

物体本身的线度与它的运动范围相比小得多,此时物体的形变及转动显得并不重要,可以将物体看作质点。例如,研究地球绕太阳的公转时,可以把地球看作质点;而讨论地球的自转时,就不能把地球看作质点。

质点是物理学上一个十分有用的理想模型,是从客观实际中抽象出来的理想模型。一些实际的物体,如刚体、流体、弹性体、理想气体,一般说来不能把整个研究对象看作质点,但可以把它们当作是由大量质点组成的。这样,通过研究单个"质点"的机械运动,再把单个质点的机械运动整合起来,就有可能了解整个研究对象的运动规律。因此,研究质点的机械运动规律是研究一般物体运动规律的基础。

在科学研究中,建立理想模型是经常采用的一种科学思维方法。在物理学上,为了能够研究物体的运动规律,根据所研究问题的性质,突出主要因素,忽略次要因素,常把实际物体近似地简化为与实际物体及其运动相近的理想模型。对理想模型研究清楚后,再逐渐将次要因素加进来,使研究逐渐深入,使得研究逐渐接近实际,即"实践—理论—再实践—再理论"这一反复的过程。值得注意的是,任何一个理想模型都有它的适用条件,模型能否正确反映客观实际,还要通过实践来检验。

二、参考系和坐标系

物体的机械运动是指它的位置随时间的改变。位置总是相对的,任何一个物体在空间的位置只能相对地确定,物体在空间的位置随时间的变化,也只具有相对的意义。这就是说任何物体的位置总是相对于其他物体或物体系来确定的。因此,在研究物体间的相对位置的变化时,必须事先选定某一个参考物体,以便确定其他物体相对于这个物体的位置的变化。如果对于某个参考物体而言,物体在空间的位置随时间而变动,则说物体相对于这个参考物体是运动的,否则是静止的。例如,确定交通车辆的位置时,我们用固定在地面上的一些物体,如房子或路牌做参考物。这个为了描述物体的位置以及位置随时间变化而被事先所选定的物体称为参考体。与参考体固连在一起的整个延伸空间称为**参考系**。

一般来说,任何一个物体都可选为参考体。但是,一个物体的运动相对于不同的参考体可表现为不同的运动形式。例如,一个被固定于运动着的车厢内的物体,当把车厢取为参考体时,物体相对于车厢是不动的;但当把地球取为参考体时,物体与车厢以相同的轨迹和速度运动着。因此,只有在选定参考体的情况下,才能明确地说明物体的运动情况。如图 1-1 所示,常见的参考系有地球(地面)参考系、地心参考系和太阳参考系。在日常生活和工程实际中通常都选地球为参考体。

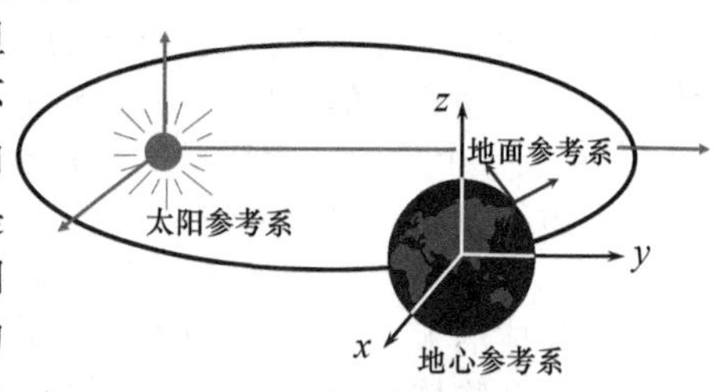

图 1-1 参考系和坐标系

选择合适的参考体,可以简化物体机械运动的描述,便于探索运动的规律。历史上地心说和日心说的争论就证明了这一点。地心说以地球为参考体,地球静止于宇宙中心,用一切天体都围绕地球转动的观点来描述天体的运行。为了使对天体机械运动的描述符合天文观察事实,假设一切行星和恒星等天体除了做每天绕地球一周的圆周运动外,各自还要在一个称为

"本轮"的小圆形轨道上做匀速圆周运动，本轮中心又要以一年为周期在称为"均轮"的圆周上做匀速运动，且均轮中心同地球中心不能相合，需相隔一段距离。由于天文观察越来越精确，出现了一些与上述理论相矛盾的问题。为了解释新的观测结果，不得不在本轮之上再加本轮。对如此复杂的运动体系，无法建立一个统一的理论。哥白尼以太阳为参考体，简化了行星运动的描述；开普勒又引入椭圆轨道，发现了开普勒三定律；牛顿在此基础上建立了万有引力理论。因此没有哥白尼提出的以太阳为中心的参考系，就不可能有辉煌的经典力学体系。

为了研究的方便，对同一物体在不同条件下的运动可以选用不同的参考系。例如，从地面上发射火箭到月球上，在发射的初期，地球引力起主要作用，采用地心参考系；发射的中途，地球、月亮引力的影响都不能忽略时，采用地月系统的质心参考系处理；当火箭绕月转动时，可采用月心参考系处理。又如在处理加速器中运转的被加速粒子的机械运动时，一般采用实验室参考系处理；当这高速运动的粒子撞击靶上的原子核时，采用质心参考系处理。

为了定量地描述物体(质点)相对于参考系的位置以及位置随时间的变化，需要在参考系上建立一个固定的**坐标系**，用坐标值来表示质点的位置以及物体的机械运动。坐标系是参考系的数学定量表述，是由实际物体构成的参考系的数学抽象。如图 1-1 所示，常用的坐标系是笛卡尔直角坐标系 $Oxyz$，该坐标系的原点 O 是所选参考体中的任意一个固定点；从 O 点沿任意三个互相垂直的方向画出坐标轴 Ox，Oy，Oz，并使它们组成右手坐标系。于是，物体上任意一点 P 的位置可以用它到坐标平面 yOz，zOx，xOy 的距离(x,y,z)三个数来表示。(x,y,z)的不同数值便表示点 P 的不同位置。如果已知物体中任意一点 P 在坐标系 $Oxyz$ 中的位置(x,y,z)随时间的变化规律，便确定了物体相对于参考系的运动。根据所研究问题的特性，还可以选用其他坐标系，如平面极坐标系、球坐标系或柱坐标系等。

三、质点的位置矢量

描述质点的运动，首先要描述质点在空间的位置。质点的位置可以用矢量的概念清楚地表示出来。为了表示质点在时刻 t 的位置 P，我们从原点向此点引一有向线段 OP，并记作矢量 $\boldsymbol{r}(t)$，如图 1-2 所示。$\boldsymbol{r}(t)$的方向说明了 P 点相对于坐标轴的方位，$\boldsymbol{r}(t)$的大小(即该矢量的模)表明了 P 点到原点的距离。方位和距离都知道了，P 点的位置也就确定了。

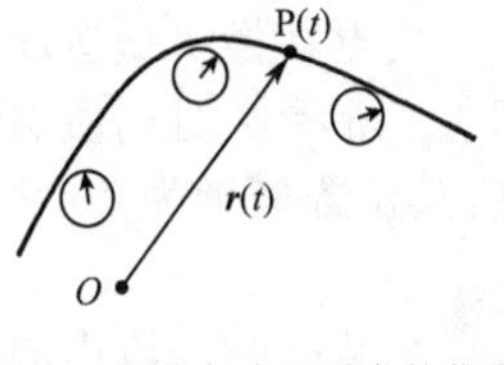

图 1-2　用位矢表示质点的位置

空间的每一个质点的位置，都有唯一确定的矢量 $\boldsymbol{r}(t)$与其对应，矢量 $\boldsymbol{r}(t)$与质点的空间位置一一对应。因此，$\boldsymbol{r}(t)$可以唯一地描述质点的空间位置。用来确定质点空间位置的这一矢量 $\boldsymbol{r}(t)$称为质点的**位置矢量**，简称**位矢**，也称为**径矢**。

质点运动的每一时刻，均有一个确定的位置矢量与之相对应，即位置矢量是时间的函数

$$\boldsymbol{r}=\boldsymbol{r}(t) \tag{1-1-1}$$

称为质点的运动方程，它给出了机械运动的质点在任意时刻的位置，是对质点机械运动过程的数学描述。一旦得到了质点的运动方程，再加上初始条件，那么质点机械运动的全部信息，包括它在任意时刻的速度、加速度以及运动轨迹等，就被唯一确定了。因此，质点运动方程隐含了质点机械运动几何性质的全部信息。

也可以在坐标系中用坐标值表示质点的位置，常用的坐标系是直角坐标系。如图 1-3 所示，质点的位置用一组坐标值 $P(x,y,z)$表示。坐标值与位置矢量的关系为

$$\boldsymbol{r}(t)=x(t)\boldsymbol{i}+y(t)\boldsymbol{j}+z(t)\boldsymbol{k} \tag{1-1-2}$$

其中，$\boldsymbol{i}$，$\boldsymbol{j}$，$\boldsymbol{k}$ 分别表示沿 x，y，z 轴正方向的单位矢量。式(1-1-2)所表示的关系称为质点的运动方程 (运动函数)在直角坐标系中的具体表示。

位置矢量的大小，即质点到原点的距离在直角坐标系中表示为

$$r(t)=|\boldsymbol{r}(t)|=\sqrt{[x(t)]^2+[y(t)]^2+[z(t)]^2} \tag{1-1-3}$$

令 α,β,γ 分别表示位置矢量 $\boldsymbol{r}(t)$ 与 x,y,z 三个坐标轴的夹角，则三个方向余弦

$$\cos\alpha=\frac{x}{|\boldsymbol{r}|},\cos\beta=\frac{y}{|\boldsymbol{r}|},\cos\gamma=\frac{z}{|\boldsymbol{r}|} \qquad (1\text{-}1\text{-}4)$$

表示了位置矢量的方向，即质点在直角坐标系中的方位。

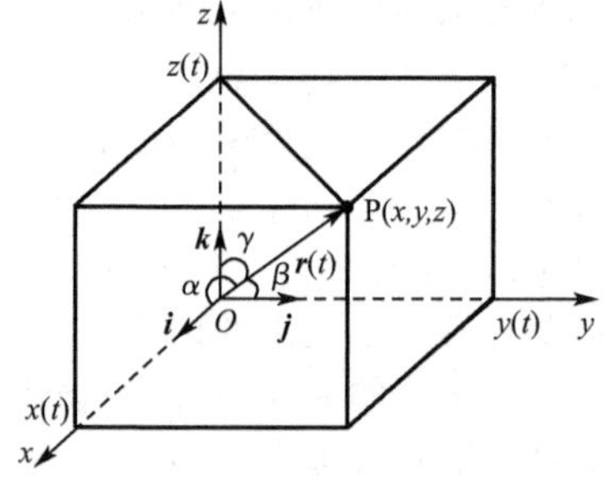

图 1-3　在直角坐标系中表示质点的位置

质点运动时所经过的路线称为轨迹，质点运动的轨迹所满足的空间坐标曲线方程，称为**轨迹方程**。实际上，在质点的运动函数中消去时间参量 t 所得到的 x,y,z 满足空间曲线方程

$$f(x,y,z)=C \qquad (1\text{-}1\text{-}5)$$

就是质点运动的轨迹方程。实际上，质点机械运动的轨迹就是质点位置矢量的矢端在空间画出的曲线。如果质点的运动轨迹为直线，则称质点做直线运动；如果质点的运动轨迹为圆，则称质点做圆周运动；如果质点的运动轨迹为曲线，则称质点做曲线运动。

第一章 第二节 微课

第二节　质点运动的一般描述

质点做机械运动，质点在空间的位置就会发生变化，表现为位置矢量随时间的变化，这种位置矢量的变化用位移这一物理量表示；描述质点位置矢量变化快慢的物理量是速度；描述质点运动速度变化快慢的物理量是加速度。质点的位置矢量、位移、速度、加速度等称为描述质点机械运动状态的基本物理量。

一、位移

质点在做机械运动时，空间位置的变化，用连接质点先后两个位置的有向线段表示。如图 1-4 所示，t 时刻质点运动到 A(t)点，其位置矢量为 $\boldsymbol{r}(t)$；$t+\Delta t$ 时刻质点运动到 B$(t+\Delta t)$点，其位置矢量为 $\boldsymbol{r}(t+\Delta t)$，则质点在这一时间间隔 Δt 内的位移 $\Delta\boldsymbol{r}$ 为

$$\Delta\boldsymbol{r}=\boldsymbol{r}(t+\Delta t)-\boldsymbol{r}(t) \qquad (1\text{-}2\text{-}1)$$

质点在某一时间段内的位移等于这段时间内质点位置矢量的增量。

位移 $\Delta\boldsymbol{r}$ 是矢量，既有大小又有方向。位移与位置矢量不同，位置矢量描述某一时刻质点的位置，而位移则是描述质点机械运动的物理量，描述的是某一时间段始末质点位置变化的总效果，不涉及质点位置变化过程的细节。要说明的是，对于相对静止的坐标系，位置矢量的数学表述与选取的坐标系有关，而位移矢量与坐标系的选取无关。

位移矢量 $\Delta\boldsymbol{r}$ 的大小 $|\Delta\boldsymbol{r}|$ 与位置矢量大小的增量一般是不相等的。如图 1-4 所示，时间 $t\rightarrow t+\Delta t$ 内位置矢量大小的增量为

$$\Delta r=|\boldsymbol{r}(t+\Delta t)|-|\boldsymbol{r}(t)|\neq|\boldsymbol{r}(t+\Delta t)-\boldsymbol{r}(t)|=|\Delta\boldsymbol{r}| \qquad (1\text{-}2\text{-}2)$$

以 O 为圆心，以位置矢量 $\boldsymbol{r}(t)$ 的大小为半径作圆弧，与位置矢量 $\boldsymbol{r}(t+\Delta t)$ 相交于 C 点，则在时间间隔 Δt 内，位置矢量大小的增量 Δr 等于线段 CB 的长度；而在该时间间隔 Δt 内，位移矢量 $\Delta\boldsymbol{r}$ 的大小为线段 AB 的长度。一般情况下，两者显然是不同的。

图 1-4　质点运动的位移与路程

要特别注意的是，位移描述的是质点空间位置的变化，不是质点所经历的路程。首先，位移是矢量，而路程是标量；另外，一般来说，位移矢量的大小也不等于路程。如图 1-4 所示，质点在时间间隔 Δt 内的位移 $\Delta\boldsymbol{r}$ 的大小为线段 AB 的长度 $|\Delta\boldsymbol{r}|$，而质

点在该时间间隔 Δt 内所经历的路程则为曲线长度 Δs，两者的大小显然是不同的。一个有趣的例子是，质点做圆周运动，从出发点运动一周回到出发点，质点经历的路程为圆周长，而质点的位移为零。当然，在时间间隔趋于零的极限条件下，质点位移矢量的大小趋于质点所经历的路程。

二、速度

质点在做机械运动时，不仅空间位置要发生变化，而且运动的方向也可能发生变化。速度是描述质点机械运动时，质点位置和运动方向变化快慢的物理量。

如图 1-5 所示，质点沿轨迹 AB 做一般的曲线运动，在 $t \to t+\Delta t$ 时间间隔内，质点的位移为 $\Delta \boldsymbol{r}$，则在 $t \to t+\Delta t$ 时间间隔内质点运动的平均速度为

$$\overline{\boldsymbol{v}}=\frac{\Delta \boldsymbol{r}}{\Delta t}=\frac{\boldsymbol{r}(t+\Delta t)-\boldsymbol{r}(t)}{\Delta t} \tag{1-2-3}$$

平均速度是矢量，其大小为

$$\overline{v}=|\overline{\boldsymbol{v}}|=\left|\frac{\Delta \boldsymbol{r}}{\Delta t}\right|=\frac{|\Delta \boldsymbol{r}|}{\Delta t}=\frac{|\boldsymbol{r}(t+\Delta t)-\boldsymbol{r}(t)|}{\Delta t} \tag{1-2-4}$$

其方向就是质点在 $t \to t+\Delta t$ 时间间隔内位移的方向。平均速度描述了质点在时间间隔 Δt 内质点的位移 $\Delta \boldsymbol{r}$ 随时间的变化率。时间间隔 Δt 不同，平均速度的大小和方向也不同，因此，平均速度只能对时间间隔 Δt 内质点位置随时间变化的情况做粗略的描述。

为了精确地描述质点位置变化的快慢和运动方向的变化，可以将时间间隔 Δt 的取值逐渐减小，质点的平均速度就会逐渐接近 t 时刻质点的速度。当 Δt 趋于零时，平均速度的极限，即质点位置矢量对时间的变化率，在数学上即为位置矢量对时间的一阶导数，称为质点在时刻 t 的瞬时速度，简称速度。用 $\boldsymbol{v}$ 表示速度，就有

$$\boldsymbol{v}=\lim_{\Delta t \to 0}\frac{\Delta \boldsymbol{r}}{\Delta t}=\lim_{\Delta t \to 0}\frac{\boldsymbol{r}(t+\Delta t)-\boldsymbol{r}(t)}{\Delta t}=\frac{\mathrm{d}\boldsymbol{r}}{\mathrm{d}t}=\dot{\boldsymbol{r}} \tag{1-2-5}$$

速度是矢量，其方向就是 Δt 趋于零时 $\Delta \boldsymbol{r}$ 的方向。只要知道了用位置矢量表述的质点运动学方程 $\boldsymbol{r}=\boldsymbol{r}(t)$，就可以求出质点的机械运动的速度。

速度矢量的大小称为速率，反映了 t 时刻质点机械运动的快慢。用 v 表示速率，就有

$$v=|\boldsymbol{v}|=\left|\frac{\mathrm{d}\boldsymbol{r}}{\mathrm{d}t}\right| \tag{1-2-6}$$

速度矢量的方向反映了 t 时刻质点运动的方向。时间间隔 Δt 内质点运动平均速度的方向就是质点在该时间间隔 Δt 内的位移的方向。时间间隔 Δt 逐渐减小，Δt 趋于零时，可以利用平均速度的极限来寻找瞬时速度的方向。如图 1-5 所示，取时间间隔逐渐减小，$\Delta t(\mathrm{AB})>\Delta t(\mathrm{AC})>\Delta t(\mathrm{AD})$，观察平均速度的方向（也就是位移方向）的变化，当时间间隔 Δt 趋于零时，平均速度的方向（也就是位移方向）的极限方向就是质点运动轨迹在 A 点的切线方向并指向质点运动的一方。这一方向就是质点运动到 A 点的速度方向或 t 时刻质点运动速度的方向。由此我们可以得出结论，t 时刻质点机械运动速度的方向，沿着该时刻质点运动轨迹的切线方向并指向质点运动的一方。

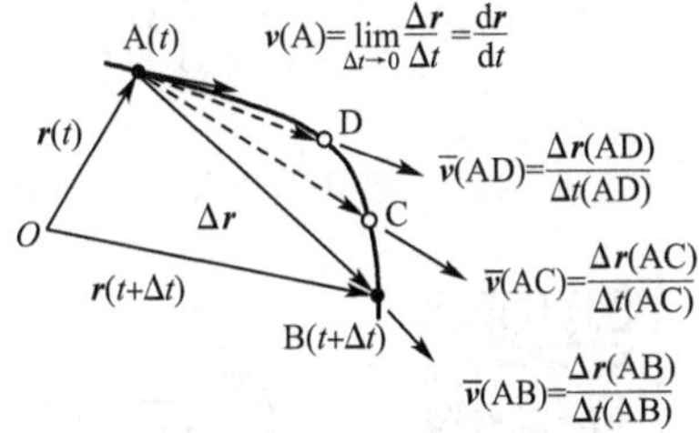

图 1-5 质点运动的速度

当 Δt 趋于零时，质点位移矢量的大小 $|\Delta \boldsymbol{r}|$ 与路程 Δs 趋于相同，因此可以得到

$$v=\lim_{\Delta t \to 0}\frac{|\Delta \boldsymbol{r}|}{\Delta t}=\lim_{\Delta t \to 0}\frac{\Delta s}{\Delta t}=\frac{\mathrm{d}s}{\mathrm{d}t} \tag{1-2-7}$$

这就是说速率又等于质点所走过的路程对时间的变化率。

三、加速度

质点做机械运动时，它的速度的大小和方向都有可能随时间变化。加速度就是描述质点运动速度随时间变化的物理量。

如图 1-6 所示，t 时刻质点运动速度为$\boldsymbol{v}(t)$；$t+\Delta t$ 时刻质点运动速度为$\boldsymbol{v}(t+\Delta t)$。在 $t \to t+\Delta t$ 时间间隔内，质点运动速度的增量为

$$\Delta\boldsymbol{v}=\boldsymbol{v}(t+\Delta t)-\boldsymbol{v}(t) \tag{1-2-8}$$

则在 $t \to t+\Delta t$ 时间间隔内质点运动的平均加速度为

$$\overline{\boldsymbol{a}}=\frac{\Delta\boldsymbol{v}}{\Delta t}=\frac{\boldsymbol{v}(t+\Delta t)-\boldsymbol{v}(t)}{\Delta t} \tag{1-2-9}$$

平均加速度也是矢量，其大小为

$$\overline{a}=|\overline{\boldsymbol{a}}|=\left|\frac{\Delta\boldsymbol{v}}{\Delta t}\right| \tag{1-2-10}$$

平均加速度与一定的时间间隔 Δt 相对应，其大小反映了时间间隔 Δt 内速度变化的快慢，只能对质点速度随时间变化的情况进行粗略的描述。

当 Δt 趋于零时，平均加速度的极限，即质点运动速度对时间的变化率，在数学上即为速度矢量对时间的一阶导数，或位置矢量对时间的二阶导数，称为质点在 t 时刻的瞬时加速度，简称加速度。用 $\boldsymbol{a}$ 表示加速度，就有

$$\boldsymbol{a}=\lim_{\Delta t\to 0}\frac{\Delta\boldsymbol{v}}{\Delta t}=\lim_{\Delta t\to 0}\frac{\boldsymbol{v}(t+\Delta t)-\boldsymbol{v}(t)}{\Delta t}=\frac{\mathrm{d}\boldsymbol{v}}{\mathrm{d}t}=\frac{\mathrm{d}^2\boldsymbol{r}}{\mathrm{d}t^2} \tag{1-2-11}$$

加速度是矢量，其大小描述了速度矢量变化的快慢。如图 1-7 所示，在速度空间，速度矢量的矢端描绘的曲线称为速度端图。加速度的方向沿速度曲线的切线方向，并且指向与 t 增加相对应的方向。在后面，我们将看到，加速度的方向包含丰富的质点运动信息。

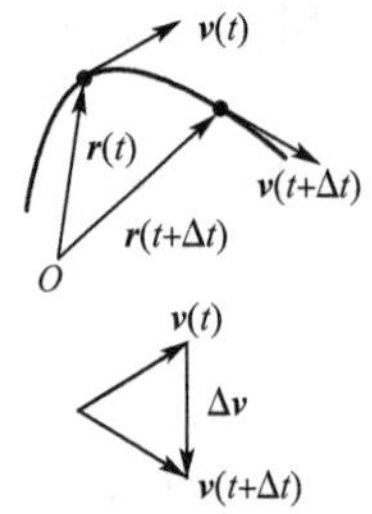

图 1-6　质点运动的加速度

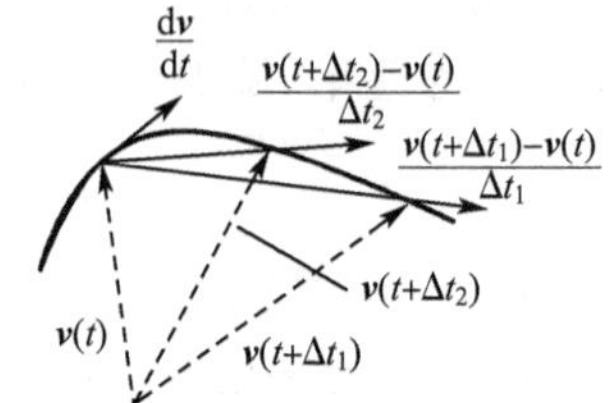

图 1-7　速度端图描述的加速度方向

第一章 第三节 微课

第三节　质点运动的直角坐标系描述

质点的机械运动状态，也可以在坐标系中表示出来，即用坐标值及其随时间的变化描述质点的机械运动状态。质点的机械运动状态在坐标系中的表示也称为运动状态在坐标系中沿坐标轴的投影或称为在坐标轴方向的分量。最直观的坐标系是笛卡尔直角坐标系。

一、质点的位移矢量

第一节已经述及，在直角坐标系 $Oxyz$ 中，质点的位置矢量端点坐标值(x,y,z)与位置矢量一一对应，因此，可以用坐标值(x,y,z)代替位置矢量 $\boldsymbol{r}$ 来表示质点的位置。其中的坐标值

$x(t),y(t),z(t)$分别称为位置矢量 $\boldsymbol{r}(t)$在直角坐标系中沿三个坐标轴的分量。

质点的位移也可以用直角坐标值表示，如图 1-8 所示，在 $t_1 \to t_2 = t_1 + \Delta t$ 时间间隔内，质点沿曲线轨迹由 $A(t_1)$运动到$B(t_2)$。t_1 时刻质点的位置矢量 $\boldsymbol{r}(t_1)$可以用位置矢量端点的坐标值$(x(t_1),y(t_1),z(t_1))$表示，t_2 时刻质点的位置矢量$\boldsymbol{r}(t_2)$可以用位置矢量端点的坐标值$(x(t_2),y(t_2),z(t_2))$表示，则在时间间隔 $t_1 \to t_2 = t_1 + \Delta t$ 内质点的位移可以用三个坐标值之差 $\Delta x(\Delta t) = x(t_2) - x(t_1)$，$\Delta y(\Delta t) = y(t_2) - y(t_1)$，$\Delta z(\Delta t) = z(t_2) - z(t_1)$表示，称为质点的位移矢量在直角坐标系 $Oxyz$ 中三个坐标轴方向的分量或投影。因此，质点在时间间隔 $t_1 \to t_2 = t_1 + \Delta t$ 内的位移矢量 $\Delta \boldsymbol{r}(\Delta t)$在直角坐标系中表示为

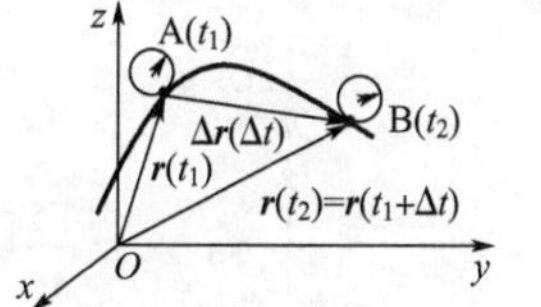

图 1-8　位移矢量在直角坐标系中的表示

$$\begin{aligned}\Delta \boldsymbol{r}(\Delta t) &= [x(t_2) - x(t_1)]\boldsymbol{i} + [y(t_2) - y(t_1)]\boldsymbol{j} + [z(t_2) - z(t_1)]\boldsymbol{k} \\ &= \Delta x(\Delta t)\boldsymbol{i} + \Delta y(\Delta t)\boldsymbol{j} + \Delta z(\Delta t)\boldsymbol{k}\end{aligned} \tag{1-3-1}$$

质点的位移矢量等于位移矢量在直角坐标系 $Oxyz$ 中三个坐标轴方向的分量的矢量和。

位移矢量的大小在直角坐标系中表示为

$$\begin{aligned}|\Delta \boldsymbol{r}(\Delta t)| &= \sqrt{[x(t_2) - x(t_1)]^2 + [y(t_2) - y(t_1)]^2 + [z(t_2) - z(t_1)]^2} \\ &= \sqrt{[\Delta x(\Delta t)]^2 + [\Delta y(\Delta t)]^2 + [\Delta z(\Delta t)]^2}\end{aligned} \tag{1-3-2}$$

位移矢量的方向在直角坐标系中表示为

$$\begin{cases}\cos \alpha_1 = \dfrac{\Delta x}{|\Delta \boldsymbol{r}|} = \dfrac{\Delta x}{\sqrt{(\Delta x)^2 + (\Delta y)^2 + (\Delta z)^2}} \\ \cos \beta_1 = \dfrac{\Delta y}{|\Delta \boldsymbol{r}|} = \dfrac{\Delta y}{\sqrt{(\Delta x)^2 + (\Delta y)^2 + (\Delta z)^2}} \\ \cos \gamma_1 = \dfrac{\Delta z}{|\Delta \boldsymbol{r}|} = \dfrac{\Delta z}{\sqrt{(\Delta x)^2 + (\Delta y)^2 + (\Delta z)^2}}\end{cases} \tag{1-3-3}$$

式中，$\alpha_1,\beta_1,\gamma_1$ 分别表示位移矢量 $\Delta \boldsymbol{r}$ 与直角坐标系三个坐标轴 x,y,z 轴的夹角。

二、质点运动的速度

在直角坐标系中，质点机械运动的速度$\boldsymbol{v}$ 表示为

$$\boldsymbol{v} = \frac{dx}{dt}\boldsymbol{i} + \frac{dy}{dt}\boldsymbol{j} + \frac{dz}{dt}\boldsymbol{k} = v_x\boldsymbol{i} + v_y\boldsymbol{j} + v_z\boldsymbol{k} = \boldsymbol{v}_x + \boldsymbol{v}_y + \boldsymbol{v}_z \tag{1-3-4}$$

式中，$\boldsymbol{v}_x,\boldsymbol{v}_y,\boldsymbol{v}_z$ 分别表示沿直角坐标系 $Oxyz$ 三个坐标轴 x,y,z 轴方向的分速度。质点的速度$\boldsymbol{v}$ 是各分速度的矢量和。质点运动的速度$\boldsymbol{v}$ 沿某一坐标轴的分速度，等于质点对应于该坐标轴的坐标值对时间的一阶导数。质点速度$\boldsymbol{v}$ 沿直角坐标系三个坐标轴的投影为

$$v_x = \frac{dx}{dt},\ v_y = \frac{dy}{dt},\ v_z = \frac{dz}{dt} \tag{1-3-5}$$

在直角坐标系中，质点运动速度的大小即运动速率表示为

$$v = \sqrt{\left(\frac{dx}{dt}\right)^2 + \left(\frac{dy}{dt}\right)^2 + \left(\frac{dz}{dt}\right)^2} = \sqrt{(v_x)^2 + (v_y)^2 + (v_z)^2} \tag{1-3-6}$$

质点运动速度的方向表示为

$$
\begin{cases}
\cos\alpha_2=\dfrac{v_x}{v}=\dfrac{v_x}{\sqrt{v_x^2+v_y^2+v_z^2}}=\dfrac{\mathrm{d}x/\mathrm{d}t}{\sqrt{(\mathrm{d}x/\mathrm{d}t)^2+(\mathrm{d}y/\mathrm{d}t)^2+(\mathrm{d}z/\mathrm{d}t)^2}}\\
\cos\beta_2=\dfrac{v_y}{v}=\dfrac{v_y}{\sqrt{v_x^2+v_y^2+v_z^2}}=\dfrac{\mathrm{d}y/\mathrm{d}t}{\sqrt{(\mathrm{d}x/\mathrm{d}t)^2+(\mathrm{d}y/\mathrm{d}t)^2+(\mathrm{d}z/\mathrm{d}t)^2}}\\
\cos\gamma_2=\dfrac{v_z}{v}=\dfrac{v_z}{\sqrt{v_x^2+v_y^2+v_z^2}}=\dfrac{\mathrm{d}z/\mathrm{d}t}{\sqrt{(\mathrm{d}x/\mathrm{d}t)^2+(\mathrm{d}y/\mathrm{d}t)^2+(\mathrm{d}z/\mathrm{d}t)^2}}
\end{cases}
\tag{1-3-7}
$$

式中,α_2,β_2,γ_2 分别表示速度$\boldsymbol{v}$与直角坐标系三个坐标轴 x,y,z 轴的夹角。

三、质点运动的加速度

在直角坐标系中,质点机械运动的加速度表示为

$$
\begin{aligned}
\boldsymbol{a}&=\frac{\mathrm{d}v_x}{\mathrm{d}t}\boldsymbol{i}+\frac{\mathrm{d}v_y}{\mathrm{d}t}\boldsymbol{j}+\frac{\mathrm{d}v_z}{\mathrm{d}t}\boldsymbol{k}=\frac{\mathrm{d}^2x}{\mathrm{d}t^2}\boldsymbol{i}+\frac{\mathrm{d}^2y}{\mathrm{d}t^2}\boldsymbol{j}+\frac{\mathrm{d}^2z}{\mathrm{d}t^2}\boldsymbol{k}\\
&=a_x\boldsymbol{i}+a_y\boldsymbol{j}+a_z\boldsymbol{k}=\boldsymbol{a}_x+\boldsymbol{a}_y+\boldsymbol{a}_z
\end{aligned}
\tag{1-3-8}
$$

式中,$\boldsymbol{a}_x$,$\boldsymbol{a}_y$,$\boldsymbol{a}_z$ 分别表示沿直角坐标系三个坐标轴方向的分加速度。质点运动加速度沿直角坐标系三个坐标轴的投影分别为

$$
a_x=\frac{\mathrm{d}v_x}{\mathrm{d}t}=\frac{\mathrm{d}^2x}{\mathrm{d}t^2},a_y=\frac{\mathrm{d}v_y}{\mathrm{d}t}=\frac{\mathrm{d}^2y}{\mathrm{d}t^2},a_z=\frac{\mathrm{d}v_z}{\mathrm{d}t}=\frac{\mathrm{d}^2z}{\mathrm{d}t^2}
\tag{1-3-9}
$$

质点运动的加速度 $\boldsymbol{a}$ 是各分加速度的矢量和。

在直角坐标系中,质点运动的加速度大小表示为

$$
a=\sqrt{\left(\frac{\mathrm{d}v_x}{\mathrm{d}t}\right)^2+\left(\frac{\mathrm{d}v_y}{\mathrm{d}t}\right)^2+\left(\frac{\mathrm{d}v_z}{\mathrm{d}t}\right)^2}=\sqrt{\left(\frac{\mathrm{d}^2x}{\mathrm{d}t^2}\right)^2+\left(\frac{\mathrm{d}^2y}{\mathrm{d}t^2}\right)^2+\left(\frac{\mathrm{d}^2z}{\mathrm{d}t^2}\right)^2}
\tag{1-3-10}
$$

质点运动加速度的方向表示为

$$
\begin{cases}
\cos\alpha_3=\dfrac{a_x}{a}=\dfrac{a_x}{\sqrt{a_x^2+a_y^2+a_z^2}}=\dfrac{\dfrac{\mathrm{d}^2x}{\mathrm{d}t^2}}{\sqrt{\left(\dfrac{\mathrm{d}^2x}{\mathrm{d}t^2}\right)^2+\left(\dfrac{\mathrm{d}^2y}{\mathrm{d}t^2}\right)^2+\left(\dfrac{\mathrm{d}^2z}{\mathrm{d}t^2}\right)^2}}\\
\cos\beta_3=\dfrac{a_y}{a}=\dfrac{a_y}{\sqrt{a_x^2+a_y^2+a_z^2}}=\dfrac{\dfrac{\mathrm{d}^2y}{\mathrm{d}t^2}}{\sqrt{\left(\dfrac{\mathrm{d}^2x}{\mathrm{d}t^2}\right)^2+\left(\dfrac{\mathrm{d}^2y}{\mathrm{d}t^2}\right)^2+\left(\dfrac{\mathrm{d}^2z}{\mathrm{d}t^2}\right)^2}}\\
\cos\gamma_3=\dfrac{a_z}{a}=\dfrac{a_z}{\sqrt{a_x^2+a_y^2+a_z^2}}=\dfrac{\dfrac{\mathrm{d}^2z}{\mathrm{d}t^2}}{\sqrt{\left(\dfrac{\mathrm{d}^2x}{\mathrm{d}t^2}\right)^2+\left(\dfrac{\mathrm{d}^2y}{\mathrm{d}t^2}\right)^2+\left(\dfrac{\mathrm{d}^2z}{\mathrm{d}t^2}\right)^2}}
\end{cases}
\tag{1-3-11}
$$

式中,α_3,β_3,γ_3 分别表示加速度 $\boldsymbol{a}$ 与直角坐标系三个坐标轴 x,y,z 轴的夹角。

如果我们知道了用直角坐标系表示的质点运动学方程,即位置矢量 $\boldsymbol{r}(t)$在直角坐标系三个坐标轴 x,y,z 轴的投影

$$
x=x(t),y=y(t),z=z(t)
\tag{1-3-12}
$$

我们就可以知道任意时间间隔内质点运动的位移矢量的大小和方向;位置矢量 $\boldsymbol{r}(t)$在直角坐标系三个坐标轴 x,y,z 轴的投影对时间求一阶导数,就可以得到质点运动速度在直角坐标系三个坐标轴 x,y,z 轴的投影 v_x,v_y,v_z,进而得到质点运动速度的大小和方向;位置矢量 $\boldsymbol{r}(t)$在直角坐标系三个坐标轴 x,y,z 轴的投影对时间求二阶导数,或者,质点运动速度在直角坐

标系三个坐标轴 x,y,z 轴的投影 v_x,v_y,v_z 对时间求一阶导数，就可以得到质点运动加速度在直角坐标系三个坐标轴 x,y,z 轴的投影 a_x,a_y,a_z，进而得到质点机械运动加速度的大小和方向。如果我们知道了用直角坐标系表示的质点运动学方程，就可以获得质点机械运动状态的全部信息，因此，寻找质点运动学方程是质点运动学的核心问题。

要特别指出的是，选用直角坐标系描述质点的机械运动状态之所以如此直观和简洁，是因为直角坐标系是固定坐标系，该坐标系沿三个坐标轴的单位矢量 $\boldsymbol{i},\boldsymbol{j},\boldsymbol{k}$ 的大小和方向都不随时间变化，即

$$\frac{\mathrm{d}\boldsymbol{i}}{\mathrm{d}t}=0,\frac{\mathrm{d}\boldsymbol{j}}{\mathrm{d}t}=0,\frac{\mathrm{d}\boldsymbol{k}}{\mathrm{d}t}=0 \tag{1-3-13}$$

因此，位置矢量 $\boldsymbol{r}(t)$ 对时间求导时，不涉及对方向（矢量）的求导，使得求导比较简单。如果选用其他坐标系，如柱坐标系、球坐标系、平面极坐标系和自然坐标系，随着质点位置矢量的不同，沿坐标轴的单位矢量的方向是不同的，对时间求导时，就要包括对方向的求导。

第四节　质点平面运动的自然坐标系描述

第一章 第四节 微课

直角坐标系描述质点的机械运动状态非常直观，但它掩盖了质点机械运动状态的详细信息。如果质点在一平面内运动并且已知质点运动的轨迹，则自然坐标系对于研究质点的机械运动是一个实用的坐标系。使用自然坐标系描述质点的机械运动状态，可以揭示质点运动状态更详细的信息，特别是对质点做曲线运动时的加速度的描述更为透彻。

一、自然坐标系描述质点的位置

质点在一个平面内做曲线运动需要两个独立的标量函数或坐标来描述其位置。在平面直角坐标系中可以用 $x(t)$ 和 $y(t)$ 来描述，如果质点平面运动轨迹确定，$y=y(x)$，则 x,y 中只有一个是独立的，仅用一个标量函数或坐标值就能确切地描述质点的位置和质点的运动。在这种情况下，选用自然坐标系来描述质点的运动更方便。

如图 1-9 所示，沿质点运动轨迹建立一个弯曲的"坐标轴"，选择轨迹上一点 O 为"原点"，并用由原点到质点所在位置的曲线长度 s 作为质点位置坐标值。则质点位置随时间的变化即质点运动学方程为

$$s=s(t) \tag{1-4-1}$$

这里的弧长 s 称为自然坐标。值得注意的是，这里的弧长 s 是可正可负的。如图 1-9 所示，一般规定沿质点运动方向为 s 的正方向，以原点 O 为界，如果质点位于原点的前方，s 为正；如果质点位于原点的后方，s 为负。

如图 1-9 所示，再建立两个单位矢量 $\boldsymbol{e}_\text{t}$ 和 $\boldsymbol{e}_\text{n}$，则原点 O、坐标值 s 和单位矢量 $\boldsymbol{e}_\text{t},\boldsymbol{e}_\text{n}$ 就构成了自然坐标系。其中，单位矢量 $\boldsymbol{e}_\text{t}$ 沿质点运动轨迹曲线的切线方向并指向质点运动方向，称为切向单位矢量；单位矢量 $\boldsymbol{e}_\text{n}$ 沿质点运动轨迹曲线的法线方向并指向质点运动曲线的凹侧，即指向质点运动曲线的曲率中心，称为法向单位矢量。可见，切向单位矢量 $\boldsymbol{e}_\text{t}$ 与法向单位矢量 $\boldsymbol{e}_\text{n}$ 是正交的。任何矢量，包括质点运动的速度和加速度都可以向 $\boldsymbol{e}_\text{t}$ 和 $\boldsymbol{e}_\text{n}$ 的方向做正交分解。注意：直角坐标系中沿坐标轴的单位矢量是恒定矢量，其大小和方向都是不随时间或质点的运动变化的；而自然坐标系中的两个单位矢量 $\boldsymbol{e}_\text{t}$ 和 $\boldsymbol{e}_\text{n}$ 不是恒定矢量，它们的大小尽管不变，但它们的方向将随质点在轨迹上的位置不同而改变。实际上，可以将自然坐标系看作是与质点运动的轨迹固连在一起的坐标系。

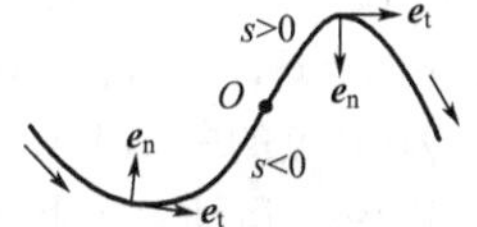

图 1-9　用自然坐标系表示质点的位置

二、自然坐标系描述质点运动的速度

如图 1-10 所示，质点沿曲线运动，t 时刻质点位于 A 点，自然坐标值为 $s(t)$，位置矢量为 $\boldsymbol{r}(t)$；$t+\Delta t$ 时刻质点位于 B 点，自然坐标值为 $s(t+\Delta t)$，位置矢量为 $\boldsymbol{r}(t+\Delta t)$。即在 $t\to t+\Delta t$ 时间间隔内质点的自然坐标值增量(弧长)和位移为

$$\Delta s=s(t+\Delta t)-s(t),\Delta\boldsymbol{r}=\boldsymbol{r}(t+\Delta t)-\boldsymbol{r}(t)$$

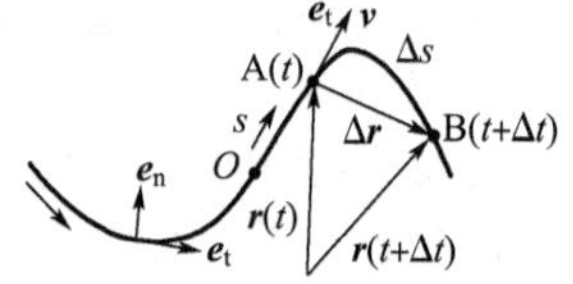

图 1-10 用自然坐标系表示质点的速度

这里的“弧长增量 Δs”实际上就是“位移”，只不过是标量。根据质点运动速度的定义，有

$$\boldsymbol{v}=\lim_{\Delta t\to 0}\frac{\Delta\boldsymbol{r}}{\Delta t}=\lim_{\Delta t\to 0}\left(\frac{\Delta\boldsymbol{r}}{\Delta s}\cdot\frac{\Delta s}{\Delta t}\right)=\left(\lim_{\Delta t\to 0}\frac{\Delta\boldsymbol{r}}{\Delta s}\right)\left(\lim_{\Delta t\to 0}\frac{\Delta s}{\Delta t}\right)=\left(\lim_{\Delta t\to 0}\frac{\Delta\boldsymbol{r}}{\Delta s}\right)\frac{\mathrm{d}s}{\mathrm{d}t}$$

当 $\Delta t\to 0$ 时，B 点趋近于 A 点，因此 $|\Delta\boldsymbol{r}|\to\Delta s$；同时，质点的位移 $\Delta\boldsymbol{r}$ 矢量的方向也趋近于 A 点处质点运动轨迹的切线方向 $\boldsymbol{e}_t$。因此得到

$$\lim_{\Delta t\to 0}\frac{\Delta\boldsymbol{r}}{\Delta s}=\lim_{\Delta t\to 0}\left|\frac{\Delta\boldsymbol{r}}{\Delta s}\right|\boldsymbol{e}_t=\boldsymbol{e}_t$$

另外，在这里，我们已经取 s 增加的方向为质点运动的方向，即 $\Delta s>0$，即 Δs 就是弧长的增量，因此质点运动的速率和速度分别表示为

$$v=\frac{\mathrm{d}s}{\mathrm{d}t},\boldsymbol{v}=\frac{\mathrm{d}s}{\mathrm{d}t}\boldsymbol{e}_t=v\boldsymbol{e}_t \tag{1-4-2}$$

这就是质点运动的速度在自然坐标系中的表示。

三、自然坐标系描述质点运动的加速度

质点做直线运动时，加速度与速度方向在同一条直线上。而质点做曲线运动时，加速度方向与速度方向不在同一条直线上，例如抛体运动、圆周运动等。速度的方向也是变化的。

设质点做曲线运动的速率为 $v(t)$，速度方向上的单位矢量也就是我们所建立的自然坐标系中的切向单位矢量 $\boldsymbol{e}_t$，两者均为时间函数。质点运动的加速度可以表示为

$$\boldsymbol{a}=\frac{\mathrm{d}\boldsymbol{v}(t)}{\mathrm{d}t}=\frac{\mathrm{d}}{\mathrm{d}t}(v\boldsymbol{e}_t)=\frac{\mathrm{d}v}{\mathrm{d}t}\boldsymbol{e}_t+v(t)\frac{\mathrm{d}\boldsymbol{e}_t}{\mathrm{d}t} \tag{1-4-3}$$

这里，切向单位矢量 $\boldsymbol{e}_t$ 是随质点位置变化的，不是恒定矢量。为了求出上式中质点运动速度方向随时间的变化率，参见图 1-11。设 t 时刻质点运动到 A 点，其运动速度为 $\boldsymbol{v}(t)=v(t)\boldsymbol{e}_t(t)$；$t+\Delta t$ 时刻质点运动到 B 点，其运动速度为 $\boldsymbol{v}(t+\Delta t)=v(t+\Delta t)\boldsymbol{e}_t(t+\Delta t)$。由于质点运动轨迹上的任一点，质点运动速度的方向就是该点运动轨迹的切线方向，所以，$\boldsymbol{e}_t(t)$，$\boldsymbol{e}_t(t+\Delta t)$的方向分别沿着运动轨迹上 A，B 点的切线方向，而其大小均为 1。设 $\boldsymbol{e}_t(t)$，$\boldsymbol{e}_t(t+\Delta t)$之间的夹角为 $\Delta\theta$，在 $t\to t+\Delta t$ 时间间隔内，质点运动方向的变化为 $\Delta\boldsymbol{e}_t=\boldsymbol{e}_t(t+\Delta t)-\boldsymbol{e}_t(t)$，则三角形 abc 是等腰三角形，如图 1-11(a)。设运动轨迹上 A 点的曲率中心为 O_A，B 点的曲率中心为 O_B，A、B 点的曲率半径分别为 $\rho_A=\rho(t)=O_A\mathrm{A}$、$\rho_B=\rho(t+\Delta t)=O_B\mathrm{B}$。当 Δt 很小时，运动轨迹上 A、B 点的曲率半径 $\rho(t)\approx\rho(t+\Delta t)$，曲率中心 $O_A\to O_B\to O$，三角形 OAB 也是等腰三角形，如图 1-11(b)。由于 $\overrightarrow{O_A\mathrm{A}}\perp\boldsymbol{e}_t(t)$、$\overrightarrow{O_B\mathrm{B}}\perp\boldsymbol{e}_t(t+\Delta t)$，使得$\angle\mathrm{AOB}=\angle\mathrm{bac}=\Delta\theta$。因此这两个三角形相似，可知

$$\frac{\mathrm{AB}}{\rho(t)}=\frac{\mathrm{bc}}{\mathrm{ab}}\approx|\Delta\boldsymbol{e}_t|$$

所以，质点运动方向单位矢量随时间变化率的大小为

$$\left|\frac{\mathrm{d}\boldsymbol{e}_t}{\mathrm{d}t}\right|=\lim_{\Delta t\to 0}\frac{|\Delta\boldsymbol{e}_t|}{\Delta t}=\frac{1}{\rho(t)}\lim_{\Delta t\to 0}\frac{\mathrm{AB}}{\Delta t}=\frac{v(t)}{\rho(t)}=\frac{v}{\rho} \tag{1-4-4}$$

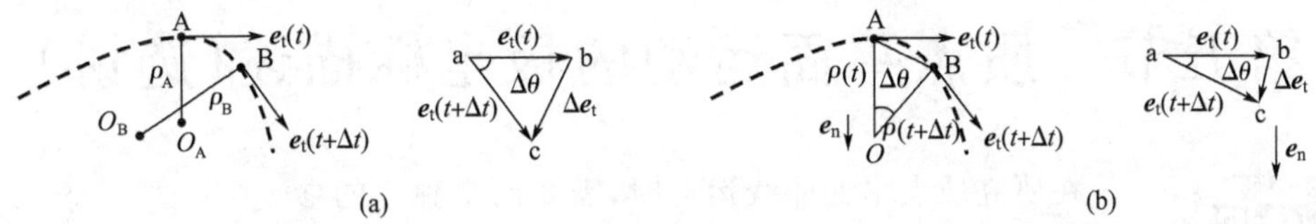

图 1-11　质点运动的法向加速度

而当 $\Delta t\to 0$ 时，$\Delta \boldsymbol{e}_t=\boldsymbol{e}_t(t+\Delta t)-\boldsymbol{e}_t(t)$ 的方向为 $A\to O$，即沿运动轨迹法线方向指向该点运动轨迹的曲率中心，该方向就是我们建立的自然坐标系中的法向单位矢量 $\boldsymbol{e}_n$ 的方向。因此

$$\frac{\mathrm{d}\boldsymbol{e}_t}{\mathrm{d}t}=\left|\frac{\mathrm{d}\boldsymbol{e}_t}{\mathrm{d}t}\right|\boldsymbol{e}_n=\frac{v(t)}{\rho(t)}\boldsymbol{e}_n=\frac{v}{\rho}\boldsymbol{e}_n \tag{1-4-5}$$

因此，在自然坐标系中，质点平面运动的加速度可以表示为

$$\boldsymbol{a}=\frac{\mathrm{d}v}{\mathrm{d}t}\boldsymbol{e}_t+\frac{v^2}{\rho}\boldsymbol{e}_n=\frac{\mathrm{d}^2 s}{\mathrm{d}t^2}\boldsymbol{e}_t+\frac{v^2}{\rho}\boldsymbol{e}_n=\boldsymbol{a}_t+\boldsymbol{a}_n \tag{1-4-6}$$

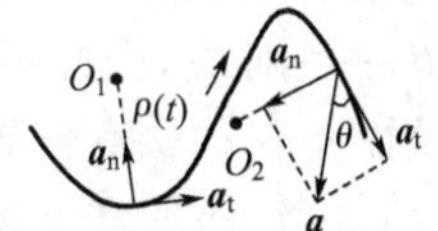

图 1-12　自然坐标系中的加速度

这样，如图 1-12 所示，质点做平面曲线运动时，其加速度可分解成两个分量。一个分量与速度平行，称为**切向加速度**

$$\boldsymbol{a}_t=\frac{\mathrm{d}v}{\mathrm{d}t}\boldsymbol{e}_t=\frac{\mathrm{d}^2 s}{\mathrm{d}t^2}\boldsymbol{e}_t \tag{1-4-7}$$

另一个分量与速度垂直，称为**法向加速度**

$$\boldsymbol{a}_n=\frac{v^2}{\rho}\boldsymbol{e}_n \tag{1-4-8}$$

由于加速度的两个分量是正交的，所以，加速度的大小和方向为

$$a=\sqrt{a_t^2+a_n^2}=\sqrt{\left(\frac{\mathrm{d}v}{\mathrm{d}t}\right)^2+\left(\frac{v^2}{\rho}\right)^2},\tan\theta=\frac{a_n}{a_t} \tag{1-4-9}$$

式中，θ 是 $\boldsymbol{a}$ 与 $\boldsymbol{a}_t$ 之间的夹角。

质点平面运动切向加速度的大小等于质点运动的速率对时间的一阶导数，或等于质点运动的弧长对时间的二阶导数。切向加速度的大小明确地反映了速率对时间的变化率，代表了速率的变化，它的作用是改变速度矢量的大小。如果切向加速度为零，则质点运动的速率不随时间变化，质点将做匀速运动；如果 $a_t=\mathrm{d}v/\mathrm{d}t>0$，则质点做加速运动；如果 $a_t=\mathrm{d}v/\mathrm{d}t<0$，则质点做减速运动；如果 a_t 不随时间变化，则质点做匀加(减)速运动。

质点平面运动法向加速度不涉及速率对时间的变化率，因此它不能改变质点运动的速率，即质点运动速度的大小。法向加速度明确地反映了速度的方向对时间的变化率，代表了速度方向的变化，它的作用就是改变速度的方向。如果法向加速度为零，质点运动轨迹的曲率半径 $\rho\to\infty$，则质点做直线运动。

在质点平面运动过程中，切向加速度只负责速度矢量大小的变化，法向加速度只负责速度矢量方向的变化。如果法向加速度和切向加速度都为零，则质点做匀速直线运动；如果法向加速度为零而切向加速度不为零，则质点做变速直线运动；如果法向加速度为零而切向加速度恒定，则质点做匀加(减)速直线运动；如果切向加速度为零，只有法向加速度，则质点速度的大小不变而方向改变，质点做匀速曲线运动；如果切向加速度为零，法向加速度大小恒定，则质点速度的大小不变而方向改变，质点做匀速圆周运动；如果法向加速度和切向加速度都不为零，则质点做平面曲线运动。

第五节　质点平面运动的极坐标描述(选讲)

第一章 第五节 微课

在研究质点平面曲线运动时,需要两个独立的参量来描述质点的位置,选用平面极坐标系有时较为方便。如图1-13所示,在参考系上取一点 O 作为平面极坐标系的原点(称为极点),在质点运动的平面内引射线 Ox 作为平面极坐标系的极轴。连接极点与质点所在位置 A 的直线 r 称为极径,极径总是取正值。极径与极轴的夹角 θ 称为角坐标,通常规定从极轴沿逆时针方向量得的 θ 角为正,从极轴沿顺时针方向量得的 θ 角为负,因而角坐标 θ 是一个代数量。这样,平面上质点的位置就与平面极坐标系的坐标值 r 和 θ 一一对应,因此可以用平面极坐标系中的两个独立坐标 (r,θ) 来确定质点的位置。其中,极径 r 表示质点位置矢量 $\boldsymbol{r}$ 的大小,角坐标 θ 表示质点位置矢量 $\boldsymbol{r}$ 的方向。为了描述质点的运动状态,还要建立单位矢量。质点在A处,沿位置矢量方向称作径向,沿径向方向所引单位矢量 $\boldsymbol{e}_{\mathrm{r}}$ 称为径向单位矢量;与径向垂直且指向 θ 增加的方向称作横向,沿横向方向的单位矢量 $\boldsymbol{e}_{\theta}$ 称为横向单位矢量。任何平面矢量均可在 $\boldsymbol{e}_{\mathrm{r}}$ 和 $\boldsymbol{e}_{\theta}$ 方向上进行正交分解。

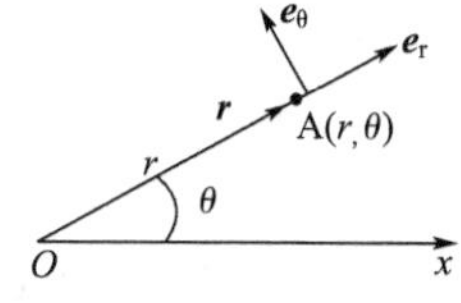

图1-13　平面极坐标系

在平面极坐标系中,质点平面运动的运动学方程可以表示为

$$r=r(t),\theta=\theta(t) \tag{1-5-1}$$

运动学方程式可看作是以时间变量 t 为参数给出的质点运动的轨迹方程,消去时间变量 t,可以得到极坐标表示的质点运动的轨迹方程

$$r=r(\theta) \tag{1-5-2}$$

一、速度的平面极坐标系描述

在平面极坐标系中,质点的位置矢量表示为

$$\boldsymbol{r}=r(t)\boldsymbol{e}_{\mathrm{r}}$$

质点平面运动的速度为

$$\boldsymbol{v}=\frac{\mathrm{d}}{\mathrm{d}t}(r\boldsymbol{e}_{\mathrm{r}})=\frac{\mathrm{d}r}{\mathrm{d}t}\boldsymbol{e}_{\mathrm{r}}+r\frac{\mathrm{d}\boldsymbol{e}_{\mathrm{r}}}{\mathrm{d}t} \tag{1-5-3}$$

径向单位矢量 $\boldsymbol{e}_{\mathrm{r}}$ 是随质点位置变化的,为了求出径向单位矢量 $\boldsymbol{e}_{\mathrm{r}}$ 对时间的变化率,我们作出质点在A和B位置处的位置矢量、横向单位矢量和径向单位矢量及其变化,如图1-14所示。质点在 $t\to t+\Delta t$ 时间间隔内沿曲线轨迹由A点运动到B点,质点位置的极坐标由 (r,θ) 变化为 $(r(t+\Delta t),\theta+\Delta\theta)$;质点位置矢量由 $\boldsymbol{r}(t)$ 变化为 $\boldsymbol{r}(t+\Delta t)$,位移为 $\Delta\boldsymbol{r}$;经历的弧长为 Δs;横向单位矢量由 $\boldsymbol{e}_{\theta}(t)$ 变化为 $\boldsymbol{e}_{\theta}(t+\Delta t)$,横向单位矢量的变化为 $\Delta\boldsymbol{e}_{\theta}$;径向单位矢量由 $\boldsymbol{e}_{\mathrm{r}}(t)$ 变化为 $\boldsymbol{e}_{\mathrm{r}}(t+\Delta t)$,径向单位矢量的变化为 $\Delta\boldsymbol{e}_{\mathrm{r}}$;位置矢量 $\boldsymbol{r}(t)$ 与 $\boldsymbol{r}(t+\Delta t)$ 之间的夹角为 $\Delta\theta$,这也可以说是在 $t\to t+\Delta t$ 时间间隔内径向单位矢量或质点位置矢量转过的角度,甚至可以说是质点绕原点 O 转过的角度。

由图1-14可见,径向单位矢量 $\boldsymbol{e}_{\mathrm{r}}(t)$ 与 $\boldsymbol{e}_{\mathrm{r}}(t+\Delta t)$ 之间和横向单位矢量 $\boldsymbol{e}_{\theta}(t)$ 与 $\boldsymbol{e}_{\theta}(t+\Delta t)$ 之间的夹角也是 $\Delta\theta$,即等腰三角形abc和fgh的顶角都是 $\Delta\theta$。

当 $\Delta t\to 0$ 时,$\boldsymbol{r}(t+\Delta t)\to\boldsymbol{r}(t)$,即 $|\boldsymbol{r}(t+\Delta t)|\approx|\boldsymbol{r}(t)|$,三角形 OAB也是等腰三角形,因此三角形 OAB与三角形abc和fgh相似。因此,当 $\Delta t\to 0$ 时

$$\frac{|\Delta\boldsymbol{e}_{\theta}|}{|\Delta\boldsymbol{r}|}\to\frac{|\boldsymbol{e}_{\theta}(t)|}{|\boldsymbol{r}(t)|},\frac{|\Delta\boldsymbol{e}_{\theta}|}{|\Delta\boldsymbol{r}|}\to\frac{1}{r};\frac{|\Delta\boldsymbol{e}_{\mathrm{r}}|}{|\Delta\boldsymbol{r}|}\to\frac{|\boldsymbol{e}_{\mathrm{r}}(t)|}{|\boldsymbol{r}(t)|},\frac{|\Delta\boldsymbol{e}_{\mathrm{r}}|}{|\Delta\boldsymbol{r}|}\to\frac{1}{r}$$

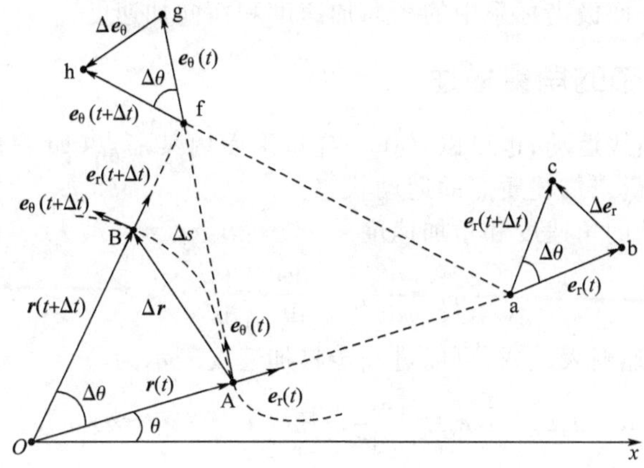

图 1-14　平面极坐标系中的横向速度

另外，当 $\Delta t\rightarrow 0$ 时

$$|\Delta \boldsymbol{r}|\rightarrow \Delta s\approx|\boldsymbol{r}(t)|\Delta\theta=r\Delta\theta,|\Delta \boldsymbol{e}_\theta|=|\Delta \boldsymbol{e}_r|\rightarrow\Delta\theta$$

同时，由图 1-14 可见，当 $\Delta t\rightarrow 0$ 时，矢量 $\Delta\boldsymbol{e}_r$ 的方向趋向于横向单位矢量 $\boldsymbol{e}_\theta(t)$ 的方向；矢量 $\Delta\boldsymbol{e}_\theta$ 的方向趋向于径向单位矢量 $\boldsymbol{e}_r(t)$ 的方向的反方向。因此，当 $\Delta t\rightarrow 0$ 时

$$\Delta\boldsymbol{e}_r\rightarrow|\Delta\boldsymbol{e}_r|\boldsymbol{e}_\theta(t),\Delta\boldsymbol{e}_\theta\rightarrow-|\Delta\boldsymbol{e}_\theta|\boldsymbol{e}_r(t)$$

由此，得到径向单位矢量 $\boldsymbol{e}_r$ 和横向单位矢量 $\boldsymbol{e}_\theta$ 对时间的变化率

$$\frac{\mathrm{d}\boldsymbol{e}_r}{\mathrm{d}t}=\lim_{\Delta t\rightarrow 0}\frac{\Delta\boldsymbol{e}_r}{\Delta t}=\lim_{\Delta t\rightarrow 0}\frac{|\Delta\boldsymbol{e}_r|\boldsymbol{e}_\theta(t)}{\Delta t}=\frac{\mathrm{d}\theta}{\mathrm{d}t}\boldsymbol{e}_\theta(t)=\frac{\mathrm{d}\theta}{\mathrm{d}t}\boldsymbol{e}_\theta$$

$$\frac{\mathrm{d}\boldsymbol{e}_\theta}{\mathrm{d}t}=\lim_{\Delta t\rightarrow 0}\frac{\Delta\boldsymbol{e}_\theta}{\Delta t}=-\lim_{\Delta t\rightarrow 0}\frac{|\Delta\boldsymbol{e}_\theta|\boldsymbol{e}_r(t)}{\Delta t}=-\frac{\mathrm{d}\theta}{\mathrm{d}t}\boldsymbol{e}_r(t)=-\frac{\mathrm{d}\theta}{\mathrm{d}t}\boldsymbol{e}_r$$

$$\frac{\mathrm{d}\boldsymbol{e}_r}{\mathrm{d}t}=\frac{\mathrm{d}\theta}{\mathrm{d}t}\boldsymbol{e}_\theta,\frac{\mathrm{d}\boldsymbol{e}_\theta}{\mathrm{d}t}=-\frac{\mathrm{d}\theta}{\mathrm{d}t}\boldsymbol{e}_r \tag{1-5-4}$$

这样，在平面极坐标系中，质点平面曲线运动的速度可以表示为

$$\boldsymbol{v}=\frac{\mathrm{d}r}{\mathrm{d}t}\boldsymbol{e}_r+r\frac{\mathrm{d}\theta}{\mathrm{d}t}\boldsymbol{e}_\theta=v_r\boldsymbol{e}_r+v_\theta\boldsymbol{e}_\theta \tag{1-5-5}$$

式中，$v_r\boldsymbol{e}_r$ 和 $v_\theta\boldsymbol{e}_\theta$ 分别称为径向速度和横向速度。因此，质点在平面内运动时，其速度矢量可以正交分解为平面极坐标系中的径向速度和横向速度。

二、加速度的平面极坐标系描述

由速度表达式对时间求导，可以得到加速度

$$\begin{aligned}\boldsymbol{a}&=\frac{\mathrm{d}\boldsymbol{v}}{\mathrm{d}t}=\frac{\mathrm{d}}{\mathrm{d}t}\left(\frac{\mathrm{d}r}{\mathrm{d}t}\boldsymbol{e}_r+r\frac{\mathrm{d}\theta}{\mathrm{d}t}\boldsymbol{e}_\theta\right)\\&=\frac{\mathrm{d}^2r}{\mathrm{d}t^2}\boldsymbol{e}_r+\frac{\mathrm{d}r}{\mathrm{d}t}\frac{\mathrm{d}\boldsymbol{e}_r}{\mathrm{d}t}+\frac{\mathrm{d}r}{\mathrm{d}t}\frac{\mathrm{d}\theta}{\mathrm{d}t}\boldsymbol{e}_\theta+r\frac{\mathrm{d}^2\theta}{\mathrm{d}t^2}\boldsymbol{e}_\theta+r\frac{\mathrm{d}\theta}{\mathrm{d}t}\frac{\mathrm{d}\boldsymbol{e}_\theta}{\mathrm{d}t}\\&=\frac{\mathrm{d}^2r}{\mathrm{d}t^2}\boldsymbol{e}_r+2\frac{\mathrm{d}r}{\mathrm{d}t}\frac{\mathrm{d}\theta}{\mathrm{d}t}\boldsymbol{e}_\theta+r\frac{\mathrm{d}^2\theta}{\mathrm{d}t^2}\boldsymbol{e}_\theta-r\left(\frac{\mathrm{d}\theta}{\mathrm{d}t}\right)^2\boldsymbol{e}_r\\&=\left[\frac{\mathrm{d}^2r}{\mathrm{d}t^2}-r\left(\frac{\mathrm{d}\theta}{\mathrm{d}t}\right)^2\right]\boldsymbol{e}_r+\left(r\frac{\mathrm{d}^2\theta}{\mathrm{d}t^2}+2\frac{\mathrm{d}r}{\mathrm{d}t}\frac{\mathrm{d}\theta}{\mathrm{d}t}\right)\boldsymbol{e}_\theta=a_r\boldsymbol{e}_r+a_\theta\boldsymbol{e}_\theta\end{aligned}$$

$$\boldsymbol{a}=\left[\frac{\mathrm{d}^2r}{\mathrm{d}t^2}-r\left(\frac{\mathrm{d}\theta}{\mathrm{d}t}\right)^2\right]\boldsymbol{e}_r+\left(r\frac{\mathrm{d}^2\theta}{\mathrm{d}t^2}+2\frac{\mathrm{d}r}{\mathrm{d}t}\frac{\mathrm{d}\theta}{\mathrm{d}t}\right)\boldsymbol{e}_\theta=a_r\boldsymbol{e}_r+a_\theta\boldsymbol{e}_\theta \tag{1-5-6}$$

式中，$a_r\boldsymbol{e}_r$ 和 $a_\theta\boldsymbol{e}_\theta$ 分别称为径向加速度和横向加速度。因此，质点在平面内运动时，其加速度矢量可以正交分解为平面极坐标系中的径向加速度和横向加速度。

三、质点运动状态的角量描述

质点在平面内的曲线运动,也可以看作是绕过平面内某一点(如平面极坐标系的原点)的轴的转动,可以使用角量来描述质点的运动状态。

我们定义质点运动的角速度和角加速度

$$\omega=\frac{\mathrm{d}\theta}{\mathrm{d}t},\beta=\frac{\mathrm{d}\omega}{\mathrm{d}t}=\frac{\mathrm{d}^2\theta}{\mathrm{d}t^2} \tag{1-5-7}$$

在平面极坐标系中,由速度表达式,可以进一步将加速度表示为

$$\boldsymbol{a}=a_r\boldsymbol{e}_r+a_\theta\boldsymbol{e}_\theta=\left[\frac{\mathrm{d}v_r}{\mathrm{d}t}-r\omega^2\right]\boldsymbol{e}_r+(r\beta+2v_r\omega)\boldsymbol{e}_\theta \tag{1-5-8}$$

在这里,θ 被定义为质点的角位置(角坐标),而 $\Delta\theta$ 被定义为角位移。

实际上,也可以将角速度和角加速度定义为矢量。如图 1-15 所示,角速度矢量 $\boldsymbol{\omega}$ 的大小为 $\omega=\mathrm{d}\theta/\mathrm{d}t$,角速度矢量 $\boldsymbol{\omega}$ 的方向定义为与位置矢量 $\boldsymbol{r}$ 和速度矢量 $\boldsymbol{v}$ 垂直并成右手螺旋关系,即角速度矢量 $\boldsymbol{\omega}$ 的方向与 $\boldsymbol{r}\times\boldsymbol{v}$ 矢量的方向一致。角加速度矢量 $\boldsymbol{\beta}$ 定义为角速度矢量 $\boldsymbol{\omega}$ 对时间的一阶导数

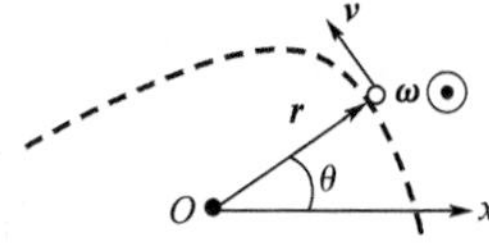

图 1-15 质点的转动运动描述

$$\boldsymbol{\beta}=\frac{\mathrm{d}\boldsymbol{\omega}}{\mathrm{d}t} \tag{1-5-9}$$

如果转轴是固定的,则角加速度矢量 $\boldsymbol{\beta}$ 与角速度矢量 $\boldsymbol{\omega}$ 共线。角加速度矢量 $\boldsymbol{\beta}$ 的方向与角速度矢量 $\boldsymbol{\omega}$ 的方向相同,则质点加速转动;角加速度矢量 $\boldsymbol{\beta}$ 的方向与角速度矢量 $\boldsymbol{\omega}$ 的方向相反,则质点减速转动。

四、圆周运动

圆周运动是一种特殊的平面曲线运动,既可以用平面极坐标系也可以用自然坐标系来描述质点的运动状态。质点做圆周运动时,运动轨迹曲线的曲率中心不变,这就是圆心;如果选圆心为原点,则质点的位置矢量的大小(矢径、曲率半径)不变,为圆的半径。

如图 1-16 所示,用平面极坐标系和自然坐标系来描述质点圆周运动的运动状态。如果质点做圆周运动的轨道半径为 R,则在两种坐标系中,速度分别表示为

$$\boldsymbol{v}=\frac{\mathrm{d}r}{\mathrm{d}t}\boldsymbol{e}_r+r\frac{\mathrm{d}\theta}{\mathrm{d}t}\boldsymbol{e}_\theta=R\omega\boldsymbol{e}_\theta,v(t)=\boldsymbol{v}(t)\boldsymbol{e}_t=R\omega\boldsymbol{e}_t \tag{1-5-10}$$

可见,在两种坐标系中,速度的表述是一致的,并且明显地表示出速度沿圆周的切线方向。此时,径向速度为零,只有横向速度 $\boldsymbol{v}_\theta$,因为质点做圆周运动时的横向单位矢量沿圆周的切线方向,所以这也就是切向速度 $v\boldsymbol{e}_t$。实际上,此时我们只讲质点的运动速率 v。质点做圆周运动时的线速度(速率)与角速度的关系为

$$v=R\omega \tag{1-5-11}$$

在平面极坐标系中,质点做圆周运动时的加速度为

$$\boldsymbol{a}=\left[\frac{\mathrm{d}^2r}{\mathrm{d}t^2}-r\left(\frac{\mathrm{d}\theta}{\mathrm{d}t}\right)^2\right]\boldsymbol{e}_r+\left(r\frac{\mathrm{d}^2\theta}{\mathrm{d}t^2}+2\frac{\mathrm{d}r}{\mathrm{d}t}\frac{\mathrm{d}\theta}{\mathrm{d}t}\right)\boldsymbol{e}_\theta=-R\omega^2\boldsymbol{e}_r+R\beta\boldsymbol{e}_\theta \tag{1-5-12}$$

加速度的两个正交分量:径向加速度 $\boldsymbol{a}_r=-R\omega^2\boldsymbol{e}_r$,沿径向指向圆心;横向加速度 $\boldsymbol{a}_\theta=R\beta\boldsymbol{e}_\theta$,沿圆的切线方向。

在自然坐标系中,质点做圆周运动时的加速度为

$$\boldsymbol{a}=\frac{\mathrm{d}v}{\mathrm{d}t}\boldsymbol{e}_t+\frac{v^2}{\rho}\boldsymbol{e}_n=R\frac{\mathrm{d}\omega}{\mathrm{d}t}\boldsymbol{e}_t+\frac{(R\omega)^2}{R}\boldsymbol{e}_n=R\beta\boldsymbol{e}_t+R\omega^2\boldsymbol{e}_n \tag{1-5-13}$$

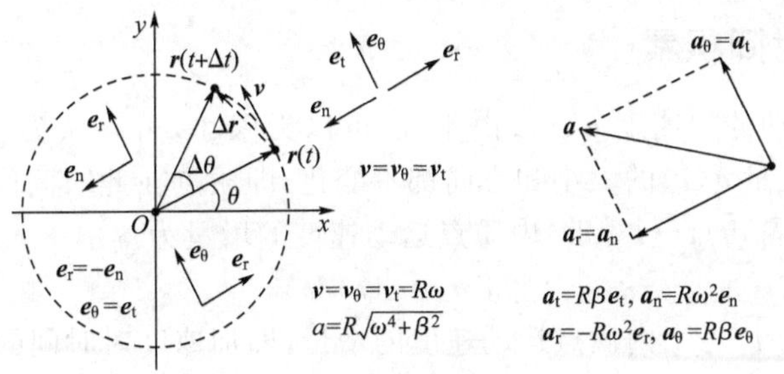

图 1-16　质点圆周运动的速度和加速度

加速度的两个正交分量：切向加速度 $\boldsymbol{a}_t=R\beta\boldsymbol{e}_t$，沿圆周的切线方向；法向加速度 $\boldsymbol{a}_n=R\omega^2\boldsymbol{e}_n$，沿径向指向圆心。

质点做圆周运动时，径向加速度与法向加速度相同，$\boldsymbol{a}_r=\boldsymbol{a}_n$，沿径向指向圆心；一般称为法向加速度或向心加速度，负责速度矢量方向的变化。横向加速度与切向加速度相同，$\boldsymbol{a}_\theta=\boldsymbol{a}_t$，一般称为切向加速度，负责速度矢量大小的变化。如果角加速度 $\beta>0$，即角加速度矢量的方向与角速度矢量的方向相同，则质点加速转动；如果角加速度 $\beta<0$，即角加速度矢量的方向与角速度矢量的方向相反，则质点减速转动；如果角加速度 $\beta=0$，则切向加速度为零，只有向心加速度而且大小不变，质点圆周运动的角速度不变，称为匀速圆周运动。质点做圆周运动时，加速度的大小为

$$a=\sqrt{a_t^2+a_n^2}=\sqrt{a_\theta^2+a_r^2}=R\sqrt{\omega^4+\beta^2} \tag{1-5-14}$$

第六节　质点机械运动的积累

第一章 第六节 微课

如果质点的速度矢量已知，则速度对时间的积累就可以得到质点位置矢量的变化（位移）；如果质点的加速度矢量已知，则加速度对时间的积累就是质点运动速度矢量的变化。

一、速度的时间积累

如图 1-17 所示，质点沿曲线运动，在无限小时间间隔 $\mathrm{d}t\,(t\to t+\mathrm{d}t)$ 内质点的位置矢量由 $\boldsymbol{r}(t)$ 变化到 $\boldsymbol{r}(t+\mathrm{d}t)$，在这微小的时间间隔 $\mathrm{d}t$ 内质点的位移为

$$\mathrm{d}\boldsymbol{r}=\boldsymbol{r}(t+\mathrm{d}t)-\boldsymbol{r}(t) \tag{1-6-1}$$

由于 $\mathrm{d}t$ 可以无限小，我们认为在时间间隔 $t\to t+\mathrm{d}t$ 内，质点运动速度矢量 $\boldsymbol{v}(t)$ 的大小和方向都不变化，即质点在此时间间隔内做匀速直线运动，因此在无限小时间间隔 $\mathrm{d}t\,(t\to t+\mathrm{d}t)$ 内质点的位移为

$$\mathrm{d}\boldsymbol{r}=\boldsymbol{v}(t)\mathrm{d}t \tag{1-6-2}$$

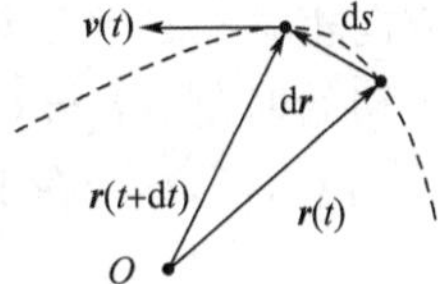

图 1-17　速度的时间积累

那么，在时间间隔 $\Delta t=t_2-t_1$ 内质点的位移，即速度对时间的积累为

$$\Delta\boldsymbol{r}=\int\mathrm{d}\boldsymbol{r}=\int_{t_1}^{t_2}\boldsymbol{v}(t)\mathrm{d}t \tag{1-6-3}$$

如果已知质点初始时刻的位置矢量，则可以求得位置矢量 $\boldsymbol{r}(t)$ 的表达式。

如果已知质点运动的速率 $v(t)$，我们认为在时间间隔 $t\to t+\mathrm{d}t$ 内，质点运动速率不变化，即质点在此时间间隔内做匀速直线运动，因此在无限小时间间隔 $\mathrm{d}t\,(t\to t+\mathrm{d}t)$ 内质点经历的路程为

$$\mathrm{d}s=v(t)\mathrm{d}t \tag{1-6-4}$$

在时间间隔 $\Delta t=t_2-t_1$ 内质点的经历的路程，即速率对时间的积累为

$$s=\int\mathrm{d}s=\int_{t_1}^{t_2}v(t)\mathrm{d}t \tag{1-6-5}$$

二、加速度的时间积累

如果已知质点运动的加速度 $\boldsymbol{a}(t)$，由于 $\mathrm{d}t$ 可以无限小，可以认为在时间间隔 $t \to t+\mathrm{d}t$ 内，质点运动加速度矢量 $\boldsymbol{a}(t)$ 的大小和方向都不变化，即质点在此时间间隔内做匀加速运动，因此在无限小时间间隔 $\mathrm{d}t(t \to t+\mathrm{d}t)$ 内质点运动速度的增量为

$$\mathrm{d}\boldsymbol{v}=\boldsymbol{a}(t)\mathrm{d}t \tag{1-6-6}$$

那么，在时间间隔 $\Delta t=t_2-t_1$ 内质点运动速度的增量，即加速度对时间的积累为

$$\Delta\boldsymbol{v}=\int \mathrm{d}\boldsymbol{v}=\int_{t_1}^{t_2}\boldsymbol{a}(t)\mathrm{d}t \tag{1-6-7}$$

如果已知质点初始时刻的速度矢量，则可以求得速度矢量 $\boldsymbol{v}(t)$ 的表达式。

第一章 第七节 微课

第七节　伽利略变换

质点的运动是相对的，是相对于参考系的运动。我们可以选择不同的参考系描述质点的运动状态。显然，在不同的参考系中，描述质点运动状态的物理量的量值是不同的。同一个质点的运动状态在不同的参考系中的描述之间的关系称为变换，即描述质点运动状态的物理量从一个参考系变换到另一个参考系去描述的数学上的关系。在经典力学体系中，这一关系称为伽利略变换，包括位置变换、速度变换和加速度变换。由于是数学变换，所以要对不同的参考系选取不同的坐标系。质点运动时，它的位置是随时间变化的，因此，为了描述清楚质点的位置，除了空间的 3 个坐标值外，还需要时刻 t 这一坐标值，我们称为时空坐标。因此，描述质点运动状态需要 4 个坐标值以及这 4 个坐标值随时间的变化。我们把用时空坐标值表示的质点的位置，抽象地称为一个物理事件 P。伽利略变换就是在经典力学中，同一个物理事件的时空坐标以及坐标随时间的变化在不同参考系或坐标系中的数学关系。

一、伽利略坐标变换

如图 1-18 所示，两个以速度 $\boldsymbol{u}$ 互相平动的参考系 $Oxyz$(K 参考系，通常称为基本参考系)和 $O'x'y'z'$(K′参考系，通常称为运动参考系)，它们的 x 轴重合，y 轴和 z 轴分别平行，K′系沿 x 轴方向相对于 K 系运动的平动运动速度为 $\boldsymbol{u}$。注意，为了清楚，我们将两个坐标系的 x 轴分开了。初始时刻，O' 与 O 重合，若一质点 P 于某时刻在 K′系中的位置矢量为 $\boldsymbol{r}'$，其时空坐标为 (x',y',z',t')；在 K 系中的位置矢量为 $\boldsymbol{r}$，其时空坐标为 (x,y,z,t)。由图可知

$$\boldsymbol{r}=\boldsymbol{r}'+\boldsymbol{r}_0,\ t'=t \tag{1-7-1}$$

式中，$\boldsymbol{r}_0=\boldsymbol{u}t$，是 K′系的原点在 K 系中的位置矢量。这就是质点 P 在两个坐标系中位置矢量之间的关系，也称为位置矢量变换式。如果用坐标值表示，则

$$\begin{cases}x'=x-ut\\ y'=y\\ z'=z\\ t'=t\end{cases} \quad 或 \quad \begin{cases}x=x'+ut\\ y=y'\\ z=z'\\ t=t'\end{cases} \tag{1-7-2}$$

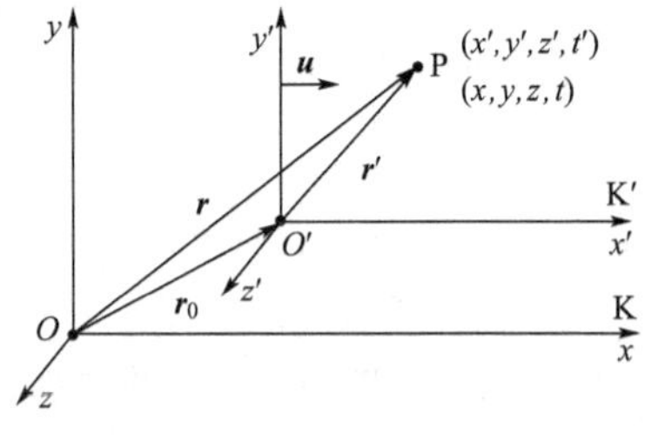

图 1-18　伽利略坐标变换

这就是同一个质点的位置在两个坐标系的时空坐标值之间的关系，称为伽利略坐标变换。

二、伽利略速度变换

在不同的参考系中，质点速度的数学描述不同。将位置矢量变换对时间求导数

$$\frac{\mathrm{d}\boldsymbol{r}}{\mathrm{d}t}=\frac{\mathrm{d}\boldsymbol{r}'}{\mathrm{d}t}+\frac{\mathrm{d}\boldsymbol{r}_0}{\mathrm{d}t}=\frac{\mathrm{d}\boldsymbol{r}'}{\mathrm{d}t'}+\frac{\mathrm{d}\boldsymbol{r}_0}{\mathrm{d}t},\boldsymbol{v}=\boldsymbol{v}'+\boldsymbol{u} \tag{1-7-3}$$

式中，$\boldsymbol{v}'$表示质点相对 K′系的速度，称为相对速度；$\boldsymbol{v}$ 表示质点相对 K 系的速度，称为绝对速度；$\boldsymbol{u}$ 为 K′系相对 K 系的速度，称为牵连速度。质点运动的绝对速度等于质点相对速度与牵连速度的矢量和。这一关系称为伽利略速度变换公式。

要注意，速度的合成和速度的变换是两个不同的概念。速度的合成是指在同一参考系中一个质点的速度和它的各分速度的关系。相对于任何参考系，速度都可以表示为矢量合成的形式。速度的变换涉及有相对运动的两个参考系，变换公式的形式与相对运动速度的大小有关。伽利略速度变换适用的条件是，相对运动速度比真空中的光速小得多。

三、伽利略加速度变换

在相对运动的参考系中，描述质点运动的加速度之间的关系称为伽利略加速度变换。将伽利略速度变换对时间求导数，得到

$$\frac{\mathrm{d}\boldsymbol{v}}{\mathrm{d}t}=\frac{\mathrm{d}\boldsymbol{v}'}{\mathrm{d}t}+\frac{\mathrm{d}\boldsymbol{u}}{\mathrm{d}t}=\frac{\mathrm{d}\boldsymbol{v}'}{\mathrm{d}t'}+\frac{\mathrm{d}\boldsymbol{u}}{\mathrm{d}t},\boldsymbol{a}=\boldsymbol{a}'+\boldsymbol{a}_0 \tag{1-7-4}$$

式中，$\boldsymbol{a}$ 表示质点相对 K 系的加速度，称为绝对加速度；$\boldsymbol{a}'$表示质点相对 K′系的加速度，称为相对加速度；$\boldsymbol{a}_0$ 为 K′系相对 K 系的加速度，称为牵连加速度。这个等式表示同一质点相对两个互相平动的参考系的加速度之间的变换关系，质点运动的绝对加速度等于质点运动的相对加速度与牵连加速度的矢量和，这一关系称为伽利略加速度变换公式。

若 $\boldsymbol{a}_0=0$，则

$$\boldsymbol{a}=\boldsymbol{a}' \tag{1-7-5}$$

这就是说同一个质点，在两个相对做匀速直线运动的参考系中的加速度是相等的。

四、牛顿的绝对时空观

伽利略坐标变换清晰地体现了经典力学的时空观。

1. 同时性的绝对性

设在 K 系中不同的时空地点发生了两个物理事件：(x_1,y_1,z_1,t_1)和(x_2,y_2,z_2,t_2)；在 K′系中，这两个物理事件表示为：(x_1',y_1',z_1',t_1')和(x_2',y_2',z_2',t_2')。如果这两个物理事件在 K 系中是同时发生的，即

$$t_1=t_2 \tag{1-7-6}$$

则由伽利略坐标变换，可以得到

$$t_1'=t_1=t_2=t_2',t_1'=t_2' \tag{1-7-7}$$

这表明，无论两个物理事件是否发生在同一空间地点，只要在 K 系中这两个物理事件是同时发生的，那么在 K′系中，这两个物理事件也是同时发生的。这说明，“同时”这一物理概念与参考系无关，“同时”的描述不依赖于测量者是否相对于物理事件运动。在一个参考系中是“同时”的，那么在任何相对于这个参考系做匀速直线运动的参考系中也是“同时”的。也就是说，“同时性”是绝对的。

2. 时间间隔的测量是绝对的

设在 K 系中不同的时空地点先后发生了两个物理事件：(x_1,y_1,z_1,t_1)和(x_2,y_2,z_2,t_2)，则这两个物理事件在 K 系中发生的时间间隔为

$$\Delta t=t_2-t_1 \tag{1-7-8}$$

在 K′系中,这两个物理事件表示为:(x_1',y_1',z_1',t_1')和(x_2',y_2',z_2',t_2')。由伽利略坐标变换,可以得到这两个物理事件在 K′系中发生的时间间隔

$$\Delta t'=t_2'-t_1'=t_2-t_1=\Delta t,\Delta t'=\Delta t \tag{1-7-9}$$

这表明,无论两个物理事件是否发生在同一空间地点,在 K 系和 K′系中测量这两个物理事件发生的时间间隔是相同的。这说明,"时间间隔"这一物理量的测量与参考系无关,"时间间隔"的测量不依赖于测量者是否相对于物理事件运动。如果在一个参考系中测得了两个物理事件发生的时间间隔,那么在任何相对于这个参考系做匀速直线运动的参考系中测量这两个物理事件发生的时间间隔也是这个值。也就是说,"时间间隔"的测量是绝对的。

3. 长度的测量是绝对的

对于长度的测量,必须澄清一个基本的概念。在坐标系中测量物体的长度实际上是测量物体两端的空间坐标值,两个空间坐标值之差被定义为物体的长度。如图 1-19 所示,直杆 AB 静止于 K′系,而在 K 系中是运动的。在 K′系中测量物体的长度 $\Delta x'$和在参考系 K 中测量物体的长度 Δx 分别表示为

$$\Delta x'=x_2'-x_1',\Delta x=x_2-x_1 \tag{1-7-10}$$

要特别注意的是,在 K′系中,物体 AB 是静止的,A 和 B 的坐标值是不随时间变化的,所以没有必要同时测量 A 和 B 的坐标值 x_1' 和 x_2',其差值就代表了物体 AB 的长度。而在 K 系中,物体 AB 是运动的,如果不同时测量 A 和 B 的坐标值,则坐标值 x_2 与 x_1 之差不能代表在 K 系中测量物体的长度。也就是说,如果要用 B 和 A 的坐标值 x_2 与 x_1 之差代表在 K 系中测量物体的长度,必须同时测量 A 和 B 的坐标值 x_1 和 x_2。如果将测量 A 和 B 的时空坐标值看作两个物理事件(x_1,y_1,z_1,t_1)和(x_2,y_2,z_2,t_2),那么,如果要两个物理事件的空间坐标值 x_2 与 x_1 之差代表在 K 系中测量物体的长度,必须同时测量 A 和 B 的坐标值 x_1 和 x_2,即

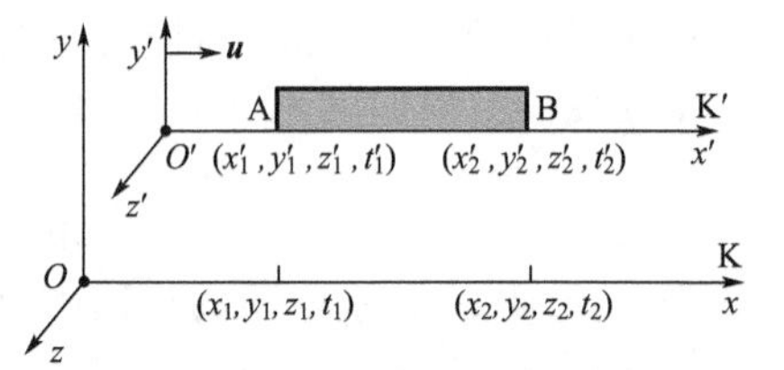

图 1-19 在相对运动的参考系中测量物体的长度

$$t_1=t_2=t \tag{1-7-11}$$

这样,由伽利略时空坐标变换,得到

$$\Delta x'=x_2'-x_1'=(x_2-ut_2)-(x_1-ut_1)=x_2-x_1=\Delta x,\Delta x'=\Delta x \tag{1-7-12}$$

这表明,在正确测量物体的长度(两个物理事件的空间间隔)的前提下,在 K 系和 K′系中测量物体的长度是相同的。这说明,"长度(空间间隔)"这一物理量的测量与参考系无关,"长度"的测量不依赖于测量者是否相对于物体运动。如果在一个参考系中测得了物体的长度,那么在任何相对于这个参考系做匀速直线运动的参考系中测量物体的长度也是这个值。也就是说,"长度(空间间隔)"的测量是绝对的。

在伽利略变换下,时间测量和空间测量与参考系的运动状态无关,长度(空间间隔)和时间间隔的测量是绝对的,而且时间和空间也是不相关的。这是经典力学对时间和空间的看法,也就是经典力学的时空观。用现代语言来说,经典力学的时空观是绝对的时空观,也称为牛顿的绝对时空观。由伽利略变换可以得出牛顿的绝对时空观,以后我们会看到,由伽利略变换可以得出牛顿的相对性原理,因此,牛顿的绝对时空观与牛顿的相对性原理是等价的。要特别注意的是,这里的参考系指的是所谓的"惯性系"。

还要说明的是,从现代的观点来看,牛顿的绝对时空观是有局限性的。爱因斯坦相对论认为,时空是相关的,时间和空间与物质和运动是相关的。牛顿的绝对时空观和伽利略变换是物体运动速度远远小于光速的必然结果。在物体高速运动时,伽利略变换要被洛伦兹变换所取代,牛顿的绝对时空观也会过渡到爱因斯坦的相对时空观。

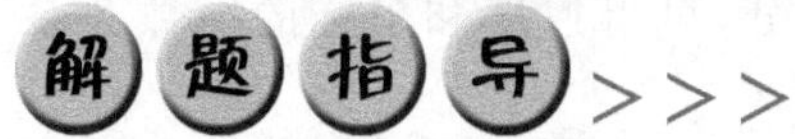

本章研究描述质点机械运动的物理量，包括质点的位置矢量（运动函数）、机械运动速度、加速度以及运动轨迹等，这些物理量归根结底都是随质点的运动或者说随时间变化的。我们就是通过研究这些物理量的变化，搞清楚质点的运动规律，这称为质点的运动学。

要求理解质点模型和参考系、惯性参考系等概念；掌握位置矢量、位移、速度、加速度等描述质点机械运动和运动变化的物理量；能借助于坐标系熟练地计算质点运动时的速度和加速度；能熟练计算质点做圆周运动时的角速度、角加速度；能熟练计算质点平面曲线运动的切向加速度和法向加速度；理解牛顿力学的相对性原理，理解伽利略坐标、速度变换。

求解质点运动学问题，首先必须选定参考系，因为质点的运动是相对于所选定的参考系的，描述质点机械运动和运动变化的物理量是相对于所选定的参考系而言的。为了定量地描述质点机械运动的物理量，还要在参考系上建立坐标系，只有在具体的坐标系下才能给出物理量的具体确切的数学描述。常用的坐标系是笛卡尔直角坐标系，用直角坐标系描述运动物理量简单，但有时并不直观，有时会掩盖物理量的物理实质；为了揭示物理量的物理实质，有时采用自然坐标系和平面极坐标系等来描述质点机械运动的物理量，以揭示这些物理量的物理实质，特别是质点做平面曲线运动时。还要注意，描述质点机械运动的位置矢量、速度和加速度等物理量的瞬时性、矢量性和相对性。

本章习题的基本类型大致有：由运动函数求速度和加速度以及运动轨迹；由加速度或速度及初始条件求运动函数和运动轨迹；由伽利略变换求在两个参考系中描述质点机械运动物理量的关系等。要特别注意的是，在直角坐标系中各个物理量的分量是垂直的，在自然坐标系中切向加速度与法向加速度是垂直的，在平面极坐标系中径向加速度与横向加速度是垂直的。还可以使用角量来描述质点的圆周运动；在重力场中的抛体运动，重力加速度认为是恒定的，是指向地面的。在计算时要熟练地运用矢量代数和微积分等数学工具。

1. 由运动函数求速度、加速度以及运动轨迹

这是质点运动学的基本问题之一，称为质点运动学第一类问题。根据质点机械运动所遵从的几何条件、题设的运动轨迹以及有关运动方面的参量等写出质点的位置矢量或位置坐标随时间变化的运动函数；由运动函数对时间求导可得质点运动的速度和加速度矢量，包括它们沿各坐标轴的投影，$\boldsymbol{r}=\boldsymbol{r}(t)\rightarrow\boldsymbol{v}=\frac{\mathrm{d}\boldsymbol{r}}{\mathrm{d}t}\rightarrow\boldsymbol{a}=\frac{\mathrm{d}\boldsymbol{v}}{\mathrm{d}t}$。由运动函数消去时间变量，得到质点运动坐标值的关系，就是质点运动的轨迹方程。

2. 由加速度或速度及初始条件求运动函数

这是质点运动学第二类问题，这类习题需要用积分方法求解，有时可以用解微分方程的方法求解。根据已知的加速度和速度与时间、坐标或速度等的函数关系和必要的初始条件，再通过积分的方法求出质点的速度和质点的运动学方程等。对于角量，也可类似处理。

如果已知加速度是时间的函数，注意微量之间的关系：$\mathrm{d}\boldsymbol{v}=\boldsymbol{a}\mathrm{d}t$，$\mathrm{d}\boldsymbol{r}=\boldsymbol{v}\mathrm{d}t$；积分：$\boldsymbol{v}(t)=\int\mathrm{d}\boldsymbol{v}=\int\boldsymbol{a}\mathrm{d}t$，$\boldsymbol{r}(t)=\int\mathrm{d}\boldsymbol{r}=\int\boldsymbol{v}\mathrm{d}t$；再根据初始条件，最终确定质点运动的速度$\boldsymbol{v}(t)$和位置矢量 $\boldsymbol{r}(t)$。

如果已知加速度是坐标的函数 $a=f(x)$，且给出初始条件，则可以通过变换变量进行分离变量，$a=\frac{dv}{dt}=\frac{dv}{dx}\frac{dx}{dt}=v\frac{dv}{dx}$，$v\,dv=f(x)\,dx$，再积分，可得速度和坐标的函数关系 $v=g(x)$，再分离变量，$v=\frac{dx}{dt}=g(x)$，$\frac{dx}{g(x)}=dt$，然后进行积分，可得运动函数。

如果已知加速度是速度的函数 $a=f(v)$，且给出初始条件，可分离变量，$a=\frac{dv}{dt}=f(v)$，$\frac{dv}{f(v)}=dt$，然后进行积分，求得速度与时间的函数关系。

如果已知角加速度是时间的函数，注意微量之间的关系：$d\omega=\beta dt$，$d\theta=\omega dt$；积分：$\omega(t)=\int d\omega=\int\beta dt$，$\theta(t)=\int d\theta=\int\omega dt$；再根据初始条件，最终确定质点运动的角速度 $\omega(t)$ 和角位置 $\theta(t)$。

如果已知角加速度是角坐标的函数，$\beta=f(\theta)$，且给出初始条件，则可以通过变换变量进行分离变量，$\beta=\frac{d\omega}{dt}=\frac{d\omega}{d\theta}\frac{d\theta}{dt}=\omega\frac{d\omega}{d\theta}$，$\omega\,d\omega=f(\theta)\,d\theta$，再积分，可得角速度与角坐标的函数关系，$\omega=g(\theta)$，再分离变量，$\omega=\frac{d\theta}{dt}=g(\theta)$，$\frac{d\theta}{g(\theta)}=dt$，然后进行积分，可得运动函数 $\theta=\theta(t)$。

如果已知角加速度是角速度的函数，$\beta=f(\omega)$，且给出初始条件，可分离变量，$\beta=\frac{d\omega}{dt}=f(\omega)$，$\frac{d\omega}{f(\omega)}=dt$，然后进行积分，求得角速度与时间的函数关系。

3. 相对运动的问题

研究不同参考系下质点机械运动的规律，通常称为相对运动。一般使用伽利略变换公式进行计算。在计算时，首先应明确研究对象，选择好基本参考系和运动参考系，明确质点的运动是相对于哪个参考系的运动，分清牵连速度、相对速度和绝对速度，牵连加速度、相对加速度和绝对加速度，根据伽利略变换的投影形式列出方程，或者根据伽利略变换画出矢量图，从而求出结果。

【例 1-1】 已知质点的运动函数为：$\boldsymbol{r}(t)=3t\boldsymbol{i}+(5-t^2)\boldsymbol{j}-t^3\boldsymbol{k}$ m。求

(1)第 3 秒末，质点的位置矢量；(2)第 3 秒内，质点的位移；(3)第 3 秒末，质点的速度；(4)第 3 秒末，质点的加速度；(5)1～3 s，质点的平均速度；(6)1～3 s，质点的平均加速度；(7)质点运动的轨迹方程。

分析 将 $t=3$ s 代入运动函数，就得到第 3 秒末质点的位置矢量在直角坐标系中的表达式。第 3 秒内质点的位移是指第 3 秒末质点位置矢量与第 2 秒末质点位置矢量之差，由此可以得到第 3 秒内质点的位移在直角坐标系中的表达式。将质点的运动函数对时间求一阶导数，就得到质点运动速度矢量的表达式；将 $t=3$ s 代入质点运动速度矢量的表达式，由此得到第 3 秒末质点速度在直角坐标系中的表达式。将质点运动速度矢量对时间求一阶导数，就得到质点运动的加速度矢量的表达式；将 $t=3$ s 代入质点运动的加速度矢量的表达式，由此得到第 3 秒末质点运动的加速度在直角坐标系中的表达式。将 $t=3$ s 和 $t=1$ s 代入质点位置矢量的表达式，得到 $t=3$ s 和 $t=1$ s 时质点位置矢量；由此得到在 1～3 s，质点位置矢量的变化；质点位置矢量的变化除以变化的时间间隔 $\Delta t=2$ s，就得到在 1～3 s 质点的平均速度在直角坐标系中的表达式。将 $t=3$ s 和 $t=1$ s 代入质点运动速度矢量的表达式，得到 $t=3$ s 和 $t=1$ s 时质点运动的速度；由此得到在 1～3 s，质点运动的速度的变化；质点运动的速度的变化除以变化的时间间隔 $\Delta t=2$ s，就得到在 1～3 s 质点的平均加速度在直角坐标系中的表达式。将运动函数的直角坐标系表示式中的时间变量消去，就得到质点运动轨迹用直角坐标系表示的轨迹方程。

解 运动函数分量形式为 $x(t)=3t, y(t)=(5-t^2), z(t)=-t^3$

(1)第3秒末，质点的位置矢量

$$\boldsymbol{r}(t=3\ \text{s})=3\times3\boldsymbol{i}+(5-3^2)\boldsymbol{j}-3^3\boldsymbol{k}=9\boldsymbol{i}-4\boldsymbol{j}-27\boldsymbol{k}\ \text{m}$$

大小为$|\boldsymbol{r}(t=3\ \text{s})|=\sqrt{9^2+4^2+27^2}=\sqrt{826}\ \text{m}$

方向：三个方向余弦为 $\cos\alpha=\frac{9}{\sqrt{826}}, \cos\beta=-\frac{4}{\sqrt{826}}, \cos\gamma=-\frac{27}{\sqrt{826}}$。

(2)第3秒内，质点的位移是指从第2秒末到第3秒末运动质点所产生的位移

$$\boldsymbol{r}(t=2\ \text{s})=3\times2\boldsymbol{i}+(5-2^2)\boldsymbol{j}-2^3\boldsymbol{k}=6\boldsymbol{i}+\boldsymbol{j}-8\boldsymbol{k}\ \text{m}$$

$$\Delta\boldsymbol{r}=(9\boldsymbol{i}-4\boldsymbol{j}-27\boldsymbol{k})-(6\boldsymbol{i}+\boldsymbol{j}-8\boldsymbol{k})=3\boldsymbol{i}-5\boldsymbol{j}-19\boldsymbol{k}\ \text{m}$$

大小为$|\Delta\boldsymbol{r}|=\sqrt{3^2+5^2+19^2}=\sqrt{395}\ \text{m}$

方向：三个方向余弦为 $\cos\alpha=\frac{3}{\sqrt{395}}, \cos\beta=-\frac{5}{\sqrt{395}}, \cos\gamma=-\frac{19}{\sqrt{395}}$

(3)运动速度的表达式为

$$\boldsymbol{v}=\frac{\mathrm{d}x}{\mathrm{d}t}\boldsymbol{i}+\frac{\mathrm{d}y}{\mathrm{d}t}\boldsymbol{j}+\frac{\mathrm{d}z}{\mathrm{d}t}\boldsymbol{k}=3\boldsymbol{i}-2t\boldsymbol{j}-3t^2\boldsymbol{k}\ (\text{m/s})$$

所以，第3秒末，质点的速度为

$$\boldsymbol{v}(t=3\ \text{s})=3\boldsymbol{i}-2\times3\boldsymbol{j}-3\times3^2\boldsymbol{k}=3\boldsymbol{i}-6\boldsymbol{j}-27\boldsymbol{k}\ (\text{m/s})$$

(4)质点运动加速度的表达式为

$$\boldsymbol{a}=\frac{\mathrm{d}\boldsymbol{v}}{\mathrm{d}t}=\frac{\mathrm{d}^2x}{\mathrm{d}t^2}\boldsymbol{i}+\frac{\mathrm{d}^2y}{\mathrm{d}t^2}\boldsymbol{j}+\frac{\mathrm{d}^2z}{\mathrm{d}t^2}\boldsymbol{k}=-2\boldsymbol{j}-6t\boldsymbol{k}\ (\text{m/s}^2)$$

所以，第3秒末，质点的加速度

$$\boldsymbol{a}(t=3\ \text{s})=-2\boldsymbol{j}-6\times3\boldsymbol{k}=-2\boldsymbol{j}-18\boldsymbol{k}\ (\text{m/s}^2)$$

(5)1～3 s，质点的平均速度是指质点在第3秒末和第1秒末的位置矢量差值与时间间隔$\Delta t=(3-1)=2$ s的比值

$$\boldsymbol{r}(t=1\ \text{s})=3\times1\boldsymbol{i}+(5-1^2)\boldsymbol{j}-1^3\boldsymbol{k}=3\boldsymbol{i}+4\boldsymbol{j}-\boldsymbol{k}\ \text{m}$$

$$\Delta\boldsymbol{r}=\boldsymbol{r}(t=3\ \text{s})-\boldsymbol{r}(t=1\ \text{s})=(9\boldsymbol{i}-4\boldsymbol{j}-27\boldsymbol{k})-(3\boldsymbol{i}+4\boldsymbol{j}-\boldsymbol{k})=6\boldsymbol{i}-8\boldsymbol{j}-26\boldsymbol{k}\ \text{m}$$

$$\overline{\boldsymbol{v}}=\frac{\Delta\boldsymbol{r}}{\Delta t}=\frac{6\boldsymbol{i}-8\boldsymbol{j}-26\boldsymbol{k}}{2}=3\boldsymbol{i}-4\boldsymbol{j}-13\boldsymbol{k}\ (\text{m/s})$$

(6)1～3 s，质点的平均加速度是指质点在第3秒末和第1秒末的速度矢量差值与时间间隔$\Delta t=(3-1)=2$ s的比值

$$\boldsymbol{v}(t=1\ \text{s})=3\boldsymbol{i}-2\times1\boldsymbol{j}-3\times1^2\boldsymbol{k}=3\boldsymbol{i}-2\boldsymbol{j}-3\boldsymbol{k}\ (\text{m/s})$$

$$\Delta\boldsymbol{v}=(3\boldsymbol{i}-6\boldsymbol{j}-27\boldsymbol{k})-(3\boldsymbol{i}-2\boldsymbol{j}-3\boldsymbol{k})=-4\boldsymbol{j}-24\boldsymbol{k}\ (\text{m/s})$$

$$\overline{\boldsymbol{a}}=\frac{\Delta\boldsymbol{v}}{\Delta t}=-2\boldsymbol{j}-12\boldsymbol{k}\ (\text{m/s}^2)$$

(7)由运动函数分量形式，得到

$$t=\frac{1}{3}x(t), -t^2=y(t)-5\Rightarrow -t^3=\frac{1}{3}x(y-5)$$

所以，质点运动的轨迹方程为

$$z=\frac{1}{3}x(y-5)$$

点评 质点的运动函数给出了质点的位置矢量随时间的变化规律，或者说给出了质点的位置矢量端点也就是质点的空间位置坐标随时间的变化规律。有了质点的运动函数，有关质点的位置矢量、位移、速度、加速度等描述质点机械运动状态的基本物理量以及质点运动的空间轨迹就完全确定了。质点的运动函数隐含了质点机械运动几何性质

的全部信息。

【例 1-2】 一质点沿半径为 R 的圆做圆周运动,其路程 s 随时间变化的规律为

$$s=bt-\frac{1}{2}ct^{2}$$

式中,b,c 为大于零的常数,且 $b^{2}>Rc$,求:

(1)质点运动的切向加速度和法向加速度;

(2)质点运动经过多长时间,切向加速度和法向加速度的大小相等;

(3)加速度的大小;(4)质点圆周运动的角加速度;

(5)在平面极坐标系中表示的径向速度和横向速度;

(6)在平面极坐标系中表示的径向加速度和横向加速度。

分析 质点的曲线运动的加速度可以正交分解为切向加速度和法向加速度。由路程 s 对时间求一阶导数,可以求得速率随时间的变化,从而求得法向加速度随时间的变化;由速率对时间求一阶导数,可以求得速率随时间的变化率,即切向加速度大小随时间的变化。圆周运动是一个特殊的曲线运动,即曲率中心不动,曲率半径也只有一个,即圆周半径 R。质点平面曲线运动的加速度分解为切向加速度和法向加速度,由于加速度的两个分量是正交的,所以,总加速度大小的平方是切向加速度与法向加速度的平方和。

由于质点做圆周运动,路程 s 就是转过的弧长;由于曲率半径不变,质点转过的弧长可以转换为转过的角度,即质点的角位移。有了角位移,就可以求角速度和角加速度。

质点圆周运动,还可以用平面极坐标系表示。由于质点圆周运动的半径不变,也就是平面极坐标系中质点的极径 $r(t)$ 不随时间变化;而角位移可以看作是角坐标 $\theta(t)$ 的变化。这两个坐标值也就是平面极坐标系中表示的质点的运动函数,由此可以求得径向速度和横向速度以及径向加速度和横向加速度。

解 质点在圆周上运动的速率为

$$v=\frac{\mathrm{d}s}{\mathrm{d}t}=b-ct$$

可见是变速率的曲线(圆周)运动。

(1)切向加速度和法向加速度分别为

$$\boldsymbol{a}_{\mathrm{t}}=\frac{\mathrm{d}v}{\mathrm{d}t}=-c\boldsymbol{e}_{\mathrm{t}},\boldsymbol{a}_{\mathrm{n}}=\frac{v^{2}}{R}=\frac{(b-ct)^{2}}{R}\boldsymbol{e}_{\mathrm{n}}$$

(2)当 $|a_{\mathrm{t}}|=|a_{\mathrm{n}}|$ 时,$c=\frac{(b-ct)^{2}}{R}$,$t=\frac{b}{c}\pm\sqrt{\frac{R}{c}}$,切向加速度和法向加速度大小相等。

(3)加速度的大小

$$a=\sqrt{a_{\mathrm{t}}^{2}+a_{\mathrm{n}}^{2}}=\sqrt{(-c)^{2}+\left[\frac{(b-ct)^{2}}{R}\right]^{2}}=\sqrt{c^{2}+\frac{(b-ct)^{4}}{R^{2}}}$$

(4)质点圆周运动,角位置表示为

$$\theta(t)=\frac{s}{R}=\frac{b}{R}t-\frac{c}{2R}t^{2}$$

质点圆周运动的角速度表示为

$$\omega=\frac{\mathrm{d}\theta(t)}{\mathrm{d}t}=\frac{b}{R}-\frac{c}{R}t$$

所以质点圆周运动的角加速度表示为

$$\beta=\frac{\mathrm{d}\omega}{\mathrm{d}t}=\frac{\mathrm{d}^{2}\theta(t)}{\mathrm{d}t^{2}}=-\frac{c}{R}$$

(5)在平面极坐标系中,质点运动函数表示为

$$r=r(t)=R,\theta=\theta(t)=\frac{b}{R}t-\frac{c}{2R}t^2$$

在平面极坐标系中表示的径向速度和横向速度为

$$\boldsymbol{v}_{\mathrm{r}}=\frac{\mathrm{d}r}{\mathrm{d}t}\boldsymbol{e}_{\mathrm{r}}=\frac{\mathrm{d}R}{\mathrm{d}t}\boldsymbol{e}_{\mathrm{r}}=0,\boldsymbol{v}_{\theta}=r\frac{\mathrm{d}\theta}{\mathrm{d}t}\boldsymbol{e}_{\theta}=R\frac{\mathrm{d}}{\mathrm{d}t}\left(\frac{b}{R}t-\frac{c}{2R}t^2\right)\boldsymbol{e}_{\theta}=(b-ct)\boldsymbol{e}_{\theta}$$

(6)径向加速度和横向加速度

$$\boldsymbol{a}_{\mathrm{r}}=\left[\frac{\mathrm{d}^2 r}{\mathrm{d}t^2}-r\left(\frac{\mathrm{d}\theta}{\mathrm{d}t}\right)^2\right]\boldsymbol{e}_{\mathrm{r}}=\left[\frac{\mathrm{d}^2 R}{\mathrm{d}t^2}-R\left(\frac{b-ct}{R}\right)^2\right]\boldsymbol{e}_{\mathrm{r}}=-\frac{(b-ct)^2}{R}\boldsymbol{e}_{\mathrm{r}}$$

$$\boldsymbol{a}_{\theta}=\left(r\frac{\mathrm{d}^2\theta}{\mathrm{d}t^2}+2\frac{\mathrm{d}r}{\mathrm{d}t}\frac{\mathrm{d}\theta}{\mathrm{d}t}\right)\boldsymbol{e}_{\theta}=R\frac{\mathrm{d}^2}{\mathrm{d}t^2}\left(\frac{b}{R}t-\frac{c}{2R}t^2\right)\boldsymbol{e}_{\theta}=-c\boldsymbol{e}_{\theta}$$

点评 由于质点做变速率的曲线(圆周)运动,速率是随时间变化的,所以,法向加速度的大小是随时间变化的;质点运动的加速度矢量是切向加速度与法向加速度的矢量和。切向加速度为负值,质点在做减速圆周运动;由于切向加速度恒定,所以是匀减速圆周运动。

当$t=b/c-\sqrt{R/c}$时,$v=\sqrt{Rc}>0$;当$t=b/c$时,$v=0$;当$t=b/c+\sqrt{R/c}$时,$v=-\sqrt{Rc}<0$。在$t=b/c-\sqrt{R/c}$和$t=b/c+\sqrt{R/c}$时,所谓的“速率”是“相等”的,所以法向加速度是相等的,$a_{\mathrm{n}}=v^2/R=c$。由此,我们可以描述该质点的圆周运动形式:在$t<b/c$时,质点真的做匀减速圆周运动;在$t=b/c$时,质点圆周运动的速率减小到0;在$t>b/c$时,质点实际上在做反向的匀加速圆周运动。所以,自然坐标系中的“速率”是有正负之分的,也就是说,“速率”是一个标量。

当$t=b/c-\sqrt{R/c}$时,$\omega=\sqrt{c/R}>0$;当$t=b/c$时,$\omega=0$;当$t=b/c+\sqrt{R/c}$时,$\omega=-\sqrt{c/R}<0$。角加速度恒定,$\beta=-c/R<0$。由此,我们可以描述该质点的圆周运动形式:在$t<b/c$时,质点做匀减速圆周运动;在$t=b/c$时,质点圆周运动的速率减小到0;在$t>b/c$时,质点在做反向的匀加速圆周运动。质点圆周运动的速率为$v=\omega R$,切向加速度为$a_{\mathrm{t}}=\beta R$,这满足线量与角量的关系。

质点在做圆周运动时,平面极坐标系中的径向速度$\boldsymbol{v}_{\mathrm{r}}=0$,平面极坐标系中的横向速度就是自然坐标系中质点运动的速度;平面极坐标系中的横向加速度就是自然坐标系中的切向加速度,平面极坐标系中的径向加速度与自然坐标系中的法向加速度大小相等、方向相同。

【例 1-3】 一质点沿Ox轴做直线运动。t时刻的位置坐标为$x=\frac{A}{B^2}[Bt+\exp(-Bt)]$,式中$A,B$为大于零的恒量。求:质点在$t=0$时的速度和加速度的大小;质点在任意时刻的速度和加速度大小之间的关系。

分析 质点在t时刻的位置坐标,就是质点运动函数。已知运动函数求速度和加速度。

解 由运动函数对时间求导数,求得t时刻质点沿Ox轴直线运动的速度和加速度

$$v=\frac{\mathrm{d}x}{\mathrm{d}t}=\frac{A}{B}[1-\exp(-Bt)],a=\frac{\mathrm{d}v}{\mathrm{d}t}=A\exp(-Bt)$$

所以$t=0$时,$v_0=0,a_0=A$。

由加速度表达式得$\exp(-Bt)=\frac{a}{A}$,代入速度表达式得$v=\frac{A}{B}\left(1-\frac{a}{A}\right)$,质点在任意时刻的速度和加速度的关系为$a=A-Bv$。

点评 质点做直线运动,因为$\exp(-Bt)<1$,当$t=0$时,$x_0=\frac{A}{B^2}>0,v_0=0,a_0=A>0$;

当 $t>0$ 时，$x>\frac{A}{B^2}$，$v>0$，$0<a<A$。所以，质点沿 x 轴正方向加速运动。不过，加速度越来越小(总为正)，加速的幅度越来越小。

【例 1-4】 已知质点的运动函数为 $x(t)=A\cos Ct$，$y(t)=B\sin Ct$，$z(t)=0$，式中 A，B 和 C 均为正的恒量，且 $A>B$。求：

(1)质点的轨迹方程；(2)质点的速度和加速度；(3)质点的角速度和角加速度；(4)在平面极坐标系中描述质点的速度；(5)在平面极坐标系中描述质点的加速度。

分析 质点做平面曲线运动，由运动函数消去时间变量，得到在直角坐标系中质点运动的轨迹方程。由运动函数对时间求导可以得到在直角坐标系下质点运动的速度和加速度。由运动函数可以求得质点到直角坐标系原点的距离即位置矢量的大小 $r=|\boldsymbol{r}|=\sqrt{x^2+y^2}$ 和位置矢量与 x 轴的夹角 $\tan\theta=y/x$，(r,θ) 即为在平面极坐标系中表示的质点位置矢量。由 θ 对时间求导，得到角速度，进而得到角加速度。由 (r,θ) 可以求得在平面极坐标系中质点运动的横向速度和径向速度，横向加速度和径向加速度。

解 (1)由运动函数的分量式消去参数 t，可得轨迹方程

$$\left(\frac{x}{A}\right)^2+\left(\frac{y}{B}\right)^2=\cos^2 Ct+\sin^2 Ct=1$$

质点在 xOy 平面上的运动轨迹为一椭圆，且长轴沿 x 轴方向，短轴沿 y 轴方向，如图 1-20 所示。由运动函数还可以判断质点椭圆运动的方向。当 $t=0$ 时，$x(0)=A$，$y(0)=0$，质点位于 x 轴上的 a 点，下一微小时刻 $\mathrm{d}t$，$x(0+\mathrm{d}t)=A\cos C\mathrm{d}t>0$，$y(0+\mathrm{d}t)=B\sin C\mathrm{d}t>0$，质点位于 x 轴上方的 b 点，因此，质点在椭圆轨迹上沿逆时针方向运动。

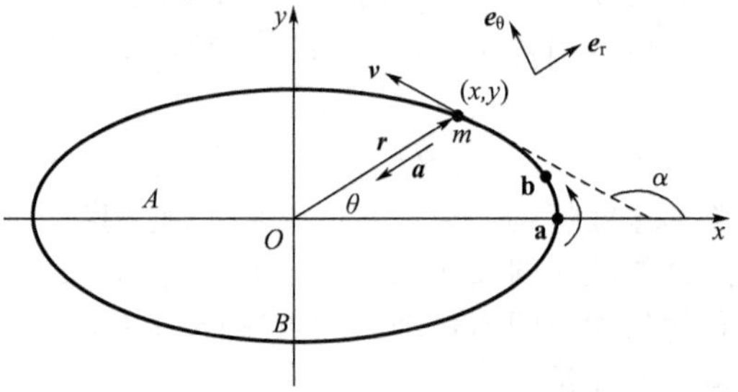

图 1-20 例 1-4 解析

(2)由运动函数对时间求导可以得到速度

$$v_x=\frac{\mathrm{d}x}{\mathrm{d}t}=-CA\sin Ct,\ v_y=\frac{\mathrm{d}y}{\mathrm{d}t}=CB\cos Ct$$

$$\boldsymbol{v}=v_x\boldsymbol{i}+v_y\boldsymbol{j}=-CA\sin Ct\boldsymbol{i}+CB\cos Ct\boldsymbol{j}$$

由上式可求得速度大小为

$$v=\sqrt{v_x^2+v_y^2}=C\sqrt{A^2\sin^2 Ct+B^2\cos^2 Ct}$$

其方向为 $\tan\alpha=\frac{v_y}{v_x}=-\frac{B\cos Ct}{A\sin Ct}$，$\alpha$ 为 $\boldsymbol{v}$ 与 Ox 轴正方向的夹角。

由速度的分量式对时间求导，得到加速度分量

$$a_x=\frac{\mathrm{d}v_x}{\mathrm{d}t}=-C^2A\cos Ct,\ a_y=\frac{\mathrm{d}v_y}{\mathrm{d}t}=-C^2B\sin Ct$$

加速度为

$$\boldsymbol{a}=a_x\boldsymbol{i}+a_y\boldsymbol{j}=-C^2(A\cos Ct\boldsymbol{i}+B\sin Ct\boldsymbol{j})$$

$\boldsymbol{a}=-C^2(A\cos Ct\boldsymbol{i}+B\sin Ct\boldsymbol{j})=-C^2(x\boldsymbol{i}+y\boldsymbol{j})=-C^2\boldsymbol{r}$，可见，$\boldsymbol{a}$ 与 $\boldsymbol{r}$ 反向，即加速度恒指向椭圆中心，其大小为

$$a=\sqrt{a_x^2+a_y^2}=C^2\sqrt{A^2\cos^2 Ct+B^2\sin^2 Ct}$$

(3)由 $x(t)=A\cos Ct$，$y(t)=B\sin Ct$，得到

$$\tan\theta=\frac{y}{x}=\frac{B\sin Ct}{A\cos Ct}=\frac{B}{A}\tan Ct$$

两边对时间求导

$$\frac{1}{\cos^2\theta}\frac{\mathrm{d}\theta}{\mathrm{d}t}=\frac{CB}{A}\frac{1}{\cos^2 Ct},\frac{\omega}{\cos^2\theta}=\frac{CB}{A}\frac{1}{\cos^2 Ct},\omega=\frac{CB}{A}\frac{\cos^2\theta}{\cos^2 Ct}$$

式中的 $\omega=\frac{\mathrm{d}\theta}{\mathrm{d}t}$ 即为角速度。可以进一步化简，由于

$$\tan^2\theta=\frac{B^2}{A^2}\tan^2 Ct,1+\tan^2\theta=1+\frac{B^2}{A^2}\tan^2 Ct,\frac{1}{\cos^2\theta}=\frac{A^2\cos^2 Ct+B^2\sin^2 Ct}{A^2\cos^2 Ct}$$

由此得到角速度的表达式

$$\omega=\frac{\mathrm{d}\theta}{\mathrm{d}t}=\frac{CAB}{A^2\cos^2 Ct+B^2\sin^2 Ct}=\frac{CAB}{x^2+y^2}=\frac{CAB}{r^2}$$

进而得到角加速度的表达式

$$\beta=\frac{\mathrm{d}\omega}{\mathrm{d}t}=\frac{2C^2AB(A^2-B^2)\sin Ct\cos Ct}{(A^2\cos^2 Ct+B^2\sin^2 Ct)^2}=\frac{2C^2(A^2-B^2)xy}{r^4}$$

(4)由(r,θ)可以求得径向速度和横向速度

$$r=|\boldsymbol{r}|=\sqrt{x^2+y^2}=\sqrt{A^2\cos^2 Ct+B^2\sin^2 Ct}$$

$$v_{\mathrm{r}}=\frac{\mathrm{d}r}{\mathrm{d}t}=-\frac{C(A^2-B^2)\sin Ct\cos Ct}{\sqrt{A^2\cos^2 Ct+B^2\sin^2 Ct}}=-\frac{C(A^2-B^2)xy}{ABr}$$

$$v_\theta=r\frac{\mathrm{d}\theta}{\mathrm{d}t}=r\frac{CAB}{A^2\cos^2 Ct+B^2\sin^2 Ct}=\frac{CAB}{r}$$

速度为

$$\boldsymbol{v}=v_{\mathrm{r}}\boldsymbol{e}_{\mathrm{r}}+v_\theta\boldsymbol{e}_\theta=\frac{\mathrm{d}r}{\mathrm{d}t}\boldsymbol{e}_{\mathrm{r}}+r\frac{\mathrm{d}\theta}{\mathrm{d}t}\boldsymbol{e}_\theta=-\frac{C(A^2-B^2)xy}{ABr}\boldsymbol{e}_{\mathrm{r}}+\frac{CAB}{r}\boldsymbol{e}_\theta$$

$$=-\frac{C(A^2-B^2)\sin Ct\cos Ct}{\sqrt{A^2\cos^2 Ct+B^2\sin^2 Ct}}\boldsymbol{e}_{\mathrm{r}}+\frac{CAB}{\sqrt{A^2\cos^2 Ct+B^2\sin^2 Ct}}\boldsymbol{e}_\theta$$

(5)由 $v_{\mathrm{r}}=\frac{\mathrm{d}r}{\mathrm{d}t}$ 和 $v_\theta=r\frac{\mathrm{d}\theta}{\mathrm{d}t}$ 可以求得径向加速度和横向加速度

$$\frac{\mathrm{d}^2r}{\mathrm{d}t^2}=\frac{\mathrm{d}}{\mathrm{d}t}\frac{\mathrm{d}r}{\mathrm{d}t}=\frac{\mathrm{d}}{\mathrm{d}t}\left[-\frac{C(A^2-B^2)\sin Ct\cos Ct}{\sqrt{A^2\cos^2 Ct+B^2\sin^2 Ct}}\right]=\frac{\mathrm{d}}{\mathrm{d}t}\left[-\frac{C(A^2-B^2)xy}{ABr}\right]$$

$$=-\frac{C(A^2-B^2)y}{ABr}\frac{\mathrm{d}x}{\mathrm{d}t}-\frac{C(A^2-B^2)x}{ABr}\frac{\mathrm{d}y}{\mathrm{d}t}+\frac{C(A^2-B^2)xy}{ABr^2}\frac{\mathrm{d}r}{\mathrm{d}t}$$

$$=\frac{C^2(A^2-B^2)y^2}{B^2r}-\frac{C^2(A^2-B^2)x^2}{A^2r}-\frac{C^2(A^2-B^2)^2x^2y^2}{A^2B^2r^3}$$

$$=\frac{C^2(A^2-B^2)}{A^2B^2r^3}[A^2y^2(x^2+y^2)-B^2x^2(x^2+y^2)-(A^2-B^2)x^2y^2]$$

$$=\frac{C^2(A^2-B^2)}{A^2B^2r^3}[A^2x^2y^2+A^2y^4-B^2x^4-B^2x^2y^2-A^2x^2y^2+B^2x^2y^2]$$

$$=\frac{C^2(A^2-B^2)}{A^2B^2r^3}[A^2y^4-B^2x^4]=\frac{C^2}{A^2B^2r^3}[A^4y^4-A^2B^2x^4-A^2B^2y^4+B^4x^4]$$

$$=\frac{C^2}{A^2B^2r^3}[A^4B^4\sin^4 Ct-A^6B^2\cos^4 Ct-A^2B^6\sin^4 Ct+A^4B^4\cos^4 Ct]$$

$$=\frac{C^2}{r^3}[A^2B^2\sin^4 Ct-A^4\cos^4 Ct-B^4\sin^4 Ct+A^2B^2\cos^4 Ct]$$

其中

$$\begin{aligned}&A^2B^2\sin^4 Ct+A^2B^2\cos^4 Ct\\=&A^2B^2\sin^2 Ct(1-\cos^2 Ct)+A^2B^2\cos^2 Ct(1-\sin^2 Ct)\\=&A^2B^2\sin^2 Ct-A^2B^2\sin^2 Ct\cos^2 Ct+A^2B^2\cos^2 Ct-A^2B^2\cos^2 Ct\sin^2 Ct\\=&A^2B^2-2A^2B^2\cos^2 Ct\sin^2 Ct\end{aligned}$$

因此

$$\begin{aligned}\frac{d^2r}{dt^2}&=\frac{C^2}{r^3}[A^2B^2-A^4\cos^4 Ct-B^4\sin^4 Ct-2A^2B^2\cos^2 Ct\sin^2 Ct]\\&=\frac{C^2}{r^3}[A^2B^2-x^4-y^4-2x^2y^2]\end{aligned}$$

径向加速度为

$$\begin{aligned}a_r&=\frac{d^2r}{dt^2}-r\left(\frac{d\theta}{dt}\right)^2=\frac{C^2}{r^3}[A^2B^2-x^4-y^4-2x^2y^2]-r\left(\frac{CAB}{r^2}\right)^2\\&=\frac{C^2}{r^3}[-x^4-y^4-2x^2y^2]=-\frac{C^2}{r^3}r^4=-C^2r\end{aligned}$$

因为

$$\frac{d^2\theta}{dt^2}=\frac{d}{dt}\frac{d\theta}{dt}=\frac{d}{dt}\left(\frac{CAB}{r^2}\right)=-2\frac{CAB}{r^3}\frac{dr}{dt}=-2\frac{CAB}{r^3}\left[-\frac{C(A^2-B^2)xy}{ABr}\right]$$

所以横向加速度为

$$\begin{aligned}a_\theta&=r\frac{d^2\theta}{dt^2}+2\frac{dr}{dt}\frac{d\theta}{dt}\\&=-2\frac{CAB}{r^2}\left[-\frac{C(A^2-B^2)xy}{ABr}\right]+2\left[-\frac{C(A^2-B^2)xy}{ABr}\right]\frac{CAB}{r^2}=0\end{aligned}$$

所以,在平面极坐标系下,质点的加速度为

$$\boldsymbol{a}=a_r\boldsymbol{e}_r+a_\theta\boldsymbol{e}_\theta=-C^2r\boldsymbol{e}_r$$

这一结果与直角坐标系下的结果一致,横向加速度为零,加速度指向椭圆中心。

点评 如果质点的质量为 m,我们还可以讨论质点绕椭圆中心的角动量问题。角动量为

$$\begin{aligned}\boldsymbol{L}&=\boldsymbol{r}\times m\boldsymbol{v}=m(x\boldsymbol{i}+y\boldsymbol{j})\times(v_x\boldsymbol{i}+v_y\boldsymbol{j})\\&=m(A\cos Ct\boldsymbol{i}+B\sin Ct\boldsymbol{j})\times(-CA\sin Ct\boldsymbol{i}+CB\cos Ct\boldsymbol{j})\\&=m(CAB\sin^2 Ct\boldsymbol{k}+CAB\cos^2 Ct\boldsymbol{k})=mCAB\boldsymbol{k}=\text{恒矢量}\end{aligned}$$

也就是说,质点沿椭圆运动过程中,角动量守恒。

质点沿平面椭圆轨迹运动,可以使用平面极坐标描述质点的运动。由平面极坐标系中的速度表达式,可以得到角动量

$$\begin{aligned}\boldsymbol{L}&=\boldsymbol{r}\times m\boldsymbol{v}=mr\boldsymbol{e}_r\times\left[-\frac{C(A^2-B^2)xy}{ABr}\boldsymbol{e}_r+\frac{CAB}{r}\boldsymbol{e}_\theta\right]\\&=mr\boldsymbol{e}_r\times\frac{CAB}{r}\boldsymbol{e}_\theta=mCAB\boldsymbol{k}\end{aligned}$$

这与用直角坐标系中速度表达式计算的结果一致。

由平面极坐标系中的速度表达式,可以计算速度的大小

$$v_r=\frac{dr}{dt}=-\frac{C(A^2-B^2)\sin Ct\cos Ct}{\sqrt{A^2\cos^2 Ct+B^2\sin^2 Ct}}=-\frac{C(A^2-B^2)xy}{ABr}$$

$$v_\theta = r\frac{\mathrm{d}\theta}{\mathrm{d}t} = r\frac{CAB}{A^2\cos^2Ct + B^2\sin^2Ct} = \frac{CAB}{r}$$

$$\begin{aligned}
v_r^2 &= \frac{C^2(A^2-B^2)^2x^2y^2}{A^2B^2r^2} = \frac{C^2(A^2-B^2)^2A^2B^2\sin^2Ct\cos^2Ct}{A^2B^2r^2}\\
&= \frac{C^2(A^4+B^4-2A^2B^2)A^2B^2\sin^2Ct\cos^2Ct}{A^2B^2r^2}\\
&= \frac{C^2(A^4+B^4)x^2y^2}{A^2B^2r^2} - 2\frac{C^2A^4B^4\sin^2Ct\cos^2Ct}{A^2B^2r^2}\\
&= \frac{C^2}{A^2B^2r^2}\left[A^4x^2y^2+B^4x^2y^2-A^4B^4(1-\cos^2Ct)\cos^2Ct-A^4B^4\sin^2Ct(1-\sin^2Ct)\right]\\
&= \frac{C^2}{A^2B^2r^2}\left[A^4x^2y^2+B^4x^2y^2-A^4B^4\cos^2Ct+A^4B^4\cos^4Ct-A^4B^4\sin^2Ct+A^4B^4\sin^4Ct\right]\\
&= \frac{C^2}{A^2B^2r^2}\left[A^4x^2y^2+B^4x^2y^2-A^4B^4+B^4x^4+A^4y^4\right]
\end{aligned}$$

$$v_\theta^2 = \frac{C^2A^2B^2}{r^2}$$

$$\begin{aligned}
v_r^2+v_\theta^2 &= \frac{C^2}{A^2B^2r^2}\left[A^4x^2y^2+B^4x^2y^2+B^4x^4+A^4y^4\right]\\
&= \frac{C^2}{A^2B^2r^2}\left[A^4(x^2+y^2)y^2+B^4(x^2+y^2)x^2\right]\\
&= \frac{C^2}{A^2B^2r^2}\left[A^4r^2y^2+B^4r^2x^2\right] = \frac{C^2}{A^2B^2}\left[A^4y^2+B^4x^2\right]\\
&= \frac{C^2}{A^2B^2}\left[A^4B^2\sin^2Ct+B^4A^2\cos^2Ct\right] = C^2\left[A^2\sin^2Ct+B^2\cos^2Ct\right]
\end{aligned}$$

$$v = \sqrt{v_r^2+v_\theta^2} = C\sqrt{A^2\sin^2Ct+B^2\cos^2Ct}$$

这与用直角坐标系中速度表达式计算的结果一致。

【例 1-5】 以初速度$\boldsymbol{v}_0$、倾角θ斜向上抛一个物体(质点),抛出时开始计时。以抛出点为原点,建立直角坐标系,y轴竖直向下,x轴沿水平方向。求:

(1)质点运动的加速度;

(2)t时刻,质点运动速度的表达式;

(3)t时刻,质点运动函数的表达式;

(4)t时刻,质点运动速率的表达式;

(5)t时刻,质点运动的切向加速度、法向加速度;

(6)t时刻,质点运动轨道的曲率半径表达式;

(7)t时刻,质点经过的路程表达式;

(8)质点运动的轨迹方程。

分析 抛体运动,已知加速度竖直向下并且为常数矢量,在直角坐标系中可以表示加速度。有了加速度在直角坐标系中的表达式,时间积累就可以得到质点运动速度在直角坐标系中的表达式。有了速度在直角坐标系中的表达式,时间积累就可以得到质点位置矢量在直角坐标系中的表达式,由此得到质点运动函数的表达式。有了速度在直角坐标系中的表达式,就可以得到速率的表达式。有了速率的表达式,对时间求一阶导数,就可以得到切向加速度。由于加速度为恒矢量,可以进一步得到法向加速度。有了法向加速度和速率的表达式,就可以得到任意时刻质点运动轨迹的曲率半径。速率的表达式对时间的积累,可以得到质点运动路程的表达式。由质点运动函数的表达式,消去时间参数 t,可以得到质点运动的轨迹方程。

解 如图 1-21 所示,质点做平面曲线运动。选取直角坐标系 xOy,x 轴为水平方向,y 轴的方向竖直向下。$t=0$ 时刻,质点从坐标原点以初速度 $\boldsymbol{v}_0$、倾角 θ 斜向上抛出。

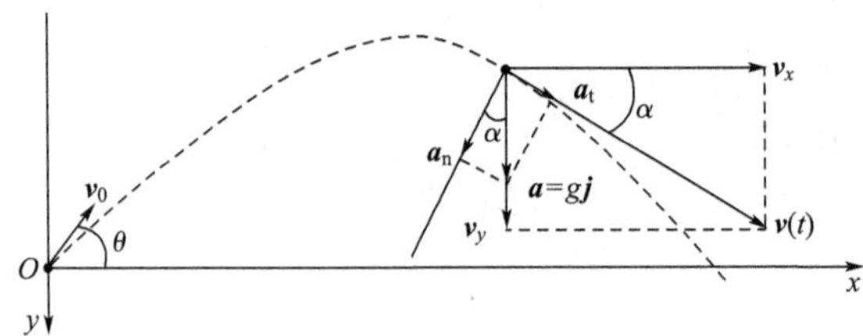

图 1-21 例 1-5 解析

(1)抛体运动中,质点只受重力作用,加速度是恒量。在平面直角坐标系中,加速度为

$$\boldsymbol{a}=g\boldsymbol{j}$$

(2)由加速度的定义式,得到

$$\mathrm{d}\boldsymbol{v}=\boldsymbol{a}\,\mathrm{d}t=g\boldsymbol{j}\,\mathrm{d}t,\boldsymbol{v}=\int\mathrm{d}\boldsymbol{v}=\int\boldsymbol{a}\,\mathrm{d}t=\int g\boldsymbol{j}\,\mathrm{d}t=gt\boldsymbol{j}+C$$

在 $t=0$ 时刻,$\boldsymbol{v}=v_0\cos\theta\boldsymbol{i}-v_0\sin\theta\boldsymbol{j}$,所以,$C=v_0\cos\theta\boldsymbol{i}-v_0\sin\theta\boldsymbol{j}$,因此,$t$ 时刻,质点运动速度为

$$\boldsymbol{v}(t)=v_0\cos\theta\boldsymbol{i}+(gt-v_0\sin\theta)\boldsymbol{j}$$

(3)由速度的定义式,得到

$$\mathrm{d}\boldsymbol{r}=\boldsymbol{v}\,\mathrm{d}t=v_0\cos\theta\boldsymbol{i}\mathrm{d}t+(gt-v_0\sin\theta)\boldsymbol{j}\,\mathrm{d}t$$

所以,t 时刻,质点运动函数为

$$\boldsymbol{r}(t)=\int_0^t\mathrm{d}\boldsymbol{r}=\int_0^t[v_0\cos\theta\boldsymbol{i}+(gt-v_0\sin\theta)\boldsymbol{j}]\,\mathrm{d}t=v_0t\cos\theta\boldsymbol{i}+\left(\frac{1}{2}gt^2-v_0t\sin\theta\right)\boldsymbol{j}$$

(4)t 时刻,质点运动速率为

$$v(t)=|\boldsymbol{v}(t)|=\sqrt{(v_0\cos\theta)^2+(gt-v_0\sin\theta)^2}=\sqrt{v_0^2+g^2t^2-2gv_0t\sin\theta}$$

(5)t 时刻,质点运动的切向加速度大小为

$$a_t=\frac{\mathrm{d}v(t)}{\mathrm{d}t}=\frac{\mathrm{d}}{\mathrm{d}t}(\sqrt{v_0^2+g^2t^2-2gv_0t\sin\theta})$$

$$=\frac{2g^2t-2gv_0\sin\theta}{2\sqrt{v_0^2+g^2t^2-2gv_0t\sin\theta}}=\frac{g^2t-gv_0\sin\theta}{\sqrt{v_0^2+g^2t^2-2gv_0t\sin\theta}}$$

由于 $a_t^2+a_n^2=a^2=g^2$,所以,t 时刻质点运动的法向加速度大小为

$$a_n=\sqrt{g^2-a_t^2}=\sqrt{g^2-\left(\frac{g^2t-gv_0\sin\theta}{\sqrt{v_0^2+g^2t^2-2gv_0t\sin\theta}}\right)^2}$$

$$=g\frac{v_0\cos\theta}{\sqrt{v_0^2+g^2t^2-2gv_0t\sin\theta}}$$

(6)由于 $a_n=v^2/\rho$,所以,t 时刻质点运动轨道的曲率半径为

$$\rho(t)=\frac{v^2}{a_n}=\frac{(v_0^2+g^2t^2-2gv_0t\sin\theta)^{\frac{3}{2}}}{gv_0\cos\theta}$$

(7)由 $v=\mathrm{d}s/\mathrm{d}t$,得到 t 时刻质点经过的路程为

$$s(t)=\int\mathrm{d}s=\int_0^t v\,\mathrm{d}t=\int_0^t\sqrt{v_0^2+g^2t^2-2gv_0t\sin\theta}\,\mathrm{d}t$$

$$=g\int_0^t\sqrt{\left(\frac{v_0\cos\theta}{g}\right)^2+\left(t-\frac{v_0\sin\theta}{g}\right)^2}\,\mathrm{d}t$$

$$=g\int_0^t\sqrt{\left(\frac{v_0\cos\theta}{g}\right)^2+\left(t-\frac{v_0\sin\theta}{g}\right)^2}\,\mathrm{d}\left(t-\frac{v_0\sin\theta}{g}\right)$$

$$=\frac{1}{2}(gt-v_0\sin\theta)\sqrt{\left(\frac{v_0\cos\theta}{g}\right)^2+\left(t-\frac{v_0\sin\theta}{g}\right)^2}+$$

$$\frac{g}{2}\left(\frac{v_0\cos\theta}{g}\right)^2\ln\left|\left(t-\frac{v_0\sin\theta}{g}\right)+\sqrt{\left(\frac{v_0\cos\theta}{g}\right)^2+\left(t-\frac{v_0\sin\theta}{g}\right)^2}\right|+$$

$$\frac{1}{2g}v_0{}^2\sin\theta-\frac{g}{2}\left(\frac{v_0\cos\theta}{g}\right)^2\ln\left|\left(\frac{v_0}{g}-\frac{v_0\sin\theta}{g}\right)\right|$$

(8)由质点位置矢量在直角坐标系中的表达式得到质点运动函数

$$x(t)=v_0t\cos\theta,\ y(t)=\frac{1}{2}gt^2-v_0t\sin\theta$$

消去时间参量，得到轨迹方程

$$y=\frac{1}{2}g\left(\frac{x}{v_0\cos\theta}\right)^2-v_0\frac{x}{v_0\cos\theta}\sin\theta=\frac{g}{2v_0^2\cos^2\theta}x^2-x\tan\theta$$

很明显，质点的运动轨迹是抛物线。

点评　有关质点运动的切向加速度、法向加速度，还可以这样计算。

如图 1-21 所示，设 t 时刻，质点运动速度 $\boldsymbol{v}$ 与 x 轴夹角为 α，这也是切向加速度 $\boldsymbol{a}_\mathrm{t}$ 与 x 轴夹角，还是法向加速度 $\boldsymbol{a}_\mathrm{n}$ 与 y 轴（总加速度 $\boldsymbol{a}=g\boldsymbol{j}$）夹角。由于

$$\boldsymbol{v}(t)=v_x\boldsymbol{i}+v_y\boldsymbol{j}=v_0\cos\theta\boldsymbol{i}+(gt-v_0\sin\theta)\boldsymbol{j}$$

所以

$$\cos\alpha=\frac{v_x}{v}=\frac{v_0\cos\theta}{v}=\frac{v_0\cos\theta}{\sqrt{(v_0\cos\theta)^2+(gt-v_0\sin\theta)^2}}$$

$$\sin\alpha=\frac{v_y}{v}=\frac{gt-v_0\sin\theta}{v}=\frac{gt-v_0\sin\theta}{\sqrt{(v_0\cos\theta)^2+(gt-v_0\sin\theta)^2}}$$

又由于 $\boldsymbol{a}=a_\mathrm{t}\boldsymbol{e}_\mathrm{t}+a_\mathrm{n}\boldsymbol{e}_\mathrm{n}=a\sin\alpha\boldsymbol{e}_\mathrm{t}+a\cos\alpha\boldsymbol{e}_\mathrm{n}=g\sin\alpha\boldsymbol{e}_\mathrm{t}+g\cos\alpha\boldsymbol{e}_\mathrm{n}$，所以

$$a_\mathrm{t}=g\sin\alpha=g\frac{gt-v_0\sin\theta}{\sqrt{(v_0\cos\theta)^2+(gt-v_0\sin\theta)^2}}=\frac{g^2t-gv_0\sin\theta}{\sqrt{v_0^2+g^2t^2-2gv_0t\sin\theta}}$$

$$a_\mathrm{n}=g\cos\alpha=g\frac{v_0\cos\theta}{\sqrt{(v_0\cos\theta)^2+(gt-v_0\sin\theta)^2}}=\frac{gv_0\cos\theta}{\sqrt{v_0^2+g^2t^2-2gv_0t\sin\theta}}$$

【例 1-6】　一质点由静止开始做直线运动，初始加速度为 a_0，以后加速度均匀增加，每经过 τ 秒加速度增加 a_0。求经过 t 秒后，质点的速度和位移。

分析　这是一个变加速度、求速度和速度积累的问题，给出了加速度与时间的关系。由于质点做直线运动，位移、速度以及加速度都将由矢量退化为标量；而且是加速运动，又退化为算数量。由题设可以求得加速度随时间的变化 $a=a(t)$。认为在 $t\to t+\mathrm{d}t$ 的微小时间间隔 $\mathrm{d}t$ 内，加速度是不变的，即匀加速直线运动，则在微小时间间隔 $\mathrm{d}t$ 内加速度的时间积累即速度的增量为 $\mathrm{d}v=a\,\mathrm{d}t$；将 $0\to t$ 时间内速度的增量累加起来，就是速度的增量，即速度。认为在 $t\to t+\mathrm{d}t$ 的微小时间间隔 $\mathrm{d}t$ 内，速度是不变的，即匀速直线运动，则在微小时间间隔 $\mathrm{d}t$ 内速度的时间积累即位移的增量为 $\mathrm{d}x=v\,\mathrm{d}t$；将 $0\to t$ 时间内位移的增量累加起来，就是位移。

解　由题意可知，加速度与时间的关系为

$$a=a_0+\frac{a_0}{\tau}t$$

根据直线运动加速度的定义

$$a=\frac{\mathrm{d}v}{\mathrm{d}t},\mathrm{d}v=a\,\mathrm{d}t,v-v_0=\int\mathrm{d}v=\int_0^t a\,\mathrm{d}t=\int_0^t\left(a_0+\frac{a_0}{\tau}t\right)\mathrm{d}t=a_0t+\frac{a_0}{2\tau}t^2$$

因为 $t=0$ 时,$v_0=0$,故质点运动的速度表示为

$$v=a_0t+\frac{a_0}{2\tau}t^2$$

根据直线运动速度的定义

$$v=\frac{\mathrm{d}x}{\mathrm{d}t},\mathrm{d}x=v\mathrm{d}t,x-x_0=\int\mathrm{d}x=\int_0^t v\mathrm{d}t=\int_0^t\left(a_0t+\frac{a_0}{2\tau}t^2\right)\mathrm{d}t=\frac{1}{2}a_0t^2+\frac{a_0}{6\tau}t^3$$

因为 $t=0$ 时,$x_0=0$,故质点在 $0\rightarrow t$ 时间内的位移为

$$x=\frac{1}{2}a_0t^2+\frac{a_0}{6\tau}t^3$$

点评　对于变加速度和变速度的物理过程(非均匀物理过程),可以划分为无数个连续的、微小的、不变(均匀)的物理过程,从而可以求得每个微小的均匀过程的积累,这实际上是一个在数学上的"微分";将无数个连续的、微小的、不变(均匀)的物理过程积累求和,就是总的积累,由于过程是连续的,求和就变为数学上的"积分"。这种用"微分"和"积分"处理非均匀物理过程的方法,应该看成牛顿物理学的思想方法。"积分"的过程体现了经典物理学的一个重要思想:线性叠加原理,"积累"是线性取和。

【例 1-7】　在某变力作用下,一质点沿 Ox 轴做直线运动,质点运动的加速度随位移变化的规律为 $a=-\frac{k}{m}x$,其中,m 为质点的质量,恒量 $k>0$。设 $t=0$ 时,质点在 $x=x_0$ 处由静止出发,求质点的运动函数、质点运动速度和加速度随时间的变化规律。

分析　已知质点运动加速度与质点位置坐标 x 的函数关系,求运动函数,不能直接由加速度的时间积累来求解,而是要进行适当的变量变换,用分离变量法求解。由加速度 a 的定义进行变换,$a=\frac{\mathrm{d}v}{\mathrm{d}t}=\frac{\mathrm{d}v}{\mathrm{d}x}\frac{\mathrm{d}x}{\mathrm{d}t}=v\frac{\mathrm{d}v}{\mathrm{d}x}=g(x)$,分离变量得到 $v\mathrm{d}v=g(x)\mathrm{d}x$,积分得到速度与位置坐标的函数关系 $v=f(x)$;再一次分离变量 $v=\frac{\mathrm{d}x}{\mathrm{d}t}=f(x)$,$\frac{\mathrm{d}x}{f(x)}=\mathrm{d}t$,积分得到运动函数;由运动函数微分,可以求得质点运动速度和加速度随时间的变化规律。

解　将 a 变换,即 $a=\frac{\mathrm{d}v}{\mathrm{d}t}=\frac{\mathrm{d}v}{\mathrm{d}x}\frac{\mathrm{d}x}{\mathrm{d}t}=v\frac{\mathrm{d}v}{\mathrm{d}x}=-\frac{k}{m}x$,分离变量得到 $v\mathrm{d}v=-\frac{k}{m}x\,\mathrm{d}x$,积分

$$\int v\mathrm{d}v=\int-\frac{k}{m}x\,\mathrm{d}x\ ,\frac{1}{2}v^2=-\frac{1}{2}\frac{k}{m}x^2+\frac{1}{2}C$$

代入初始条件:$t=0$ 时,$x=x_0$,$v=v_0=0$,得

$$\frac{1}{2}v_0^2=-\frac{1}{2}\frac{k}{m}x_0^2+\frac{1}{2}C,0=-\frac{1}{2}\frac{k}{m}x_0^2+\frac{1}{2}C,C=\frac{k}{m}x_0^2,$$

由此求得速度随坐标变化的函数关系

$$v^2=\frac{k}{m}(x_0^2-x^2),v=\sqrt{\frac{k}{m}(x_0^2-x^2)}$$

再一次分离变量,$v=\frac{\mathrm{d}x}{\mathrm{d}t}=\sqrt{\frac{k}{m}(x_0^2-x^2)}$,$\frac{\mathrm{d}x}{\sqrt{x_0^2-x^2}}=\sqrt{\frac{k}{m}}\mathrm{d}t$,两边积分

$$\int\frac{\mathrm{d}x}{\sqrt{x_0^2-x^2}}=\int\sqrt{\frac{k}{m}}\mathrm{d}t,x=x_0\cos\left(\sqrt{\frac{k}{m}}t+D\right)$$

由初始条件:$t=0$ 时,$x=x_0$,得到待定常数 $D=0$,由此得到运动函数

$$x=x_0\cos\sqrt{\frac{k}{m}}t$$

可见，质点沿 Ox 轴做简谐振动，平衡位置就是坐标原点；简谐振动的角频率 $\omega=\sqrt{k/m}$；简谐振动的振幅为 x_0。

由运动函数对时间求导，得到质点运动的速度

$$v=\frac{dx}{dt}=-x_0\sqrt{\frac{k}{m}}\sin\sqrt{\frac{k}{m}}t$$

由运动速度对时间求导，得到质点运动的加速度

$$a=\frac{dv}{dt}=-x_0\frac{k}{m}\cos\sqrt{\frac{k}{m}}t=-\frac{k}{m}x$$

点评 (1)由积分得到的速度随坐标变化的函数关系，也可以得到速度随时间变化的函数关系

$$v=\sqrt{\frac{k}{m}\left(x_0^2-x_0^2\cos^2\sqrt{\frac{k}{m}}t\right)}=\sqrt{\frac{k}{m}x_0^2\sin^2\sqrt{\frac{k}{m}}t}=\pm x_0\sqrt{\frac{k}{m}}\sin\sqrt{\frac{k}{m}}t$$

因 $t=0$ 时，$x=x_0$。如果 $x_0>0$，则 x_0 是振幅，$t=0$ 时，质点位于正最大位移处，将向 x 轴的负方向运动，$v\leqslant 0$，速度表达式为

$$v=-x_0\sqrt{\frac{k}{m}}\sin\sqrt{\frac{k}{m}}t$$

如果 $x_0<0$，则 $-x_0$ 是振幅，$t=0$ 时，质点位于负最大位移处，将向 x 轴的正方向运动，$v\geqslant 0$，速度表达式依然为

$$v=-x_0\sqrt{\frac{k}{m}}\sin\sqrt{\frac{k}{m}}t$$

(2)实际上，由加速度的表达式可以得到 $ma=-kx=F$，就是我们将来要学到的牛顿运动定律。质点受到一个与位移大小成正比、方向与位移相反的作用力，质点做简谐振动。

(3)还可以变换初始条件。如 $t=0$ 时，$x=x_0=0$，$v=v_0>0$，即初始时刻，质点由坐标原点出发向 x 轴的正方向运动。相同的变量变换、分离变量和积分，得到

$$\frac{1}{2}v^2=-\frac{1}{2}\frac{k}{m}x^2+\frac{1}{2}C$$

代入初始条件，得到待定常数 $C=v_0^2$。由此得到

$$v^2=v_0^2-\frac{k}{m}x^2,\ v=\sqrt{v_0^2-\frac{k}{m}x^2}$$

再一次分离变量，$v=\frac{dx}{dt}=\sqrt{v_0^2-\frac{k}{m}x^2}$，$\frac{dx}{\sqrt{mv_0^2/k-x^2}}=\sqrt{\frac{k}{m}}dt$，两边积分

$$\int\frac{dx}{\sqrt{mv_0^2/k-x^2}}=\int\sqrt{\frac{k}{m}}dt,\ x=v_0\sqrt{\frac{m}{k}}\sin\sqrt{\frac{k}{m}}t+D$$

由初始条件：$t=0$ 时，$x=x_0$，得到待定常数 $D=0$，由此得到运动函数

$$x=v_0\sqrt{\frac{m}{k}}\sin\sqrt{\frac{k}{m}}t$$

可见，质点依然做简谐振动，简谐振动的角频率依然为 $\omega=\sqrt{k/m}$，不受初始条件影响；但初始条件影响简谐振动的振幅和初相。

【例 1-8】 一质点在某变力作用下，从坐标原点由静止开始沿 x 轴正方向做直线运动，加速度与速度呈线性关系，$a=A-Bv$，其中 $A>0$，$B>0$ 为恒量，求任意时刻 t 的速度和运动函

数以及加速度。

分析 已知加速度是速度的函数，$a=\frac{dv}{dt}=f(v)$，可直接分离变量并积分，得到速度随时间的变化关系；再一次分离变量并积分，得到位移随时间的变化关系，即运动函数。

由于质点由静止($x=0$)开始沿 x 轴正方向做直线运动，初始加速度 $a_0>0$，即初始加速度为正，质点加速运动。从加速度与速度成线性关系 $a=A-Bv$ 可见，由于 $B>0$，随着质点运动速度的增大，加速度变小；当 $A-Bv=0$ 时，即 $v_1=A/B$ 时，加速度减小到 0，质点将以恒定速度 v_1 匀速直线运动；以后加速度恒为零。由此，$a=A-Bv\geqslant 0$。

解 由加速度与速度的函数关系，分离变量，积分

$$a=\frac{dv}{dt}=A-Bv,\frac{dv}{A-Bv}=dt,\int\frac{dv}{A-Bv}=\int dt\ ,-\frac{1}{B}\ln|A-Bv|+C=t$$

由初始条件，$t=0,x=x_0=0,v=v_0=0$，得到，$C=\frac{1}{B}\ln|A|$，由此得到速度与时间的函数关系

$$-\frac{1}{B}\ln|A-Bv|+\frac{1}{B}\ln|A|=t,v=\frac{A}{B}[1-\exp(-Bt)]$$

由速度定义式 $v=\frac{dx}{dt}$，再一次分离变量

$$\frac{dx}{dt}=\frac{A}{B}[1-\exp(-Bt)],dx=\frac{A}{B}[1-\exp(-Bt)]dt$$

积分并根据初始条件，$t=0,x=x_0=0,v=v_0=0$，得到

$$x=\frac{A}{B}t+\frac{A}{B^2}[\exp(-Bt)-1]$$

由速度对时间求导，得到加速度

$$a=\frac{dv}{dt}=\frac{A}{B}[B\exp(-Bt)]=A\exp(-Bt)$$

点评 (1)实际上，将加速度的表达式进行变换

$$a=A-B\frac{A}{B}+B\frac{A}{B}\exp(-Bt)=A-B\left\{\frac{A}{B}[1-\exp(-Bt)]\right\}=A-Bv$$

(2)从计算结果可见，速度不可能达到恒定值，加速度也不可能减小到 0；只有当 $t\to\infty$时，加速度 $a\to 0$，速度达到恒定值 $v\to A/B$。实际上，本题中的变力由恒定力和阻力组成，其中阻力与速度成正比。加速度恒为正，质点恒被加速，只是加速的幅度随速度的增大而变小，但质点的速度不会达到恒定值。这不符合物体的实际运动，但这是由于这一阻力模型所限。若要与实际相符，需要修改阻力模型，即要考虑加速度与速度的高次幂关系。

(3)假设加速度与速度成关系 $a=-A^2v^2$，根据初始条件，$t=0,v=v_0$，得到

$$\frac{dv}{v^2}=-A^2dt,\int\frac{dv}{v^2}=-A^2\int dt\ ,-\frac{1}{v}+C=-A^2t,C=\frac{1}{v_0}$$

由此得到速度

$$\frac{1}{v}=\frac{1}{v_0}+A^2t,v=\frac{v_0}{v_0A^2t+1}$$

可见，速度是减小的。因此，与速度 2 次方项有关的阻力起到了减速的作用。

【例 1-9】 质点做半径为 $R=0.2$ m 的圆周运动。用角坐标表示的运动学方程为 $\theta=3+4t^3$。求：

(1)质点运动的角速度和角加速度的表达式；

(2)质点运动的速率表达式；

(3)质点运动的切向加速度和法向加速度的大小；

(4)质点运动的加速度的大小；

(5)加速度与半径成 45°角时，质点圆周运动转过的角度。

分析 质点的圆周运动是特殊的曲线运动，可以用线量描述也可以用角量描述。有了用角量描述的运动学方程，对时间的一阶导数就得到角速度，二阶导数就得到角加速度。由角速度与速率的关系(线量与角量的关系)可以求得速率。有了速率随时间的变化关系，就可以分别求得切向加速度和法向加速度的大小；也可以利用线量与角量的关系，由角加速度和角速度求得切向加速度和法向加速度的大小。切向加速度和法向加速度是垂直的，两个垂直矢量的叠加，可以求得总加速度的大小。质点圆周运动，半径方向也就是法向加速度的方向；加速度与半径成 45°角，也就是总加速度与法向加速度的方向成 45°角；切向加速度与法向加速度垂直，因此，总加速度与切向加速度的方向也成 45°角；由此可以推断，此时，切向加速度和法向加速度的大小是相等的。

解 (1)由角量描述的运动学方程，对时间的一、二阶导数得到角速度、角加速度

$$\omega=\frac{\mathrm{d}\theta}{\mathrm{d}t}=\frac{\mathrm{d}}{\mathrm{d}t}(3+4t^3)=12t^2,\beta=\frac{\mathrm{d}^2\theta}{\mathrm{d}t^2}=\frac{\mathrm{d}\omega}{\mathrm{d}t}=\frac{\mathrm{d}}{\mathrm{d}t}(12t^2)=24t$$

(2)质点运动的速率

$$v=R\omega=12Rt^2$$

(3)质点运动的切向加速度和法向加速度的大小

$$a_{\mathrm{t}}=\frac{\mathrm{d}v}{\mathrm{d}t}=\frac{\mathrm{d}}{\mathrm{d}t}(12Rt^2)=24Rt \quad 或 \quad a_{\mathrm{t}}=R\beta=24Rt$$

$$a_{\mathrm{n}}=\frac{v^2}{R}=\frac{(12Rt^2)^2}{R}=144Rt^4 \quad 或 \quad a_{\mathrm{n}}=R\omega^2=R(12t^2)^2=144Rt^4$$

(4)质点运动的加速度

$$a=\sqrt{a_{\mathrm{t}}^2+a_{\mathrm{n}}^2}=\sqrt{(24Rt)^2+(144Rt^4)^2}=24Rt\sqrt{1+36t^6}$$

(5)加速度与半径成 45°角，此时，$a_{\mathrm{n}}=a_{\mathrm{t}}$，则

$$144Rt_1^4=24Rt_1,t_1^3=1/6$$

质点圆周运动转过的角度

$$\Delta\theta=\theta_1-\theta_0=3+4t_1^3-3\approx0.67\ \mathrm{rad}$$

点评 也可以在直角坐标系中求解。如图 1-22 所示，某时刻质点的位置矢量表示为

$$\boldsymbol{r}=x\boldsymbol{i}+y\boldsymbol{j}=R\cos\theta\boldsymbol{i}+R\sin\theta\boldsymbol{j}=R\cos(3+4t^3)\boldsymbol{i}+R\sin(3+4t^3)\boldsymbol{j}$$

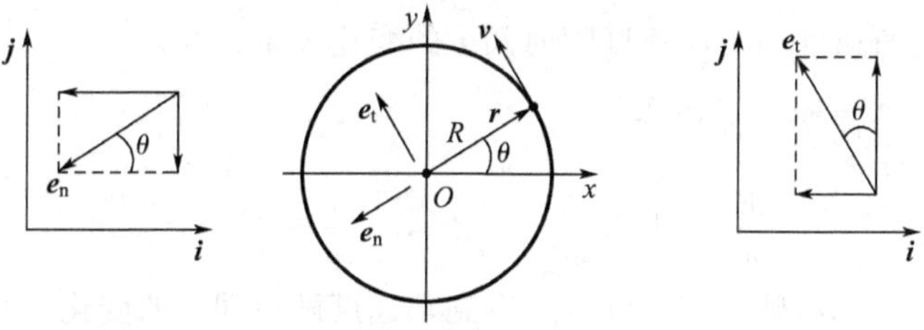

图 1-22 例 1-9 点评

由此得到速度和速率的表达式

$$\begin{aligned}\boldsymbol{v}&=\frac{\mathrm{d}\boldsymbol{r}}{\mathrm{d}t}=\frac{\mathrm{d}}{\mathrm{d}t}[R\cos(3+4t^3)]\boldsymbol{i}+\frac{\mathrm{d}}{\mathrm{d}t}[R\sin(3+4t^3)]\boldsymbol{j}\\&=-12Rt^2\sin(3+4t^3)\boldsymbol{i}+12Rt^2\cos(3+4t^3)\boldsymbol{j}\\&=-12Rt^2\sin\theta\boldsymbol{i}+12Rt^2\cos\theta\boldsymbol{j}=v_x\boldsymbol{i}+v_y\boldsymbol{j}\end{aligned}$$

$$v=\sqrt{v_x^2+v_y^2}=\sqrt{(-12Rt^2\sin\theta)^2+(12Rt^2\cos\theta)^2}=12Rt^2$$

加速度的表达式

$$\boldsymbol{a}=\frac{\mathrm{d}v_x}{\mathrm{d}t}\boldsymbol{i}+\frac{\mathrm{d}v_y}{\mathrm{d}t}\boldsymbol{j}=\frac{\mathrm{d}}{\mathrm{d}t}[-12Rt^2\sin(3+4t^3)]\boldsymbol{i}+\frac{\mathrm{d}}{\mathrm{d}t}[12Rt^2\cos(3+4t^3)]\boldsymbol{j}$$

$$=-24Rt\sin(3+4t^3)\boldsymbol{i}-144Rt^4\cos(3+4t^3)\boldsymbol{i}+$$

$$24Rt\cos(3+4t^3)\boldsymbol{j}-144Rt^4\sin(3+4t^3)\boldsymbol{j}$$

$$=24Rt(-\sin\theta\boldsymbol{i}+\cos\theta\boldsymbol{j})+144Rt^4(-\cos\theta\boldsymbol{i}-\sin\theta\boldsymbol{j})=24Rt\boldsymbol{e}_{\mathrm{t}}+144Rt^4\boldsymbol{e}_{\mathrm{n}}$$

$$a_x=-24Rt\sin\theta-144Rt^4\cos\theta,a_y=24Rt\cos\theta-144Rt^4\sin\theta$$

$$a_{\mathrm{n}}=144Rt^4,a_{\mathrm{t}}=24Rt$$

$$a=\sqrt{a_x^2+a_y^2}=\sqrt{(24Rt)^2+(144Rt^4)^2}$$

在直角坐标系中描述质点的曲线运动是不方便的,因此,需要引入自然坐标系和平面极坐标系来描述质点的曲线运动。

【例 1-10】 一质点在做圆周运动过程中,切向加速度与法向加速度的大小恒保持相等。设圆周半径为 R,初始时刻,$t=0$,质点角位置 $\theta=\theta_0=0$,角速度 $\omega=\omega_0$。求:

(1)质点运动的角速度和角加速度随时间 t 的变化关系;

(2)质点运动的角速度和角加速度随角位置 θ 的变化关系;

(3)质点运动的加速度随时间 t 的变化关系;

(4)质点运动的加速度随角位置 θ 的变化关系。

分析 切向加速度与法向加速度的大小恒保持相等,这给出了速率与速率对时间变化率之间的关系 $\frac{\mathrm{d}v}{\mathrm{d}t}=f(v)$。由于做圆周运动,实际上给出了角速度与角速度对时间变化率之间的关系 $\frac{\mathrm{d}\omega}{\mathrm{d}t}=g(\omega)$。分离变量 $\frac{\mathrm{d}\omega}{g(\omega)}=\mathrm{d}t$,积分,就可得到质点运动的角速度随时间 t 的变化关系;由角速度对时间求导,即可得到角加速度随时间 t 的变化关系。由角速度对时间的变化率,也就是角加速度进行变量变换,$\beta=\frac{\mathrm{d}\omega}{\mathrm{d}t}=\frac{\mathrm{d}\omega}{\mathrm{d}\theta}\frac{\mathrm{d}\theta}{\mathrm{d}t}=\omega\frac{\mathrm{d}\omega}{\mathrm{d}\theta}=g(\omega)$,$\omega\frac{\mathrm{d}\omega}{g(\omega)}=\mathrm{d}\theta$,积分得到角速度随角位置 θ 的变化关系;由角速度对时间求导,即可得到角加速度随角位置 θ 的变化关系。由角速度和角加速度可以得到切向加速度与法向加速度的大小,可以得到加速度的大小。

解 质点圆周运动的切向加速度 $a_{\mathrm{t}}=R\beta$ 与法向加速度 $a_{\mathrm{n}}=R\omega^2$ 的大小恒保持相等,则

$$\omega^2=\beta,\beta=\frac{\mathrm{d}\omega}{\mathrm{d}t}=\omega^2$$

(1)质点运动的角速度和角加速度随时间 t 的变化关系

由 $\beta=\frac{\mathrm{d}\omega}{\mathrm{d}t}=\omega^2$,分离变量并积分

$$\frac{\mathrm{d}\omega}{\omega^2}=\mathrm{d}t,\int\frac{\mathrm{d}\omega}{\omega^2}=\int\mathrm{d}t,-\frac{1}{\omega}+C_1=t$$

由初始条件,$t=0$, $\omega=\omega_0$,确定 $C_1=1/\omega_0$,得到角速度随时间 t 的变化关系

$$-\frac{1}{\omega}+\frac{1}{\omega_0}=t,\omega=\frac{\omega_0}{1-\omega_0 t}$$

由角速度对时间求导,得到角加速度随时间 t 的变化关系

$$\beta=\frac{\mathrm{d}\omega}{\mathrm{d}t}=\frac{\mathrm{d}}{\mathrm{d}t}\left(\frac{\omega_0}{1-\omega_0 t}\right)=-\frac{\omega_0}{(1-\omega_0 t)^2}(-\omega_0)=\frac{\omega_0^2}{(1-\omega_0 t)^2},\beta=\omega^2$$

(2)质点运动的角速度和角加速度随角位置 θ 的变化关系

由 $\beta=\frac{\mathrm{d}\omega}{\mathrm{d}t}=\frac{\mathrm{d}\omega}{\mathrm{d}\theta}\frac{\mathrm{d}\theta}{\mathrm{d}t}=\omega\frac{\mathrm{d}\omega}{\mathrm{d}\theta}=\omega^2$,分离变量并积分

$$\frac{d\omega}{\omega}=d\theta,\int\frac{d\omega}{\omega}=\int d\theta\ ,\ln\omega+C_2=\theta$$

由初始条件，$t=0$，质点角位置 $\theta=\theta_0=0$，角速度 $\omega=\omega_0$，确定 $C_2=-\ln\omega_0$，从而得到角速度随角位置 θ 的变化关系

$$\ln\omega-\ln\omega_0=\theta,\omega=\omega_0\exp\theta$$

由角速度对时间求导，得到角加速度随角位置 θ 的变化关系

$$\beta=\frac{d\omega}{dt}=\frac{d}{dt}(\omega_0\exp\theta)=\omega_0\exp\theta\ \frac{d\theta}{dt}=\omega_0\omega\exp\theta=\omega_0^2\exp^2\theta,\beta=\omega^2$$

(3)由角速度和角加速度随时间 t 的变化关系，得到切向加速度与法向加速度的大小

$$a_t=R\beta=\frac{R\omega_0^2}{(1-\omega_0 t)^2},a_n=R\omega^2=R\left(\frac{\omega_0}{1-\omega_0 t}\right)^2$$

由此得到加速度随时间 t 的变化关系

$$a=\sqrt{a_t^2+a_n^2}=\sqrt{\left[\frac{R\omega_0^2}{(1-\omega_0 t)^2}\right]^2+\left[R\left(\frac{\omega_0}{1-\omega_0 t}\right)^2\right]^2}=\sqrt{2}R\left(\frac{\omega_0}{1-\omega_0 t}\right)^2$$

(4)由角速度和角加速度随角位置 θ 的变化关系，得到切向加速度与法向加速度的大小

$$a_t=R\beta=R\omega_0^2\exp^2\theta,a_n=R\omega^2=R\omega_0^2\exp^2\theta$$

由此得到加速度随角位置 θ 的变化关系

$$a=\sqrt{a_t^2+a_n^2}=\sqrt{[R\omega_0^2\exp^2\theta]^2+[R\omega_0^2\exp^2\theta]^2}=\sqrt{2}R\omega_0^2\exp^2\theta$$

点评　(1)还可以求得角位置。由 $\ln\omega-\ln\omega_0=\theta$，得到

$$\theta(t)=\ln\frac{\omega}{\omega_0}=\ln\frac{1}{1-\omega_0 t}$$

(2)注意，$\beta=\frac{d\omega}{dt}=\frac{d\omega}{d\theta}\frac{d\theta}{dt}=\omega\ \frac{d\omega}{d\theta}$，角量的变量变换也是很重要的。

(3)质点运动的速率为

$$v=R\omega=\frac{R\omega_0}{1-\omega_0 t}$$

速率对时间的变化率为

$$\frac{dv}{dt}=\frac{d}{dt}\left(\frac{R\omega_0}{1-\omega_0 t}\right)=\frac{R\omega_0^2}{(1-\omega_0 t)^2}$$

它不是质点运动的加速度，仅仅是切向加速度。质点在曲线运动过程中的加速度是切向加速度与法向加速度的矢量和。

【例 1-11】　汽车以速率 u 沿铅直水平公路行驶，从车上相对于车以速率 v_0' 向前平抛一物体。建立如图 1-23 所示的坐标系 xOy(地面)和 $x'O'y'$(汽车)。设平抛物体时开始计时，坐标原点 O 和 O' 重合，而且在坐标原点处抛出。求：

(1)汽车坐标系 $x'O'y'$ 和地面坐标系 xOy 中，物体运动速度的表达式；

(2)汽车坐标系 $x'O'y'$ 和地面坐标系 xOy 中，物体位置矢量的表达式；

(3)汽车坐标系 $x'O'y'$ 和地面坐标系 xOy 中，物体运动轨迹的表达式。

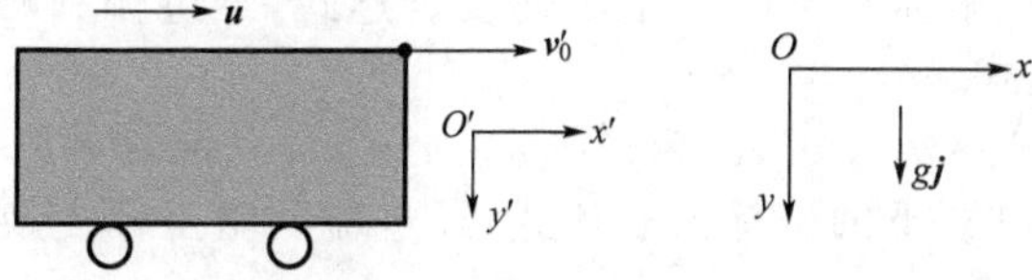

图 1-23　例 1-11

分析　在两个坐标系中，物体做平面曲线运动。两个坐标系之间有相对运动，可以使用伽

利略变换。速度$\boldsymbol{v}_0'$是物体在汽车坐标系$x'O'y'$中的初始速度，方向沿x'轴。在伽利略变换下，加速度不变，$\boldsymbol{a}=\boldsymbol{a}'$，都是指向地面，大小为重力加速度$g$。利用伽利略变换可以得到两个坐标系下的初始速度，再由加速度就可以求得速度；也可以由加速度求得物体在汽车坐标系中的速度，再利用伽利略速度变换求得物体在地面坐标系中的速度表达式。由速度表达式和初始位置坐标，可以求得两个坐标系下物体的位置坐标值，进而求得位置矢量的表达式；也可以先求得在汽车坐标系下的位置坐标值，再利用伽利略坐标变换求得物体在地面坐标系下的位置坐标值表达式。还要注意，在伽利略变换下，时间坐标是相同的，$t=t'$，可以不用区分两个坐标系下的时间坐标。

解 在两个坐标系中，加速度相等

$$\boldsymbol{a}=\boldsymbol{a}'=g\boldsymbol{j},a_x=a_x'=0,a_y=a_y'=g$$

(1)在两个坐标系中的速度

$$v_x'=\int a_x'\mathrm{d}t=\int 0\mathrm{d}t=A_1,v_y'=\int a_y'\mathrm{d}t=\int g\,\mathrm{d}t=gt+A_2$$

$$v_x=\int a_x\mathrm{d}t=\int 0\mathrm{d}t=A_3,v_y=\int a_y\mathrm{d}t=\int g\,\mathrm{d}t=gt+A_4$$

在汽车坐标系$x'O'y'$下，物体运动的初速度为$\boldsymbol{v}_0'$，即

$$v_x'|_{t=0}=v_0',v_y'|_{t=0}=0$$

由伽利略速度变换，得到在地面坐标系xOy下，物体运动的初速度

$$\boldsymbol{v}=\boldsymbol{v}'+u\boldsymbol{i},v_x|_{t=0}=u+v_x'|_{t=0}=u+v_0',v_y|_{t=0}=v_y'|_{t=0}=0$$

由此，几个待定常数为：$A_1=v_0',A_2=0,A_3=u+v_0',A_4=0$。因此，速度为

汽车坐标系$x'O'y'$下：$v_x'=v_0',v_y'=gt,\boldsymbol{v}'=v_0'\boldsymbol{i}+gt\boldsymbol{j}$

地面坐标系xOy下：$v_x=u+v_0',v_y=gt,\boldsymbol{v}=(u+v_0')\boldsymbol{i}+gt\boldsymbol{j}$

(2)由初始位置条件和速度表达式，得到位置坐标值，即运动函数

$$x'|_{t=0}=y'|_{t=0}=x|_{t=0}=y|_{t=0}=0$$

$$x'=\int_0^t v_x'\mathrm{d}t=\int_0^t v_0'\mathrm{d}t=v_0't,y'=\int_0^t v_y'\mathrm{d}t=\int_0^t gt\,\mathrm{d}t=\frac{1}{2}gt^2$$

$$x=\int_0^t v_x\mathrm{d}t=\int_0^t(u+v_0')\mathrm{d}t=(u+v_0')t,y=\int_0^t v_y\mathrm{d}t=\int_0^t gt\,\mathrm{d}t=\frac{1}{2}gt^2$$

位置矢量的表达式为

汽车坐标系$x'O'y'$下：$\boldsymbol{r}'=v_0't\boldsymbol{i}+\frac{1}{2}gt^2\boldsymbol{j}$

地面坐标系xOy下：$\boldsymbol{r}=(u+v_0')t\boldsymbol{i}+\frac{1}{2}gt^2\boldsymbol{j}$

(3)由运动函数，得到运动轨迹

汽车坐标系$x'O'y'$下：$y'=\frac{1}{2}g\left(\frac{x'}{v_0'}\right)^2=\frac{1}{2}g\,\frac{x'^2}{v_0'^2}$，抛物线

地面坐标系xOy下：$y=\frac{1}{2}g\left(\frac{x}{u+v_0'}\right)^2=\frac{1}{2}g\,\frac{x^2}{(u+v_0')^2}$，抛物线

点评 也可以由汽车坐标系$x'O'y'$下的速度表达式，经过伽利略速度变换，得到地面坐标系xOy下的速度表达式

$$\boldsymbol{v}=\boldsymbol{v}'+u\boldsymbol{i},v_x=v_x'+u=u+v_0',v_y=v_y'=gt$$

也可以由汽车坐标系$x'O'y'$下的坐标值表达式，经过伽利略坐标变换，得到地面坐标系xOy下的坐标值表达式

$$x=x'+ut=v_0't+ut=(u+v_0')t,y=y'=gt^2/2$$

【例 1-12】 如图 1-24 所示，汽车以加速度$\boldsymbol{a}_0$沿水平直线方向平动，汽车车厢上的一个半

径为 R 的轮胎相对于汽车以角速度 ω 做匀速转动。轮胎转动的轴与汽车前进的方向垂直，求轮胎上的 A、B 两点相对地面的加速度。

分析　轮胎边缘的质点相对于车厢在做匀速圆周运动，有向心加速度，这可以称为相对加速度 $\boldsymbol{a}'$；汽车相对地面的平动加速度为 $\boldsymbol{a}_0$，这是牵连加速度；由伽利略加速度变换公式，可以求得轮胎边缘的质点相对于地面的加速度，即绝对加速度 $\boldsymbol{a}$。

解　如图 1-25 所示，取地面参考系为基本参考系 xOy，随轴一起平动的参考系为动参考系 $x'O'y'$。动参考系相对于基本参考系的加速度（牵连加速度）、轮胎上的 A、B 两质点相对于动参考系的加速度（相对加速度）分别为

$$\boldsymbol{a}_0=a_0\boldsymbol{i},\boldsymbol{a}'_A=-R\omega^2\boldsymbol{j},\boldsymbol{a}'_B=R\omega^2\boldsymbol{i}$$

由伽利略加速度变换公式，得到轮胎上的 A、B 两质点相对于地面的加速度

$\boldsymbol{a}_A=\boldsymbol{a}_0+\boldsymbol{a}'_A=a_0\boldsymbol{i}-R\omega^2\boldsymbol{j},a_A=\sqrt{a_0^2+R^2\omega^4}$，方向如图 1-25 所示

$\boldsymbol{a}_B=\boldsymbol{a}_0+\boldsymbol{a}'_B=a_0\boldsymbol{i}+R\omega^2\boldsymbol{i},a_B=a_0+R\omega^2$，方向如图 1-25 所示

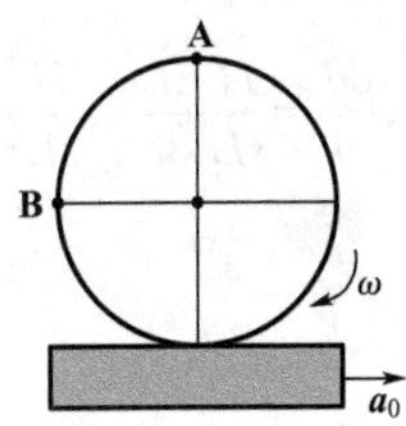

图 1-24　例 1-12

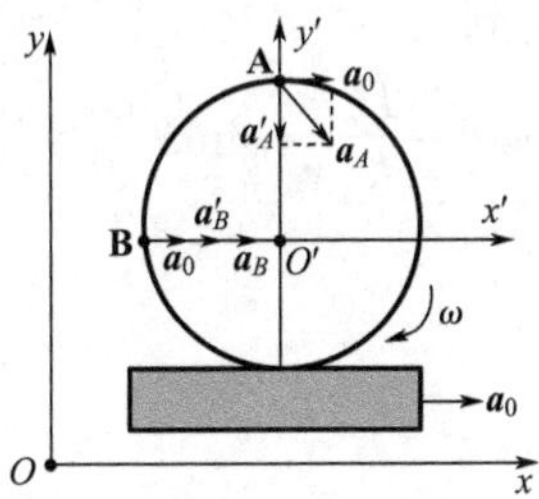

图 1-25　例 1-12 解析

点评　伽利略变换适用于两个参考系之间平动的情况，但质点可以相对于参考系转动。

【例 1-13】　(1)如图 1-26(a)所示，在高为 H 的平台上，有一小车，用绳子跨过滑轮，由地面上的人以匀速 v_0 向右拉动。求：当人从平台底脚处 O 向右走了 s 的距离时，小车的速度 v。

(2)如图 1-26(b)所示，河中有一小船，人在高为 H 的岸上，用绳子跨过定滑轮，以恒定速率 v_0 收绳拉船靠岸。求：当船与岸的水平距离为 s 时，船的速度 v。

分析　这是两个典型的求运动速度的问题。在第一个问题中，人行走的速率 v_0 是距离 s 的增长速率，小车的运动速率 v 是滑轮到小船之间的绳子伸长的速率，这两个速率是不相等的。在第二个问题中，人行走的速率 v_0 是滑轮到小船之间的绳子收缩的速率，小船的运动速率 v 是距离 s 缩短的速率，这两个速率也是不相等的。在第一个问题中，已知距离 s 的增长速率，根据几何关系，可以求得滑轮到人之间绳子的伸长速率，即小车的运动速率。在第二个问题中，已知滑轮到小船之间绳子的收缩速率，根据几何关系，可以求得距离 s 的缩短速率，即小船的运动速率。

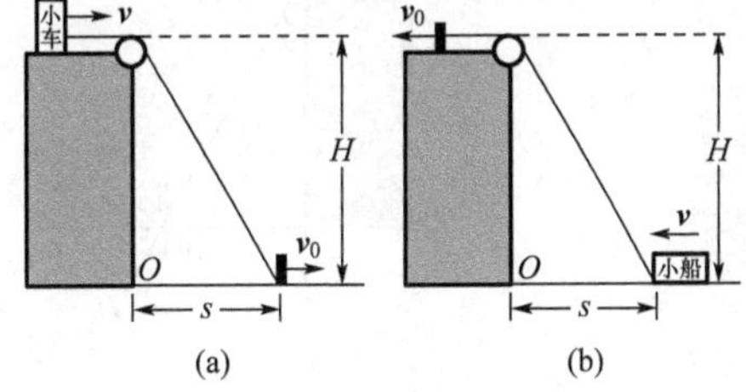

图 1-26　例 1-13

解　设滑轮到人（小船）之间绳子长度为 L，则

$$L^2=H^2+s^2,2L\frac{\mathrm{d}L}{\mathrm{d}t}=2s\frac{\mathrm{d}s}{\mathrm{d}t},L\frac{\mathrm{d}L}{\mathrm{d}t}=s\frac{\mathrm{d}s}{\mathrm{d}t}$$

(1)在第一个问题中，人行走的速率 $v_0=\dfrac{\mathrm{d}s}{\mathrm{d}t}$，小车的运动速率 $v=\dfrac{\mathrm{d}L}{\mathrm{d}t}$，则

$$Lv=sv_0,v=\frac{s}{L}v_0,v=\frac{s}{\sqrt{H^2+s^2}}v_0$$

(2)在第二个问题中,人行走的速率 $v_0=-\dfrac{\mathrm{d}L}{\mathrm{d}t}$,小船的运动速率 $v=-\dfrac{\mathrm{d}s}{\mathrm{d}t}$,则

$$-Lv_0=-sv,v=\frac{L}{s}v_0,v=\frac{\sqrt{H^2+s^2}}{s}v_0$$

点评 此题的解答充分展示了速度的定义,速度是物体移动的速度,是物体的位置对时间的变化率。如果用平面极坐标系来解答此题,将更清楚地展示速度的定义和速度的合成。

(1)在第一个问题中,建立平面极坐标系如图 1-27(a)所示。在极坐标系中,人的位置为 (r,θ),人运动的速度 $\boldsymbol{v}_0$ 分解为径向速度 $\boldsymbol{v}_r$ 和横向速度 $\boldsymbol{v}_\theta$

$$\boldsymbol{v}_0=\boldsymbol{v}_r+\boldsymbol{v}_\theta=v_r\boldsymbol{e}_r+v_\theta\boldsymbol{e}_\theta,$$

其中的径向速率等于滑轮到人之间的绳子伸长的速率

$$v_r=\frac{\mathrm{d}r}{\mathrm{d}t}=\frac{\mathrm{d}L}{\mathrm{d}t}=v$$

而由几何关系,得到

$$\cos\theta=\frac{H}{L},-\sin\theta\frac{\mathrm{d}\theta}{\mathrm{d}t}=-\frac{H}{L^2}\frac{\mathrm{d}L}{\mathrm{d}t},\frac{s}{L}\frac{\mathrm{d}\theta}{\mathrm{d}t}=\frac{H}{L^2}\frac{\mathrm{d}L}{\mathrm{d}t},\frac{\mathrm{d}\theta}{\mathrm{d}t}=\frac{H}{sL}\frac{\mathrm{d}L}{\mathrm{d}t}=\frac{H}{sL}v$$

因而得到横向速率

$$v_\theta=r\frac{\mathrm{d}\theta}{\mathrm{d}t}=L\frac{\mathrm{d}\theta}{\mathrm{d}t}=\frac{H}{s}v$$

由速度合成原理

$$v_0^2=v_r^2+v_\theta^2=v^2+\left(\frac{H}{s}v\right)^2=\frac{s^2+H^2}{s^2}v^2,v=\frac{s}{\sqrt{H^2+s^2}}v_0$$

(2)在第二个问题中,建立平面极坐标系如图 1-27(b)所示。在极坐标系中,小船的位置 (r,θ),小船运动的速度 $\boldsymbol{v}$ 分解为径向速度 $\boldsymbol{v}_r$ 和横向速度 $\boldsymbol{v}_\theta$

$$\boldsymbol{v}=\boldsymbol{v}_r+\boldsymbol{v}_\theta=v_r\boldsymbol{e}_r+v_\theta\boldsymbol{e}_\theta,$$

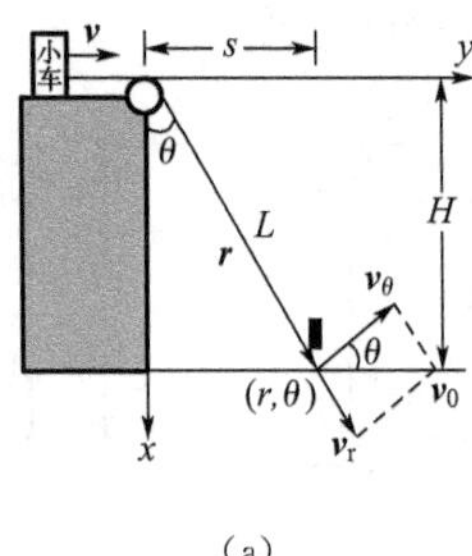

(a) (b)

图 1-27 例 1-13 点评

其中的径向速率等于滑轮到小船之间的绳子缩短的速率

$$v_r=\frac{\mathrm{d}r}{\mathrm{d}t}=-\frac{\mathrm{d}L}{\mathrm{d}t}=-v_0$$

而由几何关系,得到

$$\cos\theta=\frac{H}{L},-\sin\theta\frac{\mathrm{d}\theta}{\mathrm{d}t}=-\frac{H}{L^2}\frac{\mathrm{d}L}{\mathrm{d}t},\frac{s}{L}\frac{\mathrm{d}\theta}{\mathrm{d}t}=\frac{H}{L^2}\frac{\mathrm{d}L}{\mathrm{d}t},\frac{\mathrm{d}\theta}{\mathrm{d}t}=\frac{H}{sL}\frac{\mathrm{d}L}{\mathrm{d}t}=-\frac{H}{sL}v_0$$

因而得到横向速率

$$v_\theta=r\frac{\mathrm{d}\theta}{\mathrm{d}t}=L\frac{\mathrm{d}\theta}{\mathrm{d}t}=-\frac{H}{s}v_0$$

由速度合成原理

$$v^2=v_r^2+v_\theta^2=(-v_0)^2+\left(-\frac{H}{s}v_0\right)^2=\frac{s^2+H^2}{s^2}v_0^2,v=\frac{\sqrt{H^2+s^2}}{s}v_0$$

复习思考题

1-1 如何理解质点？

1-2 什么是参考系？什么是坐标系？参考系与坐标系有何关系？常用的参考系分为哪两类？常用的坐标系都有哪些？描述物体机械运动的物理量都有哪些？

1-3 什么是质点的位置矢量？在直角坐标系中如何描述质点的位置矢量？

1-4 什么是位移？什么是速度？什么是速率？什么是加速度？

1-5 如何在直角坐标系中描述质点运动的位移、速度、加速度？

1-6 什么是自然坐标系？如何在自然坐标系中描述质点运动的位移、速度、加速度？

1-7 在极坐标系中如何描述质点的平面运动？

1-8 如何用角量来描述质点的平面机械运动？

1-9 如何描述质点的平面圆周运动？

1-10 质点机械运动的速度的时间积累是什么？加速度的时间积累是什么？

1-11 什么是伽利略变换？

1-12 为什么说牛顿的时空观(经典力学的时空观)是绝对的时空观？

第二章　质　点

物体机械运动状态的改变究竟是由什么原因引起的？或者说，引起物体机械运动状态变化的物理机制究竟是什么？经过人类几千年的不断探索，人们逐渐认识到，是物体之间的相互作用引起了物体机械运动状态的变化。物体之间的这种相互作用称为力。研究物体机械运动状态的变化与其受力之间关系的学科，称为动力学，是力学的一个分支。

动力学的最基本原理是牛顿运动定律。牛顿运动定律是根据大量实验总结出来的规律，是不能证明的，它的正确性在于由其得出的结论都被客观事实所证实。以牛顿定律作为基础的力学体系称为牛顿力学或经典力学。牛顿是动力学的奠基者，他于1687年提出了运动的三大定律，其中第二定律建立了动力学方程，由此可推导出动力学的三大定理：动量定理、角动量定理与动能定理。运动是可以选择参考系加以描述的，但牛顿定律只在惯性参考系中成立。为了在非惯性参考系内形式上利用牛顿定律分析解决问题，需要引入惯性力的概念。牛顿及后来欧拉的研究工作，构成了经典力学的牛顿—欧拉体系，是矢量力学的主要内容，是进行运动特性分析的有力工具。动力学基本规律的另一种叙述方法称为达朗贝尔原理，是解决工程问题的一种实用方法。

牛顿第二定律表示了力与受力物体运动加速度的关系，是一个瞬时关系。实际上，力对物体的作用总要延续一段或长或短的时间，在这段时间内，力的作用将积累起来产生一个总效果。描述力的时间积累效应的规律是动量定理，由此可以导出动量守恒定律。描述物体转动特征的重要物理量是角动量，在牛顿第二定律的基础上可以导出描述角动量变化率与外力力矩关系的角动量定理和角动量守恒定律。在很多实际问题中，一个质点受的力随它的位置而改变，而且力和位置的关系事先可以知道。分析这种情况下质点的运动时，常常考虑在质点的位置发生变化的过程中，力对它的空间作用效果，也就是要研究力的空间积累效果。力的空间积累用力做的功来表示，力对物体做功的效果表现为物体动能的增量，描述这一效果的是动能定理。对于做功与路径无关的保守力，可引入势能的概念。利用牛顿定律可以导出机械能守恒定律，它是普遍的能量守恒定律的一种特殊形式。动量、角动量和能量是最基本的物理量，它们的守恒定律是自然界的基本规律，适用范围远远超出了牛顿力学。动量守恒定律和能量守恒定律以及角动量守恒定律一起成为现代物理学中的三大基本守恒定律。最初它们是牛顿定律的推论，但后来发现它们的适用范围远远广于牛顿定律，是比牛顿定律更基本的物理规律，是时空性质的反映。其中，动量守恒定律由空间平移不变性推出，能量守恒定律由时间平移不变性推出，而角动量守恒定律则由空间的旋转对称性推出。

第二章 第一节 微课

第一节　牛顿运动定律

在前人的研究基础上，牛顿创立了经典力学。他在1687年的著作《自然哲学的数学原理》中，提出了具有严谨逻辑结构的力学体系，使力学成为一门研究物体机械运动基本规律的学科。牛顿定义了时间、空间、质量和力等基本概念，同时揭示了物体运动的基本规律。牛顿以这些基本概念和规律为基础，建立了力学的公理体系，即牛顿三大定律：牛顿第一定律(惯性定律)、牛顿第二定律(基本运动定律)、牛顿第三定律(作用与反作用定律)。

1845—1846 年,英国的亚当斯与法国的勒维耶根据天王星运动的不规则性,通过力学计算预言在天王星轨道之外还有一颗未知的行星,并预报了这颗行星的位置。1846 年 9 月,柏林天文台的伽勒用望远镜在预报的位置处找到了这颗行星,这颗行星就是海王星。海王星的发现雄辩地表明牛顿的理论体系完全符合客观实际。

在牛顿运动定律中使用了绝对空间与绝对时间的概念,长度和时间的度量与参考系的选择无关,在两个相对做匀速直线运动的参考系中,描述同一个质点的位置坐标和时间坐标满足伽利略变换。然而,近代物理学告诉我们,空间、时间甚至物体的质量等,都是与物体的速度有关的;当物体的速度接近光速时,这些力学概念受物体运动速度的影响非常明显;特别是,空间与时间不再是独立的,是相互联系的,甚至时空都是弯曲的;这时牛顿运动定律失效,应该使用爱因斯坦的相对论代替牛顿运动定律,高速运动的参考系中的时空坐标变换满足洛伦兹变换。牛顿运动定律是从那些由大量原子和分子组成的宏观物体的机械运动中总结出来的,而构成原子和分子的电子、质子、中子等微观粒子则有与宏观物体完全不同的属性与运动规律,牛顿运动定律对这些微观粒子也不适用,这时应当使用量子力学的理论。

牛顿运动定律适用于低速、宏观的物体,因此对一般的工程技术领域,以牛顿运动定律为基础的牛顿力学还是有着巨大的理论意义和应用价值的。

一、牛顿运动定律

1. 牛顿第一定律

任何物体都保持静止或匀速直线运动的状态,直到其他物体对它的作用力迫使它改变这种状态为止。

牛顿第一定律中的“物体”是指质点或做平动的物体。牛顿第一定律是从大量实验事实中概括总结出来的,但不能用实验直接验证,因为自然界中不受力的作用的物体是不存在的。我们确信牛顿第一定律正确,是因为从它导出的其他结果都与实验事实相符合。

牛顿第一定律引进了“惯性”这一重要概念。由这一定律可知,只有当物体受到其他物体作用时,才能改变这一物体的运动状态。物体保持静止或匀速直线运动状态不变的性质,称为物体的惯性。所以牛顿第一定律又称为惯性定律。惯性定律是伽利略发现的,所以牛顿第一定律又称为伽利略惯性定律。

牛顿第一定律引进了“力”这一经典力学中最基本的概念。力是一个物体对另一个物体的作用,是迫使物体改变运动状态的原因,而非维持物体运动状态的原因。这里的“力”指的是物体受到的所有力的矢量和,也就是合力。实验表明,如果质点保持运动状态不变,那么作用在质点上的合力一定为零。

由牛顿第一定律可以得出:任何质点,只要其他物体作用于它的合力为零,则该质点就保持其静止或匀速直线运动状态不变。质点处于静止或匀速直线运动状态,称为质点处于平衡状态。因此,质点处于平衡状态的条件为:作用于质点上的合力等于零。这是工程力学的基础,在工程技术领域有着重要的应用。

2. 牛顿第二定律

物体运动量随时间的变化率与所施加的力成正比,并沿该力作用线的方向。

这里的“运动量”指的是物体的质量与运动速度的乘积,实际上就是动量矢量。而这里的力是物体受到的合力。如果物体的质量为 m,运动速度为 $\boldsymbol{v}$,物体所受到的合力为 $\boldsymbol{F}$,选择质量、速度和力的适当单位(国际单位),则牛顿第二定律可以具体表示为

$$\boldsymbol{F}=\sum_{i=1}^{n}\boldsymbol{F}_i=\frac{\mathrm{d}(m\boldsymbol{v})}{\mathrm{d}t}=m\frac{\mathrm{d}\boldsymbol{v}}{\mathrm{d}t}+\boldsymbol{v}\frac{\mathrm{d}m}{\mathrm{d}t} \tag{2-1-1}$$

牛顿第二定律给出了物体所受到的合力与物体“运动量(动量)”的“变化”之间的直接关

系,不是与“运动量(动量)”的直接关系。物体受力的方向与物体“运动量(动量)”的“变化”这一矢量的方向平行,不是与物体“运动量(动量)”的方向平行。

牛顿第二定律建立了质点所受到的力与质点运动量的变化之间的关系,因此,又称为质点运动定律。牛顿第二定律是大量实验观察的总结,不能由理论推导出来。

牛顿第二定律只在惯性参考系中的物体运动速度远小于光速时才是正确的。当物体的速度 v 接近于光速 c 时,牛顿第二定律不再成立,物体运动规律由狭义相对论决定。对于绝大多数的工程实际问题,使用牛顿第二定律得出的结果与实际情况是相当符合的。

在物体的质量恒定不变的情况下,牛顿第二定律简化为

$$\boldsymbol{F}=m\frac{\mathrm{d}\boldsymbol{v}}{\mathrm{d}t}=m\frac{\mathrm{d}^2\boldsymbol{r}}{\mathrm{d}t^2}=m\boldsymbol{a} \tag{2-1-2}$$

式中,$\boldsymbol{a}$ 为物体机械运动的加速度。物体有了加速度,就意味着物体的运动状态(速度)正在发生变化。从上式可以看出,力是产生加速度的原因,因此,力是改变物体运动状态的原因,这是力的动力学表现。物体不受力的作用时,则 $\boldsymbol{v}$ 为常矢量,即物体保持惯性运动。

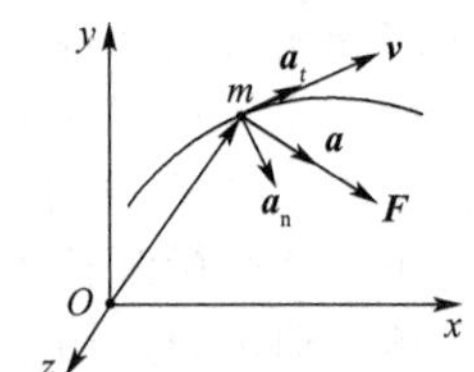

图 2-1　加速度在坐标系中的分解

在实际问题中,常常需要根据问题的特点,选取适当的坐标系,将牛顿第二定律在具体的坐标系中表述出来,给出牛顿第二定律在坐标轴上的投影形式,即将矢量形式的牛顿第二定律表述为标量形式,以便于求解具体的动力学问题。如图 2-1 所示,将牛顿第二定律的式(2-1-2)在直角坐标系中投影

$$\begin{cases} F_x=\sum\limits_{i=1}^{n}F_{ix}=m\dfrac{\mathrm{d}v_x}{\mathrm{d}t}=m\dfrac{\mathrm{d}^2x}{\mathrm{d}t^2}=ma_x \\ F_y=\sum\limits_{i=1}^{n}F_{iy}=m\dfrac{\mathrm{d}v_y}{\mathrm{d}t}=m\dfrac{\mathrm{d}^2y}{\mathrm{d}t^2}=ma_y \\ F_z=\sum\limits_{i=1}^{n}F_{iz}=m\dfrac{\mathrm{d}v_z}{\mathrm{d}t}=m\dfrac{\mathrm{d}^2z}{\mathrm{d}t^2}=ma_z \end{cases} \tag{2-1-3}$$

对于平面曲线运动,可以在自然坐标系中投影为轨迹的切线方向和法线方向

$$F_{\mathrm{t}}=\sum_{i=1}^{n}F_{i\mathrm{t}}=ma_{\mathrm{t}}=m\frac{\mathrm{d}v}{\mathrm{d}t},F_{\mathrm{n}}=\sum_{i=1}^{n}F_{i\mathrm{n}}=ma_{\mathrm{n}}=m\frac{v^2}{\rho} \tag{2-1-4}$$

可见,如果要使物体的速率变化,必须对物体施加一个切向方向的合力;如果要使物体的运动方向变化,必须对物体施加一个法向方向的合力。对于圆周运动,F_{n} 就是向心力。

在应用牛顿第二定律解决实际问题时,有时质量不能再看作常量。例如,火箭飞行中,不断喷出燃气,质量不断减少,这类问题常称为经典力学中的变质量问题。另外,牛顿第二定律适用于物体低速运动的情况。当运动物体的速率大到可以与光速相比拟时,根据狭义相对论理论,这时运动质点的质量将随速率的变化而发生明显的变化,这是一种相对论效应,应该使用相对论理论处理这类问题。

3. 牛顿第三定律

一个物体对另一个物体的作用同时引起另一个物体对此物体的大小相等、方向相反的反作用;而且这两个作用在一条直线上。

牛顿第三定律又称作用和反作用定律,这里的“作用”与“反作用”实际上就是“作用力”和“反作用力”。因此,牛顿第三定律又可以简述为:作用力和反作用力总是大小相等、方向相反,作用在一条直线上。

若以 $\boldsymbol{F}_{12}$ 表示第一个物体受第二个物体的作用力,以 $\boldsymbol{F}_{21}$ 表示第二个物体受第一个物体的作用力,则牛顿第三定律可用数学形式表示为

$$\boldsymbol{F}_{12}=-\boldsymbol{F}_{21} \tag{2-1-5}$$

要注意的是，作用力和反作用力作用在不同的物体上，这两个力不能互相抵消。作用力和反作用力是同一性质的力，如同为摩擦力，同为万有引力等。

牛顿第三定律表明，作用力与反作用力总是同时以大小相等、方向相反的方式成对地出现，它们同时出现，同时消失，没有主次之分，力的出现与相互作用的两个物体都有关系。

牛顿第三定律揭示出，作用在物体上的力来自其他物体的作用。力的作用是相互的，任何一个力只是两个物体之间相互作用的一个方面。一个物体如果对另一个物体施以力的作用，那么它也必定同时受到另一个物体对它施加的力的作用，一个单独的、孤立的力是不可能存在的。这体现了力是相互作用这一性质。

牛顿第三定律还揭示出，当两个物体不受外力作用而只有相互作用时，它们的动量的变化总是大小相等、方向相反，因此，它们的总动量的变化为零。如果把作用力和反作用力称为两个质点组成的系统的内力，那么这对内力的相互作用所引起的两个质点的总动量的变化为零，即在整个运动期间动量的矢量和保持不变。这个结论对于由任意多个物体组成的封闭系统也是成立的，这就是动量守恒定律。

二、惯性参考系

质点的任何运动都是相对于某一参考系的，牛顿定律只适用于惯性参考系(简称惯性系)。任何相对于惯性系做匀速直线运动的参考系也都是惯性系，相对于惯性系做加速运动的参考系称为非惯性系。需要特别注意的是，相对于惯性系做曲线运动的参考系，由于至少存在法向加速度，都是非惯性系。

曾经有人对惯性系给出过确切的定义：相对于孤立粒子静止或做匀速直线运动的参考系是惯性系。惯性系定义是受到牛顿第一定律的启发，按照牛顿第一定律，不受其他物体作用或离其他一切物体都足够远的物体称为孤立物体，孤立物体静止或做匀速直线运动的惯性运动。其实，并无真正的孤立粒子，也没有精确意义下的惯性参考系，某参考系是否可以视为惯性系，从根本上来讲还是要根据观察和实验来确定。实际上，我们习惯于以下定义：在实验上，牛顿定律成立的参考系就是惯性系。惯性系只是一种理想模型，绝对的惯性系是不存在的。

大量的观察和实验表明，研究地球表面附近的许多现象，特别是在解决工程实际中的一般问题时，在相当高的实验精度内，可以认为地面或固定在地面上的物体是惯性系。如果以地球表面为惯性系，则在地面上做变速运动的物体就不能看作惯性系。由于通常实验室建立在地球上，因此常将地球参考系称为实验室参考系或实验室坐标系。

由于地球有自转，除两极外，地面上各点都有加速度(地球赤道处，自转向心加速度约为 $3.4\times10^{-2}\ \mathrm{m\cdot s^{-2}}$)，从更高的精度看，地面和固定在地面上的物体不是精确的惯性系，讨论某些问题时，以地球为惯性系会出现明显的偏差。以地心为原点、坐标轴指向恒星的地心参考系可以作为惯性系，地心参考系较地面参考系更为精确，用地心参考系可以研究近地人造地球卫星的运动等。

地心参考系也不是精确的惯性系，因为地球绕太阳还有公转(地球绕太阳的向心加速度约为 $6\times10^{-3}\ \mathrm{m\cdot s^{-2}}$)。以太阳为原点、坐标轴指向恒星的日心参考系，是较地心参考系更精确的惯性系。用日心参考系，根据牛顿定律和万有引力定律，研究天体和宇宙飞行器的运动能得到与观测符合很好的结果。

由于太阳系绕银河系的中心转动(绕银河中心的向心加速度约为 $1.8\times10^{-10}\ \mathrm{m\cdot s^{-2}}$)，日心参考系也不是严格的惯性系。目前最精确实用的惯性系是 FK4 系，该惯性系以 1 535 颗恒星的平均静止位形作为基准。

三、质量

在牛顿定律中，引入了质量的概念。质量是物理学中的一个基本概念，是物质所具有的一种物理属性,质量的含义和内容随着科学的发展而不断清晰和充实。最初,牛顿把质量理解为物体所含物质的数量,即物质多少的量度。现在,物体所含物质的数量,也即牛顿所理解的“质量”,用摩尔数来表示。牛顿定律中的“质量”有了新的含义。这里的“物质”指的是自然界中的宏观物体和电磁场、天体和星系、微观世界的基本粒子等的总称。

牛顿第二定律表明:质点受到力的作用而获得的加速度,不仅与质点所受的力有关,还与质点的质量有关。在质点获得同样加速度的情况下,质点的质量越大,需要的作用力越大。或者说,用同样的力作用在具有不同质量的质点上,质量大的质点,获得的加速度小;质量小的质点,获得的加速度大。这就是说,质量大的质点,改变其运动状态较难;质量小的质点,改变其运动状态较易。牛顿第一定律又表明,任何物体都有惯性,惯性大的物体,难于改变其运动状态;惯性小的物体,易于改变其运动状态。由此可见,质量是物体惯性大小的量度,或者说是物体惰性的量度。因此,在牛顿定律中引入的质量,还称为惯性质量。

在牛顿力学体系中,物体具有一定的惯性质量,它是一个与时间和空间位置无关的常数。由牛顿第二定律,物体机械运动的加速度的大小与物体所受力的大小成正比,比例系数

$$m=\frac{F}{a} \tag{2-1-6}$$

定义为该物体的惯性质量,简称质量,它是一个正的标量。要注意的是,这里的质量,指的是物体平动运动的惯性量度,而不是物体转动惯性的量度。或者确切地说是质点平动运动惯性的量度,因为物体平动运动时可以看作是一个质点,物体转动运动时不能看作是一个质点。

值得注意的是,在牛顿力学体系中,物体的质量是一个与运动无关的常数。而狭义相对论指出,物体的质量与运动状态有关。对于某一参考系,物体运动速度为 v 时的质量 m 为

$$m=\frac{m_0}{\sqrt{1-v^2/c^2}}$$

式中,m_0 为物体的静止质量,v 为相对于参考系的速度,c 为真空中的光速,m 称为物体的相对论质量或总质量。可见,在狭义相对论中,物体的质量不再是一个与运动无关的常数,与物体的运动状态有关。在狭义相对论中,物质可以没有静止质量,而依然有质量,例如光子。而在牛顿力学中,没有惯性质量等于零的物质存在。

还应该注意的是,牛顿在万有引力定律中引入了引力质量的概念。实验表明,引力质量与惯性质量同时存在,并且总是成比例的。对于可以在实验室里测试的物体,选择合适的单位,惯性质量与引力质量相等。20 世纪,爱因斯坦在他的广义相对论中提出等效原理时,就是以惯性质量与引力质量相等这一前提为依据的。可以认为,一切与广义相对论有关的观察和实验的精确结果都可以看成是这两种质量相等的证明。因此,惯性质量和引力质量是表征物体内在性质的同一个物理量。惯性质量和引力质量是质量的不同表现形式。

四、力

在牛顿定律中,引入了力的概念,力是物理学中使用最广泛的基本概念之一。牛顿通过对物体机械运动的深入研究,总结出力是矢量,具有大小、方向和作用点三要素。他从根本上把握了惯性定律、力的大小与动量的变化率成正比以及作用力与反作用力大小相等方向相反等基本力学规律,从此,人们对力由定性的归纳抽象逐渐转入定量的分析研究。牛顿认为,力就是使物体运动状态发生变化的动力,力是物体对物体的作用,力可以用受力物体的动量变化来度量。力的作用效果是改变物体的运动状态或改变物体的形状。

尽管人们知道宏观力是物体间的相互作用,是物体运动状态发生变化的原因,但到目前为止,我们仍然无法进一步弄清力究竟是一种什么样的作用,力的产生是一种什么样的具体原因。所以,力的精确定义至今仍未彻底解决。至今,各种力的概念仍然难以被人理解,物理意义仍不确切、力的本质也没有被揭示出来。

1. 自然界的基本力

通过大量的研究，人们发现自然界中各种各样的相互作用都来源于四种基本力：万有引力、电磁力、强力和弱力。人们对这四种基本力的物理意义、本质以及四种基本力的统一性问题仍然处于探索之中。这四种力可以分为两类：长程力和短程力。万有引力和电磁力在物体相距较远时仍发挥作用，称为长程力。强相互作用与弱相互作用，它们的作用距离很短，称为短程力。万有引力在天体层次的运动中起重要作用，电磁相互作用在宏观现象和微观现象中发挥作用。凡是有质量的物质都具有万有引力，凡是带有电荷的物质都具有电磁力，而在原子核内部的基本粒子（包括各种夸克）之间则存在着强相互作用力和弱相互作用力。

(1)万有引力

万有引力是存在于一切物体间的相互吸引力。万有引力是普遍存在的力，大到天体之间，小到基本粒子之间都有相互吸引力。

质量分别为 m_1 和 m_2 两个质点，当相距为 r 时，它们之间的万有引力大小为

$$F=G\frac{m_1m_2}{r^2} \tag{2-1-7}$$

万有引力的方向沿两个质点的连线方向。式中的 G 为万有引力常数

$$G=6.672\ 59\times10^{-11}\ \mathrm{N\cdot m^2/kg^2}$$

m_1 和 m_2 反映了物体的引力性质。如图 2-2 所示，还可以用矢量形式表示万有引力

$$\boldsymbol{F}_{12}=-G\frac{m_1m_2}{r^2}\boldsymbol{e}_r,\boldsymbol{F}_{21}=G\frac{m_1m_2}{r^2}\boldsymbol{e}_r \tag{2-1-8}$$

其中，$\boldsymbol{F}_{12}$ 是质点 m_1 受到质点 m_2 的万有引力；$\boldsymbol{F}_{21}$ 是质点 m_2 受到质点 m_1 的万有引力。

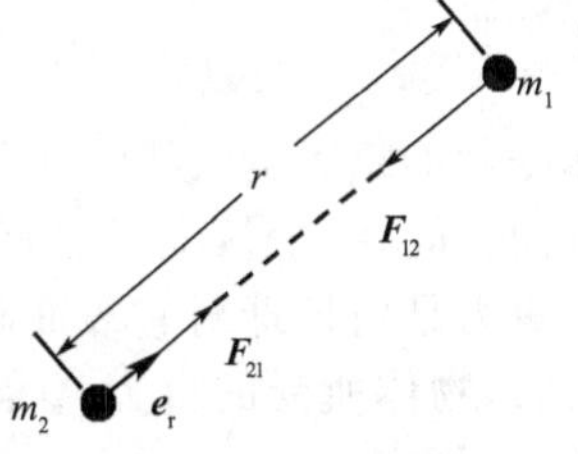

图 2-2　万有引力

在工程技术实践中，一般来说，物体之间的万有引力与物体受到的其他性质的力（如弹性力和摩擦力等）相比是非常微弱的，可以忽略不计。但地球表面附近的物体受到的地球的引力即重力一般不可以忽略。在研究有关天体运动的规律时，由于涉及的物体的质量非常大，万有引力将起到主要作用，天体靠万有引力在运行。

(2)电磁力

在静止电荷之间存在的电性力、在运动电荷之间存在的电性力和磁性力，它们本质上是相互联系的，总称为电磁力。

电磁力是长程力，它比万有引力大得多，例如，两个质子之间的电磁力要比同距离时的万有引力大 10^{36} 倍，所以可忽略两个质子之间的万有引力。电磁力与万有引力不同，两个电荷之间的电磁力既有表现为引力的，也有表现为斥力的。例如，如图 2-3 所示，两个电荷之间的库仑力为

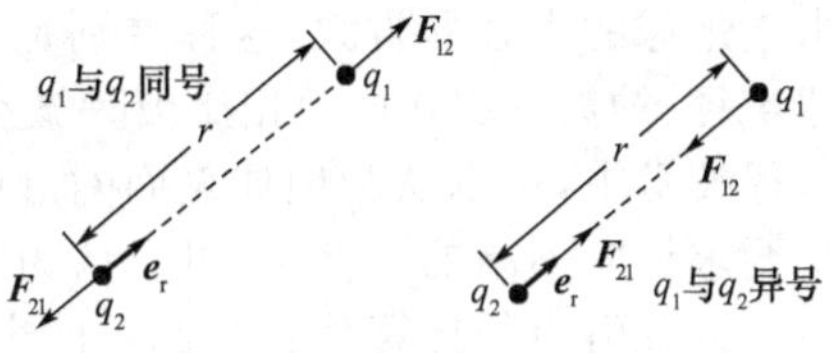

图 2-3　库仑力

$$\boldsymbol{F}_{12}=\frac{q_1q_2}{4\pi\varepsilon_0r^2}\boldsymbol{e}_r,\boldsymbol{F}_{21}=-\frac{q_1q_2}{4\pi\varepsilon_0r^2}\boldsymbol{e}_r \tag{2-1-9}$$

其中，$\boldsymbol{F}_{12}$ 是点电荷 q_1 受到点电荷 q_2 的库仑力；$\boldsymbol{F}_{21}$ 是点电荷 q_2 受到点电荷 q_1 的库仑力。当两个点电荷都是正电荷或都是负电荷时，库仑力 $\boldsymbol{F}_{12}$ 和 $\boldsymbol{F}_{21}$ 表现为排斥力；当两个点电荷一个是正电荷一个是负电荷时，库仑力 $\boldsymbol{F}_{12}$ 和 $\boldsymbol{F}_{21}$ 表现为吸引力。

实验还发现，在微观领域中，有些不带电的中性粒子也参与电磁相互作用。这是由于分子和原子都是由电荷组成的系统，分子或原子之间的作用力本质上都是分子和原子内的电荷之间的电磁力。物体之间的弹性力、摩擦力，气体的压力，浮力，黏滞阻力等都是相邻原子或分子

内电荷之间电磁力的宏观表现。

(3)强力

对物质结构的探索深入到比原子还小的亚微观领域中时,发现在核子、介子和超子之间存在一种强力,称为强相互作用。正是这种强相互作用,把原子内的一些质子和中子紧紧地束缚在一起,形成稳定的原子核。

强力是比电磁力更强的基本力,例如,两个相邻质子之间的强力可达 10^4 N,这比质子之间的电磁力大 100 倍。强力是一种短程力,作用范围很短,粒子之间距离超过 10^{-15} m 时,强力小到可以忽略;小于 10^{-15} m 时,强相互作用占主要支配地位,直到距离减小到大约 0.4×10^{-15} m 时,强相互作用表现为吸引力;距离再减小,强相互作用就表现为排斥力。在原子核中,正是靠着粒子之间的强相互作用(吸引力和排斥力),质子和中子束缚在一起。

(4)弱力

实验发现,在亚原子领域中,存在一种弱相互作用,称为弱力。两个相邻质子之间的弱力只有 10^{-2} N 左右。弱力是短程力,是导致原子核衰变放出电子和中微子的重要作用力。

2. 牛顿力学常见力

要应用牛顿定律解决实际问题,首先必须能够正确分析物体的受力情况。在日常生活和工程技术中经常遇到的力有重力、弹性力、摩擦力等。

(1)重力

地球表面附近的物体都受到地球的吸引作用,这种由于地球吸引而使物体受到的力称为重力。在重力 $\boldsymbol{W}$ 作用下,物体产生的重力加速度为 $\boldsymbol{g}$,以 m 表示物体的质量,则根据牛顿第二定律就有

$$\boldsymbol{W}=m\boldsymbol{g} \tag{2-1-10}$$

物体受到的重力的大小等于物体的质量与重力加速度大小的乘积;重力的方向与重力加速度的方向相同,一般情况下竖直向下,即指向地心。重力的大小称为重量。

重力是由地球对它表面附近的物体的万有引力引起的,忽略地球自转的影响(误差不超过0.4%),物体所受的重力就等于它所受的万有引力,设地球的质量为 m_E,半径为 R,物体的质量为 m,即有

$$mg=G\frac{m_Em}{R^2},g=G\frac{m_E}{R^2} \tag{2-1-11}$$

这是地球表面处重力加速度的近似计算公式。实际上,这里的 R 应该是地球表面附近物体(看作质点)到地心的距离。可见,离地面的高度不同时,重力加速度的大小是不同的。不过,由于地球的半径非常大,这种差别是很小的。对于地面附近的物体,所在位置的高度变化与地球半径(约为 6 370 km)相比极为微小,可以认为它到地心的距离就等于地球半径。在一般的工程技术中,可以认为地球表面附近的重力加速度的大小是一个常数。这样,在地面附近和一些要求精度不高的计算中,可以认为重力近似等于地球的引力。

万有引力的计算公式是针对两个质点的,如果考虑两个具有一定大小的物体之间的相互吸引力,则应将两物体分割成许多质点,分别计算质点间的万有引力再求矢量和,这就是牛顿处理实际力学问题的微积分思想。采用微积分思想可以证明,一个由多层均质空心球组成的球体(各层空心球的密度可不同)对球外一个质点的引力,与整个球体质量集中于球心时的引力一样。地球可近似被看成由多层密度不同的均质空心球组成,计算地球对球外某一质点的引力时,可把地球看成质量集中于地心的质点,地球对球外某质点的吸引力就可以看成是地球这个质点对球外质点的万有引力,而且引力通过地球中心。

地球表面附近的物体之间也存在万有引力,不过由于地球的质量相对于地球表面附近的实际物体来说是巨大的,地球表面附近的物体之间的万有引力相对于地球与地球表面附近的实际物体之间的万有引力来说微乎其微,可以忽略地球表面附近的物体之间的万有引力,而只

计算地球与地球表面附近的实际物体之间的万有引力。微观粒子之间的万有引力是非常小的，例如，两个相邻的质子之间的万有引力大约只有 10^{-34} N，因而完全可以忽略。

由于地球绕南北极轴缓慢自转，地球是一个非惯性系，对地面的观察者而言，地面上的物体除受地心引力外还应叠加上离心力，因此重力不再经过地心。不过，因为偏角不大，在一般工程技术中均以地垂线方向作为地球上物体所受重力的方向，以地心引力和离心力合力的大小作为重力的大小。

物体在行星及其他星体表面受到万有引力，广义地说，星体附近的物体也有重力，也有重力加速度。不过，星体与地球的质量不同，星体附近的物体的重力和重力加速度与地球表面附近的物体的重力和重力加速度数值不同。例如，月球表面附近物体的重力加速度大小是地球表面附近物体的 1/6，物体在月球上的重量是地面上的 1/6，因此登月的航天员可轻而易举地跳过很长距离。

(2)弹性力

弹性力是在外力作用下弹性物体发生形变后所产生的一种回复力。发生形变的物体，由于要恢复原状，对与它接触的物体会产生力的作用，这种力称为弹性力，简称弹力。

物体中任何两个质点相对位置的变化，称为物体的形变。任何物体，当受到其他物体的作用后，都会产生形变；所谓弹性，就是物体受到的其他物体的作用撤销后，物体能够自行恢复原状的特性。当物体的形变很小时，弹性力与物体中质点离开平衡位置时的位移成正比，其方向指向力试图使质点恢复到平衡位置的方向。如图 2-4 所示，若取质点 M 的平衡位置为坐标原点 O，并使 Ox 轴与质点位移 x 的方向相重合，则质点 M 受到的弹性力为

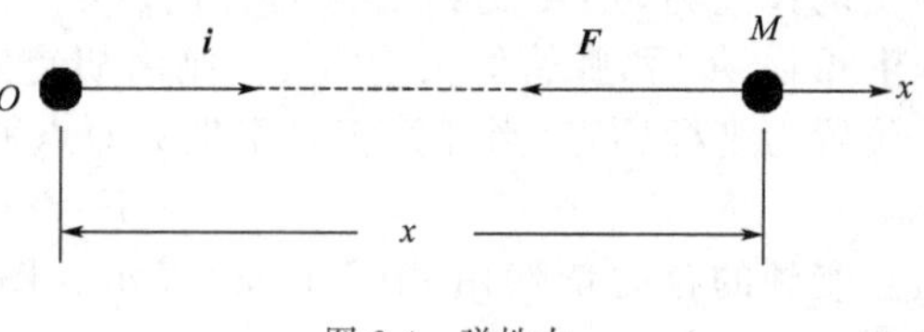

图 2-4 弹性力

$$\boldsymbol{F}=-kx\boldsymbol{i} \tag{2-1-12}$$

式中，$\boldsymbol{i}$ 为沿质点位移方向(x 方向)的单位矢量；k 为一个正的与物体材料性质有关的比例系数，称为弹性常数；负号表示力与位移方向相反。当物体形变较大时，质点的位移也较大，弹性力与位移的高次幂有关，但力的方向总是指向使质点恢复到它的平衡位置的方向。

弹性力的特点是它对变形体所做的功并不转化为热，但可转化为势能，弹性力是一种保守力。弹性力是产生在直接接触的物体之间并以物体的形变为先决条件的。弹性力是自然界中广泛存在的一种力，其表现形式是多种多样的，在工程技术中，主要有正压力或支撑力、拉力和弹簧的弹性力等。

当两个物体通过一定面积相互接触并挤压在一起时，两个物体都会发生形变(这种形变常常十分微小以致难以观察到)，也就是说，两个物体都受到对方的作用力。如果这种相互作用撤销后，两个物体还能够自行恢复原状，则这种作用力就是一种弹性力。这种弹性力通常叫作正压力或支撑力。它们的大小取决于相互压紧的程度，它们的方向总是垂直于接触面而指向对方。例如，屋架压在柱子上，柱子因为受到压缩而形变，产生向上的弹性力托住屋架；重物放在桌面上，桌面受重物挤压而发生形变，产生了一个向上的弹性力，称为支撑力。

当用轻绳拉紧物体时，无论物体是否运动，物体都会受到绳子给予的一个力的作用，同时物体也给绳子一个反作用力，这种相互作用称为拉力。拉力的大小取决于绳子拉紧的程度，它的方向总是沿着绳而指向绳要收缩的方向。拉力是由于绳子发生了形变(通常十分微小)而产生的，如果撤销绳子对物体的作用，绳子能够自行恢复原状，则这种拉力就是弹性力。

绳子产生拉力时，绳子内部各段之间也有相互的弹性力作用，这种内部的弹性力称为张力。很多实际问题中，绳子的质量往往可以忽略，在这种情况下，对其中任意一段，应用牛顿第二定律和牛顿第三定律可以证明相邻各段的相互作用力相等。这就是说，忽略绳子的质量时，绳子内各处的张力都相等。同样的方法可以证明，张力也等于联结体对它的拉力。在没有加

速度或质量可以忽略时，可以认为绳子各点的张力都是相等的，而且拉力就等于外力。

弹簧的弹性力是力学中常讨论的一种力。如图 2-5(a)所示，当弹簧被拉伸或压缩时，它就会对联结体有弹性力的作用，这种弹性力总是要使弹簧恢复原长。弹簧弹性力遵守胡克定律：在弹性限度内，弹性力与形变成正比。以 f 表示弹力，以 x 表示形变，即弹簧的长度相对于原长的变化(伸长)，则根据胡克定律就有

$$f=-kx \tag{2-1-13}$$

式中，k 是弹簧的劲度系数，决定于弹簧本身的结构。式中负号表示弹性力的方向：当 x 为正，也就是弹簧被拉长时，f 为负，即与被拉长的方向相反；当 x 为负，也就是弹簧被压缩时，f 为正，即与被压缩的方向相反。总之，弹簧的弹性力总是指向要恢复它原长的方向。弹性力的方向总是与弹簧位移的方向相反，这就是说，弹性力总是指向要恢复弹簧原长的方向。

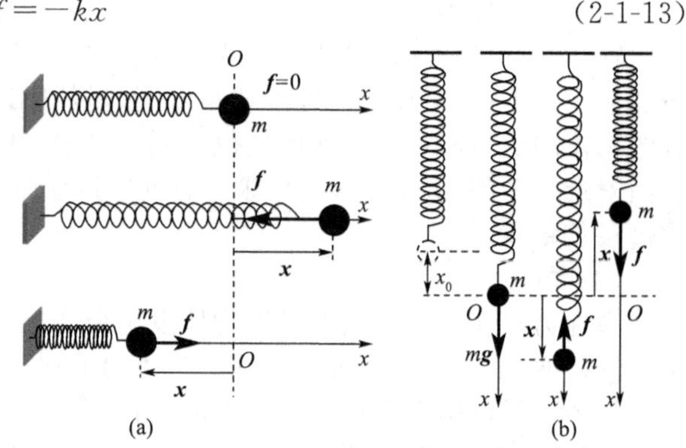

图 2-5 弹簧的弹性力

如图 2-5(b)所示，质点 m 不但要受到弹簧的弹性力，还要受到重力的作用。设挂上重物 m 后，弹簧伸长量为 x_0，则由胡克定律，有 $kx_0=mg$。设定挂上重物 m 后，质点 m 的位置为坐标原点，当弹簧相对于坐标原点伸长为 x 时，弹簧弹性力为

$$F=-k(x_0+x) \tag{2-1-14}$$

质点受到的合力依然由式(2-1-13)表示。图 2-5 表示的是弹簧振子，坐标原点 O 称为平衡位置。

(3)摩擦力

当两个相互接触的物体在沿接触面方向有相对运动或者有相对运动的趋势时，在接触面之间产生一对阻止相对运动的作用力与反作用力，这种力称为摩擦力。摩擦力分为静摩擦力和滑动摩擦力。

当相互接触的两个物体在外力作用下，虽有相对运动的趋势，但没有相对运动，这时的摩擦力称为静摩擦力。所谓相对运动的趋势指的是，假如没有静摩擦力，物体将发生相对滑动，正是一对静摩擦力的存在，才阻止了物体之间相对滑动情况的出现。

如图 2-6(a1)所示，物体 A 与物体 B 接触。物体 A 受到一个外力 $\boldsymbol{F}_1$ 的作用，虽然物体 A 与物体 B 没有相对运动，但物体 A 相对于物体 B 有向左运动的趋势；物体 B 相对于物体 A 有向右运动的趋势。于是在物体 A 与物体 B 接触面处产生一对静摩擦力 $\boldsymbol{f}_{f1}$ 和 $\boldsymbol{f}'_{f1}$；$\boldsymbol{f}_{f1}$ 和 $\boldsymbol{f}'_{f1}$ 是一对作用力与反作用力，物体 A 受到物体 B 作用的静摩擦力方向向右，物体 B 受到物体 A 作用的静摩擦力方向向左，如图 2-6(a2)和图 2-6(a3)所示。在图 2-6(b1)中，物体 C 与物体 D 接触。物体 C 受到重力作用，重力沿接触面方向的分力为 $\boldsymbol{F}_2$，虽然物体 C 与物体 D 没有相对运动，但物体 C 相对于物体 D 有沿接触面向下运动的趋势；物体 D 相对于物体 C 有沿接触面向上运动的趋势。于是在物体 C 与物体 D 接触面处产生一对静摩擦力 $\boldsymbol{f}_{f2}$ 和 $\boldsymbol{f}'_{f2}$；$\boldsymbol{f}_{f2}$ 和 $\boldsymbol{f}'_{f2}$ 是一对作用力与反作用力，物体 C 受到物体 D 作用的静摩擦力方向沿接触面向上，物体 D 受到物体 C 作用的静摩擦力方向沿接触面向下，如图 2-6(b2)和图 2-6(b3)所示。物体所受到的静摩擦力的方向与物体相对运动

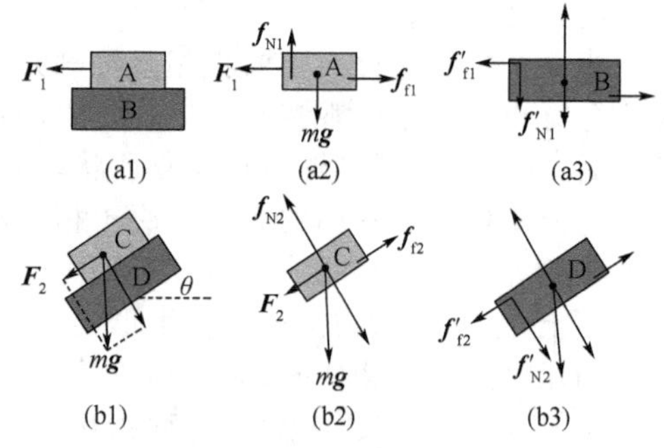

图 2-6 静摩擦力

趋势的方向相反。

静摩擦力的大小需要根据物体受力情况来确定，介于 0 与某个最大静摩擦力 $f_{\mathrm{f,max}}$ 之间。在图 2-6 中，如果物体 A 受到的外力 $\boldsymbol{F}_1$ 为零，则静摩擦力 $\boldsymbol{f}_{\mathrm{f1}}$ 也为零；如果倾角 $\theta=0$，静摩擦力 $\boldsymbol{f}_{\mathrm{f2}}$ 也为零。当增大外力 $\boldsymbol{F}_1$ 时，静摩擦力 $\boldsymbol{f}_{\mathrm{f1}}$ 也增大，而且 $\boldsymbol{f}_{\mathrm{f1}}$ 与 $\boldsymbol{F}_1$ 等值反向；当增大倾角 θ 时，重力沿斜面方向的分量 $\boldsymbol{F}_2$ 增大，静摩擦力 $\boldsymbol{f}_{\mathrm{f2}}$ 也增大，而且 $\boldsymbol{f}_{\mathrm{f2}}$ 与 $\boldsymbol{F}_2$ 等值反向。当外力 $\boldsymbol{F}_1$ 增大到某一值时，静摩擦力 $\boldsymbol{f}_{\mathrm{f1}}$ 不再随之增大，物体 A 相对于物体 B 开始滑动；当倾角 θ 增大到某一值时，也就是重力沿斜面方向的分量 $\boldsymbol{F}_2$ 增大到某一值时，物体 C 相对于物体 D 开始滑动。可见静摩擦力增加到这一数值后不能再增加，这时的静摩擦力称为最大静摩擦力，用 $f_{\mathrm{f,max}}$ 表示。由此可见，静摩擦力大小的变化范围是 $0\leqslant f_{\mathrm{f}}\leqslant f_{\mathrm{f,max}}$。

实验表明，作用在物体上的最大静摩擦力的大小 $f_{\mathrm{f,max}}$ 与物体受到的沿接触面法向方向的力 $\boldsymbol{f}_{\mathrm{N}}$（也称为正压力）的大小成正比

$$f_{\mathrm{f,max}}=\mu_0 f_{\mathrm{N}} \tag{2-1-15}$$

式中，μ_0 称为静摩擦因数，它与接触面的材料、接触面的状态（表面的粗糙程度、温度、湿度等）有关。

当两个相互接触的物体沿接触面相对运动时，接触面之间产生一对阻碍相对运动的力，称为滑动摩擦力，简称摩擦力。

滑动摩擦力的作用线总是在两个物体的接触面内，而且其方向总是沿着与物体相对运动方向相反的方向。如图 2-7 所示，物体 A 与物体 B 相互接触并在外力 $\boldsymbol{F}$ 的作用下运动，物体 A 相对于地面的加速度为 $\boldsymbol{a}_{\mathrm{A}}$，物体 B 相对于地面的加速度为 $\boldsymbol{a}_{\mathrm{B}}$，而且 $a_{\mathrm{A}}<a_{\mathrm{B}}$。这样，物体 A 与物体 B 之间就存在相对运动，在物体 A 与物体 B 的接触面上就存在一对作用与反作用的滑动摩擦力 $\boldsymbol{f}_{\mathrm{fA}}$ 和 $\boldsymbol{f}'_{\mathrm{fA}}$。物体 A 相对于物体 B 的运动方向向右，所以物体 A 受到物体 B 作用于它的滑动摩擦力 $\boldsymbol{f}_{\mathrm{fA}}$ 的方向向左；物体 B 的相对于物体 A 运动方向向左，所以物体 B 受到物体 A 作用于它的滑动摩擦力 $\boldsymbol{f}'_{\mathrm{fA}}$ 的方向向右。

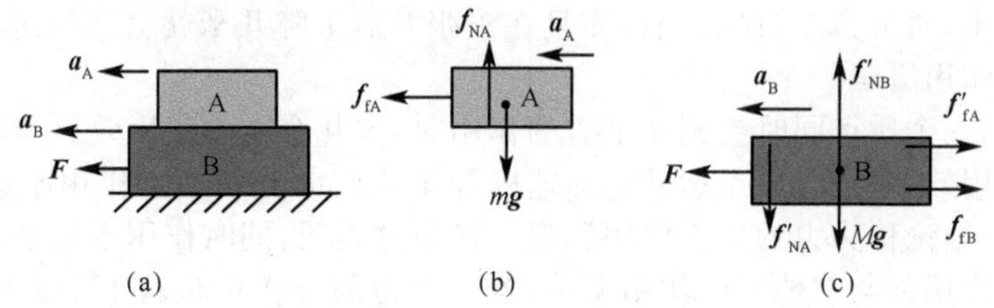

图 2-7 滑动摩擦力

实验表明，作用在物体上的滑动摩擦力的大小 f_{f} 与物体受到的沿接触面法向方向的正压力 $\boldsymbol{f}_{\mathrm{N}}$ 的大小成正比

$$f_{\mathrm{f}}=\mu f_{\mathrm{N}} \tag{2-1-16}$$

式中，μ 称为滑动摩擦因数，简称摩擦因数。滑动摩擦因数 μ 不仅与接触面的材料、接触面的状态（表面的粗糙程度、温度、湿度等）有关，还与相对滑动速度的大小有关。通常情况下，μ 随相对速度的增加而稍有减小，当相对滑动速度不太大时，μ 可近似看作常数。

实验还表明，在其他条件相同的情况下，对同样的接触面，静摩擦因数 μ_0 总是大于滑动摩擦因数 μ。一般情况下，在通常的相对滑动速度范围内，可认为滑动摩擦因数 μ 与相对滑动速率无关，而且在一般问题的简要分析中甚至还可认为滑动摩擦因数 μ 等于静摩擦因数 μ_0。

摩擦力的规律都是由实验总结出的，至于摩擦力的起源问题，一般可以认为是来自电磁相互作用，其形成的机理现在仍然不是很清楚。

在自然界中，处处有摩擦力。与一切事物一样，摩擦也有两面性，即对人类有其有利的一面，也有其有害的一面。一方面，摩擦是人类赖以生存和发展不可缺少的条件，离开了摩擦力，人不能在地面上走路，螺栓螺丝不能与螺帽固接，机器无法传动和制动，等等。另一方面，摩擦

生热,这大大降低了机械效率和能源利用效率;摩擦造成机器磨损,影响机器的使用寿命;因摩擦生电,常造成起火、爆炸等重大事故,等等。我们可以利用摩擦力的有利因素,尽量避免摩擦力的有害因素。

(4)流体阻力

一个物体在流体(液体或气体)中与流体有相对运动时,物体会受到流体的阻力。这种阻力的方向与物体相对于流体的速度方向相反,其大小与相对速度的大小有关。

在相对速率较小,流体可以从物体周围平顺地流过时,这种阻力 f_d 的大小与相对速率 v 成正比,即

$$f_d = kv \tag{2-1-17}$$

式中,系数 k 决定于物体的大小和形状以及流体的性质(如黏性、密度等)。

在相对速率较大以致在物体的后方出现流体漩涡时(一般情形多是这样),阻力的大小将与相对速率的平方成正比。对于物体在空气中运动的情况,阻力的大小可以表示为

$$f_d = \frac{1}{2}C\rho A v^2 \tag{2-1-18}$$

其中,ρ 是空气的密度;A 是物体的有效横截面积;C 为阻力系数,一般为 0.4~1.0(也随速率而变化)。相对速率很大时,阻力还会急剧增大。

由于流体阻力与速率有关,物体在流体中下落时的加速度将随速率的增大而减小,以致当速率足够大时,阻力会与重力平衡而物体将以匀速下落。物体在流体中下落的最大速率称为终极速率。对于在空气中下落的物体,利用式(2-1-18)可以求得终极速率为

$$v_t = \sqrt{\frac{2mg}{C\rho A}} \tag{2-1-19}$$

其中,m 为下落物体的质量。按上式计算,半径为 1.5 mm 的雨滴在空气中下落的终极速率为 7.4 m/s,大约在下落 10 m 时就会达到这个速率。跳伞时,由于伞的面积 A 较大,所以跳伞者的终极速率也较小,通常为 5 m/s 左右,而且在伞张开后下降几米就会达到这一速率。

3. 力的独立作用原理

实验表明:当一个质点同时受到几个力的作用时,这几个力的作用效果与这几个力矢量和的那一个力的作用效果一样,质点运动的加速度等于这些力分别独立作用于该质点时的加速度的矢量和,这一结论称为力的独立作用原理。该原理表明,同时作用于某个质点的若干个力中任何一个力的作用都与其他力的作用无关,若干个力的合作用是若干个力中每个力分别作用的叠加,因此,力的独立作用原理又称为力的叠加原理。

如图 2-8 所示,以 $\boldsymbol{F}_1$,$\boldsymbol{F}_2$ 表示同时作用在某质点 m 上的两个力,以 $\boldsymbol{F}$ 表示这两个力的矢量和,则力的叠加原理可表示为

$$\boldsymbol{F} = \boldsymbol{F}_1 + \boldsymbol{F}_2, \boldsymbol{a} = \boldsymbol{a}_1 + \boldsymbol{a}_2 \tag{2-1-20}$$

这就是力的合成的平行四边形法则,它与质点处于静止还是运动状态无关。

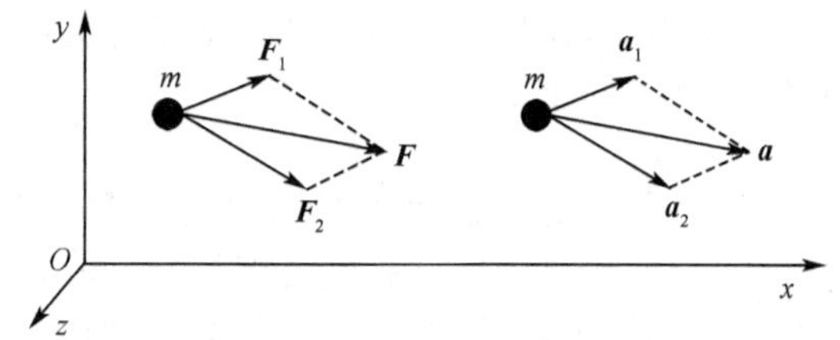

图 2-8 力的独立作用原理

力的独立作用原理是牛顿在《自然哲学的数学原理》中作为力系单独提出来的,是独立于牛顿运动定律的,是力学的一条基本原理。这里的"力系"指的是同时作用在某质点上的若干个力的集合。力的叠加原理表明,力的叠加是线性叠加,这体现了牛顿力学是线性的。

用一个力等效地代替若干个作用于同一物体的力,这一个力就称为若干个作用于同一物体的力组成的力系的合力。几个力作用于同一质点时,可顺次使用平行四边形法则

$$\boldsymbol{F}_R = \boldsymbol{F}_1 + \boldsymbol{F}_2 + \cdots + \boldsymbol{F}_n = \sum_{i=1}^{n} \boldsymbol{F}_i \tag{2-1-21}$$

实际计算合力时，应先建立坐标系，将各力在各坐标轴上的投影求和得合力的投影，然后再确定合力的大小和方向。如在直角坐标系中合力的投影

$$F_{Rx}=\sum_{i=1}^{n}F_{ix},F_{Ry}=\sum_{i=1}^{n}F_{iy},F_{Rz}=\sum_{i=1}^{n}F_{iz} \tag{2-1-22}$$

则合力的大小及合力的方向与各坐标轴夹角的余弦为

$$F_{R}=\sqrt{F_{Rx}^{2}+F_{Ry}^{2}+F_{Rz}^{2}},\cos\alpha=\frac{F_{Rx}}{F_{R}},\cos\beta=\frac{F_{Ry}}{F_{R}},\cos\gamma=\frac{F_{Rz}}{F_{R}} \tag{2-1-23}$$

将一个力化为等效的两个或两个以上的分力，称为力的分解。分解的依据是平行四边形法则，可以分解为无数组力系，只有在附加足够条件时才能得到确定的解。

工程技术中最常用的是将一力 $\boldsymbol{F}$ 沿直角坐标系的坐标轴方向分解

$$\boldsymbol{F}=\boldsymbol{F}_x+\boldsymbol{F}_y+\boldsymbol{F}_z=F_x\boldsymbol{i}+F_y\boldsymbol{j}+F_z\boldsymbol{k} \tag{2-1-24}$$

式中，$\boldsymbol{i}$，$\boldsymbol{j}$，$\boldsymbol{k}$ 为沿三个坐标轴的单位矢量，F_x，F_y，F_z 为 $\boldsymbol{F}$ 在三个坐标轴上投影的大小。如果已知 $\boldsymbol{F}$ 的大小，则分力的大小为

$$F_x=F\cos\alpha,F_y=F\cos\beta,F_z=F\cos\gamma \tag{2-1-25}$$

式中，α，β，γ 为 $\boldsymbol{F}$ 与各坐标轴的夹角。

五、惯性力

牛顿第二定律适用于惯性参考系，地面是一个比较好的惯性参考系，相对于地面做匀速直线运动的参考系也都是惯性参考系，在这些参考系中，牛顿第二定律能够很好地满足。但是，相对于地面做加速运动的参考系就不是惯性参考系，例如，相对地面加速直线运动的火车和转动的圆盘就是非惯性参考系。在非惯性参考系中，需要引入惯性力，认为在非惯性参考系中的一切物体都受到某种“惯性力”的作用，借以代替这一个参考系相对于惯性参考系的加速度，使得牛顿第二定律在非惯性参考系中适用。根据参考系相对于惯性参考系的加速度的不同，非惯性参考系可分为平动非惯性参考系和转动非惯性参考系。

1. 加速平动参考系中的惯性力

如果参考系相对于惯性参考系做加速直线运动，固定于该参考系上直角坐标系的原点做加速直线运动，并且各坐标轴的方向保持不变，该参考系即为平动非惯性参考系。

如图 2-9(a)所示，一质量为 m 的小球用一细绳系于车厢的天花板上。如果车厢不动，因为小球在连线拉力和重力作用下处于平衡状态，小球在竖直方向悬挂静止于车厢内。在地面

图 2-9　加速平动参考系中的惯性力

参考系和车厢参考系中牛顿第二定律都适用，因为此时，地面参考系和车厢参考系都是惯性系。如果车厢相对地面加速平动，加速度为 $\boldsymbol{a}_0$，则小球会在车厢中飘起来。在地面参考系来看，静止在车厢中质量为 m 的小球受到绳的拉力 $\boldsymbol{T}$ 和重力 $\boldsymbol{W}$ 的作用，这两个力的合力不为零，小球与车厢一起以加速度 $\boldsymbol{a}_0$ 运动，符合牛顿第二定律；而在车厢参考系看来，相对车厢小球静止，而受到的合力不为零，这是由于车厢不是惯性系，因此牛顿第二定律不适用。

如图 2-9(b)所示，设地面参考系 K 为惯性参考系，车厢参考系 K′相对参考系 K 做加速直线运动，加速度为 $\boldsymbol{a}_0$。质量为 m 的质点，在力 $\boldsymbol{F}$ 的作用下，相对于参考系 K 的加速度为 $\boldsymbol{a}$，相对参考系 K′的加速度为 $\boldsymbol{a}'$。对于参考系 K，由于设为惯性系，牛顿第二定律是成立的

$$\boldsymbol{F}=m\boldsymbol{a}=m(\boldsymbol{a}'+\boldsymbol{a}_0) \tag{2-1-26}$$

对于参考系 K′,质点所受合力仍为 $\boldsymbol{F}$,牛顿第二定律不成立,$\boldsymbol{F}\neq m\boldsymbol{a}'$。如果我们认为在参考系 K′中观察时,除了实际的外力 $\boldsymbol{F}$ 外,质点还受到一个大小和方向由($-m\boldsymbol{a}_0$)表示的惯性力,并将此力也计入合力之内,质点受到拉力 $\boldsymbol{T}$、重力 $\boldsymbol{W}$、惯性力($-m\boldsymbol{a}_0$)这三个力,则式(2-1-26)就可以形式上理解为:在参考系 K′内观测,质点所受的合外力也等于它的质量与加速度的乘积,引入惯性力后牛顿第二定律适用于车厢这个非惯性参考系。

为了在非惯性系中形式地应用牛顿第二定律而必须引入的这个力称为惯性力。由式(2-1-26)可知,在加速平动参考系中,它的大小等于质点的质量与此非惯性系相对于惯性系的加速度的乘积,方向与此加速度的方向相反。以 $\boldsymbol{F}^*$ 表示惯性力,则有

$$\boldsymbol{F}^*=-m\boldsymbol{a}_0 \tag{2-1-27}$$

引进了惯性力,在非惯性系中就有了下述牛顿第二定律的形式

$$\boldsymbol{F}+\boldsymbol{F}^*=m\boldsymbol{a}' \tag{2-1-28}$$

其中,$\boldsymbol{F}$ 是实际存在的各种力、“真实力”的合力,它们是物体之间的相互作用的表现;惯性力 $\boldsymbol{F}^*$ 只是参考系的非惯性运动的表观显示,或者说是物体的惯性在非惯性系中的表现,它不是物体间的相互作用,也没有反作用力。

惯性力与引力有一种微妙的关系。如图 2-10 所示,静止在地面参考系(视为惯性系)中的物体受到地球引力 $m\boldsymbol{g}$ 的作用,这引力的大小与物体的质量成正比。设想一个远离星体的太空船正以加速度(对某一惯性参考系)$\boldsymbol{a}'=-\boldsymbol{g}$ 运动,在船内观察一个质量为 m 的物体。由于太空船是非惯性参考系,可以认为物体受到一个惯性力 $\boldsymbol{F}^*=-m\boldsymbol{a}'=m\boldsymbol{g}$ 的作用,这个惯性力也与物体的质量成正比。但若只是在太空船中观察,我们也可以认为太空船是静止的惯性参考系,而物体受到了一个引力 $m\boldsymbol{g}$。加速参考系中的惯性力与惯性参考系中的引力是等效的这一思想是爱因斯坦首先提出的,称为等效原理,是爱因斯坦创立广义相对论的基础。

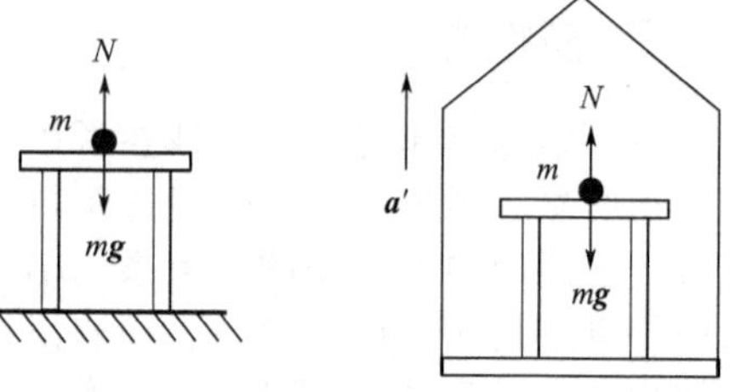

图 2-10　等效原理

2. 转动非惯性系中的惯性力

相对惯性系转动的参考系是非惯性系,因为转动也有加速度。要在转动参考系中应用牛顿第二定律也要引进惯性力。我们只讨论质点静止在匀速转动参考系中的情况。

图 2-11 中,水平圆盘相对地面匀速转动,角速度为 ω,静止在圆盘上的、质量为 m 的小球用细绳与圆盘中心 O 点相连。小球与圆盘间无摩擦力,小球只受到绳的拉力 $\boldsymbol{T}$。

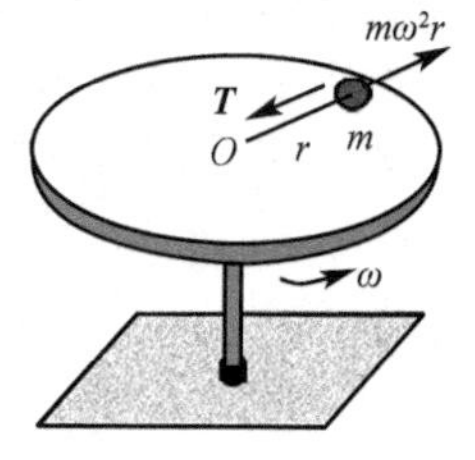

图 2-11　惯性离心力

相对地面参考系这一惯性参考系,小球做匀速圆周运动,绳的拉力 $\boldsymbol{T}$ 使小球产生向心加速度。由牛顿第二定律得

$$\boldsymbol{T}=m\boldsymbol{a}_{\mathrm{n}}=-m\omega^2\boldsymbol{r} \tag{2-1-29}$$

式中,$\boldsymbol{r}$ 的大小 r 为绳的长度,即小球做圆周运动的半径。

相对匀速转动的圆盘参考系,小球受力仍为 $\boldsymbol{T}$,而小球是静止的,加速度为零,牛顿第二定律不成立。如果引进惯性力($\boldsymbol{F}^*=m\omega^2\boldsymbol{r}$),即小球除了受到实际的绳的拉力之外,还受到虚拟的惯性力,则小球所受合力为

$$\boldsymbol{T}+\boldsymbol{F}^*=\boldsymbol{T}+m\omega^2\boldsymbol{r}=0 \tag{2-1-30}$$

则小球受力为零,牛顿第二定律适用。

因此静止在匀速转动的参考系中的质点,所受的惯性力大小为

$$F^*=m\omega^2 r \tag{2-1-31}$$

方向为沿半径向外，称为惯性离心力，这是在转动参考系中观察到的一种惯性力。实际上当我们乘坐汽车拐弯时，我们体验到的被甩向道外侧的“力”，就是这种惯性离心力。

惯性离心力与在惯性参考系中观察到的向心力大小相等、方向相反，所以常常有人认为惯性离心力是向心力的反作用力，这是一种误解。首先，向心力作用在运动物体上使之产生向心加速度。惯性离心力也是作用在运动物体上。既然它们作用在同一物体上，当然就不是相互作用，所以谈不上作用与反作用。再者，向心力是真实力的表现，它可能有真实的反作用力。但惯性离心力是虚拟力，它只是运动物体的惯性在转动参考系中的表现，它没有反作用力，因此不能说向心力与它是一对作用力和反作用力。

静止在地面上的物体受到地面的支撑力和万有引力的作用。精确的测量表明这两个力的方向不在同一条直线上，且大小不等，这是由于地球只是近似的惯性参考系，选取地心系为惯性参考系，则地球为匀速转动参考系，为非惯性系。在非惯性系中，相对地球，静止在地面上的物体受到的力为万有引力 $\boldsymbol{F}$、地面的支撑力 $\boldsymbol{N}$ 和惯性力 $\boldsymbol{f}^*$（惯性离心力），三个力的合力为零。如图 2-12 所示，惯性离心力大小为

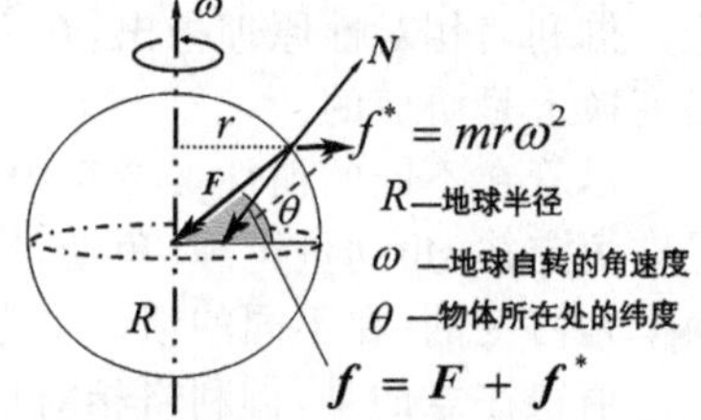

图 2-12　惯性离心力对重力测量的影响

$$f^* = m\omega^2 R\cos\theta \qquad (2\text{-}1\text{-}32)$$

式中，R 为地球半径，θ 为物体所在处的纬度，ω 为地球自转的角速度。由于惯性离心力很小，因此在地面上称得的物体的重量近似地等于物体的重力（$\boldsymbol{f}$）的大小，称量结果与纬度有关。

六、伽利略相对性原理

牛顿运动定律适用于惯性参考系，在相对于某惯性系做匀速直线运动的参考系中，牛顿运动定律也都成立，在任何一个惯性参考系中牛顿运动定律的数学形式应该是不变的。

如图 2-13 所示，设参考系 S 为惯性参考系，参考系 S′相对参考系 S 以速度 $\boldsymbol{u}$ 做匀速直线运动，参考系 S′也是惯性参考系。

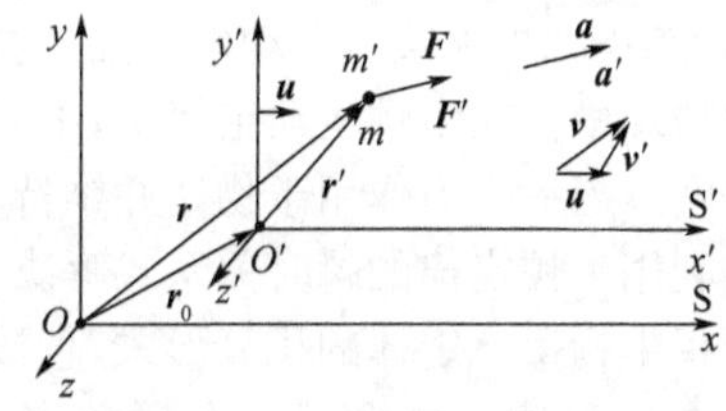

图 2-13　伽利略相对性原理

由伽利略变换得到，在参考系 S 和参考系 S′这两个惯性参考系中测得的同一质点的加速度相同，$\boldsymbol{a}'=\boldsymbol{a}$；对于经典力学，在不同惯性参考系中测得的同一质点的质量相同，$m'=m$；力取决于质点动量对时间的变化率，因为 $\boldsymbol{a}'=\boldsymbol{a}$，所以，质点对参考系 S 和参考系 S′的动量的时间变化率相同，从而在参考系 S 和参考系 S′中测得质点受到的作用力相同，$\boldsymbol{F}'=\boldsymbol{F}$。这样得到，在参考系 S 和参考系 S′中，牛顿第二定律具有相同的数学表达形式

$$\boldsymbol{F}=m\boldsymbol{a},\ \boldsymbol{F}'=m'\boldsymbol{a}' \qquad (2\text{-}1\text{-}33)$$

因为在参考系 S 和参考系 S′中测得质点受到的力是相同的，如果在参考系 S 中测得 $\boldsymbol{F}_{12}=-\boldsymbol{F}_{21}$，即作用力与反作用力大小相等、方向相反；则在参考系 S′中也会有 $\boldsymbol{F}'_{12}=-\boldsymbol{F}'_{21}$，即作用力与反作用力大小相等、方向相反。可见，在参考系 S 和参考系 S′中，牛顿第三定律具有相同的数学表达形式。

由于在两个惯性参考系中，同一物体所受的力相同，$\boldsymbol{F}'=\boldsymbol{F}$，如果一个惯性参考系中测得物体所受的力为零，$\boldsymbol{F}=0$，则在另一个惯性参考系中测得物体所受的力也为零，$\boldsymbol{F}'=0$。由此得到，物体在两个惯性参考系中都保持运动状态不变，即牛顿第一定律在两个惯性参考系中有相同的表述。

与牛顿第一定律一样，对于任何惯性参考系牛顿第二、第三定律都成立，任何惯性参考系在牛顿运动定律面前都是平等的。由于牛顿运动定律是经典力学的基础，对于所有的惯性参

考系,经典力学定律(包括动量守恒定律、角动量守恒定律、机械能守恒定律等)在任何一个惯性参考系中数学形式不变。

在一个惯性参考系的内部所做的任何经典力学实验,都不能确定这一惯性参考系本身是处于相对静止状态,还是匀速直线运动状态。或者说,对于力学定律,一切惯性参考系都是等价的,没有一个惯性参考系具有优越地位。这就是力学相对性原理,或称为伽利略相对性原理。这个原理可以更精炼地叙述为:"在一切惯性参考系中,力学规律都是相同的。"

伽利略是一位伟大的学者,他早在牛顿运动定律之前就通过观察和实验论证了在力学规律面前任何惯性参考系都是平等的这一结论。伽利略相对性原理是牛顿绝对时空观的必然结论。伽利略相对性原理指出:在力学规律面前,所有惯性参考系都是等价的;力学规律在伽利略变换下是协变的。

尽管在不同的惯性参考系中,动量、角动量、动能、势能、机械能可能不同,但动量定理、动量守恒定律、角动量定理、角动量守恒定律、动能定理、功能原理、机械能守恒定律在伽利略变换下是协变的,在不同的惯性参考系中具有相同的形式。

值得注意的是,伽利略相对性原理适用于物体低速运动的情况,适用于物体做机械运动的力学现象,对电磁现象并不适用。尽管如此,不可磨灭伽利略相对性原理对物理学的伟大贡献。爱因斯坦正是受到伽利略相对性原理的启发,把相对性原理推广到整个物理学,提出了爱因斯坦相对性原理,从而创立了狭义相对论和广义相对论。

第二章 第二节 微课

第二节 质点机械运动的动量

动量是描述物体机械运动的重要物理量,即使在现代物理学中也是一个重要的物理量。在牛顿运动定律中,主要考虑的是力的瞬时效果,即物体在外力作用下立即产生瞬时加速度。当一个力作用于物体并维持一定时间,其时间积累的效果如何,是我们关心的问题之一。直接利用牛顿定律的瞬时关系式解决力的时间积累这类问题还不够方便,因为得借助于积分。那么,寻找牛顿第二定律的积分形式,直接处理力的时间积累问题,就成为一个研究课题。

动量这一概念就是在研究力的时间积累效果中提出并逐渐完善的,动量是从动力学角度度量物体运动的一个物理量,而速度只是从运动学角度描述了物体的运动。轮船靠岸时的速度虽小,但因其质量很大,可撞坏坚固的码头;子弹质量虽小,但因其速度极高,能将钢板击穿。所以,从动力学角度描述物体的运动,必须同时考虑质量和速度这两个因素,为此而引入了动量的概念。动量的概念早在牛顿定律建立之前就已经出现在伽利略的著作中,笛卡尔继承了伽利略的说法,他认为质量与速率的乘积是一个合适的物理量。牛顿在总结这些人工作的基础上,把笛卡尔的定义做了重要的修改,不用质量与速率的乘积,而用质量与速度的乘积,牛顿把它叫作"运动量",就是现在说的动量。

实际上,动量定理就是牛顿第二定律的积分形式,它使人们认识到:力在一段时间内的累积效应,是使物体产生动量增量。要产生同样的时间累积效应,即同样的动量增量,力大的需要时间短些,力小的需要时间长些,只要力的时间累积量即冲量一样,就能产生同样的动量增量。

一、质点的动量

质点的动量是质点的质量 m 与速度$\boldsymbol{v}$ 的乘积

$$\boldsymbol{p}=m\boldsymbol{v} \tag{2-2-1}$$

质点的动量是矢量,其方向与质点的运动速度方向相同。在直角坐标系中,动量分解为

$$p_x = mv_x, p_y = mv_y, p_z = mv_z \tag{2-2-2}$$

一般而言,一个物体的动量指的是这个物体在它运动方向上保持运动的趋势。它是描述物体平动的物理量。动量是物理学基本物理量,即使是高速运动的粒子和微观粒子也都需要动量这一物理量来描述其运动。

在低速情况下,动量可用经典力学方法计算,即质点的质量是恒量,动量的值与速度成正比。在高速情况下,由于相对论效应,质量不是恒量,随速度增加而增大,而动量依然定义为质量与速度的乘积

$$\boldsymbol{p} = m\boldsymbol{v} = \frac{m_0\boldsymbol{v}}{\sqrt{1-v^2/c^2}}$$

m_0 是静止质量,c 是真空中的光速。可见,当质点速度无限接近光速时,质量和动量都接近无穷大。光子的静止质量为零,它具有波粒二象性,当光波波长为 λ 时,光子动量值为

$$p = \frac{h}{\lambda}$$

式中,h 为普朗克常数。其他微观粒子也具有波粒二象性,都可用此式表示其动量,而 λ 为粒子的德布罗意波长。

二、质点的动量定理

力作用到质点上,可以使质点的动量或速度发生变化。在很多实际情况下,我们需要考虑按时间积累的效果。这一效果可以直接地由牛顿第二定律得出。为此可以把牛顿第二定律公式写成微分形式,即

$$\mathrm{d}\boldsymbol{I} = \boldsymbol{F}\mathrm{d}t = \mathrm{d}\boldsymbol{p} = \mathrm{d}(m\boldsymbol{v}) \tag{2-2-3}$$

式中,$\boldsymbol{F}\mathrm{d}t$ 就表示力在时间 $\mathrm{d}t$ 内的积累量,称为在 $\mathrm{d}t$ 时间内质点所受合力的冲量。此式表明,在 $\mathrm{d}t$ 时间内质点所受合力的冲量等于在同一时间内质点的动量的增量。这一关系称为动量定理的微分形式,实际上它是牛顿第二定律公式的数学变形。

如果将式(2-2-3))对 t_1 到 t_2 这段有限时间积分,即考虑力在某段有限时间内的积累效果,则在这段有限时间内,力的冲量为

$$\boldsymbol{I} = \int_{t_1}^{t_2}\boldsymbol{F}\mathrm{d}t = \int_{\boldsymbol{p}_1}^{\boldsymbol{p}_2}\mathrm{d}\boldsymbol{p} = \boldsymbol{p}_2 - \boldsymbol{p}_1, \boldsymbol{I} = \int_{t_1}^{t_2}\boldsymbol{F}\mathrm{d}t = \boldsymbol{p}_2 - \boldsymbol{p}_1 \tag{2-2-4}$$

这是动量定理的积分形式,它表明质点在 t_1 到 t_2 这段时间内所受的合力的冲量等于质点在同一时间内的动量的增量。后者是效果,它取决于力在这段时间内的积累。合力的冲量的方向与受力质点的动量的增量的方向一致,但不一定与质点的初动量或末动量的方向相同。

动量定理是矢量式,在应用时,可以直接用作图法,按几何关系求解,也可以用沿坐标轴的分解式求解。在直角坐标系中,沿各坐标轴的分量式为

$$\int_{t_1}^{t_2}F_x\mathrm{d}t = p_{2x} - p_{1x}, \int_{t_1}^{t_2}F_y\mathrm{d}t = p_{2y} - p_{1y}, \int_{t_1}^{t_2}F_z\mathrm{d}t = p_{2z} - p_{1z} \tag{2-2-5}$$

质点所受合力的冲量在某一方向上的分量等于质点的动量在该方向的分量的增量。

质点动量定理建立了质点动量变化与质点受到的冲量之间的关系,反映了力的时间积累效应。质点动量定理表明,作用在质点上的合力在某一时间段内的冲量,只与该时间段始末两时刻动量之差有关,而与质点在该时间段内动量变化的细节无关。

值得注意的是,质点动量定理由牛顿定律导出,因此,质点动量定理只适用于惯性参考系;对于非惯性参考系,质点动量定理不适用。在不同的惯性参考系中,物体的速度是不同的,物体的动量也随之不同,这就是动量的相对性。在应用动量定理时,物体的始末动量应由同一个惯性系来确定。尽管对不同的惯性参考系,物体的动量不同,但动量定理的形式却没有改变,这就是动量定理的不变性,也就是说,动量定理对所有惯性参考系都是适用的。

动量定理常用于打击、碰撞过程,碰撞一般泛指物体间相互作用时间很短的过程。在这一过程中,相互作用力往往很大而且随时间改变,这种力通常称为冲力。因为冲力很大,所以由于碰撞而引起的质点的动量的改变基本上就由冲力在整个碰撞过程中的冲量来决定。为了对冲力的大小有个估计,通常引入平均冲力的概念,它是冲力对碰撞时间的平均。以$\overline{\boldsymbol{F}}$表示平均冲力,则

$$\overline{\boldsymbol{F}}=\frac{\int_{t_1}^{t_2}\boldsymbol{F}\mathrm{d}t}{t_2-t_1}=\frac{\boldsymbol{p}_2-\boldsymbol{p}_1}{t_2-t_1} \tag{2-2-6}$$

因冲力很大,所以由碰撞引起的质点的动量改变,基本上由冲力的冲量决定。重力、阻力的冲量可以忽略。

如果$\boldsymbol{F}$是个方向和大小都变的变力,则冲量$\boldsymbol{I}$的方向和大小要由微小时间段内所有元冲量$\boldsymbol{F}\mathrm{d}t$的矢量和来决定,而不是由某一瞬时的$\boldsymbol{F}$来决定;只有当$\boldsymbol{F}$的方向恒定不变时,冲量$\boldsymbol{I}$才与力$\boldsymbol{F}$的方向相同。尽管外力在运动过程中时刻改变着,物体机械运动的速度大小和方向都在变化,但动量定理却总是成立的。所以,不管物体在机械运动过程中动量变化的细节如何,冲量的大小和方向却总等于物体始末动量的矢量差,这是应用动量定理解决物体机械运动问题的优点所在。

动量定理在研究碰撞或冲击问题时有其重要应用。在碰撞中,两物体相互作用的时间极为短促,并且在短促的时间内,作用力迅速达到很大的量值,然后又急剧地下降为零,这种力一般称为冲力。因为冲力是个变力,它随时间而变化的关系又比较难以确定,所以表示瞬时关系的牛顿第二定律无法直接应用于碰撞过程。但是,根据动量定理,我们能够由物体动量的变化得到物体受到的冲量,进而得到冲力的平均值。

三、质点的动量守恒定律

对于一个质点,如果它所受到的合力为零,$\boldsymbol{F}=0$,由牛顿第二定律或质点的动量定理可以得到,质点的动量不随时间变化

$$\boldsymbol{p}=\text{恒定矢量} \tag{2-2-7}$$

这称为质点的动量守恒。由于动量守恒定律的表达式是矢量式,质点动量定理甚至可以进一步表示为:如果质点在某一方向受到的合力为零,则质点在该方向的动量守恒。例如,质点在直角坐标系的x轴方向受到的合力为零,$F_x=0$,则质点在x轴方向动量守恒

$$p_x=\text{常数} \tag{2-2-8}$$

第二章 第三节 微课

第三节 质点机械运动的角动量

物体的圆周运动自古以来就备受关注,这可以追溯到公元前人们对行星及其他天体运动的观察。在工程技术和社会生活中到处都存在着圆周运动,例如各种机器中轮子绕着轴的转动。质点的圆周运动可以看成是绕着空间某一轴的转动。在牛顿力学中,为了描述质点的圆周或曲线运动,引入了角动量这一物理量;为了研究力对物体转动的作用效果,还要引入力矩这一物理量。在现代物理学中,角动量是质点机械运动过程中的一个重要的物理量,在物理学的许多领域有着十分重要的应用。

角动量在物理学中是与物体到原点的位置矢量和动量相关的物理量。角动量是描述物体转动状态的物理量,又称动量矩。角动量守恒定律是物理学的普遍定律之一,例如,一个在有心力场中运动的质点,始终受到一个通过力心的有心力作用,因有心力对力心的力矩为零,所

以根据角动量定理,该质点对力心的角动量守恒。因此,质点轨迹是平面曲线,且质点对力心的矢径在相等的时间内扫过相等的面积。角动量守恒定律也是微观物理学中重要的基本规律,在基本粒子衰变、碰撞和转变过程中都要遵守角动量守恒定律。

一、质点对参考点的角动量

如图 2-14 所示,选定参考点 O,质量为 m 的质点对参考点 O 的角动量 $\boldsymbol{L}$ 定义为:质点相对于参考点 O 的位置矢量 $\boldsymbol{r}$ 与质点动量 $\boldsymbol{p}$ 的矢积

$$\boldsymbol{L}=\boldsymbol{r}\times\boldsymbol{p}=\boldsymbol{r}\times(m\boldsymbol{v}) \tag{2-3-1}$$

角动量是矢量,其大小为

$$L=|\boldsymbol{L}|=|\boldsymbol{r}\times\boldsymbol{p}|=|\boldsymbol{r}||\boldsymbol{p}|\sin\theta \tag{2-3-2}$$

式中,θ 为 $\boldsymbol{r}$ 与 $\boldsymbol{p}$ 之间的夹角($0<\theta<\pi$),方向垂直于 $\boldsymbol{r}$ 与 $\boldsymbol{p}$ 决定的平面(右手螺旋)。

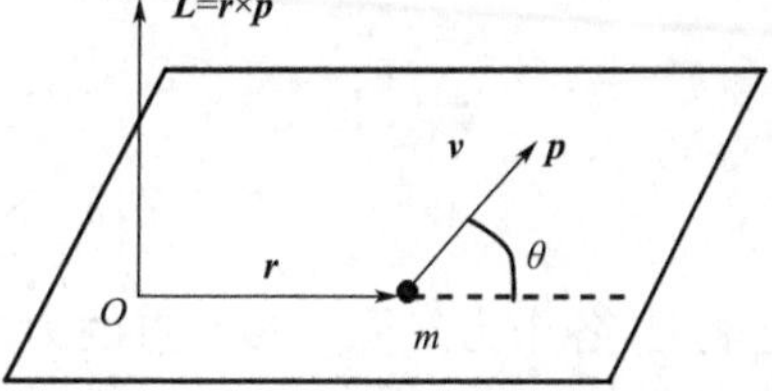

图 2-14 质点对参考点的角动量

在直角坐标系中,角动量分解为

$$\boldsymbol{L}=\boldsymbol{r}\times\boldsymbol{p}=\begin{vmatrix}\boldsymbol{i} & \boldsymbol{j} & \boldsymbol{k}\\ x & y & z\\ p_x & p_y & p_z\end{vmatrix}=\boldsymbol{i}(yp_z-zp_y)+\boldsymbol{j}(zp_x-xp_z)+\boldsymbol{k}(xp_y-yp_x)$$

$$L_x=yp_z-zp_y,L_y=zp_x-xp_z,L_z=xp_y-yp_x \tag{2-3-3}$$

质点的角动量定义中含有动量因子,因此角动量与惯性参考系的选择有关;位置矢量与参考点的选择有关,质点角动量是相对于参考点的。在说一个质点的角动量时,必须指明是对哪个参考点而言的,同一质点的同一运动,角动量却可以随参考点的不同而改变。

如图 2-15 所示,做匀速圆周运动的质点对其圆心的角动量的大小为 Rmv,方向为圆周平面的法线方向,在质点圆周运动过程中,质点角动量的大小和方向都不变。再如图 2-16 所示的圆锥摆,对于参考点 O 的角动量为 $\boldsymbol{L}_O=\boldsymbol{r}_{om}\times m\boldsymbol{v}$,大小为 $L_O=lmv$,尽管在质点运动过程中,质点角动量的大小不变化,但质点角动量的方向随着质点位置的不同而变化;而对于参考点 O',质点的角动量为 $\boldsymbol{L}_{O'}=\boldsymbol{r}_{o'm}\times m\boldsymbol{v}$,大小为 $L_{O'}=lmv\sin\alpha$,方向竖直向上不变。因此,在确定质点角动量时,必须先确定参考点。

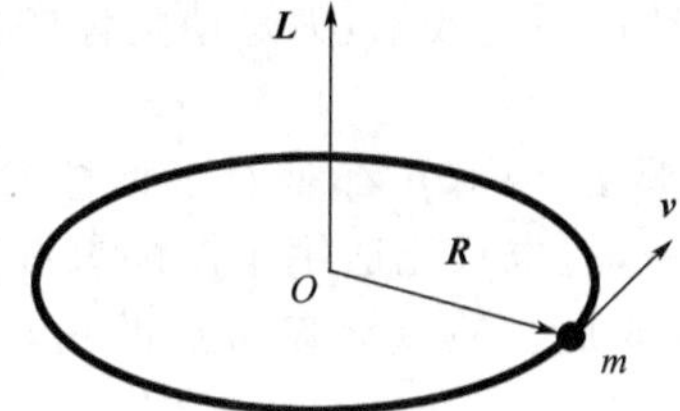

图 2-15 匀速圆周运动

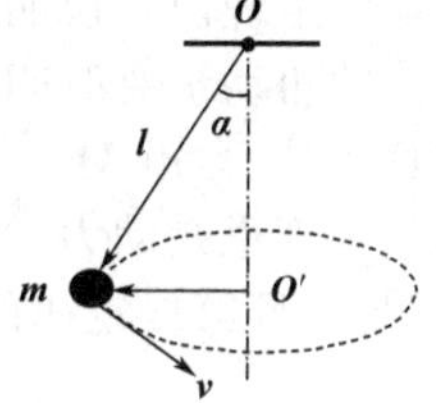

图 2-16 圆锥摆运动

二、力对参考点的力矩

如图 2-17 所示,力 $\boldsymbol{F}$ 对参考点 O 的力矩 $\boldsymbol{M}$ 定义为:受力质点相对于参考点 O 的位置矢量 $\boldsymbol{r}$ 与力矢量的矢积

$$\boldsymbol{M}=\boldsymbol{r}\times\boldsymbol{F} \tag{2-3-4}$$

由此定义可知,力矩是一个矢量。力矩的大小为

$$M=|\boldsymbol{M}|=|\boldsymbol{r}||\boldsymbol{F}|\sin\alpha \tag{2-3-5}$$

式中,α 为自位置矢量 $\boldsymbol{r}$ 转向力 $\boldsymbol{F}$ 的角度。力矩的方向垂直于矢径 $\boldsymbol{r}$ 和力 $\boldsymbol{F}$ 所决定的平面,而指向用右手螺旋法则确定。

因为力矩依赖于受力点的位置矢量 $\boldsymbol{r}$,所以同一个力对空间不同参考点的力矩是不同的。我们定义力臂

$$r_0=|\boldsymbol{r}|\sin\alpha \tag{2-3-6}$$

如果有 n 个力 $\boldsymbol{F}_1,\boldsymbol{F}_2,\cdots,\boldsymbol{F}_n$ 同时作用于质点,则 n 个力对参考点的力矩的矢量和为

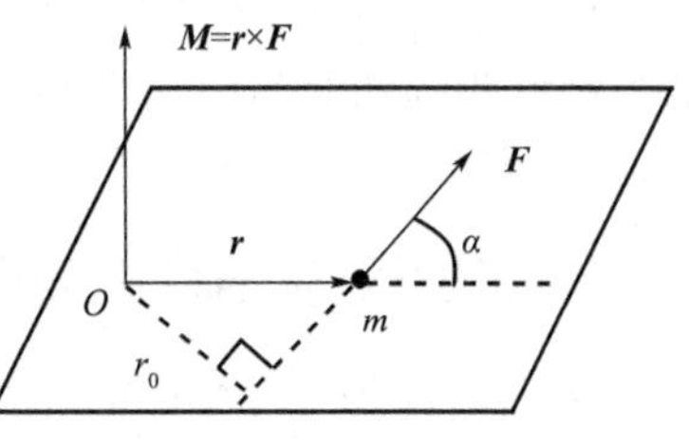

图 2-17　力对参考点的力矩

$$\boldsymbol{M}=\sum_{i=1}^{n}\boldsymbol{r}\times\boldsymbol{F}_i=\boldsymbol{r}\times\boldsymbol{F}_1+\boldsymbol{r}\times\boldsymbol{F}_2+\cdots+\boldsymbol{r}\times\boldsymbol{F}_n$$

$$=\boldsymbol{r}\times\sum_{i=1}^{n}\boldsymbol{F}_i=\boldsymbol{r}\times\boldsymbol{F}$$

$$\boldsymbol{M}=\sum_{i=1}^{n}\boldsymbol{M}_i,\boldsymbol{M}_i=\boldsymbol{r}\times\boldsymbol{F}_i,\boldsymbol{M}=\boldsymbol{r}\times\boldsymbol{F} \tag{2-3-7}$$

这表明,各个力对同一参考点的力矩的矢量和等于合力对同一参考点的力矩。也就是说,当有若干个力作用于质点,求总力矩时,可以分别求出各个力对同一参考点的力矩矢量,然后将各个力矩求矢量和,就得到质点受到的对同一参考点的力矩矢量。

力矩是矢量,可以在坐标系中分解。例如在直角坐标系中

$$\boldsymbol{M}=\boldsymbol{r}\times\boldsymbol{F}=\begin{vmatrix}\boldsymbol{i} & \boldsymbol{j} & \boldsymbol{k}\\ x & y & z\\ F_x & F_y & F_z\end{vmatrix}=\boldsymbol{i}(yF_z-zF_y)+\boldsymbol{j}(zF_x-xF_z)+\boldsymbol{k}(xF_y-yF_x)$$

$$M_x=yF_z-zF_y,M_y=zF_x-xF_z,M_z=xF_y-yF_x \tag{2-3-8}$$

三、质点对参考点的角动量定理

将质点对参考点的角动量的定义对时间求导,并利用力对参考点的力矩和速度概念

$$\frac{\mathrm{d}\boldsymbol{L}}{\mathrm{d}t}=\frac{\mathrm{d}}{\mathrm{d}t}(\boldsymbol{r}\times\boldsymbol{p})=\boldsymbol{r}\times\frac{\mathrm{d}\boldsymbol{p}}{\mathrm{d}t}+\frac{\mathrm{d}\boldsymbol{r}}{\mathrm{d}t}\times\boldsymbol{p}=\boldsymbol{r}\times\boldsymbol{F}+\boldsymbol{v}\times(m\boldsymbol{v})=\boldsymbol{r}\times\boldsymbol{F}=\boldsymbol{M}$$

$$\boldsymbol{M}=\frac{\mathrm{d}\boldsymbol{L}}{\mathrm{d}t},M_x=\frac{\mathrm{d}L_x}{\mathrm{d}t},M_y=\frac{\mathrm{d}L_y}{\mathrm{d}t},M_z=\frac{\mathrm{d}L_z}{\mathrm{d}t} \tag{2-3-9}$$

质点对参考点的角动量对时间的变化率等于作用于质点的合力对同一参考点的力矩,这个结论称为质点的角动量定理。它说明力对物体转动作用的效果:力矩使物体的角动量发生改变,而力矩就等于物体的角动量对时间的变化率。

应该特别注意的是,力矩 $\boldsymbol{M}=\boldsymbol{r}\times\boldsymbol{F}$ 和角动量 $\boldsymbol{L}=\boldsymbol{r}\times\boldsymbol{p}$ 都是对于惯性参考系中同一参考点而言的。角动量定理也是动力学普遍定理之一,但也只能适用于惯性参考系,因为从根本上来说,角动量定理是牛顿第二定律的直接结果或变形。质点对参考点的角动量定理的积分形式为

$$\int_{t_1}^{t_2}\boldsymbol{M}\mathrm{d}t=\boldsymbol{L}_2-\boldsymbol{L}_1 \tag{2-3-10}$$

式中,$\int_{t_1}^{t_2}\boldsymbol{M}\mathrm{d}t$ 称为冲量矩。可见,力矩的时间积累效果是质点角动量的变化。

四、质点对轴的角动量定理

1. 力对轴的力矩

如图 2-18 所示,轴为 z,z 轴方向的单位矢量为 $\boldsymbol{k}$,过质点 m(合力 $\boldsymbol{F}$ 的作用点)作垂直于 z 轴的平面,在轴上选取参考点 O。将质点 m 相对于参考点 O 的位置矢量 $\boldsymbol{r}$ 分解为平行于 z 轴的分量 $\boldsymbol{r}_{/\!/}$ 和垂直于 z 轴的分量 $\boldsymbol{r}_{\perp}$;将作用到质点 m 上的合力 $\boldsymbol{F}$ 也分解为平行于 z 轴的分量 $\boldsymbol{F}_{/\!/}$ 和垂直于 z 轴的分量 $\boldsymbol{F}_{\perp}$。面对 z 轴观察,由 $\boldsymbol{r}_{\perp}$ 逆时针转至 $\boldsymbol{F}_{\perp}$($\boldsymbol{r}_{\perp}$ 与 $\boldsymbol{F}_{\perp}$ 在同一平面

内)所转过的角度为 α。

将力 $\boldsymbol{F}$ 对参考点 O 的力矩 $\boldsymbol{M}=\boldsymbol{r}\times\boldsymbol{F}$ 向过参考点 O 的 z 轴投影

$$
\begin{aligned}
M_z&=\boldsymbol{M}\cdot\boldsymbol{k}=(\boldsymbol{r}\times\boldsymbol{F})\cdot\boldsymbol{k}=[(\boldsymbol{r}_\perp+\boldsymbol{r}_{/\!/})\times(\boldsymbol{F}_\perp+\boldsymbol{F}_{/\!/})]\cdot\boldsymbol{k}\\
&=[(\boldsymbol{r}_\perp\times\boldsymbol{F}_\perp)+(\boldsymbol{r}_\perp\times\boldsymbol{F}_{/\!/})+(\boldsymbol{r}_{/\!/}\times\boldsymbol{F}_\perp)+(\boldsymbol{r}_{/\!/}\times\boldsymbol{F}_{/\!/})]\cdot\boldsymbol{k}\\
&=(\boldsymbol{r}_\perp\times\boldsymbol{F}_\perp)\cdot\boldsymbol{k}+(\boldsymbol{r}_\perp\times\boldsymbol{F}_{/\!/})\cdot\boldsymbol{k}+(\boldsymbol{r}_{/\!/}\times\boldsymbol{F}_\perp)\cdot\boldsymbol{k}+(\boldsymbol{r}_{/\!/}\times\boldsymbol{F}_{/\!/})\cdot\boldsymbol{k}
\end{aligned}
$$

因为,$(\boldsymbol{r}_\perp\times\boldsymbol{F}_{/\!/})\perp\boldsymbol{k}$,$(\boldsymbol{r}_{/\!/}\times\boldsymbol{F}_\perp)\perp\boldsymbol{k}$,$\boldsymbol{r}_{/\!/}/\!/\boldsymbol{F}_{/\!/}$,所以,$(\boldsymbol{r}_\perp\times\boldsymbol{F}_{/\!/})\cdot\boldsymbol{k}=0$,$(\boldsymbol{r}_{/\!/}\times\boldsymbol{F}_\perp)\cdot\boldsymbol{k}=0$,$(\boldsymbol{r}_{/\!/}\times\boldsymbol{F}_{/\!/})=0$;$(\boldsymbol{r}_\perp\times\boldsymbol{F}_\perp)/\!/\boldsymbol{k}$,$\boldsymbol{r}_\perp$ 与 $\boldsymbol{F}_\perp$ 之间的夹角为 α,所以有

$$M_z=(\boldsymbol{r}_\perp\times\boldsymbol{F}_\perp)\cdot\boldsymbol{k}=r_\perp F_\perp\sin\alpha,M_z=\boldsymbol{M}\cdot\boldsymbol{k}=(\boldsymbol{r}\times\boldsymbol{F})\cdot\boldsymbol{k}\tag{2-3-11}$$

这便是力($\boldsymbol{F}$)对轴(z 轴)的力矩,它等于受力质点到轴的距离($r_\perp$)与力在与轴垂直的平面内的分量($F_\perp$)以及这两个分量之间夹角的正弦之积。或者说,力 $\boldsymbol{F}$ 对 z 轴的力矩,等于受力质点到轴的距离(受力质点相对于轴的位置矢量 $\boldsymbol{r}_\perp$)与力在与轴垂直的平面内的分量($\boldsymbol{F}_\perp$)的矢量积这一矢量在 z 轴方向的投影。

力 $\boldsymbol{F}$ 对 z 轴上参考点 O 的力矩 $\boldsymbol{M}=\boldsymbol{r}\times\boldsymbol{F}$ 在 z 轴上的投影 $\boldsymbol{M}\cdot\boldsymbol{k}$ 等于力 $\boldsymbol{F}$ 对 z 轴的力矩 M_z。如果将参考点 O 沿 z 轴移动到 O' 点,尽管质点的位置矢量 $\boldsymbol{r}$ 变化了,力 $\boldsymbol{F}$ 对参考点 O 的力矩 $\boldsymbol{M}=\boldsymbol{r}\times\boldsymbol{F}$ 变化了,但 $\boldsymbol{r}$ 在垂直于轴的方向的分量 $\boldsymbol{r}_\perp$ 没有变化,力 $\boldsymbol{F}$ 对轴的力矩 $M_z=\boldsymbol{M}\cdot\boldsymbol{k}$ 没有变化。这表明,力对轴上不同参考点的力矩是不同的,但它们在轴上的投影却是相等的。因此,力对轴上任一点的力矩在轴上的投影等于力对轴的力矩。

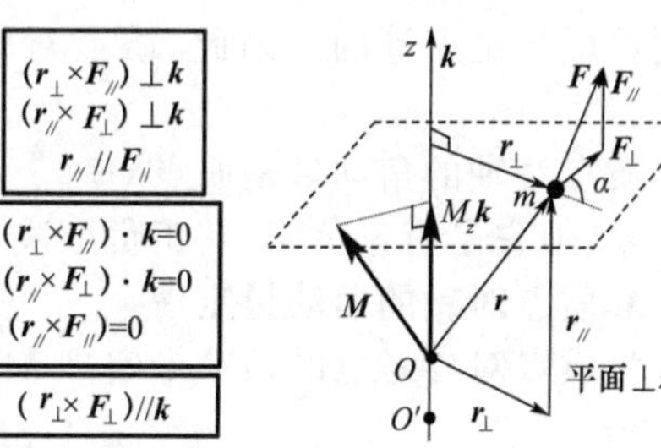

图 2-18　力对轴的力矩

在式(2-3-11)中,我们定义的力对轴的力矩是:质点受到的合力对参考点的力矩在轴上的投影。也可以从另一个角度考察这一定义。由式(2-3-7)式可见,合力 $\boldsymbol{F}$ 对 z 轴上的参考点 O 的力矩等于各个力对 z 轴上的参考点 O 的力矩的矢量和,$\boldsymbol{M}=\sum_{i=1}^{n}\boldsymbol{M}_i$,将此式标积 z 轴方向的单位矢量 $\boldsymbol{k}$,得到合力 $\boldsymbol{F}$ 对 z 轴的力矩

$$M_z=\boldsymbol{M}\cdot\boldsymbol{k}=\left(\sum_{i=1}^{n}\boldsymbol{M}_i\right)\cdot\boldsymbol{k}=\sum_{i=1}^{n}\boldsymbol{M}_i\cdot\boldsymbol{k}=\sum_{i=1}^{n}M_{iz},M_z=\sum_{i=1}^{n}M_{iz}\tag{2-3-12}$$

可见,合力对轴的力矩等于诸力对轴的力矩的代数和。因此,在求合力对轴的力矩时,可以先求出诸力对轴的力矩,然后取代数和,就是合力对轴的力矩。

力对轴的力矩是力对轴上参考点的力矩矢量在轴上的投影,是个标量。尽管不是矢量,但它是有正负的,其正负取决于轴的取向,即取决于轴的正方向的选取。

2. 质点对轴的角动量

如图 2-19 所示,轴为 z,z 轴方向的单位矢量为 $\boldsymbol{k}$,过质点 m 作垂直于 z 轴的平面,在轴上选取参考点 O。将质点 m 相对于参考点 O 的位置矢量 $\boldsymbol{r}$ 分解为平行于 z 轴的分量 $\boldsymbol{r}_{/\!/}$ 和垂直于 z 轴的分量 $\boldsymbol{r}_\perp$;将质点 m 的动量 $\boldsymbol{p}$ 也分解为平行于 z 轴的分量 $\boldsymbol{p}_{/\!/}$ 和垂直于 z 轴的分量 $\boldsymbol{p}_\perp$。面对 z 轴观察,由 $\boldsymbol{r}_\perp$ 逆时针转至 $\boldsymbol{p}_\perp$($\boldsymbol{r}_\perp$ 与 $\boldsymbol{p}_\perp$ 在同一平面内)所转过的角度为 β。

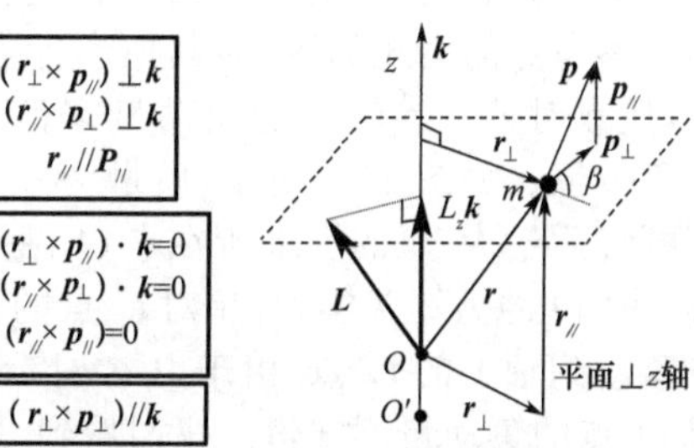

图 2-19　质点对轴的角动量

将动量 $\boldsymbol{p}$ 对参考点 O 的角动量 $\boldsymbol{L}=\boldsymbol{r}\times\boldsymbol{p}$ 向过参考点 O 的 z 轴投影

$$
\begin{aligned}
L_z&=\boldsymbol{L}\cdot\boldsymbol{k}=(\boldsymbol{r}\times\boldsymbol{p})\cdot\boldsymbol{k}=[(\boldsymbol{r}_\perp+\boldsymbol{r}_{/\!/})\times(\boldsymbol{p}_\perp+\boldsymbol{p}_{/\!/})]\cdot\boldsymbol{k}\\
&=[(\boldsymbol{r}_\perp\times\boldsymbol{p}_\perp)+(\boldsymbol{r}_\perp\times\boldsymbol{p}_{/\!/})+(\boldsymbol{r}_{/\!/}\times\boldsymbol{p}_\perp)+(\boldsymbol{r}_{/\!/}\times\boldsymbol{p}_{/\!/})]\cdot\boldsymbol{k}
\end{aligned}
$$

$$=(\boldsymbol{r}_{\perp}\times\boldsymbol{p}_{\perp})\cdot\boldsymbol{k}+(\boldsymbol{r}_{\perp}\times\boldsymbol{p}_{/\!/})\cdot\boldsymbol{k}+(\boldsymbol{r}_{/\!/}\times\boldsymbol{p}_{\perp})\cdot\boldsymbol{k}+(\boldsymbol{r}_{/\!/}\times\boldsymbol{p}_{/\!/})\cdot\boldsymbol{k}$$

因为,$(\boldsymbol{r}_{\perp}\times\boldsymbol{p}_{/\!/})\perp\boldsymbol{k}$,$(\boldsymbol{r}_{/\!/}\times\boldsymbol{p}_{\perp})\perp\boldsymbol{k}$,$\boldsymbol{r}_{/\!/}/\!/\boldsymbol{p}_{/\!/}$,所以,$(\boldsymbol{r}_{\perp}\times\boldsymbol{p}_{/\!/})\cdot\boldsymbol{k}=0$,$(\boldsymbol{r}_{/\!/}\times\boldsymbol{p}_{\perp})\cdot\boldsymbol{k}=0$,$(\boldsymbol{r}_{/\!/}\times\boldsymbol{p}_{/\!/})=0$;$(\boldsymbol{r}_{\perp}\times\boldsymbol{p}_{\perp})/\!/\boldsymbol{k}$,$\boldsymbol{r}_{\perp}$与$\boldsymbol{p}_{\perp}$之间的夹角为$\beta$,所以有

$$L_z=(\boldsymbol{r}_{\perp}\times\boldsymbol{p}_{\perp})\cdot\boldsymbol{k}=r_{\perp}p_{\perp}\sin\beta,\ L_z=\boldsymbol{L}\cdot\boldsymbol{k}=(\boldsymbol{r}\times\boldsymbol{p})\cdot\boldsymbol{k} \tag{2-3-13}$$

这便是质点对轴(z 轴)的角动量,它等于质点到轴的距离($r_{\perp}$)与动量在与轴垂直的平面内的分量($p_{\perp}$)以及这两个分量之间夹角的正弦。或者说,动量 $\boldsymbol{p}$ 对 z 轴的角动量等于质点到轴的距离(质点相对于轴的位置矢量 $\boldsymbol{r}_{\perp}$)与动量在与轴垂直的平面内的分量($\boldsymbol{p}_{\perp}$)的矢量积这一矢量在 z 轴方向的投影。

质点(动量 $\boldsymbol{p}$)对 z 轴上参考点 O 的角动量 $\boldsymbol{L}=\boldsymbol{r}\times\boldsymbol{p}$ 在 z 轴上的投影 $\boldsymbol{L}\cdot\boldsymbol{k}$ 等于质点对 z 轴的角动量 L_z。如果将参考点 O 沿 z 轴移动到 O' 点,尽管质点的位置矢量 $\boldsymbol{r}$ 变化了,质点对参考点 O 的角动量 $\boldsymbol{L}=\boldsymbol{r}\times\boldsymbol{p}$ 变化了,但 $\boldsymbol{r}$ 在垂直于轴的方向的分量 $\boldsymbol{r}_{\perp}$ 没有变化,质点对轴的角动量 $L_z=\boldsymbol{L}\cdot\boldsymbol{k}$ 没有变化。这表明,质点对轴上不同参考点的角动量是不同的,但它们在轴上的投影却是相等的。因此,质点对轴上任一点的角动量在轴上的投影等于质点对轴的角动量。

质点对轴的角动量是质点对轴上参考点的角动量矢量在轴上的投影,是个标量。尽管不是矢量,但它是有正负的,其正负取决于轴的取向,即取决于轴的正方向的选取。

3. 质点对轴的角动量定理

将质点对参考点的角动量定理 $\boldsymbol{M}=\mathrm{d}\boldsymbol{L}/\mathrm{d}t$,等式两边同时标积 z 轴方向的单位矢量 $\boldsymbol{k}$

$$\boldsymbol{M}\cdot\boldsymbol{k}=\frac{\mathrm{d}\boldsymbol{L}}{\mathrm{d}t}\cdot\boldsymbol{k}=\frac{\mathrm{d}}{\mathrm{d}t}(\boldsymbol{L}\cdot\boldsymbol{k}),\ M_z=\frac{\mathrm{d}L_z}{\mathrm{d}t} \tag{2-3-14}$$

作用在质点上的力对轴的力矩等于质点对轴的角动量的时间变化率,这称为质点对轴的角动量定理。

五、角动量守恒定律

由质点对参考点的角动量定理 $\boldsymbol{M}=\mathrm{d}\boldsymbol{L}/\mathrm{d}t$,得到

$$\text{如果 } \boldsymbol{M}=0,\text{则 } \boldsymbol{L}=\text{常矢量} \tag{2-3-15}$$

如果对于某一固定点,质点所受的合力矩为零,则此质点对该固定点的角动量矢量保持不变,这一结论称为质点对参考点的角动量守恒定律。

由质点对轴的角动量定理,$M_z=\mathrm{d}L_z/\mathrm{d}t$,得到

$$\text{如果 } M_z=0,\text{则 } L_z=\text{常量} \tag{2-3-16}$$

如果对于某一固定轴,质点所受的合力矩为零,则此质点对该固定轴的角动量保持不变,这一结论称为质点对轴的角动量守恒定律。

值得注意的是,力对参考点的力矩与参考点的选取有关,对某一参考点的力矩为零,对其他参考点的力矩可能就不为零。这样,质点对某一参考点的角动量守恒,可能对其他参考点的角动量不守恒。如图 2-20 所示,质量为 m 的行星在有心力 $\boldsymbol{F}$ 的作用下围绕质量为 M 的恒星所在点 O 做平面椭圆运动,由于力 $\boldsymbol{F}$ 对参考点 O 的力矩为零,行星对 O 点的角动量守恒。但如果将参考点移动到轴上的 O' 点,由于力 $\boldsymbol{F}$ 对参考点 O' 的力矩不为零,行星对 O' 点的角动量不守恒。我们看到,质点对参考点的角动量是否守恒,要看参考点的选择;这是由于力对参考点的力矩与参考点的选取有关,同时,质点对参考点的角动量也与参考点的选取有关。不过,由于力对轴的力矩和质点对轴的角动量与轴上参考点的选取无关,所以,质点对轴的角动量守恒定律具有不变性。因此,质点对轴的角动量守恒定律更具有普遍性。

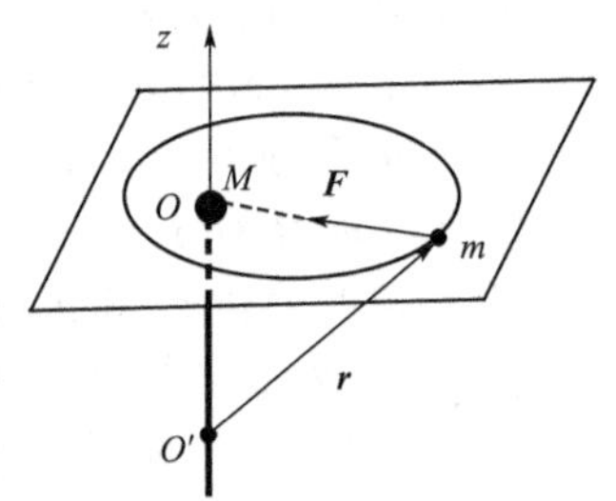

图 2-20　角动量守恒与参考点有关

应该指出的是，关于力矩为零这一条件，由于力矩 $\boldsymbol{M}=\boldsymbol{r}\times\boldsymbol{F}$，所以它既可能是质点所受的合力为零；也可能是合力并不为零，但是在任意时刻合力总是与质点对于参考点的位置矢量平行或反平行。例如物体在万有引力这种有心力的作用下的运动，行星受到的恒星的引力总是指向恒星，行星的位置矢量与引力方向反平行，行星的角动量矢量不变。

角动量守恒定律是物理学的普遍定律之一，反映质点围绕一点或一轴运动的普遍规律，它不仅适用于宏观体系，也适用于微观体系，而且在高速低速范围均适用，在更广泛的情况下它也不依赖牛顿定律。

应用质点角动量守恒定律可以证明行星运动的开普勒第二定律：行星对太阳的矢径在相等的时间内扫过相等的面积。如图 2-21 所示，行星是在太阳的引力作用下沿着椭圆轨道运动的。由于引力的方向在任何时刻总是与行星对于太阳的矢径方向反平行，所以行星受到的引力对太阳的力矩等于零。因此，行星在运动过程中，对太阳的角动量将保持不变。首先，由于角动量 $\boldsymbol{L}$ 的方向不变，表明 $\boldsymbol{r}$ 与 $\boldsymbol{v}$ 所决定的平面的方位不变。这就是说，行星总是在一个平面内运动，它的轨道是一个平面轨迹，而 $\boldsymbol{L}$ 就垂直于这个平面。其次，行星对太阳的角动量的大小为

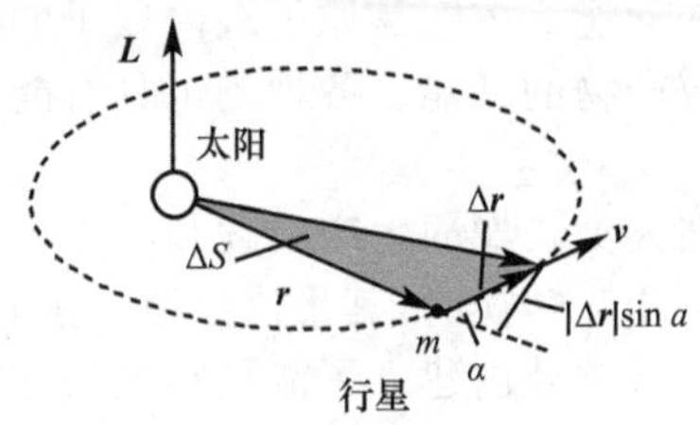

图 2-21　行星运动

$$|\boldsymbol{L}|=rm\left|\frac{\Delta \boldsymbol{r}}{\Delta t}\right|\sin\alpha=m\,\frac{r\,|\Delta \boldsymbol{r}|\sin\alpha}{\Delta t} \tag{2-3-17}$$

由图 2-21 可知，乘积 $r\,|\Delta \boldsymbol{r}|\sin\alpha$ 近似等于三角形阴影的面积的两倍。以 ΔS 表示这一面积

$$r\,|\Delta \boldsymbol{r}|\sin\alpha=2\Delta S \tag{2-3-18}$$

由此可得

$$|\boldsymbol{L}|=2m\,\frac{\Delta S}{\Delta t} \tag{2-3-19}$$

此 $\Delta S/\Delta t$ 为行星对太阳的矢径在单位时间内扫过的面积，称为行星运动的掠面速度。行星运动的角动量守恒又意味着这一掠面速度保持不变。因此，我们可以直接得出行星对太阳的矢径在相等的时间内扫过相等的面积的结论。同时，在近日点转得快，在远日点转得慢。

第四节　质点机械运动的能量

第二章 第四节 微课

能量是物质运动的一种量度，简称能，是物理学最为重要的概念之一。人类在生产活动和科学实践中发现，物质运动的形式是多种多样的，各种运动形式都可由一些物理量来量度，不同的运动形式又是可以互相转化的，而且在转化时存在着一定的数量关系。一定量的某种运动形式的产生，总是以一定量的另一种运动形式的消失为代价的。为了探求各种运动形式的相互转化以及在转化中所存在的数量关系，我们必须选用一个能够反映各种运动形式共同属性的物理量，作为各种运动形式的一般量度，这个物理量就是能量。能量的概念也是逐渐发展起来的，伽利略时代已出现了“能量”的思想，但还没有“能量”这一术语。到了牛顿时代，哲学家和数学家们注意到，运动的物体具有某种“功效”，运动的物体具有改变其他物体运动状态的能力，而改变一个物体的运动状态需要付出某种代价。17 世纪出现了“活力”这一名词，它相当于现在的动能的两倍。1807 年正式出现了“能”这一术语，1853 年出现了“势能”，1856 年出现了“动能”这些术语。对应于物体的某一状态，必定有一个而且只能有一个能量值。如果物体状态发生变化，它的能量值也随之变化。因此，能量是物体状态的单值函数。物体做机械运动时，它的状态是用位置和速度这些状态参量描述的，量度机械运动的机械能应

是位置或速度的单值函数。

按照物质的不同运动形式分类,能量可分为机械能、化学能、热能、电能、辐射能、核能。这些不同形式的能量之间可以通过物理效应或化学反应而相互转化。机械能是物体在力学现象中所具有的能量形式,包含动能和势能(位能)。化学能是物质发生化学变化(化学反应)时释放或吸收的能量,是原子的外层电子变动导致电子结合能改变而放出的能量,如干电池和蓄电池的放电是化学能转变成电能;给电池充电则是电能转变成化学能。热能是物质内部原子分子热运动的动能,温度越高的物质所包含的热能越大,热机是膨胀的水蒸气把它的热能变成了热机的动能。核能是原子核内核子的结合能,它可以在原子核裂变或聚变反应中释放出来变成反应产物的动能。各种场也具有能量,单位体积内电磁场的能量的值就取决于电场和磁场的值。

在人类长期的生产实践和科学研究过程中,根据大量实验确认了能量守恒定律,即不同形式能量相互转换时,其量值守恒。焦耳热功当量实验是早期确认能量守恒定律的有名实验,而后在宏观领域内建立了能量转换与守恒的热力学第一定律。康普顿效应确认能量守恒定律在微观世界仍然正确,后又逐步认识到能量守恒定律是由时间平移不变性决定的,从而使它成为物理学中的普遍定律。在一个封闭的力学系统中,如果没有机械能与其他形式能量相互转换,则机械能守恒。机械能守恒定律是能量守恒定律的一个特例。

人类对能量进一步的认识是自然界一切过程都必须满足能量守恒定律,但满足能量守恒定律的过程不一定都能实现,例如,摩擦力的功可使物体变热温度升高,但物体不可能自动冷却形成对外做功。从经典物理学到现代物理学,对能量的认识发生了巨大变化。经典物理学认为物体发出或得到的能量可连续取值。普朗克于1900年指出,物体只能以某一单元发射和吸收电磁波,否则,不可能建立与实验结果相符合的理论。当物理学研究深入到微观世界时,发现原子光谱为线状光谱,这无法按经典电磁学和力学用电子绕原子核运动去解释,甚至无法解释原子的稳定性,玻尔于1913年提出原子通常处于某个能级上的状态,能级是分立的,当原子从高能级跃入低能级时,发出与能级差有关频率的电磁波。1905年,爱因斯坦指出,质量与能量是等价的,一定的质量对应一定的能量,这是人类对能量认识的一个重要飞跃,是20世纪物理学成就的重要标志之一。

一、动能

质量为 m 的质点,当以速度 $\boldsymbol{v}$ 运动时,质点所拥有的动能为

$$E_{\mathrm{k}}=\frac{1}{2}mv^2=\frac{p^2}{2m} \tag{2-4-1}$$

动能是物体做机械运动所具有的能量,它是一个正的算数量。动能是物体机械运动状态的函数,具有瞬时性,在某一时刻,物体具有一定的速度,也具有一定的动能;一旦物体的机械运动状态确定了,物体的动能也就随之确定了。因此,动能是描述物体机械运动状态的物理量,是物体机械运动的一种量度。动能是从动力学角度度量物体机械运动的重要物理量。

物体具有动能时,它就可以消耗这种能量来改变其他物体的机械运动状态,使其他物体产生形变、发热、发光、发声甚至产生电磁效应等变化,动能可以全部转化为其他形式的能量。因此,动能是一个物体可以改变其他物体机械运动状态的能力的量度。

动能是相对量,物体运动的速率 v 与参考系的选取有关,不同的参考系中,v 不同,物体的动能也不同。在工程技术中,一般以地面为参考系研究物体的运动。

动能是质点以运动方式所储存的能量,但在速度接近光速时有重大误差。狭义相对论则将动能视为质点运动时增加的质量能,充分展现了动能的相对性

$$E_{\mathrm{k}}=mc^2-m_0c^2$$

其中,m_0 是与粒子固连在一起的惯性参考系中测得的粒子质量,称为静止质量;m 为相对于

某惯性参考系以速度 v 运动时的质量。在狭义相对论中，动能被修正为粒子运动总能量 mc^2 与静止的能量 m_0c^2 之差，在不同的惯性参考系中，粒子运动速度不同，动能不同。

实际上，无论是经典力学还是相对论力学，都可以用做功来定义动能。

二、功

1. 功的定义

如图 2-22 所示，在恒定力 $\boldsymbol{F}$ 的作用下，质点沿直线从 a 点运动到 b 点，质点的位移为 $\boldsymbol{l}$，或者说，力 $\boldsymbol{F}$ 作用点的位移为 $\boldsymbol{l}$，则力 $\boldsymbol{F}$ 对质点所做的功为

$$A=F_t l=Fl\cos\theta=\boldsymbol{F}\cdot\boldsymbol{l} \tag{2-4-2}$$

式中，θ 为力 $\boldsymbol{F}$ 与位移 $\boldsymbol{l}$ 之间的夹角，F_t 为力 $\boldsymbol{F}$ 沿位移方向的分量。恒力所做的功等于力与在力的作用下引起物体的位移的标积。如果力与位移之间的夹角为零，或者说，如果力与位移方向相同，则力所做的功等于力的大小与路程的乘积，这就是功的物理意义，也就是说，功的效果是使物体移动一段定量的距离。

如图 2-23 所示，质点在力 $\boldsymbol{F}$ 的作用下，沿一曲线 L 从 a 点运动到 b 点，而且力 $\boldsymbol{F}$ 是变化的，即在轨迹的不同点，力 $\boldsymbol{F}$ 的大小和方向都有可能不同。按照微积分思想，我们把曲线轨迹分割为无数微小的段，也就是把整个位移分割为无数个微小的位移 $\mathrm{d}\boldsymbol{l}$。某一小段位移 $\mathrm{d}\boldsymbol{l}$ 可以看作直线向量段；在这一小段上，力可以看作为“恒力”，不过与位移 $\mathrm{d}\boldsymbol{l}$ 之间有一个夹角 θ。“恒力”$\boldsymbol{F}$ 在微小位移 $\mathrm{d}\boldsymbol{l}$ 上做的功为

$$\mathrm{d}A=F_t|\mathrm{d}\boldsymbol{l}|=F|\mathrm{d}\boldsymbol{l}|\cos\theta=\boldsymbol{F}\cdot\mathrm{d}\boldsymbol{l},\ \mathrm{d}A=\boldsymbol{F}\cdot\mathrm{d}\boldsymbol{l} \tag{2-4-3}$$

这里，$\mathrm{d}A$ 被称为元功。质点在力 $\boldsymbol{F}$ 的作用下，沿一曲线 L 从 a 点运动到 b 点，变力 $\boldsymbol{F}$ 对质点所做的功是所有元功的代数和，即元功的累积。当 $\mathrm{d}\boldsymbol{l}$ 趋于零时，求和就变成了积分

$$A=\int\mathrm{d}A=\int_{\mathrm{a(L)}}^{\mathrm{b}}\boldsymbol{F}\cdot\mathrm{d}\boldsymbol{l} \tag{2-4-4}$$

可见，功是力的空间累积。

当质点同时受到几个力，如 $\boldsymbol{F}_1,\boldsymbol{F}_2,\cdots,\boldsymbol{F}_N$ 的作用而沿路径 L 由 a 运动到 b 时，如图 2-24 所示，合力 $\boldsymbol{F}$ 对质点做的功应为

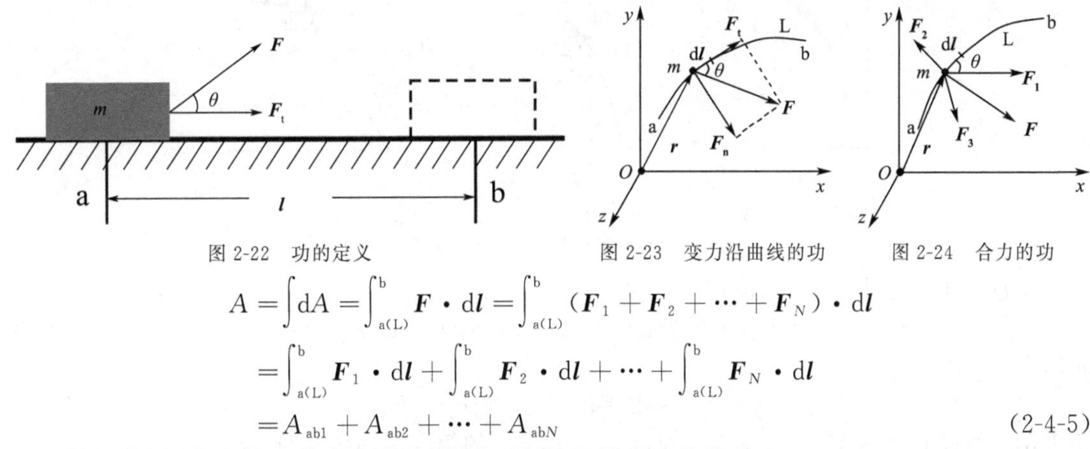

图 2-22 功的定义　　图 2-23 变力沿曲线的功　　图 2-24 合力的功

$$\begin{aligned}A&=\int\mathrm{d}A=\int_{\mathrm{a(L)}}^{\mathrm{b}}\boldsymbol{F}\cdot\mathrm{d}\boldsymbol{l}=\int_{\mathrm{a(L)}}^{\mathrm{b}}(\boldsymbol{F}_1+\boldsymbol{F}_2+\cdots+\boldsymbol{F}_N)\cdot\mathrm{d}\boldsymbol{l}\\&=\int_{\mathrm{a(L)}}^{\mathrm{b}}\boldsymbol{F}_1\cdot\mathrm{d}\boldsymbol{l}+\int_{\mathrm{a(L)}}^{\mathrm{b}}\boldsymbol{F}_2\cdot\mathrm{d}\boldsymbol{l}+\cdots+\int_{\mathrm{a(L)}}^{\mathrm{b}}\boldsymbol{F}_N\cdot\mathrm{d}\boldsymbol{l}\\&=A_{\mathrm{ab1}}+A_{\mathrm{ab2}}+\cdots+A_{\mathrm{ab}N}\end{aligned} \tag{2-4-5}$$

这一结果表明，合力的功等于各分力沿同一路径所做的功的代数和。

注意，按上式定义的功是标量，它没有方向，但有正负。如图 2-25 所示，当 $0\leqslant\theta<\pi/2$ 时，$\mathrm{d}A>0$，力对质点做正功；当 $\theta=\pi/2$ 时，$\mathrm{d}A=0$，力对质点不做功；当 $\pi/2<\theta\leqslant\pi$ 时，$\mathrm{d}A<0$，力对质点做负功。对于最后一种情况，常说成质点在运动中克服力 $\boldsymbol{F}$ 做了功。

功的概念在经典力学中比能先引入，称机械功，是反映在力的作用下物体机械运动状态变化大小的物理量。在经典力学中，把能量定义为做功的本领，而把功视为力的空间累积效应。

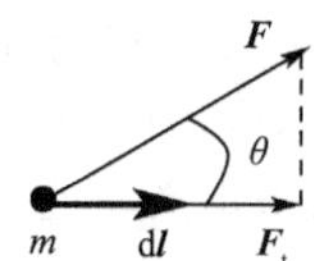

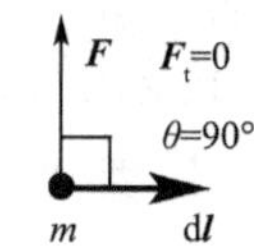

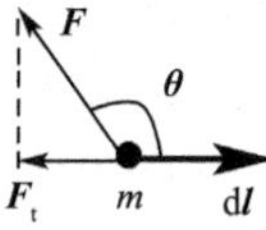

图 2-25 功的正负

从另一角度,功是能量变化的一种量度,但不是唯一的量度。对物体做功,或物体对外界做功,物体的状态就有所变化,物体的能量也相应有所增加或减少。例如在重力场中重力对物体做功,物体势能减少,动能相应增加;电源中的非静电力做功,电能增加,其他能相应减少;电路中的电力做功,电能减少,其他能相应增加。除做功以外,传热也能改变物体和系统的状态,也能引起能量的变化,因此功不是能量变化的唯一量度。

动能与功的概念不能混淆。质点的运动状态一旦确定,动能就被唯一地确定了,动能是运动状态的函数,是反映质点运动状态的物理量,是物质运动状态的量度,是物质状态的基本参量之一。而功是与质点受力并经历位移这个过程相联系的,"过程"意味着"状态的变化",所以功不是描述状态的物理量,它是与过程相关的,可以说处于一定运动状态的质点有多少动能,但不能说某质点具有多少功。

实际上,也可以用做功来定义动能。质量为 m 的质点,在力 $\boldsymbol{F}$ 的作用下,速度由 0 变化到 $\boldsymbol{v}$,在这一过程中力 $\boldsymbol{F}$ 对质点所做的功定义为质点在速度为 $\boldsymbol{v}$ 时的动能。可以在自然坐标系中计算这一过程中力 $\boldsymbol{F}$ 所做的功,元功

$$\mathrm{d}A=\boldsymbol{F}\cdot\mathrm{d}\boldsymbol{l}=F_t\mathrm{d}l=m\frac{\mathrm{d}v}{\mathrm{d}t}\mathrm{d}l=m\frac{\mathrm{d}l}{\mathrm{d}t}\mathrm{d}v=mv\mathrm{d}v \tag{2-4-6}$$

质点的动能

$$E_k=A=\int\mathrm{d}A=\int_0^v mv\mathrm{d}v=\frac{1}{2}mv^2,E_k=\frac{1}{2}mv^2 \tag{2-4-7}$$

2. 在不同坐标系中表示功

如图 2-26 所示,可以在不同坐标系中表示元功,以方便计算功。

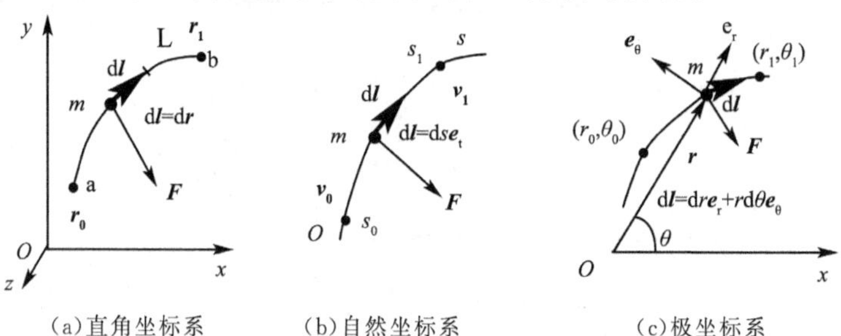

(a)直角坐标系　(b)自然坐标系　(c)极坐标系

图 2-26 不同坐标系下的元位移

在直角坐标系中,力和元位移表示为

$$\boldsymbol{F}=F_x\boldsymbol{i}+F_y\boldsymbol{j}+F_z\boldsymbol{k},\mathrm{d}\boldsymbol{l}=\mathrm{d}\boldsymbol{r}=\mathrm{d}x\boldsymbol{i}+\mathrm{d}y\boldsymbol{j}+\mathrm{d}z\boldsymbol{k} \tag{2-4-8}$$

元功表示为

$$\mathrm{d}A=\boldsymbol{F}\cdot\mathrm{d}\boldsymbol{l}=F_x\mathrm{d}x+F_y\mathrm{d}y+F_z\mathrm{d}z \tag{2-4-9}$$

功表示为沿路径 L 从点(x_0,y_0,z_0)到点(x_1,y_1,z_1)的第二类曲线积分

$$A=\int\mathrm{d}A=\int_{L(x_0,y_0,z_0)}^{(x_1,y_1,z_1)}(F_x\mathrm{d}x+F_y\mathrm{d}y+F_z\mathrm{d}z) \tag{2-4-10}$$

如果力沿直线位移做功,例如沿 x 轴方向由 x_0 到 x_1,则

$$\mathrm{d}A=F_x\mathrm{d}x,A=\int\mathrm{d}A=\int_{x_0}^{x_1}F_x\mathrm{d}x \tag{2-4-11}$$

如果质点在力 $\boldsymbol{F}$ 的作用下,沿平面曲线轨迹运动,可以沿曲线轨迹取平面自然坐标系。

在力 $\boldsymbol{F}$ 作用下质点的元位移 $\mathrm{d}\boldsymbol{l}$ 的大小与对应的自然坐标增量的值 $\mathrm{d}s$ 近似相等，$\mathrm{d}\boldsymbol{l}$ 的方向就是元位移起点处曲线轨迹的切线方向 $\boldsymbol{e}_{\mathrm{t}}$，所以元位移为

$$\mathrm{d}\boldsymbol{l}=\mathrm{d}s\boldsymbol{e}_{\mathrm{t}} \tag{2-4-12}$$

将力 $\boldsymbol{F}$ 沿曲线轨迹的切向与法向方向分解，$\boldsymbol{F}=F_{\mathrm{t}}\boldsymbol{e}_{\mathrm{t}}+F_{\mathrm{n}}\boldsymbol{e}_{\mathrm{n}}$，则力的元功为

$$\mathrm{d}A=\boldsymbol{F}\cdot\mathrm{d}\boldsymbol{l}=F_{\mathrm{t}}\mathrm{d}s \tag{2-4-13}$$

功等于力在切向单位矢量上的投影与弧长增量的乘积。可以进一步去求得力的功

$$\mathrm{d}A=F_{\mathrm{t}}\mathrm{d}s=m\frac{\mathrm{d}v}{\mathrm{d}t}\mathrm{d}s=m\frac{\mathrm{d}s}{\mathrm{d}t}\mathrm{d}v=mv\mathrm{d}v$$

$$A=\int\mathrm{d}A=\int_{v_0}^{v_1}mv\mathrm{d}v=\frac{1}{2}mv_1^2-\frac{1}{2}mv_0^2 \tag{2-4-14}$$

式中，v_0 为做功开始时质点的速率，v_1 为做功结束时质点的速率。该式就是质点的动能定理。

在平面极坐标系中，在力 $\boldsymbol{F}$ 作用下质点的元位移 $\mathrm{d}\boldsymbol{l}$ 和力 $\boldsymbol{F}$ 表示为

$$\mathrm{d}\boldsymbol{l}=\mathrm{d}r\boldsymbol{e}_r+r\mathrm{d}\theta\boldsymbol{e}_\theta,\ \boldsymbol{F}=F_r\boldsymbol{e}_r+F_\theta\boldsymbol{e}_\theta \tag{2-4-15}$$

式中，(r,θ) 是质点在元位移 $\mathrm{d}\boldsymbol{l}$ 处的位置坐标值。元功表示为

$$\mathrm{d}A=\boldsymbol{F}\cdot\mathrm{d}\boldsymbol{l}=(F_r\boldsymbol{e}_r+F_\theta\boldsymbol{e}_\theta)\cdot(\mathrm{d}r\boldsymbol{e}_r+r\mathrm{d}\theta\boldsymbol{e}_\theta)=F_r\mathrm{d}r+F_\theta r\mathrm{d}\theta \tag{2-4-16}$$

在力 $\boldsymbol{F}$ 作用下质点沿曲线轨迹 L 从点 (r_0,θ_0) 运动到点 (r_1,θ_1)，力 $\boldsymbol{F}$ 做的功为

$$A=\int\mathrm{d}A=\int_{\mathrm{L}(r_0,\theta_0)}^{(r_1,\theta_1)}(F_r\mathrm{d}r+F_\theta r\mathrm{d}\theta) \tag{2-4-17}$$

三、质点的动能定理

如图 2-27 所示，质量为 m 的质点在合力 $\boldsymbol{F}$ 的作用下，由 a 点沿曲线轨迹机械运动到 b 点，力对质点所做的功为

$$A=\int\mathrm{d}A=\int_{v_1}^{v_2}mv\mathrm{d}v=\frac{1}{2}mv_2^2-\frac{1}{2}mv_1^2=E_{\mathrm{k}2}-E_{\mathrm{k}1}=\Delta E_{\mathrm{k}}$$

$$A=\frac{1}{2}mv_2^2-\frac{1}{2}mv_1^2=E_{\mathrm{k}2}-E_{\mathrm{k}1}=\Delta E_{\mathrm{k}} \tag{2-4-18}$$

式中，v_1 是质点位于 a 点时的速率，v_2 是质点位于 b 点时的速率。

在一个有限的机械运动过程中，质点的动能的增量等于作用于质点的合力对质点所做的功。这一关系称为质点的动能定理，这是质点的动能定理的积分形式。

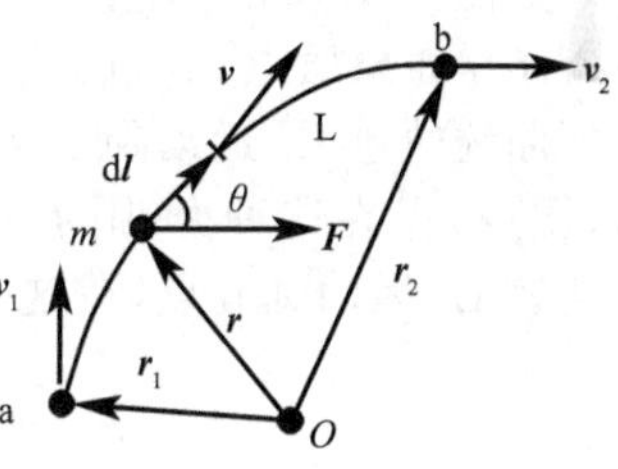

图 2-27　质点动能定理

由元功的表达式 $\mathrm{d}A=mv\mathrm{d}v$，得到

$$\mathrm{d}A=\mathrm{d}\left(\frac{1}{2}mv^2\right)=\mathrm{d}E_{\mathrm{k}},\ \mathrm{d}E_{\mathrm{k}}=\mathrm{d}A=\boldsymbol{F}\cdot\mathrm{d}\boldsymbol{l}=\boldsymbol{F}\cdot\boldsymbol{v}\,\mathrm{d}t$$

$$\mathrm{d}E_{\mathrm{k}}=\mathrm{d}A=\mathrm{d}\left(\frac{1}{2}mv^2\right),\ \frac{\mathrm{d}E_{\mathrm{k}}}{\mathrm{d}t}=\boldsymbol{F}\cdot\boldsymbol{v} \tag{2-4-19}$$

这是质点的动能定理的微分形式。

从质点动能定理可见，当合力对质点做正功时 $(A>0)$，质点动能增加；当合力对质点做负功时 $(A<0)$，质点动能减少，这时，质点依靠自己动能的减少来反抗外力做功。

质点的动能定理说明了作用到质点上的力对质点所做的功与质点机械运动状态变化（动能变化）的关系，指出了质点动能的任何改变都是作用于质点的合力对质点做功所引起的。作用于质点的合力在某一机械运动过程中所做的功，在量值上等于质点在同一机械运动过程中质点动能的增量，也就是说，功是动能改变的量度。质点的动能定理还说明了作用于质点的合力在质点的某一机械运动过程中对质点所做的功，只与机械运动的质点在该机械运动过程的始、末两机械运动状态的动能有关，而与质点在机械运动过程中动能变化的细节无关。只要知

道了质点在某一机械运动过程的始、末两运动状态的动能，就知道了作用于质点的合力在该机械运动过程中对质点所做的功。

质点的动能定理的表达式是一个标量方程，适用于物体的任何机械运动过程，物体在合力的持续作用下经历某一段路程。不管外力是否是变力，也不管物体机械运动状态如何复杂，甚至不论其机械运动轨迹是曲线还是直线，合力对物体所做的功只取决于物体始末动能之差。这样，质点的动能定理在解决某些力学问题时，往往比直接运用牛顿第二定律的瞬时关系要简便得多，可以处理一些较为复杂的机械运动过程。

质点的动能定理是质点动力学中重要的定理之一，它将质点的速率与作用于质点的合力以及质点的机械运动轨迹三者联系起来，它为我们分析、研究某些动力学问题提供了方便。但应该注意，由于位移和速度的相对性，功和动能也都有相对性，它们的大小都依赖于参考系的选择，在不同惯性参考系中各有不同的量值。还应该注意，尽管质点的动能定理只适用于惯性参考系，但质点的动能定理的形式与惯性参考系的选择无关，质点的动能定理的这种不变性，为我们应用它解决实际问题提供了很大的方便。

尽管动量和动能都是用来描述物体机械运动的物理量，但是动量和动能是站在不同的角度对物体机械运动进行描述的。动量是矢量，动量的变化是与力在时间上的累积作用相关的；而动能是标量，动能的变化则是与力在空间上的累积作用相关的。要使一个物体的动量发生变化，只有力还不行，还要有力的时间累积，即必须对它施加冲量的作用；要使一个物体动能发生变化，只有力还不行，还要有力的空间累积，即必须对它做功。动量是在机械运动范围内量度机械运动的物理量；而动能则除了可以在机械运动范围内量度机械运动外，还可以以机械运动与其他形式运动的相互转化来量度机械运动。

四、势能

1. 保守力

质点运动时，如果作用于质点的力所做的功与质点的运动路径无关，只决定于运动的始末位置，这种力称为保守力或有势力、势力。万有引力、重力、弹性力、静电场力(库仑力)等都是保守力，而摩擦力、流体的黏滞阻力等都是非保守力。

如图 2-28 所示，质量为 m_1 的质点受到质量为 m_2 的物体的作用力 $\boldsymbol{f}$。如果质点 m_1 在这种力(用 $\boldsymbol{f}_1$ 表示)的作用下，由 a 点沿某一曲线轨迹 L_1 运动到 b 点，在这一过程中力所做的功用 A_{ab1} 表示；质点 m_1 在这种力(用 $\boldsymbol{f}_2$ 表示)的作用下，由 a 点沿另一任意曲线轨迹 L_2 运动到 b 点，在这一过程中力所做的功用 A_{ab2} 表示。如果

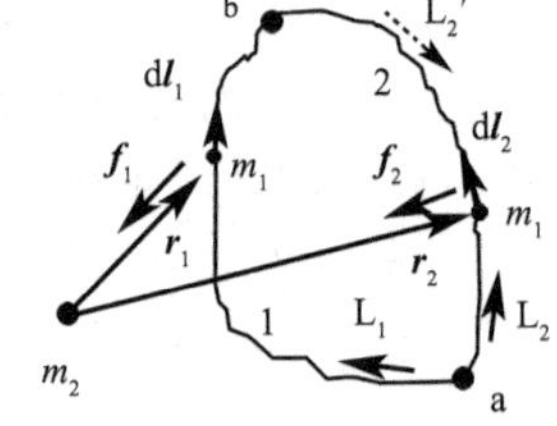

图 2-28　保守力

$$A_{ab1}=\int \mathrm{d}A_{ab1}=\int_{a(L_1)}^{b}\boldsymbol{f}_1\cdot \mathrm{d}\boldsymbol{l}_1$$

$$A_{ab2}=\int \mathrm{d}A_{ab2}=\int_{a(L_2)}^{b}\boldsymbol{f}_2\cdot \mathrm{d}\boldsymbol{l}_2$$

$$A_{ab1}=A_{ab2} \tag{2-4-20}$$

即质点 m_1 在这种力的作用下，沿任意两条曲线轨迹由 a 点运动到 b 点，力所做的功相等，则这种力就是保守力。

保守力的定义也可等价地叙述为：质点沿封闭的路径运动一周时，保守力所做的功等于零。

如图 2-28 所示，质量为 m_1 的质点在力 $\boldsymbol{f}$ 作用下，由 a 点沿曲线轨迹 L_1 运动到 b 点，又沿曲线轨迹 $L_2'(L_2)$ 从 b 点运动回到 a 点，即质点 m_1 沿封闭的路径运动一周。在这一过程中力 $\boldsymbol{f}$ 做的功为

$$A_{aba}=\oint dA_{aba}=\int_{a(L_1)}^{b}\boldsymbol{f}_1\cdot d\boldsymbol{l}_1+\int_{b(L_2)}^{a}\boldsymbol{f}_2\cdot d\boldsymbol{l}_2$$
$$=\int_{a(L_1)}^{b}\boldsymbol{f}_1\cdot d\boldsymbol{l}_1-\int_{a(L_2)}^{b}\boldsymbol{f}_2\cdot d\boldsymbol{l}_2=A_{ab1}-A_{ab2}$$

如果做功 $A_{aba}=0$，则 $A_{ab1}=A_{ab2}$，因此，力 $\boldsymbol{f}$ 是保守力。

如果某力所做的功，不仅决定于受力质点的机械运动轨迹的始末位置，而且与质点机械运动的轨迹形状有关，或者说，力沿闭合路径做的功不等于零，这种力称为非保守力。例如，滑动摩擦力做功常消耗动能，所以这类非保守力也称为耗散力。

如果质点在某一部分空间内的任何位置，都受到一个大小和方向都完全确定的保守力作用(力不一定处处相等)，称这部分空间存在着保守力场。例如，质点在地球表面附近空间中任何位置都要受到一个大小和方向都完全确定的重力作用，因而这部分空间中存在着重力场。重力场是保守场。类似地还可以定义万有引力场和弹性力场，它们也都是保守力场。

由功定义可以看出，力所做的功在数学上是有关力的第二类曲线积分

$$A=\int dA=\int\boldsymbol{F}\cdot d\boldsymbol{l}=\int_{L(x_0,y_0,z_0)}^{(x_1,y_1,z_1)}(F_x dx+F_y dy+F_z dz)$$

如果要求这一积分与路径无关，对力 $\boldsymbol{F}=F_x\boldsymbol{i}+F_y\boldsymbol{j}+F_z\boldsymbol{k}$ 是有一定要求的。例如，如果力为

$$\boldsymbol{F}=F_x\boldsymbol{i}+F_y\boldsymbol{j}+F_z\boldsymbol{k}=P(x)\boldsymbol{i}+Q(y)\boldsymbol{j}+R(z)\boldsymbol{k}$$

则积分

$$A=\int dA=\int_{(x_0,y_0,z_0)}^{(x_1,y_1,z_1)}(F_x dx+F_y dy+F_z dz)=\int_{x_0}^{x_1}P(x)dx+\int_{y_0}^{y_1}Q(y)dy+\int_{z_0}^{z_1}R(z)dz$$

与积分路径无关。一般来说，对于平面曲线运动，力表示为

$$\boldsymbol{F}=F_x\boldsymbol{i}+F_y\boldsymbol{j}=P(x,y)\boldsymbol{i}+Q(x,y)\boldsymbol{j}$$

如果满足条件 $\dfrac{\partial Q(x,y)}{\partial x}=\dfrac{\partial P(x,y)}{\partial y}$，则积分与路径无关，力 $\boldsymbol{F}$ 是保守力。

对于一维运动的弹簧振子和重力场中运动的粒子，受力分别为 $\boldsymbol{F}=-kx\boldsymbol{i}$ 和 $\boldsymbol{F}=-mg\boldsymbol{j}$，因为

$$\frac{\partial Q(x,y)}{\partial x}=\frac{\partial P(x,y)}{\partial y}=0$$

所以弹性力和重力是保守力。对于三维空间的力

$$\boldsymbol{F}=P(x,y,z)\boldsymbol{i}+Q(x,y,z)\boldsymbol{j}+R(x,y,z)\boldsymbol{k}$$

第二类曲线积分与路径无关的条件为

$$\frac{\partial P(x,y,z)}{\partial y}=\frac{\partial Q(x,y,z)}{\partial x},\frac{\partial Q(x,y,z)}{\partial z}=\frac{\partial R(x,y,z)}{\partial y},\frac{\partial R(x,y,z)}{\partial x}=\frac{\partial P(x,y,z)}{\partial z}$$

对于万有引力这种有心力

$$\boldsymbol{F}=-\frac{xGMm}{(x^2+y^2+z^2)^{3/2}}\boldsymbol{i}-\frac{yGMm}{(x^2+y^2+z^2)^{3/2}}\boldsymbol{j}-\frac{zGMm}{(x^2+y^2+z^2)^{3/2}}\boldsymbol{k}$$

因为

$$\frac{\partial P(x,y,z)}{\partial y}=3GMm\frac{xy}{(x^2+y^2+z^2)^{5/2}}=\frac{\partial Q(x,y,z)}{\partial x}$$
$$\frac{\partial Q(x,y,z)}{\partial z}=3GMm\frac{yz}{(x^2+y^2+z^2)^{5/2}}=\frac{\partial R(x,y,z)}{\partial y}$$
$$\frac{\partial R(x,y,z)}{\partial x}=3GMm\frac{zx}{(x^2+y^2+z^2)^{5/2}}=\frac{\partial P(x,y,z)}{\partial z}$$

所以，万有引力是保守力。

2. 势能

如图 2-29 所示，在保守力场中仅有保守力做功的情况下，质点从 $M_1(x_1,y_1,z_1)$ 点沿任意

路径(L_1 和 L_2)移动到点 $M_2(x_2,y_2,z_2)$时,由于保守力做功与路径无关,保守力沿着这两个路径对质点做的功相等;质点沿任意路径(L_3 和 L_4)从 $M_3(x_3,y_3,z_3)$点移动到 $M_4(x_4,y_4,z_4)$点时,保守力沿着这两个路径对质点做的功相等。当然,由 $M_1(x_1,y_1,z_1)$点到 $M_2(x_2,y_2,z_2)$点所做的功与由 $M_3(x_3,y_3,z_3)$点到 $M_4(x_4,y_4,z_4)$点所做的功是不同的。因此,尽管保守力做功与路径无关,但与路径的起点和终点有关。

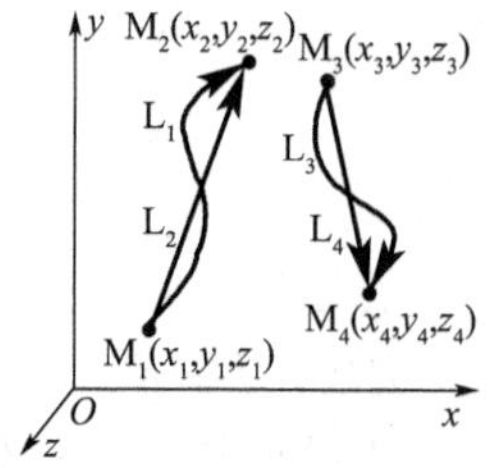

图 2-29　保守力做功

保守力的功与物体运动所经过的路径无关,只与运动物体的起点和终点的位置有关,当然也与保守力场的性质有关。因而我们有理由相信在保守力场中,存在着某种只与空间位置有关的函数。进一步分析动能的定义,动能是与力对质点做功对应的,或者说,力对质点做功,改变了质点的动能。力做正功,质点动能增加;力做负功,质点动能减少。力对质点做的功,以动能的形式储存在质点上(或质点释放动能)。在保守力场中,保守力做功改变了这种与空间位置有关的函数,因此,这种与空间位置有关的函数也应该是某种能量。这种能量在质点位置改变时,有时从保守力场中释放出来,转变为质点的动能,表现为质点的动能增加;有时储藏在保守力场中,表现为质点动能的减少。

储藏在保守力场中与质点空间位置有关的能量,称为势能(位能)。

势能是物体机械运动所拥有的能量之一。例如,高处的物体下落到地面可以将地面砸出一个坑,高处的水倾泻下来可以推动水轮机转动并发电,这些是重力对物体做了机械功;压紧的弹簧可以将其他物体弹出去,这是弹簧弹力做的机械功;行星绕着恒星转动,这是恒星对行星的万有引力做的机械功的结果。这些保守力做功的结果,都是使物体的相对位置发生了机械变化,所以,势能反映了物体潜在的做机械功的能力。

由定义可见,质点的势能是保守力场中空间点的函数,不同的空间点,势能不同。保守力所做的功与做功始末空间位置处的势能函数差值有关,如果单位取得合适,可以定义始末空间位置的势能函数差值等于保守力所做的功。如果始末空间位置确定了,保守力所做的功是有确定值的,但只能确定始末空间位置势能函数的差值,还不能确定各个空间点的势能函数。为了比较在保守力场中各点势能的大小,可在保守力场中任意选定一个参考点 M_0,并令 M_0 点的势能等于零,点 M_0 称为势能零点。定义:质点在保守力场中某一点 M 的势能,在量值上等于质点从 M 点移动到势能零点 M_0 的过程中保守力 $\boldsymbol{F}$ 所做的功。如用 E_{p} 代表质点在 M 点时的势能,则有

$$E_{\mathrm{p}}=\int_{(\mathrm{M})}^{(\mathrm{M}_0)}\boldsymbol{F}\cdot\mathrm{d}\boldsymbol{l} \tag{2-4-21}$$

注意,尽管势能定义为保守力做的功,而且这一功的量值是与路径无关的,但做功是有方向的,即做功是有正负的,这由第二类曲线积分值的正负与积分的方向有关也可以看出。这里,积分的方向,一定是由质点所在的位置向势能的零点方向积分。

势能还与势能零点的选择有关,选择不同的势能零点,势能函数的值不同。如取 M_0 点为势能的零点,则质点位于 M 点时的势能定义为

$$E_{\mathrm{p}}(\mathrm{M}_0)=\int_{(\mathrm{M})}^{(\mathrm{M}_0)}\boldsymbol{F}\cdot\mathrm{d}\boldsymbol{l}$$

如果取另一点 M_{00} 为势能零点,则质点位于 M 点时的势能为

$$E_{\mathrm{p}}(\mathrm{M}_{00})=\int_{(\mathrm{M})}^{(\mathrm{M}_{00})}\boldsymbol{F}\cdot\mathrm{d}\boldsymbol{l}=\int_{(\mathrm{M})}^{(\mathrm{M}_0)}\boldsymbol{F}\cdot\mathrm{d}\boldsymbol{l}+\int_{(\mathrm{M}_0)}^{(\mathrm{M}_{00})}\boldsymbol{F}\cdot\mathrm{d}\boldsymbol{l}$$

因为对于运动的质点,M_0 和 M_{00} 点是固定的,保守力在 M_0 点到 M_{00} 点所做的功是一个常数,$\int_{(\mathrm{M}_0)}^{(\mathrm{M}_{00})}\boldsymbol{F}\cdot\mathrm{d}\boldsymbol{l}=C$,所以

$$E_{\mathrm{p}}(\mathrm{M}_{00})=E_{\mathrm{p}}(\mathrm{M}_0)+C \tag{2-4-22}$$

可见，选择不同的势能零点，对于位于空间某一点的质点的势能来说，只相差一个常数。在力学中，我们经常需要讨论的是不同能量之间的转化，涉及的往往是势能的变化 ΔE_p；而由上式可见，选择不同的势能零点，势能变化是相同的，$\Delta E_p(\mathrm{M}_{00})=\Delta E_p(\mathrm{M}_0)$。因此，势能的变化与势能零点的选择无关。

势能是保守力场中，与质点相对于势能零点的位置有关的物理量。由伽利略变换，尽管在不同的惯性参考系中质点位置矢量不同，但质点相对于某点如势能零点的相对位置在不同的惯性参考系中却是一样的，而力与惯性参考系的选择无关。所以，如果势能零点选定了，势能与惯性参考系的选择无关，即势能不依赖于惯性参考系的选择。

实际上，动能也是相对的，也存在一个动能零点的选择问题。我们说运动速度为 $\boldsymbol{v}$ 、质量为 m 的质点的动能为 $mv^2/2$，这是我们选定了速度为零时，质点的动能为零的必然结果。而且动能的量值还与惯性参考系的选择有关，根据伽利略速度变换，在不同的惯性参考系中，质点的动能是不同的。

在保守力的作用下，质点由 M_1 点运动到 M_2 点，保守力所做的功为

$$A_{1\to2}=\int_{(\mathrm{M}_1)}^{(\mathrm{M}_2)}\boldsymbol{F}\cdot\mathrm{d}\boldsymbol{l}=\int_{(\mathrm{M}_1)}^{(\mathrm{M}_0)}\boldsymbol{F}\cdot\mathrm{d}\boldsymbol{l}+\int_{(\mathrm{M}_0)}^{(\mathrm{M}_2)}\boldsymbol{F}\cdot\mathrm{d}\boldsymbol{l}=\int_{(\mathrm{M}_1)}^{(\mathrm{M}_0)}\boldsymbol{F}\cdot\mathrm{d}\boldsymbol{l}-\int_{(\mathrm{M}_2)}^{(\mathrm{M}_0)}\boldsymbol{F}\cdot\mathrm{d}\boldsymbol{l}$$

$$A_{1\to2}=E_{\mathrm{p}1}-E_{\mathrm{p}2}=-\Delta E_{\mathrm{p}} \tag{2-4-23}$$

如果 $A_{1\to2}>0$，即保守力做正功，则质点的势能减少；如果 $A_{1\to2}<0$，即保守力做负功，则质点的势能增加。因此，保守力所做的功等于质点势能的消耗；而质点消耗的势能，转化为质点其他形式的能量，如动能。对于一个微小的元过程，有

$$\mathrm{d}A=-\mathrm{d}E_{\mathrm{p}} \tag{2-4-24}$$

应当强调的是，势能属于相互作用的系统。势能既取决于系统内物体之间相互作用的形式，又取决于物体之间的相对位置，所以势能是属于物体系统的，不为单个物体所具有。通常讲的“物体的势能”这句话，只是为了叙述的简便，是不严格的。例如，在重力场中，由于重力的作用，物体才可能有重力势能。因此，谈论重力势能的“所有者”时，严格地说，重力势能应该属于物体与地球所组成的系统，势能是一种相互作用能。我们不能把重力势能按某种比例分配给物体和地球。“物体的重力势能”，只是一种简化的表观的术语。

势能概念的引入是以质点处于保守力场这一事实为依据的。由于保守力做功仅与始、末位置有关，与中间路径无关，因此，质点在保守力场中任一确定位置，相对于选定的零势能位置的势能值才是确定的、单值的。由于零势能位置的选取是任意的，所以势能的值总是相对的。当我们讲质点在保守力场中某点的势能量值时，必须明确是相对于哪个零势能位置而言的。势能的量值虽然只有相对意义，但是不管零势能位置如何选取，质点在保守力场中确定的两个不同位置的势能之差是不变的。

势能可以理解为是一种储存起来的能量，处于一定的势态，所以才用“势”这个字。由于保守力所做的功与运动物体所经过的路径无关，因此，如果物体沿闭合路径绕行一周，则保守力对物体所做的功恒为零，也就是说势能与其他形式能量的转化为零，于是系统间的势能就不变。也就是说，当相对位置确定，它们之间的势能就是确定的、唯一的。也正因如此，才使势能的概念具有实际意义。

滑动摩擦力的功显然与物体移动的路径有关，经过的路程越长，滑动摩擦力做的负功越多，滑动摩擦力是非保守力。这里值得指出的是，摩擦力是微观上的分子或原子间的电磁力的宏观表现。这些微观上的电磁力是保守力，为什么在宏观上就变成非保守力了呢？这是因为滑动摩擦力的非保守性是根据宏观物体的运动来判定的。一个金属块在桌面上滑动一圈，它的宏观位置复原了，但摩擦力做了功。这与微观上分子或原子间的相互作用是保守力并不矛盾。因为即使金属块回到了原来的位置，金属块中以及桌面上它滑动过的部分的所有分子或原子并没有回到原来的状态（包括位置和速度），实际上是离原来的状态更远了。因此它们之

间的微观上的保守力是做了功的，这个功在宏观上就表现为摩擦力做的功。在实际中我们总是采用宏观的观点来考虑问题，因此滑动摩擦力就是一种非保守力。与此类似，碰撞中引起永久变形的冲力以及爆炸力等也都是非保守力。对于非保守力，不能引入势能概念。

(1)重力势能

处于地球表面附近的质点，都要受到地球给予的重力作用。在不是很大的范围内，可以认为重力的大小不变，方向指向地面。如图 2-30 所示，质量为 m 的质点，受到的重力为

$$\boldsymbol{G}=m\boldsymbol{g}=-mg\boldsymbol{k}$$

式中，g 为重力加速度，在一定范围内可以认为是常数。在重力作用下，质点移动微小位移 $\mathrm{d}\boldsymbol{l}$ 的过程中，重力做的元功为

$$\mathrm{d}A=\boldsymbol{G}\cdot\mathrm{d}\boldsymbol{l}=(-mg\boldsymbol{k})\cdot(\mathrm{d}x\boldsymbol{i}+\mathrm{d}y\boldsymbol{j}+\mathrm{d}z\boldsymbol{k})=-mg\,\mathrm{d}z \tag{2-4-25}$$

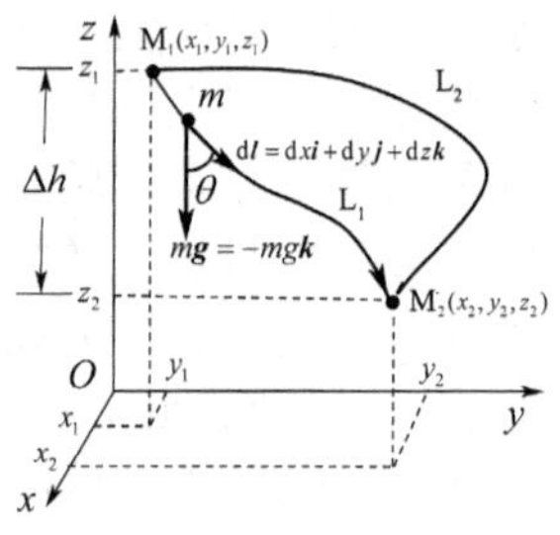

图 2-30 重力做功

质点沿曲线轨迹 L_1 从 $M_1(x_1,y_1,z_1)$点运动到 $M_2(x_2,y_2,z_2)$点，重力所做的功为

$$A=\int\mathrm{d}A=\int_{(M_1)}^{(M_2)}\boldsymbol{G}\cdot\mathrm{d}\boldsymbol{l}=\int_{z_1}^{z_2}-mg\,\mathrm{d}z=mg(z_1-z_2)=mg\Delta h \tag{2-4-26}$$

式中，Δh 为质点下落的高度。如果质点沿另一条曲线轨迹 L_2 从 $M_1(x_1,y_1,z_1)$点运动到 $M_2(x_2,y_2,z_2)$点，重力所做的功依然为

$$A=mg\Delta h \tag{2-4-27}$$

可见，只要 $M_1(x_1,y_1,z_1)$和 $M_2(x_2,y_2,z_2)$确定了，也就是质点下落的高度 Δh 确定了，则重力所做的功就确定了，与质点的运动轨迹无关。因此，重力是保守力。

其实，重力是保守力，要求的条件要比重力加速度 $\boldsymbol{g}$ 是恒定矢量要低。质点沿曲线轨迹 L_1 从 $M_1(x_1,y_1,z_1)$点运动到 $M_2(x_2,y_2,z_2)$点，重力所做的功表示为

$$A=\int\mathrm{d}A=\int_{(M_1)}^{(M_2)}\boldsymbol{G}\cdot\mathrm{d}\boldsymbol{l}=\int_{(x_1,y_1,z_1)}^{(x_2,y_2,z_2)}m(g_x\mathrm{d}x+g_y\mathrm{d}y+g_z\mathrm{d}z)$$

只要重力加速度 $\boldsymbol{g}$ 的方向指向地心，重力加速度的大小可以沿着径向变化，$g_z=f(z)$，则这一曲线积分，或者说，重力所做的功就与路径无关，重力就是保守力，在地球的周围就存在着重力场。这是忽略了地球自转的实际情况。

既然重力是保守力，就可以在重力场中引入重力势能的概念。如图 2-31 所示，质量为 m 的质点在重力场中由 $M(x,y,h)$点运动到$M_0(x_0,y_0,0)$点，取 $M_0(x_0,y_0,0)$点为重力势能的零点，则质点位于重力场中$M(x,y,h)$点时的重力势能为

$$E_p=A=\int\mathrm{d}A=\int_{(M)}^{(M_0)}\boldsymbol{G}\cdot\mathrm{d}\boldsymbol{l}=\int_h^0-mg\,\mathrm{d}z=mgh,E_p=mgh \tag{2-4-28}$$

式中，h 为 $M(x,y,h)$点相对于势能零点 $M_0(x_0,y_0,0)$的高度，或者说，$M(x,y,h)$点相对于过势能零点 $M_0(x_0,y_0,0)$且垂直于 z 轴的平面的高度。

值得注意的是，过 $M(x,y,h)$点且垂直于 z 轴的平面上的任何点，重力势能是相等的，这称为等势能面。过势能零点 $M_0(x_0,y_0,0)$且垂直于 z 轴的平面上的点势能为零，称为零势能面。重力势能的等势面是垂直于 z 轴的平行平面，如图 2-31 所示。

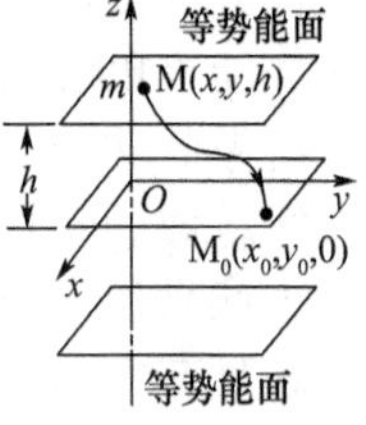

图 2-31 重力势能

如图 2-30 所示，如果取 xOy 平面为零势能面，则质量为 m 的质点在 $M_1(x_1,y_1,z_1)$点和$M_2(x_2,y_2,z_2)$点的重力势能为

$$E_p(M_1)=mgz_1,E_p(M_2)=mgz_2$$

$$E_p(M_2)<E_p(M_1)$$

质点在由起始位置 $M_1(x_1,y_1,z_1)$沿任意曲线移动到位置 $M_2(x_2,y_2,z_2)$的过程中，重力所做的功为

$$A(\mathrm{M}_1\rightarrow \mathrm{M}_2)=mg\Delta h=E_{\mathrm{p}}(\mathrm{M}_1)-E_{\mathrm{p}}(\mathrm{M}_2)=-\Delta E_{\mathrm{p}}>0$$

而如果质点由 $\mathrm{M}_2(x_2,y_2,z_2)$点沿任意曲线移动到 $\mathrm{M}_1(x_1,y_1,z_1)$点，重力所做的功为

$$A(\mathrm{M}_2\rightarrow \mathrm{M}_1)=-mg\Delta h=E_{\mathrm{p}}(\mathrm{M}_2)-E_{\mathrm{p}}(\mathrm{M}_1)=-\Delta E_{\mathrm{p}}<0$$

可见，在重力场中，质点从起始位置移动到末了位置，重力的功等于质点在始、末两位置重力势能增量的负值。重力做正功，重力势能减少；重力做负功，重力势能增加。

应该强调指出的是，重力势能实际上应该属于物体与地球所组成的系统，重力势能是一种相互作用能。

(2)万有引力势能

如图 2-32 所示，设固定点 O 处有一质量为 M 的质点，质量为 m 的质点在运动轨迹 L_1 上的某一点 c 处受到 M 质点的万有引力

$$\boldsymbol{F}=-G\frac{Mm}{r^2}\boldsymbol{e}_{\mathrm{r}}$$

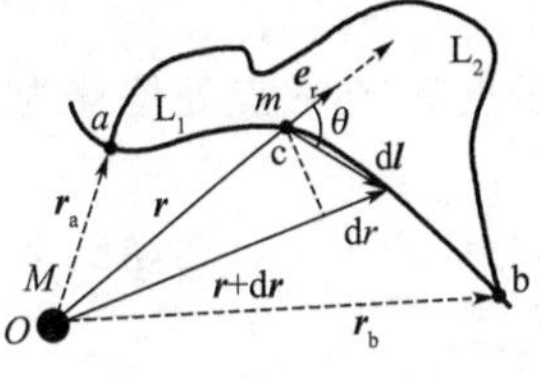

图 2-32　万有引力做功

式中，$\boldsymbol{e}_{\mathrm{r}}$ 为径向单位矢量。质点 m 位移 $\mathrm{d}\boldsymbol{l}$ 的过程中，万有引力做的元功为

$$\mathrm{d}A=\boldsymbol{F}\cdot\mathrm{d}\boldsymbol{l}=-G\frac{Mm}{r^2}\boldsymbol{e}_{\mathrm{r}}\cdot\mathrm{d}\boldsymbol{l}=-G\frac{mM}{r^2}\mathrm{d}l\cos\theta=-G\frac{mM}{r^2}\mathrm{d}r \tag{2-4-29}$$

质点 m 沿运动轨迹 L_1 由 a 点运动到 b 点，万有引力所做的功为

$$A=\int\mathrm{d}A=\int_{(\mathrm{a})}^{(\mathrm{b})}\boldsymbol{F}\cdot\mathrm{d}\boldsymbol{l}=\int_{r_{\mathrm{a}}}^{r_{\mathrm{b}}}-G\frac{mM}{r^2}\mathrm{d}r=GMm\left(\frac{1}{r_{\mathrm{b}}}-\frac{1}{r_{\mathrm{a}}}\right)$$

即使质点 m 沿运动轨迹 L_2 由 a 点运动到 b 点，万有引力所做的功依然为

$$A=GMm\left(\frac{1}{r_{\mathrm{b}}}-\frac{1}{r_{\mathrm{a}}}\right) \tag{2-4-30}$$

可见，只要 a 点和 b 点确定了，质点 m 到质点 M 的距离 r_{a} 和 r_{b} 就确定了，则万有引力所做的功就确定了，与质点的运动轨迹无关。因此，万有引力是保守力。

习惯上，选无穷远处为万有引力势能的零势能位置。质量为 m 的质点在 c 点具有的万有引力势能应等于把质点 m 从 c 点移动到无穷远的过程中万有引力所做的功

$$E_{\mathrm{p}}=A=\int\mathrm{d}A=\int_{(\mathrm{c})}^{(\infty)}\boldsymbol{F}\cdot\mathrm{d}\boldsymbol{l}=\int_{r}^{\infty}-G\frac{mM}{r^2}\mathrm{d}r$$

$$=-G\frac{Mm}{r},E_{\mathrm{p}}=-G\frac{Mm}{r} \tag{2-4-31}$$

负号表示在选定无穷远处万有引力势能为零的情况下，质点在万有引力场中任一点的万有引力势能均小于质点在无穷远处的万有引力势能。

万有引力势能的等势能面是以 O 点为球心的一系列同心球面，如图 2-33 所示。

万有引力是保守力，在质点的周围存在万有引力场。在万有引力场中，质量为 m 的质点由起始位置 M_1(距离质量为 M 的质点的距离为 r_1)沿任意路径移动到末了位置 M_2(距离质量为 M 的质点的距离为 r_2)，取无穷远处为零势能位置，质点在位置 M_1，M_2 的万有引力势能分别为

$$E_{\mathrm{p1}}=-G\frac{Mm}{r_1},E_{\mathrm{p2}}=-G\frac{Mm}{r_2}$$

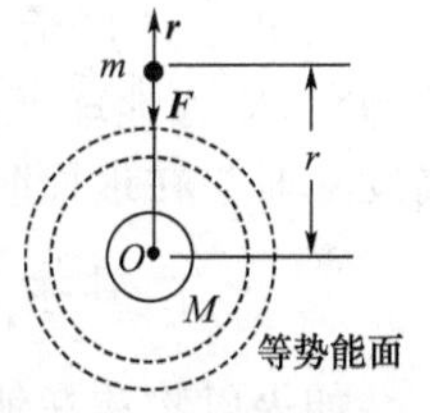

图 2-33　万有引力势能的等势能面

在这一过程中，万有引力所做的功为

$$A=\int_{r_1}^{r_2}-G\frac{mM}{r^2}\mathrm{d}r=-\left[\left(-G\frac{mM}{r_2}\right)-\left(-G\frac{mM}{r_1}\right)\right]$$

$$=-(E_{\mathrm{p2}}-E_{\mathrm{p1}})=-\Delta E_{\mathrm{p}}$$

可见,在万有引力场中,质点从起始位置移动到末了位置,万有引力的功等于质点在始、末两位置万有引力势能增量的负值。万有引力做正功,万有引力势能减少;万有引力做负功,万有引力势能增加。

万有引力势能实际上应该属于两个物体组成的系统,万有引力势能是一种相互作用能。

(3)弹性势能

如图 2-34 所示,一自然长度为 L_0、劲度系数为 k 的轻质弹簧,一端固定,另一端系一质量为 m 的质点,组成一个弹簧振子。以弹簧原长处 O 作为坐标原点,作 Ox 坐标轴。质点 m 处在弹簧形变量为 x 的 c 点时受到的弹性力为

$$\boldsymbol{F}=-kx\boldsymbol{i}$$

质点 m 在 c 点处位移为 $\mathrm{d}x$ 的过程中,弹性力所做的元功为

$$\mathrm{d}A=\boldsymbol{F}\cdot\mathrm{d}\boldsymbol{l}=-kx\boldsymbol{i}\cdot\mathrm{d}x\boldsymbol{i}=-kx\,\mathrm{d}x \tag{2-4-32}$$

质点 m 从 a 点运动到 b 点,弹性力所做的功为

$$A=\int\mathrm{d}A=\int_{x_1}^{x_2}-kx\,\mathrm{d}x=\frac{1}{2}kx_1^2-\frac{1}{2}kx_2^2 \tag{2-4-33}$$

这一弹性力所做的功与质点 m 的运动过程无关,只与质点运动始末位置 a 点和 b 点有关,或者说,只与弹簧始末伸长量 x_1 和 x_2 有关,因此,弹性力是保守力。

对弹性势能来说,往往选弹簧原长处为零势能位置。当弹簧伸长量为 x 时,弹簧振子系统的弹性势能为

$$E_p=A=\int\mathrm{d}A=\int_x^0-kx\,\mathrm{d}x=\frac{1}{2}kx^2,E_p=\frac{1}{2}kx^2 \tag{2-4-34}$$

即弹性势能等于弹簧的劲度系数与其形变量平方乘积的一半。

如图 2-34 所示,质点位于 a 点和 b 点时,弹簧振子系统的弹性势能为

$$E_{p1}=\frac{1}{2}kx_1^2,E_{p2}=\frac{1}{2}kx_2^2$$

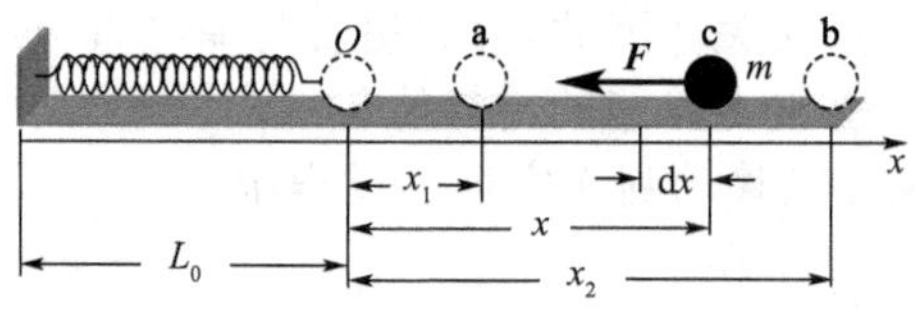

图 2-34　弹性力做功

弹性力所做的功为

$$A=\frac{1}{2}kx_1^2-\frac{1}{2}kx_2^2=E_{p1}-E_{p2}=-\Delta E_p$$

上式表明,在弹性力场中,质点从起始位置移动到末了位置,弹性力的功等于质点在始、末两位置弹性势能增量的负值。弹性力做正功,弹性势能减少;弹性力做负功,弹性势能增加。

3. 重力势能与引力势能的关系

由于重力是引力的一个特例,所以重力势能公式也应该是引力势能公式的一个特例。

如图 2-35 所示,以 M 表示地球的质量,以 r 表示物体到地心的距离,R 为地球半径。由引力势能公式可得质量为 m 的物体在高度 z 时与在地面时的引力势能之差为

$$E_{pA}-E_{pB}=\frac{GMm}{r_B}-\frac{GMm}{r_A}=\frac{GMm}{R}-\frac{GMm}{R+z}$$

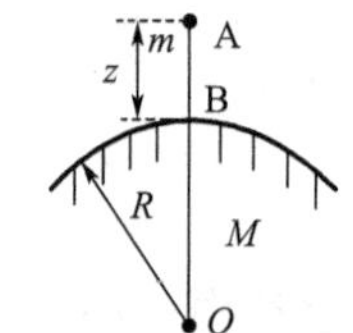

图 2-35　重力势能与引力势能

如果以物体在地球表面时为势能零点,即规定 $r=R$ 时,$E_{pB}=0$,则由上式可得物体在地面以上其他高度 z 时的引力势能为

$$E_{p\Lambda}=\frac{GmM}{R}-\frac{GmM}{R+z}=GmM\frac{z}{R(R+z)}$$

因为 $z\ll R$，则 $R(R+z)\approx R^2$，因而有

$$E_{p\Lambda}=GmM\frac{z}{R^2}$$

由于在地面附近，重力加速度 $g=GM/R^2$，所以最后得到物体在地面上高度 z 时引力势能为

$$E_{p\Lambda}=mgz$$

这正是质量为 m 的物体在地面上某一不大的高度 z 时的重力势能。

4. 势能与保守力

从数学上说，用保守力所做的功定义势能，是用保守力对路径的线积分定义了势能。反过来，如果我们已知势能函数，也应该能从对路径的导数求出保守力。

如图 2-36 所示，以 $\mathrm{d}\boldsymbol{l}$ 表示质点在保守力 $\boldsymbol{F}$ 作用下沿某一给定的 $\boldsymbol{l}$ 方向从 a 到 b 的元位移。以 $\mathrm{d}E_p$ 表示从 a 到 b 的势能增量。根据势能定义公式，有

$$-\mathrm{d}E_p=\mathrm{d}A_{ab}=\boldsymbol{F}\cdot\mathrm{d}\boldsymbol{l}=F\cos\theta\mathrm{d}l \qquad (2\text{-}4\text{-}35)$$

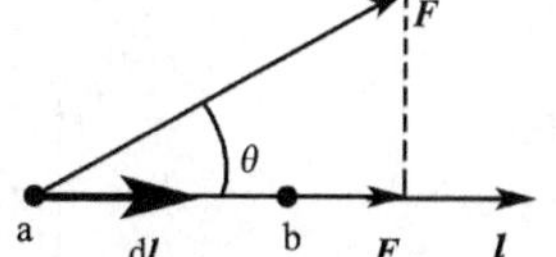

图 2-36　势能与保守力的微分关系

由于 $F\cos\theta=F_l$ 为力 $\boldsymbol{F}$ 在 $\boldsymbol{l}$ 方向的分量，所以上式可写作

$$-\mathrm{d}E_p=F_l\mathrm{d}l \qquad (2\text{-}4\text{-}36)$$

由此可得

$$F_l=-\frac{\mathrm{d}E_p}{\mathrm{d}l} \qquad (2\text{-}4\text{-}37)$$

此式说明：保守力沿某一给定的 $\boldsymbol{l}$ 方向的分量等于与此保守力相应的势能函数沿 $\boldsymbol{l}$ 方向的空间变化率，即经过单位距离时的变化的负值。

一般来讲，势能 E_p 可以是位置坐标 (x,y,z) 的多元函数。这时式(2-4-37)中 $\boldsymbol{l}$ 的方向可依次取 x,y,z 轴的方向而得到，即

$$F_x=-\frac{\partial E_p}{\partial x},F_y=-\frac{\partial E_p}{\partial y},F_z=-\frac{\partial E_p}{\partial z} \qquad (2\text{-}4\text{-}38)$$

这样，保守力就可表示为

$$\boldsymbol{F}=F_x\boldsymbol{i}+F_y\boldsymbol{j}+F_z\boldsymbol{k}=-\left(\frac{\partial E_p}{\partial x}\boldsymbol{i}+\frac{\partial E_p}{\partial y}\boldsymbol{j}+\frac{\partial E_p}{\partial z}\boldsymbol{k}\right)=-\nabla E_p \qquad (2\text{-}4\text{-}39)$$

这是在直角坐标系中由势能求保守力的最一般的公式。括号内的势能函数的空间变化率称为势能的梯度，它是一个矢量。因此可以说，保守力等于相应的势能函数的梯度的负值。如果将势能的定义式看作是势能与保守力的积分关系，则上式就是势能与保守力的微分关系。

对于引力势能，如图 2-37 所示，取 $\boldsymbol{l}$ 方向为从质点 M 到另一质点 m 的矢径 $\boldsymbol{r}$ 的方向。引力沿 $\boldsymbol{r}$ 方向的投影应为

$$F_r=-\frac{\mathrm{d}E_p}{\mathrm{d}r}=-\frac{\mathrm{d}}{\mathrm{d}r}\left(-G\frac{Mm}{r}\right)=-G\frac{Mm}{r^2}$$

这实际上就是引力公式。

对于弹簧的弹性势能，如图 2-38 所示，可取 $\boldsymbol{l}$ 方向为伸长量 $\boldsymbol{x}=x\boldsymbol{i}$ 的方向。这样弹性力沿伸长量 $\boldsymbol{x}=x\boldsymbol{i}$ 方向的投影就是

$$F_x=-\frac{\mathrm{d}E_p}{\mathrm{d}x}=-\frac{\mathrm{d}}{\mathrm{d}x}\left(\frac{1}{2}kx^2\right)=-kx$$

这正是关于弹簧弹性力的胡克定律公式。

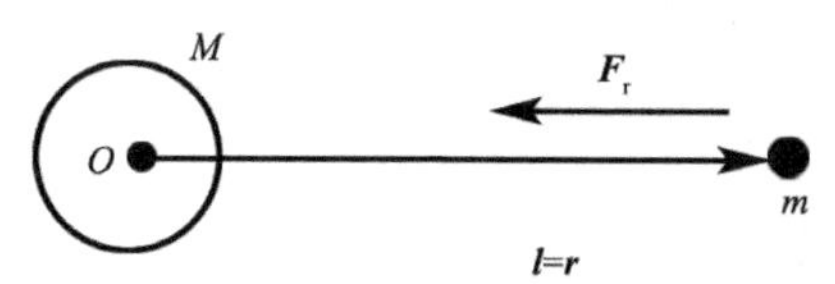

图 2-37 由引力势能求引力

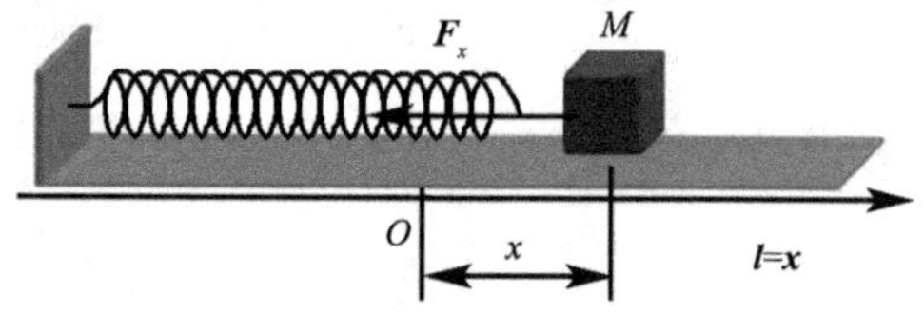

图 2-38 由弹性势能求弹性力

5. 势能曲线

在保守力场中,质点所具有的势能是质点空间位置坐标的函数

$$E_p = f(x, y, z) = f(\boldsymbol{r}) \tag{2-4-40}$$

质点的势能与位置坐标的函数关系可以用图线表示出来,称为势能曲线。图 2-39 分别给出了重力势能、万有引力势能、弹性势能曲线。

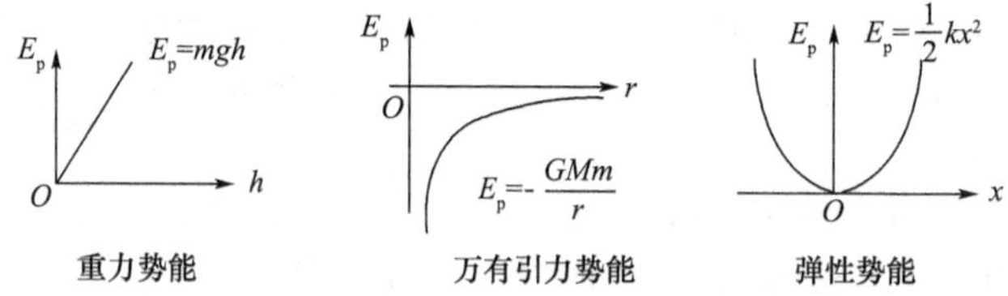

图 2-39 典型保守力场的势能曲线

利用已知的势能曲线可以求出质点在保守力场中各点所受保守力的大小和方向,甚至可以定性地讨论质点在保守力场中的运动情况及平衡的稳定性等问题。由势能与保守力的微分关系可见,势能对空间坐标的微分的负值就是保守力,或者说,势能曲线上某一点的切线的斜率的负值,就是质点在该点受到的保守力。

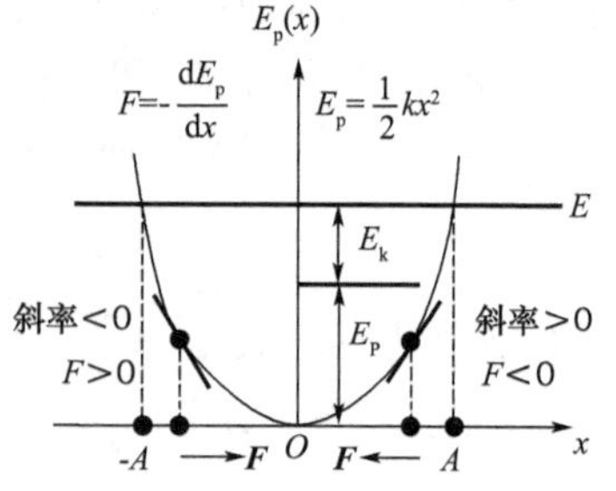

图 2-40 弹簧振子势能曲线

图 2-40 给出了弹簧振子的势能曲线。由图可见,在 $x>0$ 区域,势能曲线上各个点的切线的斜率为正,质点受到的弹性力为负,即力的方向指向坐标原点;在 $x<0$ 区域,势能曲线上各个点的切线的斜率为负,质点受到的弹性力为正,即力的方向指向坐标原点;在 $x=0$ 处,势能曲线的切线的斜率为零,质点受到的弹性力为零。可见,$x=0$ 处是质点的平衡位置,而且是稳定的平衡位置,因为质点一旦离开平衡位置,就会受到一个指向平衡位置的弹性力的作用。在总的机械运动能量 $E=E_k+E_p$ 一定的条件下,因为动能不可能为负值,所以势能不可能超过总的能量,因此质点可以运动的范围也将受到限制。在 $x>0$ 区域,随着 x 的增大,斜率越来越大,质点受到的与运动方向相反的弹性力越来越大,质点一旦得到一定的能量向右运动,其速度将会越来越小,直到 $x=A$ 处,动能全部转化为势能而速度降为零;质点又在弹性力的作用下,加速(加速度越来越小)冲向平衡位置;到达平衡位置,势能又全部转化的动能,质点继续向 $x<0$ 区域冲去;在 $x<0$ 区域,质点又受到一个与运动方向相反的逐渐增大的指向平衡位置的弹性力作用,运动速度逐渐减小,直到 $x=-A$ 处,速度降为零,动能全部转化为势能;质点在弹性力的作用下,将加速返回平衡位置。质点就是这样围绕平衡位置往复运动,运动的范围是 $-A<x<A$。运动的过程中,动能与势能相互转化,质点的这种运动方式称为振动。

图 2-41 给出了一个双原子分子内两个原子之间相互作用的势能曲线,r 表示两个原子之间的中心距离。由图可知,在 $r>r_0$ 时,势能曲线各点处的切线的斜率为正,力为负,原子 1 受到的作用力指向原子 2,这表示两个原子相互吸引,相互作用力是吸引力,两个原子可以靠得更近一些;不过,两个原子的距离 r 越大,切线的斜率值越小,吸引力的值越小;两个原子的距

离大到一定程度的时候，相互吸引力很弱到零，两个原子不再相互吸引，两个原子分开，双原子分子解体。在 $r<r_0$ 时，势能曲线各点处的切线的斜率为负，力为正，原子 1 受到的作用力背向原子 2，表示两原子相互排斥，两个原子应该离得远一些；两个原子的距离 r 越小，切线的斜率的绝对值越大，排斥力越大；当两个原子之间的距离小到一定程度的时候，切线的斜率值变得无限大，排斥力无限大，这表示，两个原子不可以无限靠近，更不能黏合在一起。当两原子间的距离等于 r_0 时，曲线的斜率为零，即两原子间没有相互作用力，这是两原子的平衡间距。一旦 $r<r_0$，两个原子靠得较近，排斥力将会使两个原子分开；一旦 $r>r_0$，两个原子离得较远，吸引力将会使两个原子靠近。因此，两个原子间距为 r_0 时，达到的平衡是稳定的平衡。

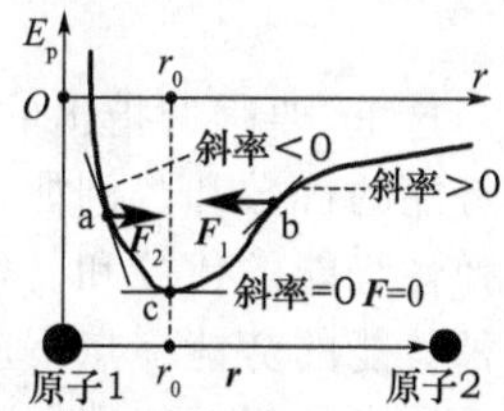

图 2-41 双原子分子势能曲线

在微观领域，通常都是用势能和势能曲线来表示微观粒子之间的相互作用。势能曲线在原子物理、核物理、分子物理、固体物理等领域中有非常重要的应用。

五、机械能

质点在做机械运动时具有动能，动能是质点可以改变其他物体机械运动状态的能力。势能是指物体形变或位置变化所具有的能量，广义上位置的变化也可以看作物体的形变。势能反映了物体之间的相互作用，是作用力的具体表现。势能是物体自我恢复原状的能力，或者说，是物体反抗使其形变或位置变化的能力。势能也可以看作是场对粒子的作用能，如引力势能、重力势能、电荷在电场中的静电势能等。

对物体做机械功，会引起物体机械运动状态的变化，这一变化可以是质点速度的变化，也可以是质点位置的变化或物体的形变。动能与势能是质点所储存的两种能够做机械功的能力。质点的动能与势能之和，$E=E_k+E_p$，称为机械能。机械能是描述质点机械运动的物理量。

机械能是物体宏观机械运动的能量，不是分子热运动能量，也不是场所拥有的能量。

如图 2-42 所示，质量为 m 的质点只受到保守力 $\boldsymbol{F}$ 的作用，质点在保守力场中以速度 $\boldsymbol{v}_1$ 从 a 点出发，沿任意路径到达 b 点时的速度为 $\boldsymbol{v}_2$。在这一过程中，保守力 $\boldsymbol{F}$ 所做的功等于质点势能的负增量

$$A=-(E_{p2}-E_{p1})$$

另外，根据质点的动能定理，这一保守力所做的功还应该等于质点动能的增量

$$A=\frac{1}{2}mv_2^2-\frac{1}{2}mv_1^2$$

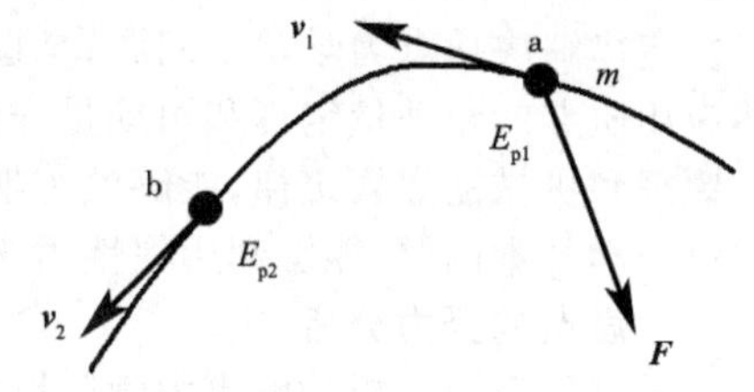

图 2-42 质点的机械能守恒

这两个从不同方面理解的保守力所做的功是相等的

$$\frac{1}{2}mv_2^2-\frac{1}{2}mv_1^2=-(E_{p2}-E_{p1})$$

$$\frac{1}{2}mv_1^2+E_{p1}=\frac{1}{2}mv_2^2+E_{p2} \tag{2-4-41}$$

这表明，在保守力场中，质点的动能和势能是可以相互转化的。如果保守力做正功，质点的势能减少而动能增加，质点的势能转化为质点的动能；如果保守力做负功，质点的势能增加而动能减少，质点的动能转化为质点的势能。但在 a 点和 b 点处，质点的动能与势能之和，也就是质点的机械能是相等的。

在仅有保守力做功的条件下，质点的动能和势能可以相互转化，但动能与势能的总和，也就是机械能保持不变，这称为质点的机械能守恒定律。数学表述为

$$E = E_k + E_p = 常数 \tag{2-4-42}$$

这里,要强调指出的是,在质点同时受到几种保守力作用的情况下,质点的势能 E_p 是各种势能的代数和。例如,质点同时受到重力和弹性力的作用,质点的势能就是质点的重力势能与弹性势能的代数和。每种势能的势能零点可以取不同处,但在应用质点机械能守恒定律时,每种势能的势能零点不应该变化。

质点的机械能守恒要求只有保守力做功。在重力、万有引力和弹性力作用下,质点的机械运动过程中,质点的机械能保持不变。如果有非保守力参与对质点做功,如摩擦力和阻力参与做功,则质点的机械能不再守恒,此时质点的机械能的部分或全部转化成其他形式的能量,如热能。

实际上,机械能守恒定律是从大量实验中总结出来的力学基本原理,是人类集体智慧的结晶。在经典力学中,机械能守恒定律是牛顿定律的一个推论,因此只适用于惯性系。

本章研究质点在外界作用下描述质点机械运动的物理量及其变化所满足的普遍规律。主要包括质点受到的力与其加速度或速度的时间变化率所满足的牛顿定律,质点所受到的冲量与质点的动量变化所满足的动量定理,质点所受到的力矩与质点角动量的时间变化率所满足的角动量定理,质点受到的力所做的功与质点动能变化所满足的动能定理等。

要求理解质点模型和参考系、惯性参考系、非惯性参考系、力、力矩、力所做的功、动量、冲量、角动量、动能、势能、机械能、惯性力以及保守力等基本概念;能够熟练准确地分析质点所受到的力,掌握几种常见的力及其计算方法,能够熟练地计算力矩,能熟练计算变力做的功;掌握牛顿定律的基本内容及其适用范围,熟练掌握运用牛顿定律分析力学基本问题的思路和方法;掌握质点的动量定理和动量守恒定律及其适用条件,能够熟练地应用质点的动量定理和动量守恒定律解决质点力学基本问题;掌握质点的角动量定理和角动量守恒定律及其适用条件,能够应用质点的角动量定理和角动量守恒定律解决质点力学基本问题;掌握质点的动能定理、功能原理和机械能守恒定律,能够熟练地应用质点的动能定理、功能原理和机械能守恒定律解决质点力学基本问题;能够利用惯性力来解决质点在非惯性参考系中运动的基本力学问题。

1. 质点的受力分析

质点的受力分析是解决力学问题的基础,正确分析物体(视为质点)的受力情况是处理力学问题的关键,必须熟练、全面、准确地分析质点所受到的力,只有准确无遗漏地分析出物体的受力情况,并画出受力图,才能获得正确结果。正确分析物体的受力情况是运用牛顿第二定律、动量定理和动量守恒定律、计算力矩并应用角动量定理和角动量守恒定律、计算力所做的功并应用动能定理和功能原理以及机械能守恒定律的基本功。要特别注意的是,质点所受到的力是其他物体施加给该质点的力,不是该质点施加给其他物体的力。

质点可能受到的力主要有:拉力(推力),重力,万有引力,弹簧弹性力,支撑力和压力等弹性力,摩擦力(静摩擦力、滑动摩擦力和滚动摩擦力),质点在流体中运动还要受到流体的阻力,如果质点带有电荷可能还会受到库仑力和洛伦兹力作用。

质点所受到的拉力(推力),一般以给定的力出现,可以是恒定力也可以是随质点运动而变化的力。随着质点的运动,力的方向可能发生变化,力的大小也可能发生变化。力可能随时间变化,$\boldsymbol{F}=f(t)$;也有可能随质点位置变化,$\boldsymbol{F}=f(\boldsymbol{r})$;甚至可能随质点运动速度变化,$\boldsymbol{F}=f(\boldsymbol{v})$。

在地面附近的物体,一定会受到竖直向下的重力,重力是地球给予地面附近的质点的万有引力。随着离地面高度的变化,重力加速度是变化的,所以质点受到的重力应该是随质点离开地面的高度的变化而变化的。但这种变化是很小的，除特殊情况外，一般认为质量为 m 的质点受到的重力是恒定不变的，包括大小和方向，$\boldsymbol{W}=m\boldsymbol{g}$。

万有引力是大尺度力，一般指天体之间的作用力。由于地面附近的物体距离天体遥远，天体给予地面附近的质点的万有引力是很微弱的，所以在地面附近的质点，除特殊情况外，一般不考虑天体对质点的万有引力，只考虑地球对质点的万有引力即重力。

弹簧弹性力实际上可以看作是弹簧伸长或压缩时给予物体的拉力或压力。可以认为，在弹簧弹性范围内，弹簧弹性力与弹簧的伸长量或压缩量成正比。

支撑力和压力等虽然也是弹性力，但一般我们认为施力的物体并没有变形，或者认为弹性系数实在太大，忽略施力物体的形变。其大小可能也是随质点的运动而变化的，要根据具体情况而定，有的情况是为了达到某种平衡而需要自身调整大小和方向的力。

摩擦力是物体与其他物体的表面有接触时，一个物体给予另一个物体的力，摩擦力的方向总是与物体的相对运动方向或相对运动趋势方向相反。如果两个物体没有接触，或接触面是光滑的，就没有摩擦力。当两个物体之间有相对滑动时，它们之间的摩擦力是滑动摩擦力，一般情况下它与物体受到的正压力成正比。当两个物体之间没有相对滑动而只有相对滑动的趋势时，它们之间的摩擦力是静摩擦力，它的大小是可以根据某种平衡的需要而定的，甚至可以为零。物体在流体中运动时，还可能受到流体的阻力。如果没有特别说明，可以忽略流体的阻力。

作用力与反作用力总是成对出现，没有主次之分，它们同时产生、同时存在、同时消失。此外，作用力与反作用力总是属于同种性质的力。由于作用力与反作用力分别作用在两个物体上，所以它们永远也不会相互抵消。不过，一般习惯上称物体受到另一个物体的作用为作用力，而物体给予另一个物体的作用为反作用力。在这样明确的定义下，在统计物体受力时，不应将反作用力统计在内，因为它不是物体本身受到的力。另外，要特别强调的是，作用力和反作用力可以表现为压力、拉力、摩擦力等，在统计物体受力情况时，不能重复统计。

对于向心力、切向力和法向力等，在统计物体受力情况时也不应统计在内。当物体做曲线运动时，由于速度的方向需要改变，需要有指向曲线的曲率中心的加速度，物体受力的矢量和在运动轨迹的法向方向有分量，产生法向加速度，负责物体运动速度方向的变化，这个物体受力的矢量和在运动轨迹的法向方向的分量称为法向力，它总是指向曲率中心；如果物体做圆周运动，这个法向力称为向心力；如果物体运动的速率在变化，则物体受力的矢量和在运动轨迹的切向方向有分量，该分量产生切向加速度，负责物体速率的变化，这个物体受力的矢量在运动轨迹的切向方向的分量称为切向力；如果切向力的方向与物体运动方向相同，则物体加速率运动，如果切向力的方向与物体运动方向相反，则物体减速率运动。可见，向心力、切向力和法向力等，是物体受到的力的矢量和的某个分量，并不是物体单独受到的力，在统计物体受力情况时，不应统计在内。不过，物体在做曲线运动时，在物体受到的力的矢量和中，一定要留出这两个分量。

保守力和非保守力是根据力做功的情况把物体受到的力划分为两类，保守力和非保守力不是物体单独受到的力，在统计物体受力情况时也不应统计在内。如果一个质点受到一个平面力 $\boldsymbol{F}=\boldsymbol{F}_x+\boldsymbol{F}_y=F_x\boldsymbol{i}+F_y\boldsymbol{j}$ 的作用，该力为保守力的条件为

$$\frac{\partial F_x}{\partial y}=\frac{\partial F_y}{\partial x}$$

对于空间力 $\boldsymbol{F}=\boldsymbol{F}_x+\boldsymbol{F}_y+\boldsymbol{F}_z=F_x\boldsymbol{i}+F_y\boldsymbol{j}+F_z\boldsymbol{k}$，该力为保守力的条件为

$$\frac{\partial F_x}{\partial y}=\frac{\partial F_y}{\partial x},\frac{\partial F_y}{\partial z}=\frac{\partial F_z}{\partial y},\frac{\partial F_z}{\partial x}=\frac{\partial F_x}{\partial z}$$

惯性力不是物体受到的真实的力，它是物体相对于非惯性参考系运动时，为了在非惯性参考系中应用力学规律（包括牛顿定律）而假想的物体“受到的一个附加的力”，惯性力没有反作

用力。一般来说,非惯性参考系如果是加速平动的,则这个"附加的力"就直接称为惯性力;非惯性参考系如果是匀速转动的,则这个"附加的力"称为惯性离心力。要特别注意:质点所受到的力,在惯性参考系和非惯性参考系中保持不变。在非惯性参考系中,质点还要受到附加的惯性力的作用。

2. 质点受到的力矩

质点受到的其他物体的作用也可以用力矩来表达。要特别强调的是,力矩是参考点到力的作用点的位置矢量与力矢量的矢量积,由于位置矢量与参考点的选取有关,所以力矩与参考点的选取有关。

在涉及转动的物体时,如果参考点选择的合适,可以使某些力的力矩为零,极大地简化了问题的处理。但也应该注意,如果力的力矩为零,在角动量定理中就没有该力的作用,会丢失一些信息,为了弥补丢失的信息,还要用牛顿定律等来补充。

3. 力所做的功

功是力的空间积累,因此,功是一个过程量,与质点的运动过程有关,它是一个标量,但有正负之分。若质点同时受到几个力的作用,则合力做的功等于各分力所做功的代数和。

求力所做的功,一般先找到元功,再将元功累加,得到力所做的功

$$\mathrm{d}A=\boldsymbol{F}\cdot\mathrm{d}\boldsymbol{l},A=\int\mathrm{d}A=\int_{\mathrm{a(L)}}^{\mathrm{b}}\boldsymbol{F}\cdot\mathrm{d}\boldsymbol{l}$$

这里的元位移 $\mathrm{d}\boldsymbol{l}$ 的方向沿质点运动轨迹的切向方向,L 是质点运动路径,a 是路径起点,b 是路径终点。功在数学上是力对空间的第二类曲线积分,不仅与起点和终点有关,还与路径有关。

对于变力做功,关键是找到元功的具体表达式,为了元功的累加积分,要将元功表达式中的变量统一。对于力随时间变化,$\boldsymbol{F}=f(t)$;随质点位置变化,$\boldsymbol{F}=f(\boldsymbol{r})$;随质点运动速度变化,$\boldsymbol{F}=f(\boldsymbol{v})$,由牛顿定律得到下面的变换可能是非常有用的

$$\mathrm{d}x=v\mathrm{d}t=v(t)\mathrm{d}t,\mathrm{d}A=F\mathrm{d}x=F(t)v(t)\mathrm{d}t$$

$$F(x)=m\frac{\mathrm{d}v}{\mathrm{d}t}=m\frac{\mathrm{d}v}{\mathrm{d}x}\frac{\mathrm{d}x}{\mathrm{d}t}=mv\frac{\mathrm{d}v}{\mathrm{d}x}\Rightarrow F(x)\mathrm{d}x=mv\mathrm{d}v$$

$$F(v)=m\frac{\mathrm{d}v}{\mathrm{d}t}=m\frac{\mathrm{d}v}{\mathrm{d}x}\frac{\mathrm{d}x}{\mathrm{d}t}=mv\frac{\mathrm{d}v}{\mathrm{d}x}\Rightarrow\mathrm{d}x=\frac{mv}{F(v)}\mathrm{d}v$$

对于重力、万有引力、弹簧弹性力做功,可以由力的表达式直接得到元功表达式,积分而得到做功量。此时,我们是把这几种力看作一般的力。同时,这几种力是保守力,做功量等于势能的减少,可以通过计算势能的减少量来求得做功量。

对于支撑力和压力等做功,尽管它们也是弹性力,但我们一般忽略它们的形变,无法计算势能的变化,只能按一般的力来处理,计算元功,进而计算功。要特别注意的是,元功表达式中的 $\mathrm{d}\boldsymbol{l}$ 指的是质点相对于惯性参考系(一般指地面参考系)的元位移,有些情况寻找元功表达式是非常复杂的。例如,如图 2-43 所示,物体沿斜面下滑,质点运动轨迹相对斜面是直线。如果斜面不运动,则质点运动轨迹相对地面也是直线,斜面对物体的支撑力和物体对斜面的压力都是垂直于斜面的,也就是垂直于物体的运动轨迹,支撑力与物体的元位移 $\mathrm{d}\boldsymbol{l}$ 垂直而不做功,斜面不动位移为零则压力不做功。如果斜面运动,尽管物体相对于斜面的轨迹依然是直线,但物体相对于地面这一惯性参考系的轨迹不是直线,支撑力与物体的轨迹不垂直,支撑力可能会做功;而斜面运动,元位移不为零,压力与斜面运动轨迹不垂直,压力做功;正因为压力做功,才使斜面加速运动,斜面的动能增加。

对于摩擦力,做功也有正负之分,并非都做负功;一对作用与反作用摩擦力做功之和也并非都为零。如图 2-44(a)所示,质量为 m 的物体和质量为 M 的物体在力 $\boldsymbol{F}$ 的作用下一起运动,两个物体之间没有相对滑动,物体 M 受到的摩擦力 $\boldsymbol{f}_1'$ 做负功,物体 m 受到的摩擦力 $\boldsymbol{f}_1$

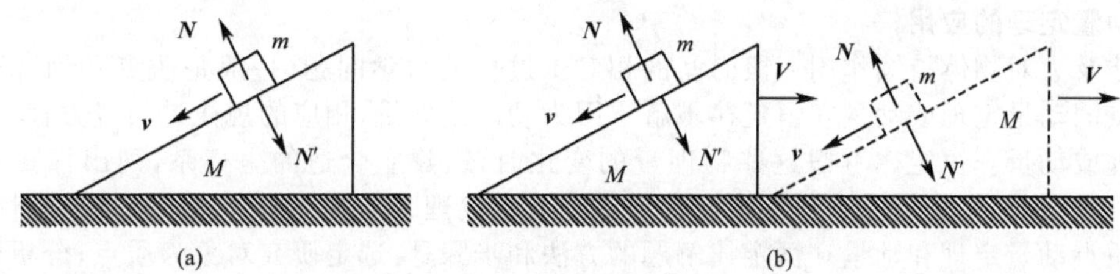

图 2-43　支撑力和压力做功

做正功；由于两个物体的位移相同，而且 $\boldsymbol{f}_1=-\boldsymbol{f}'_1$，所以这一对作用与反作用摩擦力做功之和为零。如图 2-44(b)所示，质量为 m 的物体和质量为 M 的物体在力 $\boldsymbol{F}$ 的作用下一起运动，两个物体之间有相对滑动，物体 M 受到的摩擦力 $\boldsymbol{f}'_2$ 做负功，物体 m 受到的摩擦力 $\boldsymbol{f}_2$ 做正功；由于两个物体的位移不相同，而且 $\boldsymbol{f}_2=-\boldsymbol{f}'_2$，所以这一对作用与反作用摩擦力做功之和不为零。

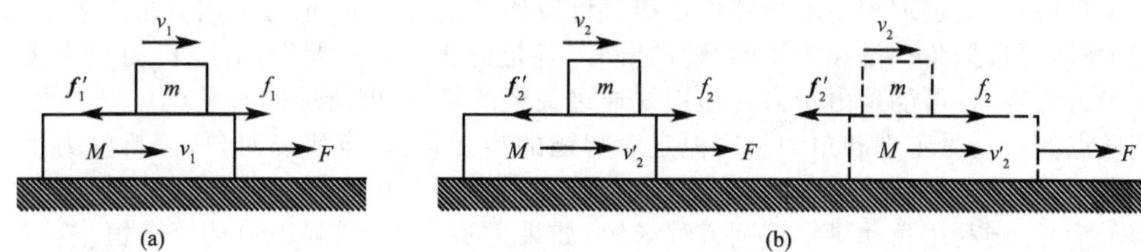

图 2-44　摩擦力做功

对于切向力和法向力，由于法向力总是垂直于质点运动的轨迹，法向力对质点不做功；而切向力由于平行于质点运动轨迹的切向方向，改变质点运动的速率，因此改变质点的动能，切向力做功。切向力做正功，质点动能增加；切向力做负功，质点动能减小。

4. 势能

势能是状态函数，其大小与零势能点的选取有关，是属于系统的，不能单独讨论。

一般取 $h=0$ 的水平面为重力势能零势能面。一般取弹簧的自然长度处为弹簧弹性势能零点。一般取 $r\to\infty$ 处为引力势能零点。

5. 牛顿定律的应用

选定物体作为分析对象，把它当成质点并确定其质量；分析所认定的物体的运动情况，包括其轨道、速度和加速度等；找出被认定物体所受的各个力，画出简单的示意图表示物体的运动和受力情况，标出速度和加速度的方向；把分析得到的质量、加速度和力用牛顿第二定律联系起来列出方程并求解。在利用直角坐标系中牛顿定律的分量式时应在受力图中标出坐标轴的方向。这样才能确定分量式中各代数量的正负(与坐标轴方向相同者为正，反之为负)；对矢量式列出沿各坐标轴的分量式。当质点做圆周运动时，利用自然坐标系，把质点所受的合外力和加速度沿切向和法向投影列出分量式。解方程得出答案，必要时尚须对所得的结果做进一步的讨论。

由于牛顿定律只在惯性参考系中成立，在列方程时，一定要确保物体的运动速度和加速度都是相对于惯性参考系测量的。要明确给定质点的加速度只决定于它受的力，而与它对其他物体的作用力无关，计入关于该质点的牛顿第二定律公式中的力也只能是它受的力。

还要注意牛顿第三定律的应用，用牛顿第三定律将它们受的力联系起来，施力物体所受到的力与物体施加给其他施加力的物体的作用力是大小相等、方向相反的。还需要注意施力物体与受力物体的速度和加速度之间的关系。

在应用牛顿定律时，下列变换可能是非常有用的

$$\frac{\mathrm{d}v}{\mathrm{d}t}=\frac{\mathrm{d}v}{\mathrm{d}x}\frac{\mathrm{d}x}{\mathrm{d}t}=v\,\frac{\mathrm{d}v}{\mathrm{d}x},\frac{\mathrm{d}\omega}{\mathrm{d}t}=\frac{\mathrm{d}\omega}{\mathrm{d}\theta}\frac{\mathrm{d}\theta}{\mathrm{d}t}=\omega\,\frac{\mathrm{d}\omega}{\mathrm{d}\theta},\frac{\mathrm{d}v}{\mathrm{d}t}=\frac{\mathrm{d}v}{\mathrm{d}\theta}\frac{\mathrm{d}\theta}{\mathrm{d}t}=\omega\,\frac{\mathrm{d}v}{\mathrm{d}\theta}=\frac{v}{R}\frac{\mathrm{d}v}{\mathrm{d}\theta}$$

6. 动量定理的应用

凡涉及力对物体持续作用一段时间的相对于过程的力学问题(一般是质点受到冲击),可以用质点的动量定理或动量守恒定律求解。因为动量是矢量,相应的规律是矢量方程,在运用动量定理或动量守恒定律考虑这些物理量的变化时,需建立合适的坐标系,列出标量式再求解,也可以直接利用矢量关系作图求解。应注意动量定理和动量守恒定律只适用于惯性系。

用质点动量定理和动量守恒定律解题的方法和步骤是:选定研究对象为质点;分析研究对象的受力情况以及力对时间的累积作用过程;确定质点在过程的始、末状态的动量;如果研究对象在一段时间内所受的力不等于零,可用质点的动量定理求解;如果所受的力为零,则可应用动量守恒定律求解。

7. 角动量定理的应用

凡涉及转动的问题,可以用角动量定理和角动量守恒定律求解。要特别注意的是,这里涉及的角动量和力矩都是对惯性系中同一参考点而言的,而且二者都是矢量。由于角动量和力矩都是矢量,角动量定理和角动量守恒定律都可以用矢量式表示,也可以用分量式表示。用分量式表示时,要根据角动量和力矩的“转向”确定各量的正负。还要特别注意,力矩为零,既可能是由于力为零,也可能是由于力的作用线通过矢径的起点(即所选的参考点)。

用质点的角动量定理和角动量守恒定律解题的步骤是:认定研究对象,分析受力情况;分析物体在始、末状态的转动情况;计算力矩,明确哪些力的力矩为零、哪些力的力矩不为零;如果力矩不为零,则利用角动量定理列方程求解;如果力矩为零,则利用角动量守恒定律列方程求解。特别强调的是,对轴的动量定理和对轴的动量守恒定律可以看作是普遍的动量定理和动量守恒定律的分量式。这里的转轴一般认为方位是固定的。

8. 动能定理、功能原理和机械能守恒定律的应用

凡是涉及力持续对物体(可视为质点)作用下发生位移过程中的力学问题,一般都可以运用功和能的关系来求解。动能定理、功能原理和机械能守恒定律是功能关系的基本规律。功和能量都是标量,但有正负之分。做功可以使能量发生变化或一种能量转换为另一种能量。能量的变化有增有减,做功有正有负。但动能总是正的,弹簧弹性势能由于取弹簧原长为势能零点而总为正,万有引力势能因为取无限远处为势能零点而总为负,重力势能因为势能零点的选取具有灵活性而有正有负,压力和支撑力等弹性力对应的势能因为认定不会引起物体的形变而为零。因为保守力做功引起的机械能变化,可以不去计算保守力做功而直接计算机械能的变化,所以在有保守力做功的情况下应用功能原理和机械能守恒定律比直接应用动能定理要简单得多。特别是在质点运动轨迹较为复杂的情况下,使用功能原理和机械能守恒定律可能会更方便,因为保守力做功是与路径无关的。

运用功和能的关系求解动力学问题的基本方法:必须分析研究对象的受力情况;明确哪一个力在哪一段位移上做功,哪些力不做功;明确在做功的力中,哪些是保守力,哪些是非保守力;明确哪些力做正功、哪些力做负功;还要明确做功是相对哪一个参考系做功。如果非保守力不做功或者做功之和为零,则优先考虑应用机械能守恒定律,选定势能零点并确定始、末两状态的动能和势能;列方程求解。如果有非保守力和保守力做功,可以优先考虑应用功能原理,选定势能零点并确定始、末两状态的动能和势能,计算非保守力做的功;列方程求解。如果只有非保守力做功,保守力不做功,就只有应用动能定理了,确定始、末两状态的动能,计算非保守力做的功;列方程求解。

需要指出的是,功与作用力的作用过程密切相关,是过程量,动能则是状态量。因为质点的位移和速度是与参考系有关的相对量,因此功和动能均随所选的参考系的不同而异,但动能定理在一切惯性系中都成立。动能定理、功能原理和机械能守恒定律与牛顿第二定律一样,只适用于惯性系。

9. 惯性力的应用

牛顿定律只适用于惯性系,在非惯性系中不适用。而在实际问题中,常常碰到相对于惯性系有加速度的非惯性系,为了在非惯性系中也能运用牛顿定律,需引入惯性力的概念。惯性力不是一物体对另一物体的作用,因此它不存在反作用力,即不满足牛顿第三定律。惯性力的大小等于物体质量与非惯性系加速度的乘积,方向与非惯性系加速度的方向相反。在匀速转动参考系中的惯性力,常称为惯性离心力。

在非惯性参考系中运用牛顿定律时,要明确非惯性参考系的加速度从而确定在非惯性参考系中质点"受到的"惯性力的大小和方向。

【例 2-1】 在如下几种情况中,分析讨论物体所受的力和力矩以及力做功的情况。

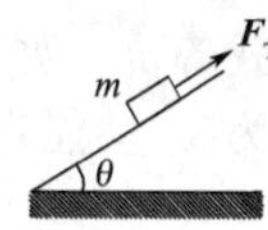

图 2-45　例 2-1

(1)如图 2-45 所示,质量为 m 的物体放在倾角为 θ 的斜面上,物体与斜面之间的摩擦系数为 μ,拉力 $\boldsymbol{F}_T$ 沿斜面向上。

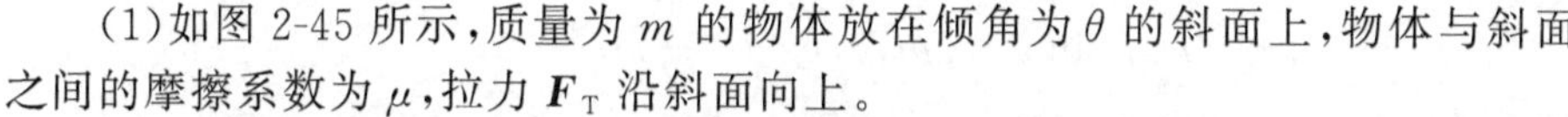

分析 物体被看作一个质点,沿斜面方向物体除受拉力外,还要受到重力(沿斜面分量)以及支撑力和摩擦力的作用。由于摩擦力有一个范围,甚至可以变换方向,所以,物体可以沿斜面向上加速运动,也可以沿斜面向下加速运动,还可能静止在斜面上不动,这些运动状态取决于拉力的大小。由于没有转动问题,所以讨论力矩和角动量意义不大。有拉力、摩擦力和重力可能做功。在滑动过程中,受到合力作用,动量可能不守恒。

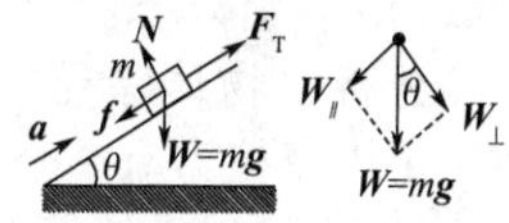

图 2-46　例 2-1 解析(1)

解 如图 2-46 所示,物体受到的拉力 $\boldsymbol{F}_T$ 沿斜面向上;物体受到的重力 $\boldsymbol{W}=m\boldsymbol{g}$,它沿斜面向下的分量大小 $W_{/\!/}=mg\sin\theta$,垂直于斜面的分量大小 $W_\perp=mg\cos\theta$;斜面给予的支持力 $\boldsymbol{N}$ 垂直于斜面;摩擦力 $\boldsymbol{f}$,其大小和方向由质点的运动情况或者说拉力 $\boldsymbol{F}_T$ 的大小决定,设沿斜面向下为摩擦力的正方向。设质点的加速度为 $\boldsymbol{a}$,沿斜面向上为正方向。

$$F_T-mg\sin\theta-f=ma,\ mg\cos\theta-N=0,\ -\mu N\leqslant f\leqslant\mu N$$

如果物体向上滑动,则 $a\geqslant0$,摩擦力为滑动摩擦力,$f=\mu N=\mu mg\cos\theta$,则

$$F_T-mg\sin\theta-\mu mg\cos\theta=ma\geqslant0,\ F_T\geqslant mg(\sin\theta+\mu\cos\theta)$$

如果物体向下滑动,则 $a\leqslant0$,摩擦力为滑动摩擦力,$f=-\mu N=-\mu mg\cos\theta$,则

$$F_T-mg\sin\theta+\mu mg\cos\theta=ma\leqslant0,\ F_T\leqslant mg(\sin\theta-\mu\cos\theta)$$

如果 $mg(\sin\theta-\mu\cos\theta)<F_T<mg(\sin\theta+\mu\cos\theta)$,物体既不能下滑也不能上滑。这又分为两种情况。如果 $mg(\sin\theta-\mu\cos\theta)<F_T<mg\sin\theta$,即拉力的大小比重力沿斜面方向的分量的大小要小,则物体在重力的作用下,有下滑的趋势,静摩擦力沿斜面向上,大小为 $f=mg\sin\theta-F_T$;如果 $mg(\sin\theta+\mu\cos\theta)>F_T>mg\sin\theta$,即拉力的大小比重力沿斜面方向的分量的大小要大,则物体在拉力的作用下,有上滑的趋势,静摩擦力沿斜面向下,大小为 $f=F_T-mg\sin\theta$。

当然,上述讨论是基于 $\mu<\tan\theta$,即摩擦系数较小的情况。如果摩擦系数较大,$\mu>\tan\theta$,则 $\mu mg\cos\theta>mg\sin\theta$,$\mu N>mg\sin\theta$,即重力沿斜面方向分量的大小比最大静摩擦力还小,不用向上的拉力,物体也不会向下滑动。只有施加一个向下的推力,物体才有可能向下滑动,这个沿斜面的推力的大小 F 满足

$$-F-mg\sin\theta+\mu mg\cos\theta<0,\ F>mg(\mu\cos\theta-\sin\theta)$$

推力小,$F<mg(\mu\cos\theta-\sin\theta)$,则物体不滑动,但有向下滑动的趋势,此时沿斜面向上的静摩擦力的大小为

$$f=F+mg\sin\theta$$

这个推力一旦满足 $F>mg(\mu\cos\theta-\sin\theta)$,则 $f>mg\mu\cos\theta=\mu N$,静摩擦力大于最大静摩擦力,物体将加速向下滑动。

由于有拉力、摩擦力等非保守力做功,机械能不守恒,但可以使用动能定理,而且有重力这种保守力做功,还可以使用功能原理。如果物体不动,各个力均不做功;如果物体向上滑动,摩擦力做负功,重力做负功势能增加,拉力做正功,物体上滑距离为 x,动能定理表示为

$$F_{\mathrm{T}}x - xmg\sin\theta - x\mu mg\cos\theta = \frac{1}{2}mv^2 - 0$$

功能原理表示为

$$F_{\mathrm{T}}x - x\mu mg\cos\theta = \left(\frac{1}{2}mv^2 + xmg\sin\theta\right) - (0+0)$$

两式等价。如果物体向下滑动,摩擦力做负功,重力做正功势能减少,拉力做负功,物体下滑距离为 x,动能定理表示为

$$-F_{\mathrm{T}}x + xmg\sin\theta - x\mu mg\cos\theta = \frac{1}{2}mv^2 - 0$$

功能原理表示为

$$-F_{\mathrm{T}}x - x\mu mg\cos\theta = \left(\frac{1}{2}mv^2 - xmg\sin\theta\right) - (0+0)$$

两式等价。

(2)如图 2-47 所示,质量为 m 的物体放在墙面上,物体与墙面之间的摩擦系数为 μ,物体受到一个与墙面成 θ 角的斜向上的推力 $\boldsymbol{F}$。

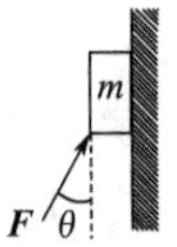

图 2-47　例 2-1

分析　物体除受推力外,还要受到重力以及墙面的支撑力和摩擦力的作用。由于摩擦力有一个范围,甚至可以变换方向,所以,物体可以沿墙面向上加速运动,也可以沿墙面向下加速运动,还可能静止在墙面上不动,这些运动状态取决于推力的大小。由于没有转动问题,所以讨论力矩和角动量意义不大。有拉力、摩擦力和重力可能做功。在滑动过程中,受到合力作用,动量可能不守恒。

解　如图 2-48 所示,物体受到的推力 $\boldsymbol{F}$ 沿墙面向上的分量的大小 $F_{/\!/} = F\cos\theta$,垂直于墙面的分量的大小 $F_{\perp} = F\sin\theta$;物体受到的重力 $\boldsymbol{W} = m\boldsymbol{g}$ 沿墙面向下;墙面给予的支持力 $\boldsymbol{N}$ 垂直于墙面;摩擦力为 $\boldsymbol{f}$,其大小和方向由质点的运动情况或者说推力 $\boldsymbol{F}$ 的大小决定,设沿墙面向上为摩擦力的正方向。设质点的加速度为 $\boldsymbol{a}$,沿墙面向下为正方向。

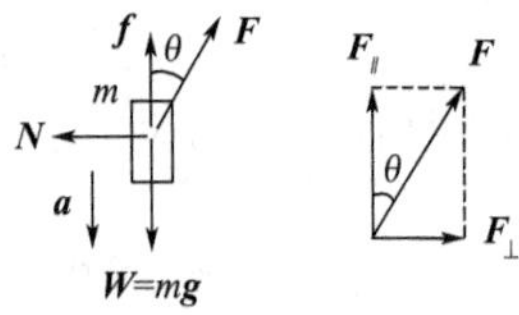

图 2-48　例 2-1 解析(2)

$$mg - F\cos\theta - f = ma, F\sin\theta - N = 0, -\mu N \leqslant f \leqslant \mu N$$

如果物体向下滑动,则 $a \geqslant 0$,摩擦力为滑动摩擦力,$f = \mu N = \mu F\sin\theta$,则

$$mg - F\cos\theta - \mu F\sin\theta = ma \geqslant 0, F \leqslant \frac{mg}{\cos\theta + \mu\sin\theta}$$

如果物体向上滑动,则 $a \leqslant 0$,摩擦力为滑动摩擦力,$f = -\mu N = -\mu F\sin\theta$,则

$$mg - F\cos\theta + \mu F\sin\theta = ma \leqslant 0, F \geqslant \frac{mg}{\cos\theta - \mu\sin\theta}$$

如果 $\frac{mg}{\cos\theta + \mu\sin\theta} < F < \frac{mg}{\cos\theta - \mu\sin\theta}$,物体既不能下滑也不能上滑。这又分为两种情况。如果 $\frac{mg}{\cos\theta + \mu\sin\theta} < F < \frac{mg}{\cos\theta}$,即推力沿墙面方向的分量的大小比重力的大小要小,则物体在重力的作用下,有下滑的趋势,静摩擦力沿墙面向上,大小为 $f = mg - F\cos\theta$;如果 $\frac{mg}{\cos\theta} < F < \frac{mg}{\cos\theta - \mu\sin\theta}$,即推力沿墙面方向的分量的大小比重力的大小要大,则物体在推力的作用下,有上滑的趋势,静摩擦力沿墙面向下,大小为 $f = F\cos\theta - mg$。

由于有推力、摩擦力等非保守力做功,机械能不守恒,但可以使用动能定理,而且有重力这

种保守力做功，还可以使用功能原理。如果物体不动，各个力均不做功；如果物体向上滑动，摩擦力做负功，重力做负功势能增加，推力做正功，物体上滑距离为 x，动能定理表示为

$$Fx\cos\theta - xmg - x\mu F\sin\theta = \frac{1}{2}mv^2 - 0$$

功能原理表示为

$$Fx\cos\theta - x\mu F\sin\theta = \left(\frac{1}{2}mv^2 + xmg\right) - (0+0)$$

两式等价。如果物体向下滑动，摩擦力做负功，重力做正功势能减少，推力做负功，物体下滑距离为 x，动能定理表示为

$$-Fx\cos\theta + xmg - x\mu F\sin\theta = \frac{1}{2}mv^2 - 0$$

功能原理表示为

$$-Fx\cos\theta - x\mu F\sin\theta = \left(\frac{1}{2}mv^2 - xmg\right) - (0+0)$$

两式等价。

(3)如图 2-49 所示，楔块以恒定加速度 $\boldsymbol{a}_0$ 沿水平方向运动，楔块斜面上有一质量为 m 的物体，物体与楔块斜面之间的摩擦系数为 μ。

分析　物体除受到重力外，还要受到斜面的支撑力以及摩擦力的作用；如果以楔块为参考系，则是一个非惯性参考系，物体还要受到一个与楔块加速度方向相反的所谓惯性力的作用。如果惯性力较小，沿斜面方向的分量较小，物体将在重力沿斜面方向的分量的作用下沿斜面加速下滑或有下滑的趋势，摩擦力沿斜面向上；如果惯性力较大，沿斜面方向的分量较大，物体将在惯性力沿斜面方向的分量的作用下沿斜面加速上滑或有上滑的趋势，摩擦力沿斜面向下。物体的运动状态和受力由楔块的加速度决定。由于没有转动问题，所以讨论力矩和角动量意义不大。有拉力、摩擦力和重力可能做功。在滑动过程中，受到合力作用，动量可能不守恒。

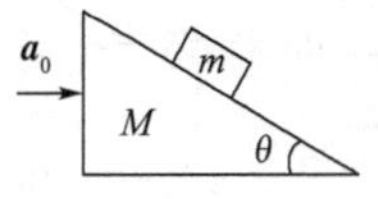

图 2-49　例 2-1

解　如图 2-50(a)和(b)所示，物体受到重力 $m\boldsymbol{g}$，斜面的支撑力 $\boldsymbol{N}$，摩擦力 $\boldsymbol{f}$，方向沿斜面向上为正方向；以楔块为参考系，则物体还要受到一个惯性力 $-m\boldsymbol{a}_0$，方向沿楔块加速度 $\boldsymbol{a}_0$ 的反方向。设物体相对斜面的加速度为 $\boldsymbol{a}'$，沿斜面向下为正方向。

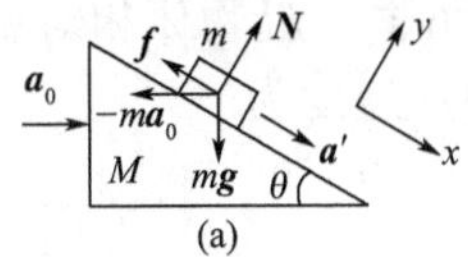

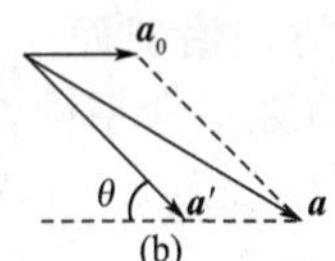

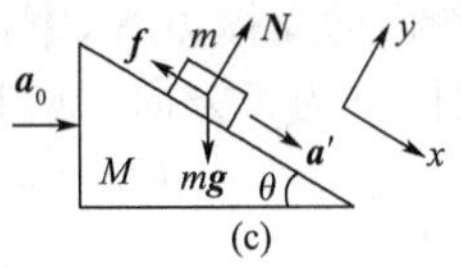

图 2-50　例 2-1 解析(3)

如图在楔块参考系这一非惯性参考系中沿 x，y 方向分别运用牛顿定律

$$N - mg\cos\theta - ma_0\sin\theta = 0, \quad mg\sin\theta - ma_0\cos\theta - f = ma'$$

得到斜面对物体的支撑力

$$N = mg\cos\theta + ma_0\sin\theta$$

如果物体下滑，则物体沿斜面的加速度为正，$a' \geqslant 0$；摩擦力是滑动摩擦力，方向沿斜面向上，大小为

$$f = \mu N = \mu mg\cos\theta + \mu ma_0\sin\theta$$

由此得到

$$mg\sin\theta - ma_0\cos\theta - f = ma' \geqslant 0$$
$$mg\sin\theta - ma_0\cos\theta - \mu mg\cos\theta - \mu ma_0\sin\theta \geqslant 0$$

$$a_0 \leqslant \frac{\sin\theta - \mu\cos\theta}{\cos\theta + \mu\sin\theta} g$$

即当楔块的加速度小于某值时,物体将沿斜面下滑,摩擦力为滑动摩擦力。

如果物体上滑,则物体沿斜面的加速度为负,$a' \leqslant 0$;摩擦力是滑动摩擦力,方向沿斜面向下,大小为

$$-f = \mu N = \mu mg\cos\theta + \mu ma_0\sin\theta$$

由此得到

$$mg\sin\theta - ma_0\cos\theta - f = ma' \leqslant 0$$

$$mg\sin\theta - ma_0\cos\theta + \mu mg\cos\theta + \mu ma_0\sin\theta \leqslant 0$$

$$a_0 \geqslant \frac{\sin\theta + \mu\cos\theta}{\cos\theta - \mu\sin\theta} g$$

即当楔块的加速度大于某值时,物体将沿斜面上滑,摩擦力为滑动摩擦力。

如果$\frac{\sin\theta + \mu\cos\theta}{\cos\theta - \mu\sin\theta} g > a_0 > \frac{\sin\theta - \mu\cos\theta}{\cos\theta + \mu\sin\theta} g$,物体将在斜面上不动,$a' = 0$,摩擦力为静摩擦力。如果令静摩擦力为零,$f = 0$,得到

$$mg\sin\theta - ma'_0\cos\theta = 0, a'_0 = g\tan\theta$$

也就是说,$a_0 = a'_0 = g\tan\theta$,物体受到的静摩擦力为零,物体没有运动的趋势。

如果 $a_0 = a'_0 < g\tan\theta$,则物体有下滑的趋势,$a' = 0$,静摩擦力方向向上。因此,当

$$\frac{\sin\theta - \mu\cos\theta}{\cos\theta + \mu\sin\theta} g < a_0 < g\tan\theta = \frac{\sin\theta}{\cos\theta} g$$

物体静止在斜面上,但有下滑的趋势,静摩擦力大小为(方向沿斜面向上)

$$f = mg\sin\theta - ma_0\cos\theta$$

如果 $a_0 > a'_0 = g\tan\theta$,则物体有上滑的趋势,$a' = 0$,静摩擦力方向向下。因此,当

$$\frac{\sin\theta + \mu\cos\theta}{\cos\theta - \mu\sin\theta} g > a_0 > g\tan\theta = \frac{\sin\theta}{\cos\theta} g$$

物体静止在斜面上,但有上滑的趋势,静摩擦力大小为(方向沿斜面向下)

$$f = ma_0\cos\theta - mg\sin\theta$$

也可以在地面这一惯性参考系内来解答此问题。如图 2-50(b)和图 2-50(c)所示,物体受到重力 $m\boldsymbol{g}$,斜面的支撑力 $\boldsymbol{N}$,摩擦力 $\boldsymbol{f}$,方向沿斜面向上为正方向。设物体相对斜面的加速度为 $\boldsymbol{a}'$,沿斜面向下为正方向。则在地面惯性参考系中,物体的加速度为

$$\boldsymbol{a} = \boldsymbol{a}_0 + \boldsymbol{a}' = (a_0\cos\theta + a')\boldsymbol{i} + a_0\sin\theta\boldsymbol{j}$$

$$a_x = a_0\cos\theta + a', a_y = a_0\sin\theta$$

在地面惯性参考系中运用牛顿定律,得到

$$N - mg\cos\theta = ma_y = ma_0\sin\theta, mg\sin\theta - f = ma_x = ma_0\cos\theta + ma'$$

$$N = mg\cos\theta + ma_0\sin\theta, ma' = mg\sin\theta - ma_0\cos\theta - f$$

得到相同的结论。

(4)如图 2-51 所示,圆盘绕竖直轴 $O'O''$以角速度 ω 匀速转动,圆盘上一个质量为 m 的可以看作质点的物体相对于圆盘静止而与圆盘一起转动,物体距离转轴的距离为 R。

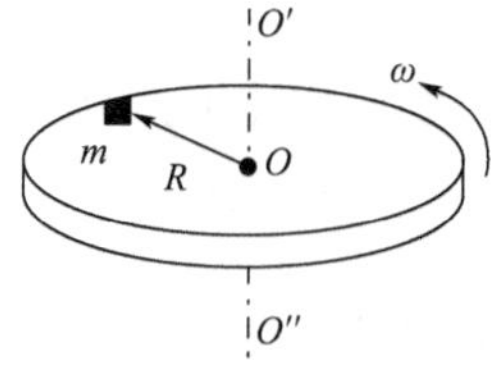

图 2-51　例 2-1

分析　物体做匀速圆周运动,速率不变,在切线方向没有受到力的作用,但在法线方向受到一个力的作用,这个力指向圆心,称为向心力。存在转动,可以考虑力矩和角动量问题。不存在做功问题,考虑能量问题意义不大。

解　如图 2-52 所示,物体受到重力 $m\boldsymbol{g}$、支撑力 $\boldsymbol{N}$ 和静摩擦力 $\boldsymbol{f}$。重力与支撑力的矢量和为零,使得物体在竖直方向没有加速度和运动。物体做匀速圆周运动,在运动轨迹的切线方向受力矢量和为零,但沿法线方向受到大小恒定指向圆心的力,只有静摩擦力承担这一责任,由牛顿定律可以得到静摩擦力的大小

$$f=m\frac{v^2}{R}=mR\omega^2$$

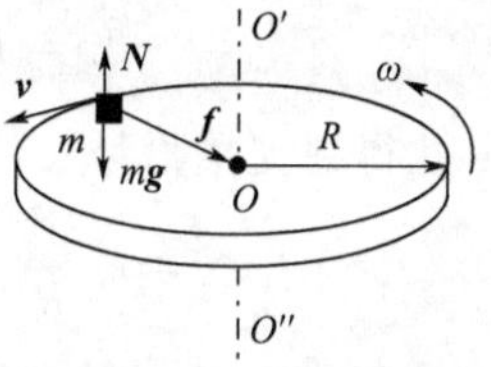

图 2-52　例 2-1 解析(4)

其方向指向圆心,因此物体有背离圆心方向的运动趋势。

由于物体受到的静摩擦力指向圆心,$\boldsymbol{r}/\!/\boldsymbol{f}$,所以静摩擦力对圆心 O 的力矩为

$$\boldsymbol{M}_O=\boldsymbol{r}\times\boldsymbol{f}=0$$

因此,物体对圆心 O 的角动量守恒

$$\boldsymbol{L}_O=\boldsymbol{r}\times m\boldsymbol{v}=\boldsymbol{r}\times mR\omega\boldsymbol{e}_t=\text{恒矢量}$$

因此,角动量的方向不变,沿轴指向上。由于 $\boldsymbol{r}\perp\boldsymbol{v}$,则角动量的大小

$$L_O=Rmv=m\omega R^2=\text{恒量}$$

由于物体做圆周运动,R 不变,所以速率 v 或角速度 ω 恒定。

如果以匀速转动的圆盘为参考系,则需要考虑物体还受到惯性离心力 $\boldsymbol{f}^*$ 的作用。由于物体在匀速转动圆盘参考系中静止,则

$$\boldsymbol{f}+\boldsymbol{f}^*=0,\boldsymbol{f}+m\frac{v^2}{R}\boldsymbol{e}_\text{r}=0,\boldsymbol{f}=-m\frac{v^2}{R}\boldsymbol{e}_\text{r}$$

物体受到的静摩擦力大小为

$$f=m\frac{v^2}{R}=mR\omega^2$$

方向为指向圆心。这与用惯性参考系的计算结果一致。

如果以匀速转动的圆盘为参考系,考虑物体还受到惯性离心力 $\boldsymbol{f}^*$ 的作用,则物体受到的合力为零,对圆心 O 的力矩也为零,因此动量守恒,对圆心 O 的角动量守恒。在匀速转动圆盘参考系中物体静止,动量恒定为零,角动量恒定为零,满足了动量守恒和角动量守恒。

(5)如图 2-53 所示,一质量为 m 的小球,由竖直放置的光滑圆形轨道的顶点自由下滑。

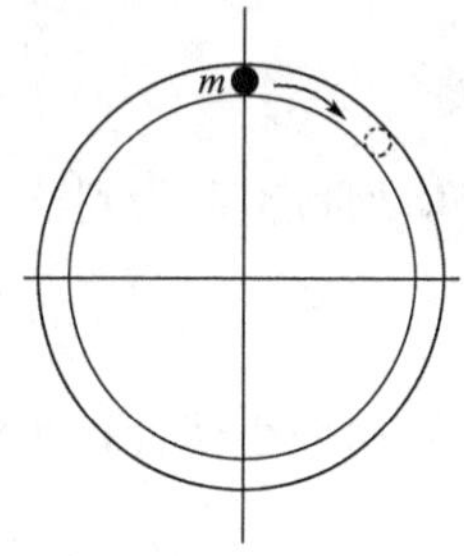

图 2-53　例 2-1

分析　没有摩擦力,小球受到重力和轨道的支撑力,支撑力指向圆形轨道的圆心。小球下滑过程中,速率逐渐增大,因此合力增大,有切线方向的分量,重力的切线方向的分量提供了这个力,重力切线方向的分量是变化的,切向加速度是变化的。速率逐渐增大,需要的向心力逐渐增大,重力沿法线方向的分量和支撑力提供了向心力,重力沿法线方向的分量是变化的,支撑力的大小也是变化的。由切线方向的分力可以求得速率,进而求得法向加速度,从而求得支撑力的大小。存在转动,需要考虑力矩和角动量问题。存在重力做功问题,由于重力是保守力,动能定理、功能原理和机械能守恒定律都适用。

解　如图 2-54 所示,小球下滑,转过 θ 角度时的速率为 v,支撑力为 $\boldsymbol{N}$,则

$$ma_\text{t}=m\frac{\mathrm{d}v}{\mathrm{d}t}=mg\sin\theta,ma_\text{n}=m\frac{v^2}{R}=N+mg\cos\theta$$

因为$\dfrac{\mathrm{d}v}{\mathrm{d}t}=\dfrac{\mathrm{d}v}{\mathrm{d}\theta}\dfrac{\mathrm{d}\theta}{\mathrm{d}t}=\omega\dfrac{\mathrm{d}v}{\mathrm{d}\theta}=\dfrac{v}{R}\dfrac{\mathrm{d}v}{\mathrm{d}\theta}$,所以

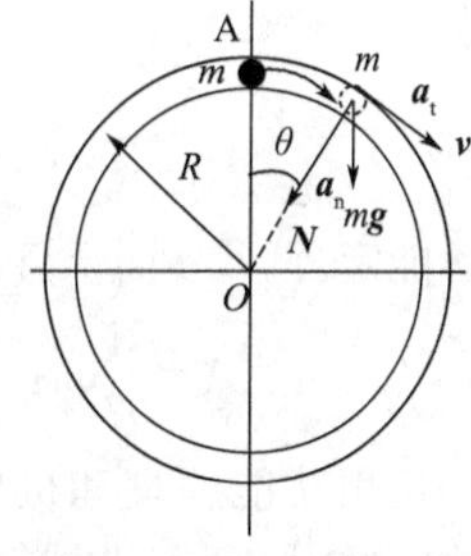

图 2-54　例 2-1 解析(5)

$$v\mathrm{d}v = Rg\sin\theta\mathrm{d}\theta, \int_0^v v\mathrm{d}v = Rg\int_0^\theta \sin\theta\mathrm{d}\theta, v^2 = 2Rg(1-\cos\theta)$$

由此得到支撑力

$$N = m\frac{v^2}{R} - mg\cos\theta = \frac{2Rmg(1-\cos\theta)}{R} - mg\cos\theta = 2mg - 3mg\cos\theta$$

在 $\theta=0$ 处，$N=-mg$，小球速率为零，需要的向心力为零，支撑力向上，实际上是内壁支撑小球，支撑力大小等于小球的重力。在 $\theta=\pi/2$ 处，$N=2mg$，小球速率为 $v^2=2Rg$，而需要的向心力为 $F=m\dfrac{v^2}{R}=2mg$，向心力完全由支撑力承担。在 $\theta=\pi$ 处，$N=5mg$，小球速率为 $v^2=4Rg$，而需要的向心力为 $F=m\dfrac{v^2}{R}=4mg$，支撑力的一部分充当向心力，一部分需要平衡重力。

令支撑力为零，$N=0$，得到

$$m\frac{v_0^2}{R} - mg\cos\theta_0 = 0, v_0^2 = Rg\cos\theta_0$$

再与速率的计算公式结合，得到

$$2Rg(1-\cos\theta_0) = Rg\cos\theta_0, \cos\theta_0 = \frac{2}{3}$$

在 $0\leqslant\theta<\theta_0$ 时，支撑力为负，实际上是内壁对小球的支撑力；在 $\theta_0<\theta\leqslant\pi$ 时，支撑力为正，实际上是外壁对小球的支撑力。

运用角动量定理来解答。支撑力 $\boldsymbol{N}$ 指向圆心，对圆心 O 的力矩为零，只有重力对圆心 O 的力矩不为零。小球转过 α 角时，重力对圆心 O 的力矩为

$$\boldsymbol{M}_O = \boldsymbol{r}\times m\boldsymbol{g}, M_O = Rmg\sin\alpha$$

方向垂直纸面向里。此时物体的角动量为

$$\boldsymbol{L}_O = \boldsymbol{r}\times m\boldsymbol{v}, L_O = Rmv$$

方向垂直纸面向里。角动量对时间的变化率

$$\frac{\mathrm{d}L_O}{\mathrm{d}t} = Rm\frac{\mathrm{d}v}{\mathrm{d}t} = Rm\frac{\mathrm{d}v}{\mathrm{d}\alpha}\frac{\mathrm{d}\alpha}{\mathrm{d}t} = R\omega m\frac{\mathrm{d}v}{\mathrm{d}\alpha} = mv\frac{\mathrm{d}v}{\mathrm{d}\alpha}$$

由角动量定理，得到

$$\frac{\mathrm{d}L_O}{\mathrm{d}t} = M_O, mv\frac{\mathrm{d}v}{\mathrm{d}\alpha} = Rmg\sin\alpha, v\mathrm{d}v = Rg\sin\alpha\mathrm{d}\alpha$$

积分，得到小球转到 θ 角时的速率

$$\int_0^v v\mathrm{d}v = Rg\int_0^\theta \sin\alpha\mathrm{d}\alpha, \frac{1}{2}v^2 = Rg(1-\cos\theta), v = \sqrt{2Rg(1-\cos\theta)}$$

运用动能定理来解答。支撑力 $\boldsymbol{N}$ 指向圆心，垂直于小球运动轨迹，不做功。只有重力做功，重力做功为

$$\mathrm{d}A = m\boldsymbol{g}\cdot\mathrm{d}\boldsymbol{l} = mg\sin\alpha\mathrm{d}l = Rmg\sin\alpha\mathrm{d}\alpha$$

$$A = \int\mathrm{d}A = Rmg\int_0^\theta \sin\alpha d\alpha = Rmg(1-\cos\theta)$$

由动能定理，得到小球转到 θ 角时的速率

$$A = \frac{1}{2}mv^2 - 0, Rmg(1-\cos\theta) = A = \frac{1}{2}mv^2, v = \sqrt{2Rg(1-\cos\theta)}$$

运用功能原理和机械能守恒定律来解答。由于没有非保守力做功，只有重力这一保守力做功，功能原理和机械能守恒定律给出同样的结果。以小球在顶点时重力势能为零

$$0+0=\frac{1}{2}mv^2-mg(R-R\cos\theta),v=\sqrt{2Rg(1-\cos\theta)}$$

(6)如图 2-55 所示，一质量为 m 的小球，用一个弹簧悬挂在小车上，小车沿倾斜角为 θ 的斜面向上以加速度 $\boldsymbol{a}_0$ 加速前进。

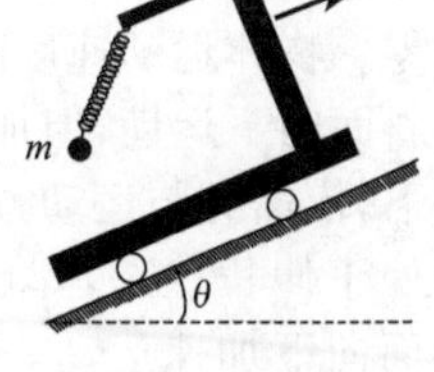

图 2-55　例 2-1

分析　小球受到重力和弹簧的拉力，在合力作用下与小车一起加速前进，沿垂直于斜面方向合力为零，沿平行于斜面方向合力产生加速度。如果以小车为参考系，由于小车是非惯性参考系，小球还受到一个惯性力的作用。由于没有转动问题，所以讨论力矩和角动量意义不大。拉力和重力做功，动能定理和功能原理适用。

解　如图 2-56 所示，小球受到重力 $m\boldsymbol{g}$ 和弹簧的拉力 $\boldsymbol{f}$。设弹簧与垂直于斜面方向成 α 角，在垂直于斜面方向和平行于斜面方向分别运用牛顿定律

$$f\cos\alpha-mg\cos\theta=0,f\sin\alpha-mg\sin\theta=ma_0$$

由此得到弹簧对小球的拉力

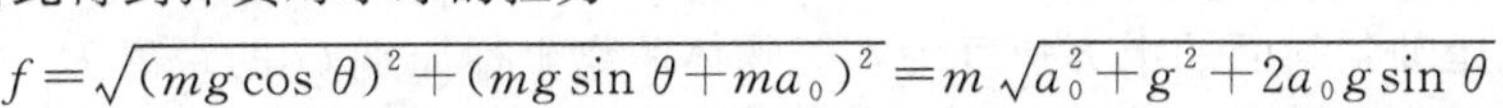

$$f=\sqrt{(mg\cos\theta)^2+(mg\sin\theta+ma_0)^2}=m\sqrt{a_0^2+g^2+2a_0g\sin\theta}$$

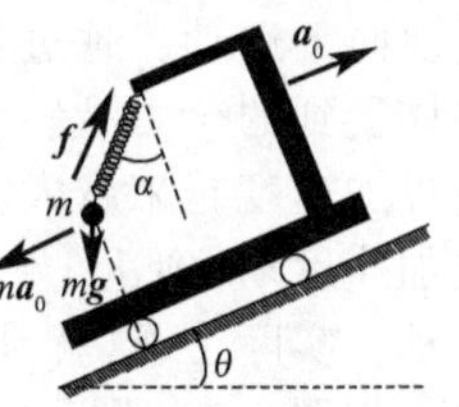

图 2-56　例 2-1 解析(6)

如果以小车为参考系，由于小车是非惯性参考系，小球还会受到惯性力的作用，方向沿斜面向下。在小车参考系中，在垂直于斜面方向和平行于斜面方向分别运用牛顿定律

$$f\cos\alpha-mg\cos\theta=0,f\sin\alpha-mg\sin\theta-ma_0=0$$

结果同上。

(7)如图 2-57 所示，一质量为 m 的物体，用劲度系数为 k 的轻弹簧相连，放在光滑的倾角为 θ 的斜面上。将物体沿斜面向下拉某一距离后，放开。

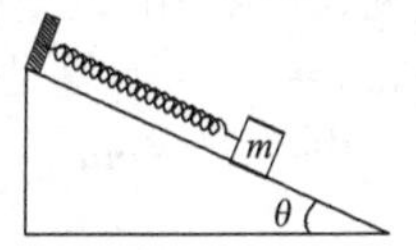

图 2-57　例 2-1

分析　物体受到重力、支撑力和弹簧的弹性力。支撑力与重力沿垂直于斜面方向的分量平衡，物体在重力的平行于斜面方向的分量与弹性力的作用下沿斜面运动。由于弹性力与物体的运动状态有关，在物体运动过程中弹性力是变化的，因此，物体沿斜面的运动加速度是变化的。由于没有转动问题，所以讨论力矩和角动量意义不大。保守力重力和弹性力做功，动能定理、功能原理和机械能守恒定律都适用。

解　如图 2-58 所示，设物体静止在斜面上时，弹簧伸长量为 x_0，则

$$N-mg\cos\theta=0,kx_0-mg\sin\theta=0$$

$$N=mg\cos\theta,kx_0=mg\sin\theta$$

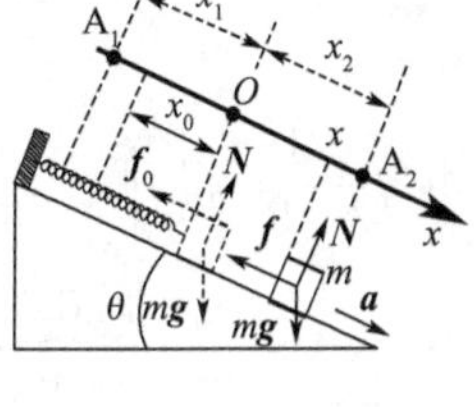

图 2-58　例 2-1 解析(7)

支撑力与物体的运动状态无关。以物体静止在斜面处为坐标原点，建立坐标系 Ox。当物体坐标为 x 时，沿斜面方向应用牛顿定律

$$-k(x_0+x)+mg\sin\theta=ma$$

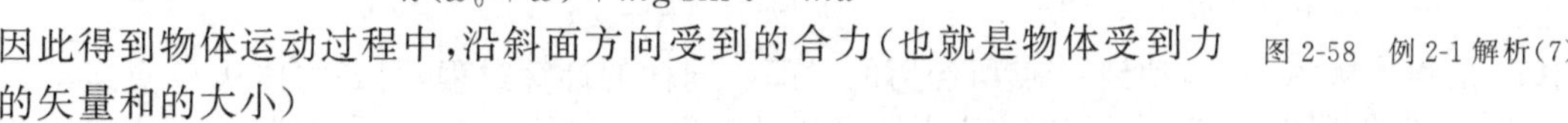

因此得到物体运动过程中，沿斜面方向受到的合力(也就是物体受到力的矢量和的大小)

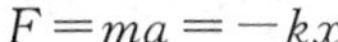

$$F=ma=-kx$$

可见，物体受到的合力与位移 x 的大小成正比，方向与位移方向相反。

当 $x>0$ 时，弹性力为 $F=-k(x_0+x)$，方向沿斜面向上，大小比重力沿斜面方向的分量的大小大，物体受到的合力沿斜面向上，物体在合力的作用下，沿斜面向上做加速运动，运动速率越来越大，不过加速度越来越小。物体到达 $x=0$ 处时，弹性力与重力沿斜面方向的分量平衡，物体运动的加速度降为零，但物体具有一定的速度，仍然沿斜面向上运动。在 $-x_0<x<0$ 时，弹簧依然处于伸长状态，弹性力依然沿斜面向上，但在重力的作用下，合力方向沿斜面向下，物体将沿斜面向上减速运动，而且随着弹性力越来越小，加速度越来越大。当物体到达

$x=-x_0$ 处时,弹性力为零,但物体在重力作用下,依然有沿运动方向相反的加速度,物体依然将减速沿斜面向上运动。物体越过 $x=-x_0$ 处后,弹簧被压缩,弹性力与重力沿斜面方向的分量方向相同,物体依然沿斜面向上减速运动,不过加速度越来越大,直到物体运动速度降为零。物体运动速度降为零处,弹性力与重力沿斜面方向的分量方向都沿斜面向下,物体将加速沿斜面向下运动,但加速度越来越小。当物体回到 $x=-x_0$ 处时,弹性力为零,但物体在重力作用下,依然有与运动方向相同的加速度,物体依然将加速沿斜面向下运动。在 $-x_0<x<0$ 时,弹簧处于伸长状态,弹性力沿斜面向上,但在重力的作用下,合力方向沿斜面向下,物体依然将沿斜面向下加速运动,不过随着弹性力越来越大,加速度越来越小。物体到达 $x=0$ 处时,弹性力与重力沿斜面方向的分量平衡,物体运动的加速度降为零,但物体具有一定的速度,仍然沿斜面向下运动。越过 $x=0$ 处后,弹性力 $F=-k(x_0+x)$ 比重力沿斜面方向的分量的大小大,物体受到的合力沿斜面向上,物体在合力的作用下,沿斜面向下减速运动,运动速率越来越小,不过加速度越来越大,直到物体运动速度降为零。物体又在弹性力和重力的作用下,沿斜面向上加速运动,到达 $x=0$ 处后,又开始减速沿斜面向上运动,直到速度降为零,又返回加速向下运动。实际上,这就是物体处于振动状态。

如图 2-58 所示,设物体运动到斜面的上方速度为零时物体距离坐标原点 O 的距离为 x_1,物体运动到斜面的下方速度为零时物体距离坐标原点 O 的距离为 x_2。由机械能守恒得到

$$\frac{1}{2}k(x_1-x_0)^2+mg(x_1+x_2)\sin\theta=\frac{1}{2}k(x_2+x_0)^2$$

由于 $kx_0-mg\sin\theta=0$,由此得到

$$x_1=x_2$$

可见,物体是围绕坐标原点 O 在往复运动,即振动,而不是围绕弹簧原长处在往复运动。其中,$x_1=x_2=A$ 就是振动的振幅,它取决于质点的初始运动状态。

由于 $F=ma=-kx$,所以

$$a=\frac{\mathrm{d}v}{\mathrm{d}t}=\frac{\mathrm{d}v}{\mathrm{d}x}\frac{\mathrm{d}x}{\mathrm{d}t}=v\frac{\mathrm{d}v}{\mathrm{d}x}=-\frac{k}{m}x,\ v\mathrm{d}v=-\frac{k}{m}x\mathrm{d}x$$

$$\int v\mathrm{d}v=-\frac{k}{m}\int x\mathrm{d}x,\ \frac{1}{2}v^2=-\frac{k}{2m}x^2+C$$

在 $x=A$ 处,$v=0$,所以 $C=\frac{k}{2m}A^2$,因此

$$\frac{1}{2}v^2=\frac{k}{2m}A^2-\frac{k}{2m}x^2,\ v^2=\frac{k}{m}(A^2-x^2),\ v=\sqrt{\frac{k}{m}}\sqrt{A^2-x^2}$$

由 $v=\frac{\mathrm{d}x}{\mathrm{d}t}$,得到

$$\mathrm{d}t=\frac{\mathrm{d}x}{v},\ \sqrt{\frac{k}{m}}\mathrm{d}t=\frac{\mathrm{d}x}{\sqrt{A^2-x^2}},\ \sqrt{\frac{k}{m}}\int_0^{t_1}\mathrm{d}t=\int_0^A\frac{\mathrm{d}x}{\sqrt{A^2-x^2}},\ \sqrt{\frac{k}{m}}t_1=\frac{\pi}{2}$$

其中 t_1 是物体从 A_2 点运动到 O 点所经历的时间。同样的计算过程,得到物体从 O 点运动到 A_1 点所经历的时间 t_2、A_1 点运动到 O 点所经历的时间 t_3、物体从 O 点运动到 A_2 点所经历的时间 t_4 都与 t_1 相同。所以,物体振动周期为

$$T=t_1+t_2+t_3+t_4=2\pi\sqrt{\frac{m}{k}}$$

由 $v=\frac{\mathrm{d}x}{\mathrm{d}t}$,得到

$$\int\frac{\mathrm{d}x}{\sqrt{A^2-x^2}}=\int\sqrt{\frac{k}{m}}\mathrm{d}t,\ \arcsin\frac{x}{A}=\sqrt{\frac{k}{m}}t+C,\ x=A\sin\left(\sqrt{\frac{k}{m}}t+C\right)$$

其中 C 为待定常数。所以,速度表达式为

$$v=\sqrt{\frac{k}{m}}\sqrt{A^2-x^2}=\sqrt{\frac{k}{m}}\sqrt{A^2-A^2\sin^2\left(\sqrt{\frac{k}{m}}t+C\right)}=A\sqrt{\frac{k}{m}}\cos\left(\sqrt{\frac{k}{m}}t+C\right)$$

当 $t=0$ 时,$x=A$,$v=0$,所以 $\sin C=1$,$\cos C=0$,因此 $C=\frac{\pi}{2}$。由此得到物体运动的位移和速度随时间的变化关系

$$x=A\sin\left(\sqrt{\frac{k}{m}}t+\frac{\pi}{2}\right),v=A\sqrt{\frac{k}{m}}\cos\left(\sqrt{\frac{k}{m}}t+\frac{\pi}{2}\right)$$

物体在做简谐振动。

(8)如图 2-59 所示,一质量为 m 的物体,挂在劲度系数为 k 的轻弹簧的下端。物体突然得到一个向下的运动速度 v_0。

图 2-59 例 2-1

分析 物体受到重力和弹性力。静止时,重力与弹性力平衡,此时弹簧已经有了伸长量 x_0。当在平衡位置处物体得到一个向下的运动速度 v_0 后,物体向下运动,弹簧进一步伸长,弹性力加大,物体受到的合力向上,物体减速向下运动,而且随着弹簧伸长量的增加,加速度越来越大,直到物体运动速度为零。物体在向上的合力作用下,加速向上运动,加速度越来越小,直到物体回到平衡位置,合力为零,加速度为零,不过物体已经具有了一定的速度(由机械能守恒,物体向上运动速度为 v_0)。越过平衡位置后,合力向下,物体减速向上运动,加速度越来越大,直到物体的速度降为零。物体又在向下的合力作用下,加速向下运动,加速度越来越小,直到物体回到平衡位置,加速度为零,以速度 v_0 向下运动。从而完成一个循环,物体做机械振动。由于没有转动问题,所以讨论力矩和角动量意义不大。保守力重力和弹性力做功,动能定理、功能原理和机械能守恒定律都适用。

解 如图 2-60 所示,设平衡时,弹簧伸长量为 x_0,则

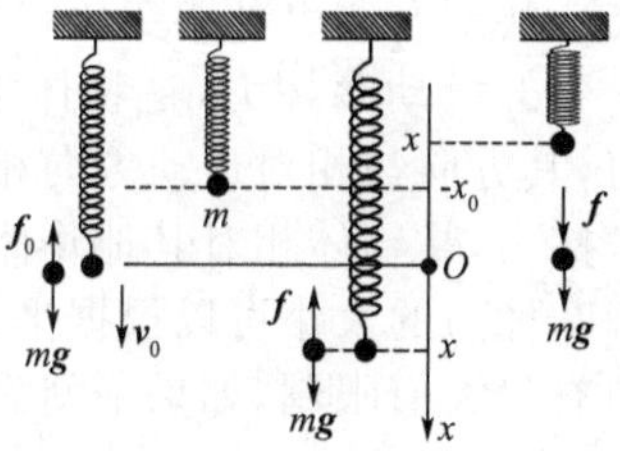

$$kx_0=mg,x_0=\frac{mg}{k}$$

取平衡位置处为坐标原点 O,建立坐标系 Ox。当物体的位移为 x 时,合力为

$$F=-k(x+x_0)+mg=-kx$$

图 2-60 例 2-1 解析(8)

由牛顿运动定律,得到

$$ma=-kx,m\frac{d^2x}{dt^2}=-kx,\frac{d^2x}{dt^2}+\frac{k}{m}x=0,\frac{d^2x}{dt^2}+\omega^2x=0$$

其中,$\omega=\sqrt{k/m}$。这是一个二阶线性齐次常系数微分方程,其通解为

$$x(t)=A\cos(\omega t+\varphi)$$

物体的位移随时间周期性变化,质点做简谐振动,振动的周期

$$T=\frac{2\pi}{\omega}=2\pi\sqrt{\frac{m}{k}}$$

物体运动的速度表示为

$$v=\frac{dx}{dt}=\frac{d}{dt}[A\cos(\omega t+\varphi)]=-\omega A\sin(\omega t+\varphi)$$

由初始条件,$t=0$,$x=0$,$v=v_0>0$,得到

$$\cos\varphi=0,-\sin\varphi>0;\varphi=-\frac{\pi}{2}$$

取平衡位置处为重力势能零点,由机械能守恒,得到

$$\frac{1}{2}mv_0^2+0+\frac{1}{2}kx_0^2=\frac{1}{2}mv^2-mgx+\frac{1}{2}k(x+x_0)^2,\frac{1}{2}mv_0^2=\frac{1}{2}mv^2+\frac{1}{2}kx^2$$

$$mv_0^2=m\left[-\omega A\sin(\omega t+\varphi)\right]^2+k\left[A\cos(\omega t+\varphi)\right]^2$$

$$mv_0^2=kA^2,A=v_0\sqrt{\frac{m}{k}}$$

因此,物体运动位移和速度分别为

$$x(t)=A\cos(\omega t+\varphi)=v_0\sqrt{\frac{m}{k}}\cos\left(\sqrt{\frac{k}{m}}t-\frac{\pi}{2}\right)$$

$$v=-\omega A\sin(\omega t+\varphi)=-v_0\sin\left(\sqrt{\frac{k}{m}}t-\frac{\pi}{2}\right)$$

物体做简谐振动。

点评 在质点力学中,正确的受力分析是合理运用牛顿定律、动量定理(守恒定律)、力矩和角动量定理(守恒定律)、力做功、动能定理和机械能守恒定律的关键。

a. 在质点力学中,常常会遇到重力、摩擦力(静摩擦力和滑动摩擦力)、弹簧弹性力、万有引力,支撑力和正压力、拉力和推力,甚至阻力、浮力、库仑力,以及向心力、惯性力、惯性离心力、保守力和非保守力、法向力和切向力,等等,要正确对待。

b. 在地面附近,重力是恒力,大小不变,方向指向地面(与水平方向垂直)。重力实际上是地球对物体的万有引力。

c. 支撑力是支撑质点的其他物体对质点的作用力,常常表现为抵抗重力的作用,或抵抗部分重力的作用,如(1)(3)(4)和(7);也有为了保持某种平衡,需要受到这样的力作用,如(2)和(5)。正压力是质点由于受到支撑力而向给予它支撑力的物体施加的力,一般来说,它不是质点受到的力。质点受到的支撑力可能是恒力如(1)(3)(4)和(7);也可能是变化的,如(2)和(5);甚至方向也可能变化,如(5)。

d. 滑动摩擦力,是物体沿其他物体表面相对滑动时,受到其他物体给予的沿表面的作用力,其方向与相对运动方向相反,如(1)(2)和(3)。一般来说,滑动摩擦力与支撑力成正比。静摩擦力,是物体相对其他物体有相对滑动趋势时,为了保持某种平衡,其他物体给予的作用力。静摩擦力的大小可以根据平衡的需要而变化,甚至方向也可以变化,如(1)(2)和(3);但静摩擦力有最大值限制,如果平衡需要的静摩擦力超过这个最大值,则平衡被破坏,物体将会滑动,如(1)(2)和(3)。只有物体与其他物体的表面有紧密接触时,才可能受到摩擦力的作用。

e. 弹簧弹性力是当弹簧被压缩时,对物体有一个压力;当弹簧伸长时,对物体有一个拉力。在弹性范围内,弹簧弹性力遵守胡克定律。弹簧弹性力与弹簧伸长量或压缩量有关,其方向取决于弹簧是被压缩还是被拉长,因此,在质点运动过程中,弹簧弹性力不仅大小可能变化,方向也可能变化。

f. 在牛顿力学范围内,惯性力和惯性离心力不是质点真正受到的力。当某非惯性参考系相对于惯性参考系加速平动时,如果以非惯性参考系为参考系,就要设想质点还受到一个惯性力,这样就可以在非惯性参考系中应用牛顿定律,如(3)和(6)。当某非惯性参考系相对于惯性参考系匀速转动时,如果以非惯性参考系为参考系,就要设想质点还受到一个惯性离心力,这样就可以在非惯性参考系中应用牛顿定律,如(4)。

g. 向心力不是质点受到的力,而是质点受到的力的矢量和沿法线方向的分量。质点受力分析中不包含向心力,但在质点做曲线运动的过程中,一定要考虑法向加速度,要在所有力的矢量和中留出法向方向的分量,产生法向加速度,改变质点运动的方向,如(4)和(5)。

h. 法向力和切向力不是质点受到的力。质点在做曲线运动的过程中,受到的合力在法向方向的分量不为零,要产生法向加速度,以便改变运动方向。在做变速率曲线运动的过程中,除合力有法向方向的分量外,还要有切向方向的分量,以便改变运动的速率,如(5)。

i. 在牛顿力学中，力可以分为保守力和非保守力。保守力做功与质点运动的路径无关，保守力做功等于质点势能的减少。重力和弹簧弹性力等都是保守力，而摩擦力是非保守力。

j. 涉及转动的问题，使用角动量定理以及角动量守恒定律解答比较方便，如(4)和(5)。直线运动问题虽然也能使用角动量定理以及角动量守恒定律，但不方便。

k. 对于质点的运动，使用动量定理还不如使用牛顿定律方便。只有对变质量和碰撞等质点系的问题，使用动量定理和动量守恒定律才更有效。

【例 2-2】 如图 2-61 所示，一漏斗绕铅直轴做匀角速度转动，其内壁有一质量为 m 的小木块，木块到转轴的垂直距离为 r，m 与漏斗内壁间的摩擦系数为 μ，漏斗壁与水平方向成 θ 角。若要木块相对于漏斗内壁静止不动，求：

(1)漏斗的最小角速度是多少？

(2)漏斗的最大角速度是多少？

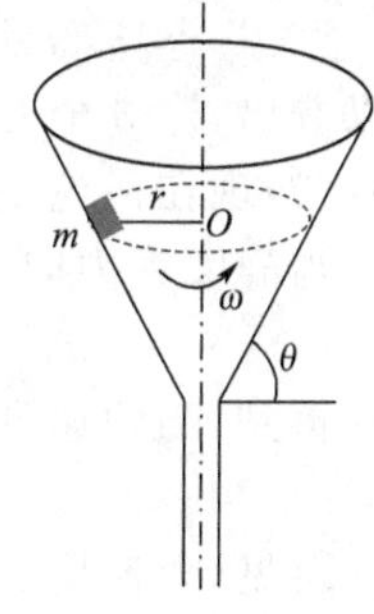

图 2-61　例 2-2

分析　小木块在圆周方向上的静摩擦力的作用下与漏斗一起做匀速圆周运动，这一静摩擦力不提供向心力，可以不用考虑。小木块沿漏斗内壁斜向可能受到静摩擦力，这一静摩擦力是可以变化的，可以从 0 变化到最大静摩擦力 μN；而且方向也可能会变化。小木块在漏斗内沿水平方向做匀速圆周运动，需要提供水平方向的向心力。重力 $m\boldsymbol{g}$ 是竖直方向的，不能提供向心力；只有支撑力 $\boldsymbol{N}$ 和摩擦力 $\boldsymbol{f}$ 的水平分量的矢量和提供向心力。向心力的大小为 $mr\omega^2$，与角速度 ω 有关。如果在某一角速度 ω_0 时，刚好摩擦力为零，只有支撑力的水平分量提供向心力，$N\sin\theta=mr\omega_0^2$，支撑力的竖直分量与重力平衡，小木块既没有下滑的趋势也没有上滑的趋势。如果角速度 ω 比 ω_0 小，需要的向心力变小，需要一个斜向上的静摩擦力，其水平分量抵消掉一部分支撑力水平分量，以保持小木块做匀速圆周运动，这时，小木块有向下的运动趋势；角速度 ω 越小，需要的向心力越小，就需要更大的静摩擦力；当角速度 ω 小到一定程度 ω_1 时，静摩擦力达到最大值 μN，小木块开始下滑，ω_1 就是小木块以半径 r 做圆周运动的最小角速度。如果角速度 ω 比 ω_0 大，需要的向心力变大，需要一个斜向下的静摩擦力，其水平分量补充一部分向心力，以保持小木块做匀速圆周运动，这时，小木块有向上的运动趋势；角速度 ω 越大，需要的向心力越大，就需要更大的静摩擦力；当角速度 ω 大到一定程度 ω_2 时，静摩擦力达到最大值 μN，小木块开始上滑，ω_2 就是小木块以半径 r 做圆周运动的最大角速度。

解　当角速度小时，需要一个斜向上的静摩擦力以抵消一部分支撑力作为向心力；角速度越小，静摩擦力越大，当角速度小到 ω_1 时，静摩擦力达到最大值 μN，小木块开始下滑，ω_1 就是小木块以半径 r 做圆周运动的最小角速度。当角速度大时，需要一个斜向下的静摩擦力以补充一部分支撑力作为向心力；角速度越大，静摩擦力越大，当角速度大到 ω_2 时，静摩擦力达到最大值 μN，小木块开始上滑，ω_2 就是小木块以半径 r 做圆周运动的最大角速度。

(1)木块受漏斗内壁的支持力 $\boldsymbol{N}$、重力 $m\boldsymbol{g}$ 及静摩擦力 $\boldsymbol{f}$，静摩擦力沿内壁方向向上，如图 2-62(a)所示。最小角速度 ω_1 时，静摩擦力为 μN，由牛顿定律，得到

$$N\sin\theta-f\cos\theta=mr\omega_1^2$$

$$N\cos\theta+f\sin\theta=mg$$

$$f=\mu N$$

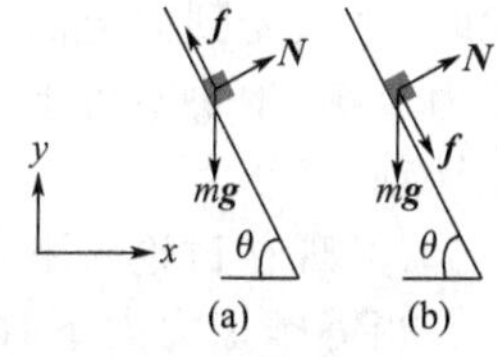

图 2-62　例 2-2 解析

联立求解，得到漏斗的最小角速度

$$\omega_1=\sqrt{\frac{g(\sin\theta-\mu\cos\theta)}{r(\cos\theta+\mu\sin\theta)}}$$

(2)木块受漏斗内壁的支持力 $\boldsymbol{N}$、重力 $m\boldsymbol{g}$ 及静摩擦力 $\boldsymbol{f}$，静摩擦力沿内壁方向向下，如图 2-62(b)所示。最大角速度 ω_2 时，静摩擦力为 μN，由牛顿定律，得到

$$N\sin\theta+f\cos\theta=mr\omega_2^2,N\cos\theta-f\sin\theta=mg,f=\mu N$$

联立求解,得到漏斗的最大角速度

$$\omega_2=\sqrt{\frac{g(\sin\theta+\mu\cos\theta)}{r(\cos\theta-\mu\sin\theta)}}$$

点评 (1)也可选漏斗为参考系,在这一参考系中,小木块是静止的。由于漏斗是以匀角速度旋转的,所以漏斗参考系是非惯性参考系。在漏斗参考系中,木块除了受重力、支撑力和摩擦力外,还受到一个惯性离心力,大小为 $mr\omega^2$,方向为背离转轴,即水平离心方向。漏斗参考系中,由于小木块静止,对木块运用牛顿定律,有

$$N\sin\theta\pm f\cos\theta-mr\omega^2=0,N\cos\theta\mp f\sin\theta-mg=0,f=\mu N$$

可以看出,这 3 个方程实际上与题解中的方程是相同的,得出同样的结果。

(2)现在讨论一下当角速度小于 ω_1 时,小木块下滑的情况。

当静摩擦力向上时,由牛顿定律,可以列出方程

$$N\sin\theta-f\cos\theta=mr\omega^2,N\cos\theta+f\sin\theta-mg=0$$

由此得到,当角速度 ω 较小时,静摩擦力和支撑力与角速度的关系

$$f=mg\sin\theta-mr\omega^2\cos\theta,N=mg\cos\theta+mr\omega^2\sin\theta$$

由此可见,角速度 ω 越小,支撑力 N 越小,而需要的静摩擦力 f 越大。当角速度 ω 小到一定程度 ω_1 时,使得静摩擦力达到最大 $f=\mu N$,此时

$$mg\sin\theta-mr\omega_1^2\cos\theta=\mu(mg\cos\theta+mr\omega_1^2\sin\theta),\omega_1=\sqrt{\frac{g(\sin\theta-\mu\cos\theta)}{r(\cos\theta+\mu\sin\theta)}}$$

此时,支撑力和摩擦力在竖直方向的分量之和

$$\begin{aligned}F_1&=N\cos\theta+f\sin\theta\\&=(mg\cos\theta+mr\omega_1^2\sin\theta)\cos\theta+(mg\sin\theta-mr\omega_1^2\cos\theta)\sin\theta=mg\end{aligned}$$

刚好能够举起小木块。

如果角速度 $\omega<\omega_1$,则支撑力和摩擦力在竖直方向的分量之和

$$\begin{aligned}F_1'&=N\cos\theta+f\sin\theta=N\cos\theta+\mu N\sin\theta\\&=(mg\cos\theta+mr\omega^2\sin\theta)(\cos\theta+\mu\sin\theta)\\&<(mg\cos\theta+mr\omega_1^2\sin\theta)(\cos\theta+\mu\sin\theta)=mg\end{aligned}$$

漏斗内壁的支撑力和摩擦力已经无法支撑小木块,木块要下滑。

木块在下滑的过程中,重力、支撑力和摩擦力对转轴的力矩为零,对转轴的角动量守恒,$L=mrv=mr^2\omega$ 保持恒量。下滑过程,圆轨道的半径 r 变小,所以角速度 ω 变大。当角速度增大到 ω_1'(圆轨道的半径变小到 r_1'),使得

$$N\sin\theta-f\cos\theta=mr_1'\omega_1'^2,N\cos\theta+f\sin\theta=mg,f=\mu N$$

$$r_1'\omega_1'^2=\frac{\sin\theta-\mu\cos\theta}{\cos\theta+\mu\sin\theta}g,\omega_1'=\sqrt{\frac{g(\sin\theta-\mu\cos\theta)}{r_1'(\cos\theta+\mu\sin\theta)}}$$

此时,木块受到向上的支撑力和摩擦力在竖直方向的分量之和,$F_1''=mg$,木块受到的托力与重力平衡,木块不再下滑。木块自动调整角速度和高度(圆周轨道半径),以保持与漏斗一起匀速转动。

(3)现在讨论一下当角速度大于 ω_2 时,小木块上滑的情况。

当静摩擦力向下时,由牛顿定律,可以列出方程

$$N\sin\theta+f\cos\theta=mr\omega^2,N\cos\theta-f\sin\theta-mg=0$$

由此得到,当角速度 ω 较大时,静摩擦力和支撑力与角速度的关系

$$f=-mg\sin\theta+mr\omega^2\cos\theta,N=mg\cos\theta+mr\omega^2\sin\theta$$

由此可见,角速度 ω 越大,支撑力 N 越大,需要的静摩擦力 f 越大。当角速度 ω 大到一定程

度 ω_2 时，使得静摩擦力达到最大 $f=\mu N$，此时

$$-mg\sin\theta+mr\omega_2^2\cos\theta=\mu(mg\cos\theta+mr\omega_2^2\sin\theta),\omega_2=\sqrt{\frac{g(\sin\theta+\mu\cos\theta)}{r(\cos\theta-\mu\sin\theta)}}$$

此时，支撑力和摩擦力在竖直方向的分量之和

$$\begin{aligned}F_2&=N\cos\theta-f\sin\theta\\&=(mg\cos\theta+mr\omega_2^2\sin\theta)\cos\theta-(-mg\sin\theta+mr\omega_2^2\cos\theta)\sin\theta=mg\end{aligned}$$

刚好能够举起小木块。

如果角速度 $\omega>\omega_2$，则支撑力和摩擦力在竖直方向的分量之和

$$\begin{aligned}F_2'&=N\cos\theta-f\sin\theta=N\cos\theta-\mu N\sin\theta\\&=(mg\cos\theta+mr\omega^2\sin\theta)(\cos\theta-\mu\sin\theta)\\&>(mg\cos\theta+mr\omega_2^2\sin\theta)(\cos\theta-\mu\sin\theta)=mg\end{aligned}$$

漏斗内壁的支撑力和摩擦力已经无法拖住小木块，木块要上滑。

木块在上滑的过程中，重力、支撑力和摩擦力对转轴的力矩为零，对转轴的角动量守恒，$L=mrv=mr^2\omega$ 保持恒量。上滑过程，圆轨道的半径 r 变大，所以角速度 ω 变小。当角速度减小到 ω_2'（圆轨道的半径变大到 r_2'），使得

$$N\sin\theta+f\cos\theta=mr_2'\omega_2'^2,N\cos\theta-f\sin\theta=mg,f=\mu N$$

$$r_2'\omega_2'^2=\frac{\sin\theta+\mu\cos\theta}{\cos\theta-\mu\sin\theta}g,\omega_2'=\sqrt{\frac{g(\sin\theta+\mu\cos\theta)}{r(\cos\theta-\mu\sin\theta)}}$$

此时，木块受到向上的支撑力和向下的摩擦力在竖直方向的分量代数和，$F_2''=mg$，木块受到的托力与重力平衡，木块不再上滑。木块自动调整角速度和高度（圆周轨道半径），以保持与漏斗一起匀速转动。

【例 2-3】 如图 2-63 所示的皮带运输机，设砖块与皮带之间的摩擦系数为 μ，砖块的质量为 m，皮带的倾斜角为 α。求：

(1)皮带向上匀速输送砖块时，皮带对砖块的静摩擦力；

(2)皮带向上匀速输送砖块时，为保证砖块与皮带之间无相对运动，皮带的倾斜角；

(3)皮带向上加速输送砖块时，为保证砖块与皮带之间无相对运动，皮带的加速度。

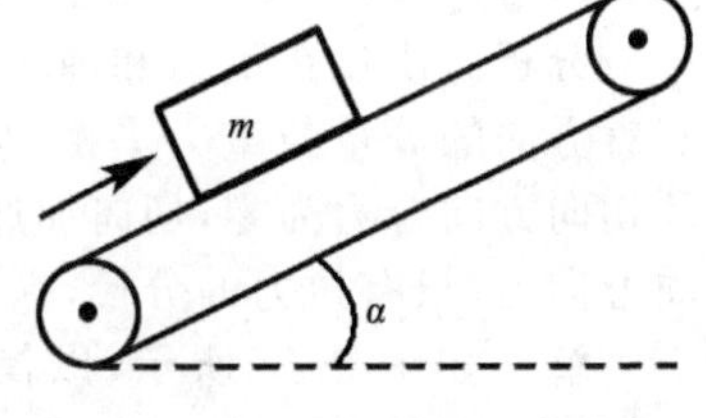

图 2-63 例 2-3

分析 砖块之所以能够跟随皮带运动，是因为静摩擦力的作用。但静摩擦力有一个最大值，一般来说，这个最大值认定为滑动摩擦力。一旦所需要的摩擦力超过这个最大值，物体将滑动，摩擦力就是滑动摩擦力。砖块受到重力、皮带的支撑力和摩擦力。在重力的作用下，砖块有沿皮带向下的运动趋势（或滑动），因此摩擦力沿皮带向上。在摩擦力的作用下，砖块有可能跟随皮带一起向上运动。如果皮带加速运动，砖块要想跟随皮带一起加速运动，就需要更大的摩擦力。如果需要的摩擦力超过了最大静摩擦力，砖块将相对皮带滑动。

解 认定砖块进行分析。选沿着皮带向上方向为 x 轴。其受力分析如图 2-64 所示。

(1)砖块向上匀速运动，因而加速度为零。应用牛顿第二定律，可得 x 方向的分量式

$$f_x-mg\sin\alpha=ma_x=0$$

由此得到静摩擦力为

$$f_x=mg\sin\alpha$$

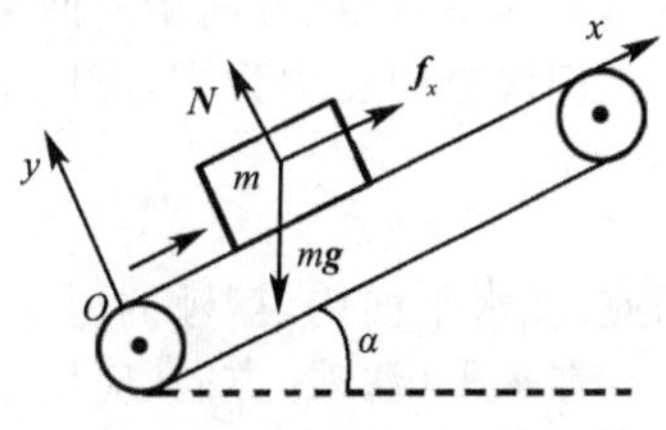

图 2-64 例 2-3 解析

(2)应用牛顿第二定律,可得 y 方向的分量式

$$N-mg\cos\alpha=ma_y=0$$

由此可以得到皮带对砖块的支撑力,或砖块对皮带的正压力

$$N=mg\cos\alpha$$

砖块可以承受的最大静摩擦力为

$$f_{x\max}=\mu N=\mu mg\cos\alpha$$

为保证砖块与皮带之间无相对运动,要求

$$mg\sin\alpha=f_x\leqslant f_{x\max}=\mu mg\cos\alpha$$

所以,在皮带向上匀速输送砖块时,为保证砖块与皮带之间无相对运动,皮带的倾斜角满足

$$\tan\alpha\leqslant\mu$$

(3)皮带向上以加速度 a 输送砖块时,应用牛顿第二定律,可得

$$\begin{cases}f_x-mg\sin\alpha=ma_x=ma\\N-mg\cos\alpha=ma_y=0\end{cases}$$

所以,为保证砖块与皮带之间无相对运动,要求

$$ma+mg\sin\alpha=f_x\leqslant f_{x\max}=\mu mg\cos\alpha$$

即要求皮带的加速度

$$a\leqslant g(\mu\cos\alpha-\sin\alpha)$$

点评 静摩擦力是可以随运动的需要变化的,不能用 $f_{x\max}=\mu N$ 求静摩擦力,这是最大静摩擦力。一旦所需要的摩擦力超过了静摩擦力的极限,物体滑动,摩擦力为滑动摩擦力。

【例 2-4】 如图 2-65 所示,一圆锥摆摆长为 R,摆锤质量为 m,在水平面上做圆周运动,摆线与铅直线夹角为 θ。求:

(1)摆线内的张力;(2)摆锤的速率。

分析 质点在重力和绳子的拉力作用下做圆周运动。拉力在竖直方向的分量与重力平衡,质点在竖直方向加速度为零;在圆周的切向方向合力为零,切向加速度为零,所以速率不变;在圆周的法向方向上,只有拉力的分量,它提供了质点做圆周运动的向心力。

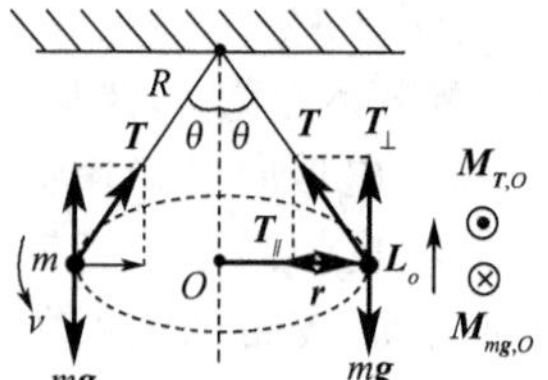

图 2-65 例 2-4

解 如图 2-65 所示,以摆锤为研究对象,将摆锤受到的重力 $\boldsymbol{mg}$ 和拉力(绳张力)$\boldsymbol{T}$ 分解在竖直方向和水平方向。

(1)在竖直方向上,加速度为 $a_\perp=0$,则由牛顿第二定律,得到

$$T_\perp-mg=T\cos\theta-mg=ma_\perp=0$$

因此,摆锤受到的拉力,即摆线中的张力为

$$T=\frac{mg}{\cos\theta}$$

(2)在水平方向,摆锤受力为 $T_\perp=T\sin\theta$,方向指向圆周运动曲率中心。在水平面内取自然坐标系,法线方向指向曲率中心。

切线方向受力为零,应用牛顿定律

$$T_t=m\frac{\mathrm{d}v}{\mathrm{d}t}=0,v(t)=C$$

因此,在水平面内,摆锤的速率是恒定的。

在水平(法线)方向,应用牛顿定律

$$F_n=F_{//}=T\sin\theta=m\frac{v^2}{r}=m\frac{v^2}{R\sin\theta}$$

所以,摆锤在水平面内运动速率为

$$v=\sqrt{\frac{TR}{m}}\sin\theta=\sqrt{\frac{mgR}{m\cos\theta}}\sin\theta=\sqrt{\frac{gR}{\cos\theta}}\sin\theta$$

点评　(1)如图 2-65,重力 $m\boldsymbol{g}$ 与拉力 $\boldsymbol{T}$ 对 O 点的力矩大小相等、方向相反,质点受到的合力矩为零,或合力过 O 点,对 O 点的力矩为零

$$\boldsymbol{M}_{mg,O}=\boldsymbol{r}\times m\boldsymbol{g};M_{mg,O}=rmg,\text{方向:由上方观察逆时针}$$

$$\boldsymbol{M}_{T,O}=\boldsymbol{r}\times\boldsymbol{T};M_{T,O}=rT\cos\theta=rmg,\text{方向:由上方观察顺时针}$$

质点对 O 点的角动量

$$\boldsymbol{L}_O=\boldsymbol{r}\times m\boldsymbol{v},L_O=rmv,\text{方向:垂直向上}$$

由于对 O 点的合力矩为零,质点对 O 点的角动量守恒。

(2)尽管质点受到的合力不为零,但合力 $\boldsymbol{T}_{//}$ 总是与速度 $\boldsymbol{v}$ 垂直,因此合力 $\boldsymbol{T}_{//}$ 不做功,质点的动能守恒,速率不变。拉力 $\boldsymbol{T}=\boldsymbol{T}_{//}+\boldsymbol{T}_{\perp}$ 与质点运动方向(运动轨迹)垂直(实际上 $\boldsymbol{T}_{//}$ 和 $\boldsymbol{T}_{\perp}$ 都与质点运动轨迹垂直),$\mathrm{d}A=\boldsymbol{T}\cdot\mathrm{d}\boldsymbol{l}=0$($\mathrm{d}A_{//}=\boldsymbol{T}_{//}\cdot\mathrm{d}\boldsymbol{l}=0$,$\mathrm{d}A_{\perp}=\boldsymbol{T}_{\perp}\cdot\mathrm{d}\boldsymbol{l}=0$),"非保守"拉力不做功,机械能守恒。又由于动能守恒,所以重力势能守恒。

(3)由于合力不为零,沿着水平方向,所以水平方向动量不守恒。如图 2-66 所示,在 A 点和 B 点的动量大小尽管相等,但方向相反。质点由 A 点运动到 B 点,动量变化为

$$\Delta\boldsymbol{p}=\boldsymbol{p}_{\mathrm{B}}-\boldsymbol{p}_{\mathrm{A}}=2mv\boldsymbol{j}$$

按动量定理,动量的变化量应该等于这一过程质点受到的冲量。

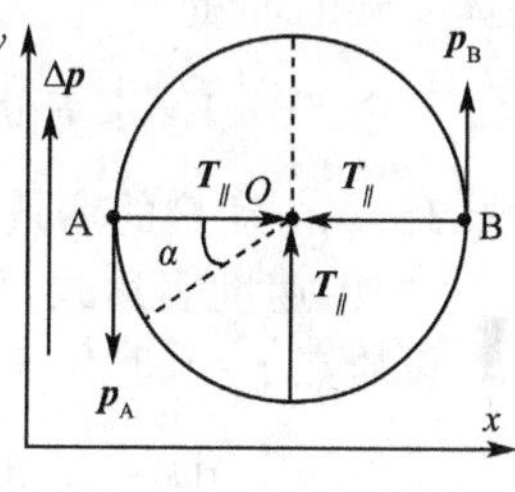

图 2-66　例 2-4 点评

如图 2-65 和图 2-66 所示,合力 $\boldsymbol{T}_{//}$ 在 $\mathrm{d}t$ 时间内给予质点的冲量为

$$\mathrm{d}\boldsymbol{I}=\boldsymbol{T}_{//}\mathrm{d}t=(T_{//}\cos\alpha\boldsymbol{i}+T_{//}\sin\alpha\boldsymbol{j})\mathrm{d}t$$

而质点由 A 点运动到 B 点,需要的时间为 $t_0=\frac{\pi r}{v}$,所以,总冲量表示为

$$\boldsymbol{I}=\int\mathrm{d}\boldsymbol{I}=\int_0^{\frac{\pi r}{v}}T_{//}(\cos\alpha\boldsymbol{i}+\sin\alpha\boldsymbol{j})\mathrm{d}t$$

质点由 A 点转过 α 角,需要的时间为

$$t=\frac{s}{v}=\frac{r\alpha}{v},\mathrm{d}t=\frac{r}{v}\mathrm{d}\alpha$$

因此,总冲量可以计算为

$$\boldsymbol{I}=\int\mathrm{d}\boldsymbol{I}=T_{//}\int_0^{\frac{\pi r}{v}}(\cos\alpha\boldsymbol{i}+\sin\alpha\boldsymbol{j})\mathrm{d}t=T_{//}\frac{r}{v}\int_0^{\pi}(\cos\alpha\boldsymbol{i}+\sin\alpha\boldsymbol{j})\mathrm{d}\alpha=2T_{//}\frac{r}{v}\boldsymbol{j}$$

又因为

$$T_{//}=T\sin\theta=mg\frac{\sin\theta}{\cos\theta},v=\sqrt{\frac{gR}{\cos\theta}}\sin\theta,r=R\sin\theta$$

所以总冲量为

$$\boldsymbol{I}=2T_{//}\frac{r}{v}\boldsymbol{j}=2mg\cdot\frac{\sin\theta}{\cos\theta}\cdot\frac{R\sin\theta}{v}\boldsymbol{j}=2mg\cdot\frac{v}{g}\boldsymbol{j}=2mv\boldsymbol{j}$$

冲量等于动量的变化量,这就是动量定理。

【例 2-5】　一质量为 1 kg 的物体在力 $\boldsymbol{F}=(12t+4)\boldsymbol{i}+(12t^2+4)\boldsymbol{j}$ 作用下在平面内运动,物体在 $t=0$ 时的速度为零,求 $t=3$ s 时的速度大小。

分析　这是物体在变力作用下的运动问题,在变力作用下,物体的加速度不是恒量,而且力是随时间变化的,可以直接用积分来求解。

解　按题意,由牛顿第二定律,$\boldsymbol{F}=m\boldsymbol{a}=ma_x\boldsymbol{i}+ma_y\boldsymbol{j}$,$m=1$ kg,有

$$ma_x=m\frac{\mathrm{d}v_x}{\mathrm{d}t}=F_x=12t+4,m\frac{\mathrm{d}v_y}{\mathrm{d}t}=F_y=12t^2+4$$

$$\mathrm{d}v_x=(12t+4)\mathrm{d}t,\int_0^{v_x}\mathrm{d}v_x=\int_0^t(12t+4)\mathrm{d}t,v_x=6t^2+4t$$

$$\mathrm{d}v_y=(12t^2+4)\mathrm{d}t,\int_0^{v_y}\mathrm{d}v_y=\int_0^t(12t^2+4)\mathrm{d}t,v_y=4t^3+4t$$

$t=3$ s时的速度

$$v_x=6\times3^2+4\times3=66\ \mathrm{m\cdot s^{-1}},v_y=4\times3^3+4\times3=120\ \mathrm{m\cdot s^{-1}}$$

$$v=\sqrt{v_x^2+v_y^2}=\sqrt{66^2+120^2}=6\sqrt{521}\ \mathrm{m\cdot s^{-1}}$$

点评 (1)速度增量(变化)

$$\Delta\boldsymbol{v}=(v_x\boldsymbol{i}+v_y\boldsymbol{j})\big|_{t=3\ \mathrm{s}}-(v_x\boldsymbol{i}+v_y\boldsymbol{j})\big|_{t=0}=66\boldsymbol{i}+120\boldsymbol{j}\ (\mathrm{SI})$$

动量增量($m=1$ kg)

$$\Delta\boldsymbol{p}=m\Delta\boldsymbol{v}=66\boldsymbol{i}+120\boldsymbol{j}\ (\mathrm{SI})$$

物体受到的冲量

$$\boldsymbol{I}=\int_0^3\boldsymbol{F}\mathrm{d}t=\int_0^3[(12t+4)\boldsymbol{i}+(12t^2+4)\boldsymbol{j}]\mathrm{d}t=66\boldsymbol{i}+120\boldsymbol{j}\ (\mathrm{SI})$$

$\boldsymbol{I}=\Delta\boldsymbol{p}$,动量的增量等于冲量,这就是动量定理。

(2)由速度表达式,可以得到运动函数

设质点 $t=0$ 时位于坐标原点,则

$$\mathrm{d}x=v_x\mathrm{d}t=(6t^2+4t)\mathrm{d}t,\int_0^x\mathrm{d}x=\int_0^t(6t^2+4t)\mathrm{d}t,x=2t^3+2t^2$$

$$\mathrm{d}y=v_y\mathrm{d}t=(4t^3+4t)\mathrm{d}t,\int_0^y\mathrm{d}y=\int_0^t(4t^3+4t)\mathrm{d}t,y=t^4+2t^2$$

(3)质点角动量增量

质点在 t 时刻位置矢量、运动速度以及受到的力表示为

$$\boldsymbol{r}=x\boldsymbol{i}+y\boldsymbol{j}=(2t^3+2t^2)\boldsymbol{i}+(t^4+2t^2)\boldsymbol{j}$$

$$\boldsymbol{v}=x\boldsymbol{i}+y\boldsymbol{j}=(2t^3+2t^2)\boldsymbol{i}+(t^4+2t^2)\boldsymbol{j}$$

$$\boldsymbol{F}=F_x\boldsymbol{i}+F_y\boldsymbol{j}=(12t+4)\boldsymbol{i}+(12t^2+4)\boldsymbol{j}$$

在 t 时刻质点受到的力对坐标原点 O 的力矩为

$$\begin{aligned}\boldsymbol{M}_o&=\boldsymbol{r}\times\boldsymbol{F}=(x\boldsymbol{i}+y\boldsymbol{j})\times(F_x\boldsymbol{i}+F_y\boldsymbol{j})=xF_y\boldsymbol{k}-yF_x\boldsymbol{k}\\&=(2t^3+2t^2)(12t^2+4)\boldsymbol{k}-(t^4+2t^2)(12t+4)\boldsymbol{k}\\&=(24t^5+8t^3+24t^4+8t^2)\boldsymbol{k}-(12t^5+4t^4+24t^3+8t^2)\boldsymbol{k}\\&=(12t^5+20t^4-16t^3)\boldsymbol{k}\end{aligned}$$

在 t 时刻质点对坐标原点 O 的角动量为

$$\begin{aligned}\boldsymbol{L}_o&=m\boldsymbol{r}\times\boldsymbol{v}=\boldsymbol{r}\times\boldsymbol{v}=(x\boldsymbol{i}+y\boldsymbol{j})\times(v_x\boldsymbol{i}+v_y\boldsymbol{j})=xv_y\boldsymbol{k}-yv_x\boldsymbol{k}\\&=(2t^3+2t^2)(4t^3+4t)\boldsymbol{k}-(t^4+2t^2)(6t^2+4t)\boldsymbol{k}\\&=(8t^6+8t^4+8t^5+8t^3)\boldsymbol{k}-(6t^6+4t^5+12t^4+8t^3)\boldsymbol{k}\\&=(2t^6+4t^5-4t^4)\boldsymbol{k}\end{aligned}$$

由此得到

$$\frac{\mathrm{d}\boldsymbol{L}_o}{\mathrm{d}t}=\frac{\mathrm{d}}{\mathrm{d}t}(2t^6+4t^5-4t^4)\boldsymbol{k}=(12t^5+20t^4-16t^3)\boldsymbol{k}$$

$$\frac{\mathrm{d}\boldsymbol{L}_o}{\mathrm{d}t}=(12t^5+20t^4-16t^3)\boldsymbol{k}=\boldsymbol{M}_o,\boldsymbol{M}_o=\frac{\mathrm{d}\boldsymbol{L}_o}{\mathrm{d}t}$$

这就是质点对参考点的角动量定理。

质点在 xOy 平面内运动,也可以看作是绕 z 轴的转动。在 t 时刻质点受到的力对 z 轴的

力矩和质点对 z 轴的角动量分别为

$$M_z=\boldsymbol{M}_o\cdot\boldsymbol{k}=12t^5+20t^4-16t^3,L_z=\boldsymbol{L}_o\cdot\boldsymbol{k}=2t^6+4t^5-4t^4$$

由此得到

$$\frac{\mathrm{d}L_z}{\mathrm{d}t}=\frac{\mathrm{d}}{\mathrm{d}t}(2t^6+4t^5-4t^4)=12t^5+20t^4-16t^3$$

$$\frac{\mathrm{d}L_z}{\mathrm{d}t}=12t^5+20t^4-16t^3=M_z,M_z=\frac{\mathrm{d}L_z}{\mathrm{d}t}$$

这就是质点对轴的角动量定理。

(4)质点角动能增量

质点受到力对质点做功为

$$\begin{aligned}\mathrm{d}A&=\boldsymbol{F}\cdot\mathrm{d}\boldsymbol{l}=(F_x\boldsymbol{i}+F_y\boldsymbol{j})\cdot(\mathrm{d}x\boldsymbol{i}+\mathrm{d}y\boldsymbol{j})=F_x\mathrm{d}x+F_y\mathrm{d}y=F_xv_x\mathrm{d}t+F_yv_y\mathrm{d}t\\&=(12t+4)(6t^2+4t)\mathrm{d}t+(12t^2+4)(4t^3+4t)\mathrm{d}t\\&=(48t^5+136t^3+72t^2+32t)\mathrm{d}t\end{aligned}$$

$$A=\int\mathrm{d}A=\int_0^t(48t^5+136t^3+72t^2+32t)\mathrm{d}t=8t^6+34t^4+24t^3+16t^2$$

质点动能的增量为

$$\Delta E_\mathrm{k}=\frac{1}{2}mv^2-0=\frac{1}{2}\boldsymbol{v}\cdot\boldsymbol{v}=\frac{1}{2}(v_x^2+v_y^2)$$

$$=\frac{1}{2}[(6t^2+4t)^2+(4t^3+4t)^2]=8t^6+34t^4+24t^3+16t^2$$

由此得到

$$\Delta E_\mathrm{k}=8t^6+34t^4+24t^3+16t^2=A,A=\Delta E_\mathrm{k}$$

这就是质点的动能定理。

【例 2-6】 质量为 m 的物体在力 $\boldsymbol{F}=(2+4x)\boldsymbol{i}$ 的作用下，自静止开始由坐标原点沿 Ox 轴运动，求物体在移动 x 距离时的速度大小 v。

分析 质点在变力作用下的直线运动，力与质点的位置有关，因此，质点运动的加速度与质点的位置有关，速度对时间的变化率是质点位置的函数。由此，变量替换，可以得到速度对位置坐标的变化率与位置坐标的函数关系；分离变量，积分就可以得到速度与移动距离的关系。

解 根据 $\boldsymbol{F}=m\boldsymbol{a}=m\dfrac{\mathrm{d}\boldsymbol{v}}{\mathrm{d}t},F_x=m\dfrac{\mathrm{d}v}{\mathrm{d}t}=m\dfrac{\mathrm{d}v}{\mathrm{d}x}\dfrac{\mathrm{d}x}{\mathrm{d}t}=mv\dfrac{\mathrm{d}v}{\mathrm{d}x}$，有

$$2+4x=mv\frac{\mathrm{d}v}{\mathrm{d}x},v\mathrm{d}v=\frac{2+4x}{m}\mathrm{d}x$$

积分得到

$$\int_0^v v\mathrm{d}v=\int_0^x\frac{2+4x}{m}\mathrm{d}x,\frac{1}{2}v^2=\frac{2x+2x^2}{m},v=2\sqrt{\frac{x+x^2}{m}}$$

点评 也可以按动能定理求解。力所做的功为

$$\mathrm{d}A=\boldsymbol{F}\cdot\mathrm{d}\boldsymbol{l}=(2+4x)\mathrm{d}x,A=\int\mathrm{d}A=\int_0^x(2+4x)\mathrm{d}x=2x+2x^2$$

由动能定理，得到

$$\frac{1}{2}mv^2-0=A=2x+2x^2,v=2\sqrt{\frac{x+x^2}{m}}$$

【例 2-7】 质量为 m 的子弹以速度 v_0 水平射入沙土中。设子弹在沙土中所受阻力与子弹的速度方向相反，大小与速度大小成正比，比例系数为 k，忽略子弹的重力。求：

(1)子弹射入沙土后,速度随时间变化的函数式;

(2)子弹进入沙土的最大深度。

分析 质点受到一个与其运动速度大小有关的阻力作用,质点做变减速运动。由于忽略重力,质点做直线运动。因阻力与运动速度的大小有关,由牛顿定律可以得到加速度即速率对时间的变化率与速度的关系式,分离变量并积分,就得到速率与时间的关系式。经过变量替换,直线运动的速率对时间的变化率可以转换为速率对位移的变化率,因为阻力与运动速度的大小有关,由牛顿定律可以得到速率对位移的变化率与速率的关系式,分离变量并积分可以得到速率与位移的关系式;当质点的速率为零时,达到最大位移。

解 如图 2-67 所示,选定子弹进行分析。选沿着子弹前进方向为 x 轴。其受力分析如图所示。则

$$\boldsymbol{f}=-kv\boldsymbol{i}$$

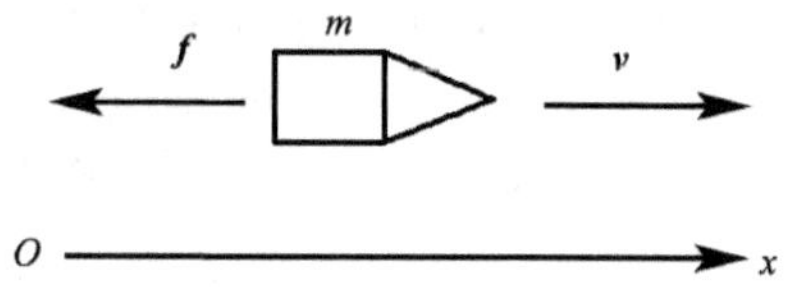

(1)根据牛顿第二定律,子弹只能沿 Ox 方向前进

$$-kv=f=ma=m\frac{\mathrm{d}v}{\mathrm{d}t},\frac{\mathrm{d}v}{v}=-\frac{k}{m}\mathrm{d}t,\int\frac{\mathrm{d}v}{v}=-\frac{k}{m}\int\mathrm{d}t$$

$$\ln v+C=-\frac{k}{m}t$$

图 2-67 例 2-7 解析

当 $t=0$ 时,$v=v_0$,则 $\ln v_0=-C$,因此,子弹速率随时间变化的函数式为

$$v(t)=v_0\exp\left(-\frac{k}{m}t\right)$$

(2)取 $t=0$ 时,子弹在原点,$x_0=0$,则 $x(t)$是子弹进入沙土的深度

$$\frac{\mathrm{d}x}{\mathrm{d}t}=v,\mathrm{d}x=v\mathrm{d}t=v_0\exp\left(-\frac{k}{m}t\right)\mathrm{d}t$$

$$x=v_0\int\exp\left(-\frac{k}{m}t\right)\mathrm{d}t=-\frac{m}{k}v_0\exp\left(-\frac{k}{m}t\right)+C$$

当 $t=0$ 时,$x=x_0=0$,则 $C=\frac{m}{k}v_0$。因此,子弹进入沙土深度为

$$x(t)=\frac{m}{k}v_0\left[1-\exp\left(-\frac{k}{m}t\right)\right]$$

当 $t\to\infty$时,$x(t)$最大,所以,子弹进入沙土的最大深度为

$$x_{\max}=\frac{m}{k}v_0$$

点评 (1)从结果看到,只有经过无限长时间,子弹才能停止运动,这与实际情况不符。这是由于我们选取的模型还是很粗糙,阻力与速率成正比还不符合实际,还应该有高次项。

(2)还可以计算子弹进入沙土到停止时,阻力所做的功。

由位移表达式,得到

$$\mathrm{d}x=v_0\exp\left(-\frac{k}{m}t\right)\mathrm{d}t$$

由此得到阻力所做的功

$$\mathrm{d}A=\boldsymbol{F}\cdot\mathrm{d}\boldsymbol{l}=f\mathrm{d}x=-kv\mathrm{d}x=-kv_0^2\exp\left(-2\frac{k}{m}t\right)\mathrm{d}t$$

$$A=\int\mathrm{d}A=-kv_0^2\int_0^{\infty}\exp\left(-2\frac{k}{m}t\right)\mathrm{d}t=-\frac{1}{2}mv_0^2$$

这与由动能定理得到的结果一致。

(3)可以由阻力表达式,利用牛顿定律,直接计算最大位移。

$$f=-kv=m\frac{\mathrm{d}v}{\mathrm{d}t}=m\frac{\mathrm{d}v}{\mathrm{d}x}\frac{\mathrm{d}x}{\mathrm{d}t}=mv\frac{\mathrm{d}v}{\mathrm{d}x},\mathrm{d}v=-\frac{k}{m}\mathrm{d}x$$

积分，得到

$$\int_{v_0}^{0}\mathrm{d}v=-\frac{k}{m}\int_{0}^{x_{\max}}\mathrm{d}x,0-v_0=-\frac{k}{m}(x_{\max}-0),x_{\max}=\frac{m}{k}v_0$$

【例 2-8】 如图 2-68，单摆的摆长为 l，摆锤的质量为 m。将摆锤拉到绳子与竖直方向成 θ_0 角度时，放开摆锤，使摆锤自由摆动。求摆锤摆到 θ 角度时，摆锤运动的速率、角速度和切向加速度、法向加速度、加速度、角加速度以及绳子对摆锤的拉力大小。

分析 摆锤在重力和绳子的拉力作用下，做变速圆周运动。绳子的拉力和重力沿法向方向的分量提供向心力；重力沿切向方向的分量产生切向加速度，迫使摆锤做变速率运动。摆锤做圆周运动，可以使用角动量定理求解。

圆周运动：力矩由 θ 角决定，角动量由角速度决定；由角动量定理可知，力矩等于角动量的时间变化率，从而得到角速度的时间变化率（角加速度）与 θ 角的关系；由角加速度可以得到角速度，进而求得线速度；由线速度和角加速度可以求得法向加速度和切向加速度；由法向加速度和切向加速度可以求得总加速度；法向方向的合力等于圆周运动的向心力，可求得拉力。

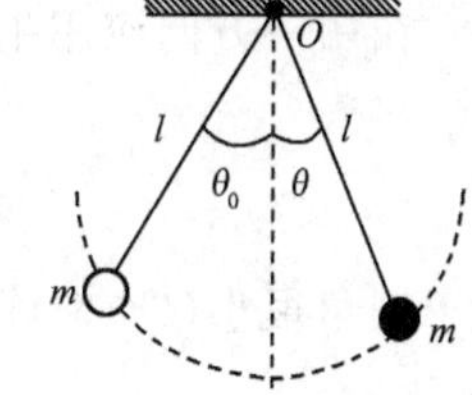

图 2-68 例 2-8

解 如图 2-69，摆锤受重力 $m\boldsymbol{g}$ 和绳子的拉力 $\boldsymbol{F}_{\mathrm{N}}$。拉力 $\boldsymbol{F}_{\mathrm{N}}$ 过 O 点，对 O 点的力矩为零，摆锤只受重力力矩的作用，而且是变化的。取竖直线位置为角位置坐标的零点，逆时针方向为角位移的正方向，由角动量定理可得

$$M=\frac{\mathrm{d}L}{\mathrm{d}t},M=-lmg\sin\theta,L=lmv=l^2m\omega,g\sin\theta=-l\frac{\mathrm{d}\omega}{\mathrm{d}t}$$

由此得到角加速度和切向加速度

$$\beta=\frac{\mathrm{d}\omega}{\mathrm{d}t}=-\frac{g}{l}\sin\theta,a_{\mathrm{t}}=l\beta=-g\sin\theta$$

由于 $\frac{\mathrm{d}\omega}{\mathrm{d}t}=\frac{\mathrm{d}\omega}{\mathrm{d}\theta}\frac{\mathrm{d}\theta}{\mathrm{d}t}=\omega\frac{\mathrm{d}\omega}{\mathrm{d}\theta}$，可得

$$\omega\frac{\mathrm{d}\omega}{\mathrm{d}\theta}=-\frac{g}{l}\sin\theta,\omega\,\mathrm{d}\omega=-\frac{g}{l}\sin\theta\,\mathrm{d}\theta,\int_0^{\omega}\omega\,\mathrm{d}\omega=-\frac{g}{l}\int_{\theta_0}^{\theta}\sin\theta\,\mathrm{d}\theta$$

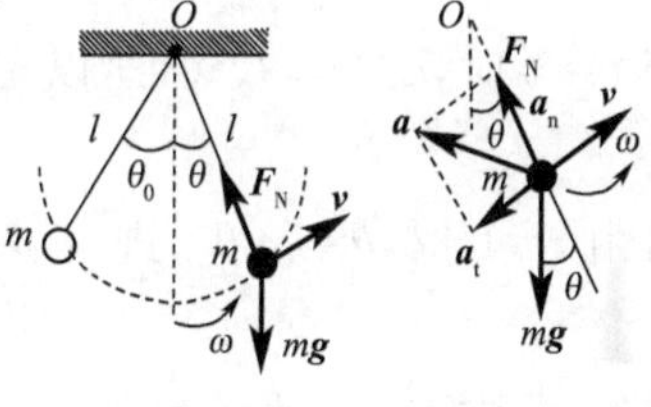

图 2-69 例 2-8 解析

由此得到角速度的大小

$$\frac{1}{2}\omega^2=\frac{g}{l}(\cos\theta-\cos\theta_0),\omega=\sqrt{\frac{2g}{l}(\cos\theta-\cos\theta_0)}$$

摆锤摆到 θ 角时的速率为

$$v=l\omega=\sqrt{2lg(\cos\theta-\cos\theta_0)}$$

法向加速度的大小为

$$a_{\mathrm{n}}=\frac{v^2}{l}=l\omega^2=2g(\cos\theta-\cos\theta_0)$$

总加速度的大小为

$$a=\sqrt{a_{\mathrm{t}}^2+a_{\mathrm{n}}^2}=\sqrt{(-g\sin\theta)^2+[2g(\cos\theta-\cos\theta_0)]^2}$$

在法向方向应用牛顿定律，得到绳子对摆锤的拉力

$$F_{\mathrm{N}}=mg\cos\theta+ml\omega^2=mg\cos\theta+2mg(\cos\theta-\cos\theta_0)=3mg\cos\theta-2mg\cos\theta_0$$

点评 (1)也可以由牛顿定律直接求解

在切向方向应用牛顿定律（切向方向的合力与切向加速度正方向相反）

$$-mg\sin\theta=ma_t=m\frac{dv}{dt}=m\frac{dv}{d\theta}\frac{d\theta}{dt}=m\omega\frac{dv}{d\theta}=\frac{mv}{l}\frac{dv}{d\theta},vdv=-lg\sin\theta d\theta$$

积分得到速率

$$\int_0^v vdv=-lg\int_{\theta_0}^{\theta}\sin\theta d\theta,\frac{1}{2}v^2=gl(\cos\theta-\cos\theta_0)$$

(2)还可以由能量守恒求解

由于在摆锤运动过程中,只有重力做功,机械能守恒。取摆锤最低点为重力势能零点

$$0+mg(l-l\cos\theta_0)=\frac{1}{2}mv^2+mg(l-l\cos\theta),\frac{1}{2}v^2=gl(\cos\theta-\cos\theta_0)$$

(3)如果摆角很小($\theta<5°$),还可以解得摆角随时间的变化关系,即运动方程

在切向方向应用牛顿定律

$$ma_t=m\frac{dv}{dt}=-mg\sin\theta$$

由于摆角很小($\theta<5°$),所以,$\sin\theta\approx\theta$;由$\frac{dv}{dt}=l\frac{d\omega}{dt}=l\frac{d^2\theta}{dt^2}$,得到

$$ml\frac{d^2\theta}{dt^2}\approx-mg\theta,\frac{d^2\theta}{dt^2}+\frac{g}{l}\theta=0,\frac{d^2\theta}{dt^2}+\omega_0^2\theta=0,\omega_0=\sqrt{\frac{g}{l}}$$

这是一个二阶线性常系数齐次微分方程,其解为三角函数形式

$$\theta=A\cos(\omega_0t+\varphi)$$

其中,A 和 φ 是由初始条件确定的待定常数。角速度和角加速度分别为

$$\omega=\frac{d\theta}{dt}=-\omega_0A\sin(\omega_0t+\varphi),\beta=\frac{d^2\theta}{dt^2}=-\omega_0^2A\cos(\omega_0t+\varphi)$$

当 $t=0$ 时,$\omega=0,\beta>0$,所以有 $\sin\varphi=0,-\cos\varphi>0$,由此得到

$$\varphi=\pi,\theta=A\cos(\omega_0t+\pi)$$

再由 $t=0$ 时,$\theta=-\theta_0$,进一步得到

$$-\theta_0=A\cos(\pi),A=\theta_0$$

最终得到摆锤运动函数为

$$\theta=\theta_0\cos(\omega_0t+\pi)$$

其中,$\omega_0=\sqrt{g/l}$称为角频率。摆锤做周期性运动,是简谐振动。由于三角函数的周期是 2π,如果设摆锤振动周期为 T,则

$$(\omega_0T+\pi)-(\pi)=2\pi,T=\frac{2\pi}{\omega_0}=2\pi\sqrt{\frac{l}{g}}$$

【例 2-9】 如图 2-70 所示,质量为 m 的物体沿竖直放置的半径为 R 的半圆形轨道的一端 A 点自由下滑,物体与轨道之间的摩擦系数为 μ。求物体滑到 B 点时所受的摩擦力 F_f 和速率 v。

分析 物体沿圆形轨道下滑过程中,受到重力、轨道支撑力和摩擦力。重力和支撑力提供了物体做圆周运动的向心力,重力和摩擦力提供了轨道切向方向的力用以改变物体运动的速率。

可以列出切向方向和法向方向的牛顿定律,直接求解。圆周运动,可以使用角动量定理求解;但由于摩擦力的存在,对圆心的力矩不为零,角动量不守恒。摩擦力做功,机械能不守恒;但可以使用动能定理或功能原理。

解 如图 2-71 所示,滑块位于 θ 角处,受到重力 $m\boldsymbol{g}$、轨道支撑力 $\boldsymbol{N}$ 和摩擦力 $\boldsymbol{F}_f$。设滑块

在此处的速度为$\boldsymbol{v}$，在法向方向应用牛顿定律

$$N-mg\sin\theta=m\frac{v^2}{R},N=mg\sin\theta+m\frac{v^2}{R}$$

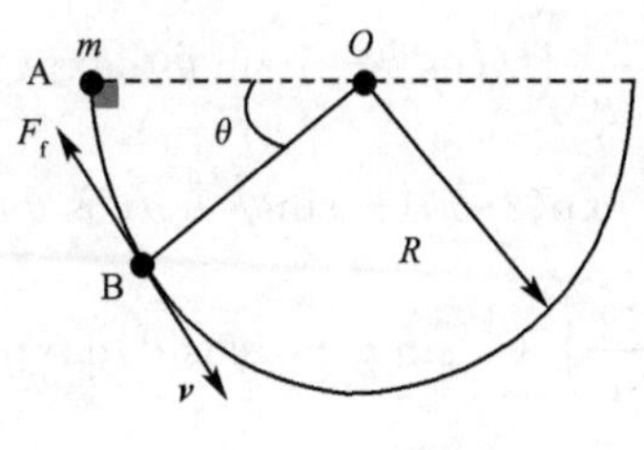

图 2-70　例 2-9

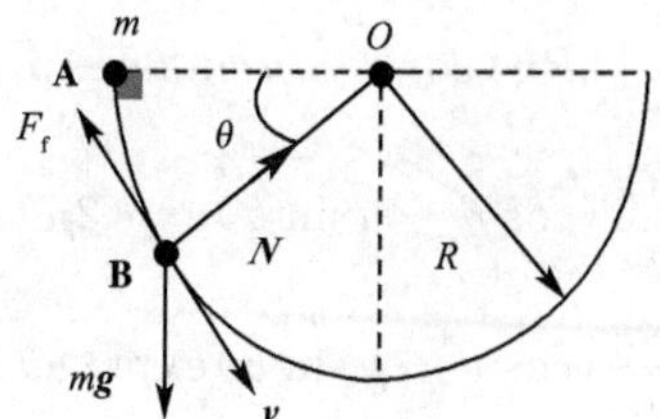

图 2-71　例 2-9 解析

摩擦力表示为

$$F_f=\mu N=\mu mg\sin\theta+\mu m\frac{v^2}{R}$$

摩擦力沿切向方向，在切向方向应用牛顿定律

$$mg\cos\theta-F_f=m\frac{\mathrm{d}v}{\mathrm{d}t}=m\frac{\mathrm{d}v}{\mathrm{d}\theta}\frac{\mathrm{d}\theta}{\mathrm{d}t}=\frac{mv}{R}\frac{\mathrm{d}v}{\mathrm{d}\theta}$$

$$\frac{mv}{R}\frac{\mathrm{d}v}{\mathrm{d}\theta}=mg\cos\theta-\mu mg\sin\theta-\mu m\frac{v^2}{R},v\frac{\mathrm{d}v}{\mathrm{d}\theta}=Rg(\cos\theta-\mu\sin\theta)-\mu v^2$$

得到微分方程

$$\frac{\mathrm{d}v^2}{\mathrm{d}\theta}+2\mu v^2=2Rg(\cos\theta-\mu\sin\theta)$$

解此微分方程(有关 v^2 的一阶线性常微分方程)，得到

$$v^2=\frac{2Rg}{1+4\mu^2}(3\mu\cos\theta-2\mu^2\sin\theta+\sin\theta)-\frac{6\mu Rg}{1+4\mu^2}\exp(-2\mu\theta)$$

$$v=\sqrt{\frac{2Rg}{1+4\mu^2}(3\mu\cos\theta-2\mu^2\sin\theta+\sin\theta)-\frac{6\mu Rg}{1+4\mu^2}\exp(-2\mu\theta)}$$

摩擦力为

$$F_f=\mu mg\sin\theta+m\frac{v^2}{R}=\mu mg\sin\theta+\frac{2mg}{1+4\mu^2}(3\mu\cos\theta-2\mu^2\sin\theta+\sin\theta)-\frac{6\mu mg}{1+4\mu^2}\exp(-2\mu\theta)$$

点评　(1)也可以由角动量定理得到由切向方向牛顿定律列出的方程。

对 O 点的力矩和角动量分别为

$$M=Rmg\cos\theta-RF_f,L=Rmv$$

由角动量定理，得到

$$M=\frac{\mathrm{d}L}{\mathrm{d}t},Rmg\cos\theta-RF_f=Rm\frac{\mathrm{d}v}{\mathrm{d}t},mg\cos\theta-F_f=m\frac{\mathrm{d}v}{\mathrm{d}t}$$

(2)解微分方程。

由微分方程可见，齐次微分方程的解为 $\exp(-2\mu\theta)$；因此，可以设微分方程的通解为 $v^2=f(\theta)\exp(-2\mu\theta)$，带回微分方程，得到

$$\frac{\mathrm{d}}{\mathrm{d}\theta}[f(\theta)\exp(-2\mu\theta)]+2\mu v^2=2Rg(\cos\theta-\mu\sin\theta)$$

$$\frac{\mathrm{d}f}{\mathrm{d}\theta}\exp(-2\mu\theta)-2\mu f(\theta)\exp(-2\mu\theta)+2\mu v^2=2Rg(\cos\theta-\mu\sin\theta)$$

$$\frac{\mathrm{d}f}{\mathrm{d}\theta}\exp(-2\mu\theta)=2Rg(\cos\theta-\mu\sin\theta)$$

$$\frac{\mathrm{d}f}{\mathrm{d}\theta}=2Rg(\cos\theta-\mu\sin\theta)\exp(2\mu\theta)$$

变量已经分离,积分

$$f=\int_0^\theta[2Rg(\cos\theta-\mu\sin\theta)\exp(2\mu\theta)]\mathrm{d}\theta=\frac{Rg}{\mu}\int_0^\theta(\cos\theta-\mu\sin\theta)\mathrm{d}\exp(2\mu\theta)$$

$$=\frac{Rg}{\mu}(\cos\theta-\mu\sin\theta)\exp(2\mu\theta)\Big|_0^\theta-\frac{Rg}{\mu}\int_0^\theta\exp(2\mu\theta)(-\sin\theta-\mu\cos\theta)\mathrm{d}\theta$$

$$=\frac{Rg}{\mu}(\cos\theta-\mu\sin\theta)\exp(2\mu\theta)-\frac{Rg}{\mu}-\frac{Rg}{2\mu^2}\int_0^\theta(-\sin\theta-\mu\cos\theta)\mathrm{d}\exp(2\mu\theta)$$

$$=\frac{Rg}{\mu}(\cos\theta-\mu\sin\theta)\exp(2\mu\theta)-\frac{Rg}{\mu}$$

$$-\frac{Rg}{2\mu^2}(-\sin\theta-\mu\cos\theta)\exp(2\mu\theta)\Big|_0^\theta-\frac{Rg}{2\mu^2}\int_0^\theta\exp(2\mu\theta)(\cos\theta-\mu\sin\theta)\mathrm{d}\theta$$

$$=\frac{Rg}{\mu}(\cos\theta-\mu\sin\theta)\exp(2\mu\theta)-\frac{Rg}{\mu}-\frac{Rg}{2\mu^2}(-\sin\theta-\mu\cos\theta)\exp(2\mu\theta)$$

$$-\frac{Rg}{2\mu}-\frac{1}{4\mu^2}\int_0^\theta 2Rg\exp(2\mu\theta)(\cos\theta-\mu\sin\theta)\mathrm{d}\theta$$

由此得到

$$f=\frac{Rg}{\mu}(\cos\theta-\mu\sin\theta)\exp(2\mu\theta)-\frac{3Rg}{2\mu}-\frac{Rg}{2\mu^2}(-\sin\theta-\mu\cos\theta)\exp(2\mu\theta)-\frac{1}{4\mu^2}f$$

$$f+\frac{1}{4\mu^2}f=\left[\frac{Rg}{\mu}(\cos\theta-\mu\sin\theta)+\frac{Rg}{2\mu^2}(\sin\theta+\mu\cos\theta)\right]\exp(2\mu\theta)-\frac{3Rg}{2\mu}$$

$$f+4\mu^2f=2Rg\,[2\mu(\cos\theta-\mu\sin\theta)+(\sin\theta+\mu\cos\theta)]\exp(2\mu\theta)-6\mu Rg$$

$$f=\frac{2Rg}{1+4\mu^2}[3\mu\cos\theta-2\mu^2\sin\theta+\sin\theta]\exp(2\mu\theta)-\frac{6\mu Rg}{1+4\mu^2}$$

这样,最终得到微分方程的特解

$$v^2=\frac{2Rg}{1+4\mu^2}(3\mu\cos\theta-2\mu^2\sin\theta+\sin\theta)-\frac{6\mu Rg}{1+4\mu^2}\exp(-2\mu\theta)$$

(3)动能定理

摩擦力做功为

$$\mathrm{d}A_f=\boldsymbol{F}_{\mathrm{f}}\cdot\mathrm{d}\boldsymbol{l}=-F_{\mathrm{f}}\mathrm{d}l=-\mu m\left(g\sin\theta+\frac{v^2}{R}\right)R\,\mathrm{d}\theta$$

$$=-\mu mgR\left(\sin\theta+\frac{2}{1+4\mu^2}(3\mu\cos\theta-2\mu^2\sin\theta+\sin\theta)-\frac{6\mu}{1+4\mu^2}\exp(-2\mu\theta)\right)\mathrm{d}\theta$$

$$A_f=\int\mathrm{d}A_f$$

$$=-\mu mgR\int_0^\theta\left(\sin\theta+\frac{6\mu\cos\theta-4\mu^2\sin\theta+2\sin\theta}{1+4\mu^2}-\frac{6\mu\exp(-2\mu\theta)}{1+4\mu^2}\right)\mathrm{d}\theta$$

$$=-\mu mgR\left[-\cos\theta+\frac{6\mu\sin\theta+4\mu^2\cos\theta-2\cos\theta}{1+4\mu^2}+\frac{3\exp(-2\mu\theta)}{1+4\mu^2}\right]_0^\theta$$

$$=-3\mu mgR\,\frac{2\mu\sin\theta-\cos\theta+\exp(-2\mu\theta)}{1+4\mu^2}$$

重力做功

$$A_{mg}=\int dA_{mg}=\int_0^\theta \boldsymbol{mg}\cdot d\boldsymbol{l}=\int_0^\theta mgR\cos\theta d\theta=mgR\sin\theta$$

由此得到功

$$A_{mg}+A_f=mgR\sin\theta-3\mu mgR\,\frac{2\mu\sin\theta-\cos\theta+\exp(-2\mu\theta)}{1+4\mu^2}$$

$$=\frac{Rmg}{1+4\mu^2}(3\mu\cos\theta-2\mu^2\sin\theta+\sin\theta)-\frac{3\mu Rmg}{1+4\mu^2}\exp(-2\mu\theta)$$

$A_{mg}+A_f=mv^2/2-0$，这就是动能定理。

(4)功能原理

机械能增量为

$$\Delta E=\Delta E_k+\Delta E_p=\frac{1}{2}mv^2-0+0-mgR\sin\theta$$

$$=-3\mu mgR\,\frac{2\mu\sin\theta-\cos\theta+\exp(-2\mu\theta)}{1+4\mu^2}=A_f$$

$\Delta E=\Delta E_k+\Delta E_p=A_f$，这就是功能原理。

【例 2-10】 升降机内有一固定光滑斜面，倾角为 α，如图 2-72 所示。当升降机以匀加速度 $\boldsymbol{a}_0$ 上升时，质量为 m 的物体 A 沿斜面下滑，求物体 A 相对地面的加速度。

分析 电梯是加速平动非惯性参考系，物体在随电梯一起运动的同时，还有相对电梯的运动，这是一个运动叠加的问题。由于电梯是非惯性参考系，物体相对于电梯的运动，除正常的真实力外，还要追加一个惯性力，这样就可以在电梯这一非惯性参考系中对运动物体应用牛顿定律，从而解决物体相对于电梯非惯性参考系的运动问题。再由伽利略变换，最终得到物体相对于地面惯性参考系的运动问题。

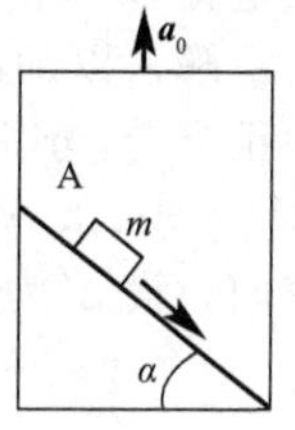

图 2-72　例 2-10

解 以 A 为研究对象。因电梯是非惯性系，在电梯上研究质点 A 的动力学规律时应添加惯性力。分析力：质点 A 受支撑力 $\boldsymbol{N}$，重力 $m\boldsymbol{g}$，惯性力 $-m\boldsymbol{a}_0$，方向如图 2-73(a)所示。

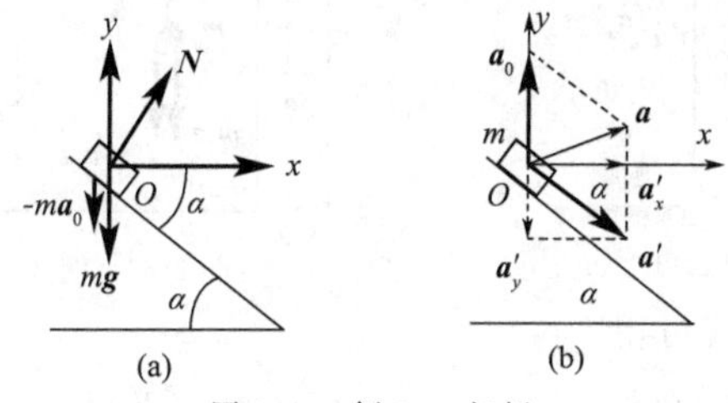

图 2-73　例 2-10 解析

如图 2-73(b)所示，设 A 相对斜面的加速度为 $\boldsymbol{a}'$，建立牛顿方程

$$N\sin\alpha=ma'_x=ma'\cos\alpha,\ N\cos\alpha-mg-ma_0=ma'_y=-ma'\sin\alpha$$

联立解得

$$a'=(g+a_0)\sin\alpha,$$

由伽利略变换，得到 A 对地的加速度为

$$\boldsymbol{a}=\boldsymbol{a}_0+\boldsymbol{a}'=a_0\boldsymbol{j}+a'\cos\alpha\boldsymbol{i}-a'\sin\alpha\boldsymbol{j}$$

$$a_x=a'\cos\alpha=(g+a_0)\sin\alpha\cos\alpha,\ a_y=a_0-a'\sin\alpha=a_0\cos^2\alpha-g\sin^2\alpha$$

$$a=\sqrt{a_x^2+a_y^2}=\sqrt{[(g+a_0)\sin\alpha\cos\alpha]^2+(a_0\cos^2\alpha-g\sin^2\alpha)^2}$$

$$=\sqrt{g^2\sin^2\alpha+a_0^2\cos^2\alpha}$$

点评 也可以在惯性参考系中求解。

如图 2-74 所示，质点受到两个力的作用，重力 $m\boldsymbol{g}$ 和支撑力 $\boldsymbol{N}$。设质点沿斜面的加速度

为 $\boldsymbol{a}_1$，则质点相对于地面惯性参考系的加速度为

$$\boldsymbol{a}=\boldsymbol{a}_0+\boldsymbol{a}_1=a_0\boldsymbol{j}+a_1\cos\alpha\boldsymbol{i}-a_1\sin\alpha\boldsymbol{j},a_x=a_1\cos\alpha,a_y=a_0-a_1\sin\alpha$$

由牛顿定律，得到

$$ma_x=N\sin\alpha,ma_y=N\cos\alpha-mg$$

$$ma_1\cos\alpha=N\sin\alpha,m(a_0-a_1\sin\alpha)=N\cos\alpha-mg$$

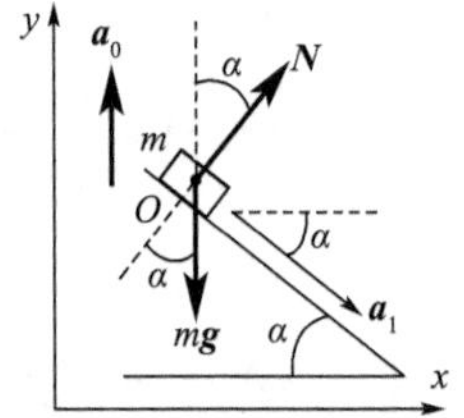

图 2-74　例 2-10 点评

解得

$$a_1=(g+a_0)\sin\alpha$$

由此得到质点相对地面的加速度

$$a_x=a_1\cos\alpha=(g+a_0)\sin\alpha\cos\alpha,a_y=a_0-a_1\sin\alpha=a_0\cos^2\alpha-g\sin^2\alpha$$

【例 2-11】　如图 2-75 所示，在以加速度 $\boldsymbol{a}_0$ 上升的电梯的顶部固定一滑轮，用细绳跨过滑轮并悬挂质量分别为 m_1 和 m_2 的两个物体 A 和 B，已知 $m_1>m_2$。不计滑轮及绳的质量和一切摩擦，求这两物体的加速度和绳子中的张力。

分析　尽管是两个物体，可以分隔为两个质点，两个质点分别处理。两个质点相对于电梯有运动之外，还要随电梯一起加速运动，处理这类问题，有两种方法，一是从非惯性系求解，应用 $\boldsymbol{F}=m\boldsymbol{a}$ 时，必须引入惯性力；二是从惯性系求解，不存在惯性力，但是要分析物体与加速系统之间相对加速度的关系，从而得到物体相对于惯性系的加速度。电梯是非惯性参考系，如果在电梯参考系中对两个质点应用牛顿定律，还需要考虑附加一个惯性力。

解　以加速运动的电梯为参考系，是非惯性系。如图 2-76 所示，选取竖直向下坐标轴 Ox 为正方向，分别对两物体分析受力情况，它们受绳的张力和重力，还分别受惯性力作用，$\boldsymbol{f}_1^*=-m_1\boldsymbol{a}_0$ 和 $\boldsymbol{f}_2^*=-m_2\boldsymbol{a}_0$，其方向应与电梯(非惯性系)加速度的方向相反，即沿 Ox 轴正方向。设 $\boldsymbol{a}'$ 为物体相对电梯的加速度，根据牛顿定律，有

$$m_1\boldsymbol{g}-\boldsymbol{F}_{T1}+\boldsymbol{f}_1^*=m_1\boldsymbol{a}',\text{或 } m_1g-F_{T1}+m_1a_0=m_1a'$$

$$m_2\boldsymbol{g}-\boldsymbol{F}_{T2}+\boldsymbol{f}_2^*=-m_2\boldsymbol{a}',\text{或 } m_2g-F_{T2}+m_2a_0=-m_2a'$$

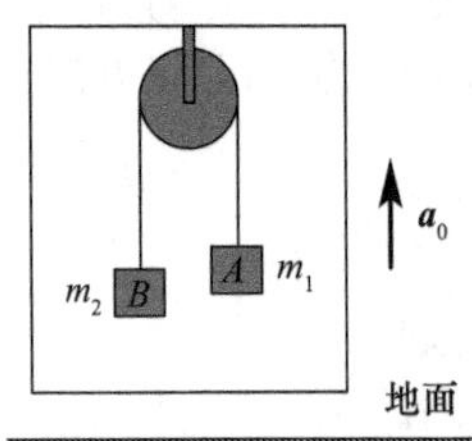

图 2-75　例 2-11

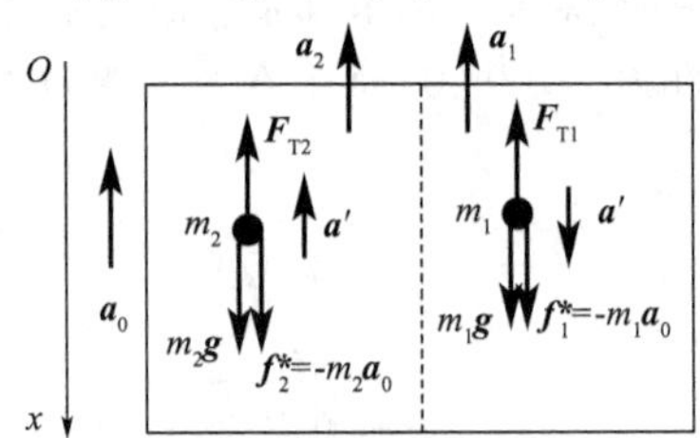

图 2-76　例 2-11 解析

且 $F_{T1}=F_{T2}$，解上列各式可得

$$a'=\frac{m_1-m_2}{m_1+m_2}(g+a_0),F_{T1}=F_{T2}=\frac{2m_1m_2}{m_1+m_2}(g+a_0)$$

由伽利略变换，得到 m_1 和 m_2 相对地面的加速度

$$a_1=a_0-a'=a_0-\frac{m_1-m_2}{m_1+m_2}(g+a_0)=\frac{2m_2a_0-(m_1-m_2)g}{m_1+m_2}$$

$$a_2=a_0+a'=a_0+\frac{m_1-m_2}{m_1+m_2}(g+a_0)=\frac{2m_1a_0+(m_1-m_2)g}{m_1+m_2}$$

点评　(1)如果 $\boldsymbol{a}_0=0$，即电梯也是惯性参考系，则加速度为

$$a_1=-\frac{m_1-m_2}{m_1+m_2}g,a_2=\frac{m_1-m_2}{m_1+m_2}g$$

这一结果，与不考虑惯性力时惯性参考系中的牛顿定律结果一致。所以，牛顿定律在非惯性参考系中是不成立的，牛顿定律只适用于惯性参考系，除非附加惯性力。

(2)也可以直接由地面这一惯性参考系来求解。

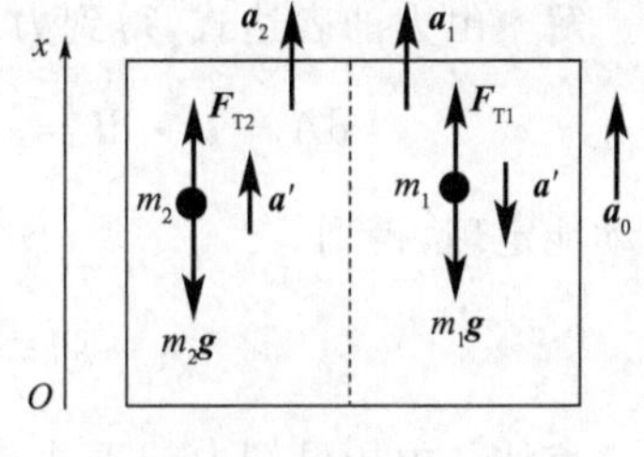

图 2-77　例 2-11 点评

如图 2-77 所示,在地面这一惯性参考系中,物体 A 受到重力 $m_1\boldsymbol{g}$ 和拉力 $\boldsymbol{F}_{T1}$,物体 B 受到重力 $m_2\boldsymbol{g}$ 和拉力 $\boldsymbol{F}_{T2}$。设物体 A 和物体 B 相对于电梯的加速度大小为 a',物体 A 相对于地面的加速度为 $\boldsymbol{a}_1$,物体 B 相对于地面的加速度为 $\boldsymbol{a}_2$。由牛顿定律得到

$$m_1a_1=F_{T1}-m_1g,m_2a_2=F_{T2}-m_2g,F_{T1}=F_{T2}$$

由伽利略变换得到

$$a_1=a_0-a',a_2=a_0+a'$$

联立解得

$$a'=\frac{m_1-m_2}{m_1+m_2}(a_0+g),F_{T1}=F_{T2}=\frac{2m_1m_2}{m_1+m_2}(a_0+g)$$

$$a_1=\frac{2m_2a_0-(m_1-m_2)g}{m_1+m_2},a_2=\frac{(m_1-m_2)g+2m_1a_0}{m_1+m_2}$$

【例 2-12】　一物体在水平力 $\boldsymbol{F}=bmg(1-kt)\boldsymbol{i}$ (式中 b 和 k 为恒量,m 为物体的质量,g 为重力加速度大小)作用下,沿水平方向运动,不计摩擦。设 $t=0$ 时,物体的速度为 $\boldsymbol{v}_0$,求物体运动 t 时间的过程中力所做的功。

分析　这是一个求变力做功的问题。功是力的空间积累,由于力是用时间表示的函数,为了进行空间积累,需要将空间位移变换为时间的函数。由牛顿定律,积分可以得到速度的时间函数关系,由此可以得到元位移的时间函数关系,就可以进行力的空间积累。

解　由牛顿定律得到

$$F=bmg(1-kt)=m\frac{\mathrm{d}v}{\mathrm{d}t},\mathrm{d}v=bg(1-kt)\mathrm{d}t,\int_{v_0}^{v}\mathrm{d}v=bg\int_0^t(1-kt)\mathrm{d}t$$

$$v-v_0=bg\left(t-\frac{1}{2}kt^2\right),v=v_0+bg\left(t-\frac{1}{2}kt^2\right)$$

由此得到元位移

$$\mathrm{d}x=v\mathrm{d}t=\left(v_0+bgt-\frac{1}{2}kbgt^2\right)\mathrm{d}t$$

力所做的功为

$$A=\int\mathrm{d}A=\int F\mathrm{d}x=\int_0^t bmg(1-kt)\left(v_0+bgt-\frac{1}{2}kbgt^2\right)\mathrm{d}t$$

$$=bmgv_0t+\frac{1}{2}mbg(bg-kv_0)t^2-\frac{1}{2}mkb^2g^2t^3+\frac{1}{8}mk^2b^2g^2t^4$$

点评　由动能定理求解。

$$A=\frac{1}{2}mv^2-\frac{1}{2}mv_0^2=\frac{1}{2}m\left(v_0+bgt-\frac{1}{2}kbgt^2\right)^2-\frac{1}{2}mv_0^2$$

$$=mbgv_0t-\frac{1}{2}mkbgv_0t^2+\frac{1}{2}mb^2g^2t^2-\frac{1}{2}mkb^2g^2t^3+\frac{1}{8}mk^2b^2g^2t^4$$

【例 2-13】　一质量为 m 的物体,最初静止在 $x=l_0$ 处,在力 $F=-\frac{k}{x^2}$的作用下沿 Ox 轴负方向运动,其中 k 为恒量。求物体从 $x=l_0$ 处运动到 $x=l$ 处的过程中力所做的功和物体的运动速度。

分析　力是位移的函数,所以可直接进行力的空间积累得到功。再由动能定理得到动能的变化,进而求得速度。

解　由力的表达式,得到力对物体所做的功

$$\mathrm{d}A=\boldsymbol{F}\cdot\mathrm{d}\boldsymbol{l}=-\frac{k}{x^2}\mathrm{d}x,A=\int\mathrm{d}A=-\int_{l_0}^{l}\frac{k}{x^2}\mathrm{d}x=k\left(\frac{1}{l}-\frac{1}{l_0}\right)$$

由动能定理,得到

$$A=k\left(\frac{1}{l}-\frac{1}{l_0}\right)=\frac{1}{2}mv^2-0,v=\sqrt{\frac{2k}{m}\left(\frac{1}{l}-\frac{1}{l_0}\right)}$$

点评　由于已知力的表达式,也可以直接由牛顿定律求速度,进而由动能定理求做功。由牛顿定律得到

$$F=-\frac{k}{x^2}=m\frac{\mathrm{d}v}{\mathrm{d}t}=m\frac{\mathrm{d}v}{\mathrm{d}x}\frac{\mathrm{d}x}{\mathrm{d}t}=mv\frac{\mathrm{d}v}{\mathrm{d}x},mv\mathrm{d}v=-\frac{k}{x^2}\mathrm{d}x,\int_0^v mv\mathrm{d}v=-\int_{l_0}^{l}\frac{k}{x^2}\mathrm{d}x$$

$$\frac{1}{2}mv^2=k\left(\frac{1}{l}-\frac{1}{l_0}\right),v=\sqrt{\frac{2k}{m}\left(\frac{1}{l}-\frac{1}{l_0}\right)}$$

再由动能定理,得到力所做的功

$$A=\Delta E_{\mathrm{k}}=\frac{1}{2}mv^2-0=k\left(\frac{1}{l}-\frac{1}{l_0}\right)$$

【例 2-14】　质点在力 $\boldsymbol{F}=F_0\exp(-kx)\boldsymbol{i}$ 作用下运动,如果在 $x=0$ 处质点的速度为零,求质点可能获得的最大动能。

分析　质点在变力的作用下沿 x 轴运动。尽管随着质点沿 x 轴正方向运动,力的大小在减小,但总是正的,质点一直在加速沿 x 轴正方向运动下去,尽管加速度在逐渐减小。一直到无限远处时,力才变为零,停止加速,质点运动速度达到最大,质点的动能达到最大。由于力与质点的位置有关,而功是力的空间积累,所以容易计算功,因此先计算变力的功,再由动能定理得到动能。

解　质点由 $x=0$ 处运动到无限远处时,力做功

$$\mathrm{d}A=\boldsymbol{F}\cdot\mathrm{d}x\boldsymbol{i}=F_0\exp(-kx)\boldsymbol{i}\cdot\mathrm{d}x\boldsymbol{i}=F_0\exp(-kx)\mathrm{d}x$$

$$A=\int\mathrm{d}A=F_0\int_0^{\infty}\exp(-kx)\mathrm{d}x=-\frac{F_0}{k}\exp(-kx)\Big|_0^{\infty}=\frac{F_0}{k}$$

质点运动到无限远处时,动能达到最大,由动能定理,质点可能达到的最大动能为

$$E_{\mathrm{kmax}}-0=A=\frac{F_0}{k},E_{\mathrm{kmax}}=\frac{F_0}{k}$$

点评　也可以由牛顿定律直接求解。由牛顿定律,得到

$$F=F_0\exp(-kx)=m\frac{\mathrm{d}v}{\mathrm{d}t}=m\frac{\mathrm{d}v}{\mathrm{d}x}\frac{\mathrm{d}x}{\mathrm{d}t}=mv\frac{\mathrm{d}v}{\mathrm{d}x},mv\mathrm{d}v=F_0\exp(-kx)\mathrm{d}x$$

$$\int_0^v mv\mathrm{d}v=\int_0^x F_0\exp(-kx)\mathrm{d}x,\frac{1}{2}mv^2=\frac{F_0}{k}[1-\exp(-kx)]$$

当 $x\to\infty$ 时,速度达到最大,质点的最大动能为

$$E_{\mathrm{kmax}}=\frac{1}{2}mv_{\mathrm{max}}^2=\frac{F_0}{k}$$

【例 2-15】　如图 2-78 所示,劲度系数为 k 的轻弹簧水平放置,一端固定,另一端连接一质量为 m 的物体,物体与水平桌面间的摩擦系数为 μ,开始时物体静止,弹簧保持原长。现以恒力 $\boldsymbol{F}$ 将物体自平衡位置开始向右拉动,求系统所能达到的最大势能。

分析　物体受到重力、支撑力、拉力、弹簧弹性力和摩擦力。在拉力的作用下,物体开始加速运动,同时弹簧伸长,物体受到弹簧弹性力和摩擦力,加速度逐渐减小。当弹簧伸长到一定程度时,物体运动速度达到最大,弹性力过大,物体开始减速运动,直到速度降为零,此时弹簧达到最大伸长,也就是系统达到最大弹性势能。在这一运动过程中,由于有恒力和摩擦力做功(重力和支撑力不做功),机械能不守恒,但可以应用动能定理或功能原理。

解 如图 2-79,建立坐标系。物体先加速后减速沿 x 轴正方向运动,当速度降为零时,弹簧达到最大伸长 $x_{\max}$,系统达到最大弹性势能 E_{pmax}。物体受到重力$\boldsymbol{W}=m\boldsymbol{g}$ 和支撑力$\boldsymbol{N}$,这两个力不做功;恒力 $\boldsymbol{F}$ 做正功;弹簧弹性力 $\boldsymbol{F}_{\mathrm{E}}$ 和摩擦力 $\boldsymbol{f}$ 做负功。恒力做功为

$$\mathrm{d}A_1=\boldsymbol{F}\cdot\mathrm{d}\boldsymbol{l}=F\mathrm{d}x,A_1=\int\mathrm{d}A_1=\int_0^{x_{\max}}F\mathrm{d}x=Fx_{\max}$$

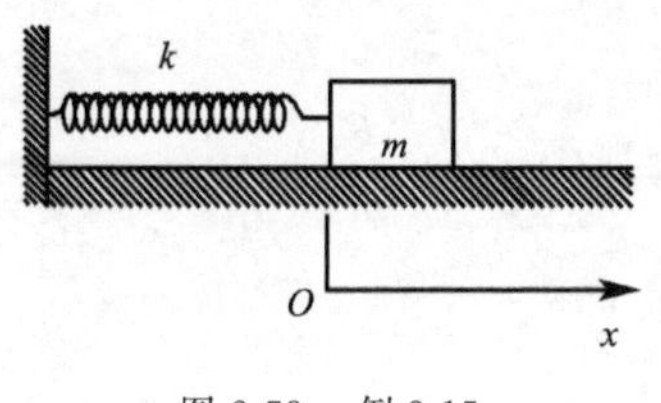

图 2-78 例 2-15

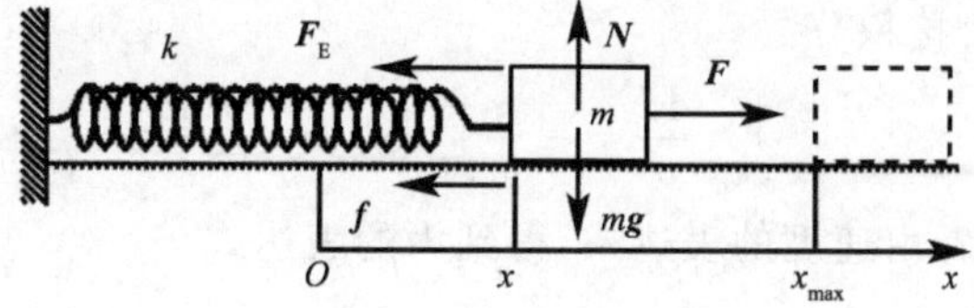

图 2-79 例 2-15 解析

摩擦力做功

$$\mathrm{d}A_2=\boldsymbol{f}\cdot\mathrm{d}\boldsymbol{l}=-\mu mg\,\mathrm{d}x,A_2=\int\mathrm{d}A_2=-\int_0^{x_{\max}}\mu mg\,\mathrm{d}x=-\mu mgx_{\max}$$

弹簧弹性力做功

$$\mathrm{d}A_3=\boldsymbol{F}_{\mathrm{E}}\cdot\mathrm{d}\boldsymbol{l}=-kx\,\mathrm{d}x,A_3=\int\mathrm{d}A_3=-\int_0^{x_{\max}}kx\,\mathrm{d}x=-\frac{1}{2}kx_{\max}^2$$

弹性势能增量为

$$\Delta E_{\mathrm{pmax}}=E_{\mathrm{pmax}}-0=\frac{1}{2}kx_{\max}^2=-A_3$$

由动能定理,得到

$$A_1+A_2+A_3=0-0,Fx_{\max}-\mu mgx_{\max}-\frac{1}{2}kx_{\max}^2=0-0$$

$$x_{\max}=\frac{2F-2\mu mg}{k},E_{\mathrm{pmax}}=\frac{1}{2}kx_{\max}^2=\frac{2}{k}(F-\mu mg)^2$$

或由功能原理,得到

$$A_1+A_2=\Delta E_{\mathrm{kmax}}+\Delta E_{\mathrm{pmax}},Fx_{\max}-\mu mgx_{\max}=0+\frac{1}{2}kx_{\max}^2$$

得到相同的结果。

点评 也可以由牛顿定律直接求解。设弹簧伸长为 x 时的速度为 v,由牛顿定律得到

$$F-\mu mg-kx=m\frac{\mathrm{d}v}{\mathrm{d}t}=m\frac{\mathrm{d}v}{\mathrm{d}x}\frac{\mathrm{d}x}{\mathrm{d}t}=mv\frac{\mathrm{d}v}{\mathrm{d}x},(F-\mu mg-kx)\mathrm{d}x=mv\mathrm{d}v$$

$$\int_0^{x_{\max}}(F-\mu mg-kx)\mathrm{d}x=\int_0^0 mv\mathrm{d}v,Fx_{\max}-\mu mgx_{\max}-\frac{1}{2}kx_{\max}^2=0$$

【例 2-16】 一质量为 m 物体以初速度 v_0 从坐标原点沿 x 轴方向运动,物体在运动中所受阻力 $\boldsymbol{F}$ 与速度 v 的关系为 $F=-kv^2$,其中 k 为常数。求:

(1)物体从 $x=0$ 处运动到 $x=l$ 处时的速度;

(2)物体从 $x=0$ 处运动到 $x=l$ 处,在这过程中阻力所做的功。

分析 由于力与速度有关,可以通过变量替换将牛顿定律变换为力与速度对位移的微分关系,分离变量并积分,得到速度与位移的关系。由速度表达式和力与速度的关系求得力与位移的关系,由此可以求得用位移表示的阻力元功,积分得到阻力的功。要注意的是,不能由力的速度表达式直接空间积累得到阻力的功。

解 (1)由牛顿定律得到

$$F=-kv^2=m\frac{\mathrm{d}v}{\mathrm{d}t}=m\frac{\mathrm{d}v}{\mathrm{d}x}\frac{\mathrm{d}x}{\mathrm{d}t}=mv\frac{\mathrm{d}v}{\mathrm{d}x},\frac{\mathrm{d}v}{v}=-\frac{k}{m}\mathrm{d}x,\int_{v_0}^{v}\frac{\mathrm{d}v}{v}=-\frac{k}{m}\int_0^x\mathrm{d}x$$

$$\ln v - \ln v_0 = -\frac{k}{m}x, v = v_0 \exp\left(-\frac{k}{m}x\right)$$

则物体从 $x=0$ 处运动到 $x=l$ 处时的速度为

$$v_1 = v_0 \exp\left(-\frac{k}{m}l\right)$$

或者直接积分

$$\int_{v_0}^{v_1} \frac{dv}{v} = -\frac{k}{m}\int_0^l dx, \ln v_1 - \ln v_0 = -\frac{k}{m}l, v_1 = v_0 \exp\left(-\frac{k}{m}l\right)$$

(2)由速度的表达式，得到力的表达式

$$F = -kv^2 = -kv_0^2 \exp\left(-\frac{2k}{m}x\right)$$

物体从 $x=0$ 处运动到 $x=l$ 处的过程中阻力所做的功

$$dA = \boldsymbol{F} \cdot d\boldsymbol{l} = -kv_0^2 \exp\left(-\frac{2k}{m}x\right) dx$$

$$A = \int dA = -kv_0^2 \int_0^l \exp\left(-\frac{2k}{m}x\right) dx = \frac{1}{2}mv_0^2 \left[\exp\left(-\frac{2k}{m}l\right) - 1\right]$$

点评 (1)由用位移表示的速度表达式，可以直接应用动能定理求得阻力的功

$$A = \frac{1}{2}mv^2 - \frac{1}{2}mv_0^2 = \frac{1}{2}mv_0^2 \exp\left(-\frac{2k}{m}l\right) - \frac{1}{2}mv_0^2 = \frac{1}{2}mv_0^2 \left[\exp\left(-\frac{2k}{m}l\right) - 1\right]$$

(2)由速度的位移表达式，还可以求得物体的运动函数

$$v = \frac{dx}{dt} = v_0 \exp\left(-\frac{k}{m}x\right), \exp\left(\frac{k}{m}x\right) dx = v_0 dt, \int_0^x \exp\left(\frac{k}{m}x\right) dx = v_0 \int_0^t dt$$

$$\frac{m}{k}\left[\exp\left(\frac{k}{m}x\right) - 1\right] = v_0 t, x = \frac{m}{k}\ln\left(\frac{kv_0}{m}t + 1\right)$$

【例 2-17】 质量 $m=6$ kg 的物体只能沿 x 轴无摩擦地运动，设 $t=0$ 时，物体静止于原点。求下列两种力所做的功和物体的运动速率：

(1)物体在力 $\boldsymbol{F}_1 = (3+4x)\boldsymbol{i} + (3+4x)\boldsymbol{j}$ (N)作用下运动了 3 m；

(2)物体在力 $\boldsymbol{F}_2 = (3+4t)\boldsymbol{i} + (3+4t)\boldsymbol{j}$ (N)作用下运动了 3 s。

分析 这是变力做功问题，如图 2-80 所示，在物体运动过程中，不仅力的大小在变化，力的方向也可能在变化。但物体的位移只在 x 轴方向，y 轴方向的分力不做功。写出元功的表达式，元功的累积就是功。对于 $\boldsymbol{F}_1$，元功表达式就是用位移表示的，可以直接进行空间积累而得到做功量；对于 $\boldsymbol{F}_2$，元功表达式是用时间表示的，不能直接进行空间积累而得到做功量，需要将空间积累转变为时间积累，再进行积分。有了做功量，由动能定理可以求得速率。

解 由于物体只能沿 x 轴运动，$d\boldsymbol{l} = dx\boldsymbol{i}$，所以元功表达式为 $dA = \boldsymbol{F} \cdot d\boldsymbol{l} = \boldsymbol{F} \cdot dx\boldsymbol{i}$。

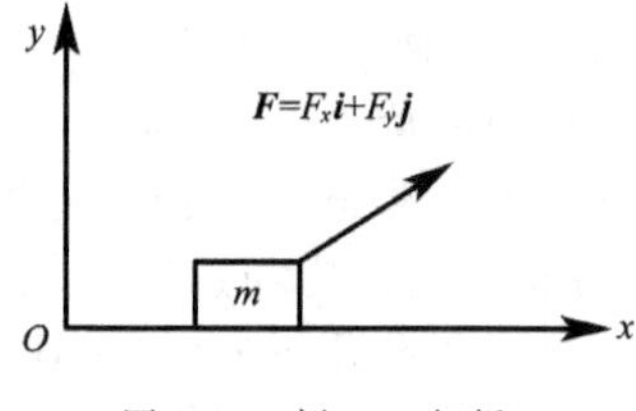

图 2-80 例 2-17 解析

(1)对于力 $\boldsymbol{F}_1 = (3+4x)\boldsymbol{i} + (3+4x)\boldsymbol{j}$ (N)，元功表示为

$$dA_1 = \boldsymbol{F}_1 \cdot d\boldsymbol{l} = [(3+4x)\boldsymbol{i} + (3+4x)\boldsymbol{j}] \cdot dx\boldsymbol{i} = (3+4x)dx$$

物体在力 $\boldsymbol{F}_1$ 作用下运动 3 m，力 $\boldsymbol{F}_1$ 所做的功为

$$A_1 = \int dA_1 = \int_0^3 (3+4x)dx = 27 \text{ J}$$

由动能定理

$$A_1=\frac{1}{2}mv_1^2-0=27\ \mathrm{J}$$

求得物体运动了 3 m 时的速率

$$v_1=\sqrt{\frac{2A_1}{m}}=\sqrt{\frac{2\times 27}{6}}=3\ \mathrm{m\cdot s^{-1}}$$

(2)对于力 $\boldsymbol{F}_2=(3+4t)\boldsymbol{i}+(3+4t)\boldsymbol{j}$(N),元功表示为

$$\mathrm{d}A_2=\boldsymbol{F}_2\cdot\mathrm{d}\boldsymbol{l}=[(3+4t)\boldsymbol{i}+(3+4t)\boldsymbol{j}]\cdot\mathrm{d}x\boldsymbol{i}=(3+4t)\mathrm{d}x=(3+4t)v\mathrm{d}t$$

需要先求得速率的表达式(只沿 x 轴运动,$v\to v_x$)

$$F_{2x}=m\frac{\mathrm{d}v}{\mathrm{d}t}=3+4t,\mathrm{d}v=\frac{(3+4t)}{6}\mathrm{d}t,v=\int_0^t\frac{(3+4t)}{6}\mathrm{d}t=\frac{1}{2}t+\frac{1}{3}t^2$$

由此,元功表示为

$$\mathrm{d}A_2=(3+4t)v\mathrm{d}t=(3+4t)\left(\frac{1}{2}t+\frac{1}{3}t^2\right)\mathrm{d}t=\left(\frac{4}{3}t^3+3t^2+\frac{3}{2}t\right)\mathrm{d}t$$

物体在力 $\boldsymbol{F}_2$ 作用下运动 3 s,力 $\boldsymbol{F}_2$ 所做的功为

$$A_2=\int\mathrm{d}A_2=\int_0^3\left(\frac{4}{3}t^3+3t^2+\frac{3}{2}t\right)\mathrm{d}t=\frac{243}{4}\ \mathrm{J}$$

由动能定理,求得物体运动了 3 s 时的速率

$$A_2=\frac{1}{2}mv_2^2-0,\ v_2=\sqrt{\frac{2A_2}{m}}=4.5\ \mathrm{m\cdot s^{-1}}$$

点评　(1)变力做功,首先要找到元功表达式,必要时要进行变量替换;其次要注意,力不但大小可能变化,方向也可能变化;还要注意,元功是力在元位移方向的分量做的功,垂直于元位移方向的分量不做功。在数学上,元功就是力与元位移的点积。

(2)对于力 $\boldsymbol{F}_1=(3+4x)\boldsymbol{i}+(3+4x)\boldsymbol{j}$(N)做功,也可以先求速率,再由动能定理求做功。

$$a_{1x}=\frac{F_{1x}}{m}=\frac{3+4x}{6}=\frac{1}{2}+\frac{2}{2}x,a_{1x}=\frac{\mathrm{d}v_1}{\mathrm{d}t}=\frac{\mathrm{d}v_1}{\mathrm{d}x}\frac{\mathrm{d}x}{\mathrm{d}t}=v_1\frac{\mathrm{d}v_1}{\mathrm{d}x}$$

$$v_1\frac{\mathrm{d}v_1}{\mathrm{d}x}=\left(\frac{1}{2}+\frac{2}{3}x\right),v_1\mathrm{d}v_1=\left(\frac{1}{2}+\frac{2}{3}x\right)\mathrm{d}x$$

$$\int_0^{v_1}v_1\mathrm{d}v_1=\int_0^3\left(\frac{1}{2}+\frac{2}{3}x\right)\mathrm{d}x,\frac{1}{2}v_1^2=\left(\frac{1}{2}x+\frac{1}{3}x^2\right)\Big|_0^3=\frac{9}{2},v_1=3\ \mathrm{m\cdot s^{-1}}$$

【例 2-18】　如图 2-81 所示,一质点分别在力 $\boldsymbol{F}_1=x\boldsymbol{i}+y\boldsymbol{j}$,$\boldsymbol{F}_2=4xy\boldsymbol{i}+2x^2\boldsymbol{j}$ 和 $\boldsymbol{F}=\boldsymbol{F}_1+\boldsymbol{F}_2$ 的作用下,在 xOy 平面内运动,分别求质点由 A 沿路径

$$\mathrm{L}_1:\mathrm{A}(x_1,y_1)\to\mathrm{C}(x_1,y_2)\to\mathrm{B}(x_2,y_2)$$

$$\mathrm{L}_2:\mathrm{A}(x_1,y_1)\to\mathrm{D}(x_2,y_1)\to\mathrm{B}(x_2,y_2)$$

$$\mathrm{L}_3:\mathrm{A}(x_1,y_1)\to\mathrm{B}(x_2,y_2)$$

运动到 B,这几个力所做的功。

分析　这是变力做功的问题。在平面中运动,力被分解为 $\boldsymbol{F}=\boldsymbol{F}_x+\boldsymbol{F}_y=F_x\boldsymbol{i}+F_y\boldsymbol{j}$,位移可以分解为 $\mathrm{d}\boldsymbol{l}=\mathrm{d}x\boldsymbol{i}+\mathrm{d}y\boldsymbol{j}$,则元功表示为 $\mathrm{d}A=\boldsymbol{F}\cdot\mathrm{d}\boldsymbol{l}=F_x\mathrm{d}x+F_y\mathrm{d}y$。质点沿路径 L 从 A 点运动到 B 点过程中,力 $\boldsymbol{F}$ 做功表示为 $A=\int\mathrm{d}A=\int_{\mathrm{A(L)}}^{\mathrm{B}}F_x\mathrm{d}x+F_y\mathrm{d}y$,这是一个第二类曲线积分,可以直接计算。如果力 $\boldsymbol{F}$ 是保守力,则力 $\boldsymbol{F}$ 做功与路径无关,可选简单的路径积分。

解　如图 2-82 所示,沿不同的路径,位移表示不同。

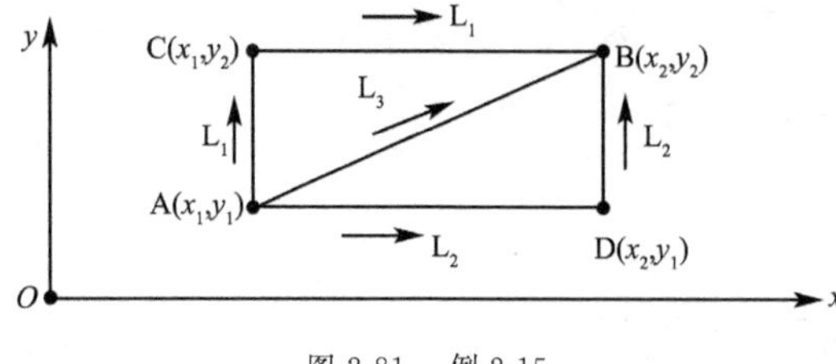

图 2-81　例 2-15

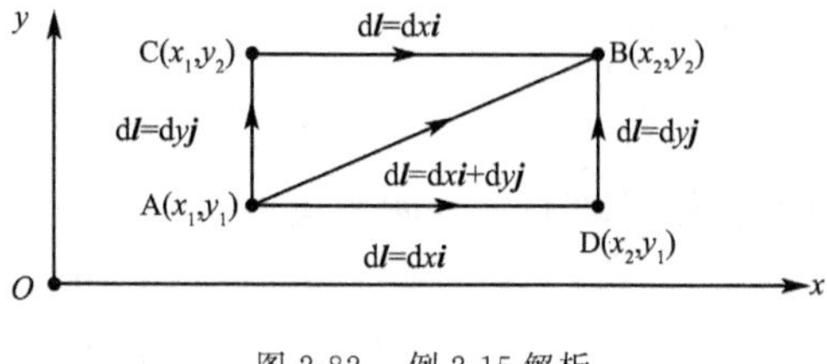

图 2-82　例 2-15 解析

(1) 力 $\boldsymbol{F}_1=x\boldsymbol{i}+y\boldsymbol{j}$ 做功

由路径 L_1:$A(x_1,y_1)\to C(x_1,y_2)\to B(x_2,y_2)$ 时,可分为两段 A→C 和 C→B。第一段,只在 y 方向有位移,$\mathrm{d}\boldsymbol{l}=\mathrm{d}y\boldsymbol{j}$,则

$$\mathrm{d}A_{11}=\boldsymbol{F}_1\cdot\mathrm{d}\boldsymbol{l}_{11}=(x\boldsymbol{i}+y\boldsymbol{j})\cdot\mathrm{d}y\boldsymbol{j}=y\mathrm{d}y,A_{11}=\int\mathrm{d}A_{11}=\int_{y_1}^{y_2}y\mathrm{d}y=\frac{1}{2}y_2^2-\frac{1}{2}y_1^2$$

第二段,只在 x 方向有位移,$\mathrm{d}\boldsymbol{l}=\mathrm{d}x\boldsymbol{i}$,则

$$\mathrm{d}A_{12}=\boldsymbol{F}_1\cdot\mathrm{d}\boldsymbol{l}_{12}=(x\boldsymbol{i}+y\boldsymbol{j})\cdot\mathrm{d}x\boldsymbol{i}=x\mathrm{d}x,A_{12}=\int\mathrm{d}A_{12}=\int_{x_1}^{x_2}x\mathrm{d}x=\frac{1}{2}x_2^2-\frac{1}{2}x_1^2$$

因此,由路径 L_1:$A(x_1,y_1)\to C(x_1,y_2)\to B(x_2,y_2)$ 时,力 $\boldsymbol{F}_1=x\boldsymbol{i}+y\boldsymbol{j}$ 做功

$$A_1=A_{11}+A_{12}=\frac{1}{2}x_2^2+\frac{1}{2}y_2^2-\frac{1}{2}y_1^2-\frac{1}{2}x_1^2$$

由路径 L_2:$A(x_1,y_1)\to D(x_2,y_1)\to B(x_2,y_2)$ 时,可分为两段 A→D 和 D→B。第一段,只在 x 方向有位移,$\mathrm{d}\boldsymbol{l}=\mathrm{d}x\boldsymbol{i}$,则

$$\mathrm{d}A_{21}=\boldsymbol{F}_1\cdot\mathrm{d}\boldsymbol{l}_{21}=(x\boldsymbol{i}+y\boldsymbol{j})\cdot\mathrm{d}x\boldsymbol{i}=x\mathrm{d}x,A_{21}=\int\mathrm{d}A_{21}=\int_{x_1}^{x_2}x\mathrm{d}x=\frac{1}{2}x_2^2-\frac{1}{2}x_1^2$$

第二段,只在 y 方向有位移,$\mathrm{d}\boldsymbol{l}=\mathrm{d}y\boldsymbol{j}$,则

$$\mathrm{d}A_{22}=\boldsymbol{F}_1\cdot\mathrm{d}\boldsymbol{l}_{22}=(x\boldsymbol{i}+y\boldsymbol{j})\cdot\mathrm{d}y\boldsymbol{j}=y\mathrm{d}y,A_{22}=\int\mathrm{d}A_{22}=\int_{y_1}^{y_2}y\mathrm{d}y=\frac{1}{2}y_2^2-\frac{1}{2}y_1^2$$

因此,由路径 L_2:$A(x_1,y_1)\to D(x_2,y_1)\to B(x_2,y_2)$ 时,力 $\boldsymbol{F}_1=x\boldsymbol{i}+y\boldsymbol{j}$ 做功

$$A_2=A_{21}+A_{22}=\frac{1}{2}x_2^2+\frac{1}{2}y_2^2-\frac{1}{2}y_1^2-\frac{1}{2}x_1^2$$

我们发现,沿路径 L_1 和 L_2,力 $\boldsymbol{F}_1=x\boldsymbol{i}+y\boldsymbol{j}$ 做功相等,似乎力 $\boldsymbol{F}_1=x\boldsymbol{i}+y\boldsymbol{j}$ 做功与路径无关。实际上,$\boldsymbol{F}_1=x\boldsymbol{i}+y\boldsymbol{j}=F_{1x}\boldsymbol{i}+F_{1y}\boldsymbol{j}$,做功表示为

$$A=\int\mathrm{d}A=\int_{A(L)}^{B}F_x\mathrm{d}x+F_y\mathrm{d}y$$

因为,$F_{1x}=x,F_{1y}=y,\frac{\partial F_{1x}}{\partial y}=0,\frac{\partial F_{1y}}{\partial x}=0,\frac{\partial F_{1x}}{\partial y}=\frac{\partial F_{1y}}{\partial x}$,力 $\boldsymbol{F}_1=x\boldsymbol{i}+y\boldsymbol{j}$ 是保守力,其做功与路径无关,因此,沿路径 L_3:$A(x_1,y_1)\to B(x_2,y_2)$,力 $\boldsymbol{F}_1=x\boldsymbol{i}+y\boldsymbol{j}$ 做功为

$$A_3=A_1=A_2=\frac{1}{2}x_2^2+\frac{1}{2}y_2^2-\frac{1}{2}y_1^2-\frac{1}{2}x_1^2$$

(2) 力 $\boldsymbol{F}_2=4xy\boldsymbol{i}+2x^2\boldsymbol{j}$ 做功

由路径 L_1:$A(x_1,y_1)\to C(x_1,y_2)\to B(x_2,y_2)$ 时,可分为两段 A→C 和 C→B。第一段,只在 y 方向有位移,$\mathrm{d}\boldsymbol{l}=\mathrm{d}y\boldsymbol{j}$,则

$$\mathrm{d}A_{11}=\boldsymbol{F}_2\cdot\mathrm{d}\boldsymbol{l}_{11}=(4xy\boldsymbol{i}+2x^2\boldsymbol{j})\cdot\mathrm{d}y\boldsymbol{j}=2x_1^2\mathrm{d}y$$

$$A_{11}=\int\mathrm{d}A_{11}=\int_{y_1}^{y_2}2x_1^2\mathrm{d}y=2x_1^2y_2-2x_1^2y_1$$

第二段,只在 x 方向有位移,$\mathrm{d}\boldsymbol{l}=\mathrm{d}x\boldsymbol{i}$,则

$$\mathrm{d}A_{12}=\boldsymbol{F}_2\cdot\mathrm{d}\boldsymbol{l}_{12}=(4xy\boldsymbol{i}+2x^2\boldsymbol{j})\cdot\mathrm{d}x\boldsymbol{i}=4xy_2\mathrm{d}x$$

$$A_{12}=\int \mathrm{d}A_{12}=\int_{x_1}^{x_2}4xy_2\mathrm{d}x=2x_2^2y_2-2x_1^2y_2$$

因此，由路径 $L_1:A(x_1,y_1)\to C(x_1,y_2)\to B(x_2,y_2)$ 时，力 $\boldsymbol{F}_2=4xy\boldsymbol{i}+2x^2\boldsymbol{j}$ 做功

$$A_1=A_{11}+A_{12}=2x_1^2y_2-2x_1^2y_1+2x_2^2y_2-2x_1^2y_2=2x_2^2y_2-2x_1^2y_1$$

由路径 $L_2:A(x_1,y_1)\to D(x_2,y_1)\to B(x_2,y_2)$ 时，可分为两段 A→D 和 D→B。第一段，只在 x 方向有位移，$\mathrm{d}\boldsymbol{l}=\mathrm{d}x\boldsymbol{i}$，则

$$\mathrm{d}A_{21}=\boldsymbol{F}_2\cdot\mathrm{d}\boldsymbol{l}_{21}=(4xy\boldsymbol{i}+2x^2\boldsymbol{j})\cdot\mathrm{d}x\boldsymbol{i}=4xy_1\mathrm{d}x$$

$$A_{21}=\int \mathrm{d}A_{21}=\int_{x_1}^{x_2}4xy_1\mathrm{d}x=2x_2^2y_1-2x_1^2y_1$$

第二段，只在 y 方向有位移，$\mathrm{d}\boldsymbol{l}=\mathrm{d}y\boldsymbol{j}$，则

$$\mathrm{d}A_{22}=\boldsymbol{F}_2\cdot\mathrm{d}\boldsymbol{l}_{22}=(4xy\boldsymbol{i}+2x^2\boldsymbol{j})\cdot\mathrm{d}y\boldsymbol{j}=2x_2^2\mathrm{d}y$$

$$A_{22}=\int \mathrm{d}A_{22}=\int_{y_1}^{y_2}2x_2^2\mathrm{d}y=2x_2^2y_2-2x_2^2y_1$$

因此，由路径 $L_2:A(x_1,y_1)\to D(x_2,y_1)\to B(x_2,y_2)$时，力 $\boldsymbol{F}_2=4xy\boldsymbol{i}+2x^2\boldsymbol{j}$ 做功

$$A_2=A_{21}+A_{22}=2x_2^2y_1-2x_1^2y_1+2x_2^2y_2-2x_2^2y_1=2x_2^2y_2-2x_1^2y_1$$

我们发现，沿路径 L_1 和 L_2，力 $\boldsymbol{F}_2=4xy\boldsymbol{i}+2x^2\boldsymbol{j}$ 做功相等，似乎力 $\boldsymbol{F}_2=4xy\boldsymbol{i}+2x^2\boldsymbol{j}$ 做功与路径无关。实际上，$\boldsymbol{F}_2=4xy\boldsymbol{i}+2x^2\boldsymbol{j}=F_{2x}\boldsymbol{i}+F_{2y}\boldsymbol{j}$，做功表示为

$$A=\int \mathrm{d}A=\int_{A(L)}^{B}F_x\mathrm{d}x+F_y\mathrm{d}y$$

因为，$F_{2x}=4xy$，$F_{2y}=2x^2$，$\dfrac{\partial F_{2x}}{\partial y}=4x$，$\dfrac{\partial F_{2y}}{\partial x}=4x$，$\dfrac{\partial F_{2x}}{\partial y}=\dfrac{\partial F_{2y}}{\partial x}$，力 $\boldsymbol{F}_2=4xy\boldsymbol{i}+2x^2\boldsymbol{j}$ 是保守力，其做功与路径无关，因此，沿路径 $L_3:A(x_1,y_1)\to B(x_2,y_2)$，力 $\boldsymbol{F}_2=4xy\boldsymbol{i}+2x^2\boldsymbol{j}$ 做功为

$$A_3=A_1=A_2=2x_2^2y_2-2x_1^2y_1$$

(3)因为 $\boldsymbol{F}=\boldsymbol{F}_1+\boldsymbol{F}_2$，所以

$$\mathrm{d}A=\boldsymbol{F}\cdot\mathrm{d}\boldsymbol{l}=\boldsymbol{F}_1\cdot\mathrm{d}\boldsymbol{l}+\boldsymbol{F}_2\cdot\mathrm{d}\boldsymbol{l}$$

$$A=\int\mathrm{d}A=\int\boldsymbol{F}\cdot\mathrm{d}\boldsymbol{l}=\int\boldsymbol{F}_1\cdot\mathrm{d}\boldsymbol{l}+\int\boldsymbol{F}_2\cdot\mathrm{d}\boldsymbol{l}=A(\boldsymbol{F}_1)+A(\boldsymbol{F}_2)$$

合力所做的功等于分力分别做功之和，由于分力分别做功与路径无关，合力做功也与路径无关，因此，$\boldsymbol{F}=\boldsymbol{F}_1+\boldsymbol{F}_2$ 做功为

$$A=A(\boldsymbol{F}_1)+A(\boldsymbol{F}_2)=\frac{1}{2}x_2^2+\frac{1}{2}y_2^2-\frac{1}{2}y_1^2-\frac{1}{2}x_1^2+2x_2^2y_2-2x_1^2y_1$$

点评　(1)直接积分计算沿路径 $L_3:A(x_1,y_1)\to B(x_2,y_2)$，力做功。

对于 $L_3:A(x_1,y_1)\to B(x_2,y_2)$，直线方程和位移关系为

$$y=\frac{y_2-y_1}{x_2-x_1}x+\frac{x_2y_1-x_1y_2}{x_2-x_1},\ \mathrm{d}y=\frac{y_2-y_1}{x_2-x_1}\mathrm{d}x$$

对于力 $\boldsymbol{F}_1=x\boldsymbol{i}+y\boldsymbol{j}$，做功为

$$\begin{aligned}A(\boldsymbol{F}_1)&=\int\boldsymbol{F}_1\cdot\mathrm{d}\boldsymbol{l}=\int(x\boldsymbol{i}+y\boldsymbol{j})\cdot(\mathrm{d}x\boldsymbol{i}+\mathrm{d}y\boldsymbol{j})=\int_{(x_1,y_1)}^{(x_2,y_2)}x\mathrm{d}x+y\mathrm{d}y\\&=\int_{x_1}^{x_2}\left[x+\left(\frac{y_2-y_1}{x_2-x_1}x+\frac{x_2y_1-x_1y_2}{x_2-x_1}\right)\frac{y_2-y_1}{x_2-x_1}\right]\mathrm{d}x\\&=\frac{1}{2}x_2^2+\frac{1}{2}y_2^2-\frac{1}{2}y_1^2-\frac{1}{2}x_1^2\end{aligned}$$

对于力 $\boldsymbol{F}_2=4xy\boldsymbol{i}+2x^2\boldsymbol{j}$，做功为

$$A(\boldsymbol{F}_2)=\int\boldsymbol{F}_2\cdot\mathrm{d}\boldsymbol{l}=\int(4xy\boldsymbol{i}+2x^2\boldsymbol{j})\cdot(\mathrm{d}x\boldsymbol{i}+\mathrm{d}y\boldsymbol{j})$$

$$=\int_{(x_1,y_1)}^{(x_2,y_2)} 4xy\,\mathrm{d}x + 2x^2\,\mathrm{d}y$$

$$=\int_{x_1}^{x_2}\left[4x\left(\frac{y_2-y_1}{x_2-x_1}x+\frac{x_2y_1-x_1y_2}{x_2-x_1}\right)+2x^2\frac{y_2-y_1}{x_2-x_1}\right]\mathrm{d}x$$

$$=\left[\frac{4}{3}x^3\frac{y_2-y_1}{x_2-x_1}+2x^2\frac{x_2y_1-x_1y_2}{x_2-x_1}+\frac{2}{3}x^3\frac{y_2-y_1}{x_2-x_1}\right]_{x_1}^{x_2}$$

$$=\left[2x^3\frac{y_2-y_1}{x_2-x_1}+2x^2\frac{x_2y_1-x_1y_2}{x_2-x_1}\right]_{x_1}^{x_2}=2x_2^2y_2-2x_1^2y_1$$

这与沿路径 L_1 和 L_2 做功结果一样。说明 $\boldsymbol{F}_1=x\boldsymbol{i}+y\boldsymbol{j}$ 和 $\boldsymbol{F}_2=4xy\boldsymbol{i}+2x^2\boldsymbol{j}$ 是保守力。

(2)平面力 $\boldsymbol{F}=\boldsymbol{F}_x+\boldsymbol{F}_y=F_x\boldsymbol{i}+F_y\boldsymbol{j}$ 沿闭合路径做功

$$A=\oint\boldsymbol{F}\cdot\mathrm{d}\boldsymbol{l}=\oint(F_x\boldsymbol{i}+F_y\boldsymbol{j})\cdot(\mathrm{d}x\boldsymbol{i}+\mathrm{d}y\boldsymbol{j})=\oint F_x\,\mathrm{d}x+F_y\,\mathrm{d}yz=0$$

的条件是

$$\frac{\partial F_x}{\partial y}=\frac{\partial F_y}{\partial x}$$

力 $\boldsymbol{F}=\boldsymbol{F}_x+\boldsymbol{F}_y=F_x\boldsymbol{i}+F_y\boldsymbol{j}$ 称为保守力,做功与路径无关。

对于空间力 $\boldsymbol{F}=\boldsymbol{F}_x+\boldsymbol{F}_y+\boldsymbol{F}_z=F_x\boldsymbol{i}+F_y\boldsymbol{j}+F_z\boldsymbol{k}$ 是保守力或沿闭合路径做功

$$A=\oint\boldsymbol{F}\cdot\mathrm{d}\boldsymbol{l}=\oint(F_x\boldsymbol{i}+F_y\boldsymbol{j}+F_z\boldsymbol{k})\cdot(\mathrm{d}x\boldsymbol{i}+\mathrm{d}y\boldsymbol{j}+\mathrm{d}z\boldsymbol{k})=\oint F_x\,\mathrm{d}x+F_y\,\mathrm{d}y+F_z\,\mathrm{d}z=0$$

的条件是

$$\frac{\partial F_x}{\partial y}=\frac{\partial F_y}{\partial x},\frac{\partial F_y}{\partial z}=\frac{\partial F_z}{\partial y},\frac{\partial F_z}{\partial x}=\frac{\partial F_x}{\partial z}$$

(3)如果力 $\boldsymbol{F}_1$ 和 $\boldsymbol{F}_2$ 是保守力,则其矢量和 $\boldsymbol{F}=\boldsymbol{F}_1+\boldsymbol{F}_2$ 也是保守力。

【例 2-19】 当弹簧振子振幅较大,超过弹性范围时,弹性回复力随弹簧形变量按线性规律变化的胡克定律需加以修改。如图 2-83 所示,假定弹性回复力随弹簧形变量变化规律为

$$f=-kx-\gamma x^3$$

式中,γ 为一小的修正系数(常数)。质量为 m 的质点与弹簧组成弹簧振子,质点在弹簧为原长位置时的速率为 v_0。求:

(1)弹簧从原长伸长到 x_1 的过程中,弹性力所做的功;

(2)在伸长位置 x_1 质点 m 的速率 v_1。

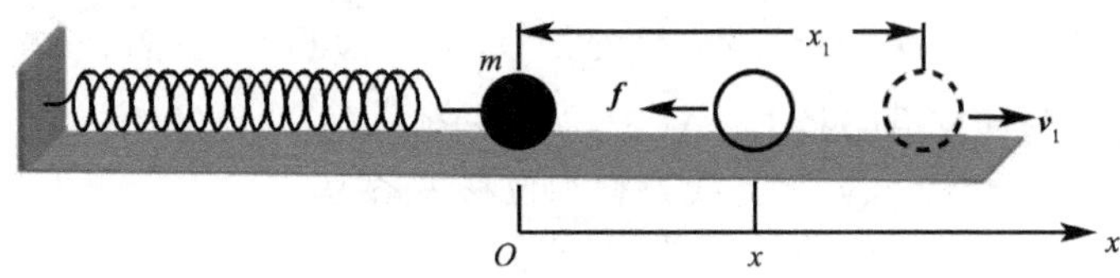

图 2-83 例 2-19

分析 这是一个求变力做功的问题。变力所做的功,先找到元功,元功的累积就是力所做的功;由动能定理,力所做的功等于质点的动能变化,由此求得质点的速率。

解 如图 2-84 所示,建立 Ox 坐标系,则弹簧伸长 x 时,振子受到的弹性力为

$$\boldsymbol{f}=(-kx-\gamma x^3)\boldsymbol{i}$$

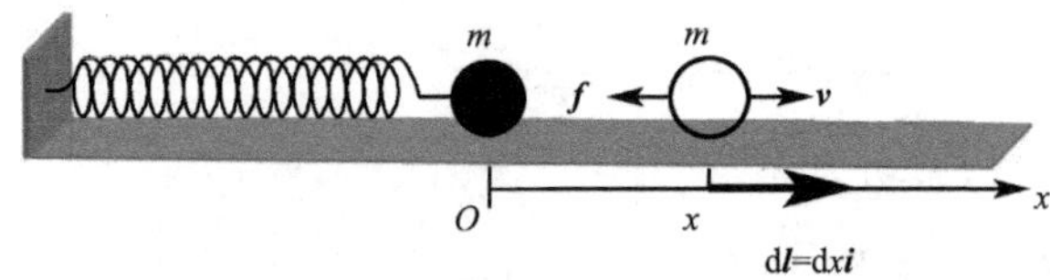

图 2-84 例 2-19 解析

(1)在弹簧伸长 x 处,再伸长 $\mathrm{d}\boldsymbol{l}=\mathrm{d}x\boldsymbol{i}$ 时,弹性力做功为

$$\mathrm{d}A=\boldsymbol{f}\cdot\mathrm{d}\boldsymbol{l}=(-kx-\gamma x^3)\mathrm{d}x$$

所以,弹簧从原长伸长到 x_1 的过程中,弹性力所做的功为

$$A=\int\mathrm{d}A=\int_0^{x_1}(-kx-\gamma x^3)\mathrm{d}x=-\frac{1}{2}kx_1^2-\frac{1}{4}\gamma x_1^4$$

(2)由动能定理,得到

$$A=\frac{1}{2}mv_1^2-\frac{1}{2}mv_0^2=-\frac{1}{2}kx_1^2-\frac{1}{4}\gamma x_1^4,v_1=\sqrt{v_0^2-\frac{kx_1^2}{m}-\frac{1}{2m}\gamma x_1^4}$$

点评　(1)也可以直接由牛顿定律求速率。由牛顿定律

$$f=-kx-\gamma x^3=ma=m\frac{\mathrm{d}v}{\mathrm{d}t}=m\frac{\mathrm{d}v}{\mathrm{d}x}\frac{\mathrm{d}x}{\mathrm{d}t}=mv\frac{\mathrm{d}v}{\mathrm{d}x},(-kx-\gamma x^3)\mathrm{d}x=mv\mathrm{d}v$$

$$\int_0^{x_1}(-kx-\gamma x^3)\mathrm{d}x=m\int_{v_0}^{v_1}v\mathrm{d}v,v_1=\sqrt{v_0^2-\frac{k}{m}x_1^2-\frac{1}{2m}\gamma x_1^4}$$

(2)如果令弹簧的弹性势能为

$$E_\mathrm{p}=\frac{1}{2}kx^2+\frac{1}{4}\gamma x^4$$

则由动能定理得到

$$E_\mathrm{p}+\frac{1}{2}mv_1^2=\frac{1}{2}mv_0^2,E_\mathrm{p}+E_\mathrm{k}=E_0$$

机械能守恒定律依然成立。尽管弹簧弹性力已经超过了胡克定律的适用范围,力不再与弹簧的伸长量成正比,但依然是弹性力。

【例 2-20】　如图 2-85 所示,质量为 m 的质点在 xOy 坐标平面内做圆周运动,有一力 $\boldsymbol{F}=F_0(x\boldsymbol{i}+y\boldsymbol{j})$ 作用在质点上,求该质点从坐标原点运动到 (R,R) 和 $(0,2R)$ 位置的过程中,力 $\boldsymbol{F}$ 对质点做的功。

分析　这是求变力做功的问题,初看起来似乎很难,因为在给定的坐标系中,质点的路径尽管是圆,但表示起来并不容易,所以力的空间积累是不容易计算的。再来看受力,很容易看出这是一个保守力,因此积分的路径可以任意选。

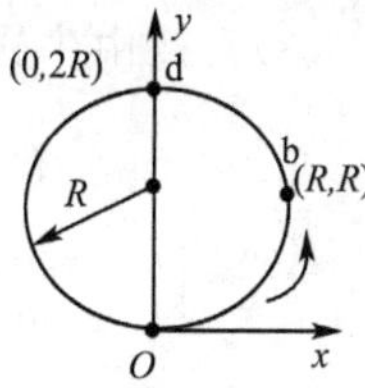

解　力的情况为

$$\boldsymbol{F}=F_0(x\boldsymbol{i}+y\boldsymbol{j})=F_0x\boldsymbol{i}+F_0y\boldsymbol{j}=F_x\boldsymbol{i}+F_y\boldsymbol{j},\frac{\partial F_x}{\partial y}=\frac{\partial F_y}{\partial x}=0$$

因此,力 $\boldsymbol{F}=F_0(x\boldsymbol{i}+y\boldsymbol{j})$ 是保守力,而保守力做功与路径无关。

图 2-85　例 2-20

(1)选择直线路径 $O(0,0)\to\mathrm{b}(R,R)$,因为 $x=y,\mathrm{d}x=\mathrm{d}y$,所以

$$\mathrm{d}A_1=\boldsymbol{F}\cdot\mathrm{d}\boldsymbol{l}_1=F_0(x\boldsymbol{i}+y\boldsymbol{j})\cdot(\mathrm{d}x\boldsymbol{i}+\mathrm{d}y\boldsymbol{j})=F_0x\mathrm{d}x+F_0y\mathrm{d}y=2F_0x\mathrm{d}x$$

$$A_1=\int\mathrm{d}A_1=2F_0\int_0^R x\mathrm{d}x=F_0R^2$$

(2)选择最简单的直线路径 $O(0,0)\to\mathrm{d}(0,2R)$,因为 $x=0,\mathrm{d}x=0$,所以

$$\mathrm{d}A_2=\boldsymbol{F}\cdot\mathrm{d}\boldsymbol{l}_2=F_0(x\boldsymbol{i}+y\boldsymbol{j})\cdot\mathrm{d}y\boldsymbol{j}=F_0y\mathrm{d}y,A_2=\int\mathrm{d}A_2=F_0\int_0^{2R}y\mathrm{d}y=2F_0R^2$$

点评　(1)如图 2-86 所示,选择折线路径 $O(0,0)\to\mathrm{a}(R,0)\to\mathrm{b}(R,R)$

$$\mathrm{d}A_{11}=\boldsymbol{F}\cdot\mathrm{d}\boldsymbol{l}_{11}=F_0(x\boldsymbol{i}+y\boldsymbol{j})\cdot\mathrm{d}x\boldsymbol{i}=F_0x\mathrm{d}x$$

$$A_{11}=\int\mathrm{d}A_{11}=F_0\int_0^R x\mathrm{d}x=\frac{1}{2}F_0R^2$$

$$\mathrm{d}A_{12}=\boldsymbol{F}\cdot\mathrm{d}\boldsymbol{l}_{12}=F_0(x\boldsymbol{i}+y\boldsymbol{j})\cdot\mathrm{d}y\boldsymbol{j}=F_0y\mathrm{d}y$$

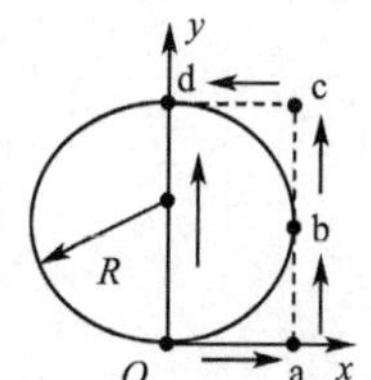

图 2-86　例 2-20 点评(1)

$$A_{12}=\int \mathrm{d}A_{12}=F_0\int_0^R y\mathrm{d}y=\frac{1}{2}F_0R^2$$

$$A_1=A_{11}+A_{12}=\frac{1}{2}F_0R^2+\frac{1}{2}F_0R^2=F_0R^2$$

选择折线路径 $O(0,0)\to a(R,0)\to c(R,2R)\to d(0,2R)$

$$\mathrm{d}A_{21}=\boldsymbol{F}\cdot\mathrm{d}\boldsymbol{l}_{21}=F_0(x\boldsymbol{i}+y\boldsymbol{j})\cdot\mathrm{d}x\boldsymbol{i}=F_0x\mathrm{d}x,A_{21}=\int\mathrm{d}A_{21}=F_0\int_0^R x\mathrm{d}x=\frac{1}{2}F_0R^2$$

$$\mathrm{d}A_{22}=\boldsymbol{F}\cdot\mathrm{d}\boldsymbol{l}_{22}=F_0(x\boldsymbol{i}+y\boldsymbol{j})\cdot\mathrm{d}y\boldsymbol{j}=F_0y\mathrm{d}y,A_{22}=\int\mathrm{d}A_{22}=F_0\int_0^{2R} y\mathrm{d}y=2F_0R^2$$

$$\mathrm{d}A_{23}=\boldsymbol{F}\cdot\mathrm{d}\boldsymbol{l}_{23}=F_0(x\boldsymbol{i}+y\boldsymbol{j})\cdot\mathrm{d}x\boldsymbol{i}=F_0x\mathrm{d}x,A_{23}=\int\mathrm{d}A_{23}=F_0\int_R^0 x\mathrm{d}x=-\frac{1}{2}F_0R^2$$

$$A_2=A_{21}+A_{22}+A_{23}=\frac{1}{2}F_0R^2+2F_0R^2-\frac{1}{2}F_0R^2=2F_0R^2$$

(2)直接沿圆周积分。如图 2-87 所示,首先进行坐标变换,即将坐标原点移到圆周轨道的圆心 O' 处,实际上,就是将 x 轴平移 R。在新的坐标系中,圆周轨道 θ 角处,质点受到的力为

$$\boldsymbol{F}=F_0(x\boldsymbol{i}+y\boldsymbol{j})=F_0[x'\boldsymbol{i}+(y'+R)\boldsymbol{j}]=F_0R[\cos\theta\boldsymbol{i}+(\sin\theta+1)\boldsymbol{j}]$$

由于 $\boldsymbol{i}=\cos\theta\boldsymbol{e}_r-\sin\theta\boldsymbol{e}_\theta$,$\boldsymbol{j}=\sin\theta\boldsymbol{e}_r+\cos\theta\boldsymbol{e}_\theta$,在平面极坐标系中,力表示为

$$\boldsymbol{F}=F_0R[\cos\theta\boldsymbol{i}+(\sin\theta+1)\boldsymbol{j}]=F_0R[(\sin\theta+1)\boldsymbol{e}_r+\cos\theta\boldsymbol{e}_\theta]$$

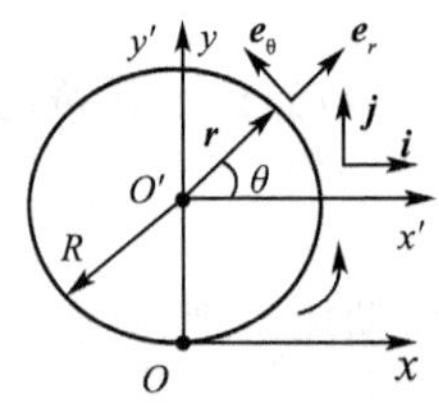

图 2-87 例 2-20 点评(2)

而元位移为

$$\mathrm{d}\boldsymbol{l}=\mathrm{d}s\boldsymbol{e}_\theta=R\mathrm{d}\theta\boldsymbol{e}_\theta=R(-\sin\theta\boldsymbol{i}+\cos\theta\boldsymbol{j})\mathrm{d}\theta$$

元功表示为

$$\mathrm{d}A=\boldsymbol{F}\cdot\mathrm{d}\boldsymbol{l}=F_0R[\cos\theta\boldsymbol{i}+(\sin\theta+1)\boldsymbol{j}]\cdot R(-\sin\theta\boldsymbol{i}+\cos\theta\boldsymbol{j})\mathrm{d}\theta=F_0R^2\cos\theta\mathrm{d}\theta$$

所以

$$A_1=\int\mathrm{d}A=\int_{-90^\circ}^0 F_0R^2\cos\theta\mathrm{d}\theta=F_0R^2,A_2=\int\mathrm{d}A=\int_{-90^\circ}^{90^\circ}F_0R^2\cos\theta\mathrm{d}\theta=2F_0R^2$$

(3)直接由牛顿定律和动能定理求解。由牛顿定律得到

$$F_x=F_0x=m\frac{\mathrm{d}v_x}{\mathrm{d}t}=m\frac{\mathrm{d}v_x}{\mathrm{d}x}\frac{\mathrm{d}x}{\mathrm{d}t}=m\frac{v_x\mathrm{d}v_x}{\mathrm{d}x},mv_x\mathrm{d}v_x=F_0x\mathrm{d}x$$

$$F_y=F_0y=m\frac{\mathrm{d}v_y}{\mathrm{d}t}=m\frac{\mathrm{d}v_y}{\mathrm{d}y}\frac{\mathrm{d}y}{\mathrm{d}t}=m\frac{v_y\mathrm{d}v_y}{\mathrm{d}y},mv_y\mathrm{d}v_y=F_0y\mathrm{d}y$$

$$m\int_{v_{x_0}}^{v_x}v_x\mathrm{d}v_x=F_0\int_0^x x\mathrm{d}x,\frac{1}{2}mv_x^2-\frac{1}{2}mv_{x_0}^2=\frac{1}{2}F_0x^2$$

$$m\int_{v_{y_0}}^{v_y}v_y\mathrm{d}v_y=F_0\int_0^y y\mathrm{d}y,\frac{1}{2}mv_y^2-\frac{1}{2}mv_{y_0}^2=\frac{1}{2}F_0y^2$$

$$\frac{1}{2}mv_x^2-\frac{1}{2}mv_{x_0}^2+\frac{1}{2}mv_y^2-\frac{1}{2}mv_{y_0}^2=\frac{1}{2}F_0x^2+\frac{1}{2}F_0y^2$$

再由动能定理,得到

$$A=\frac{1}{2}mv^2-\frac{1}{2}mv_0^2=\frac{1}{2}F_0x^2+\frac{1}{2}F_0y^2$$

$$A_1=\frac{1}{2}mv_1^2-\frac{1}{2}mv_0^2=\frac{1}{2}F_0R^2+\frac{1}{2}F_0R^2=F_0R^2$$

$$A_2=\frac{1}{2}mv_2^2-\frac{1}{2}mv_0^2=\frac{1}{2}F_0(0)^2+\frac{1}{2}F_0(2R)^2=2F_0R^2$$

【例 2-21】 一质量为 m 的质点在平面坐标系 xOy 内运动，其运动函数为 $\boldsymbol{r}=A\cos\omega t\boldsymbol{i}+B\sin\omega t\boldsymbol{j}$，式中，$A$，$B$，$\omega$ 为恒量，求质点在 $t_1=\frac{\pi}{2\omega}$ 到 $t_2=\frac{\pi}{\omega}$ 时间内所受的合外力的冲量。

分析 由运动函数对时间求导，可以得到速度的表达式。由速度的变化可以求得质点所受到的冲量。

解 先求出时刻 t_1 及 t_2 的速度，再由动量定理求冲量，速度为

$$\boldsymbol{v}=\frac{\mathrm{d}\boldsymbol{r}}{\mathrm{d}t}=-\omega A\sin\omega t\boldsymbol{i}+\omega B\cos\omega t\boldsymbol{j}$$

$$\boldsymbol{v}_1=\boldsymbol{v}\Big|_{t=\frac{\pi}{2\omega}}=(-\omega A\sin\omega t\boldsymbol{i}+\omega B\cos\omega t\boldsymbol{j})\Big|_{t=\frac{\pi}{2\omega}}=-\omega A\boldsymbol{i}$$

$$\boldsymbol{v}_2=\boldsymbol{v}\Big|_{t=\frac{\pi}{\omega}}=(-\omega A\sin\omega t\boldsymbol{i}+\omega B\cos\omega t\boldsymbol{j})\Big|_{t=\frac{\pi}{\omega}}=-\omega B\boldsymbol{j}$$

则冲量为

$$\boldsymbol{I}=m\boldsymbol{v}_2-m\boldsymbol{v}_1=m(-\omega B\boldsymbol{j})-m(-\omega A\boldsymbol{i})=m\omega(A\boldsymbol{i}-B\boldsymbol{j})$$

点评 (1)由运动函数，可以得到质点的运动轨迹方程

$$x=A\cos\omega t,\ y=B\sin\omega t,\ \cos\omega t=\frac{x}{A},\ \sin\omega t=\frac{y}{B}$$

$$\cos^2\omega t+\sin^2\omega t=\frac{x^2}{A^2}+\frac{y^2}{B^2},\ \frac{x^2}{A^2}+\frac{y^2}{B^2}=1$$

可见，质点的运动轨迹是一个闭合的椭圆，而且是逆时针旋转。

(2)质点在运动过程中受力

$$\boldsymbol{F}=m\frac{\mathrm{d}\boldsymbol{v}}{\mathrm{d}t}=-m\omega^2A\cos\omega t\boldsymbol{i}-m\omega^2B\sin\omega t\boldsymbol{j}=-m\omega^2\boldsymbol{r}$$

质点受到的力总是与位置矢量方向相反，与位置矢量的大小成正比。

(3)如图 2-88 所示，质点的角动量

$$\begin{aligned}\boldsymbol{L}&=m\boldsymbol{r}\times\boldsymbol{v}=m(A\cos\omega t\boldsymbol{i}+B\sin\omega t\boldsymbol{j})\times(-\omega A\sin\omega t\boldsymbol{i}+\omega B\cos\omega t\boldsymbol{j})\\&=m\omega AB\sin^2\omega t\boldsymbol{k}+m\omega AB\cos^2\omega t\boldsymbol{k}=m\omega AB\boldsymbol{k}\end{aligned}$$

质点的角动量为恒量，即在质点运动过程中角动量守恒。这是因为

$$\boldsymbol{M}=\boldsymbol{r}\times\boldsymbol{F}=\boldsymbol{r}\times(-m\omega^2\boldsymbol{r})=0$$

质点受到的力与位置矢量方向相反，力矩为零，角动量守恒。

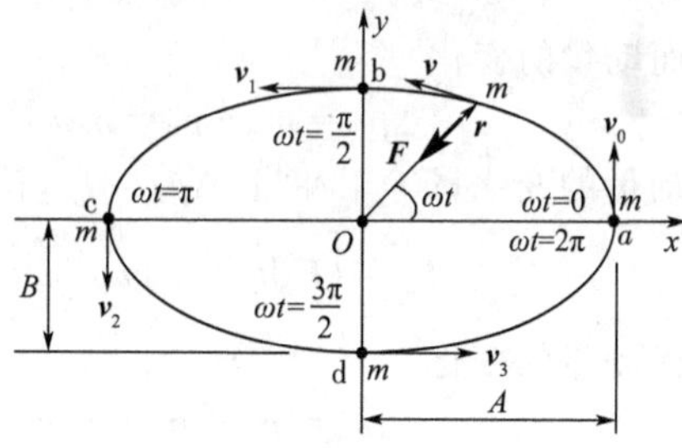

图 2-88 例 2-21 点评

(4)动能的变化与力所做的功

$$\boldsymbol{v}_0=\boldsymbol{v}|_{t=0}=(-\omega A\sin\omega t\boldsymbol{i}+\omega B\cos\omega t\boldsymbol{j})|_{t=0}=\omega B\boldsymbol{j}$$

$$\boldsymbol{v}_3=\boldsymbol{v}\Big|_{t=\frac{3\pi}{2\omega}}=(-\omega A\sin\omega t\boldsymbol{i}+\omega B\cos\omega t\boldsymbol{j})\Big|_{t=\frac{3\pi}{2\omega}}=\omega A\boldsymbol{i}$$

如图，力所做的元功为

$$\begin{aligned}\mathrm{d}A&=\boldsymbol{F}\cdot\mathrm{d}\boldsymbol{l}=\boldsymbol{F}\cdot\mathrm{d}\boldsymbol{r}\\&=(-m\omega^2A\cos\omega t\boldsymbol{i}-m\omega^2B\sin\omega t\boldsymbol{j})\cdot(-\omega A\sin\omega t\boldsymbol{i}+\omega B\cos\omega t\boldsymbol{j})\mathrm{d}t\\&=m\omega^3(A^2-B^2)\sin\omega t\cos\omega t\,\mathrm{d}t=\frac{1}{2}m\omega^3(A^2-B^2)\sin2\omega t\,\mathrm{d}t\end{aligned}$$

质点由 a 运动到 b，力做功

$$A_1=\int\mathrm{d}A=\frac{1}{2}m\omega^3(A^2-B^2)\int_0^{\pi/2\omega}\sin2\omega t\,\mathrm{d}t=\frac{1}{2}m\omega^2(A^2-B^2)>0$$

而动能的变化为

$$\Delta E_{k1}=\frac{1}{2}mv_1^2-\frac{1}{2}mv_0^2=\frac{1}{2}m\omega^2A^2-\frac{1}{2}m\omega^2B^2=\frac{1}{2}m\omega^2(A^2-B^2)>0$$

力做正功,质点动能增加,而且 $A_1=\Delta E_{k1}$,符合动能定理。质点由 b 运动到 c,力做功

$$A_2=\int dA=\frac{1}{2}m\omega^3(A^2-B^2)\int_{\pi/2\omega}^{\pi/\omega}\sin 2\omega t\,dt=-\frac{1}{2}m\omega^2(A^2-B^2)<0$$

而动能的变化为

$$\Delta E_{k2}=\frac{1}{2}mv_2^2-\frac{1}{2}mv_1^2=\frac{1}{2}m\omega^2B^2-\frac{1}{2}m\omega^2A^2=-\frac{1}{2}m\omega^2(A^2-B^2)<0$$

力做负功,质点动能减小,而且 $A_2=\Delta E_{k2}$,符合动能定理。质点由 c 运动到 d,力做功

$$A_3=\int dA=\frac{1}{2}m\omega^3(A^2-B^2)\int_{\pi/\omega}^{3\pi/2\omega}\sin 2\omega t\,dt=\frac{1}{2}m\omega^2(A^2-B^2)>0$$

而动能的变化为

$$\Delta E_{k3}=\frac{1}{2}mv_3^2-\frac{1}{2}mv_2^2=\frac{1}{2}m\omega^2A^2-\frac{1}{2}m\omega^2B^2=\frac{1}{2}m\omega^2(A^2-B^2)>0$$

力做正功,质点动能增加,而且 $A_3=\Delta E_{k3}$,符合动能定理。质点由 d 运动到 a,力做功

$$A_4=\int dA=\frac{1}{2}m\omega^3(A^2-B^2)\int_{3\pi/2\omega}^{2\pi/\omega}\sin 2\omega t\,dt=-\frac{1}{2}m\omega^2(A^2-B^2)<0$$

而动能的变化为

$$\Delta E_{k4}=\frac{1}{2}mv_0^2-\frac{1}{2}mv_3^2=\frac{1}{2}m\omega^2B^2-\frac{1}{2}m\omega^2A^2=-\frac{1}{2}m\omega^2(A^2-B^2)<0$$

力做负功,质点动能减小,而且 $A_4=\Delta E_{k4}$,符合动能定理。

可见,在质点沿椭圆轨迹运动一周的过程中,半个周期做正功,另半个周期做等量的负功,一个周期力做功之和为零,一个周期动能守恒。但在运动过程中动能不守恒。

(5)冲量与动量变化

质点由 a 运动到 b,质点受到的冲量

$$\boldsymbol{I}_1=\int\boldsymbol{F}dt=-m\omega^2\int_0^{\pi/2\omega}(A\cos\omega t\boldsymbol{i}+B\sin\omega t\boldsymbol{j})dt=-m\omega(A\boldsymbol{i}+B\boldsymbol{j})$$

而动量的变化

$$\Delta\boldsymbol{p}_1=\boldsymbol{p}_1-\boldsymbol{p}_0=m\boldsymbol{v}_1-m\boldsymbol{v}_0=-m\omega A\boldsymbol{i}-m\omega B\boldsymbol{j}=-m\omega(A\boldsymbol{i}+B\boldsymbol{j})$$

动量的变化量等于冲量,$\Delta\boldsymbol{p}_1=\boldsymbol{I}_1$,符合动量定理。质点由 b 运动到 c,质点受到的冲量

$$\boldsymbol{I}_2=\int\boldsymbol{F}dt=-m\omega^2\int_{\pi/2\omega}^{\pi/\omega}(A\cos\omega t\boldsymbol{i}+B\sin\omega t\boldsymbol{j})dt=m\omega(A\boldsymbol{i}-B\boldsymbol{j})$$

而动量的变化

$$\Delta\boldsymbol{p}_2=\boldsymbol{p}_2-\boldsymbol{p}_1=m\boldsymbol{v}_2-m\boldsymbol{v}_1=-m\omega B\boldsymbol{j}+m\omega A\boldsymbol{i}=m\omega(A\boldsymbol{i}-B\boldsymbol{j})$$

动量的变化量等于冲量,$\Delta\boldsymbol{p}_2=\boldsymbol{I}_2$,符合动量定理。质点由 c 运动到 d,质点受到的冲量

$$\boldsymbol{I}_3=\int\boldsymbol{F}dt=-m\omega^2\int_{\pi/\omega}^{3\pi/2\omega}(A\cos\omega t\boldsymbol{i}+B\sin\omega t\boldsymbol{j})dt=m\omega(A\boldsymbol{i}+B\boldsymbol{j})$$

而动量的变化

$$\Delta\boldsymbol{p}_3=\boldsymbol{p}_3-\boldsymbol{p}_2=m\boldsymbol{v}_3-m\boldsymbol{v}_2=m\omega A\boldsymbol{i}+m\omega B\boldsymbol{j}=m\omega(A\boldsymbol{i}+B\boldsymbol{j})$$

动量的变化量等于冲量,$\Delta\boldsymbol{p}_3=\boldsymbol{I}_3$,符合动量定理。质点由 d 运动到 a,质点受到的冲量

$$\boldsymbol{I}_4=\int\boldsymbol{F}dt=-m\omega^2\int_{3\pi/2\omega}^{2\pi/\omega}(A\cos\omega t\boldsymbol{i}+B\sin\omega t\boldsymbol{j})dt=-m\omega(A\boldsymbol{i}-B\boldsymbol{j})$$

而动量的变化

$$\Delta\boldsymbol{p}_4=\boldsymbol{p}_0-\boldsymbol{p}_3=m\boldsymbol{v}_0-m\boldsymbol{v}_3=m\omega B\boldsymbol{j}-m\omega A\boldsymbol{i}=-m\omega(A\boldsymbol{i}-B\boldsymbol{j})$$

动量的变化量等于冲量,$\Delta\boldsymbol{p}_4=\boldsymbol{I}_4$,符合动量定理。

可见，在质点沿椭圆轨迹运动一周的过程中，动量变化为

$$\Delta \boldsymbol{p}=\Delta \boldsymbol{p}_1+\Delta \boldsymbol{p}_2+\Delta \boldsymbol{p}_3+\Delta \boldsymbol{p}_4=0$$

这是由于，在质点沿椭圆轨迹运动一周的过程中，质点受到的冲量

$$\Delta \boldsymbol{p}=\boldsymbol{I}=\boldsymbol{I}_1+\boldsymbol{I}_2+\boldsymbol{I}_3+\boldsymbol{I}_4=0$$

但在运动过程中，由于受到力的作用，质点的动量不守恒。

【例 2-22】 如图 2-89 所示，一个质量为 m 的铁珠，系在线的一端，另一端绑在墙上的钉子上，线长为 R。先拉动铁珠使线保持水平静止，然后松手使铁珠下落。求线摆下 θ 角时，铁珠的速率和线的张力。

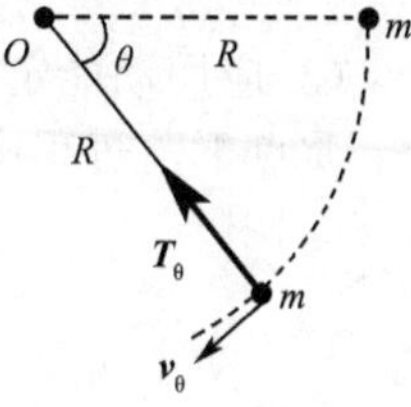

图 2-89　例 2-22

分析　铁珠在下落时受到重力和绳子的拉力，做变速率圆周运动。重力沿圆周轨道切向方向的分量提供了速率变化的动力，重力沿圆周轨道法向的分量和拉力提供了质点圆周运动的向心力。因此，在圆周轨道的切向和法向分别应用牛顿定律可以求解。质点做圆周运动，拉力对 O 点的力矩为零，重力对 O 点的力矩不为零，而且大小是变化的，可以应用角动量定理求得角速度，进而求得速率和拉力。拉力垂直于圆周轨道从而不做功，重力做功，计算重力做的功，应用动能定理求得质点运动的速率，进而在法向方向应用牛顿定律求得拉力。只有重力这一保守力做功，应用机械能守恒定律可以求得速率。

解　这是一个变加速的问题，可以应用质点力学的各种定理和定律求解。

(1)应用牛顿定律

如图 2-90 所示，铁珠受的力有拉力 $\boldsymbol{T}$ 和重力 $m\boldsymbol{g}$。由于铁珠沿圆周运动，所以按切向和法向来分解铁珠受的力并列出牛顿第二定律的分量方程。

对于铁珠，运动到角度 α 时，牛顿第二定律的切向分量方程为

$$F_t=mg\cos\alpha=ma_t=m\frac{\mathrm{d}v}{\mathrm{d}t},g\cos\alpha=\frac{\mathrm{d}v}{\mathrm{d}t}=\frac{\mathrm{d}s}{\mathrm{d}t}\frac{\mathrm{d}v}{\mathrm{d}s}=\frac{v}{R}\frac{\mathrm{d}v}{\mathrm{d}\alpha},gR\cos\alpha\,\mathrm{d}\alpha=v\,\mathrm{d}v$$

两侧同时积分，由于摆角从 0 增大到 θ 角时，速率从 0 增大到 v_θ，所以有

$$gR\int_0^\theta\cos\alpha\,\mathrm{d}\alpha=\int_0^{v_\theta}v\,\mathrm{d}v,gR\sin\theta=\frac{1}{2}v_\theta^2,v_\theta=\sqrt{2gR\sin\theta}$$

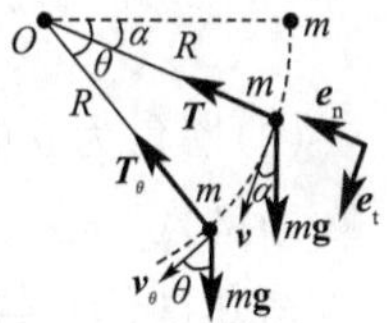

图 2-90　例 2-22 解析

对于铁珠，摆角为 θ 时，牛顿第二定律的法向分量方程为

$$F_n=T_\theta-mg\sin\theta=ma_n=m\frac{v_\theta^2}{R}=2mg\sin\theta$$

所以，摆角为 θ 时，铁珠受到的拉力，也就是线中的张力为

$$T_\theta=3mg\sin\theta$$

(2)应用角动量定理

如图 2-90 所示，拉力 $\boldsymbol{T}$ 对 O 点的力矩为零，质点受到的力矩只是重力 $m\boldsymbol{g}$ 的力矩，当质点转过 α 角时受到的力矩为

$$M=Rmg\cos\alpha$$

而质点转过 α 角时对 O 点的角动量对时间的变化率为

$$\frac{\mathrm{d}L}{\mathrm{d}t}=\frac{\mathrm{d}}{\mathrm{d}t}(Rmv)=mR^2\frac{\mathrm{d}\omega}{\mathrm{d}t}=mR^2\frac{\mathrm{d}\omega}{\mathrm{d}\alpha}\frac{\mathrm{d}\alpha}{\mathrm{d}t}=mR^2\omega\frac{\mathrm{d}\omega}{\mathrm{d}\alpha}$$

由角动量定理，得到

$$M=\frac{\mathrm{d}L}{\mathrm{d}t},mR^2\omega\frac{\mathrm{d}\omega}{\mathrm{d}\alpha}=Rmg\cos\alpha,\omega\,\mathrm{d}\omega=\frac{g}{R}\cos\alpha\,\mathrm{d}\alpha$$

积分,得到

$$\int_0^{\omega_\theta}\omega\,\mathrm{d}\omega=\frac{g}{R}\int_0^\theta\cos\alpha d\alpha,\frac{1}{2}\omega_\theta^2=\frac{g}{R}\sin\theta,\omega_\theta=\sqrt{\frac{2g}{R}\sin\theta}$$

从而得到速率和拉力

$$v_\theta=R\omega_\theta=\sqrt{2gR\sin\theta},T_\theta=mg\sin\theta+m\frac{v_\theta^2}{R}=mg\sin\theta+2mg\sin\theta=3mg\sin\theta$$

(3)应用动能定理

质点下落过程中,拉力 $\boldsymbol{T}$ 不做功,只有重力 $m\boldsymbol{g}$ 做功。

$$\mathrm{d}A=\boldsymbol{F}\cdot\mathrm{d}\boldsymbol{l}=m\boldsymbol{g}\cdot\mathrm{d}s\boldsymbol{e}_t=mg\cos\alpha\mathrm{d}s=Rmg\cos\alpha\mathrm{d}\alpha$$

$$A=\int\mathrm{d}A=Rmg\int_0^\theta\cos\alpha d\alpha=Rmg\sin\theta$$

由动能定理,得到

$$Rmg\sin\theta=A=\frac{1}{2}mv_\theta^2-0,v_\theta=R\omega_\theta=\sqrt{2gR\sin\theta}$$

(4)应用机械能守恒定律

由于只有重力这一保守力做功,机械能守恒。取过 O 点水平线为重力势能零点

$$0+0=\frac{1}{2}mv_\theta^2-mgR\sin\theta,v_\theta=R\omega_\theta=\sqrt{2gR\sin\theta}$$

点评 (1)还可以求得切向加速度、法向加速度和角加速度。

$$a_t=\frac{\mathrm{d}v_\theta}{\mathrm{d}t}=\frac{\mathrm{d}}{\mathrm{d}t}\sqrt{2gR\sin\theta}=\frac{gR\cos\theta}{\sqrt{2gR\sin\theta}}\frac{\mathrm{d}\theta}{\mathrm{d}t}=\frac{g\cos\theta}{v_\theta}v_\theta=g\cos\theta$$

$$a_n=\frac{v_\theta^2}{R}=\frac{2gR\sin\theta}{R}=2g\sin\theta$$

$$a=\sqrt{a_t^2+a_n^2}=\sqrt{g^2\cos^2\theta+4g^2\sin^2\theta}=g\sqrt{1+3\sin^2\theta}$$

$$\beta=\frac{\mathrm{d}\omega_\theta}{\mathrm{d}t}=\frac{\mathrm{d}}{\mathrm{d}t}\sqrt{\frac{2g}{R}\sin\theta}=\frac{g\cos\theta}{R\omega_\theta}\frac{\mathrm{d}\theta}{\mathrm{d}t}=\frac{g\cos\theta}{R\omega_\theta}\omega_\theta=\frac{g}{R}\cos\theta$$

(2)摆角为 θ 时的动量、角动量、动能、势能、机械能

动量:$\boldsymbol{p}_\theta=mv_\theta\boldsymbol{e}_t=m\sqrt{2gR\sin\theta}\boldsymbol{e}_t$

角动量:$L_\theta=mRv_\theta=mR\sqrt{2gR\sin\theta}$

动能:$E_{k\theta}=\frac{1}{2}m{v_\theta}^2=mgR\sin\theta$

势能(以水平位置为势能零点):$E_{p\theta}=0-mgR\sin\theta=-mgR\sin\theta$

机械能(以水平位置为势能零点):$E=E_{k\theta}+E_{p\theta}=mgR\sin\theta-mgR\sin\theta=0$

【例 2-23】 如图 2-91 所示,质量为 m 的行星绕质量为 M 的恒星运行轨道的近日点到恒星的距离为 R_1,远日点到恒星的距离为 R_2。求:

(1)行星越过近日点和远日点时的速率 v_1 和 v_2;

(2)行星越过 A 点和 B 点时是在加速还是在减速。

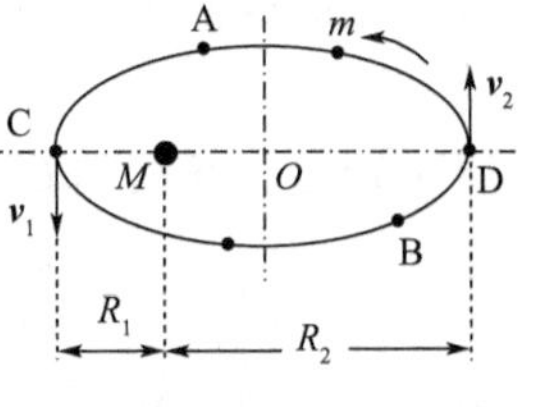

图 2-91 例 2-23

分析 行星绕恒星运行轨道是椭圆,恒星位于椭圆的一个焦点。行星受到恒星万有引力的作用,万有引力是有心力。行星在椭圆运行轨道上的任一点受到的引力与行星的位置矢量方向反平行,对恒星的力矩为零,行星运动过程中,对恒星的角动量守恒。万有引力是保守力,行星只受到引力这一保守力,行星运动过程中,机械能守恒。机械能包括动能和引力势能。行星在椭圆轨道上运动的不同位置,速率不同,因此,存在切向

加速度;当切向加速度与速度方向一致时,行星加速率运动;当切向加速度与速度方向相反时,行星减速率运动。

解　如图 2-92 所示,分别以 M 和 m 表示恒星和行星的质量。

(1)行星绕恒星运行轨道上的任一点受到的引力与行星的位置矢量方向平行(相反),力矩为零,行星运动过程中,角动量守恒

$$m\boldsymbol{R}_1\times\boldsymbol{v}_1=\boldsymbol{L}_1=\boldsymbol{L}_2=m\boldsymbol{R}_2\times\boldsymbol{v}_2,mR_1v_1=mR_2v_2$$

行星只受到恒星的万有引力这一保守力,在运动过程中,机械能守恒

$$\frac{1}{2}mv_1^2-\frac{GMm}{R_1}=\frac{1}{2}mv_2^2-\frac{GMm}{R_2}$$

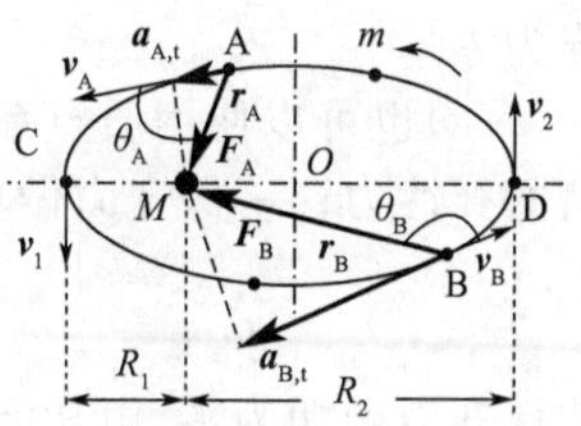

图 2-92　例 2-23 解析

联立上面两个方程可得

$$v_1=\sqrt{2GM\frac{R_2}{R_1(R_1+R_2)}},v_2=v_1\frac{R_1}{R_2}=\sqrt{2GM\frac{R_1}{R_2(R_1+R_2)}}$$

(2)如图 2-92 所示,在轨道的 A 点处,行星受到的万有引力 $\boldsymbol{F}_A$ 与行星的速度 $\boldsymbol{v}_A$ 之间的夹角 $\theta_A<\pi/2$,因此,切向加速度 $\boldsymbol{a}_{A,t}$ 与速度 $\boldsymbol{v}_A$ 方向一致,行星加速率运动;在轨道的 B 点处,行星受到的万有引力 $\boldsymbol{F}_B$ 与行星的速度 $\boldsymbol{v}_B$ 之间的夹角 $\theta_B>\pi/2$,因此,切向加速度 $\boldsymbol{a}_{B,t}$ 与速度 $\boldsymbol{v}_B$ 方向相反,行星减速率运动。

点评　由于受到恒星的万有引力作用,行星在运动过程中,动量不守恒,但动量定理应该依然适用。行星绕恒星周期性运动,万有引力在一个运动周期内的时间积累等于零,所以,尽管行星在轨道上不同点运动速度不同,但轨道上同一点的速度不变。

【例 2-24】　如图 2-93 所示,在光滑的水平桌面上,一质量为 m 的滑块与一不计质量的弹簧的一端相连,弹簧的另一端固定于 O 点,弹簧的劲度系数为 k,弹簧的原长为 L_0。突然用力猛击滑块,使滑块获得与弹簧轴线垂直的水平速度 v_0,当滑块 m 运动到 B 点时,弹簧的长度为 L,求滑块在 B 点的速度大小 v 以及速度与弹簧轴线间的夹角 θ。

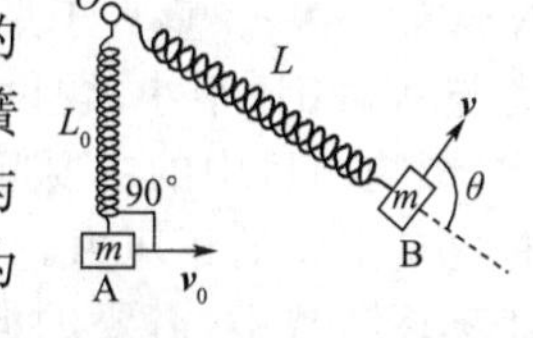

图 2-93　例 2-24

分析　如图 2-94 所示,滑块绕转轴 O 转动,可考虑使用角动量处理。滑块在运动过程中,受到重力 $m\boldsymbol{g}$ 和桌面的支撑力 $\boldsymbol{N}$,这两个力垂直于桌面,且这两个力垂直于滑块运动方向而不做功,对转轴 O 的力矩矢量和为零,因此在滑块运动过程中,可以不考虑这两个力。滑块还受到弹簧的弹性力作用,不管弹簧是伸长还是缩短,弹性力通过转轴 O,因此对转轴的力矩为零,滑块在运动过程中角动量守恒。弹簧的弹性力是保守力,做功等于势能的减少。

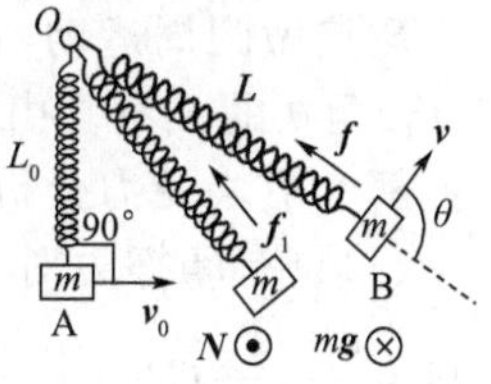

图 2-94　例 2-24 解析

解　滑块在运动过程中,只有弹簧弹性力这一保守力做功,做功等于弹性势能的减少,初始时弹簧弹性势能为零,由动能定理,得到

$$\frac{1}{2}mv^2-\frac{1}{2}mv_0^2=0-\frac{1}{2}k(L-L_0)^2,v=\sqrt{v_0^2-\frac{k}{m}(L-L_0)^2}$$

在滑块运动过程中,受到的重力 $m\boldsymbol{g}$ 的力矩与桌面的支撑力 $\boldsymbol{N}$ 的力矩矢量和为零,弹簧弹性力又通过转轴 O,对 O 点的力矩恒为零,所以角动量守恒,则有

$$mv_0L_0=mvL\sin\theta,\sin\theta=\frac{v_0L_0}{vL}=\frac{v_0L_0}{L\sqrt{v_0^2-\frac{k}{m}(L-L_0)^2}}$$

点评　(1)由速率的计算结果看,在滑块运动过程中,不管弹簧伸长还是缩短,$v<v_0$;而从角动量守恒得到角度 θ 的计算公式来看,$v_0L_0\leqslant vL$,所以,$L_0<L$。因此,弹簧在伸长,速率在减小,这是由于弹簧弹性力在做负功。

(2)由角动量守恒可见,滑块的速率是不可能降为零的,除非弹簧伸长无限,这是不符合实际的。原因就在于我们建立的模型是不精确的,没有考虑桌面的摩擦力对滑块的影响。如果考虑到摩擦力,由角动量定理可知,摩擦力对转轴的力矩将使滑块的角动量逐渐减小,最终会降为零。

(3)也可以使用质点系功能原理和机械能守恒定律来解答。取弹簧和滑块为系统,只有弹簧的弹性力这一保守力做功,系统机械能守恒

$$\frac{1}{2}mv^2+\frac{1}{2}k(L-L_0)^2=\frac{1}{2}mv_0^2+0$$

非保守力做功为零,由功能原理得到

$$0=\left[\frac{1}{2}mv^2+\frac{1}{2}k(L-L_0)^2\right]-\left(\frac{1}{2}mv_0^2+0\right)$$

这与由动能定理得到的结果是一致的。

【例 2-25】 如图 2-95 所示,在一光滑水平面上固定半圆形滑槽,质量为 m 的滑块以初速度$\boldsymbol{v}_0$沿切线方向进入滑槽一端,滑块与滑槽的摩擦系数为 μ,忽略重力对轨道的压力。求:

(1)滑块在半圆形轨道内转过 θ 角时的速率 $v(\theta)$;

(2)从滑块进入轨道到滑块从滑槽另一端滑出的过程中,摩擦力所做的功。

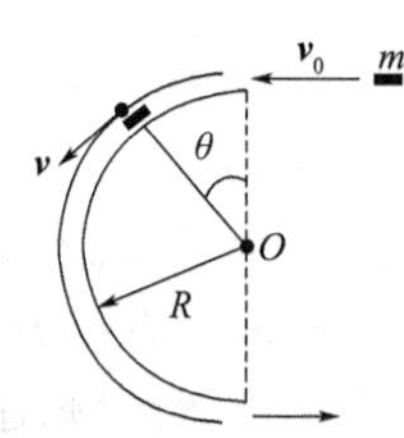

图 2-95 例 2-24

分析 滑块在轨道内受到重力 $m\boldsymbol{g}$、轨道支撑力 $\boldsymbol{N}$ 和摩擦力 $\boldsymbol{f}$。支撑力 $\boldsymbol{N}$ 垂直于轨道,沿轨道切向分量为零,可以分解为垂直于桌面的 $\boldsymbol{N}_1$ 和指向圆心的 $\boldsymbol{N}_2$,$\boldsymbol{N}=\boldsymbol{N}_1+\boldsymbol{N}_2$。垂直于桌面的 $\boldsymbol{N}_1$ 与重力平衡,而且垂直于桌面,这两个力可不考虑;$\boldsymbol{N}_1$ 和重力与 $\boldsymbol{N}_2$ 相比很小,题设中被忽略,如果不忽略,它将出现在摩擦力的计算中,会导致计算量大增,影响题目中的主要问题的求解。$\boldsymbol{N}_2$ 是指向圆心的,它提供了滑块做圆周运动的向心力,同时也是主要的正压力。摩擦力沿切线方向,它产生切向加速度,使滑块的速率逐渐降低。由于速率逐渐减小,需要的向心力 $\boldsymbol{N}_2$ 逐渐减小,摩擦力也逐渐减小,所以这是一个变力做功的问题。

质点做圆周运动,这是个转动问题,首选考虑角动量,而且转动与角度有关,有望解得速率 v 与转角 θ 的关系。由于摩擦力对 O 点的力矩不为零,应该使用角动量定理。

解 滑块受力分析如图 2-96 所示,设滑块转过 θ 角时的速率为 v。

(1)只有摩擦力对 O 点的力矩不为零,由角动量定理,得到

$$M=\frac{\mathrm{d}L}{\mathrm{d}t},-fR=\frac{\mathrm{d}(Rmv)}{\mathrm{d}t}=Rm\frac{\mathrm{d}v}{\mathrm{d}t}=Rm\frac{\mathrm{d}v}{\mathrm{d}\theta}\frac{\mathrm{d}\theta}{\mathrm{d}t}=R\omega m\frac{\mathrm{d}v}{\mathrm{d}\theta}=mv\frac{\mathrm{d}v}{\mathrm{d}\theta}$$

忽略重力对轨道的压力,则只有 $\boldsymbol{N}_2$ 提供滑块做圆周运动的向心力,所以摩擦力为

$$f=\mu N_2=m\mu\frac{v^2}{R}$$

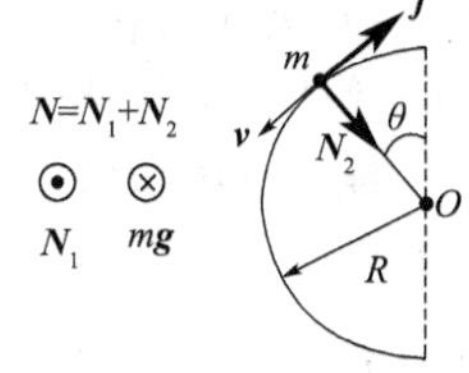

图 2-96 例 2-24 解析

由此得到

$$\mu v^2=-v\frac{\mathrm{d}v}{\mathrm{d}\theta},\frac{\mathrm{d}v}{v}=-\mu\,\mathrm{d}\theta,\int_{v_0}^{v}\frac{\mathrm{d}v}{v}=-\mu\int_0^\theta\mathrm{d}\theta$$

从而得到滑块在半圆形轨道内转过 θ 角时的速率

$$\ln\frac{v}{v_0}=-\mu\theta,v=v_0\exp(-\mu\theta)$$

(2)只有摩擦力做功,由动能定理,得到摩擦力所做的功

$$A=\frac{1}{2}m\left[v(\pi)\right]^2-\frac{1}{2}mv_0^2=\frac{1}{2}mv_0^2\left[\exp(-2\mu\pi)-1\right]$$

点评 (1)由速率表达式,可直接求摩擦力做功

$$\mathrm{d}A=-f\mathrm{d}l=-fR\mathrm{d}\theta=-\mu N_2R\mathrm{d}\theta=-\mu mv^2\mathrm{d}\theta=-\mu mv_0^2\exp(-2\mu\theta)\mathrm{d}\theta$$

$$A=\int\mathrm{d}A=-\mu mv_0^2\int_0^{\pi}\exp(-2\mu\theta)\mathrm{d}\theta=\frac{1}{2}mv_0^2\left[\exp(-2\pi\mu)-1\right]$$

(3)也可以由牛顿定律求速率。

支撑力 $\boldsymbol{N}_2$ 提供了向心力,摩擦力 $\boldsymbol{f}$ 产生切向加速度,所以

$$N_2=m\frac{v^2}{R},f=m\frac{\mathrm{d}v}{\mathrm{d}t}=m\frac{\mathrm{d}v}{\mathrm{d}\theta}\frac{\mathrm{d}\theta}{\mathrm{d}t}=m\omega\frac{\mathrm{d}v}{\mathrm{d}\theta}=m\frac{v}{R}\frac{\mathrm{d}v}{\mathrm{d}\theta},f=-\mu N_2$$

由此得到

$$-\mu\frac{v^2}{R}=\frac{v}{R}\frac{\mathrm{d}v}{\mathrm{d}\theta},\frac{\mathrm{d}v}{v}=-\mu\mathrm{d}\theta,\int_{v_0}^{v}\frac{\mathrm{d}v}{v}=-\mu\int_0^{\theta}\mathrm{d}\theta,v=v_0\exp(-\mu\theta)$$

(4)如果考虑重力对轨道的压力,则总的正压力为

$$N=\sqrt{N_1^2+N_2^2}=\sqrt{m^2g^2+m^2\frac{v^4}{R^2}}=\frac{m}{R}\sqrt{R^2g^2+v^4}$$

摩擦力产生切向加速度,则

$$f=-\mu N=-\mu\frac{m}{R}\sqrt{R^2g^2+v^4}=m\frac{\mathrm{d}v}{\mathrm{d}t}=m\frac{\mathrm{d}v}{\mathrm{d}\theta}\frac{\mathrm{d}\theta}{\mathrm{d}t}=m\omega\frac{\mathrm{d}v}{\mathrm{d}\theta}=m\frac{v}{R}\frac{\mathrm{d}v}{\mathrm{d}\theta}$$

$$-\mu\sqrt{R^2g^2+v^4}=v\frac{\mathrm{d}v}{\mathrm{d}\theta},\frac{v\mathrm{d}v}{\sqrt{R^2g^2+v^4}}=-\mu\mathrm{d}\theta,\int_{v_0}^{v}\frac{v\mathrm{d}v}{\sqrt{R^2g^2+v^4}}=-\mu\int_0^{\theta}\mathrm{d}\theta$$

积分,得到

$$\frac{v^2+\sqrt{R^2g^2+v^4}}{v_0^2+\sqrt{R^2g^2+v_0^4}}=\exp(-2\mu\theta)$$

$$v=\sqrt{\frac{\left[v_0^2+\sqrt{R^2g^2+v_0^4}\right]^2\exp(-4\mu\theta)-R^2g^2}{2\left[v_0^2+\sqrt{R^2g^2+v_0^4}\right]\exp(-2\mu\theta)}}$$

【例 2-26】 如图 2-97 所示,一轻质弹性橡皮筋,一端悬挂在天花板上,另一端悬挂一质量为 m 的物体。橡皮筋弹性力的大小按 $F=ax^2$ 变化,a 是一个正的恒量,x 是橡皮筋的伸长量。现将物体托到橡皮筋原长处突然释放,求物体能够获得的最大动能和橡皮筋的最大伸长量。

分析 物体在重力作用下开始自由下落,橡皮筋伸长;受到橡皮筋的弹性力,弹性力逐渐加大,加速度逐渐减小;当橡皮筋伸长到使弹性力的大小等于重力时,物体下落的加速度等于零;物体继续下冲,橡皮筋继续伸长,弹性力大于重力,物体开始减速下落;当物体下落的速度减为零时,物体停止下落,开始沿原路反弹。因此可见,当弹性力与重力平衡时,物体达到最大速度;当物体下落速度为零时,橡皮筋达到最大伸长。

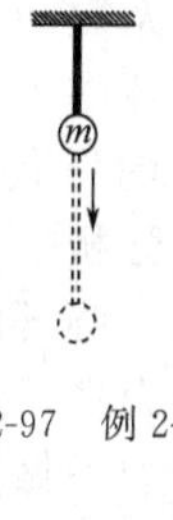

图 2-97 例 2-26

解 如图 2-98 所示,建立坐标系,以弹簧原长时,物体位置处为原点。物体下落 x 距离,也就是橡皮筋伸长 x 的过程中,弹性力做功为

$$\mathrm{d}A=\boldsymbol{F}\cdot\mathrm{d}\boldsymbol{l}=-ax^2\mathrm{d}x,A=\int\mathrm{d}A=-a\int_0^{x}x^2\mathrm{d}x=-\frac{a}{3}x^3$$

(1)当物体下落橡皮筋伸长量为 x_1 时,弹性力与重力相等,物体达到最大速度 $v_{\max}$

$$ax_1^2-mg=0,x_1=\sqrt{\frac{mg}{a}}$$

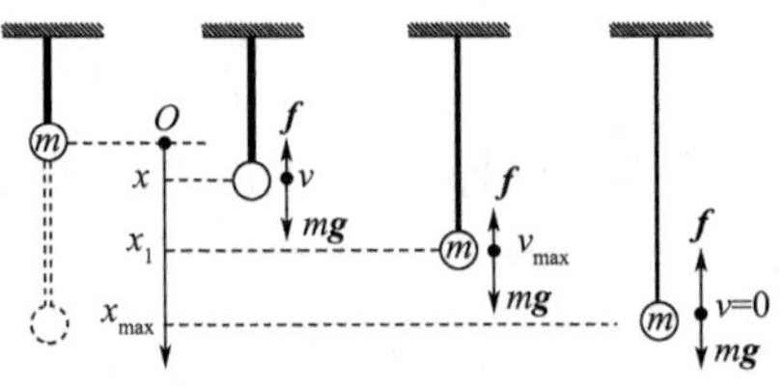

图 2-98 例 2-26 解析

在这一过程中,橡皮筋的弹性力和重力所做的功分别为

$$A_{11}=-\frac{a}{3}x_1^3,A_{12}=\int_0^{x_1}mg\,\mathrm{d}x=mgx_1$$

由动能定理,得到

$$A=A_{11}+A_{12}=\Delta E_{\mathrm{kmax}},-\frac{a}{3}x_1^3+mgx_1=\frac{1}{2}mv_{\max}^2$$

$$\Delta E_{\mathrm{kmax}}=\frac{1}{2}mv_{\max}^2=mgx_1-\frac{a}{3}x_1^3=\frac{2}{3}mgx_1=\frac{2}{3}mg\sqrt{\frac{mg}{a}}$$

或者,取物体开始自由下落处为重力势能的零点,由功能原理得到

$$A_{11}=\left(\frac{1}{2}mv_{\max}^2-mgx_1\right)-(0+0),-\frac{a}{3}x_1^3=\frac{1}{2}mv_{\max}^2-mgx_1$$

(2)当物体下落速度为零时,橡皮筋达到最大伸长量 $x_{\max}$,弹性力和重力做功分别为

$$A_{21}=-\frac{a}{3}x_{\max}^3,A_{22}=\int_0^{x_{\max}}mg\,\mathrm{d}x=mgx_{\max}$$

由动能定理,得到

$$A=A_{21}+A_{22}=\Delta E_{\mathrm{k}},-\frac{a}{3}x_{\max}^3+mgx_{\max}=0-0,x_{\max}=\sqrt{\frac{3mg}{a}}$$

或者,取物体开始自由下落处为重力势能的零点,由功能原理得到

$$A_{21}=\Delta E,-\frac{a}{3}x_{\max}^3=(0-mgx_{\max})-(0+0),x_{\max}=\sqrt{\frac{3mg}{a}}$$

点评 如图 2-98 所示,由牛顿定律得到

$$mg-ax^2=m\frac{\mathrm{d}v}{\mathrm{d}t}=m\frac{\mathrm{d}v}{\mathrm{d}x}\frac{\mathrm{d}x}{\mathrm{d}t}=mv\frac{\mathrm{d}v}{\mathrm{d}x},(mg-ax^2)\mathrm{d}x=mv\mathrm{d}v$$

$$\int_0^x(mg-ax^2)\mathrm{d}x=\int_0^v mv\mathrm{d}v,\frac{1}{2}mv^2=mgx-\frac{1}{3}ax^3$$

在橡皮筋伸长 x_1 时,物体达到最大速度

$$\frac{1}{2}mv_{\max}^2=mgx_1-\frac{1}{3}ax_1^3,E_{\mathrm{kmax}}=\frac{1}{2}mv_{\max}^2=mgx_1-\frac{1}{3}ax_1^3=\frac{2}{3}mg\sqrt{\frac{mg}{a}}$$

在橡皮筋伸长 $x_{\max}$ 时,物体速度为零

$$0=mgx_{\max}-\frac{1}{3}ax_{\max}^3,x_{\max}=\sqrt{\frac{3mg}{a}}$$

【例 2-27】 如图 2-99 所示,一质量为 m 的重物,悬挂于弹簧上。弹簧的劲度系数为 k,其另一端固定于铅直面内圆环的最高点 A 上。设弹簧的原长与圆环的半径 R 相等,求重物自弹簧原长 C 点无初速度地沿着圆环滑至最低点 B 时所获得的动能。设摩擦忽略不计。

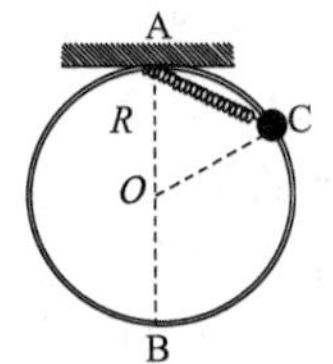

图 2-99 例 2-27

分析 如图 2-100 所示,重物受到重力 $m\boldsymbol{g}$、弹簧弹性力 $\boldsymbol{f}$ 和圆环的支撑力 $\boldsymbol{N}$。圆环的支撑力垂直于重物运动的轨道,不做功,只有保守力重力和弹簧弹性力做功,重物机械能守恒。势能包括重力势能和弹簧弹性势能。由于非保守力不做功,功能原理给出与机械能守恒定律同样的结果。

解 取过 B 点水平面为重力场零势能面,弹簧原长时弹性势能为零,重物机械能守恒,则

$$E_{\mathrm{kB}}+0+\frac{1}{2}kR^2=0+mg\left(R+\frac{1}{2}R\right)+0,E_{\mathrm{kB}}=\frac{3}{2}mgR-\frac{1}{2}kR^2$$

由功能原理列出的式子为

$$\left[E_{kB}+0+\frac{1}{2}kR^2\right]-\left[0+mg(R+\frac{1}{2}R)+0\right]=0, E_{kB}=\frac{3}{2}mgR-\frac{1}{2}kR^2$$

与机械能守恒定律给出同样的结果。

点评 如图 2-101 所示，设重物沿圆弧转到 D 点时，重物的速度为 $\boldsymbol{v}$，重物对圆心的角速度为 ω，重物受到的支撑力为 $\boldsymbol{N}$，弹簧弹性力为 $\boldsymbol{f}$。由图中的几何关系，可知

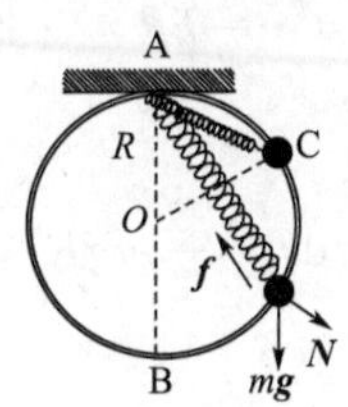

图 2-100 例 2-27 解析

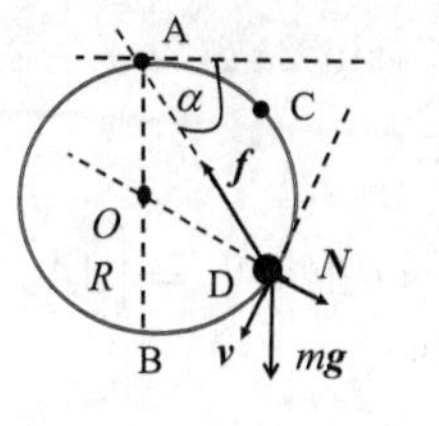

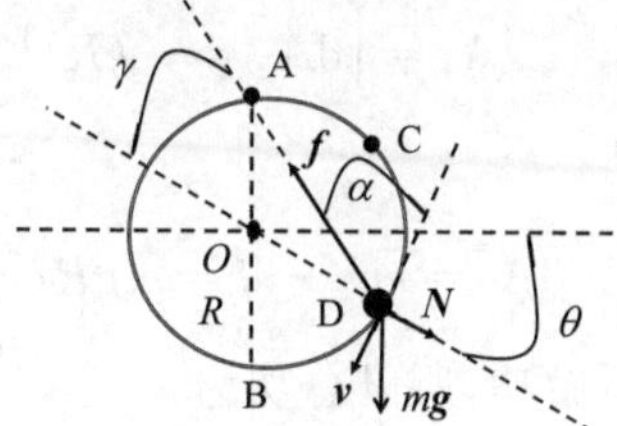

图 2-101 例 2-27 点评

$$\theta=2\alpha-90^\circ, \gamma=90^\circ-\alpha, 2\gamma=90^\circ-\theta, \mathrm{d}\theta=2\mathrm{d}\alpha, \mathrm{d}\gamma=-\mathrm{d}\alpha$$

题设角度变化范围

$$\theta: -30^\circ\sim90^\circ, \alpha: 30^\circ\sim90^\circ, \gamma: 60^\circ\sim0^\circ$$

由此得到几个三角函数关系

$$\cos\gamma=\sin\alpha, \sin\gamma=\cos\alpha, \cos\theta=\sin2\alpha$$

以及弹簧弹性力的大小

$$f=k\Delta x=k(2R\cos\gamma-R)=kR(2\cos\gamma-1)=kR(2\sin\alpha-1)$$

(1)由牛顿定律直接求解。在圆弧切向方向应用牛顿定律

$$mg\cos\theta-f\sin\gamma=m\frac{\mathrm{d}v}{\mathrm{d}t}=m\frac{\mathrm{d}v}{\mathrm{d}s}\frac{\mathrm{d}s}{\mathrm{d}t}=mv\frac{\mathrm{d}v}{\mathrm{d}s}=\frac{m}{R}v\frac{\mathrm{d}v}{\mathrm{d}\theta}=\frac{m}{4R}\frac{\mathrm{d}v^2}{\mathrm{d}\alpha}$$

$$mg\sin2\alpha-kR(2\sin\alpha-1)\cos\alpha=\frac{m}{4R}\frac{\mathrm{d}v^2}{\mathrm{d}\alpha}$$

$$Rmg\sin(2\alpha)\mathrm{d}(2\alpha)-kR^2\sin(2\alpha)\mathrm{d}(2\alpha)+2kR^2\cos\alpha\mathrm{d}\alpha=\frac{1}{2}m\mathrm{d}v^2$$

$$Rmg\int_{30^\circ}^{90^\circ}\sin2\alpha\mathrm{d}(2\alpha)-kR^2\int_{30^\circ}^{90^\circ}\sin2\alpha\mathrm{d}(2\alpha)+2kR^2\int_{30^\circ}^{90^\circ}\cos\alpha\mathrm{d}\alpha=\frac{1}{2}m\int_0^{v_1}\mathrm{d}v^2$$

$$\frac{3}{2}Rmg-\frac{3}{2}kR^2+kR^2=\frac{1}{2}mv_1^2, E_{kB}=\frac{3}{2}mgR-\frac{1}{2}kR^2$$

(2)由角动量定理求解。重物对圆心的角动量

$$L=Rmv=mR^2\omega, \frac{\mathrm{d}L}{\mathrm{d}t}=Rm\frac{\mathrm{d}v}{\mathrm{d}t}=Rm\frac{\mathrm{d}v}{\mathrm{d}s}\frac{\mathrm{d}s}{\mathrm{d}t}=Rmv\frac{\mathrm{d}v}{\mathrm{d}s}=mv\frac{\mathrm{d}v}{\mathrm{d}\theta}=\frac{m}{4}\frac{\mathrm{d}v^2}{\mathrm{d}\alpha}$$

重物受到的对圆心的力矩

$$\begin{aligned}M&=mgR\cos\theta-fR\cos\alpha=mgR\sin2\alpha-k(2R\sin\alpha-R)R\cos\alpha\\&=mgR\sin2\alpha-2kR^2\sin\alpha\cos\alpha+kR^2\cos\alpha\\&=mgR\sin2\alpha-kR^2\sin2\alpha+kR^2\cos\alpha\end{aligned}$$

由角动量定理，得到

$$mgR\sin2\alpha-kR^2\sin2\alpha+kR^2\cos\alpha=\frac{m}{4}\frac{\mathrm{d}v^2}{\mathrm{d}\alpha}$$

$$mgR\sin2\alpha\mathrm{d}(2\alpha)-kR^2\sin2\alpha\mathrm{d}(2\alpha)+2kR^2\cos\alpha\mathrm{d}\alpha=\frac{1}{2}m\mathrm{d}v^2$$

$$mgR\int_{30^\circ}^{90^\circ}\sin2\alpha\mathrm{d}(2\alpha)-kR^2\int_{30^\circ}^{90^\circ}\sin2\alpha\mathrm{d}(2\alpha)+2kR^2\int_{30^\circ}^{90^\circ}\cos\alpha\mathrm{d}\alpha=\frac{1}{2}m\int_0^{v_1}\mathrm{d}v^2$$

$$\frac{3}{2}Rmg-\frac{3}{2}kR^2+kR^2=\frac{1}{2}mv_1^2,E_{kB}=\frac{3}{2}mgR-\frac{1}{2}kR^2$$

(3)由动能定理求解。弹簧弹性力做功

$$\begin{aligned}dA_1&=\boldsymbol{f}\cdot d\boldsymbol{l}=-f\cos\alpha ds=-kR^2(2\sin\alpha-1)\cos\alpha d\theta\\&=-kR^2\sin 2\alpha d(2\alpha)+2kR^2\cos\alpha d\alpha\end{aligned}$$

$$A_1=\int dA_1=-kR^2\int_{30^\circ}^{90^\circ}\sin 2\alpha d(2\alpha)+2kR^2\int_{30^\circ}^{90^\circ}\cos\alpha d\alpha=-\frac{1}{2}kR^2$$

重力做功

$$dA_2=m\boldsymbol{g}\cdot d\boldsymbol{l}=mgR\cos\theta d\theta,A_2=\int dA_2=mgR\int_{-30^\circ}^{90^\circ}\cos\theta d\theta=\frac{3}{2}mgR$$

支撑力不做功,所以总功为

$$A=A_1+A_2=-\frac{1}{2}kR^2+\frac{3}{2}mgR$$

由动能定理,得到动能

$$E_{kB}=A=\frac{3}{2}mgR-\frac{1}{2}kR^2$$

(4)支撑力。

$$Rmg\sin 2\alpha d(2\alpha)-kR^2\sin 2\alpha d(2\alpha)+2kR^2\cos\alpha d\alpha=\frac{1}{2}m dv^2$$

$$Rmg\int_{30^\circ}^{\alpha}\sin 2\alpha d(2\alpha)-kR^2\int_{30^\circ}^{\alpha}\sin 2\alpha d(2\alpha)+2kR^2\int_{30^\circ}^{\alpha}\cos\alpha d\alpha=\frac{1}{2}m\int_0^v dv^2$$

$$\frac{1}{2}mv^2=-Rmg\cos 2\alpha+\frac{1}{2}Rmg+kR^2\cos 2\alpha-\frac{1}{2}kR^2+2kR^2\sin\alpha-kR^2$$

$$m\frac{v^2}{R}=-2mg\cos 2\alpha+mg+2kR\cos 2\alpha-3kR+4kR\sin\alpha$$

由牛顿定律,得到

$$f\cos\gamma-mg\sin\theta-N=m\frac{v^2}{R}$$

$$N=3mg\cos 2\alpha+6kR\sin^2\alpha-5kR\sin\alpha+kR-mg$$

当 $\alpha=90^\circ$ 时,$N=2kR-4mg$。

【例 2-28】 如图 2-102 所示,一质量为 m 的物体,位于竖直放置的轻弹簧上方高度为 h 处,物体从静止开始落向弹簧。若弹簧的劲度系数为 k,不计空气阻力,求物体能获得的最大动能以及弹簧的最大压缩量。

分析 物体在重力作用下自由下落,加速度即为重力加速度;物体以一定的速度落到弹簧上,弹簧被逐渐压缩,物体开始受到弹簧弹性力的作用,加速度逐渐变小;当弹簧被压缩到使弹簧弹性力的大小等于重力时,物体下落的加速度等于零;物体继续下冲,弹簧继续被压缩,弹簧弹性力大于重力,物体开始减速下落;当物体下落的速度减为零时,物体停止下落,开始沿原路反弹。因此可见,当弹簧弹性力与重力平衡时,物体达到最大速度;当物体下落速度为零时,弹簧达到最大压缩量。在整个过程中,只有重力和弹簧弹性力做功,机械能守恒。

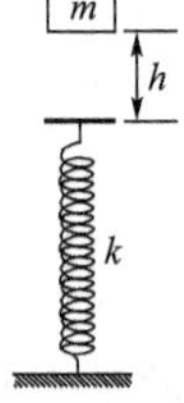

图 2-102 例 2-28

解 如图 2-103 所示,取物体开始自由下落处为重力势能的零点,弹簧原长为弹性势能零点。

(1)当物体下落压缩弹簧到压缩量为 x_1 时,弹簧弹性力与重力相等。物体达到最大速度 $v_{\max}$,即物体获得最大动能 $E_{k\max}$

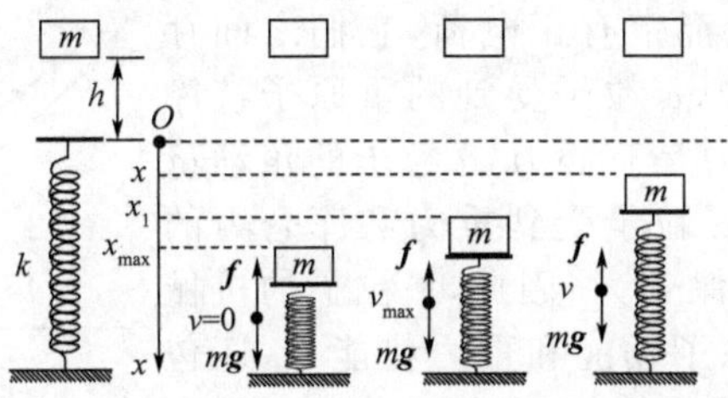

图 2-103　例 2-28 解析

$$kx_1 - mg = 0, x_1 = \frac{mg}{k}$$

由机械能守恒,得到

$$\frac{1}{2}mv_{max}^2 - mg(h + x_1) + \frac{1}{2}kx_1^2 = 0 + 0 + 0, E_{kmax} = \frac{1}{2}mv_{max}^2 = mgh + \frac{m^2g^2}{2k}$$

(2)当物体下落速度为零时,弹簧达到最大压缩量 x_{max},由机械能守恒,得到

$$0 - mg(h + x_{max}) + \frac{1}{2}kx_{max}^2 = 0 + 0 + 0, x_{max} = \frac{mg + \sqrt{m^2g^2 + 2kmgh}}{k}$$

点评　由机械能守恒定律,容易得到物体与弹簧接触时的速度为 $v_0 = \sqrt{2gh}$ 。

(1)如图 2-103 所示,弹簧被压缩 x 时,物体受到的力以及力的元功为

$$F = mg - kx, \mathrm{d}A = \boldsymbol{F} \cdot \mathrm{d}\boldsymbol{l} = F\mathrm{d}x = (mg - kx)\mathrm{d}x$$

由弹簧原长到弹簧被压缩 x 的过程中,力所做的功为

$$A = \int \mathrm{d}A = \int_0^x (mg - kx)\mathrm{d}x = mgx - \frac{1}{2}kx^2$$

由此得到由弹簧原长到弹簧被压缩 x_1 和 x_{max} 的过程中,力所做的功为

$$A_1 = mgx_1 - \frac{1}{2}kx_1^2, A_2 = mgx_{max} - \frac{1}{2}kx_{max}^2$$

由动能定理,得到

$$\frac{1}{2}mv_{max}^2 - \frac{1}{2}mv_0^2 = A_1 = mgx_1 - \frac{1}{2}kx_1^2, 0 - \frac{1}{2}mv_0^2 = A_2 = mgx_{max} - \frac{1}{2}kx_{max}^2$$

由此得到同样的结果。

(2)如图 2-103 所示,由牛顿定律得到

$$F = mg - kx = m\frac{\mathrm{d}v}{\mathrm{d}t} = m\frac{\mathrm{d}v}{\mathrm{d}x}\frac{\mathrm{d}x}{\mathrm{d}t} = mv\frac{\mathrm{d}v}{\mathrm{d}x}, (mg - kx)\mathrm{d}x = mv\mathrm{d}v$$

$$\int_0^x (mg - kx)\mathrm{d}x = \int_{v_0}^v mv\mathrm{d}v, \frac{1}{2}mv^2 - \frac{1}{2}mv_0^2 = mgx - \frac{1}{2}kx^2$$

在弹簧压缩 x_1 时,物体达到最大速度

$$\frac{1}{2}mv_{max}^2 - \frac{1}{2}mv_0^2 = mgx_1 - \frac{1}{2}kx_1^2, E_{kmax} = \frac{1}{2}mv_{max}^2 = mgh + \frac{m^2g^2}{2k}$$

在弹簧压缩 x_{max} 时,物体达到零速度

$$0 - \frac{1}{2}mv_0^2 = mgx_{max} - \frac{1}{2}kx_{max}^2, x_{max} = \frac{mg + \sqrt{m^2g^2 + 2kmgh}}{k}$$

【例 2-29】　如图 2-104 所示,α 粒子在远处以速度 $\boldsymbol{v}_0$ 射向一重原子核,瞄准距离(重原子核到 $\boldsymbol{v}_0$ 的直线距离)为 b。重原子核所带电量为 Ze。求 α 粒子被散射的角度(即它离开重原子核时的速度 $\boldsymbol{v}'$ 的方向偏离 $\boldsymbol{v}_0$ 的角度)。

分析　由于重原子核的质量比 α 粒子的质量大得多,所以可以认为重原子核在整个过程

中静止。α 粒子和重原子核都带有正电荷，它们之间存在库仑作用。在整个过程中，α 粒子受到的重原子核库仑力要远大于重力，而库仑力是有心力，α 粒子的角动量守恒。在相互作用过程中，α 粒子受到重力和库仑力的作用，而重力和库仑力都是保守力，因此，α 粒子的机械能守恒；这里的"机械能"，除了动能和重力势能外，还包括库仑作用势能；如果忽略重力势能，在相互作用过程中动能和库仑作用势能的代数和守恒不变；在 α 粒子射向重原子核期间，库仑力做负功，动能转化为库仑作用势能；在 α 粒子离开重原子核期间，库仑力做正功，库仑作用势能转化为动能；可以认为 α 粒子是从无限远处开始入射，库仑作用势能为零，α 粒子离开时是射向无限远，库仑作用势能也为零，因此，α 粒子入射时的动能与离开时的动能相等。

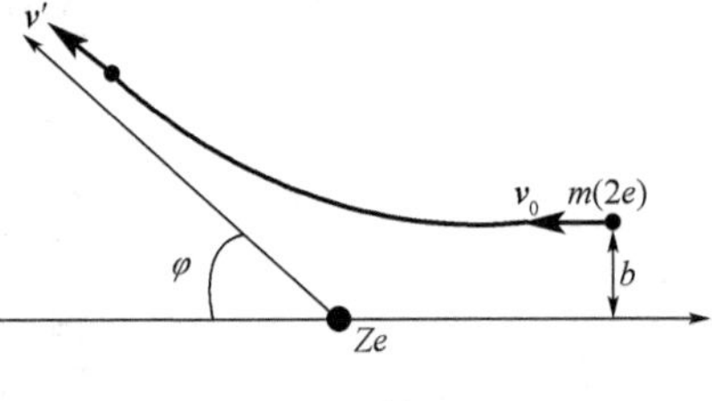

图 2-104　例 2-29

解　如图 2-105 所示，以重原子核所在处为原点，建立平面直角坐标系。在整个散射过程中，α 粒子受到重原子核的库仑力作用

$$\boldsymbol{F}=\frac{2kZe^2}{r^2}\hat{\boldsymbol{r}}$$

由于此力总沿着 α 粒子的位置矢量 $\boldsymbol{r}$ 作用，所以此力对原点的力矩为零，$\boldsymbol{M}=\boldsymbol{r}\times\boldsymbol{F}=0$。于是 α 粒子对原点的角动量守恒。

α 粒子在入射时的角动量为

$$\boldsymbol{L}_0=m\boldsymbol{r}_0\times\boldsymbol{v}_0;L_0=mbv_0,\text{方向垂直纸面向外}$$

α 粒子在 t 时刻的角动量为

$$\boldsymbol{L}_t=m\boldsymbol{r}_t\times\boldsymbol{v}_t,L_t=mr_tv_t\sin\beta=mr_tv_\tau=mr_t^2\omega_t=mr_t^2\frac{\mathrm{d}\theta}{\mathrm{d}t},\text{方向垂直纸面向外}$$

角动量守恒给出

$$mr_t^2\frac{\mathrm{d}\theta}{\mathrm{d}t}=L_t=L_0=mbv_0$$

在 t 时刻，沿 y 方向对 α 粒子应用牛顿第二定律

$$m\frac{\mathrm{d}v_y}{\mathrm{d}t}=F_y=F_t\sin(180^\circ-\theta)=F_t\sin\theta=\frac{2kZe^2}{r_t^2}\sin\theta$$

在以上两式中消去 r_t^2，得

$$\frac{\mathrm{d}v_y}{\mathrm{d}t}=\frac{2kZe^2}{mbv_0}\sin\theta\frac{\mathrm{d}\theta}{\mathrm{d}t},\mathrm{d}v_y=\frac{2kZe^2}{mbv_0}\sin\theta\mathrm{d}\theta$$

由于库仑力场是保守场，α 粒子入射到库仑力场与离开库仑力场时，其机械能应该相等，忽略重力，就是动能相等，也就是速率相等 $v'=v_0$。设 α 粒子入射方向与离开方向之间的夹角为 φ，则 α 粒子离开时速度的 y 方向分量为 $v'_y=v'\sin\varphi=v_0\sin\varphi$，而 α 粒子入射时速度的 y 方向分量为 $v_y=0$。如图 2-105 所示，由于 α 粒子从远处入射，可以认为入射时 $\theta=0$，而离开时 $\theta=\pi-\varphi$。对上式从 α 粒子入射到离开积分，有

$$\int_0^{v_0\sin\varphi}\mathrm{d}v_y=\frac{2kZe^2}{mbv_0}\int_0^{\pi-\varphi}\sin\theta\mathrm{d}\theta\;,v_0\sin\varphi=\frac{2kZe^2}{mbv_0}(1+\cos\varphi),\tan\frac{\varphi}{2}=\frac{2kZe^2}{mbv_0^2}$$

点评　1911 年卢瑟福就是利用此式对他的 α 粒子散射实验的结果进行分析，从而建立了他的原子的核式模型。对 α 粒子这类微观粒子来说，角动量守恒定律和机械能守恒定律是适用的，甚至于牛顿定律也是适用的。但在本例中，α 粒子受到库仑力作用，其动量不守恒，不仅是在相互作用期间 α 粒子的动量(速度)在变化，出射时的动量(速度)与入射时的动量(速度)的方向也是不一样的；但动量定理应该是适用的，因为我们使用了牛顿定律。在本例中，我们

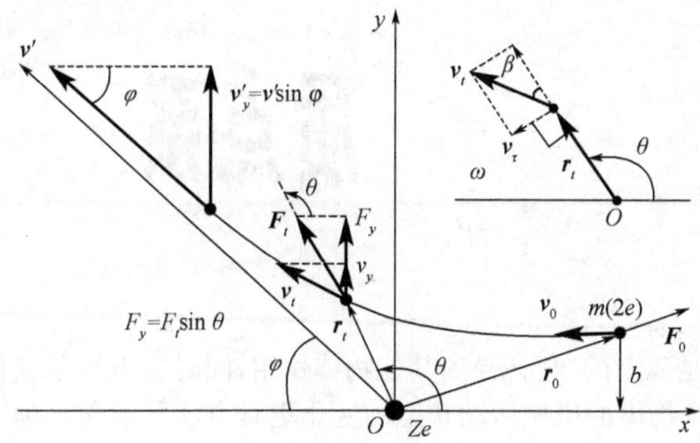

图 2-105　例 2-29 解析

假定在相互作用过程中，重原子核不运动，质点 α 粒子受到库仑力的作用而动量不守恒；更精确的分析，应该考虑到重原子核的运动；如果我们将质点重原子核和质点 α 粒子组成质点系，它们之间的库仑相互作用力就是内力，在相互作用的过程中，质点系的动量应该守恒，重原子核也是有反冲运动的，质点 α 粒子动量的变化与质点重原子核动量的变化之和应该等于零。

复习思考题

2-1　简述牛顿运动定律。

2-2　如何理解惯性参考系？

2-3　如何理解质量的概念？

2-4　如何理解力的概念？自然界的基本力都有哪些？牛顿力学中常见的力都有哪些？

2-5　什么是力的独立作用原理和力的叠加原理？

2-6　什么是惯性力？加速平动参考系中的惯性力和转动非惯性系中的惯性力等于什么？

2-7　什么是伽利略相对性原理？

2-8　什么是质点的动量？如何表述质点的动量定理？如何表述质点动量守恒定律？

2-9　什么是质点对参考点的角动量？什么是力对参考点的力矩？如何表述质点对参考点的角动量定理？

2-10　什么是力对轴的力矩？什么是质点对轴的角动量？如何表述质点对轴的角动量定理？

2-11　如何理解角动量守恒定律？

2-12　如何理解质点的动能？

2-13　如何理解力所做的功？如何在直角坐标系、自然坐标系、平面极坐标系中表示力的元功和力在整个过程中的功？

2-14　如何理解质点的动能定理？

2-15　如何理解保守力？保守力的条件是什么？如何理解势能？力学中常见势能如何表示？

2-16　什么是机械能？如何理解机械能守恒定律？

第三章 质点系

任何一个物体都不是孤立的，它会受到其他物体作用，同时它也给予其他物体作用。研究物体之间的相互作用以及各个物体的机械运动状态的变化更具有实际意义。为了研究物体之间的相互作用对物体机械运动状态的影响，引入质点系（质点组）的概念。两个或两个以上互相有联系的质点组成的力学系统称为质点系。几个物体组成的系统是否能够看成是质点系，主要取决于系统内各个物体的机械运动状态以及需要处理的问题和研究目的。如果质点系中各质点均为自由质点，称为自由质点系，否则是非自由质点系。太阳系可简化为自由质点系，天体力学中的二体问题、三体问题等都是自由质点系动力学问题。受外力作用和在运动状态变化时都不变形的物体（连续质点系）称为刚体，它是一个特殊的非自由质点系，刚体约束是指刚体中任意两个质点间的距离保持不变，因而刚体是不变质点系。弹性体、流体、理想气体都可看作质点系。

质点系以外的物体对质点系中各质点的作用力称为质点系的外力，质点系内部各质点的相互作用力称为质点系的内力。研究质点系问题，区分质点系和外界、内力和外力是非常重要的。如以太阳系为质点系，则太阳与各行星之间的万有引力是内力，太阳系内的行星与不属于太阳系的天体之间的引力是外力。对于由地球和月球组成的系统来说，太阳对地球和月球的引力是外力，地球与月球之间的引力则是内力。我们将会看到，内力不会影响质点系动量、角动量或质心运动的变化，但可影响质点系动能的变化。如果将质点系看作一个整体，在引入质心的概念后，我们可以研究质点系的整体机械运动状态及其变化。

采用质点系概念研究物体的机械运动，依然使用对单个质点的位置矢量、速度、加速度、动量、角动量、机械能等概念，可以对每个质点列出其动力学方程。这就要求质点系内的质点数目不宜过多。大量质点组成的系统，需要采用其他办法处理，如理想气体系统。用质点系处理质点的动力学问题，依然从牛顿运动定律出发，所以只适用于惯性参考系。

第三章 第一节 微课

第一节 质点系的动量

质点系内各个质点在某一时刻 t 的动量的矢量和称为 t 时刻质点系的动量。

由 N 个质点组成的质点系的动量为

$$\boldsymbol{p}=\sum_{i=1}^{N}\boldsymbol{p}_i=\sum_{i=1}^{N}m_i\boldsymbol{v}_i \tag{3-1-1}$$

质点系的动量是矢量，随质点的动量的变化而变化。

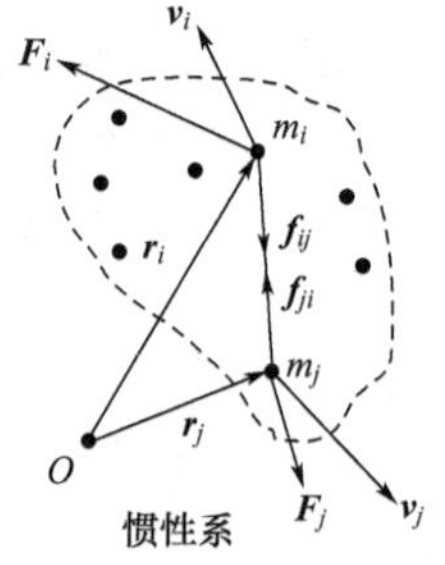

图 3-1 质点系的动量

如图 3-1 所示，在惯性参考系中的质点系由 N 个质点组成，各个质点的质量分别为 $m_1, m_2, \cdots, m_N$。

在某一时刻 t，各个质点的位置矢量分别为 $\boldsymbol{r}_1, \boldsymbol{r}_2, \cdots, \boldsymbol{r}_N$；各个质点受到质点系外物体的外力作用分别为 $\boldsymbol{F}_1, \boldsymbol{F}_2, \cdots, \boldsymbol{F}_N$；各个质点的速度矢量分别为 $\boldsymbol{v}_1, \boldsymbol{v}_2, \cdots, \boldsymbol{v}_N$；第 i 个质点受到第 j 个质点的内力作用为 $\boldsymbol{f}_{ij}$，第 j 个质点受到第 i 个质点的内力作用为 $\boldsymbol{f}_{ji}$。

内力是作用力与反作用力，由牛顿第三定律可知

$$\boldsymbol{f}_{ij}=-\boldsymbol{f}_{ji},\boldsymbol{f}_{ij}+\boldsymbol{f}_{ji}=0 \tag{3-1-2}$$

由于内力总是成对出现，如果将质点系内各个质点之间的内力取和

$$\begin{aligned}\sum_{i=1}^{N}\sum_{\substack{j=1\\j\neq i}}^{N}\boldsymbol{f}_{ij}&=\sum_{i=1}^{N}\Big(\sum_{j(j\neq i)}^{N}\boldsymbol{f}_{ij}\Big)\\&=(\boldsymbol{f}_{12}+\boldsymbol{f}_{13}+\cdots+\boldsymbol{f}_{1N})+(\boldsymbol{f}_{21}+\boldsymbol{f}_{23}+\cdots+\boldsymbol{f}_{2N})+(\boldsymbol{f}_{31}+\boldsymbol{f}_{32}+\cdots+\boldsymbol{f}_{3N})+\cdots+\\&\quad(\boldsymbol{f}_{N-11}+\boldsymbol{f}_{N-12}+\cdots+\boldsymbol{f}_{N-1N-2}+\boldsymbol{f}_{N-1N})+(\boldsymbol{f}_{N1}+\boldsymbol{f}_{N2}+\cdots+\boldsymbol{f}_{NN-2}+\boldsymbol{f}_{NN-1})\\&=(\boldsymbol{f}_{12}+\boldsymbol{f}_{21})+(\boldsymbol{f}_{13}+\boldsymbol{f}_{31})+\cdots+(\boldsymbol{f}_{1N}+\boldsymbol{f}_{N1})+\cdots+(\boldsymbol{f}_{N-1N}+\boldsymbol{f}_{NN-1})=0\end{aligned}$$

即质点系内力矢量和为零

$$\sum_{i=1}^{N}\sum_{\substack{j=1\\j\neq i}}^{N}\boldsymbol{f}_{ij}=\sum_{i=1}^{N}\Big(\sum_{j(j\neq i)}^{N}\boldsymbol{f}_{ij}\Big)=0 \tag{3-1-3}$$

一、质点系动量定理

对于质点系内第 i 个质点，除受到外力 $\boldsymbol{F}_i$ 作用外，还要受到质点系内其他质点的内力 $\boldsymbol{f}_{ij}(j\neq i)$的作用，质点系内第 i 个质点受到的合力是这些力的矢量和。将质点的动量定理或牛顿第二定律应用到第 i 个质点上，得到

$$\boldsymbol{F}_i+\sum_{j(j\neq i)}^{N}\boldsymbol{f}_{ij}=\frac{\mathrm{d}\boldsymbol{p}_i}{\mathrm{d}t} \tag{3-1-4}$$

对质点系内所有质点取矢量和

$$\sum_{i=1}^{N}\boldsymbol{F}_i+\sum_{i=1}^{N}\Big(\sum_{j(j\neq i)}^{N}\boldsymbol{f}_{ij}\Big)=\sum_{i=1}^{N}\Big(\frac{\mathrm{d}\boldsymbol{p}_i}{\mathrm{d}t}\Big)=\frac{\mathrm{d}}{\mathrm{d}t}\Big(\sum_{i=1}^{N}\boldsymbol{p}_i\Big)$$

等式左边第 1 项为质点系所受外力的矢量和，$\boldsymbol{F}=\sum_{i=1}^{N}\boldsymbol{F}_i$；第 2 项为质点系所有内力的矢量和，$\sum_{i=1}^{N}\Big(\sum_{j(j\neq i)}^{N}\boldsymbol{f}_{ij}\Big)=0$；右边括号内是质点系各个质点动量的矢量和，即质点系的动量 $\boldsymbol{p}=\sum_{i=1}^{N}\boldsymbol{p}_i=\sum_{i=1}^{N}m_i\boldsymbol{v}_i$。由此得到

$$\boldsymbol{F}=\frac{\mathrm{d}\boldsymbol{p}}{\mathrm{d}t},\sum_{i=1}^{N}\boldsymbol{F}_i=\frac{\mathrm{d}}{\mathrm{d}t}\Big(\sum_{i=1}^{N}\boldsymbol{p}_i\Big)=\frac{\mathrm{d}}{\mathrm{d}t}\Big(\sum_{i=1}^{N}m_i\boldsymbol{v}_i\Big)=\sum_{i=1}^{N}\frac{\mathrm{d}}{\mathrm{d}t}(m_i\boldsymbol{v}_i) \tag{3-1-5}$$

质点系所受到的外力的矢量和等于质点系动量的时间微分；或者说，质点系动量对时间的变化率等于质点系所受到的合外力；或者说，质点系所受到的外力的矢量和等于质点系各个质点动量对时间的变化率的矢量和。这就是质点系动量定理。

把质点系的动量定理写为如下形式

$$\boldsymbol{F}\mathrm{d}t=\mathrm{d}\boldsymbol{p},\Big(\sum_{i=1}^{N}\boldsymbol{F}_i\Big)\mathrm{d}t=\sum_{i=1}^{N}\mathrm{d}\boldsymbol{I}_i=\mathrm{d}\Big(\sum_{i=1}^{N}\boldsymbol{p}_i\Big)=\mathrm{d}\Big(\sum_{i=1}^{N}m_i\boldsymbol{v}_i\Big)=\sum_{i=1}^{N}\mathrm{d}(m_i\boldsymbol{v}_i) \tag{3-1-6}$$

作用在质点系上所有外力的矢量和的元冲量，或者说作用在质点系上所有外力元冲量的矢量和，等于质点系动量的微分，或者说等于质点系各个质点动量微分的矢量和。这就是质点系动量定理的微分形式。积分，得到

$$\int_{t_1}^{t_2}\boldsymbol{F}\mathrm{d}t=\int_{\boldsymbol{p}_1}^{\boldsymbol{p}_2}\mathrm{d}\boldsymbol{p},\boldsymbol{I}=\boldsymbol{p}_2-\boldsymbol{p}_1=\Delta\boldsymbol{p},\sum_{i=1}^{N}\boldsymbol{I}_i=\sum_{i=1}^{N}\boldsymbol{p}_{i2}-\sum_{i=1}^{N}\boldsymbol{p}_{i1}=\sum_{i=1}^{N}\Delta\boldsymbol{p}_i \tag{3-1-7}$$

质点系中各质点所受合外力的冲量，或者说质点系中各质点所受外力冲量的矢量和，等于质点

系动量矢量的增量,或者说等于质点系内各个质点动量增量的矢量和。这就是质点系动量定理的积分形式。

动量定理微分形式是矢量表达式,可以在坐标系中进行分解,如在直角坐标系中分解为

$$\begin{cases} F_x = \dfrac{\mathrm{d}p_x}{\mathrm{d}t} \\ F_y = \dfrac{\mathrm{d}p_y}{\mathrm{d}t} \\ F_z = \dfrac{\mathrm{d}p_z}{\mathrm{d}t} \end{cases}, \begin{cases} \sum\limits_{i=1}^{N} F_{ix} = \dfrac{\mathrm{d}}{\mathrm{d}t}\left(\sum\limits_{i=1}^{N} p_{ix}\right) = \dfrac{\mathrm{d}}{\mathrm{d}t}\left(\sum\limits_{i=1}^{N} m_i v_{ix}\right) = \sum\limits_{i=1}^{N} \dfrac{\mathrm{d}}{\mathrm{d}t}(m_i v_{ix}) \\ \sum\limits_{i=1}^{N} F_{iy} = \dfrac{\mathrm{d}}{\mathrm{d}t}\left(\sum\limits_{i=1}^{N} p_{iy}\right) = \dfrac{\mathrm{d}}{\mathrm{d}t}\left(\sum\limits_{i=1}^{N} m_i v_{iy}\right) = \sum\limits_{i=1}^{N} \dfrac{\mathrm{d}}{\mathrm{d}t}(m_i v_{iy}) \\ \sum\limits_{i=1}^{N} F_{iz} = \dfrac{\mathrm{d}}{\mathrm{d}t}\left(\sum\limits_{i=1}^{N} p_{iz}\right) = \dfrac{\mathrm{d}}{\mathrm{d}t}\left(\sum\limits_{i=1}^{N} m_i v_{iz}\right) = \sum\limits_{i=1}^{N} \dfrac{\mathrm{d}}{\mathrm{d}t}(m_i v_{iz}) \end{cases} \tag{3-1-8}$$

作用在质点系上所有外力的矢量和在某一坐标轴上的投影,或者说作用在质点系上各个外力在某一坐标轴上的投影的代数和,等于质点系动量矢量在同一坐标轴的投影的时间微分,或者说等于质点系内各个质点的动量矢量在同一坐标轴的投影的代数和对时间的变化率,或者说等于质点系内各个质点的动量矢量在同一坐标轴的投影对时间的变化率的代数和。

动量定理积分形式是矢量表达式,可以在坐标系中进行分解,如在直角坐标系中分解为

$$\begin{cases} I_x = p_{2x} - p_{1x} = \Delta p_x \\ I_y = p_{2y} - p_{1y} = \Delta p_y \\ I_z = p_{2z} - p_{1z} = \Delta p_z \end{cases}, \begin{cases} \sum\limits_{i=1}^{N} I_{ix} = \sum\limits_{i=1}^{N} p_{i2x} - \sum\limits_{i=1}^{N} p_{i1x} = \sum\limits_{i=1}^{N} \Delta p_{ix} \\ \sum\limits_{i=1}^{N} I_{iy} = \sum\limits_{i=1}^{N} p_{i2y} - \sum\limits_{i=1}^{N} p_{i1y} = \sum\limits_{i=1}^{N} \Delta p_{iy} \\ \sum\limits_{i=1}^{N} I_{iz} = \sum\limits_{i=1}^{N} p_{i2z} - \sum\limits_{i=1}^{N} p_{i1z} = \sum\limits_{i=1}^{N} \Delta p_{iz} \end{cases} \tag{3-1-9}$$

质点系中各质点所受合外力的冲量矢量在某一坐标轴上的投影,或者说质点系中各质点所受外力的冲量在某一坐标轴上的投影的代数和,等于质点系动量矢量在同一坐标轴的投影的增量,或者说等于质点系内各质点动量矢量在同一坐标轴的投影的代数和的增量,或者说等于质点系内各个质点动量矢量增量在同一坐标轴的投影的代数和。

动量定理建立了质点系动量变化量与外力冲量之间的关系,反映了力的时间积累效应,是动力学普遍定理之一。在研究运动(速度)与时间的关系时,经常使用动量定理。动量定理可用来求解动力学两大基本问题,即已知运动求力和已知力求运动。

从质点系动量定理可以看出,内力不能改变质点系的动量,只有外力才能改变质点系的动量。质点系的内力可使质点系内各质点的动量发生变化,但不能改变质点系的总动量。

动量定理在研究碰撞或冲击问题时有重要应用。在碰撞中,两物体相互作用的时间极为短促,并且在短促的时间内,作用力迅速达到很大的量值,然后又急剧地下降为零,这种力一般称为冲力。因为冲力是个变力,它随时间而变化的关系又比较难以确定,所以表示瞬时关系的牛顿第二定律无法直接应用到碰撞过程中。但是,根据动量定理,我们能够根据物体动量的变化量得到物体受到的冲量,进而得到冲力的平均值。

二、质点系动量守恒定律

如果质点系所受的合外力为零,即 $\boldsymbol{F} = \sum\limits_{i=1}^{N} \boldsymbol{F}_i = 0$,由质点系动量定理可得

$$\frac{\mathrm{d}\boldsymbol{p}}{\mathrm{d}t} = \frac{\mathrm{d}}{\mathrm{d}t}\sum_{i=1}^{N} \boldsymbol{p}_i = 0, \boldsymbol{p} = \sum_{i=1}^{N} \boldsymbol{p}_i = \text{恒矢量}, \Delta\boldsymbol{p} = \boldsymbol{p}_2 - \boldsymbol{p}_1 = 0 \tag{3-1-10}$$

这就是说,当一个质点系所受的合外力为零时,质点系的总动量保持不变;或者说,当一个质点系所受的外力的矢量和为零时,质点系内各个质点的动量的矢量和保持不变。这一结论称为质点系动量守恒定律。这是动量守恒定律的矢量表示式。

在实际问题中,常应用质点系动量守恒定律沿坐标轴的分量式。例如,在直角坐标系中,质点系动量守恒定律表示为

$$\begin{cases}当 F_x=\sum_{i=1}^{N}F_{ix}=0 时,p_x=\sum_{i=1}^{N}p_{ix}=\sum_{i=1}^{N}m_iv_{ix}=常量\\ 当 F_y=\sum_{i=1}^{N}F_{iy}=0 时,p_y=\sum_{i=1}^{N}p_{iy}=\sum_{i=1}^{N}m_iv_{iy}=常量\\ 当 F_z=\sum_{i=1}^{N}F_{iz}=0 时,p_z=\sum_{i=1}^{N}p_{iz}=\sum_{i=1}^{N}m_iv_{iz}=常量\end{cases}\tag{3-1-11}$$

由此可见,如果质点系沿某坐标轴方向所受的合外力为零,则沿此坐标轴方向的总动量的分量守恒;或者说,如果质点系内各个质点受到的外力在某一坐标轴方向的投影的代数和为零,则质点系内各个质点的动量在该坐标轴方向的投影的代数和保持不变。

动量守恒定律表明:质点系内不论运动情况如何复杂,相互作用如何强烈,只要质点系是不受外力作用的孤立系统,或作用于质点系外力的矢量和为零,则质点系的动量就保持不变。动量守恒定律是物理学中的重要定律之一,是牛顿第二定律、作用与反作用定律联合应用于力学系统的必然结果。动量守恒定律的成立,不随着系统内部发生什么变化(碰撞、分裂、爆炸、化学反应等)而变。动量守恒定律是对同一个惯性坐标系而言的,如果换以不同的惯性坐标系,那么这个总动量的数值和方向就相应地需要改变。

应该指出,质点系内各质点相互作用的内力虽然不能改变整个质点系的动量,但却能改变质点系内各质点的动量,能使质点系内各质点的动量发生转移。质点动量的转移,反映了质点机械运动的转移,动量守恒反映的是机械运动的守恒。当系统与外界有相互作用时,从外界获得动量或向外界转移动量,反映的是系统与外界机械运动的交换,所以,动量是质点或质点系机械运动的一种量度。

实践表明,在有些问题中,牛顿定律已不成立,但是动量守恒定律仍然是适用的。由康普顿效应证实,光子和电子的碰撞也适用动量守恒定律。动量守恒定律不仅适用于宏观物体的机械运动过程,而且对于分子、原子、光子转化为电子,电子转化为光子,以及其他微观粒子的散射等这些不能用力的概念描述的系统所发生的微观过程也适用。对于接近于光速的相对论力学的粒子,动量守恒定律也成立。

场是物质的基本形态,它也具有能量和动量。考虑包括电磁场在内的系统所发生的物理过程时,其总动量必须把电磁场的动量也计算在内。在四维时空中,可以把物质(包括场)的动量守恒定律和能量守恒定律统一起来。

在质点系动量守恒定律的推导过程中,尽管我们应用了牛顿定律,但是绝不能认为动量守恒定律是牛顿定律的推论。实际上,现代物理学已经认识到,动量守恒定律是与空间平移对称性(或空间均匀性)相联系的,因此它是独立于牛顿定律的自然界一个普遍的定律,是物理学中的一个基本定律,是关于自然界的一切物理过程的一条最基本的定律。

应用动量守恒定律分析解决问题时,应该注意:动量守恒定律只适用于惯性系。尽管动量守恒的条件是合外力为零,但在外力比内力小得多的情况下,外力对质点系的总动量变化影响很小,这时可以认为近似满足动量守恒条件,可以近似地应用动量守恒定律。例如两物体的碰撞过程,由于相互撞击的内力往往很大,所以此时即使有摩擦力或重力等外力,也常可忽略它们,而认为系统的总动量守恒。又如爆炸过程也属于内力远大于外力的过程,也可以认为在此过程中系统的总动量守恒。

第三章 第二节 微课

第二节 质点系的角动量

质点系内各个质点在某一时刻 t 对某一参考点的角动量的矢量和，称为 t 时刻质点系对该参考点的角动量。质点系内各个质点在某一时刻 t 对某一轴的角动量的代数和，称为 t 时刻质点系对该轴的角动量。

如图 3-2 所示，在惯性系中的质点系由 N 个质点组成，各个质点的质量分别为 $m_1, m_2, \cdots, m_N$。在某一时刻 t，各个质点的位置矢量分别为 $\boldsymbol{r}_1, \boldsymbol{r}_2, \cdots, \boldsymbol{r}_N$；各个质点受到质点系外物体的外力作用分别为 $\boldsymbol{F}_1, \boldsymbol{F}_2, \cdots, \boldsymbol{F}_N$；各个质点的速度矢量分别为 $\boldsymbol{v}_1, \boldsymbol{v}_2, \cdots, \boldsymbol{v}_N$；第 i 个质点受到第 j 个质点的内力作用为 $\boldsymbol{f}_{ij}$，第 j 个质点受到第 i 个质点的内力作用为 $\boldsymbol{f}_{ji}$，等等。O 为参考点，Oz 是过参考点的某轴，O' 为轴上另一个参考点。

图 3-2 质点系的角动量

如图 3-2 所示，质点系对参考点 O 的角动量为

$$\boldsymbol{L} = \sum_{i=1}^{N} \boldsymbol{L}_i = \sum_{i=1}^{N} \boldsymbol{r}_i \times (m_i \boldsymbol{v}_i) = \sum_{i=1}^{N} m_i (\boldsymbol{r}_i \times \boldsymbol{v}_i) \quad (3\text{-}2\text{-}1)$$

质点系对 Oz 轴的角动量

$$L_z = \sum_{i=1}^{N} L_{iz} = \sum_{i=1}^{N} [\boldsymbol{r}_i \times (m_i \boldsymbol{v}_i) \cdot \boldsymbol{k}] = \left[\sum_{i=1}^{N} m_i (\boldsymbol{r}_i \times \boldsymbol{v}_i)\right] \cdot \boldsymbol{k} = \boldsymbol{L} \cdot \boldsymbol{k} \quad (3\text{-}2\text{-}2)$$

可见，质点系对 Oz 轴的角动量等于质点系对参考点 O 的角动量在 Oz 轴上的投影。

质点系中第 i 个质点受到的力为 $\boldsymbol{F}_i + \sum_{j(j\neq i)}^{N} \boldsymbol{f}_{ij}$，这些力对参考点 O 的力矩为

$$\boldsymbol{M}_i = \boldsymbol{r}_i \times \left(\boldsymbol{F}_i + \sum_{j(j\neq i)}^{N} \boldsymbol{f}_{ij}\right) = \boldsymbol{r}_i \times \boldsymbol{F}_i + \boldsymbol{r}_i \times \sum_{j(j\neq i)}^{N} \boldsymbol{f}_{ij} = \boldsymbol{r}_i \times \boldsymbol{F}_i + \sum_{j(j\neq i)}^{N} \boldsymbol{r}_i \times \boldsymbol{f}_{ij}$$

对质点系中所有质点取和，即为质点系对参考点 O 的力矩

$$\sum_{i=1}^{N} \boldsymbol{M}_i = \sum_{i=1}^{N} \boldsymbol{r}_i \times \boldsymbol{F}_i + \sum_{i=1}^{N} \sum_{j(j\neq i)}^{N} \boldsymbol{r}_i \times \boldsymbol{f}_{ij} \quad (3\text{-}2\text{-}3)$$

称为质点系受到的总力矩。其中内力力矩的矢量和为

$$\boldsymbol{m} = \sum_{i=1}^{N} \boldsymbol{m}_i = \sum_{i=1}^{N} \sum_{j(j\neq i)}^{N} \boldsymbol{r}_i \times \boldsymbol{f}_{ij}$$

取其中任意一对质点，第 i 个和第 j 个质点，它们之间的内力是一对作用与反作用力，$\boldsymbol{f}_{ij} = -\boldsymbol{f}_{ji}$，这一对内力对参考点 O 的力矩的矢量和为

$$\boldsymbol{r}_i \times \boldsymbol{f}_{ij} + \boldsymbol{r}_j \times \boldsymbol{f}_{ji} = \boldsymbol{r}_i \times \boldsymbol{f}_{ij} - \boldsymbol{r}_j \times \boldsymbol{f}_{ij} = (\boldsymbol{r}_i - \boldsymbol{r}_j) \times \boldsymbol{f}_{ij} = \Delta \boldsymbol{r}_{ij} \times \boldsymbol{f}_{ij}$$

由图 3-2 可见，$\Delta \boldsymbol{r}_{ij} /\!/ \boldsymbol{f}_{ij}$，因此，这一对内力对参考点 O 的力矩的矢量和为零。由于质点系内的内力总是成对出现的，每一对内力对参考点 O 的力矩的矢量和都为零。因此，质点系内全部内力对参考点 O 的力矩的矢量和为零

$$\boldsymbol{m} = \sum_{i=1}^{N} \boldsymbol{m}_i = \sum_{i=1}^{N} \sum_{j(j\neq i)}^{N} \boldsymbol{r}_i \times \boldsymbol{f}_{ij} = 0 \quad (3\text{-}2\text{-}4)$$

质点系对参考点 O 的力矩中的另一项

$$\boldsymbol{M} = \sum_{i=1}^{N} \boldsymbol{r}_i \times \boldsymbol{F}_i = \sum_{i=1}^{N} \boldsymbol{M}_i \quad (3\text{-}2\text{-}5)$$

是质点系受到的全部外力对参考点 O 的力矩的矢量和。

由于质点系内全部内力对参考点 O 的力矩的矢量和为零，所以，质点系对参考点 O 的力

矩等于质点系受到的全部外力对参考点 O 的力矩的矢量和。

质点系全部力对 Oz 轴的力矩定义为质点系全部外力和质点系内全部内力对参考点 O 的力矩对过参考点 O 的 Oz 轴的投影的代数和

$$\sum_{i=1}^{N}(\boldsymbol{r}_i\times\boldsymbol{F}_i)\cdot\boldsymbol{k}+\sum_{i=1}^{N}\sum_{j(j\neq i)}^{N}(\boldsymbol{r}_i\times\boldsymbol{f}_{ij})\cdot\boldsymbol{k}=\left(\sum_{i=1}^{N}\boldsymbol{r}_i\times\boldsymbol{F}_i\right)\cdot\boldsymbol{k}+\left(\sum_{i=1}^{N}\sum_{j(j\neq i)}^{N}\boldsymbol{r}_i\times\boldsymbol{f}_{ij}\right)\cdot\boldsymbol{k}$$

因为质点系内全部内力对参考点 O 的力矩，$\boldsymbol{m}=\sum_{i=1}^{N}\boldsymbol{m}_i=\sum_{i=1}^{N}\sum_{j(j\neq i)}^{N}\boldsymbol{r}_i\times\boldsymbol{f}_{ij}=0$，所以，质点系全部力对 Oz 轴的力矩为

$$M_z=\sum_{i=1}^{N}(\boldsymbol{r}_i\times\boldsymbol{F}_i)\cdot\boldsymbol{k}=\sum_{i=1}^{N}\boldsymbol{M}_i\cdot\boldsymbol{k}=\sum_{i=1}^{N}M_{iz}=\left(\sum_{i=1}^{N}\boldsymbol{r}_i\times\boldsymbol{F}_i\right)\cdot\boldsymbol{k}=\boldsymbol{M}\cdot\boldsymbol{k} \tag{3-2-6}$$

这正是质点系受到的全部外力对参考点 O 的力矩的矢量和在 Oz 轴的投影。

质点系所受到的对某一轴的力矩，等于质点系受到的全部外力力矩的矢量和在该轴上的投影，或者，等于质点系受到的全部外力力矩在该轴上的投影的代数和。

要特别注意的是，质点系对参考点的角动量和力矩都是与参考点的选取有关的；而质点系对轴的角动量和力矩只与轴有关，与轴上的参考点的选取无关。如图 3-2 所示，如果选取轴上的 O' 点为参考点，则质点系对 O' 点的角动量和力矩为

$$\boldsymbol{L}_{O'}=\sum_{i=1}^{N}\boldsymbol{L}_{iO'}=\sum_{i=1}^{N}\boldsymbol{r}'_i\times(m_i\boldsymbol{v}_i)=\sum_{i=1}^{N}m_i(\boldsymbol{r}'_i\times\boldsymbol{v}_i),\boldsymbol{M}_{O'}=\sum_{i=1}^{N}\boldsymbol{r}'_i\times\boldsymbol{F}_i=\sum_{i=1}^{N}\boldsymbol{M}_{iO'}$$

这与对参考点 O 的角动量和力矩是不同的。但质点系对于 $O'z$ 轴的角动量和力矩为

$$L_{O'z}=\sum_{i=1}^{N}L_{iO'z}=\sum_{i=1}^{N}\left[\boldsymbol{r}'_i\times(m_i\boldsymbol{v}_i)\cdot\boldsymbol{k}\right]=\left[\sum_{i=1}^{N}m_i(\boldsymbol{r}'_i\times\boldsymbol{v}_i)\right]\cdot\boldsymbol{k}=\boldsymbol{L}_{O'}\cdot\boldsymbol{k}$$

$$M_{O'z}=\sum_{i=1}^{N}(\boldsymbol{r}'_i\times\boldsymbol{F}_i)\cdot\boldsymbol{k}=\sum_{i=1}^{N}\boldsymbol{M}_{iO'}\cdot\boldsymbol{k}=\sum_{i=1}^{N}M_{iO'z}=\left(\sum_{i=1}^{N}\boldsymbol{r}'_i\times\boldsymbol{F}_i\right)\cdot\boldsymbol{k}=\boldsymbol{M}_{O'}\cdot\boldsymbol{k}$$

这与质点系对 Oz 轴的角动量和力矩是相同的。

值得注意的是，无论是质点系对参考点的力矩，还是质点系对轴的力矩，都是与质点系的外力有关，与质点系的内力无关。质点系的内力可以改变质点系内各个质点对参考点的角动量和对轴的角动量，但不改变质点系对参考点的角动量和对轴的角动量。这为我们处理有关质点系整体的动力学问题带来了极大的方便。

一、质点系的角动量定理

如图 3-2 所示，将质点对某参考点（O 点）的角动量定理应用到质点系中第 i 个质点

$$\boldsymbol{r}_i\times\boldsymbol{F}_i+\boldsymbol{r}_i\times\sum_{j(j\neq i)}^{N}\boldsymbol{f}_{ij}=\frac{\mathrm{d}\boldsymbol{L}_i}{\mathrm{d}t} \tag{3-2-7}$$

对质点系中所有质点取和

$$\sum_{i=1}^{N}\boldsymbol{r}_i\times\left(\boldsymbol{F}_i+\sum_{j(j\neq i)}^{N}\boldsymbol{f}_{ij}\right)=\sum_{i=1}^{N}\frac{\mathrm{d}\boldsymbol{L}_i}{\mathrm{d}t},\sum_{i=1}^{N}(\boldsymbol{r}_i\times\boldsymbol{F}_i)+\sum_{i=1}^{N}\left(\boldsymbol{r}_i\times\sum_{j(j\neq i)}^{N}\boldsymbol{f}_{ij}\right)=\frac{\mathrm{d}}{\mathrm{d}t}\sum_{i=1}^{N}\boldsymbol{L}_i$$

$$\sum_{i=1}^{N}(\boldsymbol{r}_i\times\boldsymbol{F}_i)+\sum_{i=1}^{N}\sum_{j(j\neq i)}^{N}(\boldsymbol{r}_i\times\boldsymbol{f}_{ij})=\frac{\mathrm{d}}{\mathrm{d}t}\sum_{i=1}^{N}(\boldsymbol{r}_i\times m_i\boldsymbol{v}_i),\sum_{i=1}^{N}\sum_{j(j\neq i)}^{N}(\boldsymbol{r}_i\times\boldsymbol{f}_{ij})=0$$

$$\sum_{i=1}^{N}(\boldsymbol{r}_i\times\boldsymbol{F}_i)=\sum_{i=1}^{N}\boldsymbol{M}_i=\frac{\mathrm{d}}{\mathrm{d}t}\sum_{i=1}^{N}\boldsymbol{L}_i=\frac{\mathrm{d}}{\mathrm{d}t}\sum_{i=1}^{N}(\boldsymbol{r}_i\times m_i\boldsymbol{v}_i),\boldsymbol{M}=\frac{\mathrm{d}\boldsymbol{L}}{\mathrm{d}t} \tag{3-2-8}$$

式中，$\boldsymbol{M}$ 为质点系对某一参考点的外力矩矢量和，$\boldsymbol{L}$ 为质点系内各个质点对同一参考点的角动量的矢量和。

质点系对某一参考点的外力矩矢量和，等于质点系内各个质点对同一参考点的角动量的矢量和对时间的变化率。这一结论称为质点系对参考点的角动量定理。

将质点对某轴(Oz 轴)的角动量定理应用到质点系中第 i 个质点

$$(\boldsymbol{r}_i \times \boldsymbol{F}_i + \boldsymbol{r}_i \times \sum_{j(j\neq i)}^{N} \boldsymbol{f}_{ij}) \cdot \boldsymbol{k} = \frac{\mathrm{d}\boldsymbol{L}_i}{\mathrm{d}t} \cdot \boldsymbol{k}, (\boldsymbol{r}_i \times \boldsymbol{F}_i + \sum_{j(j\neq i)}^{N} \boldsymbol{r}_i \times \boldsymbol{f}_{ij}) \cdot \boldsymbol{k} = \frac{\mathrm{d}\boldsymbol{L}_i}{\mathrm{d}t} \cdot \boldsymbol{k} \tag{3-2-9}$$

对质点系中所有质点求和

$$\sum_{i=1}^{N} (\boldsymbol{r}_i \times \boldsymbol{F}_i) \cdot \boldsymbol{k} + (\sum_{i=1}^{N} \sum_{j(j\neq i)}^{N} \boldsymbol{r}_i \times \boldsymbol{f}_{ij}) \cdot \boldsymbol{k} = \sum_{i=1}^{N} \frac{\mathrm{d}\boldsymbol{L}_i}{\mathrm{d}t} \cdot \boldsymbol{k}, \sum_{i=1}^{N} (\boldsymbol{r}_i \times \boldsymbol{F}_i) \cdot \boldsymbol{k} = \sum_{i=1}^{N} \frac{\mathrm{d}\boldsymbol{L}_i}{\mathrm{d}t} \cdot \boldsymbol{k}$$

$$\sum_{i=1}^{N} M_{iz} = \frac{\mathrm{d}}{\mathrm{d}t} \sum_{i=1}^{N} L_{iz} = \sum_{i=1}^{N} \frac{\mathrm{d}L_{iz}}{\mathrm{d}t}, M_z = \frac{\mathrm{d}L_z}{\mathrm{d}t} \tag{3-2-10}$$

式中,M_z 为质点系对某一轴的外力矩,L_z 为质点系对同一轴的角动量。

质点系对某一轴的外力矩,等于质点系对同一轴的角动量的时间变化率。或者更为清晰地说,质点系各个外力的力矩在某一轴上的投影的代数和,等于质点系内各个质点对同一轴的角动量的代数和对时间的变化率,或者说等于质点系内各个质点对同一轴的角动量对时间的变化率的代数和。这一结论称为质点系对轴的角动量定理。

二、质点系角动量守恒定律

如果质点系对某一参考点的合外力力矩(外力力矩的矢量和)等于零,$\boldsymbol{M} = \sum_{i=1}^{N} \boldsymbol{M}_i = 0$,由质点系对参考点的角动量定理,可得

$$\frac{\mathrm{d}\boldsymbol{L}}{\mathrm{d}t} = \frac{\mathrm{d}}{\mathrm{d}t} \sum_{i=1}^{N} \boldsymbol{L}_i = \sum_{i=1}^{N} \frac{\mathrm{d}\boldsymbol{L}_i}{\mathrm{d}t} = 0, \boldsymbol{L} = \sum_{i=1}^{N} \boldsymbol{L}_i = \text{恒矢量}, \Delta\boldsymbol{L} = \boldsymbol{L}_2 - \boldsymbol{L}_1 = 0 \tag{3-2-11}$$

当一个质点系对某一参考点的合外力力矩为零时,质点系对同一参考点的角动量保持不变;或者说,当一个质点系的各个外力对某一参考点的力矩的矢量和为零时,质点系内各个质点对同一参考点的角动量的矢量和保持不变。这一结论称为质点系对参考点的角动量守恒定律。

如果质点系对某一轴的外力矩(对轴的外力力矩的代数和)等于零,$M_z = \sum_{i=1}^{N} M_{iz} = 0$,由质点系对轴的角动量定理,可得

$$\frac{\mathrm{d}L_z}{\mathrm{d}t} = \frac{\mathrm{d}}{\mathrm{d}t} \sum_{i=1}^{N} L_{iz} = \sum_{i=1}^{N} \frac{\mathrm{d}L_{iz}}{\mathrm{d}t} = 0, L_z = \sum_{i=1}^{N} L_{iz} = \text{恒量}, \Delta L_z = L_{2z} - L_{1z} = 0 \tag{3-2-12}$$

当一个质点系对某一轴的合外力力矩为零时,质点系对同一轴的角动量保持不变;或者说,当一个质点系的各个外力对某一轴的力矩的代数和为零时,质点系内各个质点对同一轴的角动量的代数和保持不变。这一结论称为质点系对轴的角动量守恒定律。

在应用质点系的角动量定理和角动量守恒定律时要注意,质点系外力力矩的矢量和为零,并不等于质点系合外力为零;质点系合外力为零,也不等于质点系合外力力矩为零,力偶就是这种情况;质点系中每个外力的力矩不为零,但质点系的总的外力力矩可以为零。

角动量定理可用来解决质点系动力学中与转动有关的问题。一般情况下,对于参考点是动点的情况,这个定理不成立,不过参考点是质点系的质心时例外。

角动量守恒定律是物理学的普遍定律之一,反映质点和质点系围绕参考点或轴运动的普遍规律。例如一个在有心力场中运动的质点,始终受到一个通过力心的有心力作用,因有心力对力心的力矩为零,所以根据角动量定理,该质点对力心的角动量守恒。因此,质点轨迹是平面曲线,且质点对力心的矢径在相等的时间内扫过相等的面积。如果把太阳看成力心,行星看成质点,则上述结论就是开普勒行星运动三定律之一的开普勒第二定律。

角动量守恒定律是一个独立的定律,并不包含在动量守恒定律或能量守恒定律之中。角动量守恒定律是现代物理学的三大基本守恒定律(还有动量守恒定律和能量守恒定律)之一。

角动量守恒也是微观物理学中的重要基本规律，在基本粒子衰变、碰撞和转变过程中都遵守反映自然界普遍规律的角动量守恒定律。

第三章 第三节 微课

第三节　质点系的能量

一、质点系内力的功

质点系内力的矢量和为零，内力总是成对出现的，质点系内两个质点之间相互作用的内力大小相等、方向相反，矢量和为零。但在质点系中，内力做的功却有可能不为零。

如图 3-3 所示，质点系中两个质点，质量为 m_1 的质点 a 沿曲线 L_1 运动，质量为 m_2 的质点 b 沿曲线 L_2 运动。在某一时刻 t，a 质点的位置矢量为 $\boldsymbol{r}_1$，b 质点的位置矢量为 $\boldsymbol{r}_2$；质点 a 受到质点 b 的作用力为 $\boldsymbol{f}_{12}$，质点 b 受到质点 a 的作用力为 $\boldsymbol{f}_{21}$，它们是一对作用力与反作用力，$\boldsymbol{f}_{21}=-\boldsymbol{f}_{12}$。在 $\boldsymbol{f}_{12}$ 和外力以及其他内力的作用下，质点 a 有元位移 $\mathrm{d}\boldsymbol{l}_1$；在 $\boldsymbol{f}_{21}$ 和外力以及其他内力的作用下，质点 b 有元位移 $\mathrm{d}\boldsymbol{l}_2$。这一对内力做的元功之和为

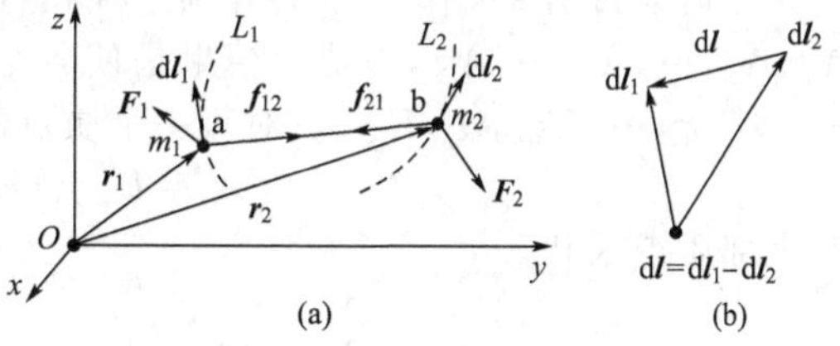

图 3-3　作用力与反作用力做功

$$\mathrm{d}A=\boldsymbol{f}_{12}\cdot\mathrm{d}\boldsymbol{l}_1+\boldsymbol{f}_{21}\cdot\mathrm{d}\boldsymbol{l}_2=\boldsymbol{f}_{12}\cdot\mathrm{d}\boldsymbol{l}_1-\boldsymbol{f}_{12}\cdot\mathrm{d}\boldsymbol{l}_2=\boldsymbol{f}_{12}\cdot(\mathrm{d}\boldsymbol{l}_1-\mathrm{d}\boldsymbol{l}_2)=\boldsymbol{f}_{12}\cdot\mathrm{d}\boldsymbol{l}$$

$$\mathrm{d}A=\boldsymbol{f}_{12}\cdot\mathrm{d}\boldsymbol{l} \tag{3-3-1}$$

可见，质点系内两个质点间相互作用力所做元功的代数和等于作用于其中一个质点的力与该质点相对于另一个质点元位移的标积。一对力的功仅决定于力与质点间的相对位移，而与每个质点各自的运动无关。虽然每个质点的位移以及作用力所做的功都是与参考系有关的，但是质点间的相对位移和相互作用力却都是不随参考系而变化的，所以，任何一对作用力与反作用力所做的功的代数和与参考系的选择无关。只要牛顿第三定律成立，无论从哪个惯性参考系去计算，成对力所做的功的结果都是一样的，这是成对力做功的重要性质，利用成对力做功的这一特点我们可以方便地由相对位移来分析系统中成对内力的功。尽管内力成对出现，大小相等、方向相反，但它们是作用在不同的质点上的，而不同质点的元位移可能不同，因此一对内力的功可能不同。

当质点系内两个质点之间没有相对运动时，$\mathrm{d}\boldsymbol{l}=0$，$\mathrm{d}A=\boldsymbol{f}_{12}\cdot\mathrm{d}\boldsymbol{l}=0$，这两个质点之间相互作用的内力所做的元功的代数和为零；当质点系内两个质点之间虽然有相对运动，但运动的方向与内力的方向垂直，$\boldsymbol{f}_{12}\perp\mathrm{d}\boldsymbol{l}$，$\mathrm{d}A=\boldsymbol{f}_{12}\cdot\mathrm{d}\boldsymbol{l}=0$，这两个质点之间相互作用的内力所做的元功的代数和为零。一般情况下，质点系内两个质点之间相互作用的内力所做的元功的代数和不为零。所以，在研究质点系动能时，不仅要考虑外力做的功，还要考虑内力做功的问题。

二、质点系的动能和动能定理

质点系内各个质点在某一时刻 t 的动能的代数和称为 t 时刻质点系的动能。

由 N 个质点组成的质点系的动能为

$$E_{\mathrm{k}}=\sum_{i=1}^{N}E_{\mathrm{k}i}=\sum_{i=1}^{N}\frac{1}{2}m_i v_i^2 \tag{3-3-2}$$

如图 3-4 所示，在惯性参考系中的质点系由 N 个质点组成，各个质点的质量分别为 $m_1,m_2,\cdots,m_i,\cdots,m_N$。在某一时刻 t，各个质点的位置矢量分别为 $\boldsymbol{r}_1,\boldsymbol{r}_2,\cdots,\boldsymbol{r}_i,\cdots,\boldsymbol{r}_N$；各个质点受

到质点系外物体的外力作用分别为 $\boldsymbol{F}_1,\boldsymbol{F}_2,\cdots,\boldsymbol{F}_i,\cdots,\boldsymbol{F}_N$;第 i 个质点受到第 j 个质点的内力作用为 $\boldsymbol{f}_{ij}$,第 j 个质点受到第 i 个质点的内力作用为 $\boldsymbol{f}_{ji}$,等等。在某一过程 ab 中,各个质点的初速度矢量分别为 $\boldsymbol{v}_{1a},\boldsymbol{v}_{2a},\cdots,\boldsymbol{v}_{ia},\cdots,\boldsymbol{v}_{Na}$,末速度矢量分别为 $\boldsymbol{v}_{1b},\boldsymbol{v}_{2b},\cdots,\boldsymbol{v}_{ib},\cdots,\boldsymbol{v}_{Nb}$。

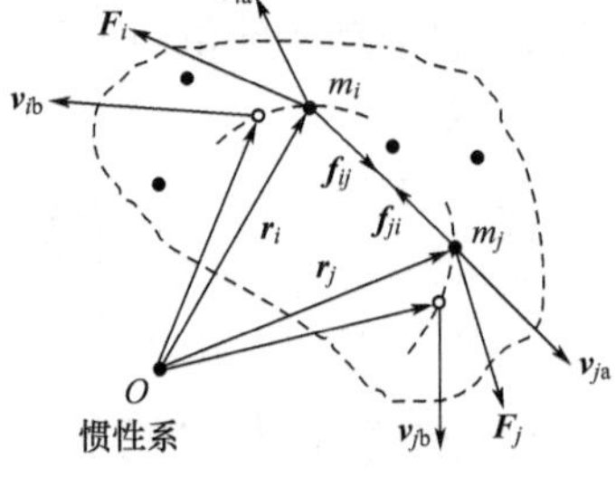

图 3-4 质点系的动能

质点系在过程始末的动能分别为

$$E_{k,a}=\sum_{i=1}^{N}E_{kia}=\sum_{i=1}^{N}\frac{1}{2}m_iv_{ia}^2,E_{k,b}=\sum_{i=1}^{N}E_{kib}=\sum_{i=1}^{N}\frac{1}{2}m_iv_{ib}^2 \tag{3-3-3}$$

式中,E_{kia},E_{kib} 分别为第 i 个质点在过程始末的动能。

在运动过程中,作用于各个质点的合力(包括外力与内力)对质点所做的功表示为 $A_1,A_2,\cdots,A_i,\cdots,A_N$,做功的结果是使各个质点的动能由 $E_{k1a},E_{k2a},\cdots,E_{kia},\cdots,E_{kNa}$ 变成 $E_{k1b},E_{k2b},\cdots,E_{kib},\cdots,E_{kNb}$。对每一个质点使用动能定理

$$A_i=E_{kib}-E_{kia},i=1,2,\cdots,N \tag{3-3-4}$$

对全部质点求和

$$\sum_{i=1}^{N}A_i=\sum_{i=1}^{N}E_{kib}-\sum_{i=1}^{N}E_{kia},A=E_{k,b}-E_{k,a} \tag{3-3-5}$$

式中,A 为包括外力与内力的全部的力对质点系内全部质点所做的功的代数和;$E_{k,a}$ 和 $E_{k,b}$ 分别为运动过程始末质点系内全部质点动能的代数和,即运动过程始末质点系的动能

$$A=\sum_{i=1}^{N}A_i,E_{k,b}=\sum_{i=1}^{N}E_{kib}=\sum_{i=1}^{N}\frac{1}{2}m_iv_{ib}^2,E_{k,a}=\sum_{i=1}^{N}E_{kia}=\sum_{i=1}^{N}\frac{1}{2}m_iv_{ia}^2 \tag{3-3-6}$$

为了清楚,将功分为外力所做的功 A_{ex} 与内力所做的功 A_{in} 之和

$$A=A_{ex}+A_{in},A_{ex}+A_{in}=E_{k,b}-E_{k,a} \tag{3-3-7}$$

可见,全部的力对质点系所做的总功等于质点系动能的增量;或者说,包括外力与内力的全部的力对质点系内全部质点所做的功的代数和(所有外力对质点系做的功和内力对质点系做的功之和),等于运动过程始末质点系内全部质点动能的代数和之差。这一结论,称为质点系动能定理。

质点系动能定理还可以表述为:在一段有限过程中,质点系动能的增量等于在这个过程中作用于质点系的外力和内力所做的有限功之和

$$\Delta E_k=A=A_{ex}+A_{in} \tag{3-3-8}$$

这是质点系动能定理的积分形式。还可以表述为:质点系动能在一段元过程中的元增量等于作用在质点系上的所有外力和内力在这元过程中所做的元功之和

$$dE_k=đA=đA_{ex}+đA_{in} \tag{3-3-9}$$

这是质点系动能定理的微分形式。

质点系动能定理是宇宙中普遍成立的能量守恒定律在机械运动中的一种表述,它给出了做功与动能之间的一个数量关系。应该注意的是,质点系的内力虽然是成对出现的,且大小相等、方向相反,但由于相互作用的两个质点的位移不一定相等,因此,质点系所有内力的功之和不一定为零。内力不能改变质点系的总动量、总角动量,也不能改变质点系质心的速度,但内力能改变质点系的总动能。例如静止的炸弹动能为零,爆炸后动能增加,是因为内力做功。

三、质点系的势能和功能原理

质点系内各个质点所拥有的势能的代数和,称为质点系的势能。

如图 3-5 所示,设质点系由质量分别为 $m_1,m_2,\cdots,m_i,\cdots,m_N$ 的 N 个质点组成。质点系内各个质点受到外力和内力的作用,将外力 $\boldsymbol{F}_{ex}$ 分为保守外力 $\boldsymbol{F}_{ex,cons}$ 和非保守外力 $\boldsymbol{F}_{ex,n\text{-}cons}$,

内力 $\boldsymbol{f}_{\text{in}}$ 分为保守内力 $\boldsymbol{f}_{\text{in,cons}}$ 和非保守内力 $\boldsymbol{f}_{\text{in,n-cons}}$。设保守内力有 m 种，$\boldsymbol{f}_{1,\text{in,cons}}$，…，$\boldsymbol{f}_{m,\text{in,cons}}$；保守外力共有 n 种，$\boldsymbol{F}_{1,\text{ex,cons}}$，…，$\boldsymbol{F}_{n,\text{ex,cons}}$。质点系内，第 i 个质点的势能为

$$E_{\text{P}i}=\sum_{j=1}^{m}E_{\text{p}ij}+\sum_{l=1}^{n}E_{\text{p}il}=E_{\text{p}i,\text{in}}+E_{\text{p}i,\text{ex}} \tag{3-3-10}$$

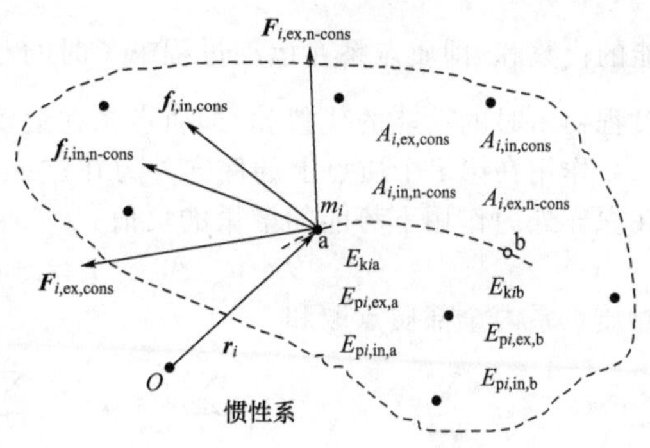

图 3-5　质点系的势能

式中，$E_{\text{p}ij}$ 为第 i 个质点在第 j 种保守内力作用下的势能，$E_{\text{p}il}$ 为第 i 个质点在第 l 种保守外力作用下的势能，$E_{\text{p}i,\text{in}}=\sum\limits_{j=1}^{m}E_{\text{p}ij}$ 为第 i 个质点在保守内力作用下的势能，$E_{\text{p}i,\text{ex}}=\sum\limits_{l=1}^{n}E_{\text{p}il}$ 为第 i 个质点在保守外力作用下的势能。

对质点系内全部质点的势能取和，得到质点系的势能

$$E_{\text{p}}=\sum_{i=1}^{N}E_{\text{p}i}=\sum_{i=1}^{N}\sum_{j=1}^{m}E_{\text{p}ij}+\sum_{i=1}^{N}\sum_{l=1}^{n}E_{\text{p}il}=\sum_{i=1}^{N}E_{\text{p}i,\text{in}}+\sum_{i=1}^{N}E_{\text{p}i,\text{ex}}=E_{\text{p,in}}+E_{\text{p,ex}} \tag{3-3-11}$$

式中，$E_{\text{p,in}}=\sum\limits_{i=1}^{N}E_{\text{p}i,\text{in}}=\sum\limits_{i=1}^{N}\sum\limits_{j=1}^{m}E_{\text{p}ij}$ 为质点系中全部质点在保守内力作用下的势能的代数和，也就是质点系在保守内力作用下的势能；$E_{\text{p,ex}}=\sum\limits_{i=1}^{N}E_{\text{p}i,\text{ex}}=\sum\limits_{i=1}^{N}\sum\limits_{l=1}^{n}E_{\text{p}il}$ 为质点系中全部质点在保守外力作用下的势能的代数和，也就是质点系在保守外力作用下的势能。

注意，由于势能的相对性，各个质点的势能的零点必须一致。在质点系质点受到不只一种保守力作用的情况下，每种势能的零点各自一致。

在质点系由 a 到 b 的过程中，各个质点在保守内力和保守外力、非保守内力和非保守外力作用下运动。对质点系内第 i 个质点应用质点的动能定理

$$A_{i,\text{ex,n-cons}}+A_{i,\text{in,n-cons}}+A_{i,\text{ex,cons}}+A_{i,\text{in,cons}}=E_{\text{k}i\text{b}}-E_{\text{k}i\text{a}} \tag{3-3-12}$$

式中，$A_{i,\text{ex,n-cons}}$ 为作用在第 i 个质点上的非保守外力在这一过程中所做的功，$A_{i,\text{in,n-cons}}$ 为作用在第 i 个质点上的非保守内力在这一过程中所做的功，$A_{i,\text{ex,cons}}$ 为作用在第 i 个质点上的保守外力在这一过程中所做的功，$A_{i,\text{in,cons}}$ 为作用在第 i 个质点上的保守内力在这一过程中所做的功；$E_{\text{k}i\text{a}}$ 为第 i 个质点在运动初始时的动能，$E_{\text{k}i\text{b}}$ 为第 i 个质点在运动末了时的动能。

对质点系内全部质点取和

$$\sum_{i=1}^{N}A_{i,\text{ex,n-cons}}+\sum_{i=1}^{N}A_{i,\text{in,n-cons}}+\sum_{i=1}^{N}A_{i,\text{ex,cons}}+\sum_{i=1}^{N}A_{i,\text{in,cons}}=\sum_{i=1}^{N}E_{\text{k}i\text{b}}-\sum_{i=1}^{N}E_{\text{k}i\text{a}}$$

$$A_{\text{ex,n-cons}}+A_{\text{in,n-cons}}+A_{\text{ex,cons}}+A_{\text{in,cons}}=E_{\text{k,b}}-E_{\text{k,a}} \tag{3-3-13}$$

式中，$A_{\text{ex,n-cons}}=\sum\limits_{i=1}^{N}A_{i,\text{ex,n-cons}}$，为作用在质点系中各个质点上的非保守外力在这一过程中所做的功的代数和；$A_{\text{in,n-cons}}=\sum\limits_{i=1}^{N}A_{i,\text{in,n-cons}}$，为作用在质点系中各个质点上的非保守内力在这一过程中所做的功的代数和；$A_{\text{ex,cons}}=\sum\limits_{i=1}^{N}A_{i,\text{ex,cons}}$，为作用在质点系中各个质点上的保守外力在这一过程中所做的功的代数和；$A_{\text{in,cons}}=\sum\limits_{i=1}^{N}A_{i,\text{in,cons}}$，为作用在质点系中各个质点上的保守内力在这一过程中所做的功的代数和；$E_{\text{k,b}}=\sum\limits_{i=1}^{N}E_{\text{k}i\text{b}}$，为质点系中各个质点在运动过程末了时的动

能的代数和,即质点系在运动过程末了时的动能;$E_{k,a}=\sum_{i=1}^{N}E_{kia}$,为质点系中各个质点在运动过程初始时的动能的代数和,即质点系在运动过程初始时的动能。

作用在第 i 个质点上的保守外力在这一过程中所做的功,应该等于过程始末第 i 个质点在保守外力作用下势能的增量的负值

$$A_{i,ex,cons}=-(E_{pi,ex,b}-E_{pi,ex,a}) \tag{3-3-14}$$

对质点系内全部质点取和

$$\sum_{i=1}^{N}A_{i,ex,cons}=-\sum_{i=1}^{N}E_{pi,ex,b}+\sum_{i=1}^{N}E_{pi,ex,a},A_{ex,cons}=-E_{p,ex,b}+E_{p,ex,a} \tag{3-3-15}$$

式中,$E_{p,ex,b}=\sum_{i=1}^{N}E_{pi,ex,b}=\sum_{i=1}^{N}\sum_{l=1}^{n}E_{pil,ex,b}$ 为运动过程末了时,在各种保守外力作用下,质点系各个质点所拥有的势能的代数和;$E_{p,ex,a}=\sum_{i=1}^{N}E_{pi,ex,a}=\sum_{i=1}^{N}\sum_{l=1}^{n}E_{pil,ex,a}$ 为运动过程初始时,在各种保守外力作用下,质点系各个质点所拥有的势能的代数和。

作用在第 i 个质点上的保守内力在这一过程中所做的功,应该等于过程始末第 i 个质点在保守内力作用下势能的增量的负值

$$A_{i,in,cons}=-(E_{pi,in,b}-E_{pi,in,a}) \tag{3-3-16}$$

对质点系内全部质点取和

$$\sum_{i=1}^{N}A_{i,in,cons}=-\sum_{i=1}^{N}E_{pi,in,b}+\sum_{i=1}^{N}E_{pi,in,a},A_{in,cons}=-E_{p,in,b}+E_{p,in,a} \tag{3-3-17}$$

式中,$E_{p,in,b}=\sum_{i=1}^{N}E_{pi,in,b}=\sum_{i=1}^{N}\sum_{j=1}^{m}E_{pij,in,b}$ 为运动过程末了时,在各种保守内力作用下,质点系各个质点所拥有的势能的代数和;$E_{p,in,a}=\sum_{i=1}^{N}E_{pi,in,a}=\sum_{i=1}^{N}\sum_{j=1}^{m}E_{pij,in,a}$ 为运动过程初始时,在各种保守内力作用下,质点系各个质点所拥有的势能的代数和。

由质点系势能的定义,质点系的势能是质点系内各个质点在各种保守外力和保守内力作用下的势能的代数和。质点系在运动过程初始时的势能为

$$E_{p,a}=\sum_{i=1}^{N}\sum_{l=1}^{n}E_{pil,ex,a}+\sum_{i=1}^{N}\sum_{j=1}^{m}E_{pij,in,a}=\sum_{i=1}^{N}E_{pi,ex,a}+\sum_{i=1}^{N}E_{pi,in,a}=E_{p,ex,a}+E_{p,in,a}$$

质点系在运动过程末了时的势能为

$$E_{p,b}=\sum_{i=1}^{N}\sum_{l=1}^{n}E_{pil,ex,b}+\sum_{i=1}^{N}\sum_{j=1}^{m}E_{pij,in,b}=\sum_{i=1}^{N}E_{pi,ex,b}+\sum_{i=1}^{N}E_{pi,in,b}=E_{p,ex,b}+E_{p,in,b}$$

再将式(3-3-15)与式(3-3-17)相加,得到保守外力与保守内力做功之和

$$A_{ex,cons}+A_{in,cons}=-E_{p,ex,b}+E_{p,ex,a}-E_{p,in,b}+E_{p,in,a}$$

$$A_{ex,cons}+A_{in,cons}=-(E_{p,ex,b}+E_{p,ext,b})+(E_{p,ex,a}+E_{p,in,a})=-E_{p,b}+E_{p,a}$$

在将此式代入式(3-3-13),得到

$$A_{ex,n\text{-}cons}+A_{in,n\text{-}cons}-E_{p,b}+E_{p,a}=E_{k,b}-E_{k,a}$$

$$A_{ex,n\text{-}cons}+A_{in,n\text{-}cons}=(E_{k,b}+E_{p,b})-(E_{k,a}+E_{p,a}) \tag{3-3-18}$$

定义质点系的动能与势能的代数和为质点系的总机械能,$E=E_k+E_p$,则

$$A_{ex,n\text{-}cons}+A_{in,n\text{-}cons}=E_b-E_a \tag{3-3-19}$$

质点系在机械运动过程中,质点系内各个质点所受到的非保守外力对质点所做的功与质点系内各个质点所受的非保守内力对质点所做的功的总和等于这一机械运动过程中质点系机械能的增量。这一关于功和能的关系的结论称为功能原理。

保守力做功会引起质点系动能的改变,但保守力做功不会引起质点系机械能的改变,保守

力做功只能使动能与势能相互转化;只有非保守力做功,才使质点系的机械能发生变化。

功能原理与动能定理并无本质的不同,它们的区别仅在于功能原理中引入了势能而无需考虑保守内力的功,这正是功能原理的优点,因为计算势能增量常常比直接计算功方便。但要注意的是,在功能原理中保守力所做的功与相应势能的改变之间是一种等价关系,动能定理中合力所做的功与引起的动能改变之间则是一种因果关系。

四、机械能守恒定律

在式(3-3-19)中,如果 $A_{ex,n\text{-}cons}+A_{in,n\text{-}cons}=0$,则可以得到

$$E=E_k+E_p=常量 \tag{3-3-20}$$

如果作用于质点系的所有非保守力都不做功,或非保守外力和非保守内力做功之和为零,只有保守内力做功,则在质点系运动过程中,各质点间动能与势能可以相互转化,但质点系的总机械能保持不变。这一结论称为质点系机械能守恒定律。

要特别强调的是,这里的做功,不是质点系受到的合力做的功,是质点系内各个质点受到的力所做的功的代数和。因为质点系内各个质点的运动元位移是不同的,对质点系所做的功必须先计算各个质点所受到的力对该质点所做的功。

当有非保守力(如摩擦力和阻力)作用时,机械能不再守恒,此时机械能的全部或部分将转化成其他形式的能。由于摩擦力等非保守力普遍存在,机械能精确守恒的情况很罕见。但是在将摩擦力等非保守力的功忽略不计,对计算结果并不发生明显影响时,仍可用机械能守恒方程求近似解。在只有保守力做功的情况下,质点系的机械能守恒,即动能与势能的总和不变。保守力做功只能使质点系的动能与势能相互转换,是质点系势能与动能相互转化的手段和度量。

在经典力学中,机械能守恒定律是牛顿定律的一个推论,因此也只适用于惯性系。机械能守恒定律是以牛顿定律为基础的,但不可认为机械能守恒定律是从属于牛顿定律的。实际上机械能守恒定律是与时间对称性(或时间均匀性)相联系的,它是独立于牛顿定律的自然界中普遍的定律,是能量的转化与守恒定律这一自然界普遍遵循的规律在机械运动范围内的具体表现。

五、能量守恒定律

对于一个机械运动系统,如果除了保守力做功外,还有非保守力做功,那么这个系统的机械能就要发生变化。例如非保守力摩擦力对机械运动的物体做功,将消耗物体的一部分机械能,因而物体的机械能就不守恒了。实验发现,在物体机械能减少的同时,由于摩擦力做功,将把物体的一部分机械能转化成热能。热能是有别于机械能的另一种形式的能量,自然界中除了机械能和热能以外,还有其他许多形式的能量,如与电磁现象相关联的电磁能,与化学反应相联系的化学能,与原子核现象相联系的原子核能等。

无数事实证明,各种形式的能量是可以相互转化的,但对一个与外界没有能量交换的封闭系统来说,如果其内部某种形式的能量减少或增加,必然伴随着等量的其他形式的能量增加或减少,系统内部各种形式的能量的总和仍然是一个常量。这就是说,能量不能消失,也不能创造,只能从一种形式转化为另一种形式。对一个封闭系统来说,不论发生何种变化,各种形式的能量可以互相转化,但它们的总和是一个常量,这一结论称为能量守恒定律。

能量守恒定律能使我们更深刻地理解功的意义。这个定律表明,一个物体或系统的能量变化时,必然有另一物体或系统的能量同时也发生变化。以做功的方式使一个系统的能量变化,在本质上是这个系统与另一个系统之间发生了能量的交换,而这个能量的交换在量值上就用所做的功来量度,所以功是能量交换或转化的一种度量。

值得注意的是,绝不能把能量和功看作是等同的。能量描述系统在一定状态时的特性,它的量值只决定于系统状态,系统在一定状态时就具有一定的能量,能量是系统状态的单值函

数。功是与系统能量的改变和转化过程相联系的,只有在系统能量发生改变或转化的过程中,才有做功的问题。

能量守恒定律是从大量事实中综合归纳得出的结论,可以适用于任何变化过程,不论是机械的、热的、电磁的、原子和原子核的、化学的以至生物的过程,等等,它是自然界具有最大普遍性的定律之一。

第三章 第四节 微课

第四节　质心参考系中的运动

我们知道,动量定理及动量守恒定律、角动量定理及角动量守恒定律、动能定理、功能原理及机械能守恒定律等都是可以由牛顿运动定律推导出来的,因此,它们只适用于惯性参考系。对于非惯性参考系,这些定理和守恒定律一般是不适用的。一般性地讨论非惯性参考系的动力学问题是非常复杂的,也是没有必要的。我们将讨论一种实用的非惯性参考系,也就是质心参考系,这是一种在物理学上非常实用的参考系。在这一参考系中,质点系的动力学定理及守恒定律具有非常简洁的形式。质点系相对于惯性参考系的运动可以看成是质心相对于惯性参考系的运动与质点系相对于质心参考系的运动的合成。由于质心参考系的特殊性,使得处理非惯性参考系的动力学问题变得简洁而可行。当然,质心参考系也不是万能的,它只能处理质点系的整体运动问题,一般来说,不能处理各个质点的具体运动问题。

一、质心

如图 3-6 所示,设质点系由质量分别为 $m_1, m_2, \cdots, m_i, \cdots, m_N$ 的 N 个质点组成。在某一惯性参考系中的某一时刻,各个质点相对于参考系原点的位置矢量为 $\boldsymbol{r}_1, \boldsymbol{r}_2, \cdots, \boldsymbol{r}_i, \cdots, \boldsymbol{r}_N$。定义质点系的质心的位置矢量为

$$\boldsymbol{r}_C = \frac{\sum_{i=1}^{N} m_i \boldsymbol{r}_i}{\sum_{i=1}^{N} m_i} = \frac{\sum_{i=1}^{N} m_i \boldsymbol{r}_i}{m} \tag{3-4-1}$$

图 3-6　质心的位置矢量

其中,$m = \sum_{i=1}^{N} m_i$ 是质点系内各个质点质量之和,称为质点系的总质量。

在直角坐标系中,质点系质心的位置矢量(x_C, y_C, z_C)表示为

$$x_C = \frac{\sum_{i=1}^{N} m_i x_i}{m}, y_C = \frac{\sum_{i=1}^{N} m_i y_i}{m}, z_C = \frac{\sum_{i=1}^{N} m_i z_i}{m} \tag{3-4-2}$$

特别申明,如果质点系是由质量连续分布的物体组成的,则物体的质心表示为

$$\boldsymbol{r}_C = \frac{\int \boldsymbol{r}\,\mathrm{d}m}{\int \mathrm{d}m} = \frac{\int \boldsymbol{r}\,\mathrm{d}m}{m}; x_C = \frac{\int x\,\mathrm{d}m}{m}, y_C = \frac{\int y\,\mathrm{d}m}{m}, z_C = \frac{\int z\,\mathrm{d}m}{m} \tag{3-4-3}$$

质点系质心的位置矢量的端点是空间上的一个几何点,称为质点系的质量中心,简称质心。质心的位置矢量可以理解为各个质点位置矢量的某种平均值,它是按照各质点的质量来取平均,质量的大小表示了质点的重要程度,数学上称之为加权平均,这里的质量相当于权重,质点系质心的位置是由质点系的质量分布决定的。

质点系质心的位置矢量是与坐标系的选择有关的，但质心的空间位置相对于质点系内各个质点的相对位置却是与坐标系的选择无关的，即在不同的坐标系下，质心的数学表述可能不同，但质心的空间位置是不变的。如图 3-7 所示，设某一时刻，选择参考原点 O，质点系质心位于 C 点；如果选择参考原点 O'，质点系质心位于点 C'。该时刻，质量为 m_i 的质点位于点 P_i，则该质点对于两个参考原点 O 和 O' 的位置矢量分别为 $\boldsymbol{r}_i$ 和 $\boldsymbol{r}'_i$，由图可以得到两个位置矢量的关系为

$$\boldsymbol{r}_i=\boldsymbol{r}_0+\boldsymbol{r}'_i$$

选择参考原点 O，质点系质心的位置矢量为

$$\boldsymbol{r}_C=\frac{\sum_{i=1}^{N}m_i\boldsymbol{r}_i}{m}$$

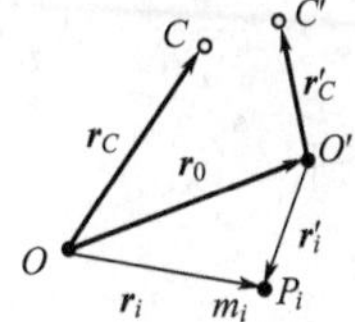

图 3-7 质心的位置

选择参考原点 O'，质点系质心的位置矢量为

$$\boldsymbol{r}'_C=\frac{\sum_{i=1}^{N}m_i\boldsymbol{r}'_i}{m}$$

由此得到

$$\boldsymbol{r}_C=\frac{\sum_{i=1}^{N}m_i\boldsymbol{r}_i}{m}=\frac{\sum_{i=1}^{N}m_i(\boldsymbol{r}_0+\boldsymbol{r}'_i)}{m}=\boldsymbol{r}_0+\frac{\sum_{i=1}^{N}m_i\boldsymbol{r}'_i}{m}=\boldsymbol{r}_0+\boldsymbol{r}'_C$$

$$\boldsymbol{r}_C=\boldsymbol{r}_0+\boldsymbol{r}'_C$$

可见，C' 与 C 必须重合，才能满足这一矢量关系。也就是说，在某一时刻，选择不同的参考原点，质点系的质心坐标值可能不同，但质心的空间位置却不变。在质点系运动过程中的某一时刻，质点系的质量分布是确定的，尽管下一时刻质点系质量分布可能会变化，质心的位置可能会变化。但我们讨论的是这一时刻，这与质心的运动无关，这是要注意的。

二、质心参考系

质心参考系是与质点系的质心固联在一起的平动参考系，而且质心参考系的坐标系原点就选择在质心处，质心参考系的坐标系的坐标轴与惯性参考系的坐标系的坐标轴保持平行。由于随着质点系内各个质点的运动，质心的位置可能随之运动，相对于惯性参考系，质心的位置矢量是随着质点运动而变化的。相对于惯性参考系，质心可能有速度和加速度，而质心参考系是随着质心一起运动的，所以，质心参考系不一定是惯性参考系。

如图 3-8 所示，$Oxyz$ 为惯性参考系，C 为质点系的质心，$Cx'y'z'$ 为质心参考系。质点系内各个质点相对于惯性参考系的位置矢量和运动速度分别为 $\boldsymbol{r}_1,\boldsymbol{r}_2,\cdots,\boldsymbol{r}_i,\cdots,\boldsymbol{r}_N$ 和 $\boldsymbol{v}_1,\boldsymbol{v}_2,\cdots,\boldsymbol{v}_i,\cdots,\boldsymbol{v}_N$；质点系内各个质点相对于质心参考系的位置矢量和运动速度分别为 $\boldsymbol{r}'_1,\boldsymbol{r}'_2,\cdots,\boldsymbol{r}'_i,\cdots,\boldsymbol{r}'_N$ 和 $\boldsymbol{v}'_1,\boldsymbol{v}'_2,\cdots,\boldsymbol{v}'_i,\cdots,\boldsymbol{v}'_N$。设质心相对于惯性参考系的位置矢量和运动速度分别为 $\boldsymbol{r}_C$ 和 $\boldsymbol{v}_C$，则有

$$\boldsymbol{r}_i=\boldsymbol{r}_C+\boldsymbol{r}'_i,\boldsymbol{v}_i=\boldsymbol{v}_C+\boldsymbol{v}'_i \tag{3-4-4}$$

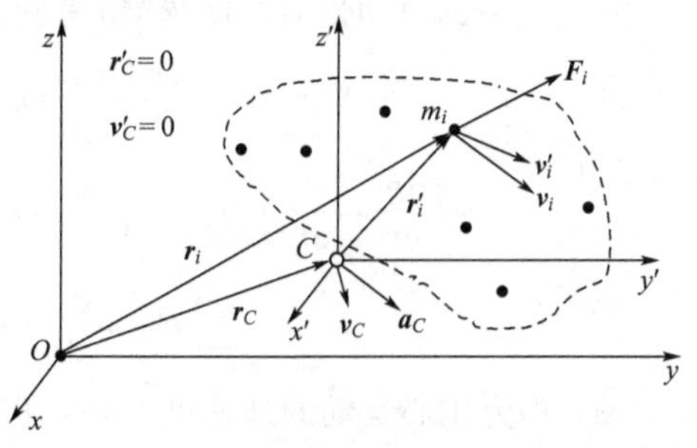

图 3-8 质心参考系

由于质心参考系的坐标原点就设在质心处，所以在质心参考系中，质心的位置矢量恒等于零，$\boldsymbol{r}'_C=0$。由质心的定义

$$\boldsymbol{r}'_C=\frac{1}{m}\sum_{i=1}^{N}m_i\boldsymbol{r}'_i=0$$

得到

$$\sum_{i=1}^{N}m_i\boldsymbol{r}'_i=0 \tag{3-4-5}$$

由于质心与质心参考系固联在一起，因此，在质心参考系中或者说相对于质心参考系，质心的运动速度恒等于零，$\boldsymbol{v}'_C=0$。由速度的定义

$$\boldsymbol{v}'_C=\frac{\mathrm{d}\boldsymbol{r}'_C}{\mathrm{d}t}=\frac{\mathrm{d}}{\mathrm{d}t}\left(\frac{1}{m}\sum_{i=1}^{N}m_i\boldsymbol{r}'_i\right)=\frac{1}{m}\sum_{i=1}^{N}m_i\frac{\mathrm{d}\boldsymbol{r}'_i}{\mathrm{d}t}=\frac{1}{m}\sum_{i=1}^{N}m_i\boldsymbol{v}'_i=0$$

得到

$$\sum_{i=1}^{N}m_i\boldsymbol{v}'_i=0 \tag{3-4-6}$$

如果质心相对于惯性参考系做匀速直线运动，质心参考系相对于惯性参考系的加速度为零，$\boldsymbol{a}_C=0$，质心参考系也是惯性参考系。

在非惯性参考系中，牛顿运动定律、动量定理及动量守恒定律、角动量定理及角动量守恒定律、动能定理、功能原理、机械能守恒定律等这些动力学定理和定律不再适用。但我们会看到，这些动力学定理和定律在质心参考系这一特殊的非惯性参考系中依然适用。质心参考系的引入，将为我们处理质点系动力学问题带来极大的方便。

三、质心运动定理

将质心的定义式对时间求导，得到相对于惯性参考系质心的运动速度

$$\boldsymbol{v}_C=\frac{\mathrm{d}\boldsymbol{r}_C}{\mathrm{d}t}=\frac{\mathrm{d}}{\mathrm{d}t}\left(\frac{1}{m}\sum_{i=1}^{N}m_i\boldsymbol{r}_i\right)=\frac{1}{m}\sum_{i=1}^{N}m_i\frac{\mathrm{d}\boldsymbol{r}_i}{\mathrm{d}t}=\frac{1}{m}\sum_{i=1}^{N}m_i\boldsymbol{v}_i \tag{3-4-7}$$

由此得到

$$m\boldsymbol{v}_C=\sum_{i=1}^{N}m_i\boldsymbol{v}_i=\sum_{i=1}^{N}\boldsymbol{p}_i=\boldsymbol{p}，\sum_{i=1}^{N}\boldsymbol{p}_i=\boldsymbol{p}=m\boldsymbol{v}_C \tag{3-4-8}$$

其中，$\boldsymbol{p}=\sum_{i=1}^{N}\boldsymbol{p}_i$ 是相对于惯性参考系质点系的总动量。质点系的总动量等于质点系的总质量与质点系的质心的运动速度的乘积，此乘积也称为质心的动量 $\boldsymbol{p}_C$。质点系相对于惯性参考系的总动量等于质心的动量，质点系的总动量相当于把质点系的全部质量集中在质心处的质点的动量。

将质点系的总动量对时间求导，得到

$$\frac{\mathrm{d}\boldsymbol{p}}{\mathrm{d}t}=\frac{\mathrm{d}}{\mathrm{d}t}(m\boldsymbol{v}_C)=m\frac{\mathrm{d}\boldsymbol{v}_C}{\mathrm{d}t}=m\boldsymbol{a}_C$$

$$\frac{\mathrm{d}\boldsymbol{p}}{\mathrm{d}t}=\frac{\mathrm{d}}{\mathrm{d}t}\sum_{i=1}^{N}\boldsymbol{p}_i=\frac{\mathrm{d}}{\mathrm{d}t}\sum_{i=1}^{N}m_i\boldsymbol{v}_i=\sum_{i=1}^{N}m_i\frac{\mathrm{d}\boldsymbol{v}_i}{\mathrm{d}t}=\sum_{i=1}^{N}m_i\boldsymbol{a}_i=\sum_{i=1}^{N}\boldsymbol{F}_i$$

$$\sum_{i=1}^{N}\boldsymbol{F}_i=\frac{\mathrm{d}\boldsymbol{p}}{\mathrm{d}t}=m\boldsymbol{a}_C=m\frac{\mathrm{d}\boldsymbol{v}_C}{\mathrm{d}t}=m\frac{\mathrm{d}^2\boldsymbol{r}_C}{\mathrm{d}t^2} \tag{3-4-9}$$

式中，$\boldsymbol{a}_C$ 称为质心运动的加速度。还可以写出直角坐标系中的投影式

$$\sum_{i=1}^{N}F_{ix}=ma_{Cx}，\sum_{i=1}^{N}F_{iy}=ma_{Cy}，\sum_{i=1}^{N}F_{iz}=ma_{Cz} \tag{3-4-10}$$

这与牛顿第二运动定律具有相同的形式。质点系总质量与质心加速度的乘积总是等于质点系所受到的全部外力的矢量和，称为质心运动定理。

质心运动定理表明，一个质点系的质心的机械运动，就如同将质点系的质量集中在质心处

的一个“质点”的机械运动。这个“质点”所受到的“作用力”等于质点系所受外力的矢量和，这个“质点”作用着质点系所有的外力。而实际上，可能在质心处既没有质量，也可能根本没有受到力的作用，质心仅仅是一个空间点。

如果作用在质点系的外力矢量和为零，$\sum_{i=1}^{N}\boldsymbol{F}_i=0$，则质心加速度为零，$\boldsymbol{a}_C=0$，质心运动速度不变，$\boldsymbol{v}_C=$ 恒矢量，这表明如果作用于质点系的所有外力的矢量和恒为零，这时质点系的质心的运动与一个不受任何力作用的质点的运动一样，它或者静止或者做匀速直线运动，则质心做惯性运动；如果作用在质点系的外力矢量和在某轴上的投影为零，$\sum_{i=1}^{N}F_{ix}=0$，则质心加速度在该轴上的投影为零，$a_{Cx}=0$，质心运动速度在该轴上的投影不变，$v_{Cx}=$ 恒量，这表明如果作用于质点系的所有外力在某轴上的投影的代数和恒为零，则质心运动速度在该轴上的投影保持不变。这两个结论称为质心运动守恒定理。

质点系的内力不会影响质心的运动状态。一个质点系，由于受到内力和外力的作用，各个质点的运动情况可能很复杂。但相对于此质点系有一个特殊的点，即质心，它的运动可能相当简单，只由质点系所受的外力的矢量和决定，与内力无关。

当然，质心运动定理也有其局限性，它只描述了质心的运动，没有对质点系的运动做出全面的描述。为了精确地了解质点系的运动，还应该进一步详细地研究各个质点相对质心的运动。但无论如何，质心运动定理还是为我们描述了质点系整体运动的重要特征。为此，我们将质点系的机械运动分解为质心的平动和相对于质心的运动。

在质点力学中，我们把做平动的实际物体抽象为一个质点，这是考虑物体质心的运动而忽略了物体各个质点围绕质心的运动以及各个质点间的相对运动，这正是“质点”模型的实质。在物体做平动的条件下，因为物体中各质点的运动相同，所以完全可以用质心的运动来代替整个物体的运动而加以研究。

四、质点系相对于质心参考系的动量

如图 3-8 所示，质点系中第 i 个质点相对于质心参考系的运动速度为$\boldsymbol{v}_i'$，则该质点相对于质心参考系的动量为 $\boldsymbol{p}_i'=m_i\boldsymbol{v}_i'$，由式(3-4-6) 式，得到质点系相对于质心参考系的动量

$$\boldsymbol{p}'=\sum_{i=1}^{N}\boldsymbol{p}_i'=\sum_{i=1}^{N}m_i\boldsymbol{v}_i'=0,\boldsymbol{p}'=0 \tag{3-4-11}$$

这表明，相对于质心参考系，质点系的总动量恒为零，因此，质心参考系又称为零动量参考系。这也从另一个方面体现了质心的特殊性和重要性。如果有两个质点构成一个质点系，在质心参考系中，两个质点的动量总是大小相等、方向相反，这就是在研究两物体碰撞问题时使用质心参考系的理由。

式(3-4-8) 表明，质点系相对于惯性参考系的总动量等于质心相对于惯性参考系的动量，不包含质点系相对于质心参考系的总动量。其实，我们也可以将质点系相对于惯性参考系的总动量分解为质心相对于惯性参考系的动量 $\boldsymbol{p}_C=m\boldsymbol{v}_C$ 和质点系相对于质心参考系的总动量 $\boldsymbol{p}'=\sum_{i=1}^{N}m_i\boldsymbol{v}_i'$

$$\boldsymbol{p}=\boldsymbol{p}_C+\boldsymbol{p}'=\boldsymbol{p}_C \tag{3-4-12}$$

只不过，质点系相对于质心参考系的总动量等于零，$\boldsymbol{p}'=0$。

相对于质心参考系，质点系的总动量恒为零。这表示，在质心参考系中，质点系的总动量守恒，只不过守恒量为零。如果我们考虑在非惯性质心参考系中，第 i 个质点除受到外力 $\boldsymbol{F}_i$ 作用外，还受到一个惯性力 $\boldsymbol{f}_i^*=-m_i\boldsymbol{a}_C$ 的作用，则质点系惯性力的矢量和为

$$\sum_{i=1}^{N}\boldsymbol{f}_i^* = \sum_{i=1}^{N} -m_i\boldsymbol{a}_C = -\sum_{i=1}^{N} m_i\boldsymbol{a}_C = -m\boldsymbol{a}_C = -m\frac{\mathrm{d}^2\boldsymbol{r}_C}{\mathrm{d}t^2}$$

$$= -m\frac{\mathrm{d}^2}{\mathrm{d}t^2}\left(\frac{1}{m}\sum_{i=1}^{N} m_i\boldsymbol{r}_i\right) = -\sum_{i=1}^{N} m_i\frac{\mathrm{d}^2\boldsymbol{r}_i}{\mathrm{d}t^2} = -\sum_{i=1}^{N} m_i\boldsymbol{a}_i = -\sum_{i=1}^{N}\boldsymbol{F}_i$$

$$\sum_{i=1}^{N}\boldsymbol{F}_i + \sum_{i=1}^{N}\boldsymbol{f}_i^* = 0$$

可见,在非惯性质心参考系中,质点系受到的惯性力与外力的矢量和为零,所以,在非惯性质心参考系中,质点系的动量守恒。

五、质点系相对于质心的角动量

1. 质点系的角动量

如图 3-8 所示,质点系对惯性参考系中的原点 O 的角动量为

$$\boldsymbol{L} = \sum_{i=1}^{N}\boldsymbol{r}_i \times (m_i\boldsymbol{v}_i) = \sum_{i=1}^{N} m_i(\boldsymbol{r}_C + \boldsymbol{r}'_i)\times(\boldsymbol{v}_C + \boldsymbol{v}'_i)$$

$$= \sum_{i=1}^{N} m_i\boldsymbol{r}_C\times\boldsymbol{v}_C + \sum_{i=1}^{N} m_i\boldsymbol{r}_C\times\boldsymbol{v}'_i + \sum_{i=1}^{N} m_i\boldsymbol{r}'_i\times\boldsymbol{v}_C + \sum_{i=1}^{N} m_i\boldsymbol{r}'_i\times\boldsymbol{v}'_i$$

$$= \boldsymbol{r}_C\times(m\boldsymbol{v}_C) + \boldsymbol{r}_C\times\sum_{i=1}^{N} m_i\boldsymbol{v}'_i + \left(\sum_{i=1}^{N} m_i\boldsymbol{r}'_i\right)\times\boldsymbol{v}_C + \sum_{i=1}^{N}\boldsymbol{r}'_i\times(m_i\boldsymbol{v}'_i)$$

由于 $\sum_{i=1}^{N} m_i\boldsymbol{v}'_i = 0$, $\sum_{i=1}^{N} m_i\boldsymbol{r}'_i = 0$,所以

$$\boldsymbol{L} = \boldsymbol{r}_C\times(m\,\boldsymbol{v}_C) + \sum_{i=1}^{N}\boldsymbol{r}'_i\times(m_i\,\boldsymbol{v}'_i) \tag{3-4-13}$$

由于 $\boldsymbol{p} = m\boldsymbol{v}_C$ 是将质点系全部质量集中于质心的"质点"相对于惯性参考系的动量,我们知道它也等于质点系相对于惯性参考系的总动量,因此

$$\boldsymbol{L}_C = \boldsymbol{r}_C\times(m\,\boldsymbol{v}_C) \tag{3-4-14}$$

就是质心对惯性参考系中的原点 O 的角动量,称为轨道角动量。质点系的轨道角动量等于质点系的全部质量集中于质心处的一个质点对惯性参考系中的原点 O 的角动量,反映了整个质点系绕惯性参考系中的原点 O 的旋转运动。而

$$\boldsymbol{L}' = \sum_{i=1}^{N}\boldsymbol{r}'_i\times(m_i\,\boldsymbol{v}'_i) \tag{3-4-15}$$

是质点系内各个质点分别对质心参考系坐标原点 C 的角动量的矢量和,也就是质点系对质心参考系坐标原点 C 的角动量,称为自旋角动量。自旋角动量只代表质点系的内部性质,与质心的运动无关。这样,质点系对惯性参考系中的原点 O 的角动量就可以分解为质心对惯性参考系中的原点 O 的角动量和质点系对质心参考系坐标原点 C 的角动量

$$\boldsymbol{L} = \boldsymbol{r}_C\times(m\,\boldsymbol{v}_C) + \sum_{i=1}^{N}\boldsymbol{r}'_i\times(m_i\,\boldsymbol{v}'_i) = \boldsymbol{L}_C + \boldsymbol{L}' \tag{3-4-16}$$

质点系对质心参考系坐标原点 C 的角动量不为零,所以,质点系对惯性参考系中的原点 O 的角动量不等于质心对惯性参考系中的原点 O 的角动量;而由于质点系对质心参考系的动量为零,所以质点系相对于惯性参考系的动量等于质心相对于惯性参考系的动量。

2. 质点系的角动量定理

由式(3-4-16)对时间求导

$$\frac{\mathrm{d}\boldsymbol{L}}{\mathrm{d}t} = \frac{\mathrm{d}\boldsymbol{r}_C}{\mathrm{d}t}\times(m\,\boldsymbol{v}_C) + m\boldsymbol{r}_C\times\frac{\mathrm{d}\boldsymbol{v}_C}{\mathrm{d}t} + \frac{\mathrm{d}\boldsymbol{L}'}{\mathrm{d}t},\ \frac{\mathrm{d}\boldsymbol{L}}{\mathrm{d}t} = \boldsymbol{v}_C\times(m\,\boldsymbol{v}_C) + m\boldsymbol{r}_C\times\boldsymbol{a}_C + \frac{\mathrm{d}\boldsymbol{L}'}{\mathrm{d}t}$$

$$\frac{\mathrm{d}\boldsymbol{L}}{\mathrm{d}t} = \boldsymbol{r}_C\times\sum_{i=1}^{N}\boldsymbol{F}_i + \frac{\mathrm{d}\boldsymbol{L}'}{\mathrm{d}t},\ \frac{\mathrm{d}\boldsymbol{L}'}{\mathrm{d}t} = \frac{\mathrm{d}\boldsymbol{L}}{\mathrm{d}t} - \boldsymbol{r}_C\times\sum_{i=1}^{N}\boldsymbol{F}_i$$

由质点系的角动量定理可知，质点系相对于惯性参考系原点 O 的角动量 $\boldsymbol{L}$ 对时间的变化率等于质点系对惯性参考系原点 O 的外力矩 $\boldsymbol{M}$，或者说等于各个外力对惯性参考系原点 O 的力矩的矢量和

$$\frac{\mathrm{d}\boldsymbol{L}}{\mathrm{d}t}=\boldsymbol{M}=\sum_{i=1}^{N}\boldsymbol{M}_i=\sum_{i=1}^{N}\boldsymbol{r}_i\times\boldsymbol{F}_i$$

由此得到

$$\frac{\mathrm{d}\boldsymbol{L}'}{\mathrm{d}t}=\sum_{i=1}^{N}\boldsymbol{r}_i\times\boldsymbol{F}_i-\boldsymbol{r}_C\times\sum_{i=1}^{N}\boldsymbol{F}_i=\sum_{i=1}^{N}(\boldsymbol{r}_i-\boldsymbol{r}_C)\times\boldsymbol{F}_i=\sum_{i=1}^{N}\boldsymbol{r}'_i\times\boldsymbol{F}_i=\sum_{i=1}^{N}\boldsymbol{M}'_i=\boldsymbol{M}'$$

$$\frac{\mathrm{d}\boldsymbol{L}'}{\mathrm{d}t}=\sum_{i=1}^{N}\boldsymbol{M}'_i=\boldsymbol{M}' \qquad (3\text{-}4\text{-}17)$$

式中，$\boldsymbol{L}'=\sum_{i=1}^{N}\boldsymbol{r}'_i\times(m_i\boldsymbol{v}'_i)=\sum_{i=1}^{N}\boldsymbol{L}'_i$，是质点系对质心参考系坐标原点 C 的角动量，即质点系内各个质点对质心参考系坐标原点 C 的角动量的矢量和；$\boldsymbol{M}'=\sum_{i=1}^{N}\boldsymbol{r}'_i\times\boldsymbol{F}_i=\sum_{i=1}^{N}\boldsymbol{M}'_i$，是质点系所受到的对质心参考系坐标原点 C 的合外力力矩，即质点系所受到的各个外力对质心参考系坐标原点 C 的力矩的矢量和。

质点系对质心参考系坐标原点 C 的角动量对时间的变化率等于质点系所受到的对质心参考系坐标原点 C 的合外力力矩；质点系内各个质点对质心参考系坐标原点 C 的角动量的矢量和对时间的变化率等于质点系所受到的各个外力对质心参考系坐标原点 C 的力矩的矢量和。这称为质点系对质心的角动量定理。

质点系对质心的角动量定理也可以写成分量形式

$$\frac{\mathrm{d}L'_x}{\mathrm{d}t}=M'_x,\ \frac{\mathrm{d}L'_y}{\mathrm{d}t}=M'_y,\ \frac{\mathrm{d}L'_z}{\mathrm{d}t}=M'_z \qquad (3\text{-}4\text{-}18)$$

即质点系对过质心参考系坐标原点 C 的某一轴的角动量对时间的变化率等于质点系所受到的合外力对过质心参考系坐标原点 C 的该轴的力矩。

3. 质点系的角动量守恒定律

如果质点系所受到的对质心参考系坐标原点 C 的合外力力矩等于零，则质点系对质心参考系坐标原点 C 的角动量保持不变

$$\text{如果 } \boldsymbol{M}'=0\text{，则 } \boldsymbol{L}'=\text{恒矢量} \qquad (3\text{-}4\text{-}19)$$

这称为质点系对质心的角动量守恒定律。同样，如果质点系所受到的对过质心参考系坐标原点 C 的某轴外力力矩等于零，则质点系对过质心参考系坐标原点 C 的该轴角动量保持不变

$$\text{如果 } M'_z=0\text{，则 } L'_z=\text{恒量} \qquad (3\text{-}4\text{-}20)$$

尽管质心参考系可能不是惯性参考系，但对质心参考系来说，角动量定理和角动量守恒定律依然成立。这再一次显示了质心的特殊性，也表明了质心参考系的重要性。

如果质点系所受到的外力是重力，按质心的定义，重力对惯性参考系原点 O 的力矩为

$$\boldsymbol{M}_{mg}=\sum_{i=1}^{N}\boldsymbol{r}_i\times m_i\boldsymbol{g}=\left(\sum_{i=1}^{N}m_i\boldsymbol{r}_i\right)\times\boldsymbol{g}=m\boldsymbol{r}_C\times\boldsymbol{g}=\boldsymbol{r}_C\times m\boldsymbol{g}$$

这表明，重力的合力矩与系统的全部质量集中在质心处的重力力矩等价。各个质点受到的重力对质心参考系坐标原点 C 的力矩的矢量和为

$$\boldsymbol{M}'_{mg}=\sum_{i=1}^{N}\boldsymbol{r}'_i\times m_i\boldsymbol{g}=\left(\sum_{i=1}^{N}m_i\boldsymbol{r}'_i\right)\times\boldsymbol{g}=0$$

即重力对质心的合力矩恒为零，所以，不论质心参考系是否为惯性参考系，只受到重力的质点系的角动量守恒。

在非惯性参考系应用牛顿运动定律，需要考虑惯性力。同样，如果要在非惯性参考系应用

角动量定理和角动量守恒定律,也要考虑惯性力的力矩。如果设非惯性质心参考系相对于惯性参考系的加速度为 $\boldsymbol{a}_C$,则质点系内各个质点受到的惯性力 $\boldsymbol{f}_i^* = -m_i\boldsymbol{a}_C$ 对质心参考系坐标原点 C 的力矩的矢量和为

$$\boldsymbol{M}^{*\prime} = \sum_{i=1}^{N}\boldsymbol{r}'_i \times \boldsymbol{f}_i^* = \sum_{i=1}^{N}\boldsymbol{r}'_i \times (-m_i\boldsymbol{a}_C) = -\left(\sum_{i=1}^{N}m_i\boldsymbol{r}'_i\right)\times \boldsymbol{a}_C = 0$$

即质点系内各个质点受到的惯性力对质心参考系坐标原点C的力矩的矢量和为零,所以,在非惯性质心参考系中应用角动量定理和角动量守恒定律时,可以不计惯性力的力矩。这也就是非惯性质心参考系中角动量定理及角动量守恒定律与惯性参考系中相同的原因。

质点系对质心参考系坐标原点 C 的角动量除式(3-4-15)定义外,还有其他表示。因为

$$\sum_{i=1}^{N}m_i\boldsymbol{v}'_i = \sum_{i=1}^{N}\boldsymbol{p}'_i = 0,\ \sum_{i=1}^{N}m_i\boldsymbol{r}'_i = 0$$

由质点系角动量定义得到

$$\sum_{i=1}^{N}\boldsymbol{r}'_i \times \boldsymbol{p}_i = \sum_{i=1}^{N}\boldsymbol{r}'_i \times m_i(\boldsymbol{v}'_i + \boldsymbol{v}_C) = \sum_{i=1}^{N}\boldsymbol{r}'_i \times \boldsymbol{p}'_i + \left(\sum_{i=1}^{N}m_i\boldsymbol{r}'_i\right)\times \boldsymbol{v}_C = \sum_{i=1}^{N}\boldsymbol{r}'_i \times \boldsymbol{p}'_i = \boldsymbol{L}'$$

$$\sum_{i=1}^{N}\boldsymbol{r}_i \times \boldsymbol{p}'_i = \sum_{i=1}^{N}(\boldsymbol{r}'_i + \boldsymbol{r}_C)\times \boldsymbol{p}'_i = \sum_{i=1}^{N}\boldsymbol{r}'_i \times \boldsymbol{p}'_i + \boldsymbol{r}_C \times \sum_{i=1}^{N}\boldsymbol{p}'_i = \sum_{i=1}^{N}\boldsymbol{r}'_i \times \boldsymbol{p}'_i = \boldsymbol{L}'$$

所以

$$\boldsymbol{L}' = \sum_{i=1}^{N}\boldsymbol{r}'_i \times \boldsymbol{p}'_i = \sum_{i=1}^{N}\boldsymbol{r}'_i \times \boldsymbol{p}_i = \sum_{i=1}^{N}\boldsymbol{r}_i \times \boldsymbol{p}'_i$$

这也反映了质心和质心参考系的特殊性。

六、质点系相对于质心参考系的能量

1. 质心参考系中质点系的动能

由动能的定义,在惯性参考系中,质点系的动能为

$$\begin{aligned}
E_k &= \sum_{i=1}^{N}\frac{1}{2}m_i v_i^2 = \sum_{i=1}^{N}\frac{1}{2}m_i(\boldsymbol{v}_C + \boldsymbol{v}'_i)\cdot(\boldsymbol{v}_C + \boldsymbol{v}'_i) \\
&= \sum_{i=1}^{N}\frac{1}{2}m_i v_C^2 + \sum_{i=1}^{N}m_i\boldsymbol{v}_C\cdot\boldsymbol{v}'_i + \sum_{i=1}^{N}\frac{1}{2}m_i v_i'^2 \\
&= \frac{1}{2}\left(\sum_{i=1}^{N}m_i\right)v_C^2 + \boldsymbol{v}_C\cdot\left(\sum_{i=1}^{N}m_i\boldsymbol{v}'_i\right) + \sum_{i=1}^{N}\frac{1}{2}m_i v_i'^2
\end{aligned}$$

其中,$\sum_{i=1}^{N}m_i\boldsymbol{v}'_i = 0$,$\sum_{i=1}^{N}m_i = m$,再定义

$$E_{k,C} = \frac{1}{2}mv_C^2,\ E'_k = \sum_{i=1}^{N}\frac{1}{2}m_i\boldsymbol{v}_i'^2 \tag{3-4-21}$$

式中,$E_{k,C}$ 为质心动能,E'_k 为非惯性质心参考系中质点系的动能。则惯性参考系中质点系的动能表示为

$$E_k = E_{k,C} + E'_k \tag{3-4-22}$$

这就是柯尼希定理。质点系在惯性参考系中的动能等于将质点系全部质量集中于质心处的一个质点的动能(质心的动能)与质点系在质心参考系中的动能之和。质点系对惯性参考系的动能就等于质点系的质心的动能加上质点系相对于质心的动能。质心动能是质点系随质心一起平动时的动能,反映了质点系整体运动的情况,也称为轨道动能;质点系在质心参考系中的动能是质点系中各个质点相对于质心的动能之和,反映了质点系内部的运动情况,称为质点系的内动能。

2. 质心参考系中的动能定理

在非惯性质心参考系中，第 i 个质点的运动微分方程为

$$m_i \frac{\mathrm{d}^2 \boldsymbol{r}'_i}{\mathrm{d}t^2}=\boldsymbol{F}_{i,\mathrm{in}}+\boldsymbol{F}_{i,\mathrm{ex}}+\left(-m_i \frac{\mathrm{d}^2 \boldsymbol{r}_C}{\mathrm{d}t^2}\right) \tag{3-4-23}$$

式中，$-m_i \dfrac{\mathrm{d}^2 \boldsymbol{r}_C}{\mathrm{d}t^2}$为第 i 个质点的惯性力，$\boldsymbol{F}_{i,\mathrm{in}}$ 为第 i 个质点所受到的内力，$\boldsymbol{F}_{i,\mathrm{ex}}$ 为第 i 个质点所受到的外力。用第 i 个质点相对于质心的元位移 $\mathrm{d}\boldsymbol{r}'_i$ 点乘上式两端并求和，得

$$\sum_{i=1}^{N} m_i \frac{\mathrm{d}^2 \boldsymbol{r}'_i}{\mathrm{d}t^2}\cdot \mathrm{d}\boldsymbol{r}'_i=\sum_{i=1}^{N}\boldsymbol{F}_{i,\mathrm{in}}\cdot \mathrm{d}\boldsymbol{r}'_i+\sum_{i=1}^{N}\boldsymbol{F}_{i,\mathrm{ex}}\cdot \mathrm{d}\boldsymbol{r}'_i+\sum_{i=1}^{N}\left(-m_i \frac{\mathrm{d}^2 \boldsymbol{r}_C}{\mathrm{d}t^2}\right)\cdot \mathrm{d}\boldsymbol{r}'_i \tag{3-4-24}$$

其中的几项进一步化为

$$\begin{aligned}\sum_{i=1}^{N} m_i \frac{\mathrm{d}^2 \boldsymbol{r}'_i}{\mathrm{d}t^2}\cdot \mathrm{d}\boldsymbol{r}'_i &=\sum_{i=1}^{N} m_i \frac{\mathrm{d}^2 \boldsymbol{r}'_i}{\mathrm{d}t^2}\cdot \frac{\mathrm{d}\boldsymbol{r}'_i}{\mathrm{d}t}\mathrm{d}t=\sum_{i=1}^{N} m_i \frac{\mathrm{d}}{\mathrm{d}t}\left(\frac{\mathrm{d}\boldsymbol{r}'_i}{\mathrm{d}t}\right)\cdot \frac{\mathrm{d}\boldsymbol{r}'_i}{\mathrm{d}t}\mathrm{d}t\\ &=\sum_{i=1}^{N} m_i \mathrm{d}\left(\frac{\mathrm{d}\boldsymbol{r}'_i}{\mathrm{d}t}\right)\cdot \frac{\mathrm{d}\boldsymbol{r}'_i}{\mathrm{d}t}=\mathrm{d}\sum_{i=1}^{N}\left[\frac{1}{2}m_i\left(\frac{\mathrm{d}\boldsymbol{r}'_i}{\mathrm{d}t}\right)^2\right]\\ &=\mathrm{d}\left(\sum_{i=1}^{N}\frac{1}{2}m_i \boldsymbol{v}'^2_i\right)=\mathrm{d}E'_\mathrm{k}\end{aligned}$$

$$\begin{aligned}\sum_{i=1}^{N}\left(-m_i \frac{\mathrm{d}^2 \boldsymbol{r}_C}{\mathrm{d}t^2}\right)\cdot \mathrm{d}\boldsymbol{r}'_i &=-\frac{\mathrm{d}^2 \boldsymbol{r}_C}{\mathrm{d}t^2}\cdot\sum_{i=1}^{N} m_i \mathrm{d}\boldsymbol{r}'_i=-\frac{\mathrm{d}^2 \boldsymbol{r}_C}{\mathrm{d}t^2}\cdot \mathrm{d}\sum_{i=1}^{N} m_i \boldsymbol{r}'_i\\ &=-\frac{\mathrm{d}^2 \boldsymbol{r}_C}{\mathrm{d}t^2}\cdot m\,\mathrm{d}\boldsymbol{r}'_C=0\end{aligned}$$

则式(3-4-24) 可以改写为

$$\mathrm{d}E'_\mathrm{k}=\sum_{i=1}^{N}\boldsymbol{F}_{i,\mathrm{in}}\cdot \mathrm{d}\boldsymbol{r}'_i+\sum_{i=1}^{N}\boldsymbol{F}_{i,\mathrm{ex}}\cdot \mathrm{d}\boldsymbol{r}'_i\text{，或者 }\mathrm{d}E'_\mathrm{k}=\mathrm{d}A'_\mathrm{in}+\mathrm{d}A'_\mathrm{ex} \tag{3-4-25}$$

这表明，在非惯性质心系中，质点系对质心的动能的微分，等于各质点相对于质心产生位移时，内力做的元功与外力做的元功之代数和，此关系式称为非惯性质心系中，质点系的动能定理微分式。对式(3-4-25)进行积分

$$\int_{E'_\mathrm{ka}}^{E'_\mathrm{kb}}\mathrm{d}E'_\mathrm{k}=\int_0^{r'_1}\sum \boldsymbol{F}_{i,\mathrm{in}}\cdot \mathrm{d}\boldsymbol{r}'_i+\int_0^{r'_1}\sum \boldsymbol{F}_{i,\mathrm{ex}}\cdot \mathrm{d}\boldsymbol{r}'_i,\ E'_\mathrm{kb}-E'_\mathrm{ka}=A'_\mathrm{in}+A'_\mathrm{ex} \tag{3-4-26}$$

这表明，在一定的时间内，在非惯性质心系中，质点系相对质心动能的增量，等于在相同的时间内，各质点相对质心产生位移时，内力做功与外力做功之代数和，称为在非惯性质心系中，质点系对质心参考系的动能定理积分式。

质点系对质心参考系的动能定理与对惯性参考系的动能定理具有相同的形式。但是要注意，只有在质心系这个特殊的非惯性参考系中，质点系的动能和功的关系在形式上与惯性参考系中的一样，对于其他一般的非惯性参考系，是不会有这样的结论的。还要注意的是，质心动能定理的适用范围是质心平动参考系，对于一般的动点是不适用的。

惯性力所做的功

$$\mathrm{d}A^{*\prime}=\sum_{i=1}^{N}(-m_i\boldsymbol{a}_C)\cdot \mathrm{d}\boldsymbol{r}'_i=-\boldsymbol{a}_C\cdot\sum_{i=1}^{N} m_i \mathrm{d}\boldsymbol{r}'_i=-\boldsymbol{a}_C\cdot \mathrm{d}\sum_{i=1}^{N} m_i \boldsymbol{r}'_i=-\boldsymbol{a}_C\cdot m\,\mathrm{d}\boldsymbol{r}'_C=0$$

可见，作为非惯性系的质心坐标系，质点系所受的惯性力的合力作用在质心上，但是质心对质心坐标系而言位移为零，所以惯性力做的总功为零，从而保证了质点系在非惯性质心参考系中的动能定理与在惯性系中质点系的动能定理有相同的形式。

3. 质心参考系中的功能原理

在惯性参考系中，质点系的动能定理表达式为

$$A_{\text{ex,n-cons}}+A_{\text{in,n-cons}}=E_1-E_0=(E_{\text{kb}}+E_{\text{pb}})-(E_{\text{ka}}+E_{\text{pa}})$$

这里,已经将保守力(内外)做功归入到势能的增量,因此,非保守内力 $\boldsymbol{F}_{i,\text{in,n-cons}}$ 和非保守外力 $\boldsymbol{F}_{i,\text{ex,n-cons}}$ 做功只是引起动能的变化。

由于一对作用力与反作用力做的功与参考系的选择无关,势能的增量与参考系的选择无关,故有 $A_{\text{in,n-cons}}=A'_{\text{in,n-cons}}$,$E_{\text{pb}}-E_{\text{pa}}=E'_{\text{pb}}-E'_{\text{pa}}$;非保守外力 $\boldsymbol{F}_{i,\text{ex,n-cons}}$ 做功

$$\begin{aligned}A_{\text{ex,n-cons}}&=\sum_{i=1}^{N}\int_{\text{a}}^{\text{b}}\boldsymbol{F}_{i,\text{ex,n-cons}}\cdot \text{d}\boldsymbol{r}_i=\int_{\text{a}}^{\text{b}}\sum_{i=1}^{N}\boldsymbol{F}_{i,\text{ex,n-cons}}\cdot \text{d}\boldsymbol{r}_i=\int_{\text{a}}^{\text{b}}\sum_{i=1}^{N}\boldsymbol{F}_{i,\text{ex,n-cons}}\cdot \text{d}(\boldsymbol{r}_C+\boldsymbol{r}'_i)\\&=\int_{\text{a}}^{\text{b}}\sum_{i=1}^{N}\boldsymbol{F}_{i,\text{ex,n-cons}}\cdot \text{d}\boldsymbol{r}_C+\sum_{i=1}^{N}\int_{\text{a}}^{\text{b}}\boldsymbol{F}_{i,\text{ex,n-cons}}\cdot \text{d}\boldsymbol{r}'_i=\int_{\text{a}}^{\text{b}}\boldsymbol{F}_{\text{ex}}\cdot \text{d}\boldsymbol{r}_C+\sum_{i=1}^{N}A'_{i,\text{ex,n-cons}}\\&=E_{\text{k},C,\text{b}}-E_{\text{k},C,\text{a}}+A'_{\text{ex,n-cons}}\end{aligned}$$

而由式(3-4-22)得到,$E_{\text{kb}}=E_{\text{k},C,\text{b}}+E'_{\text{kb}}$,$E_{\text{ka}}=E_{\text{k},C,\text{a}}+E'_{\text{ka}}$。因此

$$E_{\text{k},C,\text{b}}-E_{\text{k},C,\text{a}}+A'_{\text{ex,n-cons}}+A'_{\text{in,n-cons}}=(E_{\text{k},C,\text{b}}+E'_{\text{kb}}+E_{\text{pb}})-(E_{\text{k},C,\text{a}}+E'_{\text{ka}}+E_{\text{pa}})$$

$$A'_{\text{ex,n-cons}}+A'_{\text{in,n-cons}}=(E'_{\text{kb}}+E'_{\text{Pb}})-(E'_{\text{ka}}+E'_{\text{Pa}})=E'_{\text{b}}-E'_{\text{a}} \tag{3-4-27}$$

在非惯性质心参考系中,质点系内部非保守力做的功和外力对质点系做功的代数和,等于质点系机械能的增量。这一关系称之为非惯性质心参考系质点系的功能原理。

非惯性质心参考系中的质点系功能原理与惯性参考系中质点系功能原理具有相同的形式。这是因为在非惯性质心参考系中惯性力所做的功为零。对于一般的非惯性参考系,不能得出这一结论。这再一次说明了质心和质心参考系的特殊性。

4. 质心参考系中的机械能守恒定律

如果质点系只受保守力的作用,或者,非保守内力 $\boldsymbol{F}_{i,\text{in,n-cons}}$ 和非保守外力 $\boldsymbol{F}_{i,\text{ex,n-cons}}$ 做功之和为零,则质点系的机械能守恒。

$$\text{如果 } A'_{\text{ex,n-cons}}+A'_{\text{in,n-cons}}=0,\text{则 } E'=E'_{\text{k}}+E'_{\text{p}}=\text{常量} \tag{3-4-28}$$

非惯性质心参考系与惯性参考系中质点系机械能守恒定律具有相同的形式。

5. 非惯性质心参考系中的惯性力

牛顿运动定律只适用于惯性参考系,如果要在非惯性参考系中使用牛顿运动定律,必须要引入惯性力。这给处理非惯性参考系中质点系的动力学问题带来了极大的不便。由于质心参考系的特殊性,质心及质心参考系的引入给处理非惯性参考系中质点系的动力学问题带来了方便。

在非惯性质心参考系中,由于质点系惯性力的矢量和与质点系所受到的外力的矢量和大小相等方向相反

$$\sum_{i=1}^{N}\boldsymbol{F}_i=-\sum_{i=1}^{N}\boldsymbol{f}_i^{*} \tag{3-4-29}$$

相当于质点系受到的合力为零,使得在质心参考系中,质点系的动量守恒;而且由于质心参考系的特殊性,在质心参考系中,质点系的总动量也就是各个质点动量的矢量和恒等于零。

在非惯性质心参考系中,由于惯性力对质心参考系坐标原点的力矩等于零

$$\boldsymbol{M}^{*\prime}=\sum_{i=1}^{N}\boldsymbol{M}_i^{*\prime}=\sum_{i=1}^{N}\boldsymbol{r}'_i\times\boldsymbol{f}_i^{*}=0 \tag{3-4-30}$$

使得非惯性质心参考系中质点系对质心参考系坐标原点与惯性参考系中质点系对惯性参考系坐标原点的角动量定理和角动量守恒定律具有相同的形式。

在非惯性质心参考系中,由于惯性力做功为零

$$\text{d}A^{*\prime}=\sum_{i=1}^{N}\boldsymbol{f}_i^{*}\cdot \text{d}\boldsymbol{r}'_i=0 \tag{3-4-31}$$

使得质心参考系与惯性参考系中的动能定理、功能原理和机械能守恒定律具有相同的形式。

只有在质心参考系中,质点系的动力学规律具有不变性,其他非惯性参考系没有这一性质。质心参考系是一个特殊的非惯性参考系。尽管如此,质心参考系也还是不能解决每个质点的运动问题,因为质点系的动力学规律只是揭示了质点系整体运动的动力学性质。

第五节　刚体的定轴转动

第三章 第五节 微课

如果在任何情况(包括受到作用力和机械运动)下,物体上的任何两点之间的距离保持不变,这样的物体称为刚体。研究刚体机械运动时,把刚体分成许多微小的部分,每一部分都小到可看作质点,称为刚体的“质元”。由于各质元之间距离不变,刚体不形变,所以刚体是一个质元之间距离保持不变的特殊的质点系,称为“不变质点系”。把刚体看作不变质点系并运用质点系的运动规律去研究,这是刚体力学的基本方法。

如果刚体在运动过程中,连结刚体上两点的直线在空间的指向总保持平行,这样的运动就称为刚体的“平动”。刚体不受任何限制的任意运动,可以分解为随基点(可任选)的平动和绕通过基点的瞬时轴的定点转动。

如果刚体运动过程中,存在一条不动的直线,刚体上各质元均在垂直于这条直线的平面内做圆周运动,且各个圆的圆心都在同一条固定的直线上,则刚体的运动称为绕固定轴的转动,简称定轴转动。由于刚体上各个质元没有相对运动,刚体在做定轴转动运动的过程中,刚体上的各个质元绕转轴上的点做圆周运动,各个质元的角位移、角速度和角加速度相同。

刚体是质点系,应该遵守质点系的一般运动规律。但由于刚体这一质点系的特殊性,在刚体定轴转动过程中,各质元的角量相同,使得刚体运动还遵守一些特殊的运动规律。

一、刚体定轴转动定律

1. 刚体的转动惯量

(1) 刚体对定轴的转动惯量

如图 3-9 所示,刚体对某一固定转轴 Z 的转动惯量定义为:刚体对某转轴的转动惯量等于刚体中各质元(质点)的质量与他们各自离该转轴的垂直距离的平方的乘积的总和。

对于质点系组成的刚体,对固定转轴 Z 的转动惯量为

$$J=J_z=\sum_i m_i r_{i\perp}^2 \tag{3-5-1}$$

对于质量连续分布的刚体,对固定转轴 Z 的转动惯量为

$$J=J_z=\int r_\perp^2\,\mathrm{d}m \tag{3-5-2}$$

在直角坐标系中,刚体对固定转轴 Z 的转动惯量可以表示为

$$J=\sum_i m_i r_{i\perp}^2=\sum_i m_i(x_i^2+y_i^2),\ J=\int r_\perp^2\,\mathrm{d}m=\int(x^2+y^2)\mathrm{d}m \tag{3-5-3}$$

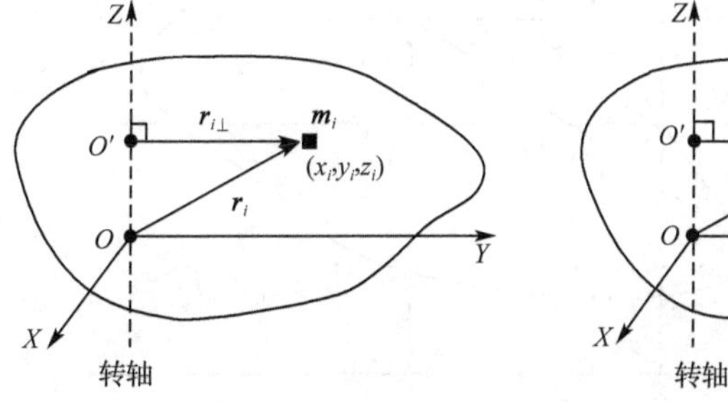

图 3-9　刚体的定轴转动惯量

刚体对固定转轴的转动惯量的大小取决于物体的形状、质量分布及转轴的位置和方位。

形状、大小相同的均匀刚体总质量越大,转动惯量越大;总质量相同的刚体,质量分布离转轴越远,转动惯量越大;同一刚体,转轴不同,质量对转轴的分布就不同,因而转动惯量就不同。但转动惯量与刚体绕轴的转动状态(如角速度和角加速度的大小)无关。

(2) 刚体转动惯量的可叠加性

如图 3-10 所示,把刚体分成若干部分,(1),(2),…,(N),则刚体对 Z 轴的转动惯量为

$$J=\int(x^2+y^2)\mathrm{d}m=\int_{(1)}(x_1^2+y_1^2)\mathrm{d}m_1+\cdots+\int_{(N)}(x_N^2+y_N^2)\mathrm{d}m_N$$

其中,$J_1=\int_{(1)}(x_1^2+y_1^2)\mathrm{d}m_1,\cdots,J_N=\int_{(N)}(x_N^2+y_N^2)\mathrm{d}m_N$,分别是刚体(1),(2),…,(N)对同一转轴 Z 轴的转动惯量,则整个刚体对 Z 轴的转动惯量可以表示为

$$J=J_1+J_2+\cdots+J_N=\sum_i J_i \tag{3-5-4}$$

这就是说,如果刚体由若干部分(1),(2),…,(N)组成,那么可以先分别计算每一部分对同一转轴的转动惯量,则刚体对该轴的转动惯量是各个部分对该轴转动惯量的算术和,这称为刚体转动惯量的可叠加性。

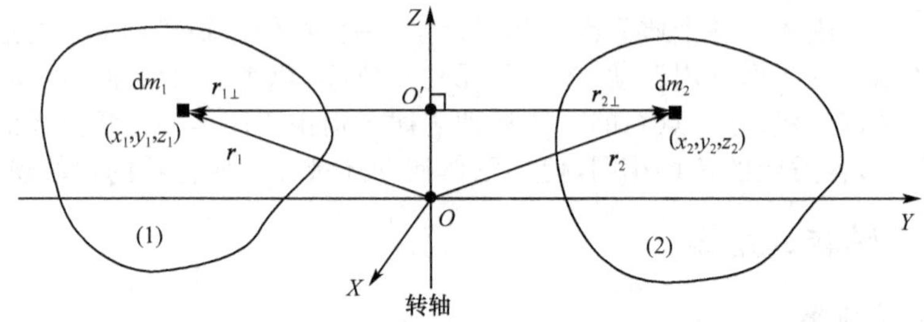

图 3-10 刚体转动惯量的可叠加性

(3) 平行轴定理

如图 3-11 所示,设刚体的总质量为 m、质心为 C,刚体通过质心的某轴 Z_1 的转动惯量为 J_C。如有另一与 Z_1 轴平行的任意轴 Z,两轴间的垂直距离为 d,刚体对 Z 轴的转动惯量为 J。建立直角坐标系 $C-X_1Y_1Z_1$(质心坐标系)和直角坐标系 $O-XYZ$(CX_1Y_1 与 OXY 面重合)。在直角坐标系 $C-X_1Y_1Z_1$ 中,刚体质心坐标表示为(x_{1C},y_{1C},z_{1C}),质元 $\mathrm{d}m$ 的位置坐标表示为(x_1,y_1,z_1);在直角坐标系 $O-XYZ$ 中,刚体质心坐标表示为(x_C,y_C,z_C),质元 $\mathrm{d}m$ 的位置坐标表示为(x,y,z)。由转动惯量的定义,得到

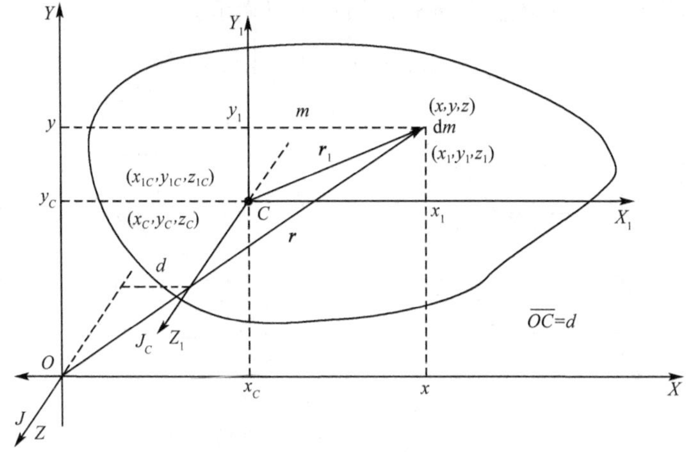

图 3-11 平行轴定理

$$J=\int(x^2+y^2)\mathrm{d}m=\int[(x_1+x_C)^2+(y_1+y_C)^2]\mathrm{d}m$$
$$=\int(x_1^2+y_1^2)\mathrm{d}m+(x_C^2+y_C^2)\int\mathrm{d}m+2x_C\int x_1\mathrm{d}m+2y_C\int y_1\mathrm{d}m$$

其中，$\int\frac{x_1}{m}\mathrm{d}m$ 和 $\int\frac{y_1}{m}\mathrm{d}m$ 是分别表示质心在质心坐标系 $C-X_1Y_1Z_1$ 中的坐标值，因为质心坐标系 $C-X_1Y_1Z_1$ 的原点在刚体的质心处，所以 $\int x_1\mathrm{d}m=mx_{1C}=0$ 和 $\int y_1\mathrm{d}m=my_{1C}=0$；$\int(x_1^2+y_1^2)\mathrm{d}m$ 表示刚体对转轴 Z_1 的转动惯量 J_C；${x_C}^2+{y_C}^2=d^2$，$\int\mathrm{d}m=m$。因此

$$J=J_C+md^2 \tag{3-5-5}$$

刚体对某一轴的转动惯量等于刚体对通过质心且平行于该轴的转轴的转动惯量与刚体质量乘以两轴垂直距离平方之和，这称为平行轴定理。在刚体对各个平行轴的不同转动惯量中，对质心轴的转动惯量最小。

2. 刚体对固定转轴的角动量

刚体在绕固定转轴转动过程中，刚体上的各个质元只能在各自转动平面内作圆周运动。如图 3-12 所示，刚体绕空间 Z 轴（定轴）转动，质点运动的平面垂直于 Z 轴。质元 $\mathrm{d}m$ 的速度 $\boldsymbol{v}$ 在转动平面内，而且沿着圆轨道的切线方向，$\boldsymbol{v}=v\boldsymbol{e}_\mathrm{t}$。质元 $\mathrm{d}m$ 对 O 点的角动量为

$$\mathrm{d}\boldsymbol{L}=\boldsymbol{r}\times\boldsymbol{v}\,\mathrm{d}m=(\boldsymbol{r}_\perp+\boldsymbol{r}_{/\!/})\times v\,\boldsymbol{e}_\mathrm{t}\mathrm{d}m=r_\perp v\,\boldsymbol{k}\mathrm{d}m+r_{/\!/}v\,\boldsymbol{e}_\mathrm{n}\mathrm{d}m \tag{3-5-6}$$

式中，$\boldsymbol{r}_\perp$ 和 $\boldsymbol{r}_{/\!/}$ 分别是质元位置矢量 $\boldsymbol{r}$ 在垂直和平行于转轴 Z 方向的投影；$\boldsymbol{e}_\mathrm{n}$ 是由质元指向质元圆周轨道圆心 O' 的单位矢量；$\boldsymbol{k}$ 是沿转轴 Z 方向的单位矢量。

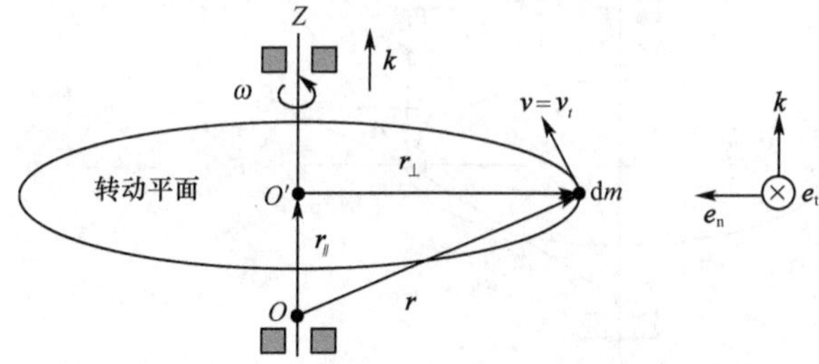

图 3-12 刚体对固定转轴的角动量

将所有质元对 O 点的角动量取矢量和，就是整个刚体对 O 点的角动量，表示为

$$\boldsymbol{L}_O=\int\mathrm{d}\boldsymbol{L}=\left(\int r_\perp v\,\mathrm{d}m\right)\boldsymbol{k}+\int r_{/\!/}v\,\boldsymbol{e}_n\mathrm{d}m \tag{3-5-7}$$

其中，尽管各个质元的 $\boldsymbol{e}_\mathrm{n}$ 不同，但他们都在转动平面内，所以，$\int r_{/\!/}v\boldsymbol{e}_\mathrm{n}\mathrm{d}m$ 的方向在转动平面内，垂直于转轴；$\left(\int r_\perp v\mathrm{d}m\right)\boldsymbol{k}$ 是沿着转轴的。由于刚体在定轴转动过程中的某一时刻所有质元的角速度相同，因此

$$\left(\int r_\perp v\mathrm{d}m\right)\boldsymbol{k}=\left(\int r_\perp^2\omega\,\mathrm{d}m\right)\boldsymbol{k}=\left(\int r_\perp^2\mathrm{d}m\right)\omega\boldsymbol{k}=J\omega\boldsymbol{k}$$

式中，J 是刚体对转轴 Z 的转动惯量，ω 是刚体转动的角速度。刚体对 O 点的角动量为

$$\boldsymbol{L}_O=\int\mathrm{d}\boldsymbol{L}=J\omega\boldsymbol{k}+\int r_{/\!/}v\boldsymbol{e}_\mathrm{n}\mathrm{d}m \tag{3-5-8}$$

刚体在定轴转动过程中对固定转轴 Z 的角动量为（注意，$\int r_{/\!/}v\boldsymbol{e}_\mathrm{n}\mathrm{d}m$ 与 $\boldsymbol{k}$ 垂直）

$$L_z=\boldsymbol{L}_O\cdot\boldsymbol{k}=\left(\int r_\perp^2\,\mathrm{d}m\right)\omega=J\omega \tag{3-5-9}$$

由于转动惯量的可叠加性，如果刚体由若干个部分组成，则

$$L_z = \boldsymbol{L}_O \cdot \boldsymbol{k} = \left(\int r_{\perp}^2 \mathrm{d}m\right)\omega = J\omega = \sum_i J_i\omega = \sum_i \boldsymbol{L}_{iz} = \sum_i \boldsymbol{L}_{iO} \cdot \boldsymbol{k} \tag{3-5-10}$$

这就是说，在计算刚体绕定轴转动的角动量时，可以先分别计算刚体各个部分对转轴的角动量，然后取代数和，得到整个刚体对转轴的角动量。

3. 合外力对刚体固定转轴的力矩

如图 3-13 所示，作用在质元 dm 上的外力为 $\boldsymbol{F}_i$，它对 O 点的力矩表示为

$$\begin{aligned}\boldsymbol{M}_i &= \boldsymbol{r}\times\boldsymbol{F}_i = (\boldsymbol{r}_{\perp}+\boldsymbol{r}_{/\!/})\times(\boldsymbol{F}_{i\perp}+\boldsymbol{F}_{i/\!/}) = (\boldsymbol{r}_{\perp}+\boldsymbol{r}_{/\!/})\times(\boldsymbol{F}_{it}+\boldsymbol{F}_{in}+\boldsymbol{F}_{i/\!/})\\ &= \boldsymbol{r}_{\perp}\times\boldsymbol{F}_{it}+\boldsymbol{r}_{\perp}\times\boldsymbol{F}_{in}+\boldsymbol{r}_{\perp}\times\boldsymbol{F}_{i/\!/}+\boldsymbol{r}_{/\!/}\times\boldsymbol{F}_{it}+\boldsymbol{r}_{/\!/}\times\boldsymbol{F}_{in}+\boldsymbol{r}_{/\!/}\times\boldsymbol{F}_{i/\!/}\end{aligned}$$

式中，$\boldsymbol{r}_{\perp}$ 和 $\boldsymbol{r}_{/\!/}$ 分别是质元 dm 的位置矢量 $\boldsymbol{r}$ 在垂直和平行于转轴方向的投影；$\boldsymbol{F}_{i\perp}$ 和 $\boldsymbol{F}_{i/\!/}$ 分别是外力 $\boldsymbol{F}_i$ 在垂直和平行于转轴方向的投影，即平行于质元 dm 转动平面和垂直于转动平面的投影；$\boldsymbol{F}_{it}$ 和 $\boldsymbol{F}_{in}$ 分别是外力垂直于转轴(平行于质元 dm 转动平面)的分量 $\boldsymbol{F}_{i\perp}$ 在质元 dm 转动平面内的圆周轨道切向和径向的投影。式中的各项

$$\boldsymbol{r}_{/\!/}\times\boldsymbol{F}_{i/\!/}=0,\ \boldsymbol{r}_{/\!/}\times\boldsymbol{F}_{in}=\boldsymbol{r}_{/\!/}\boldsymbol{F}_{in}\boldsymbol{e}_t,\ \boldsymbol{r}_{/\!/}\times\boldsymbol{F}_{it}=\boldsymbol{r}_{/\!/}\boldsymbol{F}_{it}\boldsymbol{e}_n$$

$$\boldsymbol{r}_{\perp}\times\boldsymbol{F}_{i/\!/}=\boldsymbol{r}_{\perp}\boldsymbol{F}_{i/\!/}\boldsymbol{e}_t,\ \boldsymbol{r}_{\perp}\times\boldsymbol{F}_{in}=0,\ \boldsymbol{r}_{\perp}\times\boldsymbol{F}_{it}=\boldsymbol{r}_{\perp}\boldsymbol{F}_{it}\boldsymbol{k}$$

因此，质元 dm 受到的外力 $\boldsymbol{F}_i$ 对 O 点的力矩为

$$\boldsymbol{M}_i=\boldsymbol{r}\times\boldsymbol{F}_i=(r_{/\!/}F_{in}\boldsymbol{e}_t+r_{/\!/}F_t\boldsymbol{e}_n+r_{\perp}F_{i/\!/}\boldsymbol{e}_t)+r_{\perp}F_{it}\boldsymbol{k} \tag{3-5-11}$$

式中，$\boldsymbol{e}_n$ 是质元 dm 转动平面内圆周轨道径向的单位矢量；$\boldsymbol{e}_t$ 质元 dm 转动平面内圆周轨道切向的单位矢量；$\boldsymbol{k}$ 是沿转轴方向的单位矢量。

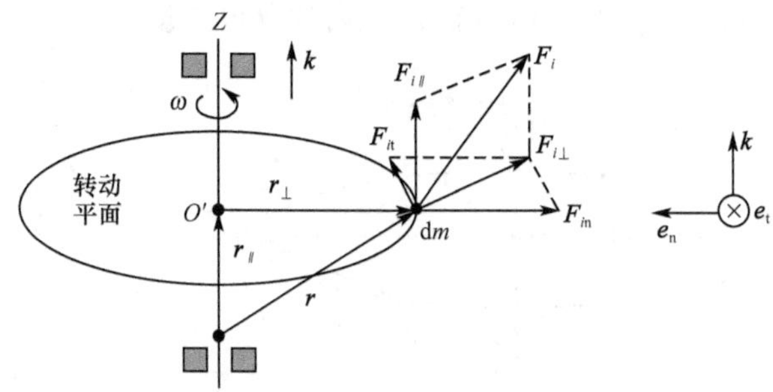

图 3-13 外力对刚体固定转轴的力矩

将所有质元受到的外力对 O 点的力矩取矢量和，就是刚体对 O 点的合外力矩

$$\boldsymbol{M}=\sum_i\boldsymbol{M}_i=\sum_i\boldsymbol{r}\times\boldsymbol{F}_i=\sum_i(r_{/\!/}F_{in}\boldsymbol{e}_t+r_{/\!/}F_{it}\boldsymbol{e}_n+r_{\perp}F_{i/\!/}\boldsymbol{e}_t)+\left(\sum_i r_{\perp}F_{it}\right)\boldsymbol{k} \tag{3-5-12}$$

其中，尽管各个质元的 $\boldsymbol{e}_t$ 和 $\boldsymbol{e}_n$ 的方向不同，但都是在各自转动平面内的，也就是都在垂直于转轴的方向，所以，$\sum(r_{/\!/}F_{in}\boldsymbol{e}_t+r_{/\!/}F_{it}\boldsymbol{e}_n+r_{\perp}F_{i/\!/}\boldsymbol{e}_t)$ 的方向是在转动平面内，即垂直于转轴的，对刚体的定轴转动没有贡献，只能引起转轴的形变；$\left(\sum r_{\perp}F_{it}\right)\boldsymbol{k}$ 是沿着转轴的，它决定了刚体的定轴转动。

刚体在定轴转动过程中，外力对固定转轴 Z 的力矩表示为

$$M_z=\boldsymbol{M}\cdot\boldsymbol{k}=\sum_i(\boldsymbol{M}_i\cdot\boldsymbol{k})=\sum_i(\boldsymbol{r}\times\boldsymbol{F}_i)\cdot\boldsymbol{k}=\sum_i r_{\perp}F_{it}=\sum_i M_{iz} \tag{3-5-13}$$

在计算刚体受到的外力对转轴的力矩时，可以先求外力的力矩的矢量和，再向转轴方向投影；也可以先求各个外力对转轴的力矩，再取各个力矩的代数和。但要注意的是，不可以先求外力的矢量和，再求力矩。力与力矩是两个概念。

4. 刚体定轴转动定律

如图 3-12 和图 3-13 所示，刚体在外力 $\sum\boldsymbol{F}_i$ 的力矩作用下，绕固定轴 Z 转动，刚体对转轴

的角动量将随时间发生变化。将质点系角动量定理

$$\boldsymbol{M}=\sum_i \boldsymbol{M}_i=\frac{\mathrm{d}L_O}{\mathrm{d}t}=\frac{\mathrm{d}}{\mathrm{d}t}\sum_i \boldsymbol{L}_i=\sum_i \frac{\mathrm{d}\boldsymbol{L}_i}{\mathrm{d}t}$$

应用到刚体这一特殊质点系，注意到式(3-5-7) 和式(3-5-12)，得到

$$\sum_i (r_{/\!/}F_{in}\boldsymbol{e}_t+r_{/\!/}F_{it}\boldsymbol{e}_n+r_{\perp}F_{i/\!/}\boldsymbol{e}_t)+\Big(\sum_i r_{\perp}F_{it}\Big)\boldsymbol{k}$$
$$=\frac{\mathrm{d}}{\mathrm{d}t}\left[\left(\int r_{\perp}v\mathrm{d}m\right)\right]\boldsymbol{k}+\frac{\mathrm{d}}{\mathrm{d}t}\left[\int r_{/\!/}v\boldsymbol{e}_n\mathrm{d}m\right]$$

式中的$\sum\limits_i(r_{/\!/}F_{in}\boldsymbol{e}_t+r_{/\!/}F_{it}\boldsymbol{e}_n+r_{\perp}F_{i/\!/}\boldsymbol{e}_t)$只有径向 $\boldsymbol{e}_n$ 和切向 $\boldsymbol{e}_t$ 分量，而没有沿轴 $\boldsymbol{k}$ 分量；$\Big(\sum\limits_i r_{\perp}F_{it}\Big)\boldsymbol{k}$ 和$\frac{\mathrm{d}}{\mathrm{d}t}\left[\left(\int r_{\perp}v\mathrm{d}m\right)\right]\boldsymbol{k}$ 只有沿轴 $\boldsymbol{k}$ 分量；由于径向单位矢量 $\boldsymbol{e}_n$ 对时间的微分结果是切向方向 $\boldsymbol{e}_t$，所以式中的$\frac{\mathrm{d}}{\mathrm{d}t}[\int r_{/\!/}v\boldsymbol{e}_n\mathrm{d}m]$只有径向 $\boldsymbol{e}_n$ 和切向 $\boldsymbol{e}_t$ 分量，而没有沿轴矢量分量。因此上式的分量形式为

$$\sum(r_{/\!/}F_{in}\boldsymbol{e}_t+r_{/\!/}F_{it}\boldsymbol{e}_n+r_{\perp}F_{i/\!/}\boldsymbol{e}_t)=\frac{\mathrm{d}}{\mathrm{d}t}\left[\int r_{/\!/}v\boldsymbol{e}_n\mathrm{d}m\right] \tag{3-5-14}$$

$$\sum_i r_{\perp}F_{it}=\frac{\mathrm{d}}{\mathrm{d}t}\left[\left(\int r_{\perp}v\mathrm{d}m\right)\right]=\frac{\mathrm{d}}{\mathrm{d}t}\left[\left(\int r_{\perp}{}^2\mathrm{d}m\right)\omega\right] \tag{3-5-15}$$

式(3-5-14) 是垂轴分量式，只说明在刚体定轴转动过程中，转轴会变形，没有利用价值；由沿轴分量式(3-5-15) 以及刚体对固定转轴的角动量的定义式(3-5-9) 和外力对刚体固定转轴的力矩的定义(3-5-13) 式，可得

$$M_z=\frac{\mathrm{d}}{\mathrm{d}t}(J\omega)=J\frac{\mathrm{d}\omega}{\mathrm{d}t}=J\beta,\ \sum_i M_{iz}=\sum_i J_i\frac{\mathrm{d}\omega}{\mathrm{d}t}=\sum_i J_i\beta \tag{3-5-16}$$

其中的力矩和转动惯量分别为

$$M_z=\sum_i M_{iz}=\sum_i r_{\perp}F_{it}=\sum_i(\boldsymbol{r}\times\boldsymbol{F}_i)\cdot\boldsymbol{k},J=\sum_i J_i \tag{3-5-17}$$

此式表明，刚体作定轴转动时，刚体所受的对转轴的合外力矩等于刚体对此转轴的转动惯量与刚体在此合外力矩作用下所获得的角加速度的乘积，这就是刚体定轴转动定律。

实际上，转动定律是矢量式，只不过在刚体定轴转动运动的情况下，力矩只有两个方向(沿转轴方位的两个方向)，而角加速度也只有正负两种可能，因此，矢量式可以退化为代数式。但要注意的是，在刚体定轴转动定律中，力矩正方向的选择要与角速度旋转方向和角加速度正方向的选择成右手螺旋关系。还要特别注意，力矩、转动惯量、角速度和角加速度都是对同一转轴而言的。

定轴转动定律是合外力矩对刚体的瞬时作用规律，是力矩的瞬时效应。要改变一个物体的转动状态使之产生角加速度，只有作用力是不够的，必须有力矩的作用。力矩，反映了力的大小、方向和作用点对物体转动的影响，力矩是改变物体转动角速度的原因。但要注意，这里的力矩指的是外力矩，内力矩对刚体定轴转动的角加速度没有影响。

外力矩产生角加速度而改变物体转动的角速度。转动惯量越大，改变物体转动运动的角速度越困难，转动惯量是物体转动运动惯性的量度。角加速度是力矩产生的转动效果，角加速度改变物体的转动运动状态，角加速度与力矩的方向相同。

5. 刚体的重力力矩

对于刚体来说，可以分成若干个质元，每个质元都受到重力作用，每个质元的重力都有可能产生力矩，整个刚体受到的重力力矩就是这些微小重力力矩的矢量和。对于地面附近不太大的物体，重力加速度大小相等方向相同向下。

如图 3-14 所示，质量为 m 的刚体上位于 $\boldsymbol{r}$ 处的质元 $\mathrm{d}m$ 的重力对 O 点的力矩为

$$\mathrm{d}\boldsymbol{M}_O=\boldsymbol{r}\times\mathrm{d}\boldsymbol{W}=(x\boldsymbol{i}+y\boldsymbol{j}+z\boldsymbol{k})\times\boldsymbol{g}\mathrm{d}m=x\boldsymbol{i}\times\boldsymbol{g}\mathrm{d}m+y\boldsymbol{j}\times\boldsymbol{g}\mathrm{d}m+z\boldsymbol{k}\times\boldsymbol{g}\mathrm{d}m$$

刚体受到的总的重力力矩为

$$\begin{aligned}\boldsymbol{M}_O&=\int \mathrm{d}M_O=\int x\,\mathrm{d}m\boldsymbol{i}\times\boldsymbol{g}+y\,\mathrm{d}m\boldsymbol{j}\times\boldsymbol{g}+z\,\mathrm{d}m\boldsymbol{k}\times\boldsymbol{g}\\&=\left(\boldsymbol{i}\int x\,\mathrm{d}m+\boldsymbol{j}\int y\,\mathrm{d}m+\boldsymbol{k}\int z\,\mathrm{d}m\right)\times\boldsymbol{g}\\&=x_C\boldsymbol{i}\times m\boldsymbol{g}+y_C\boldsymbol{j}\times m\boldsymbol{g}+z_C\boldsymbol{k}\times m\boldsymbol{g}\end{aligned}$$

$$\boldsymbol{M}_O=(x_C\boldsymbol{i}+y_C\boldsymbol{j}+z_C\boldsymbol{k})\times m\boldsymbol{g}=\boldsymbol{r}_C\times m\boldsymbol{g}=\boldsymbol{r}_C\times\boldsymbol{W} \tag{3-5-18}$$

可见,对于地面附近不太大的刚体,所受到的重力的力矩等于将刚体的质量全部集中在质心处的“质点”所受重力的力矩。刚体受到的对 Z 轴的总的重力力矩为

$$M_z=\boldsymbol{M}_O\cdot\boldsymbol{k}=(\boldsymbol{r}_C\times m\boldsymbol{g})\cdot\boldsymbol{k} \tag{3-5-19}$$

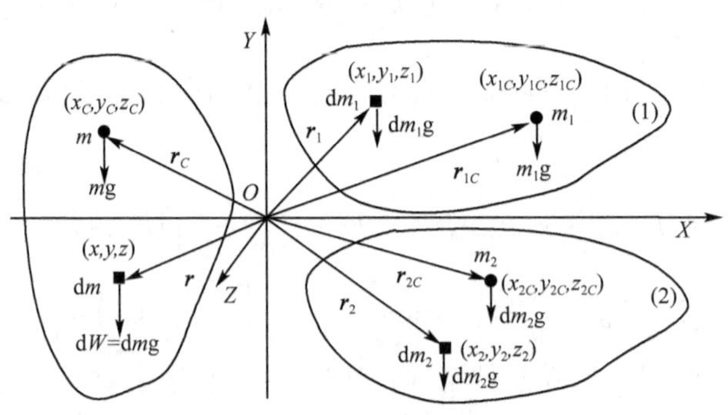

图 3-14 刚体重力力矩

如果刚体由若干部分组成,如图 3-14 所示,则重力力矩为

$$\begin{aligned}\boldsymbol{M}_O&=\int\mathrm{d}\boldsymbol{M}_O=\int\boldsymbol{r}\times\mathrm{d}\boldsymbol{W}=\int_{(1)}\boldsymbol{r}_1\times\mathrm{d}\boldsymbol{W}_1+\int_{(2)}\boldsymbol{r}_2\times\mathrm{d}\boldsymbol{W}_2+\cdots+\int_{(N)}\boldsymbol{r}_N\times\mathrm{d}\boldsymbol{W}_N\\&=\int_{(1)}\boldsymbol{r}_1\times\mathrm{d}m_1\boldsymbol{g}+\int_{(2)}\boldsymbol{r}_2\times\mathrm{d}m_2\boldsymbol{g}+\cdots+\int_{(N)}\boldsymbol{r}_N\times\mathrm{d}m_N\boldsymbol{g}\\&=\int_{(1)}(x_1\boldsymbol{i}+y_1\boldsymbol{j}+z_1\boldsymbol{k})\times\mathrm{d}m_1\boldsymbol{g}+\cdots+\int_{(N)}(x_N\boldsymbol{i}+y_N\boldsymbol{j}+z_N\boldsymbol{k})\times\mathrm{d}m_N\boldsymbol{g}\\&=(x_{1C}m_1\boldsymbol{i}+y_{1C}m_1\boldsymbol{j}+z_{1C}m_1\boldsymbol{k})\times\boldsymbol{g}+\cdots+(x_{NC}m_N\boldsymbol{i}+y_{NC}m_N\boldsymbol{j}+z_Nm_{NC}\boldsymbol{k})\times\boldsymbol{g}\\&=\boldsymbol{r}_{1C}\times m_1\boldsymbol{g}+\cdots+\boldsymbol{r}_{NC}\times m_N\boldsymbol{g}=\left(\sum_i\boldsymbol{r}_{iC}m_i\right)\times\boldsymbol{g}=\boldsymbol{r}_C\times m\boldsymbol{g}\end{aligned}$$

$$\boldsymbol{M}_O=\boldsymbol{r}_{1C}\times m_1\boldsymbol{g}+\cdots+\boldsymbol{r}_{NC}\times m_N\boldsymbol{g}=\left(\sum_i\boldsymbol{r}_{iC}m_i\right)\times\boldsymbol{g}=\boldsymbol{r}_C\times m\boldsymbol{g} \tag{3-5-20}$$

$$M_z=\boldsymbol{M}_O\cdot\boldsymbol{k}=(\boldsymbol{r}_{1C}\times m_1\boldsymbol{g}+\cdots+\boldsymbol{r}_{NC}\times m_N\boldsymbol{g})\cdot\boldsymbol{k}=(\boldsymbol{r}_C\times m\boldsymbol{g})\cdot\boldsymbol{k} \tag{3-5-21}$$

对于由若干部分组成的刚体,计算重力力矩时,可以先求出刚体的质心,将整个刚体的质量集中在质心处,计算质心受到的重力力矩(对转轴的力矩,需要向转轴方向投影);也可以把每一部分看作是一个刚体,求出每一部分刚体受到的重力力矩(每一部分按独立的刚体计算重力力矩),然后取矢量和(对转轴的重力力矩是取代数和)。

二、刚体定轴转动角动量定理和角动量守恒定律

1. 刚体定轴转动角动量定理

由质点系角动量定理

$$M_z=\sum_i M_{iz}=\sum_i\frac{\mathrm{d}L_{iz}}{\mathrm{d}t}=\frac{\mathrm{d}}{\mathrm{d}t}\sum_i L_{iz}=\frac{\mathrm{d}L_z}{\mathrm{d}t}$$

以及刚体绕定轴转动的角动量定义

$$L_z=\int \mathrm{d}L_z=\left[\int \mathrm{d}m(\boldsymbol{r}\times\boldsymbol{v})\right]\cdot\boldsymbol{k}=\int \boldsymbol{r}_\perp\ \boldsymbol{v}\mathbf{d}\boldsymbol{m}=\boldsymbol{\omega}\int \boldsymbol{r}_\perp{}^2\mathrm{d}m=J\omega$$

得到

$$M_z=\frac{\mathrm{d}L_z}{\mathrm{d}t}=\frac{\mathrm{d}}{\mathrm{d}t}(J\omega) \tag{3-5-22}$$

ω 是刚体定轴转动的角速度，J 是刚体对转轴的转动惯量，M_z 是刚体对转轴的合外力矩

$$J=\int \boldsymbol{r}_\perp{}^2\mathrm{d}m,M_z=\sum_i M_{iz}=\left(\sum_i \boldsymbol{r}\times\boldsymbol{F}_i\right)\cdot\boldsymbol{k}=\sum_i \boldsymbol{r}_\perp\ F_{it}$$

刚体受到的对固定转轴的合外力矩等于刚体对该转轴角动量的时间变化率，这是刚体定轴转动角动量定理的微分形式。

如果物体的转动惯量不变，则刚体定轴转动角动量定理退化为刚体定轴转动定律。因此，刚体定轴转动定律是物体的转动惯量不变情况下的刚体定轴转动角动量定理。这表明，刚体受到的对固定转轴的合外力矩的真正作用是改变刚体定轴转动的角动量。刚体定轴转动角动量定理不仅适用于转动惯量不变的情况，也适用于转动惯量变化的情况。要注意的是，能够改变刚体角动量的是外力力矩，内力力矩不能改变系统的角动量。

由刚体定轴转动角动量定理的微分形式可以得到

$$M_z\mathrm{d}t=\mathrm{d}L_z,\int_{t_1}^{t_2}M_z\mathrm{d}t=\int_{L_1}^{L_2}\mathrm{d}L_z=L_2-L_1 \tag{3-5-23}$$

作用在刚体上外力力矩的时间积累(称为冲量矩）等于刚体角动量的增量，这是刚体定轴转动角动量定理的积分形式。如果转动惯量不变，则

$$\int_{t_1}^{t_2}M_z\mathrm{d}t=\int_{L_1}^{L_2}\mathrm{d}L_z=L_2-L_1=J\omega_2-J\omega_1 \tag{3-5-24}$$

如果转动惯量变化(非刚体)，则

$$\int_{t_1}^{t_2}M_z\mathrm{d}t=\int_{L_1}^{L_2}\mathrm{d}L_z=L_2-L_1=J_2\omega_2-J_1\omega_1 \tag{3-5-25}$$

2. 刚体定轴转动角动量守恒定律

由刚体定轴转动角动量定理可知，如果对转轴的合外力矩为零，则刚体绕定轴转动的角动量不变，即

$$M_z=0,\text{则 } L_z=\text{常量} \tag{3-5-26}$$

这就是刚体定轴转动角动量守恒定律。

对于定轴转动的刚体，由于刚体不变形，转动惯量 J 为常数，刚体定轴转动角动量守恒定律要求刚体在受合外力矩为 0 时，刚体绕定轴转动的角速度 ω 为常数，$\omega=\omega_0$。原来静止则保持静止，原来转动的将以恒定角度转动下去。

如果刚体是由几部分组成的，并且都绕同一固定转轴转动，那么当该系统所受合外力矩为零时，$M_z=0$，系统对该定轴的角动量不变，$L_z=\sum J_i\omega_i=$常量。这就是说，角动量守恒，但角动量可以在系统内部传递；或者更具体地说，各个部分绕该定轴的角速度可以变化，只要保证总的角动量守恒。

对于绕定轴转动的可变形物体(非刚体)，在不同状态下物体对转轴的转动惯量可能不同，转动惯量是变化的。当它受到的合外力矩为零时，角动量守恒，即 J 和 ω 的乘积保持不变，$J\omega=C$。这样，当角动量守恒时，它的角速度可能发生变化。

三、刚体定轴转动中的功和能

做定轴转动的刚体在力矩的作用下转动的角动量发生变化，刚体机械运动的动能发生了变化，这实际上是力矩对刚体做功的结果。刚体绕定轴转动，各个质元的空间位置发生变化，因此刚体的重力势能发生变化。

1. 力矩的功

在刚体转动时,作用在刚体上某点的力做的功仍用此力与受力作用的质元的位移的标量积来定义。对于刚体这个特殊质点系,任意两个质元之间的相对位移为零,两个质元之间的内力做功为零,只有外力对刚体做功。同时,刚体做定轴转动,各个质元在相同的时间间隔内转过相同的角度,可以考虑用角位移代替线位移计算力所做的功。

如图 3-15 所示,绕定轴 Z 转动的刚体的某个转动平面与其转轴正交于O'点,$\boldsymbol{F}$ 为作用在刚体此转动平面上 P 点的外力。力 $\boldsymbol{F}$ 做的元功为

$$\mathrm{d}A=\boldsymbol{F}\cdot\mathrm{d}\boldsymbol{l}=\boldsymbol{F}\cdot\mathrm{d}\boldsymbol{r}_{\perp}=(\boldsymbol{F}_{/\!/}+\boldsymbol{F}_{\mathrm{n}}+\boldsymbol{F}_{\mathrm{t}})\cdot\mathrm{d}\boldsymbol{r}_{\perp}\ \boldsymbol{e}_{\mathrm{t}}=F_{\mathrm{t}}\mathrm{d}\boldsymbol{r}_{\perp} \tag{3-5-27}$$

当刚体绕定轴转过一个角位移 $\mathrm{d}\theta$ 时,力 $\boldsymbol{F}$ 做的元功为

$$\mathrm{d}A=F_{\mathrm{t}}\boldsymbol{r}_{\perp}\ \mathrm{d}\theta=M_z\mathrm{d}\theta \tag{3-5-28}$$

式中,M_z 就是力$\boldsymbol{F}$ 对转轴的力矩。力对定轴转动刚体做的元功等于力对该定轴的力矩与在力矩作用下刚体转动的角位移的乘积。

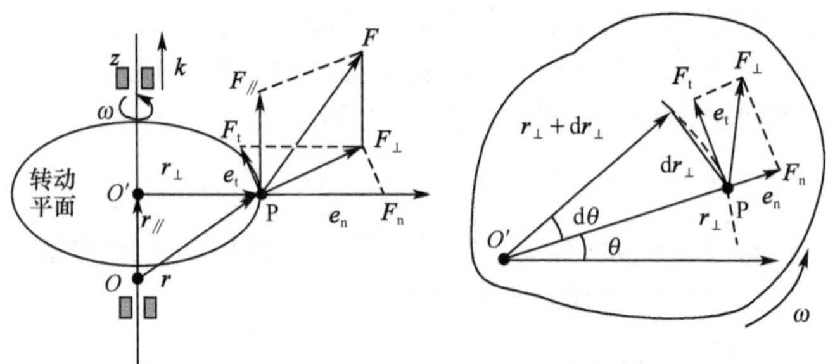

图 3-15　外力矩对刚体作的功

定轴转动的刚体在外力矩的作用下,由角位置 θ_1 转动到角位置 θ_2,力矩做的功为

$$A=\int\mathrm{d}A=\int_{\theta_1}^{\theta_2}M_z\,\mathrm{d}\theta \tag{3-5-29}$$

这就是力所做的功在刚体定轴转动中的特殊表示形式,称为力矩的功。

作用在定轴转动刚体上的力矩的功只是在刚体定轴转动过程中作用在刚体上的力的功的一种表现形式。在刚体定轴转动运动的力矩的功的表达式中,力矩指的是作用在定轴转动刚体上的各个外力力矩的矢量和,即合外力矩;刚体上内力力矩对定轴转动刚体不做功。

2. 刚体定轴转动的动能

刚体的动能定义为刚体中所有质元动能之和。对于定轴转动的刚体,各个质元的运动速度不同,但各个质元的角速度相同,所以可以用刚体定轴转动的角速度表示刚体的动能。

如图 3-16 所示,当质量为 m 的刚体以角速度ω 绕定轴Z 轴转动时,刚体上质量为 $\mathrm{d}m$ 的质元在各自的转动平面内做圆周运动,质元运动速度的方向沿着圆周轨道的切线方向,该质元的动能为

$$\mathrm{d}E_{\mathrm{K}}=\frac{1}{2}\mathrm{d}mv^2=\frac{1}{2}\boldsymbol{r}_{\perp}^2\ 2\omega^2\mathrm{d}m \tag{3-5-30}$$

整个刚体绕固定轴转动的动能为

$$E_{\mathrm{K}}=\int\mathrm{d}E_{\mathrm{K}}=\frac{1}{2}\omega^2\int\boldsymbol{r}_{\perp}^2\ \mathrm{d}m=\frac{1}{2}J\omega^2 \tag{3-5-31}$$

式中,$J=\int\boldsymbol{r}_{\perp}^2\ \mathrm{d}m$ 为刚体对该固定转轴的转动惯量。定轴转动的刚体的转动动能公式与质点的动能公式相似,转动惯量相应于质点的质量,角速度相应于质点的速度。

由平行轴定理,刚体定轴转动的动能还可以表示为

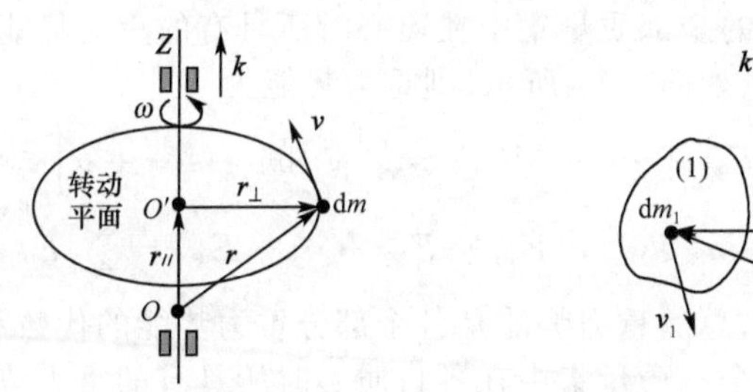

图 3-16　刚体的功能

$$E_K=\frac{1}{2}J\omega^2=\frac{1}{2}(J_C+md^2)\omega^2=\frac{1}{2}J_C\omega^2+\frac{1}{2}mv_C^2 \tag{3-5-32}$$

式中，m 为刚体的质量，J_C 为过质心并且平行于定轴 Z 轴的质心轴，d 为定轴与质心轴的垂直距离，v_C 为刚体质心绕定轴 Z 轴作圆周运动的速度。刚体作定轴转动时，动能可以分成两个部分：刚体绕平行于定轴的质心轴转动的动能和质心集中刚体总质量绕该定轴作圆周运动的动能。

对于由几部分组成的刚体，由转动惯量的可叠加性，得到

$$E_K=\frac{1}{2}J\omega^2=\frac{1}{2}\sum_i J_i\omega^2=\sum_i E_{Ki} \tag{3-5-33}$$

刚体绕定轴转动的动能是刚体各个部分绕该定轴转动动能的算数和。特别是对于由刚体和质点组成的系统，动能由刚体转动动能和质点运动动能之和组成。

3. 刚体定轴转动的动能定理

定轴转动的刚体，在外力矩的作用下，动能发生变化。由转动定律得到

$$M_z=J\frac{d\omega}{dt}=J\frac{d\omega}{d\theta}\frac{d\theta}{dt}=J\omega\frac{d\omega}{d\theta},M_z d\theta=J\omega d\omega$$

$$A=\int_{\theta_1}^{\theta_2}M_z d\theta=J\int_{\omega_1}^{\omega_2}\omega d\omega=\frac{1}{2}\omega_2{}^2-\frac{1}{2}\omega_1^2=E_{K2}-E_{K1},A=\Delta E_K \tag{3-5-34}$$

这可称为刚体定轴转动的动能定理。合外力矩对一个绕固定转轴转动的刚体所做的功等于它的转动动能的增量。这是质点系的动能定理对刚体定轴转动的具体应用，应用过程中已经考虑到了刚体各个质元之间的相互作用力（内力）不做功。

这里应该注意，如果刚体是由几部分组成的，则功应该是各个部分受到的力矩单独对各自部分做功的代数和，而动能的变化是各个部分动能变化的代数和。

4. 刚体的重力势能

在重力场中的刚体具有一定的重力势能，重力势能就是它的各质元重力势能的总和。

如图 3-17 所示，对于一个不太大，质量为 m 的刚体，重力势能为

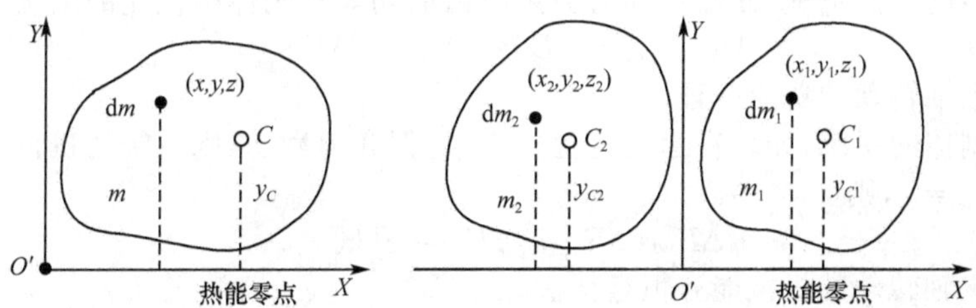

图 3-17　刚体的重力势能

$$E_P=\int dE_P=\int gy\,dm=g\int y\,dm=mgy_C,E_P=mgy_C \tag{3-5-35}$$

一个不太大的刚体的重力势能与它的全部质量集中在质心时所具有的重力势能一样。

如果系统是由若干个部分组成,如图 3-17 所示,则重力势能为

$$E_{P}=\int \mathrm{d}E_{P}=\int \mathrm{d}E_{P1}+\int \mathrm{d}E_{P2}+\cdots+\int \mathrm{d}E_{PN}=g\int y_{1}\,\mathrm{d}m_{1}+\cdots+g\int y_{N}\,\mathrm{d}m_{N}$$

$$E_{P}=m_{1}gy_{C1}+m_{2}gy_{C2}+\cdots+m_{N}gy_{CN}=E_{P1}+E_{P2}+\cdots+E_{PN}=\sum_{i}E_{Pi} \quad (3\text{-}5\text{-}36)$$

一个由若干个部分刚体组成的系统,总的重力势能是各个部分重力势能的代数和,而各个部分的重力势能是各个部分单独将各自全部质量集中在各自质心时所具有的重力势能。

5. 刚体定轴转动的重力力矩做功

由式(3-5-21)可知,刚体定轴转动运动的重力力矩等于将整个刚体的质量集中在质心处的重力力矩。因此,刚体定轴转动过程中重力所做的功,可以用这一力矩所做的功来计算。如图 3-18 所示,质量为 m 的刚体,质心位置矢量 $\boldsymbol{r}_{C}=x_{C}\boldsymbol{i}+y_{C}\boldsymbol{j}+z_{C}\boldsymbol{k}$ 垂直于转轴 Z 轴的分量 $\boldsymbol{r}_{C\perp}=x_{C}\boldsymbol{i}+y_{C}\boldsymbol{j}$ 与 Y 轴的夹角为 θ,则刚体对转轴 Z 轴的的力矩为

$$M_{z}=(\boldsymbol{r}_{C}\times m\boldsymbol{g})\cdot\boldsymbol{k}=[(x_{C}\boldsymbol{i}+y_{C}\boldsymbol{j}+z_{C}\boldsymbol{k})\times(-mg\boldsymbol{j})]\cdot\boldsymbol{k}=-mgx_{C}=-mg\boldsymbol{r}_{C\perp}\sin\theta$$

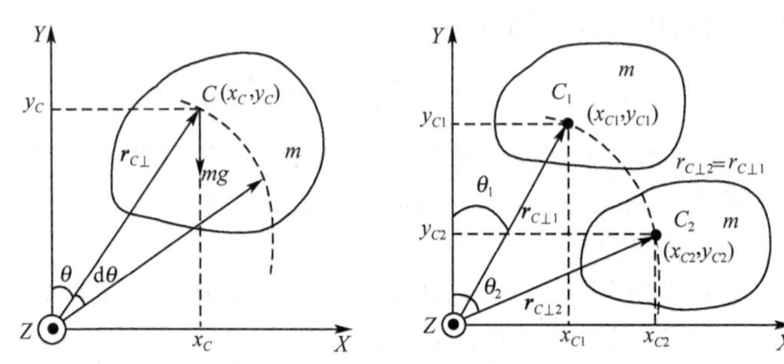

图 3-18 刚体定轴转动的重力力矩做功

重力力矩的元功为

$$\mathrm{d}A=M_{z}\,\mathrm{d}\theta=-mg\boldsymbol{r}_{C\perp}\sin\theta\,\mathrm{d}\theta \quad (3\text{-}5\text{-}37)$$

刚体的质心由 θ_1 转到 θ_2 的过程中,重力(重力力矩)做的功为(定轴转动,$r_{C\perp}$ 不变)

$$A=\int \mathrm{d}A=\int_{\theta_1}^{\theta_2}M_{z}\,\mathrm{d}\theta=-mg\int_{\theta_1}^{\theta_2}x_{C}\,\mathrm{d}\theta=-mg\boldsymbol{r}_{C\perp}\int_{\theta_1}^{\theta_2}\sin\theta\,\mathrm{d}\theta$$

$$=mg\boldsymbol{r}_{C\perp}(\cos\theta_{2}-\cos\theta_{1})=mgy_{C2}-mgy_{C1}=-mg\Delta y_{C}=-\Delta E_{P} \quad (3\text{-}5\text{-}38)$$

可见,刚体定轴转动过程中,重力(重力力矩)做的功等于刚体重力势能的减少。

对于由若干部分组成的刚体,每一部分重力(重力力矩)做的功等于刚体重力势能的减少,则整个系统重力(重力力矩)做的功等于整个系统刚体重力势能的减少。

6. 刚体定轴转动的功能原理和机械能守恒定律

由刚体定轴转动动能定理,非保守外力力矩所做的功等于刚体机械能的增量

$$A_{\mathrm{ex,no-cons}}=\Delta E_{K}+\Delta E_{P}=\Delta E \quad (3\text{-}5\text{-}39)$$

这可以称为刚体定轴转动的功能原理。

对于包括有刚体的系统,如果在运动过程中,只有保守力做功,则系统的机械能守恒

如果 $A_{\mathrm{ex,no-cons}}=0$,则

$$\Delta E=\Delta E_{K}+\Delta E_{P}=\text{恒量} \quad (3\text{-}5\text{-}40)$$

这可以称为刚体定轴转动的机械能守恒定律。

解题指导>>>

本章研究质点系以及质点系内各个质点在质点系外力和内力作用下,描述质点系整体机

械运动物理量及其变化所满足的普遍规律，以及质点系内各个质点的运动规律。除质点的运动规律外，还主要包括：质点系受到的外力的冲量与质点系动量变化之间所满足的质点系动量定理，质点系所受到的外力力矩与质点系角动量的时间变化率之间所满足的质点系角动量定理，质点系外力和内力所做的功与质点系动能的变化之间所满足的质点系动能定理，质点系质心的运动定理，刚体绕固定转轴转动的动力学问题等。

要求理解质点系模型，能够合理划分质点系，能够熟练准确地分析质点系的外力和内力、外力的力矩、外力的功和内力的功，能够正确区分质点系内外力中的保守力和非保守力，能够准确地计算质点系的动量、角动量、动能及其变化、机械能及其变化；理解质点系的质心和质心参考系概念、能够准确地计算质点系的质心坐标，能够计算质点系以及质点系内各个质点在质心参考系中的动量、角动量、动能、机械能以及各个力所做的功；熟练地运用质点系动量定理和动量守恒定律、质点系的角动量定理和角动量守恒定律、质点系动能定理、质点系功能原理、质点系机械能守恒定律解决质点系的力学问题；熟练地将牛顿定律应用到质点系内的各个质点；熟练地应用质心运动定理；能够在质心参考系中应用质点系的角动量定理和角动量守恒定律；了解在质心参考系中动能定理、功能原理、机械能守恒定律的应用；理解刚体概念和刚体的基本运动，刚体定轴转动，刚体上质元运动（位移，速度，加速度，角位移，角速度，角加速度）的特点；理解转动惯量的物理意义，能够正确计算规则刚体的转动惯量；能够准确地计算刚体受到的外力的力矩、外力矩所做的功和重力力矩所做的功；能够准确地计算刚体对固定转轴的角动量、刚体的转动动能和刚体的重力势能；熟练应用刚体定轴转动定律、刚体定轴转动角动量定理及角动量守恒定律、刚体定轴转动运动中的能量关系求解定轴转动刚体以及与质点等组成的系统的动力学问题。

1. 质点系力学基础

合理划分质点系，区分质点系和外界，明确质点系内的质点，明确质点系内各质点的受力和力矩情况以及运动状态，明确质点系内外力的做功情况。

质点系内的质点，既可以看作质点系内的一个成员，同时也可以看作一个独立的个体。质点系内的质点，既要遵守质点系整体的运动规律，同时还要遵守质点本身的运动规律。当把质点系内的质点看作个体质点时，质点系内其他的质点对该质点的作用力就应看作外力。

要准确地区分质点系的内力和外力。分析清楚哪些外力的矢量和为零，或沿某一方向的矢量和为零；哪些外力的矢量和不为零，或沿某一方向的矢量和不为零；哪些外力对空间某一点的力矩矢量和为零，或对某一轴的力矩为零；哪些外力对空间某一点的力矩不为零，或对某一轴的力矩不为零；哪些外力做功，哪些外力不做功；哪些内力做功，哪些内力不做功；哪些力是保守力，哪些力是非保守力。

在地球表面附近，一般不考虑质点系内各个质点之间的引力作用，但需要考虑各个质点与地球的万有引力，即各个质点要单独考虑重力。由于地球表面附近的物体与地球的相互作用使地球运动状态的变化相比物体运动状态的变化非常微弱，所以在运动过程中，一般来说，可以忽略地球运动状态的变化。

在分析清楚的基础上，再根据问题的特点，合理地选择应用牛顿定律、质点系动量定理或动量守恒定律、质点系角动量定理或角动量守恒定律、质点系动能定理、质点系功能原理或机械能守恒定律，甚至质心运动定理、质心系动量定理、质心系角动量定理、质心系动能定理、质心系功能原理或机械能守恒定律。也可以考虑上述定理和定律联合应用于质点系以及质点系内各个质点应用质点的力学规律。

2. 对质点系应用牛顿定律

对质点系应用牛顿定律，实际上是对质点系内各个质点应用牛顿定律。要把质点系内各个质点隔离开来单独考虑；分析各个质点的受力情况，质点系的内力也要计入质点受力范围；分析各个质点的运动状态以及各个质点运动状态之间的关系；对各个质点单独应用牛顿定律列方程;必要时,可以与其他质点系力学规律联合使用;对方程联合求解,得到结果。

3.质点系动量定理和动量守恒定律的应用

凡是涉及质点之间的碰撞和质点爆炸等问题,一般首先考虑应用质点系动量定理和动量守恒定律求解。必要时,还要与其他质点系力学规律联合使用。如果需要考虑质点的运动状态,还要对质点系内某些质点单独应用牛顿定律。

应用质点系动量定理和动量守恒定律时,要划分质点系,将涉及运动状态变化的质点划入质点系;分析各个质点受到的力,分清哪些力是质点系的内力,哪些力是质点系的外力;尽管内力对质点系的动量没有影响,但在对质点系内的质点应用牛顿定律等时,内力是应该考虑到的,所以内力也要分析;如果外力的矢量和为零,则可以应用质点系的动量守恒定律;如果外力的矢量和不为零,则可以应用质点系的动量定理;如果外力的矢量和不为零,但在某一方向的矢量和为零,则可以在这一方向应用质点系的动量守恒定律;如果外力在某一方向的矢量和不为零,则可以在这一方向应用质点系的动量定理;由于质点系动量定理和动量守恒定律是矢量式,所以,既可以直接应用矢量形式,也可以应用坐标系中的投影式。

质点系动量定理特别是动量守恒定律在诸如碰撞和爆炸等过程中的应用特别广泛。完全弹性碰撞后物体的动能之和没有损失;非弹性碰撞存在非保守力做功使部分动能转化为其他形式的能;完全非弹性碰撞两物体碰撞后以同一速度运动。

要特别注意的是,在诸如碰撞和爆炸等过程中,过程进行得非常快,时间极短,一般可以认为,过程结束时,各个质点的运动状态虽然已经变化了或者说已经准备好了新的运动状态,但还没有来得及实施;特别是,这类过程的内力非常大,一般诸如重力、摩擦力甚至弹性力等外力可以忽略,一般可以应用质点系动量守恒定律或在某一方向应用质点系动量守恒定律,或者说过程开始和过程结束质点系的动量相等或在某一方向上的动量分量相等。

4.质点系角动量定理和角动量守恒定律的应用

凡是涉及质点系内的质点有转动甚至曲线运动等问题时,一般可以考虑应用质点系角动量定理和角动量守恒定律求解。必要时,还要与其他质点系力学规律联合使用。如果需要考虑质点的运动状态,还要对质点系内某些质点单独应用牛顿定律。

应用质点系角动量定理和角动量守恒定律时,要划分质点系,将涉及运动状态变化的质点划入质点系;分析各个质点受到的力矩,分清哪些力矩是质点系的内力力矩,哪些力矩是质点系的外力力矩;要准确地分析出哪些力矩为零,以使计算简化;如果外力力矩的矢量和为零,则可以应用质点系角动量守恒定律;如果外力力矩的矢量和不为零,则可以应用质点系角动量定理;如果对某一轴的外力力矩为零,则可以对这一轴应用质点系角动量守恒定律;如果外力力矩对某一轴的矢量和不为零,则可以对这一轴应用质点系角动量定理。

在应用质点系角动量定理和角动量守恒定律时,注意各个质点的角动量和各个质点受到的力矩都是对空间中同一个参考点的;在应用质点系对轴的角动量定理和对轴的角动量守恒定律时,注意各个质点的角动量和各个质点受到的力矩都是对空间中同一个固定轴的。

5.质点系动能定理、功能原理和机械能守恒定律的应用

凡是涉及力持续对质点系内各个质点作用下发生位移过程中的力学问题,一般都可以运用功和能的关系来求解。必要时,还要与其他质点系力学规律联合使用。如果需要考虑质点的运动状态,还要对质点系内某些质点单独应用牛顿定律。

应用质点系动能定理、功能原理和机械能守恒定律时,要划分质点系,将涉及运动状态变化的质点划入质点系;分析各个质点受到的力,分清哪些力是质点系的内力,哪些力是质点系的外力;明确哪一个力在哪一段位移上做功,哪些力不做功;明确在做功的力中,哪些是保守力,哪些是非保守力;明确哪些力做正功、哪些力做负功。如果非保守力(包括外力和内力)不做功或者做功之和为零,则优先考虑应用机械能守恒定律,选定势能零点并确定始、末两状态的动能和势能;列方程求解。如果有非保守力(包括外力和内力)和保守力(包括外力和内力)

做功，可以优先考虑应用功能原理，选定势能零点并确定始、末两状态的动能和势能，计算非保守力做的功；列方程求解。如果只有非保守力（包括外力和内力）做功，保守力（包括外力和内力）不做功，就只有应用动能定理了，确定始、末两状态的动能，计算非保守力做的功；列方程求解。

要特别强调的是，质点系内力做功之和不一定为零，这是与应用其他质点系力学规律不同的地方，要特别引起注意。一对内力的功等于其中一个质点受的力沿着该质点相对于另一个质点所移动的路径所做的功。

6. 质点系力学规律适用的参考系

质点系的动量定理和动量守恒定律、角动量定理和角动量守恒定律、动能定理、功能原理和机械能守恒定律等只适用于惯性参考系，如果要在非惯性参考系中使用这些力学规律，还要考虑到惯性力。

守恒定律的特点是不研究过程中的细节而根据一定的整体条件就能对系统的初、末状态下结论，其普遍的深刻的根基在于自然界的对称性。动量守恒来自空间的均匀性或平移对称性；角动量守恒来自空间的各向同性或转动对称性；能量守恒来自时间的均匀性或时间的平移对称性等。

7. 质心运动定理的应用

质心运动等同于一个质点的运动，这个质点具有质点系的总质量，它受到的外力为质点系所受的所有外力的矢量和。一个质点系的质心的机械运动，就如同将质点系的质量集中在质心处的一个“质点”的机械运动。这个“质点”所受到的“作用力”等于质点系所受外力的矢量和，这个“质点”作用着质点系所有的外力。

应用质心运动定律时，须知系统受的各外力不一定作用在同一点（包括质心）上，但它们的矢量和决定质心的加速度。如果质点系的外力矢量和为零，则质心的加速度为零，质心的速度不变；特别是，如果原来质心静止不动，则在质点系内各个质点运动的过程中，质心的位置不变，这是质心运动定理的最好应用。

8. 在质心参考系中应用质点系力学规律

质心参考系可能是非惯性参考系，在质心参考系中应用力学规律，需要考虑惯性力。

质心参考系是零动量参考系，在质心参考系中，质点系的总动量恒等于零，动量守恒。这是因为，在质心参考系中，质点系外力与惯性力的矢量和等于零。

在质心系应用角动量定理时，力矩和角动量都应是对质心说的，而系统中各质点的速度应是它们各自在质心参考系中的速度。

在质心系中应用机械能守恒定律时注意，惯性力是不做功的。

9. 刚体绕固定转轴转动的动力学问题

对于刚体转动惯量的计算，要充分利用平行轴定理；如果刚体是由几个部分组成的系统，可以对每个部分分别求同一个转轴的转动惯量，然后取和作为系统相对于该转轴的转动惯量；质点被看作是特殊的刚体，质点是集中了质量于一点的刚体，质点对转轴的转动惯量就是质点的质量与质点到转轴垂直距离的平方的乘积，在质点和刚体组成的系统中，只要把刚体的转动惯量和质点对同一轴的转动惯量取和就是系统对该轴的转动惯量。还要特别注意的是，转动惯量不仅与转轴的位置有关，还与转轴的方位有关。

应用转动定律时，应先选取研究对象，包括刚体和质点，分析其受外力和外力力矩情况。应该注意：第一，力矩、转动惯量和角加速度必须对同一转轴而言；第二，可以先设定转轴的正方向，以便确定已知力矩或角加速度和加速度的正负（右手螺旋关系）；第三，系统中既有转动物体又有平动物体时，一般按转动问题来处理可能更方便，对转动物体（刚体）按转动定律列方程，对平动物体（质点）按牛顿定律列方程。重力力矩，相当于将刚体的质量集中于质心处的一个质点一样，该质点的重力对轴或点的力矩。对于定滑轮的问题，由于滑轮需要计及质量，有转动惯量,转动时需要合外力矩,由此,两边的拉力不相等。对于刚体与质点共同参与的过程,刚体与质点既可以分别讨论,也可以作为一个系统考虑。可以对刚体应用转动定律,对质点应用牛顿定律,有时也将刚体和质点组合为一个新的质点或刚体。还要注意刚体定轴转动的角量与线量的关系,这也是解题所必须要列出的方程。更要注意外力力矩可能是变化的情况。应用转动定律时,下面的变换可能是有用的

$$\beta=\frac{\mathrm{d}\omega}{\mathrm{d}t}=\frac{\mathrm{d}\omega}{\mathrm{d}\theta}\frac{\mathrm{d}\theta}{\mathrm{d}t}=\omega\ \frac{\mathrm{d}\omega}{\mathrm{d}\theta},\omega\,\mathrm{d}\omega=\beta\,\mathrm{d}\theta$$

用角动量定理或角动量守恒定律解题时,须明确研究对象及其在初态、末态的角速度;分析刚体在运动过程中的受力情况,确定外力矩及系统内各物体作用过程前、后的角动量,再列方程求解。应用角动量守恒定律,必须是刚体或系统所受的合外力矩为零时才能适用。当研究的是质点与刚体的碰撞问题时,可以把质点和刚体看成一个系统,在碰撞期间,由于系统所受合外力力矩为零,所以可对系统应用角动量守恒定律。如果刚体是由几部分组成的,可以先计算各个部分对同一转轴的角动量,取代数和作为系统的总角动量;可以分别求各个部分所受到的外力力矩,取代数和作为系统受到的外力力矩;当然,重力力矩,相当于将刚体的质量集中于质心处的一个质点一样,该质点的重力对轴或点的力矩。如果系统是由刚体和质点组成的,可以将质点作为一个特殊的刚体,质点与刚体组成一个新的刚体;也可以单独计算质点的角动量和受到的力矩,质点的角动量对转轴来说为

$$L_z=J\omega=mr^2\omega=mrv$$

也就是说,质点对轴的角动量也可以用质点的线动量来表示。对于刚体,一般由转动定律和角动量定理给出相同的方程

$$M_z=J\beta=J\ \frac{\mathrm{d}\omega}{\mathrm{d}t}=\frac{\mathrm{d}(J\omega)}{\mathrm{d}t}=\frac{\mathrm{d}L_z}{\mathrm{d}t}$$

但对于转动惯量变化的过程,转动定律失效,而角动量定理依然成立。特别要注意的是,角动量守恒定律给出的仅仅是在外力矩为零时,角动量 $L_z=J\omega$ 不变,没有说角速度 ω 不变;对于转动惯量变化的过程,角动量守恒,要求的是转动惯量与角速度的乘积不变,角动量会随着转动惯量的变化而相应地变化。

在应用刚体定轴转动能量关系(动能定理、功能原理和机械能守恒定律)解题时,须明确研究对象及其在初态、末态的动能和势能等;分析刚体在运动过程中的受力情况,确定外力力矩及外力矩所做的功(包括重力力矩)所做的功,再列方程求解。重力力矩,相当于将刚体的质量集中于质心处的一个质点一样,该质点的重力对轴或点的力矩。刚体的重力势能,相当于将刚体的质量集中于重心处的一个质点的重力势能。重力力矩所做的功,等于刚体重力势能的减少。对于动能定理,外力力矩所做的功应包含重力力矩所做的功;对于功能原理和机械能守恒定律,外力力矩所做的功不包含重力力矩所做的功,重力力矩所做的功用刚体重力势能的变化来体现。如果系统由若干个刚体组成,可以分别计算各个刚体所受到的外力力矩在转动过程中所做的功,取代数和作为外力力矩所做的功;可以分别计算各个刚体所受到的重力力矩在转动过程中所做的功,取代数和作为重力力矩所做的功;可以分别计算各个刚体的动能及在转动过程中动能的变化,取代数和作为系统的动能及动能的变化;可以分别计算各个刚体的重力势能及在转动过程中重力势能的变化,取代数和作为系统的重力势能及重力势能的变化。对于由刚体和质点组成的系统,可以将质点看作一个特殊的刚体,与刚体组成一个新的刚体,质点作为整个刚体的一个部分,质点的质心(重心)就是质点的位置;也可以分开来考虑,单独计算质点所受到的力(力矩)所做的功、重力(力矩)所做的功、质点的动能和重力势能,再与刚体的相应物理量取代数和作为整个系统的物理量。

【例 3-1】 如图 3-19 所示,在 α 粒子散射过程中,质量为 m 的 α 粒子与质量为 M 的静止的氧原子核发生“碰撞”。实验测出碰撞后 α 粒子沿与入射方向成 θ 角的方向运动,而氧原子

核沿与 α 粒子入射方向成 β 角的方向“反冲”。求碰撞后 α 粒子和氧原子核运动的速率。

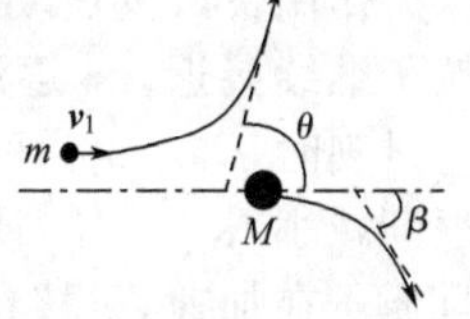

图 3-19 例 3-1

分析 粒子的这种“碰撞”过程，实际上是它们在运动中相互靠近，继而由于相互斥力的作用又相互分离的过程。动量守恒定律应该适用于微观领域。

解 考虑 α 粒子和氧原子核组成的系统。由于整个过程中仅有内力(库仑力)做功，所以系统的动量守恒。设 α 粒子碰撞前、后速度分别为$\boldsymbol{v}_1$、$\boldsymbol{v}_2$，氧原子核碰撞后速度为$\boldsymbol{v}$。选如图 3-20 所示坐标系，令 x 轴平行于 α 粒子的入射方向。根据动量守恒，有

$$m\boldsymbol{v}_2+M\boldsymbol{v}=m\boldsymbol{v}_1$$

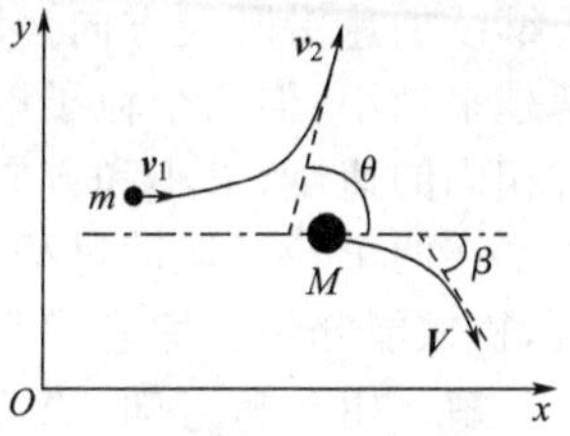

在直角坐标系中

$$mv_2\cos\theta+MV\cos\beta=mv_1,\quad mv_2\sin\theta-MV\sin\beta=0$$

两式联立，可以解出

$$V=\frac{m\sin\theta}{M\sin(\theta+\beta)}v_1,\quad v_2=\frac{\sin\beta}{\sin(\theta+\beta)}v_1$$

图 3-20 例 3-1 解析

点评 通过精确测定碰撞前 α 粒子的速率 v_1 和碰撞后 α 粒子的速率 v_2，α 粒子的散射角度 θ 和氧原子核的散射角度 β，氧原子核的速率 V，可以验证动量守恒定律是否适用于微观物质世界。

【例 3-2】 在实验室内观察到相距很远的一个质量为 m_{P} 的质子与一个质量为 $m_{\mathrm{He}}=4m_{\mathrm{P}}$ 的氦核，以相同的速率 v_0 沿一直线相向运动，求两个粒子能到达的最近距离 R。

分析 如图 3-21 所示。如图(a)，由于两个粒子带有等量同号电荷，它们之间存在库仑斥力作用，这可以看作是两个粒子系统的内力。尽管这一对内力随着两个粒子之间距离的变化而变化，但总是大小相等、方向相反，沿着两个粒子的连线方向；由于两个粒子相向运动，这一对内力与两个粒子的运动方向平行，而且是沿着各自运动相反的方向，因此，这一对内力各自对粒子减速。当然，减速到零后，也可能变为加速，粒子沿原来相反的方向运动。

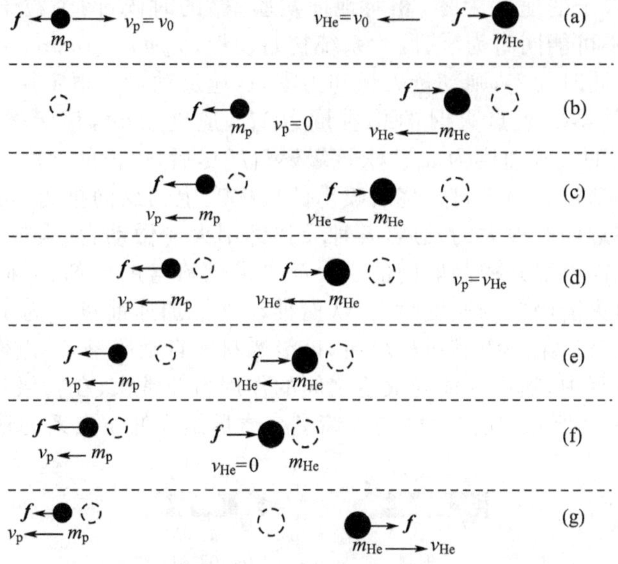

图 3-21 例 3-2 解析

运动开始时，由于 $m_{\mathrm{He}}>m_{\mathrm{P}}$，因为二粒子受力相等，故减速的加速度不等，$a_{\mathrm{He}}<a_{\mathrm{P}}$。当 m_{P} 速度减为零时，m_{He} 仍沿原方向减速运动，两粒子依然在靠近，如图(b)。而后，m_{P} 在库仑

斥力作用下改变运动方向,即沿 m_{He} 的运动方向由零速度加速运动,刚开始,$v_{\mathrm{P}}<v_{\mathrm{He}}$,所以两粒子继续接近,$v_{\mathrm{P}}$ 逐渐增大,v_{He} 逐渐减小,如图(c)。随着 v_{P} 不断增大和 v_{He} 不断减小,在某一时刻时,$v_{\mathrm{P}}=v_{\mathrm{He}}$,两个粒子间具有一定的距离,如图(d)。然后,$v_{\mathrm{P}}$ 继续逐渐增大,v_{He} 继续逐渐减小,$v_{\mathrm{P}}>v_{\mathrm{He}}$,质子远离氦核,氦核追赶质子,但由于质子运动的速度比氦核的速度大,而且质子在加速,氦核在减速,两个粒子之间的距离逐渐拉大,如图(e)。当氦核的速度降为零时,质子依然沿既定方向加速运动,氦核依然受到一个与原来运动方向相反的库仑力的作用,如图(f)。然后,氦核在库仑力的作用下,沿与原来运动方向相反的方向由零速度加速运动,质子继续加速沿既定方向运动,尽管随着两个粒子之间的距离越来越大,库仑力越来越小,加速度越来越小,但两个粒子毕竟还是在加速远离,直到无限远离,如图(g)。可见,在两个粒子具有相同的速度(大小和方向都相同)时,两个粒子之间的距离最小。

在两个粒子运动过程中,只有库仑力做功,而库仑力是保守力,所以,两个粒子组成的系统,机械能守恒。库仑力是两个粒子之间的内力,系统的外力为零,动量守恒。

解 由分析可知,当两个粒子的速度相等而且沿两个粒子相向运动时氦核原来的运动方向,两个粒子之间的距离最近。设两粒子最近距离为 R 时速率为 v,以氦核与质子为质点系统,由于只有库仑力这一对保守内力做功,系统的机械能守恒,取两个粒子无限远时为势能零点

$$\frac{1}{2}m_{\mathrm{He}}v_0^2+\frac{1}{2}m_{\mathrm{P}}v_0^2+0=\frac{1}{2}m_{\mathrm{He}}v^2+\frac{1}{2}m_{\mathrm{P}}v^2+\frac{2e^2}{4\pi\varepsilon_0 R}$$

由于库仑力是内力,系统合外力为零,系统动量守恒

$$m_{\mathrm{He}}v_0-m_{\mathrm{P}}v_0=m_{\mathrm{He}}v+m_{\mathrm{P}}v,4m_{\mathrm{P}}v_0-m_{\mathrm{P}}v_0=4m_{\mathrm{P}}v+m_{\mathrm{P}}v,v=\frac{3}{5}v_0$$

由此解得

$$2m_{\mathrm{P}}v_0^2+\frac{1}{2}m_{\mathrm{P}}v_0^2=2m_{\mathrm{P}}\left(\frac{3}{5}v_0\right)^2+\frac{1}{2}m_{\mathrm{P}}\left(\frac{3}{5}v_0\right)^2+\frac{e^2}{2\pi\varepsilon_0 R},R=\frac{5e^2}{16\pi\varepsilon_0 m_{\mathrm{P}}v_0^2}$$

点评 (1)由微观粒子组成的质点系统,也要遵守动量守恒定律和能量守恒定律。

(2)并不是两个粒子的速度为零(相对地面实验室)的时候,两个粒子的距离最近。实际上,两个粒子的速度不可能同时为零,因为系统初始动量,$m_{\mathrm{P}}\boldsymbol{v}_0-4m_{\mathrm{P}}\boldsymbol{v}_0\neq0$,如果两个粒子相对地面实验室的速度同时为零,则动量矢量和为零,这违反动量守恒定律。

【例 3-3】 设火箭第 i 级点火时的总质量为 M_i,速度为 v_i,该级燃料耗尽后的质量为 M_{if},燃料相对于火箭的喷气速度为 u_i。求该级燃料耗尽后,火箭的速度 v_{if}。

分析 火箭的发动机利用燃料燃烧后喷出的气体产生的反向推力,可以将各种航天器送上天空。火箭技术在近代有很大的发展,各种导弹都用火箭做动力,人造地球卫星、飞船及空间探测器也都是用火箭发射并控制航向的。火箭自带燃料与助燃剂,因而可以在空间任何地方发动。燃料以相对火箭固定的速度喷射,从而推动火箭加速前进。为了提高火箭加速的效率,其燃料可以分为多级,某一级燃料耗尽后,该级燃料库自动脱落,并点燃下一级燃料。

解 燃料燃烧过程中,喷出气体与火箭之间的作用力非常大,在初级计算中可以忽略重力和空气阻力。如图 3-22 所示,喷出气体与火箭剩余质量组成的质点系的动量守恒。

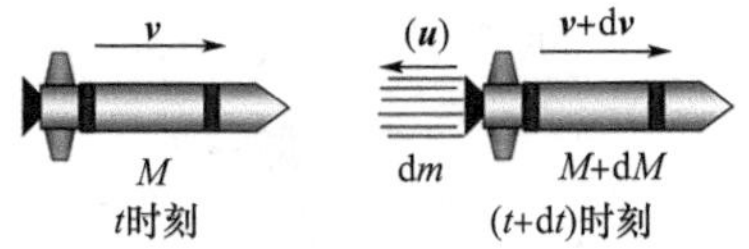

图 3-22 例 3-3 解析

设 t 时刻火箭的质量为 $M(t)$,速度为 $v(t)$;$t+\mathrm{d}t$ 时刻火箭的质量为 $M(t)+\mathrm{d}M$,速度为 $v(t)+\mathrm{d}v$。在 $\mathrm{d}t$ 时间内火箭喷出气体的质量为 $\mathrm{d}m=-\mathrm{d}M$。若喷出气体相对火箭的速度为

常数 u_i，则喷出的气体相对地球的速度为 $v-u_i$。

以火箭和喷出气体为研究系统，由动量守恒定律可得

$$Mv=(M+\mathrm{d}M)(v+\mathrm{d}v)+(-\mathrm{d}M)(v-u_i)$$

忽略二阶无穷小量 $\mathrm{d}v\mathrm{d}M$，得到

$$M\mathrm{d}v=-u_i\mathrm{d}M,\mathrm{d}v=-u_i\frac{\mathrm{d}M}{M}$$

火箭点火时质量为 M_i，速度为 v_i，则

$$\int_{v_i}^{v}\mathrm{d}v=-u_i\int_{M_i}^{M}\frac{\mathrm{d}M}{M}$$

因此，t 时刻火箭的速度为

$$v(t)=v_i+u_i\ln\frac{M_i}{M(t)}$$

由于 $M_i\geqslant M(t)$，所以火箭的速度随着燃料的燃烧是增加的。若燃料耗尽后火箭的质量为 M_{if}，火箭的末速度为 v_{if}，可得

$$v_{if}-v_i=u_i\ln\frac{M_i}{M_{if}},v_{if}=v_i+u_i\ln\frac{M_i}{M_{if}}$$

可见火箭在燃料耗尽以后增加的速度与喷出气体的速度成正比，也与火箭的本级始末质量比的自然对数成正比。

点评 (1)要想增大火箭的末速度，必须增大火箭喷出气体的相对速度和增大火箭的始末质量比，但提高这两个参数都受到限制。为了发射人造地球卫星或其他航天器，制造了由单级火箭串联成的多级火箭，每一级火箭燃料燃尽以后，就自动脱落，随后下一级火箭自动点火，采用多级火箭就可以获得所需要的速度。设各级火箭的喷气速度分别为 $u_1,u_2,\cdots,u_n$，各级火箭工作时，整个多级火箭的始末质量比分别为 $N_1,N_2,\cdots,N_n$，可以求出火箭的末速度为

$$v=u_1\ln N_1+u_2\ln N_2+\cdots+u_n\ln N_n$$

由于技术上的原因，目前多级火箭一般是三级的。

(2)如果是在地球重力场中发射火箭，忽略地面附近重力加速度 g 的变化，在 $\mathrm{d}t$ 时间内应用质点系动量定理，可得

$$(M+\mathrm{d}M)(v+\mathrm{d}v)+(-\mathrm{d}M)(v-u_i)-Mv=-Mg\,\mathrm{d}t$$

忽略二阶无穷小量 $\mathrm{d}v\mathrm{d}M$，得到

$$\mathrm{d}v=-g\,\mathrm{d}t-u_i\frac{\mathrm{d}M}{M}$$

积分得到 t 时刻火箭的速度为

$$v(t)=v_i-gt+u_i\ln\frac{M_i}{M(t)}$$

【例 3-4】 如图 3-23 所示，在光滑的水平面上放一质量为 M 的楔块，楔块接地的锐角为 θ，斜面光滑，在其斜面上放一质量为 m 的物块。如果物块 m 由楔块顶端自由下滑，求：

(1)物块沿楔块下滑时，它相对楔块和相对地面的加速度；

(2)物块下滑 h 高度时，物块相对楔块和地面的速度、楔块相对地面的速度；

(3)物块下滑 h 高度时，物块和楔块相对地面移动的距离。

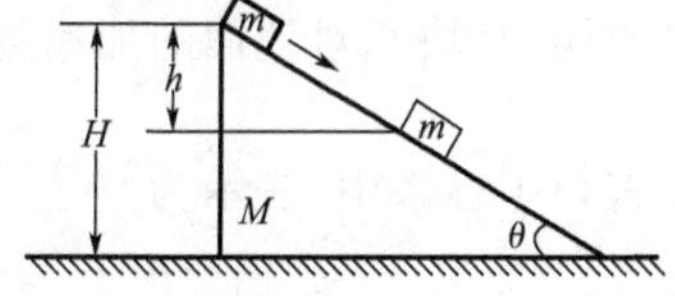

图 3-23 例 3-4

分析 物块受到重力和楔块的支撑力，楔块受到重力、物块的正压力和地面的支撑力。物块在重力作用下沿楔块的斜面向下滑动，同时楔块在物块给予的正压力的作用下沿水平方向运动，所以，物块相对于地面的运动是沿斜面下滑与跟随楔块运动的合运动。由于楔块在水平方向只受到物块给予的正压

力沿水平方向的分量的作用,楔块在水平方向是加速运动,楔块参考系是非惯性参考系。在楔块参考系中讨论物块的运动,需要附加一个惯性力。在楔块参考系中对物块应用牛顿定律、在地面参考系中对楔块应用牛顿定律,可以求得物块相对楔块的加速度和楔块相对于地面的加速度,再由伽利略变换求得物块相对于地面的加速度。有了加速度,就可以积分得到物块下落运动一段时间时各个物体的运动速度以及移动的距离。有了速度,就可以求速度的变化,进而得到动量的变化,由动量定理就可以求得冲力即支撑力。

解 如图 3-24 所示,建立地面直角坐标系 xOy 和固定在楔块上的坐标系 $x'O'y'$。楔块相对地面的加速度为 $\boldsymbol{a}_0=-a_0\boldsymbol{i}$,物块相对楔块的加速度为 $\boldsymbol{a}'$,物块相对地面的加速度为 $\boldsymbol{a}$。楔块受到重力 $M\boldsymbol{g}$、地面支撑力 $\boldsymbol{N}_0$ 和正压力 $\boldsymbol{N}'$;物块受到重力 $m\boldsymbol{g}$ 和支撑力 $\boldsymbol{N}$。其中,$\boldsymbol{N}'=-\boldsymbol{N}$;如果在楔块参考系 $x'O'y'$ 中应用牛顿定律,由于楔块加速平动,物块还要受到附加的惯性力 $\boldsymbol{f}^*=-m\boldsymbol{a}_0$。

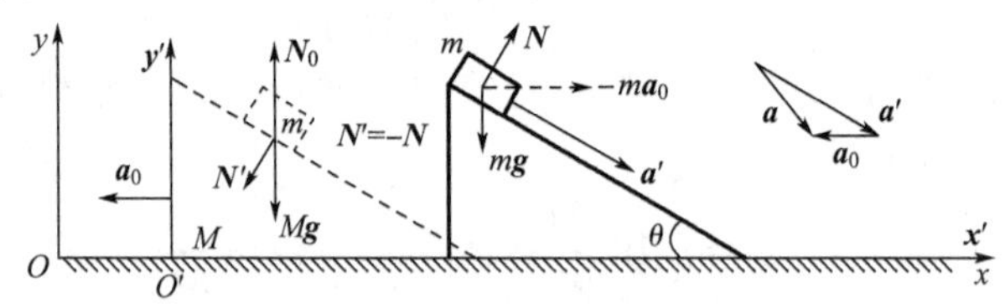

图 3-24 例 3-4 解析

(1)在楔块参考系 $x'O'y'$ 中求加速度

在 $x'O'y'$ 坐标系中,物块的牛顿第二定律的分量形式为

$$N\sin\theta+ma_0=ma'_x=ma'\cos\theta,N\cos\theta-mg=ma'_y=-ma'\sin\theta$$

在地面参考系中对楔块应用牛顿定律

$$-N\sin\theta+Ma_0=0$$

将以上方程联立,求得

$$a'=g\,\frac{(M+m)\sin\theta}{M+m\sin^2\theta},a_0=g\,\frac{m\sin\theta\cos\theta}{M+m\sin^2\theta},N=\frac{mMg\cos\theta}{M+m\sin^2\theta}$$

由此得到

$$a'_x=a'\cos\theta=g\,\frac{(M+m)\sin\theta\cos\theta}{M+m\sin^2\theta},a'_y=-a'\sin\theta=-g\,\frac{(M+m)\sin^2\theta}{M+m\sin^2\theta}$$

由伽利略变换,物块相对地面的加速度为

$$\boldsymbol{a}=\boldsymbol{a}'+\boldsymbol{a}_0,a_x=a'_x-a_0=g\,\frac{M\sin\theta\cos\theta}{M+m\sin^2\theta},a_y=a'_y=-g\,\frac{(M+m)\sin^2\theta}{M+m\sin^2\theta}$$

物块相对于地面的加速度大小为

$$a=\sqrt{a_x^2+a_y^2}=g\,\frac{\sin\theta\sqrt{M^2+m(2M+m)\sin^2\theta}}{M+m\sin^2\theta}$$

(2)直接在地面参考系中求加速度

如图 3-24 所示,设楔块相对于地面的加速度为 $\boldsymbol{a}_0$,物块相对楔块的加速度为 $\boldsymbol{a}'$。由伽利略变换,物块相对地面的加速度为

$$\boldsymbol{a}=\boldsymbol{a}'+\boldsymbol{a}_0$$

在直角坐标系中,表示为

$$\boldsymbol{a}_0=-a_0\boldsymbol{i},\boldsymbol{a}'=a'_x\boldsymbol{i}+a'_y\boldsymbol{j}=a'\cos\theta\boldsymbol{i}-a'\sin\theta\boldsymbol{j}$$

$$\boldsymbol{a}=a_x\boldsymbol{i}+a_y\boldsymbol{j}=(a'\cos\theta-a_0)\boldsymbol{i}-a'\sin\theta\boldsymbol{j}$$

$$a_x=a'_x-a_0=a'\cos\theta-a_0,a_y=a'_y=-a'\sin\theta$$

物块受力为重力 $m\boldsymbol{g}$ 和斜面的支撑力 $\boldsymbol{N}$;楔块受力为重力 $M\boldsymbol{g}$、地面的支撑力 $\boldsymbol{N}_0$、物块对斜面的压力 $\boldsymbol{N}'$。其中,$\boldsymbol{N}'$ 和 $\boldsymbol{N}$ 互为作用和反作用力。

由于地面为惯性参考系，牛顿第二定律适用。对于物块，在直角坐标系中应用牛顿第二定律

$$N\sin\theta=ma_x=m(a'\cos\theta-a_0),N\cos\theta-mg=ma_y=-ma'\sin\theta$$

在地面参考系中，对楔块应用牛顿第二定律

$$-N\sin\theta=-Ma_0$$

将以上方程联立，求得

$$a'=g\frac{(M+m)\sin\theta}{M+m\sin^2\theta},a_0=g\frac{m\sin\theta\cos\theta}{M+m\sin^2\theta}$$

由此得到

$$a_x=a'\cos\theta-a_0=g\frac{M\sin\theta\cos\theta}{M+m\sin^2\theta},a_y=-a'\sin\theta=-g\frac{(M+m)\sin^2\theta}{M+m\sin^2\theta}$$

物块相对地面的加速度大小为

$$a=\sqrt{a_x^2+a_y^2}=g\frac{\sin\theta\sqrt{M^2+m(2M+m)\sin^2\theta}}{M+m\sin^2\theta}$$

由伽利略变换，得到

$$a'_x=a_x+a_0=g\frac{(M+m)\sin\theta\cos\theta}{M+m\sin^2\theta},a'_y=a_y=-g\frac{(M+m)\sin^2\theta}{M+m\sin^2\theta}$$

(3)求速度和位移

由 $a'_y=a_y$ 的表达式，得到

$$v'_y=v_y=\int_0^t a'_y\mathrm{d}t=\int_0^t a_y\mathrm{d}t=\int_0^t -g\frac{(M+m)\sin^2\theta}{M+m\sin^2\theta}\mathrm{d}t=-g\frac{(M+m)\sin^2\theta}{M+m\sin^2\theta}t$$

$$\Delta y'=\Delta y=\int_0^t v'_y\mathrm{d}t=\int_0^t v_y\mathrm{d}t=\int_0^t -g\frac{(M+m)\sin^2\theta}{M+m\sin^2\theta}t\,\mathrm{d}t=-\frac{g}{2}\frac{(M+m)\sin^2\theta}{M+m\sin^2\theta}t^2$$

而已知 $\Delta y'=\Delta y=-h$，所以，物块下降距离为 h 时所需要的时间为

$$h=\frac{g}{2}\frac{(M+m)\sin^2\theta}{M+m\sin^2\theta}t_1^2,t_1=\sqrt{\frac{2h(M+m\sin^2\theta)}{g(M+m)\sin^2\theta}}$$

由 a'_x，a_x 和 a_0 的表达式，得到

$$v'_x=\int_0^t a'_x\mathrm{d}t=\int_0^t g\frac{(M+m)\sin\theta\cos\theta}{M+m\sin^2\theta}\mathrm{d}t=g\frac{(M+m)\sin\theta\cos\theta}{M+m\sin^2\theta}t$$

$$v_0=\int_0^t -a_0\mathrm{d}t=\int_0^t -g\frac{m\sin\theta\cos\theta}{M+m\sin^2\theta}\mathrm{d}t=-g\frac{m\sin\theta\cos\theta}{M+m\sin^2\theta}t$$

$$v_x=\int_0^t a'_x\mathrm{d}t-\int_0^t a_0\mathrm{d}t=g\frac{(M+m)\sin\theta\cos\theta}{M+m\sin^2\theta}t-g\frac{m\sin\theta\cos\theta}{M+m\sin^2\theta}t=g\frac{M\sin\theta\cos\theta}{M+m\sin^2\theta}t$$

$$\Delta x'=\int_0^t v'_x\mathrm{d}t=\int_0^t gt\frac{(M+m)\sin\theta\cos\theta}{M+m\sin^2\theta}\mathrm{d}t=\frac{g}{2}\frac{(M+m)\sin\theta\cos\theta}{M+m\sin^2\theta}t^2$$

$$\Delta x_0=\int_0^t v_0\mathrm{d}t=\int_0^t -gt\frac{m\sin\theta\cos\theta}{M+m\sin^2\theta}\mathrm{d}t=-\frac{g}{2}\frac{m\sin\theta\cos\theta}{M+m\sin^2\theta}t^2$$

$$\Delta x=\int_0^t v_x\mathrm{d}t=\int_0^t g\frac{M\sin\theta\cos\theta}{M+m\sin^2\theta}t\,\mathrm{d}t=\frac{g}{2}\frac{M\sin\theta\cos\theta}{M+m\sin^2\theta}t^2$$

物块下滑 h 高度时，物块相对于楔块的速度

$$v'_{x1}=g\frac{(M+m)\sin\theta\cos\theta}{M+m\sin^2\theta}\cdot\sqrt{\frac{2h(M+m\sin^2\theta)}{g(M+m)\sin^2\theta}}=\sqrt{\frac{2gh(M+m)\cos^2\theta}{M+m\sin^2\theta}}$$

$$v'_{y1}=-g\frac{(M+m)\sin^2\theta}{M+m\sin^2\theta}\cdot\sqrt{\frac{2h(M+m\sin^2\theta)}{g(M+m)\sin^2\theta}}=-\sqrt{\frac{2gh(M+m)\sin^2\theta}{M+m\sin^2\theta}}$$

$$v'_1=\sqrt{(v'_{x1})^2+(v'_{y1})^2}=\sqrt{\frac{2gh(M+m)}{M+m\sin^2\theta}}$$

物块下滑 h 高度时,物块相对于地面的速度

$$v_{x1}=g\frac{M\sin\theta\cos\theta}{M+m\sin^2\theta}\cdot\sqrt{\frac{2h(M+m\sin^2\theta)}{g(M+m)\sin^2\theta}}=\sqrt{\frac{2M^2gh\cos^2\theta}{(M+m)(M+m\sin^2\theta)}}$$

$$v_{y1}=-g\frac{(M+m)\sin^2\theta}{M+m\sin^2\theta}\cdot\sqrt{\frac{2h(M+m\sin^2\theta)}{g(M+m)\sin^2\theta}}=-\sqrt{\frac{2gh(M+m)\sin^2\theta}{M+m\sin^2\theta}}$$

$$v_1=\sqrt{(v_{x1})^2+(v_{y1})^2}=\sqrt{\frac{2Mgh}{M+m}+\frac{2mgh\sin^2\theta}{M+m\sin^2\theta}}$$

物块下滑 h 高度时,楔块相对于地面的速度

$$v_{01}=-g\frac{m\sin\theta\cos\theta}{M+m\sin^2\theta}\sqrt{\frac{2h(M+m\sin^2\theta)}{g(M+m)\sin^2\theta}}=-\sqrt{\frac{2ghm^2\cos^2\theta}{(M+m)(M+m\sin^2\theta)}}$$

物块下降距离为 h 时,物块相对楔块、楔块相对地面、物块相对地面移动的位移

$$\Delta x'_1=\frac{g}{2}\frac{(M+m)\sin\theta\cos\theta}{M+m\sin^2\theta}\cdot\frac{2h(M+m\sin^2\theta)}{g(M+m)\sin^2\theta}=h\frac{\cos\theta}{\sin\theta}=h\cot\theta$$

$$\Delta x_{01}=-\frac{g}{2}\frac{m\sin\theta\cos\theta}{M+m\sin^2\theta}\cdot\frac{2h(M+m\sin^2\theta)}{g(M+m)\sin^2\theta}=-h\frac{m\cos\theta}{(M+m)\sin\theta}$$

$$\Delta x_1=\frac{g}{2}\frac{M\sin\theta\cos\theta}{M+m\sin^2\theta}\cdot\frac{2h(M+m\sin^2\theta)}{g(M+m)\sin^2\theta}=h\frac{M\cos\theta}{(M+m)\sin\theta}$$

点评 (1)由速度和位移的计算结果,得到

$$v_x=v'_x+v_0,v_y=v'_y;\boldsymbol{v}=v_x\boldsymbol{i}+v_y\boldsymbol{j}=v'_x\boldsymbol{i}+v_0\boldsymbol{i}+v'_y\boldsymbol{j}=\boldsymbol{v}'+\boldsymbol{v}_0$$

$$\Delta x=\Delta x'+\Delta x_0,\Delta y=\Delta y';\Delta\boldsymbol{r}=\Delta x\boldsymbol{i}+\Delta y\boldsymbol{j}=\Delta x'\boldsymbol{i}+\Delta x_0\boldsymbol{i}+\Delta y'\boldsymbol{j}=\Delta\boldsymbol{r}'+\Delta x_0\boldsymbol{i}$$

这完全符合伽利略变换。

(2)在地面参考系中讨论动量变化的问题

以物块和楔块为系统,在 Δt 时间内,系统在水平方向动量的变化为

$$\Delta p_x=m\Delta v_x+M\Delta v_0=mg\frac{M\sin\theta\cos\theta}{M+m\sin^2\theta}\Delta t-Mg\frac{m\sin\theta\cos\theta}{M+m\sin^2\theta}\Delta t=0$$

这是由于系统在水平方向受到的合外力等于零,在水平方向动量守恒。

在 Δt 时间内,系统在竖直方向动量的变化为

$$\Delta p_y=m\Delta v_y+M\times0=-mg\frac{(M+m)\sin^2\theta}{M+m\sin^2\theta}\Delta t\neq0$$

这是由于楔块在竖直方向加速度为零,$a_{0y}=0$,所以

$$N_0-N\cos\theta-Mg=0,\text{其中 }N=\frac{mMg\cos\theta}{M+m\sin^2\theta}$$

$$N_0=N\cos\theta+Mg=\frac{mMg\cos^2\theta}{M+m\sin^2\theta}+Mg$$

$$=\frac{mMg\cos^2\theta+M^2g+Mmg\sin^2\theta}{M+m\sin^2\theta}=\frac{Mmg+M^2g}{M+m\sin^2\theta}=Mg\frac{m+M}{M+m\sin^2\theta}$$

所以,质点系在竖直方向合外力为

$$N_0-Mg-mg=Mg\frac{m+M}{M+m\sin^2\theta}-Mg-mg$$

$$=\frac{Mmg+M^2g-M^2g-Mmg-Mmg\sin^2\theta-m^2g\sin^2\theta}{M+m\sin^2\theta}$$

$$=-mg\frac{M+m}{M+m\sin^2\theta}\sin^2\theta\neq 0$$

可见,系统在竖直方向 $N_0+Mg+mg\neq 0$,所以,系统在竖直方向动量不守恒。

我们来计算在 Δt 时间内,系统竖直方向受到的冲量。前面已经计算出斜面支撑力为

$$N=\frac{mMg\cos\theta}{M+m\sin^2\theta}$$

由牛顿定律,得到地面支撑力为

$$N_0=Mg+N\cos\theta=Mg+\frac{mMg\cos^2\theta}{M+m\sin^2\theta}=Mg\frac{M+m}{M+m\sin^2\theta}$$

在 Δt 时间内,系统竖直方向受到的冲量

$$I_y=(N_0-Mg-mg)\Delta t=-mg\frac{(M+m)\sin^2\theta}{M+m\sin^2\theta}\Delta t=m\Delta v_y=\Delta p_y$$

这一结果符合质点系动量定理。

如果以物块 m 为系统(质点),在 Δt 时间内,质点 m 在水平方向动量的变化为

$$\Delta p_{x,m}=m\Delta v_x=mg\frac{M\sin\theta\cos\theta}{M+m\sin^2\theta}\Delta t$$

质点 m 在水平方向受到的冲量

$$I_{x,m}=N\sin\theta\Delta t=\frac{mMg\sin\theta\cos\theta}{M+m\sin^2\theta}\Delta t=\Delta p_{x,m}$$

质点在水平方向受到的冲量等于质点水平方向动量的变化,符合质点的动量定理。

在 Δt 时间内,质点 m 在竖直方向动量的变化为

$$\Delta p_{y,m}=m\Delta v_y=-mg\frac{(M+m)\sin^2\theta}{M+m\sin^2\theta}\Delta t$$

质点 m 在竖直方向受到的冲量

$$I_{y,m}=(N\cos\theta-mg)\Delta t=\left(\frac{mMg\cos^2\theta}{M+m\sin^2\theta}-mg\right)\Delta t=-mg\frac{(M+m)\sin^2\theta}{M+m\sin^2\theta}\Delta t$$

质点在竖直方向受到的冲量等于质点竖直方向动量的变化,符合质点的动量定理。

如果以楔块 M 为系统(质点),在 Δt 时间内,质点 M 在水平方向动量的变化为

$$\Delta p_{x,M}=M\Delta v_0=-Mg\frac{m\sin\theta\cos\theta}{M+m\sin^2\theta}\Delta t$$

质点 M 在水平方向受到的冲量

$$I_{x,M}=-N\sin\theta\Delta t=-\frac{mMg\sin\theta\cos\theta}{M+m\sin^2\theta}\Delta t=\Delta p_{x,M}$$

质点在水平方向受到的冲量等于质点水平方向动量的变化,符合质点的动量定理。

在 Δt 时间内,质点 M 在竖直方向动量的变化为

$$\Delta p_{y,M}=0$$

质点 M 在竖直方向受到的冲量

$$I_{y,M}=(N_0-Mg-N\cos\theta)\Delta t=Mg\frac{M+m}{M+m\sin^2\theta}-Mg-\frac{mMg\cos^2\theta}{M+m\sin^2\theta}=0$$

质点在竖直方向受到的冲量等于零,质点竖直方向的动量守恒。

(3)在楔块参考系中讨论动量变化的问题

楔块参考系是非惯性参考系,在非惯性参考系中讨论动量问题,需要考虑惯性力。

以物块 m 为系统(质点),在 Δt 时间内,质点 m 在水平方向动量的变化为

$$\Delta p'_{x,m}=m\Delta v'_x=mg\frac{(M+m)\sin\theta\cos\theta}{M+m\sin^2\theta}\Delta t$$

质点 m 在水平方向受到的冲量

$$I'_{x,m}=(N\sin\theta+ma_0)\Delta t=\left(\frac{mMg\sin\theta\cos\theta}{M+m\sin^2\theta}+m\frac{mg\sin\theta\cos\theta}{M+m\sin^2\theta}\right)\Delta t$$

$$=mg\frac{(m+M)\sin\theta\cos\theta}{M+m\sin^2\theta}\Delta t=\Delta p'_{x,m}$$

质点在水平方向受到的冲量等于质点水平方向动量的变化，符合质点的动量定理。

在 Δt 时间内，质点 m 在竖直方向动量的变化为

$$\Delta p'_{y,m}=m\Delta v'_y=-mg\frac{(M+m)\sin^2\theta}{M+m\sin^2\theta}\Delta t$$

质点 m 在竖直方向受到的冲量

$$I'_{y,m}=(N\cos\theta-mg)\Delta t=\left(\frac{mMg\cos^2\theta}{M+m\sin^2\theta}-mg\right)\Delta t=-mg\frac{(M+m)\sin^2\theta}{M+m\sin^2\theta}\Delta t=\Delta p'_{y,m}$$

质点在竖直方向受到的冲量等于质点水平方向动量的变化，符合质点的动量定理。

由此可以得到

$$I'_{x,m}=\Delta p'_{x,m}=m\Delta v'_x,\ I'_{y,m}=\Delta p'_{y,m}=m\Delta v'_y$$

$$\boldsymbol{I}'=I'_{x,m}\boldsymbol{i}+I'_{y,m}\boldsymbol{j}=\Delta p'_{x,m}\boldsymbol{i}+\Delta p'_{y,m}\boldsymbol{j}=m\Delta v'_x\boldsymbol{i}+m\Delta v'_y\boldsymbol{j}=m\Delta\boldsymbol{v}'=\Delta\boldsymbol{p}'$$

如果考虑到惯性力，在非惯性参考系中，动量定理成立。

(4)在惯性参考系中讨论能量和做功问题

在惯性参考系中，质点 m(物块)受到重力 $m\boldsymbol{g}$ 和支撑力 $\boldsymbol{N}$，质点 M(楔块)受到重力 $M\boldsymbol{g}$、地面支撑力 $\boldsymbol{N}_0$ 和正压力 $\boldsymbol{N}'$。先来看各个力做功。

作用在质点 M(楔块)上的力做功

$$\mathrm{d}A(M\boldsymbol{g})=M\boldsymbol{g}\cdot\mathrm{d}x_0\boldsymbol{i}=0,\ \mathrm{d}A(\boldsymbol{N}_0)=\boldsymbol{N}_0\cdot\mathrm{d}x_0\boldsymbol{i}=0$$

$$\mathrm{d}A(\boldsymbol{N}')=\boldsymbol{N}'\cdot\mathrm{d}x_0\boldsymbol{i}=(-N\sin\theta\boldsymbol{i}-N\cos\theta\boldsymbol{j})\cdot\mathrm{d}x_0\boldsymbol{i}=-N\sin\theta\mathrm{d}x_0$$

而 $\mathrm{d}x_0=\mathrm{d}\left(-\frac{g}{2}\frac{m\sin\theta\cos\theta}{M+m\sin^2\theta}t^2\right)=-gt\frac{m\sin\theta\cos\theta}{M+m\sin^2\theta}\mathrm{d}t$，所以

$$\mathrm{d}A(\boldsymbol{N}')=-N\sin\theta\mathrm{d}x_0=Ngt\frac{m\sin^2\theta\cos\theta}{M+m\sin^2\theta}\mathrm{d}t=m^2Mg^2t\frac{\sin^2\theta\cos^2\theta}{(M+m\sin^2\theta)^2}\mathrm{d}t$$

$$A(\boldsymbol{N}')=\int\mathrm{d}A(\boldsymbol{N}')=\int_0^t m^2Mg^2t\frac{\sin^2\theta\cos^2\theta}{(M+m\sin^2\theta)^2}\mathrm{d}t=m^2Mg^2\frac{\sin^2\theta\cos^2\theta}{2(M+m\sin^2\theta)^2}t^2$$

作用在质点 m(物块)上的力做功

$$\mathrm{d}A(\boldsymbol{N})=\boldsymbol{N}\cdot\mathrm{d}\boldsymbol{l}=(N_x\boldsymbol{i}+N_y\boldsymbol{j})\cdot(\mathrm{d}x\boldsymbol{i}+\mathrm{d}y\boldsymbol{j})=N\sin\theta\mathrm{d}x+N\cos\theta\mathrm{d}y$$

而 $\mathrm{d}x=gt\frac{M\sin\theta\cos\theta}{M+m\sin^2\theta}\mathrm{d}t$，$\mathrm{d}y=-gt\frac{(M+m)\sin^2\theta}{M+m\sin^2\theta}\mathrm{d}t$，所以

$$\begin{aligned}\mathrm{d}A(\boldsymbol{N})&=N\sin\theta\mathrm{d}x+N\cos\theta\mathrm{d}y\\&=mMg^2t\frac{M\sin^2\theta\cos^2\theta}{(M+m\sin^2\theta)^2}\mathrm{d}t-mMg^2t\frac{(M+m)\sin^2\theta\cos^2\theta}{(M+m\sin^2\theta)^2}\mathrm{d}t\\&=-\frac{m^2Mg^2\sin^2\theta\cos^2\theta}{(M+m\sin^2\theta)^2}t\,\mathrm{d}t\end{aligned}$$

$$A(\boldsymbol{N})=\int\mathrm{d}A(\boldsymbol{N})=\int_0^t-\frac{m^2Mg^2\sin^2\theta\cos^2\theta}{(M+m\sin^2\theta)^2}t\,\mathrm{d}t=-\frac{m^2Mg^2\sin^2\theta\cos^2\theta}{2(M+m\sin^2\theta)^2}t^2$$

$$\mathrm{d}A(m\boldsymbol{g})=-mg\boldsymbol{j}\cdot(\mathrm{d}x\boldsymbol{i}+\mathrm{d}y\boldsymbol{j})=-mg\mathrm{d}y=mg^2t\frac{(M+m)\sin^2\theta}{M+m\sin^2\theta}\mathrm{d}t$$

$$A(m\boldsymbol{g})=\int \mathrm{d}A(m\boldsymbol{g})=\int_0^t mg^2 t\,\frac{(M+m)\sin^2\theta}{M+m\sin^2\theta}\mathrm{d}t=mg^2\,\frac{(M+m)\sin^2\theta}{2(M+m\sin^2\theta)}t^2$$

再来看动能

$$E_{\mathrm{k},m}=\frac{1}{2}mv^2=\frac{1}{2}m(v_x^2+v_y^2)=\frac{1}{2}mg^2t^2\sin^2\theta\,\frac{M^2+2mM\sin^2\theta+m^2\sin^2\theta}{(M+m\sin^2\theta)^2}$$

$$E_{\mathrm{k},M}=\frac{1}{2}Mv_0^2=\frac{1}{2}m^2Mg^2\,\frac{\sin^2\theta\cos^2\theta}{(M+m\sin^2\theta)^2}t^2$$

由此可见，质点 m（物块）受到的力所做的功

$$A(m\boldsymbol{g})+A(\boldsymbol{N})=mg^2\,\frac{(M+m)\sin^2\theta}{2(M+m\sin^2\theta)}t^2-\frac{m^2Mg^2\sin^2\theta\cos^2\theta}{2(M+m\sin^2\theta)^2}t^2$$

$$=\frac{1}{2}mg^2t^2\sin^2\theta\,\frac{M^2+2mM\sin^2\theta+m^2\sin^2\theta}{(M+m\sin^2\theta)^2}=E_{\mathrm{k},m}=E_{\mathrm{k},m}-0=\Delta E_{\mathrm{k},m}$$

这就是说，质点 m（物块）受到的力所做的功等于质点 m（物块）动能的增量，这符合质点动能定理。质点 M（楔块）受到的力所做的功

$$A(M\boldsymbol{g})+A(\boldsymbol{N}_0)+A(\boldsymbol{N}')=A(\boldsymbol{N}')=m^2Mg^2\,\frac{\sin^2\theta\cos^2\theta}{2(M+m\sin^2\theta)^2}t^2=E_{\mathrm{k},M}=\Delta E_{\mathrm{k},m}$$

这就是说，质点 M（楔块）受到的力所做的功等于质点 M（楔块）动能的增量，这符合质点动能定理。对于质点 M（楔块）和质点 m（物块）组成的系统，全部力做功之和

$$A(M\boldsymbol{g})+A(\boldsymbol{N}_0)+A(\boldsymbol{N}')+A(m\boldsymbol{g})+A(\boldsymbol{N})=E_{\mathrm{k},M}+E_{\mathrm{k},m}=\Delta E_{\mathrm{k}}$$

这符合质点系动能定理。还应该注意到，在本例中，一对内力做功之和为零

$$A(\boldsymbol{N}')+A(\boldsymbol{N})=m^2Mg^2\,\frac{\sin^2\theta\cos^2\theta}{2(M+m\sin^2\theta)^2}t^2-\frac{m^2Mg^2\sin^2\theta\cos^2\theta}{2(M+m\sin^2\theta)^2}t^2=0$$

其中，$\boldsymbol{N}'$ 做正功，$A(\boldsymbol{N}')>0$；$\boldsymbol{N}$ 做负功，$A(\boldsymbol{N})<0$。这是这一对内力（$\boldsymbol{N}$ 和 $\boldsymbol{N}'$）元功的代数和为零的特例。在楔块（M）参考系中，楔块（M）不动，而物块（m）沿斜面滑动；楔块（M）的元位移为 $\mathrm{d}\boldsymbol{l}_M=0$，物块（$m$）的元位移 $\mathrm{d}\boldsymbol{l}_m\perp\boldsymbol{N}$；楔块与物块的相对位移 $\mathrm{d}\boldsymbol{l}'=\mathrm{d}\boldsymbol{l}_m-\mathrm{d}\boldsymbol{l}_M$，$\mathrm{d}\boldsymbol{l}'\perp\boldsymbol{N}$；这一对内力元功的代数和为 $\mathrm{d}A=\boldsymbol{N}\cdot\mathrm{d}\boldsymbol{l}=0$；相对位移与惯性参考系的选择无关，所以在地面参考系中，这一对内力（$\boldsymbol{N}$ 和 $\boldsymbol{N}'$）元功的代数和依然为 $\mathrm{d}A=\boldsymbol{N}\cdot\mathrm{d}\boldsymbol{l}=\boldsymbol{N}\cdot\mathrm{d}\boldsymbol{l}'=0$。

如果取地球和质点 m（物块）为系统，取质点开始下滑处为重力势能零点

$$E_{\mathrm{p},m}=-mgh=-\frac{1}{2}mg^2\,\frac{(M+m)\sin^2\theta}{M+m\sin^2\theta}t^2$$

$$\begin{aligned}\Delta E_m&=\Delta E_{\mathrm{k},m}+\Delta E_{\mathrm{p},m}\\&=\frac{1}{2}mg^2t^2\sin^2\theta\,\frac{M^2+2mM\sin^2\theta+m^2\sin^2\theta}{(M+m\sin^2\theta)^2}-\frac{1}{2}mg^2\,\frac{(M+m)\sin^2\theta}{M+m\sin^2\theta}t^2\\&=-m^2Mg^2\,\frac{\sin^2\theta\cos^2\theta}{2(M+m\sin^2\theta)^2}t^2=A(\boldsymbol{N})\end{aligned}$$

即机械能的增量等于非保守力所做的功，这符合功能原理。

如果取地球和质点 M（楔块）为系统，取质点开始下滑为重力势能零点

$E_{\mathrm{p},M}=0$，

$$\begin{aligned}\Delta E_M&=\Delta E_{\mathrm{k},M}+\Delta E_{\mathrm{p},M}=E_{\mathrm{k},M}+E_{\mathrm{p},M}=\frac{1}{2}m^2Mg^2\,\frac{\sin^2\theta\cos^2\theta}{(M+m\sin^2\theta)^2}t^2+0\\&=\frac{1}{2}m^2Mg^2\,\frac{\sin^2\theta\cos^2\theta}{(M+m\sin^2\theta)^2}t^2=A(\boldsymbol{N}')+A(\boldsymbol{N}_0)\end{aligned}$$

即机械能的增量等于非保守力所做的功，这符合质点功能原理。

如果取地球、质点 m(物块)和质点 M(楔块)为系统,取质点开始下滑处为重力势能零点,则系统的机械能变化为

$$\begin{aligned}\Delta E &= \Delta E_M + \Delta E_m = \Delta E_{k,M} + \Delta E_m \\ &= m^2 M g^2 \frac{\sin^2\theta\cos^2\theta}{2(M+m\sin^2\theta)^2}t^2 - m^2 M g^2 \frac{\sin^2\theta\cos^2\theta}{2(M+m\sin^2\theta)^2}t^2 = 0\end{aligned}$$

即系统的机械能不变。这是因为非保守力做功

$$A(\boldsymbol{N}_0) + A(\boldsymbol{N}') + A(\boldsymbol{N}) = 0$$

系统机械能守恒。

(5)在楔块参考系中讨论能量和做功问题

由于以楔块为参考系,楔块在自身参考系中不运动,$\boldsymbol{v}_0{}'=0$;位移为零,$\mathrm{d}\boldsymbol{r}_0{}'=0$。因此,楔块的动能为零,$E_{k,M}{}'=0$;势能不变,$E_{p,M}{}'=$恒定;作用在楔块上各种力都不做功,$\mathrm{d}A_0{}'=0$。在楔块参考系中,讨论楔块的运动已经没有意义。

由于楔块参考系是非惯性参考系,在楔块参考系中讨论物块(m)的问题必须考虑惯性力。在楔块参考系中,物块(m)受到的惯性力为

$$\boldsymbol{f}_m{}^* = -m\boldsymbol{a}_0 = g\frac{m^2\sin\theta\cos\theta}{M+m\sin^2\theta}\boldsymbol{i}$$

由物块(m)在楔块参考系中的位移得到物块的元位移

$$\mathrm{d}x' = gt\frac{(M+m)\sin\theta\cos\theta}{M+m\sin^2\theta}\mathrm{d}t,\ \mathrm{d}y' = -gt\frac{(M+m)\sin^2\theta}{M+m\sin^2\theta}\mathrm{d}t$$

物块(m)受到的支撑力 $\boldsymbol{N}$ 做功

$$\begin{aligned}\mathrm{d}A'(\boldsymbol{N}) &= \boldsymbol{N}\cdot\mathrm{d}\boldsymbol{l}' = \left(\frac{Mmg\sin\theta\cos\theta}{M+m\sin^2\theta}\boldsymbol{i} + \frac{Mmg\cos^2\theta}{M+m\sin^2\theta}\boldsymbol{j}\right)\cdot(\mathrm{d}x'\boldsymbol{i}+\mathrm{d}y'\boldsymbol{j}) \\ &= \frac{Mmg\sin\theta\cos\theta}{M+m\sin^2\theta}\mathrm{d}x' + \frac{Mmg\cos^2\theta}{M+m\sin^2\theta}\mathrm{d}y' \\ &= g^2 t\frac{Mm(M+m)\sin^2\theta\cos^2\theta}{(M+m\sin^2\theta)^2}\mathrm{d}t - g^2 t\frac{Mm(M+m)\cos^2\theta\sin^2\theta}{(M+m\sin^2\theta)^2}\mathrm{d}t = 0\end{aligned}$$

$$A'(\boldsymbol{N}) = 0$$

物块(m)受到的重力 $m\boldsymbol{g}$ 做功

$$\mathrm{d}A'(m\boldsymbol{g}) = m\boldsymbol{g}\cdot\mathrm{d}\boldsymbol{l}' = -mg\boldsymbol{j}\cdot(\mathrm{d}x'\boldsymbol{i}+\mathrm{d}y'\boldsymbol{j}) = -mg\,\mathrm{d}y' = mg^2\frac{(M+m)\sin^2\theta}{M+m\sin^2\theta}t\,\mathrm{d}t$$

$$A'(m\boldsymbol{g}) = \int\mathrm{d}A'(m\boldsymbol{g}) = \int_0^t mg^2\frac{(M+m)\sin^2\theta}{M+m\sin^2\theta}t\,\mathrm{d}t = \frac{mg^2}{2}\frac{(M+m)\sin^2\theta}{M+m\sin^2\theta}t^2$$

物块(m)受到的惯性力 $\boldsymbol{f}_m{}^* = -m\boldsymbol{a}_0 = ma_0\boldsymbol{i}$ 做功

$$\mathrm{d}A'(\boldsymbol{f}_m{}^*) = \boldsymbol{f}_m{}^*\cdot\mathrm{d}\boldsymbol{l}' = ma_0\boldsymbol{i}\cdot(\mathrm{d}x'\boldsymbol{i}+\mathrm{d}y'\boldsymbol{j}) = ma_0\mathrm{d}x' = mga_0\frac{(M+m)\sin\theta\cos\theta}{M+m\sin^2\theta}t\,\mathrm{d}t$$

$$\begin{aligned}A'(\boldsymbol{f}_m{}^*) &= \int\mathrm{d}A'(\boldsymbol{f}_m{}^*) = \int_0^t mga_0\frac{(M+m)\sin\theta\cos\theta}{M+m\sin^2\theta}t\,\mathrm{d}t = \frac{mga_0}{4}\frac{(M+m)\sin 2\theta}{M+m\sin^2\theta}t^2 \\ &= \frac{mg}{4}g\frac{m\sin\theta\cos\theta}{M+m\sin^2\theta}\frac{(M+m)\sin 2\theta}{M+m\sin^2\theta}t^2 = \frac{m^2g^2}{2}\frac{(M+m)\sin^2\theta\cos^2\theta}{(M+m\sin^2\theta)^2}t^2\end{aligned}$$

物块(m)的动能(动能增量)

$$\Delta E_k{}'(m) = \frac{1}{2}mv'^2 - 0 = \frac{1}{2}mv_x{}'^2 + \frac{1}{2}mv_y{}'^2$$

$$=\frac{1}{2}mg^2\frac{(M+m)^2\sin^2\theta\cos^2\theta}{(M+m\sin^2\theta)^2}t^2+\frac{1}{2}mg^2\frac{(M+m)^2\sin^4\theta}{(M+m\sin^2\theta)^2}t^2$$

$$=\frac{1}{2}mg^2\frac{(M+m)^2\sin^2\theta}{(M+m\sin^2\theta)^2}t^2$$

以物块开始下滑处为重力势能零点，物块(m)的势能(势能增量)

$$\Delta E_p'(m)=mgy'=-\frac{mg^2}{2}\frac{(M+m)\sin^2\theta}{M+m\sin^2\theta}t^2$$

① 动能定理

作用在物块(m)上的所有力做功之和

$$A'(\boldsymbol{N})+A'(m\boldsymbol{g})+A'(\boldsymbol{f}_m{}^*)$$

$$=0+\frac{mg^2}{2}\frac{(M+m)\sin^2\theta}{M+m\sin^2\theta}t^2+\frac{m^2g^2}{2}\frac{(M+m)\sin^2\theta\cos^2\theta}{(M+m\sin^2\theta)^2}t^2$$

$$=\frac{mg^2}{2}\frac{(M+m)(M+m\sin^2\theta)\sin^2\theta}{(M+m\sin^2\theta)^2}t^2+\frac{m^2g^2}{2}\frac{(M+m)\sin^2\theta\cos^2\theta}{(M+m\sin^2\theta)^2}t^2$$

$$=\frac{mg^2}{2}\frac{(M+m)^2\sin^2\theta}{(M+m\sin^2\theta)^2}t^2=E_k'(m)$$

$$A'(\boldsymbol{N})+A'(m\boldsymbol{g})+A'(\boldsymbol{f}_m{}^*)=E_k'(m)=\Delta E_k'(m)$$

作用在物块(m)上的所有力做功之和等于物块(m)动能的增量。这就是在楔块参考系中的质点动能定理；考虑惯性力后，在非惯性参考系中质点动能定理依然成立。

② 功能原理

作用在物块(m)上的所有非保守力做功之和

$$A'(\boldsymbol{N})+A'(\boldsymbol{f}_m{}^*)=0+\frac{m^2g^2}{2}\frac{(M+m)\sin^2\theta\cos^2\theta}{(M+m\sin^2\theta)^2}t^2$$

物块(m)的机械能(机械能增量)

$$\Delta E'(m)=E_k'(m)+E_p'(m)=\frac{mg^2}{2}\frac{(M+m)^2\sin^2\theta}{(M+m\sin^2\theta)^2}t^2-\frac{mg^2}{2}\frac{(M+m)\sin^2\theta}{M+m\sin^2\theta}t^2$$

$$=\frac{mg^2}{2}\frac{(M+m)^2\sin^2\theta}{(M+m\sin^2\theta)^2}t^2-\frac{mg^2}{2}\frac{(M+m)(M+m\sin^2\theta)\sin^2\theta}{(M+m\sin^2\theta)^2}t^2$$

$$=\frac{mg^2(M+m)}{2}\frac{M\sin^2\theta+m\sin^2\theta}{(M+m\sin^2\theta)^2}t^2-\frac{mg^2}{2}\frac{M\sin^2\theta+m\sin^2\theta\sin^2\theta}{(M+m\sin^2\theta)^2}t^2$$

$$=\frac{m^2g^2(M+m)}{2}\frac{\sin^2\theta\cos^2\theta}{(M+m\sin^2\theta)^2}t^2=A'(\boldsymbol{N})+A'(\boldsymbol{f}_m{}^*)$$

$$A'(\boldsymbol{N})+A'(\boldsymbol{f}_m{}^*)=E'(m)=\Delta E'(m)$$

作用在物块(m)上的所有非保守力做功之和等于物块(m)机械能的增量。这就是在楔块参考系中的质点功能原理；考虑到惯性力后，在非惯性参考系中质点功能原理依然成立。

【例 3-5】 光滑水平面桌面上放着一静止木块，质量为 M。质量为 m 的子弹以水平速度射入木块。若子弹射入木块前的速度为 v_0，子弹在木块中受到恒定阻力 f，求子弹在木块中移动的距离。

分析 子弹与木块之间的作用力是内力，重力与桌面的支撑力平衡，合外力为零，动量守恒。子弹受到木块的作用力，同时木块受到子弹的作用力而运动，当子弹与木块运动速度相同时，子弹停止在木块中。可以分别对子弹和木块应用动量定理。

解 如图 3-25 所示，以桌面为参考系。子弹射入木块的过程中，子弹、木块组成的系统所受合外力为零。由动量守恒定律得

$$mv_0=(M+m)v$$

式中,v 为碰撞结束时,子弹和木块的共有速度。

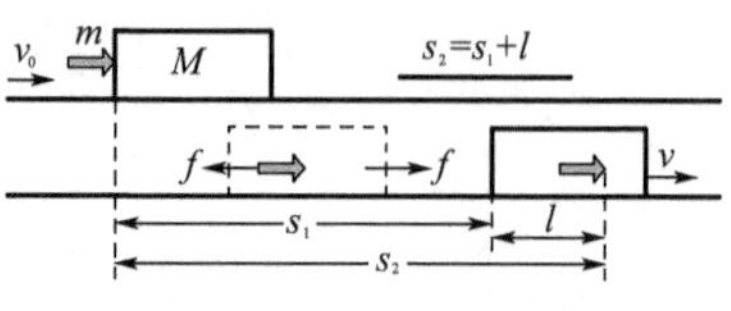

图 3-25　例 3-5 解析

设在碰撞过程中,木块相对桌面移动的距离为 s_1,子弹在木块中移动的距离为 l,则子弹相对桌面移动的距离为$s_2=s_1+l$。

对木块及子弹分别应用动能定理,可解得

$$fs_1=\frac{1}{2}Mv^2,-f(s_1+l)=\frac{1}{2}mv^2-\frac{1}{2}mv_0^2,l=\frac{mMv_0^2}{2f(m+M)}$$

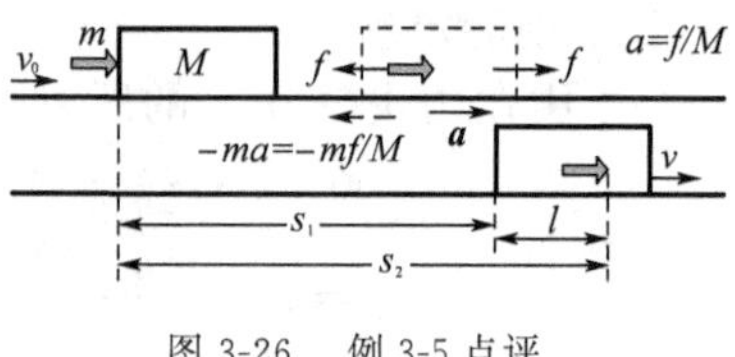

图 3-26　例 3-5 点评

点评　(1) 如图 3-26 所示,以木块为参考系。在子弹与木块碰撞过程中,木块受到子弹的恒定作用力 f,加速向前运动,相对桌面加速度为 $a=f/M$。所以在子弹与木块碰撞过程中,木块参考系是非惯性系。子弹在木块参考系中,除受到木块的作用力 $-f$ 外,还要受到惯性力 $-ma=-mf/M$。在木块这个非惯性系中,子弹在阻力和惯性力的作用下,在木块中移动距离为 l。在木块这个非惯性系中,碰撞前子弹的速度为 v_0,碰撞后速度为零。对子弹应用动能定理得

$$-fl-\frac{m}{M}fl=0-\frac{1}{2}mv_0^2,l=\frac{mMv_0^2}{2f(m+M)}$$

(2) 子弹和木块的最终速度为

$$v=\frac{m}{M+m}v_0$$

子弹在木块中受到恒定阻力 $-f$,同时,木块也受到子弹给予的恒定推力 f,这两个力是一对内力,它们做功分别为

$$A_{-f}=-f(s_1+l)=\frac{1}{2}mv^2-\frac{1}{2}mv_0^2=-\frac{mM^2+2m^2M}{2(M+m)^2}v_0^2$$

$$A_f=fs_1=\frac{1}{2}Mv^2=\frac{m^2M}{2(M+m)^2}v_0^2$$

这一对内力做功之和不为零,这是由于这一对内力作用在不同的质点上,而质点的位移不同,导致做功之和不为零,做功之和等于两个质点相对位移 l 与力 $-f$ 的乘积

$$A=A_f+A_{-f}=fs_1-f(s_1+l)=-fl=-\frac{mMv_0^2}{2(m+M)}$$

(3) 由于其他外力不做功,而内力做功之和不为零,所以,质点系的机械能不守恒。又由于质点系势能不变,因此,质点系的机械能不守恒表现为质点系的动能之和不相等。这一动能之差为

$$\Delta E_k=E_{k2}-E_{k1}=\frac{1}{2}(M+m)v^2-\frac{1}{2}mv_0^2=-\frac{mMv_0^2}{2(m+M)}=A$$

即做功等于动能的增量,这就是质点系的动能定理,同时也是质点系的功能原理。

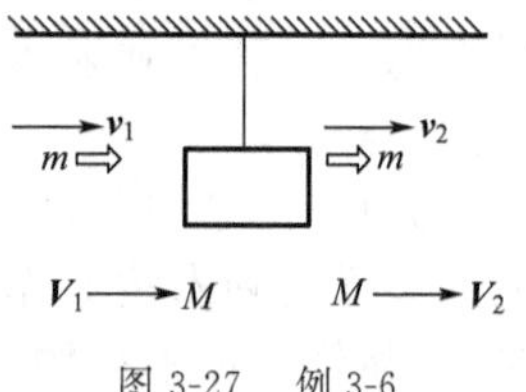

图 3-27　例 3-6

【例 3-6】　如图 3-27 所示,一质量为 M 的物体被一长度为 L 的轻质细绳悬挂而摆动着。今有一质量为 m 的子弹沿水平方向从左端以速度$\boldsymbol{v}_1$射中物体,并以水平速度$\boldsymbol{v}_2$从物体右端射出;子弹射中物体时,物体摆动到最低点,并且正以速度$\boldsymbol{v}_1$向右运动。求子弹刚射出物体时物体的速度和整个过程中摩擦力做的功。

分析　从子弹射入物体到子弹从物体中射出这一"碰撞"过程中,子弹和物体这一系统所受的内力为摩擦力;外力有重力和绳子的拉力。由于从子弹射入物体到从物体中射出所经历的时间很短,所以在此过程中物体基本上未动而停在原来的平衡位

置。于是对子弹和物体这一系统，在子弹射入射出这一短暂过程中，它们所受的水平方向的外力为零，因此水平方向的动量守恒，可以求得物体开始运动时的速度。子弹在物体中运动的过程，可以看作物体未动，但已经有了速度准备运动，如果以物体和子弹为质点系，只有摩擦力做功，可以先求系统动能的变化，由动能定理求得摩擦力做的功。

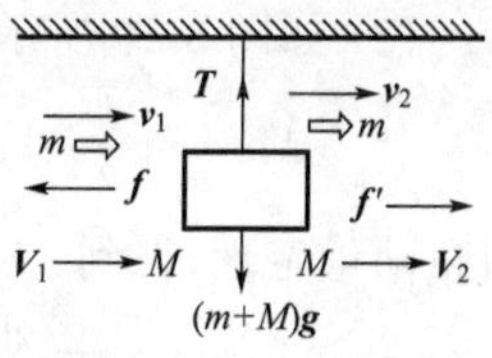

图 3-28 例 3-6 解析

解 如图 3-28，设子弹刚从物体中射出时物体的速度为$\boldsymbol{v}_2$，由水平方向的动量守恒，得到

$$m\boldsymbol{v}_1+M\boldsymbol{v}_1=m\boldsymbol{v}_2+M\boldsymbol{v}_2, mv_1+MV_1=mv_2+MV_2, V_2=\frac{mv_1+MV_1-mv_2}{M}$$

在碰撞过程中，只有摩擦力做功，由动能定理，得到摩擦力做功

$$\begin{aligned}A_f&=\frac{1}{2}MV_2^2+\frac{1}{2}mv_2^2-\frac{1}{2}MV_1^2-\frac{1}{2}mv_1^2\\&=\frac{1}{2}M\left(\frac{mv_1+MV_1-mv_2}{M}\right)^2+\frac{1}{2}mv_2^2-\frac{1}{2}MV_1^2-\frac{1}{2}mv_1^2\\&=\frac{1}{2}\frac{m^2}{M}v_1^2+mv_1V_1-\frac{m^2}{M}v_1v_2-mV_1v_2+\frac{1}{2}\frac{m^2}{M}v_2^2+\frac{1}{2}mv_2^2-\frac{1}{2}mv_1^2\end{aligned}$$

点评 在碰撞过程中，动能有变化，由动能定理说明有力做功，而重力和拉力没有做功，只能是摩擦力这一对内力在做功。而我们假定物体没有移动，物体受到的摩擦力也没有做功，那么只有子弹受到的摩擦力在做功，这是由于我们假定物体不动而引起的结果。我们看到，一对内力做功之和不为零。实际的物理图象是，在碰撞过程中，物体也会有微小的移动，物体受到的摩擦力做正功，物体的动能增加；而子弹受到的摩擦力做负功，子弹的动能减小。总体来说，子弹受到的摩擦力做的负功的量值大于物体受到的摩擦力做的正功的量值，系统总的动能减小。

【例 3-7】 一根长为 l 的轻质杆，端部固结一小球 m_1，另一小球 m_2 以水平速度 v_0 碰撞杆中部并与杆黏合。求：碰撞后杆开始转动的初始角速度 ω_0 以及杆摆动的最大角度 α。

分析 以杆、质点 m_1 和质点 m_2 为质点系，在碰撞过程中，质点 m_2 对杆的作用力和杆对质点 m_2 的作用力是内力；转轴对杆的拉力过转轴，对转轴的力矩为零；碰撞过程时间极短，杆还没有来得及转动，因此，重力 $m_1\boldsymbol{g}$ 和 $m_2\boldsymbol{g}$ 也是过转轴的，对转轴的力矩为零。在碰撞过程中，质点系对转轴的角动量守恒，由此得到杆转动的初始角速度 ω_0。碰撞过后，杆、质点 m_1 和质点 m_2 将一起上摆，在上摆的过程中，拉力对转轴的力矩为零，但两个重力对转轴的力矩为负，在重力力矩的作用下，转动的角速度逐渐减小，直到角速度为零，达到最大摆角，由角动量定理，可以求得最大摆角。

解 (1) 如图 3-29 所示，选 m_1(含杆)$+m_2$ 为系统，外力对转轴 O 力矩为零，故角动量守恒

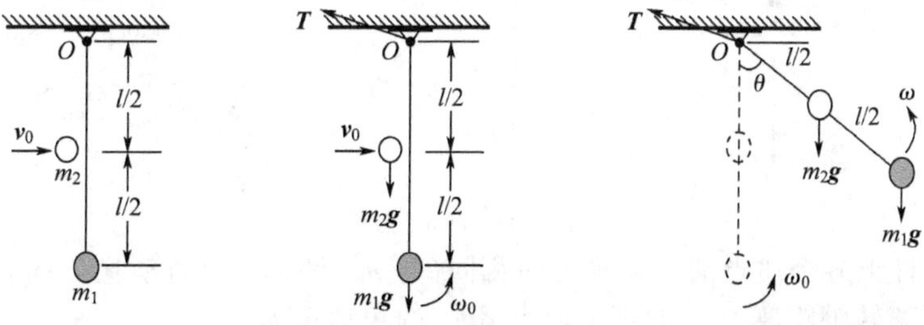

图 3-29 例 3-7 解析

$$\boldsymbol{L}_0=\boldsymbol{L}', m_1\boldsymbol{r}_1\times\boldsymbol{v}_1+m_2\boldsymbol{r}_2\times\boldsymbol{v}_2=m_1\boldsymbol{r}_1'\times\boldsymbol{v}_1'+m_2\boldsymbol{r}_2'\times\boldsymbol{v}_2'$$

$$0+m_2\frac{l}{2}v_0=lm_1\omega_0 l+\frac{l}{2}m_2\omega_0\frac{l}{2}, \omega_0=\frac{2m_2}{4m_1+m_2}\cdot\frac{v_0}{l}$$

(2) 如图 3-29 所示,当摆动到 θ 角度时,转动角速度为 ω,外力矩和角动量分别为

$$M=-\frac{l}{2}m_2 g\sin\theta-lm_1 g\sin\theta, L=\frac{l}{2}m_2 v_2+lm_1 v_1=\frac{l^2}{4}m_2\omega+l^2 m_1\omega$$

由角动量定理,得到

$$M=\frac{\mathrm{d}L}{\mathrm{d}t}, -\frac{l}{2}m_2 g\sin\theta-lm_1 g\sin\theta=\frac{l^2}{4}m_2\frac{\mathrm{d}\omega}{\mathrm{d}t}+l^2 m_1\frac{\mathrm{d}\omega}{\mathrm{d}t}$$

再由 $\frac{\mathrm{d}\omega}{\mathrm{d}t}=\frac{\mathrm{d}\omega}{\mathrm{d}\theta}\frac{\mathrm{d}\theta}{\mathrm{d}t}=\omega\frac{\mathrm{d}\omega}{\mathrm{d}\theta}$,得到

$$\omega\frac{\mathrm{d}\omega}{\mathrm{d}\theta}=-\frac{2m_2 g+4m_1 g}{lm_2+4lm_1}\sin\theta, \omega\,\mathrm{d}\omega=-\frac{2m_2 g+4m_1 g}{lm_2+4lm_1}\sin\theta\,\mathrm{d}\theta$$

积分,得到最大摆角

$$\int_{\omega_0}^{0}\omega\,\mathrm{d}\omega=-\frac{2m_2 g+4m_1 g}{lm_2+4lm_1}\int_0^{\alpha}\sin\theta\,\mathrm{d}\theta, -\frac{1}{2}\omega_0^2=-\frac{2m_2 g+4m_1 g}{lm_2+4lm_1}(1-\cos\alpha)$$

$$\cos\alpha=1-\frac{lm_2+4lm_1}{2m_2 g+4m_1 g}\cdot\frac{1}{2}\omega_0^2=1-\frac{m_2^2}{(m_2+2m_1)(4m_1+m_2)}\frac{v_0^2}{gl}$$

点评 (1)如图 3-29 所示,在碰撞过程中,质点系受到的外力 $\boldsymbol{T}$(拉力)向斜上方,质点系受到的外力在水平方向不为零,质点系动量不守恒。但拉力 $\boldsymbol{T}$ 过转轴,对转轴的力矩为零,可以利用角动量守恒来求解。

(2)由角速度求上摆的角加速度

$$\beta=\frac{\mathrm{d}\omega}{\mathrm{d}t}=-\frac{\frac{l}{2}m_2 g\sin\theta+lm_1 g\sin\theta}{\frac{l^2}{4}m_2+l^2 m_1}=-\frac{2m_2+4m_1}{l(m_2+4m_1)}g\sin\theta$$

(3)在上摆过程中,拉力不做功,只有重力做功,机械能守恒,以转轴处为势能零点

$$\frac{1}{2}m_2\frac{l^2}{4}\omega_0^2+\frac{1}{2}m_1 l^2\omega_0^2-\frac{l}{2}m_2 g-lm_1 g=0-\frac{l}{2}m_2 g\cos\alpha-lm_1 g\cos\alpha$$

$$\cos\alpha=1-\frac{(m_2+4m_1)l\omega_0^2}{4m_2 g+8m_1 g}=1-\frac{m_2^2}{(m_2+2m_1)(4m_1+m_2)}\frac{v_0^2}{gl},$$

(4)如果杆的质量不可忽略,设杆的质量为 m_3,而且质量均匀分布。如图 3-30 所示,设碰撞后系统的角速度为 ω_1,杆转过的最大角度为 α_1。可以将杆看作由若干个质量为 $\mathrm{d}m_3$ 的质点组成,质点系由 m_1 和 m_2 以及杆上全部质点组成。

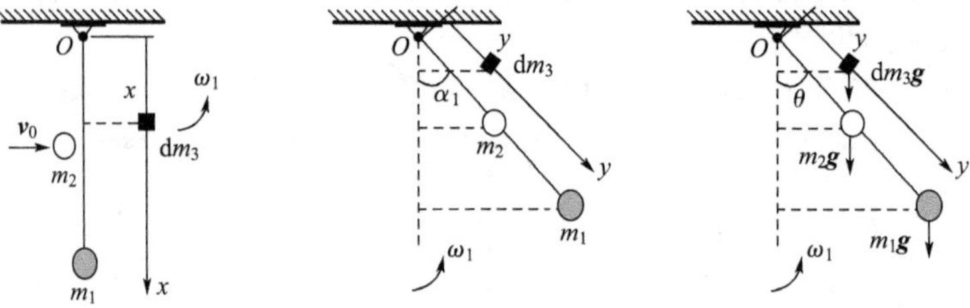

图 3-30 例 3-7 点评

a. 碰撞后,杆上各个质点的角动量方向相同(与 m_1 和 m_2 的角动量方向相同),矢量和转化为代数和,距离转轴距离为 x 的杆上质点 $\mathrm{d}m_3$ 的角动量为

$$\mathrm{d}L_{1m_3}=x\times\mathrm{d}m_3\cdot x\omega_1=x^2\omega_1\frac{m_3}{l}\mathrm{d}x$$

杆上各个质点的角动量方向相同,大小同上式,整个杆上质点角动量和为

$$L_{1m_3}=\int dL_{1m_3}=\int_0^l x^2\omega_1\frac{m_3}{l}dx=\frac{1}{3}m_3l^2\omega_1$$

在碰撞过程中，杆上各个质点的重力与 m_1 和 m_2 的重力一样，通过转轴，力矩矢量和为零，质点系角动量守恒

$$\frac{l}{2}m_2v_0=\frac{1}{3}m_3l^2\omega_1+\frac{l}{2}m_2\ \frac{l}{2}\omega_1+lm_1l\omega_1,\omega_1=\frac{6m_2v_0}{(4m_3+3m_2+12m_1)l}$$

b. 取转轴处为重力势能零点。杆在竖直位置时，杆上各个质点的重力势能及总势能为

$$dE_{p1,m_3}=-dm_3\cdot gx=-\frac{m_3}{l}gx\,dx,E_{p1,m_3}=\int dE_{p1,m_3}=\int_0^l-\frac{m_3}{l}gx\,dx=-\frac{1}{2}m_3gl$$

杆在竖直位置时，杆上各个质点的动能及总动能为

$$dE_{k1,m_3}=\frac{1}{2}dm_3\cdot(x\omega_1)^2=\frac{m_3}{2l}\omega_1^2x^2dx$$

$$E_{k1,m_3}=\int dE_{k1,m_3}=\int_0^l\frac{m_3}{2l}\omega_1^2x^2dx=\frac{1}{6}m_3l^2\omega_1^2=\frac{6m_3m_2^2v_0^2}{(4m_3+3m_2+12m_1)^2}$$

杆在最大转角 α_1 位置时，杆上各个质点的势能及总势能为

$$dE_{p2,m_3}=-dm_3\cdot gy\cos\alpha_1=-\frac{m_3}{l}gy\cos\alpha_1dy$$

$$E_{p2,m_3}=\int dE_{p2,m_3}=\int_0^l-\frac{m_3}{l}gy\cos\alpha_1dy=-\frac{1}{2}m_3gl\cos\alpha_1$$

杆与 m_1 和 m_2 一起转动过程中，机械能守恒

$$E_{k1,m_3}+E_{k1,m_2}+E_{k1,m_1}+E_{p1,m_3}+E_{p1,m_2}+E_{p1,m_1}=E_{p2,m_3}+E_{p2,m_2}+E_{p2,m_1}$$

另外

$$E_{k1,m_2}=\frac{1}{2}m_2\left(\frac{l}{2}\omega_1\right)^2=\frac{9m_2^3v_0^2}{2(4m_3+3m_2+12m_1)^2},E_{p1,m_2}=-\frac{l}{2}m_2g,$$

$$E_{k1,m_1}=\frac{1}{2}m_1(l\omega_1)^2=\frac{18m_1m_2^2v_0^2}{(4m_3+3m_2+12m_1)^2},E_{p1,m_1}=-lm_1g$$

$$E_{p2,m_2}=-\frac{l}{2}m_2g\cos\alpha_1,E_{p2,m_1}=-lm_1g\cos\alpha_1$$

所以，得到

$$\frac{6m_3m_2^2v_0^2}{(4m_3+3m_2+12m_1)^2}+\frac{9m_2^3v_0^2}{2(4m_3+3m_2+12m_1)^2}+\frac{18m_1m_2^2v_0^2}{(4m_3+3m_2+12m_1)^2}$$

$$-\frac{1}{2}m_3gl-\frac{l}{2}m_2g-lm_1g=-\frac{1}{2}m_3gl\cos\alpha_1-\frac{l}{2}m_2g\cos\alpha_1-lm_1g\cos\alpha_1$$

$$\cos\alpha_1=1-\frac{3m_2^2v_0^2(4m_3+3m_2+12m_1)}{gl(4m_3+3m_2+12m_1)^2(m_3+m_2+2m_1)}$$

$$=1-\frac{3m_2^2v_0^2}{gl(4m_3+3m_2+12m_1)(m_3+m_2+2m_1)}$$

c. 当摆动到 θ 角度时，转动角速度为 ω，杆的重力力矩为

$$dM_{m_3}=-dm_3gy\sin\theta=-\frac{m_3g\sin\theta}{l}ydy$$

$$M_{m_3}=\int dM_{m_3}=\int_0^l-\frac{m_3g\sin\theta}{l}ydy=-\frac{1}{2}m_3gl\sin\theta$$

杆的角动量为

$$dL_{m_3}=y^2\omega dm_3=\frac{m_3\omega}{l}y^2dy, L_{m_3}=\int dL_{m_3}=\frac{m_3\omega}{l}\int_0^l y^2dy=\frac{1}{3}m_3l^2\omega$$

对整个系统应用角动量定理

$$M=\frac{dL}{dt}, M_{m_3}+M_{m_2}+M_{m_1}=\frac{d}{dt}(L_{m_3}+L_{m_2}+L_{m_1})$$

$$-\frac{1}{2}m_3gl\sin\theta-\frac{l}{2}m_2g\sin\theta-lm_1g\sin\theta=\frac{1}{3}m_3l^2\frac{d\omega}{dt}+\frac{l^2}{4}m_2\frac{d\omega}{dt}+l^2m_1\frac{d\omega}{dt}$$

$$\omega d\omega=-\frac{g(6m_3+6m_2+12m_1)}{l(4m_3+3m_2+12m_1)}\sin\theta d\theta$$

$$\int_{\omega_1}^0\omega d\omega=-\frac{g(6m_3+6m_2+12m_1)}{l(4m_3+3m_2+12m_1)}\int_0^{\alpha_1}\sin\theta d\theta$$

$$\frac{1}{2}\omega_1^2=\frac{g(6m_3+6m_2+12m_1)}{l(4m_3+3m_2+12m_1)}(1-\cos\alpha_1)$$

$$\cos\alpha_1=1-\frac{3m_2^2v_0^2(4m_3+3m_2+12m_1)}{gl(4m_3+3m_2+12m_1)^2(m_3+m_2+2m_1)}$$

$$=1-\frac{3m_2^2v_0^2}{gl(4m_3+3m_2+12m_1)(m_3+m_2+2m_1)}$$

从计算过程来看,如果计算杆的质量,杆的动力学行为就如同将杆的质量集中在其质心处而将杆看作一个质点一样。这是由于我们将杆看作一个刚体模型的缘故。

(5)刚体动力学求解

如图 3-30 所示,由质量为 m_1、m_2 的质点和质量为 m_3 的均匀细杆组成的刚体,转动惯量为

$$J_1=m_1l^2, J_2=m_2(l/2)^2=\frac{1}{4}m_2l^2, J_3=\int_0^l x^2\frac{m_3}{l}dx=\frac{1}{3}m_3l^2$$

$$J=J_1+J_2+J_3=m_1l^2+\frac{1}{4}m_2l^2+\frac{1}{3}m_3l^2=\left(m_1+\frac{1}{4}m_2+\frac{1}{3}m_3\right)l^2$$

对于"碰撞"过程,重力和拉力均过转轴 O,角动量守恒

$$L_0=J_2\omega_0=\frac{1}{4}m_2l^2\left(\frac{v_0}{l/2}\right)=\frac{1}{2}m_2lv_0$$

$$L_1=(J_1+J_2+J_3)\omega_1=\left(m_1l^2+\frac{1}{4}m_2l^2+\frac{1}{3}m_3l^2\right)\omega_1=\left(m_1+\frac{1}{4}m_2+\frac{1}{3}m_3\right)l^2\omega_1$$

$$L_0=L_1, \left(m_1+\frac{1}{4}m_2+\frac{1}{3}m_3\right)l^2\omega_1=\frac{1}{2}m_2lv_0$$

由此,得到碰撞结束时,刚体转动的角速度

$$\omega_1=\frac{6m_2v_0}{(12m_1+3m_2+4m_3)l}$$

当刚体转过 θ 角度时,刚体受到的力矩(拉力过转轴,力矩为零)

$$M=-m_1gl\sin\theta-m_2g\frac{l}{2}\sin\theta-m_3g\frac{l}{2}\sin\theta$$

所以,由转动定律,得到

$$M=J\beta=J\frac{d\omega}{dt}=J\frac{d\omega}{d\theta}\frac{d\theta}{dt}=J\omega\frac{d\omega}{d\theta}$$

$$-(2m_1+m_2+m_3)g\frac{l}{2}\sin\theta=\left(m_1+\frac{1}{4}m_2+\frac{1}{3}m_3\right)l^2\omega\frac{d\omega}{d\theta}$$

$$\omega \mathrm{d}\omega = -\frac{(12m_1+6m_2+6m_3)g}{(12m_1+3m_2+4m_3)l}\sin\theta\mathrm{d}\theta$$

设刚体能够转过的最大角度为 α，则

$$\int_{\omega_1}^{0}\omega\,\mathrm{d}\omega = -\int_0^{\alpha}\frac{(12m_1+6m_2+6m_3)g}{(12m_1+3m_2+4m_3)l}\sin\theta\,\mathrm{d}\theta$$

$$0-\frac{1}{2}\omega_1^2 = \frac{(12m_1+6m_2+6m_3)g}{(12m_1+3m_2+4m_3)l}\cos\alpha - \frac{(12m_1+6m_2+6m_3)g}{(12m_1+3m_2+4m_3)l}$$

$$\cos\alpha = 1-\frac{3m_2^2v_0^2}{(12m_1+3m_2+4m_3)(2m_1+m_2+m_3)gl}$$

如果令 $m_3=0$，就是题解(2) 的结果。

由于拉力过转轴，力矩为零，拉力力矩不做功。只有重力的力矩做功，所以

$$\mathrm{d}A = M\mathrm{d}\theta = -\left(m_1+\frac{1}{2}m_2+\frac{1}{2}m_3\right)gl\sin\theta\,\mathrm{d}\theta$$

$$A=\int\mathrm{d}A = -g\,\frac{l}{2}(2m_1+m_2+m_3)\int_0^{\alpha}\sin\theta\,\mathrm{d}\theta = \frac{1}{2}gl(2m_1+m_2+m_3)(\cos\alpha-1)$$

在刚体转动到最大角度 α 时，刚体动能的变化为

$$\Delta E_{\mathrm{K}} = 0-\frac{1}{2}J\omega_1^2 = -\frac{1}{2}\left(m_1+\frac{1}{4}m_2+\frac{1}{3}m_3\right)l^2\omega_1^2 = -\frac{1}{2}\,\frac{3m_2^2v_0^2}{(12m_1+3m_2+4m_3)}$$

由刚体定轴转动动能定理，$A=\Delta E_{\mathrm{K}}$，得到

$$\frac{1}{2}gl(2m_1+m_2+m_3)(\cos\alpha-1) = -\frac{1}{2}\,\frac{3m_2^2v_0^2}{(12m_1+3m_2+4m_3)}$$

这与由刚体转动定律得到的结果一样。

在刚体转动到最大角度 α 时，刚体势能的变化为

$$\Delta E_{\mathrm{P}} = m_1gl(1-\cos\alpha)+m_2g\,\frac{l}{2}(1-\cos\alpha)+m_3g\,\frac{l}{2}(1-\cos\alpha)$$

在刚体转动过程中，只有重力力矩做功，刚体的机械能守恒，$\Delta E_{\mathrm{K}}+\Delta E_{\mathrm{P}}=0$，所以

$$-\frac{1}{2}\left(m_1+\frac{1}{4}m_2+\frac{1}{3}m_3\right)l^2\omega_1^2+\left(m_1+\frac{1}{2}m_2+\frac{1}{2}m_3\right)gl(1-\cos\alpha)=0$$

结果与由刚体定轴转动定律和刚体定轴转动动能定理的结果一致。

【例 3-8】 如图 3-31 所示，一链条总长为 L，质量为 m，放在桌面上靠边处，并使其一端下垂的长度为 a，设链条与桌面之间的滑动摩擦系数为 μ，链条由静止开始运动。求：

(1)到链条全部离开桌边的过程中，摩擦力对链条做了多少功？

(2)链条离开桌边的速率是多少？

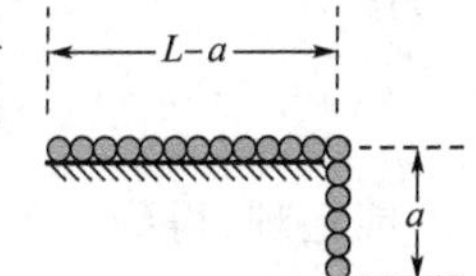

图 3-31 例 3-8

分析 可以把链条看作由无数个质点(质元)组成的质点系。桌面下的质点受重力作用，桌面上的质点受到摩擦力的作用。随着链条的下滑，质点系受到的重力在逐渐增加，而摩擦力在逐渐减小。整个质点系受到的力在增大，质点系加速运动，而且加速度逐渐增大。摩擦力与下滑的距离有关，由此可以找到摩擦力做的元功与下落距离的关系，将元功取和就得到摩擦力做的功。质点系受到的重力尽管也是变化的，但重力是保守力，重力所做的功可以由重力势能的变化得到。由功能原理或动能定理，可以得到质点系的动能，进而得到速率。

解 (1)如图 3-32 所示，以链条为研究对象。建立坐标系。链条再下滑 x 长度时，受到的摩擦力为

$$f(x) = -\frac{m}{L}(L-a-x)g\mu\boldsymbol{i}$$

摩擦力做元功

$$\boldsymbol{f}(x)\cdot \mathrm{d}x\boldsymbol{i}=-\frac{m}{L}(L-a-x)g\mu\mathrm{d}x$$

全部下滑完毕,摩擦力做功

$$A=\int \mathrm{d}A=\int_0^{L-a}-(L-a-x)\frac{m}{L}g\mu\mathrm{d}x=-\frac{mg\mu}{2L}(L-a)^2$$

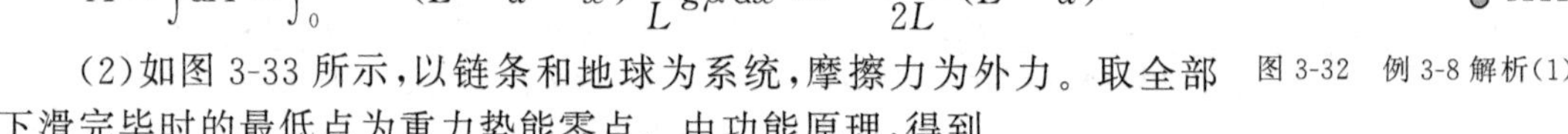

图 3-32 例 3-8 解析(1)

(2)如图 3-33 所示,以链条和地球为系统,摩擦力为外力。取全部下滑完毕时的最低点为重力势能零点。由功能原理,得到

$$-\frac{mg\mu}{2L}(L-a)^2=\left[\frac{1}{2}mv^2+mg\frac{L}{2}\right]-\left[0+\frac{m}{L}(L-a)gL+\frac{m}{L}ag(L-\frac{a}{2})\right]$$

$$v=\sqrt{\frac{g[(L^2-a^2)-\mu(L-a)^2]}{L}}$$

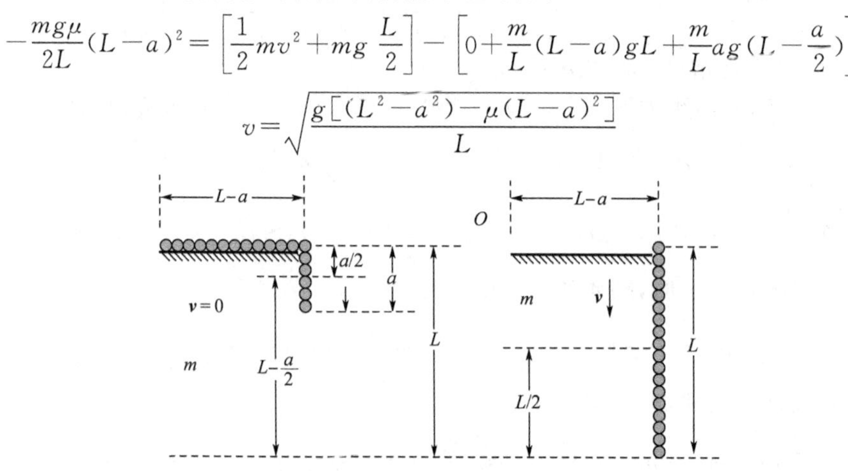

图 3-33 例 3-8 解析(2)

点评 (1)可以先求重力做功,再由动能定理求速率。

链条再下滑 x 长度时,质点系受到的重力为

$$W=\frac{m}{L}(x+a)g$$

重力的元功为

$$\mathrm{d}A(m\boldsymbol{g})=\frac{m}{L}(x+a)g\mathrm{d}x$$

重力做功

$$A(m\boldsymbol{g})=\int \mathrm{d}A(m\boldsymbol{g})=\frac{mg}{L}\int_0^{L-a}(x+a)\mathrm{d}x=\frac{mg}{2L}(L^2-a^2)$$

由动能定理,得到

$$A(m\boldsymbol{g})+A=\frac{1}{2}mv^2,\frac{mg}{2L}(L^2-a^2)-\frac{mg\mu}{2L}(L-a)^2=\frac{1}{2}mv^2$$

(2)重力势能的变化

$$\Delta E_{\mathrm{p}}=mg\frac{L}{2}-\left[\frac{m}{L}(L-a)gL+\frac{m}{L}ag(L-\frac{a}{2})\right]=-\frac{mg}{2L}(L^2-a^2)=-A(m\boldsymbol{g})$$

重力做功等于重力势能的减小。

(3)直接由牛顿定律求速率。链条再下滑 x 长度时,质点系受到的合力为

$$F=\frac{mg}{L}(x+a)-\mu\frac{mg}{L}(L-a-x)$$

由牛顿定律,得到

$$\frac{mg}{L}(x+a)-\mu\frac{mg}{L}(L-a-x)=ma=m\frac{\mathrm{d}v}{\mathrm{d}t}=m\frac{\mathrm{d}v}{\mathrm{d}x}\frac{\mathrm{d}x}{\mathrm{d}t}=mv\frac{\mathrm{d}v}{\mathrm{d}x}$$

$$v\mathrm{d}v=\left[\frac{g}{L}(x+a)-\mu\frac{g}{L}(L-a-x)\right]\mathrm{d}x$$

$$\int_0^v v\mathrm{d}v=\int_0^{L-a}\left[\frac{g}{L}(x+a)-\mu\frac{g}{L}(L-a-x)\right]\mathrm{d}x$$

$$\frac{1}{2}v^2=\frac{g}{2L}\left[(L^2-a^2)-\mu(L-a)^2\right],v=\sqrt{\frac{g\left[(L^2-a^2)-\mu(L-a)^2\right]}{L}}$$

【例 3-9】 如图 3-34 所示，光滑桌面上，一根劲度系数为 k 的轻弹簧两端连接质量分别为 m_1 和 m_2 的滑块 A 和 B。如果滑块 A 被水平飞来的质量为 m、速度为$\boldsymbol{v}_0$的子弹射中，并停留在其中，求运动过程中弹簧的最大压缩量。

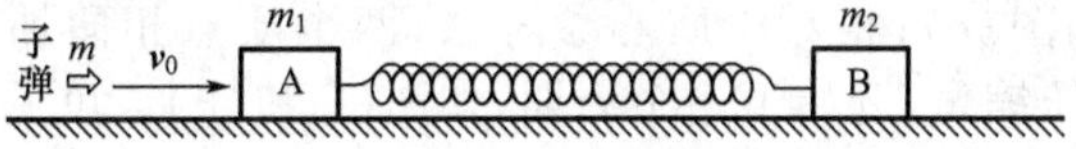

图 3-34 例 3-9

分析 本问题可分为两个过程。第一过程是子弹射入滑块 A，完全非弹性碰撞，以子弹和滑块 A 为系统，碰撞前后动量守恒，但机械能不守恒。第二过程是弹簧被压缩的过程，以子弹、滑块 A 和 B、弹簧为系统，子弹和 A 受弹簧阻力而减速，滑块 B 受弹簧的推动而加速前进；子弹和 A 在减速前进，但还是比 B 的速度大，所以弹簧还是被压缩，只要 A 和 B 速度不等，弹簧将继续被压缩；当滑块 A 和 B 有相同速度时，弹簧不再压缩，此时弹簧的压缩量达到最大值；此过程系统动量守恒、机械能守恒。

解 如图 3-35 所示，设子弹与 A 完全非弹性碰撞后，滑块和子弹共同速度为$\boldsymbol{v}_1$，动量守恒

$$mv_0=(m+m_1)v_1$$

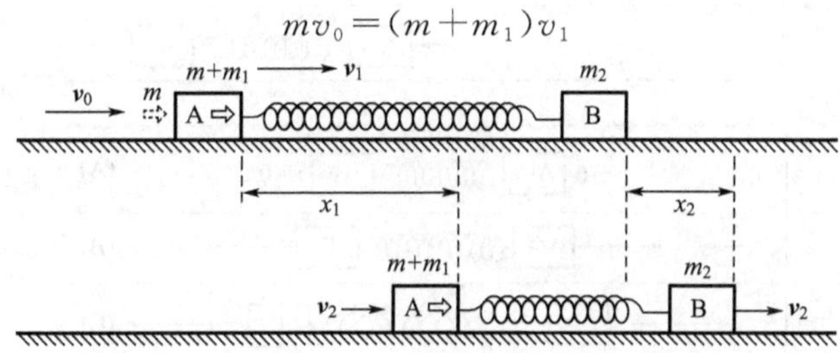

图 3-35 例 3-9 解析

当子弹和 A 与 B 的速度相同时，弹簧达到最大压缩量，设该速度为$\boldsymbol{v}_2$，子弹和 A 移动距离为 x_1，B 移动距离为 x_2，则弹簧的最大压缩量为 $\Delta x=x_1-x_2$。由于弹簧弹性力是系统内力，而且只有弹簧弹性力做功，所以水平方向动量守恒、机械能守恒

$$(m+m_1)v_1+0=(m+m_1+m_2)v_2$$

$$\frac{1}{2}(m+m_1)v_1^2+0=\frac{1}{2}(m+m_1+m_2)v_2^2+\frac{1}{2}k(\Delta x)^2$$

可解出弹簧的最大压缩量为

$$\Delta x=mv_0\sqrt{\frac{m_2}{k(m+m_1)(m+m_1+m_2)}}$$

点评 如图 3-36 所示。我们首先从系统具有相同速度开始讨论系统的运动。由于整个质点系统在水平方向外力矢量和为零，质心加速度为零，系统的质心将保持速度不变，当系统具有速度$\boldsymbol{v}_2$时，其质心将以速度$\boldsymbol{v}_2$匀速运动，如图(a)。其次，由于质心参考系是零动量参考系，在该参考系中，系统的总动量恒等于零。如果设子弹和 A 相对于质心参考系的速度为$\boldsymbol{v}'_1$，B 相对于质心参考系的速度为$\boldsymbol{v}'_2$，则有

$$(m+m_1)\boldsymbol{v}'_1+m_2\boldsymbol{v}'_2=0,(m+m_1)\boldsymbol{v}'_1=-m_2\boldsymbol{v}'_2$$

这说明，$\boldsymbol{v}_2'$ 与$\boldsymbol{v}_1'$ 的方向相反，即两个质点相对于质心参考系的速度方向相反，如图(A)。当系统达到共同速度$\boldsymbol{v}_2$后，子弹和 A 开始减速，而 B 依然加速，尽管运动速度方向依然相同，但相对于地面的速率不一样，B 运动的快，子弹和 A 运动的慢，弹簧压缩量变小，弹簧伸展，如图(b)；在质心参考系中，两个质点背向加速离开质心，如图(B)。直到弹簧展开为原长，停止减速和加速，子弹和 A 相对地面速度减到零，如图(c)；两个质点相对于质心沿相反方向的速率达到最大值(由于两个质点的质量不同，最大速率的值不同，这是由动量决定的，如图(C)。然后，B 沿原方向减速继续前进，弹簧被伸长，子弹和 A 相对地面反方向加速；但 B 运动的快，弹簧还是逐渐被伸长，如图(d)；两个质点相对于质心减速背向继续离开质心，直到弹簧伸长到最大长度，两个质点相对质心速度为零，如图(D)。质点 B 相对地面开始减速前进，子弹和 A 相对地面加速前进，如图(e)；相对于质心参考系，两个质点相向加速靠近质心，如图(E)。直到弹簧压缩达到最大压缩量，开始下一个周期，如图(f)和(F)。可见，整个系统的运动为：两个质点随质心以速度$\boldsymbol{v}_2$匀速运动，同时还相对于质心做周期性振动。是质心的平动与相对于质心的振动的合运动。

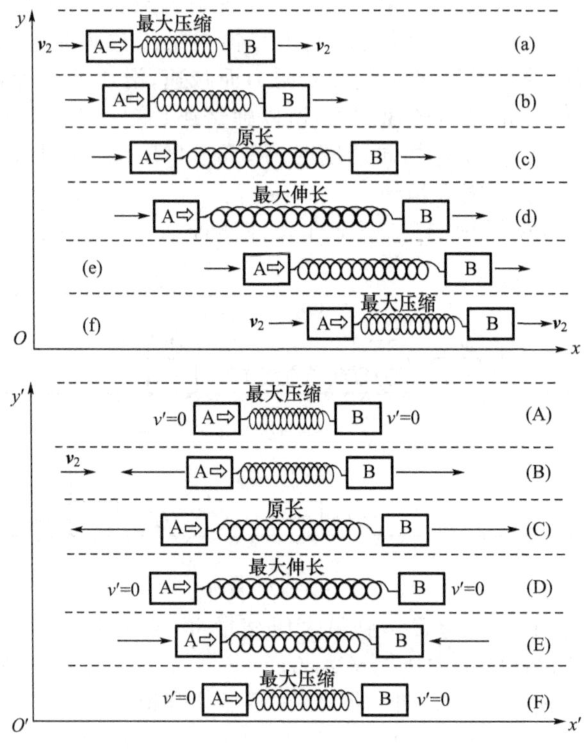

图 3-36　例 3-9 点评

【例 3-10】 如图 3-37 所示，两小球质量相等，均为 m，开始时外力使劲度系数为 k 的弹簧压缩某一距离 x，然后释放，将小球 m_1 弹射出去，并与静止的小球 m_2 发生弹性碰撞，碰后 m_2 沿半径为 R 的圆形轨道上升，到达 A 点恰与圆环脱离。忽略一切摩擦，求：

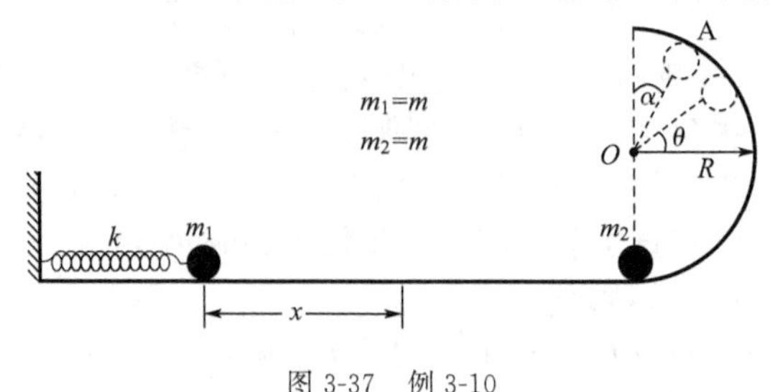

图 3-37　例 3-10

(1)A 点与竖直线所成角度 α；

(2)小球 m_2 沿圆形轨道运动时的角速度和速率与角位置 θ 的关系；

(3)小球 m_2 沿圆形轨道运动时的角加速度和加速度大小与角位置 θ 的关系。

分析　整个过程分四个阶段。第一阶段，小球 m_1 在弹簧的推动下由静止开始加速运动，到弹簧伸到原长时，小球 m_1 与弹簧分离，小球 m_1 不再加速；这个过程，可以以小球 m_1 和弹簧为系统，机械能守恒，可以得出小球 m_1 的水平运动速率 v_{11}。第二阶段，小球 m_1 脱离弹簧后，没有受到水平方向的力，水平方向的速度不变，小球 m_1 以速率 v_{11} 匀速前进，直到与小球 m_2 相碰。第三阶段，小球 m_1 与小球 m_2 发生弹性碰撞，碰撞过程极为短暂，两个小球都没有来得及运动，不过，碰撞结束，两个小球都应该具备一定的水平运动速度 v_{12} 和 v_{22}，两个小球分离；以两个小球为系统，水平方向外力矢量和为零，水平方向动量守恒；这是一个弹性碰撞过程，机械能守恒；由此可得到 v_{12} 和 v_{22}。第四阶段，小球 m_2 与小球 m_1 分离后，单独以速率 v_{22} 开始沿圆形轨道上升；小球 m_2 受到重力和轨道支撑力，支撑力与小球 m_2 的位移(轨道)垂直而不做功，只有重力做功，机械能守恒；小球 m_2 的动能不断转化为重力势能，速率逐渐减小；小球 m_2 沿圆形轨道运动，重力和轨道支撑力的合力构成向心力。由于速率在逐渐减小，需要的向心力大小逐渐减小；当支撑力减小到零时，小球 m_2 脱离圆形轨道，由牛顿定律可以找到此时小球 m_2 的速率与角度 α 之间的关系，再由机械能守恒得到 v_{22} 与角度 α 之间的关系。小球 m_2 在上升过程中，可以看作是绕 O 的圆周运动，支撑力对转轴 O 的力矩为零，重力对转轴 O 的力矩不为零，由角动量定理，可以得到角速度 ω 和速率 v 与角位置 θ 的关系，进而求得角加速度 β 和切向加速度 a_t 与角位置 θ 的关系，再由速率 v 与角位置 θ 的关系，得到法向加速度 a_n 与角位置 θ 的关系，从而得到加速度 a。

解　如图 3-38 所示。

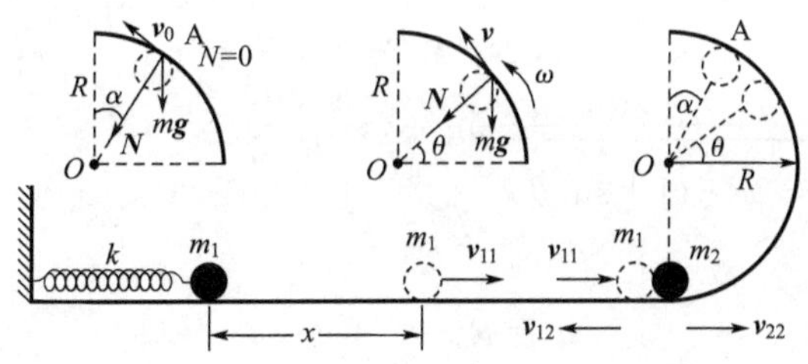

图 3-38　例 3-10 解析

(1)第一阶段，小球 m_1 在弹簧的推动下由静止开始加速运动，设弹簧恢复原长时，小球 m_1 的速度为 v_{11}，根据机械能守恒

$$0+\frac{1}{2}kx^2=\frac{1}{2}mv_{11}^2+0, kx^2=mv_{11}^2, v_{11}=\sqrt{\frac{k}{m}}x$$

第三阶段，m_1 与 m_2 发生弹性碰撞，碰撞后的水平速度为$\boldsymbol{v}_{12}$与$\boldsymbol{v}_{22}$，水平方向动量守恒，机械能守恒

$$mv_{11}+0=mv_{12}+mv_{22}, \frac{1}{2}mv_{11}^2+0=\frac{1}{2}mv_{12}^2+\frac{1}{2}mv_{22}^2, v_{12}v_{22}=0$$

m_2 的速度不可能为零，只有 $v_{12}=0$，因此 $v_{22}=v_{11}=x\sqrt{k/m}$。这一结果是因为 $m_1=m_2$，碰后两小球交换速度。m_2 准备以初始速度 $v_{22}=v_{11}=x\sqrt{k/m}$ 沿圆周轨道上升。

第四阶段，m_2 做圆周运动到 A 处脱落，此时正压力 $N=0$。设 m_2 脱离轨道点 A 与竖直线所成角度为 α，此时 m_2 的速率为 v_0，据牛顿定律、机械能守恒有

$$mg\cos\alpha=m\frac{v_0^2}{R}, \frac{1}{2}mv_{22}^2+0=\frac{1}{2}mv_0^2+mgR(1+\cos\alpha)$$

由此得到，m_2 脱离轨道点 A 与竖直线所成角度 α

$$\cos\alpha=\frac{k}{3mgR}x^2-\frac{2}{3}$$

(2)如图 3-38 所示，设 m_2 转到角位置 θ 时的速度为 $\boldsymbol{v}$，角速度为 ω，角加速度为 β。质点 m_2 受到重力 $m\boldsymbol{g}$ 和轨道的支撑力 $\mathbf{N}$ 作用，支撑力 $\mathbf{N}$ 过 O 点，对 O 点的力矩为零。取垂直纸面向外的方向为力矩的正方向，则由质点的角动量定理，得到

$$M=\frac{\mathrm{d}L}{\mathrm{d}t},-Rmg\cos\theta=\frac{\mathrm{d}}{\mathrm{d}t}(mRv)=\frac{\mathrm{d}}{\mathrm{d}t}(mR^2\omega)=mR^2\frac{\mathrm{d}\omega}{\mathrm{d}t}$$

$$-Rmg\cos\theta=mR^2\frac{\mathrm{d}\omega}{\mathrm{d}t}=mR^2\frac{\mathrm{d}\omega}{\mathrm{d}\theta}\frac{\mathrm{d}\theta}{\mathrm{d}t}=mR^2\frac{\omega\,\mathrm{d}\omega}{\mathrm{d}\theta},\omega\,\mathrm{d}\omega=-\frac{g}{R}\cos\theta\,\mathrm{d}\theta$$

当 $\theta=-\frac{\pi}{2}$ 时，$\omega_0=\frac{v_{22}}{R}=\frac{x}{R}\sqrt{\frac{k}{m}}$，则

$$\int_{\omega_0}^{\omega}\omega\,\mathrm{d}\omega=-\frac{g}{R}\int_{-\pi/2}^{\theta}\cos\theta\,\mathrm{d}\theta,\frac{1}{2}\omega^2-\frac{1}{2}\omega_0^2=-\frac{g}{R}(1+\sin\theta)$$

由此得到，m_2 转到角位置 θ 时的角速度和速率

$$\omega=\sqrt{\omega_0^2-\frac{2g}{R}(1+\sin\theta)}=\frac{1}{R}\sqrt{\frac{kx^2}{m}-2Rg(1+\sin\theta)}$$

$$v=R\omega=\sqrt{\frac{kx^2}{m}-2Rg(1+\sin\theta)}$$

(3)由角速度的表达式，得到角加速度

$$\beta=\frac{\mathrm{d}\omega}{\mathrm{d}t}=\frac{1}{R}\frac{\mathrm{d}}{\mathrm{d}t}\sqrt{\frac{kx^2}{m}-2Rg(1+\sin\theta)}=-\frac{\cos\theta}{\sqrt{\frac{kx^2}{m}-2Rg(1+\sin\theta)}}\frac{\mathrm{d}\theta}{\mathrm{d}t}g$$

$$=-\frac{\cos\theta}{\sqrt{\frac{kx^2}{m}-2Rg(1+\sin\theta)}}\omega g=-\frac{\cos\theta}{R}g$$

由此得到，切向加速度

$$a_t=R\beta=-g\cos\theta$$

而法向加速度为

$$a_n=R\omega^2=\frac{1}{R}\left[\frac{kx^2}{m}-2Rg(1+\sin\theta)\right]=\frac{kx^2}{Rm}-2g(1+\sin\theta)$$

小球 m_2 沿圆形轨道运动到角位置 θ 时的加速度大小为

$$a=\sqrt{a_t^2+a_n^2}=\sqrt{(-g\cos\theta)^2+\left[\frac{kx^2}{Rm}-2g(1+\sin\theta)\right]^2}$$

点评 (1)也可以由牛顿定律求小球 m_2 沿圆形轨道运动到角位置 θ 时的角速度和速度。小球 m_2 沿圆形轨道运动到角位置 θ 时，在切向方向受力为

$$F_t=-mg\cos\theta$$

由牛顿定律，得到

$$F_t=ma_t,a_t=-g\cos\theta$$

而 $a_t=\frac{\mathrm{d}v}{\mathrm{d}t}=R\frac{\mathrm{d}\omega}{\mathrm{d}t}=R\frac{\mathrm{d}\omega}{\mathrm{d}\theta}\frac{\mathrm{d}\theta}{\mathrm{d}t}=R\omega\frac{\mathrm{d}\omega}{\mathrm{d}\theta}$，所以

$$R\omega\frac{\mathrm{d}\omega}{\mathrm{d}\theta}=-g\cos\theta,\omega\,\mathrm{d}\omega=-\frac{g}{R}\cos\theta\,\mathrm{d}\theta,\int_{\omega_0}^{\omega}\omega\,\mathrm{d}\omega=-\frac{g}{R}\int_{-\pi/2}^{\theta}\cos\theta\,\mathrm{d}\theta$$

$$\frac{1}{2}\omega^2-\frac{1}{2}\omega_0^2=-\frac{g}{R}(1+\sin\theta),\omega=\frac{1}{R}\sqrt{\frac{kx^2}{m}-2Rg(1+\sin\theta)}$$

(2)脱离现象发生的条件是：小球 m_2 沿圆形轨道至少得能运动到与 O 点持平

$$\frac{1}{2}mv_{22}^2 \geqslant mgR, \frac{1}{2}\frac{kx^2}{m} \geqslant gR, \text{或 } \alpha \leqslant \frac{\pi}{2}, \cos\alpha = \frac{k}{3mgR}x^2 - \frac{2}{3} \geqslant 0$$

得到条件，弹簧被压缩量

$$x \geqslant \sqrt{\frac{2mgR}{k}}$$

(3)小球 m_1 和小球 m_2 发生完全非弹性碰撞，设碰撞后共同的速率为 V_2，则

$$kx^2 = mv_{11}^2, mv_{11} = (m+m)V_2, V_2 = \frac{x}{2}\sqrt{\frac{k}{m}}$$

碰撞后，两个小球合为一体，质量为 $2m$，以速率 V_2 沿圆形轨道上升。

小球 m_1 和 m_2 从轨道脱落点与竖直线所成的角度 α_1 为

$$\cos\alpha_1 = \frac{k}{12mgR}x^2 - \frac{2}{3}$$

小球 m_1 和 m_2 转到角位置 θ 时的角速度和速率

$$\omega_1 = \frac{1}{R}\sqrt{\frac{kx^2}{4m} - 2Rg(1+\sin\theta)}, v_1 = \sqrt{\frac{kx^2}{4m} - 2Rg(1+\sin\theta)}$$

小球 m_1 和 m_2 转到角位置 θ 时的角加速度、切向加速度和法向加速度

$$\beta = -\frac{\cos\theta}{R}g, a_t = -g\cos\theta, a_n = \frac{kx^2}{4Rm} - 2g(1+\sin\theta)$$

【例 3-11】 如图 3-39 所示，一个劲度系数为 k 的竖直弹簧，一端固定，另一端挂一个质量为 M 的圆盘，另有一质量为 m 的圆环在圆盘上方 H 处。圆环由静止自由下落并与圆盘粘在一起，求圆盘和圆环一起下落的最大距离。

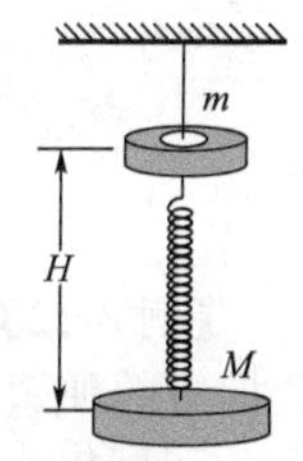

图 3-39　例 3-11

分析　m 从 H 高度由静止自由下落，可以计算出 m 与 M 碰撞前 m 的速度 v_0。m 与 M 发生完全非弹性碰撞，忽略重力和弹性力，由动量守恒，可以求得 m 与 M 一起向下运动的速度 v。m 与 M 一起以速度 v 向下运动，一开始，重力大于弹性力，加速下落；随着弹簧的伸长，加速度逐渐减小；当弹性力与重力平衡时，加速度为零；继续下落，弹性力大于重力，开始减速下落；直到下落速度为零，下落到最低点，然后开始上升。圆盘和圆环碰撞后一起下落到速度为零所下落的距离 b 就是下落的最大距离。在圆盘和圆环一起下落的过程中，由于只有重力和弹簧弹性力做功，机械能守恒。另外，m 与 M 碰撞前，由于悬挂了 M，弹簧已经有了伸长量 a。

解　如图 3-40 所示，弹簧悬挂 M 时，弹簧伸长量 a，根据平衡条件有

$$ka = Mg, a = \frac{Mg}{k}$$

这一伸长量是 m 与 M 碰撞前与碰撞后瞬间弹簧的伸长量。

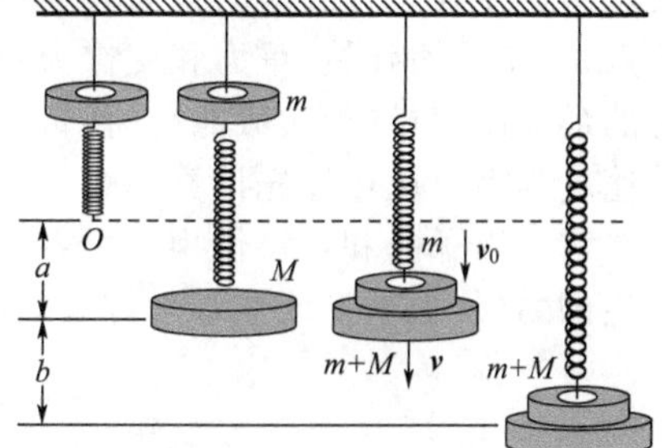

图 3-40　例 3-11 解析

圆环 m 下落与 M 碰撞前的速度设为 v_0，由机械能守恒，有

$$mgH = \frac{1}{2}mv_0^2, v_0 = \sqrt{2gH}$$

圆环 m 与 M 发生完全非弹性碰撞，一起运动的速度为 v，由动量守恒，有

$$mv_0 = (M+m)v, v = \frac{mv_0}{M+m} = \frac{m\sqrt{2gH}}{M+m}$$

圆环 m 与 M 共同以速度 v 向下运动过程中，只有重力和弹性力做功，机械能守恒，取弹簧原长处为重力势能和弹簧弹性势能的零点，下落的最大距离为 b，则

$$\frac{1}{2}(M+m)v^2-(M+m)ga+\frac{1}{2}ka^2=0-(M+m)g(a+b)+\frac{1}{2}k(a+b)^2$$

$$\frac{1}{2}(M+m)v^2=-mgb+\frac{1}{2}kb^2,kb^2-2mgb-\frac{2m^2gH}{m+M}=0$$

$$b=\frac{\sqrt{m+M}+\sqrt{m+M+2kH/g}}{k\sqrt{m+M}}mg$$

点评 圆环与圆盘发生的是完全弹性碰撞。

设完全弹性碰撞后，圆环速度向下为 $\boldsymbol{v}_{10}$，圆盘的速度向下为 $\boldsymbol{v}_1$。完全弹性碰撞，机械能守恒、动量守恒

$$\frac{1}{2}mv_0^2=\frac{1}{2}mv_{10}^2+\frac{1}{2}Mv_1^2,mv_0=mv_{10}+Mv_1$$

解得

$$v_1=\frac{2m}{m+M}v_0=\frac{2m}{m+M}\sqrt{2gH},v_{10}=\frac{m-M}{m+M}v_0=\frac{m-M}{m+M}\sqrt{2gH}$$

由于 $v_1-v_{10}=\frac{2m}{m+M}v_0-\frac{m-M}{m+M}v_0=v_0>0$，碰撞后圆盘与圆环分离。如果我们假定条件合适，圆盘下落到最低点的过程中，圆环没有追上圆盘，圆盘向下下落的最大距离为 b_1

$$\frac{1}{2}Mv_1^2-Mga+\frac{1}{2}ka^2=0-Mg(a+b_1)+\frac{1}{2}k(a+b_1)^2,Mv_1^2=kb_1^2$$

$$b_1=\sqrt{\frac{M}{k}}v_1=\frac{2m}{k(m+M)}\sqrt{2MgkH}$$

【例 3-12】 如图 3-41 所示，一质量为 M 的木块与轻弹簧构成的弹簧振子，水平放置并静止在平衡位置。一质量为 m 的子弹以水平速度 $\boldsymbol{v}$ 射入木块中，并随之一起运动。如果水平面上一切摩擦不计，求弹簧振子的最大势能。

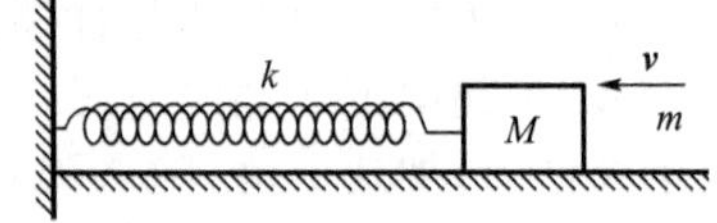

图 3-41 例 3-12

分析 子弹射入木块，这是一个完全非弹性碰撞过程。在碰撞的过程中，由于子弹与木块之间的作用力远大于弹簧的弹性力，质点系在水平方向所受外力矢量和为零，水平方向动量守恒，可以求得碰撞后子弹和木块共同开始运动的速度。尽管质点系还受到竖直方向的重力和支撑力，但它们的矢量和为零。碰撞后子弹和木块合为一个质点，开始压缩弹簧，重力和支撑力不做功，只有弹簧的弹性力做功，机械能守恒，可以求得弹簧的最大压缩量(最大势能)。弹簧达到最大压缩量时，木块和子弹将全部动能转化为势能，运动速度为零。也可以先计算弹簧弹性力做功，由动能定理得到最大势能。

解 以子弹和木块作为一个系统，子弹与木块冲击时间极短，冲力(内力)远大于弹簧变形产生的力(外力)，系统在水平方向上的动量守恒，设碰后共同的速率为 V，则

$$mv=(m+M)V,V=\frac{m}{m+M}v$$

以子弹、木块和弹簧为系统，$A_{ex}=0,A_{in,n\text{-}cons}=0$，质点系的机械能守恒

$$0+\frac{1}{2}kx_{max}^2=\frac{1}{2}(m+M)V^2+0,E_{pmax}=\frac{1}{2}kx_{max}^2=\frac{1}{2}(m+M)V^2=\frac{1}{2}\frac{m^2v^2}{m+M}$$

或者，计算弹簧弹性力做功

$$\mathrm{d}A=\boldsymbol{F}\cdot\mathrm{d}\boldsymbol{l}=-kx\,\mathrm{d}x,A=\int\mathrm{d}A=-k\int_0^{x_{max}}x\,\mathrm{d}x=-\frac{1}{2}kx_{max}^2$$

由动能定理得到

$$-\frac{1}{2}kx_{\max}^2=A=0-\frac{1}{2}(m+M)V^2, E_{\text{pmax}}=\frac{1}{2}kx_{\max}^2=\frac{1}{2}(m+M)V^2=\frac{1}{2}\frac{m^2v^2}{m+M}$$

点评 (1)碰撞过程,机械能损失量

$$\Delta E=E_{\text{k1}}-E_{\text{k2}}=\frac{1}{2}mv^2-\frac{1}{2}(m+M)V^2=\frac{mM}{2(m+M)}v^2$$

(2)由牛顿定律求解

$$F=-kx=(m+M)\frac{\mathrm{d}v_1}{\mathrm{d}t}=(m+M)\frac{\mathrm{d}v_1}{\mathrm{d}x}\frac{\mathrm{d}x}{\mathrm{d}t}=(m+M)v_1\frac{\mathrm{d}v_1}{\mathrm{d}x},(m+M)v_1\mathrm{d}v_1=-kx\mathrm{d}x$$

$$(m+M)\int_V^0 v_1\mathrm{d}v_1=-k\int_0^{x_{\max}}x\,\mathrm{d}x, -\frac{1}{2}(m+M)V^2=-\frac{1}{2}kx_{\max}^2$$

(3)如果子弹是在弹簧伸长 x_1 且木块运动速度为 $\boldsymbol{v}_0$ 时射入木块,如图 3-42 所示。则由碰撞过程动量守恒得到木块和子弹碰撞后一起的运动速度 V_1

$$mv+Mv_0=(m+M)V_1, V_1=\frac{mv+Mv_0}{m+M}$$

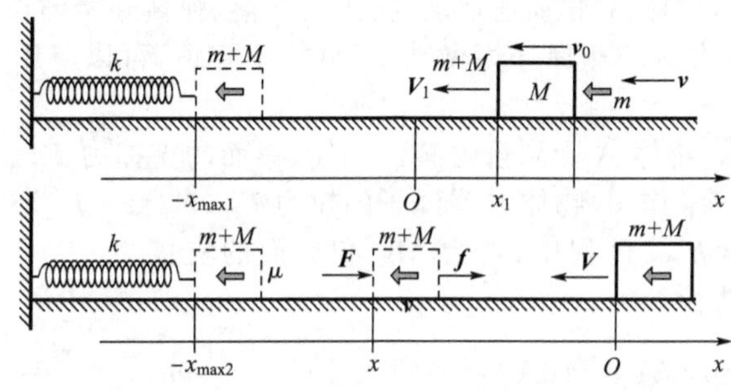

图 3-42 例 3-12 点评

由机械能守恒

$$\frac{1}{2}(m+M)V_1^2+\frac{1}{2}kx_1^2=0+\frac{1}{2}kx_{\max1}^2$$

得到最大势能

$$E_{\text{pmax1}}=\frac{1}{2}kx_{\max1}^2=\frac{1}{2}(m+M)V_1^2+\frac{1}{2}kx_1^2=\frac{1}{2}\frac{(mv+Mv_0)^2}{m+M}+\frac{1}{2}kx_1^2$$

(4)如果木块与桌面之间有摩擦力,则由于摩擦力远小于内力,质点系动量守恒依然成立,得到与不计摩擦力时同样的碰撞后的运动速度。碰撞后到弹簧被压缩到最大压缩量(动能为零)的过程中,由于摩擦力做功,机械能不守恒;但可以先计算摩擦力的功,应用功能原理求最大压缩量。设木块与桌面之间的摩擦系数为 μ,弹簧的最大压缩量为 $x_{\max2}$,则

$$\mathrm{d}A=f\mathrm{d}x=-\mu(m+M)g\mathrm{d}x, A=\int\mathrm{d}A=-\mu(m+M)g\int_0^{x_{\max2}}\mathrm{d}x=-\mu(m+M)gx_{\max2}$$

由功能原理得到

$$-\mu(m+M)gx_{\max2}=\left(0+\frac{1}{2}kx_{\max2}^2\right)-\left[\frac{1}{2}(m+M)V^2+0\right]$$

$$kx_{\max2}^2+2\mu(m+M)gx_{\max2}-(m+M)V^2=0$$

$$kx_{\max2}^2+2\mu(m+M)gx_{\max2}-\frac{m^2}{(m+M)}v^2=0$$

$$x_{\max 2}=\frac{-2\mu(m+M)g\pm\sqrt{[2\mu(m+M)g]^2+4k\dfrac{m^2}{(m+M)}v^2}}{2k}$$

$$x_{\max 2}=\frac{-\mu(m+M)g+\sqrt{[\mu(m+M)g]^2+k\dfrac{m^2}{(m+M)}v^2}}{k}$$

【例 3-13】 如图 3-43 所示的装置,质量为 M 的物体 A 一端与劲度系数为 k 的水平弹簧相连,另一端由轻绳跨过质量不计的定滑轮与质量为 m 的物体 B 相连接。开始时,弹簧处于原长,物体 A 静止在原点 O 处,物体 B 从静止开始运动,求当 B 下降距离 h 时,物体 A、B 具有的速率 v。(物体 A 与桌面之间的滑动摩擦系数 μ,滑轮与绳之间的摩擦力不计)

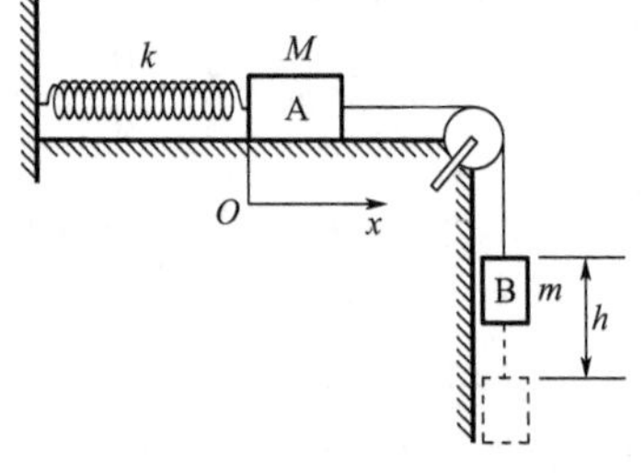

图 3-43　例 3-13

分析　物体 A 受到重力、桌面的支撑力、弹簧弹性力、摩擦力以及绳子的拉力,物体 B 受到重力和绳子的拉力。物体 A 受到的重力和桌面的支撑力大小相等、方向相反。开始时,在物体 B 的重力作用下,物体 A、B 加速运动,物体 B 下落、弹簧开始伸长,合力变小,加速度逐渐变小。由于存在摩擦力这一非保守力做功,机械能不守恒,可以应用动能定理和功能原理求解。

解　如图 3-44 所示,物体 A 受到重力 $\boldsymbol{W}_A=M\boldsymbol{g}$、桌面的支撑力 $\boldsymbol{F}_N$、弹簧弹性力 $\boldsymbol{F}_E$、摩擦力 $\boldsymbol{F}_f$、以及绳子的拉力 $\boldsymbol{F}_T$ 作用;物体 B 受绳子的拉力 $\boldsymbol{F}'_T$($\boldsymbol{F}_T=-\boldsymbol{F}'_T$)和重力 $\boldsymbol{W}_B=m\boldsymbol{g}$ 作用。

在物体 B 下落距离 h 的过程中,重力 $M\boldsymbol{g}$ 和桌面的支撑力 $\boldsymbol{F}_N$ 不做功。弹性力做功为

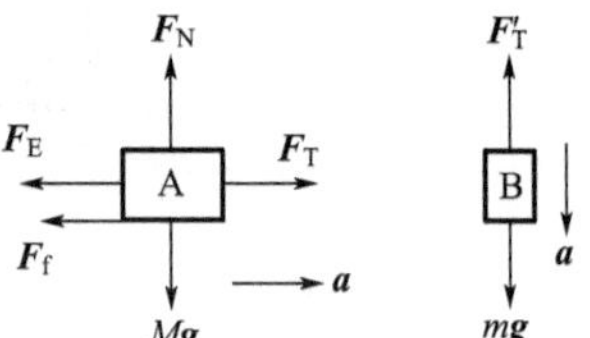

图 3-44　例 3-13 解析

$$\mathrm{d}A_1=\boldsymbol{F}_E\cdot\mathrm{d}\boldsymbol{l}=-kx\,\mathrm{d}x,\ A_1=\int\mathrm{d}A_1=-k\int_0^h x\,\mathrm{d}x=-\frac{1}{2}kh^2$$

弹簧弹性势能的增量为

$$\Delta E_{p1}=\frac{1}{2}kh^2-0=\frac{1}{2}kh^2=-A_1$$

摩擦力做功为

$$\mathrm{d}A_2=\boldsymbol{F}_f\cdot\mathrm{d}\boldsymbol{l}=-\mu Mg\,\mathrm{d}x,\ A_2=\int\mathrm{d}A_2=-\int_0^h\mu Mg\,\mathrm{d}x=-\mu Mgh$$

物体 B 的重力做功为

$$\mathrm{d}A_3=m\boldsymbol{g}\cdot\mathrm{d}\boldsymbol{l}=mg\,\mathrm{d}x,\ A_3=\int\mathrm{d}A_3=\int_0^h mg\,\mathrm{d}x=mgh$$

以物体 B 静止处为重力势能零点,重力势能的增量为

$$\Delta E_{p3}=-mgh-0=-mgh=-A_3$$

拉力 $\boldsymbol{F}_T$ 和 $\boldsymbol{F}'_T$ 大小相等、方向相反,且在系统运动过程中两个力作用位移等值,因而二者做功的代数和为零

$$A_4=\int\mathrm{d}A_4=\int_0^h\boldsymbol{F}_T\cdot\mathrm{d}\boldsymbol{l}=-\int_0^h\boldsymbol{F}'_T\cdot\mathrm{d}\boldsymbol{l}=-\int\mathrm{d}A_5=-A_5,\ A_4+A_5=0$$

(1)以物体 A 和 B 为系统

$\boldsymbol{W}_A$、$\boldsymbol{F}_N$、$\boldsymbol{F}_E$、$\boldsymbol{F}_f$、$\boldsymbol{W}_B$ 等为系统的外力,$\boldsymbol{F}_T$ 和 $\boldsymbol{F}'_T$ 为系统的内力。外力 $\boldsymbol{F}_N$、$\boldsymbol{W}_A$ 对系统皆不做功,内力 $\boldsymbol{F}_T$ 和 $\boldsymbol{F}'_T$ 做功的代数和为零,$A_4+A_5=0$。所以在系统下降距离 h 的过程中,只有外力 $\boldsymbol{F}_E$、$\boldsymbol{F}_f$ 和 $\boldsymbol{W}_B$ 做功。由动能定理,有

$$A_1+A_2+A_3=\Delta E_k, -\frac{1}{2}kh^2-\mu Mgh+mgh=\left(\frac{1}{2}Mv^2+\frac{1}{2}mv^2\right)-(0+0)$$

或者，尽管 $\boldsymbol{W}_B$、$\boldsymbol{F}_E$ 是外力，但是是保守力，由功能原理得到

$$A_2=\Delta E=\Delta E_k+\Delta E_p, -\mu Mgh=\left(\frac{1}{2}Mv^2+\frac{1}{2}mv^2-mgh+\frac{1}{2}kh^2\right)-(0+0)$$

给出相同的结果

$$v=\sqrt{\frac{2mgh-kh^2-2\mu Mgh}{m+M}}$$

(2)以物体 A、B 和弹簧为系统

$\boldsymbol{W}_A$、$\boldsymbol{F}_N$、$\boldsymbol{F}_f$、$\boldsymbol{W}_B$ 等为系统的外力，$\boldsymbol{F}_E$、$\boldsymbol{F}_T$ 和 $\boldsymbol{F}'_T$ 为系统的内力。外力 $\boldsymbol{F}_N$、$\boldsymbol{W}_A$ 对系统皆不做功，内力 $\boldsymbol{F}_T$ 和 $\boldsymbol{F}'_T$ 做功的代数和为零，$A_4+A_5=0$。墙壁对弹簧还有一个拉力 $\boldsymbol{F}'_E$，这是系统的外力，但它不做功。所以在系统下降距离 h 的过程中，只有内力 $\boldsymbol{F}_E$、外力 $\boldsymbol{F}_f$ 和 $\boldsymbol{W}_B$ 做功。由动能定理，有

$$A_1+A_2+A_3=\Delta E_k, -\frac{1}{2}kh^2-\mu Mgh+mgh=\left(\frac{1}{2}Mv^2+\frac{1}{2}mv^2\right)-(0+0)$$

或者，外力 $\boldsymbol{W}_B$ 和内力 $\boldsymbol{F}_E$ 是保守力，由功能原理得到

$$A_2=\Delta E=\Delta E_k+\Delta E_p, -\mu Mgh=\left(\frac{1}{2}Mv^2+\frac{1}{2}mv^2-mgh+\frac{1}{2}kh^2\right)-(0+0)$$

(3)以物体 A、B、弹簧及地球为系统

$\boldsymbol{W}_A$、$\boldsymbol{W}_B$、$\boldsymbol{F}_N$、$\boldsymbol{F}_f$、$\boldsymbol{F}_E$、$\boldsymbol{F}_T$ 和 $\boldsymbol{F}'_T$ 为系统的内力。内力 $\boldsymbol{F}_N$ 和 $\boldsymbol{W}_A$ 对系统皆不做功，内力 $\boldsymbol{F}_T$ 和 $\boldsymbol{F}'_T$ 做功的代数和为零，$A_4+A_5=0$。墙壁对弹簧还有一个拉力 $\boldsymbol{F}'_E$，这是系统的外力，但它不做功。所以在系统下降距离 h 的过程中，只有内力 $\boldsymbol{F}_E$、$\boldsymbol{F}_f$ 和 $\boldsymbol{W}_B$ 做功。由动能定理，有

$$A_1+A_2+A_3=\Delta E_k, -\frac{1}{2}kh^2-\mu Mgh+mgh=\left(\frac{1}{2}Mv^2+\frac{1}{2}mv^2\right)-(0+0)$$

或者，内力 $\boldsymbol{W}_B$ 和 $\boldsymbol{F}_E$ 是保守力，由功能原理得到

$$A_2=\Delta E=\Delta E_k+\Delta E_p, -\mu Mgh=\left(\frac{1}{2}Mv^2+\frac{1}{2}mv^2-mgh+\frac{1}{2}kh^2\right)-(0+0)$$

点评 (1)不管质点系(系统)如何划分，由动能定理或功能原理都给出相同的结果，只是系统的内力和外力的划分有区别，不影响最终的结论。解题的关键是用隔离法分析系统中每个物体的受力情况，继而分清系统所受的外力和内力，以及各个力是否做功。

(2)由牛顿定律直接求解

设物体 B 下落 x 时(也是物体 A 移动 x 时，弹簧伸长 x 时)，质点系的加速度为 $\boldsymbol{a}$，则由牛顿定律，得到

$$mg-kx-\mu Mg=ma+Ma=(m+M)\frac{\mathrm{d}v}{\mathrm{d}t}=(m+M)\frac{\mathrm{d}v}{\mathrm{d}x}\frac{\mathrm{d}x}{\mathrm{d}t}=(m+M)v\frac{\mathrm{d}v}{\mathrm{d}x}$$

$$(m+M)v\,\mathrm{d}v=(mg-kx-\mu Mg)\mathrm{d}x, (m+M)\int_0^v v\,\mathrm{d}v=\int_0^h(mg-kx-\mu Mg)\mathrm{d}x$$

$$\frac{1}{2}(m+M)v^2=mgh-\frac{1}{2}kh^2-\mu Mgh, v=\sqrt{\frac{2mgh-kh^2-2\mu Mgh}{m+M}}$$

【例 3-14】 如图 3-45 所示，质量为 m_1 的 A 球静止于半径为 R 的半球形碗的碗底，质量为 m_2 的 B 球自碗的上边缘处由静止开始沿碗壁下滑，滑到碗底时与 B 球做完全非弹性碰撞，不计摩擦，求碰撞后，两球上升的高度。

分析 B 球自高度为 R 处由静止开始沿碗壁下滑到碗底的过程中，受到重力和支撑力的作用，支撑力沿轨道的垂直方向，不做功，只有重力做功，机械能守恒，可以求得 B 球到达碗底

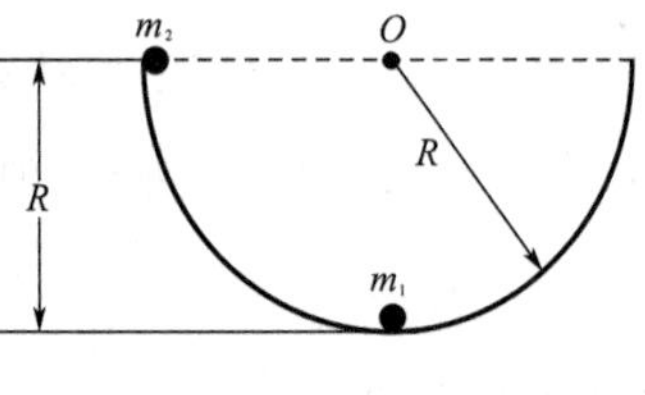

图 3-45 例 3-14

的速度；B 球到达碗底与 A 球相撞，并黏合在一起，发生的是完全非弹性碰撞，整个质点系（两球）受到重力和支撑力等外力，两球之间的相互作用力是内力，重力和支撑力沿竖直方向，因此质点系在水平方向动量守恒，机械能有损失，由此可以求得两球一起从碗底出发的速度；两球一起从碗底出发，沿碗壁上升，受到重力和支撑力的作用，支撑力沿轨道的垂直方向，不做功，只有重力做功，机械能守恒，在上升的最大高度处，速度为零。

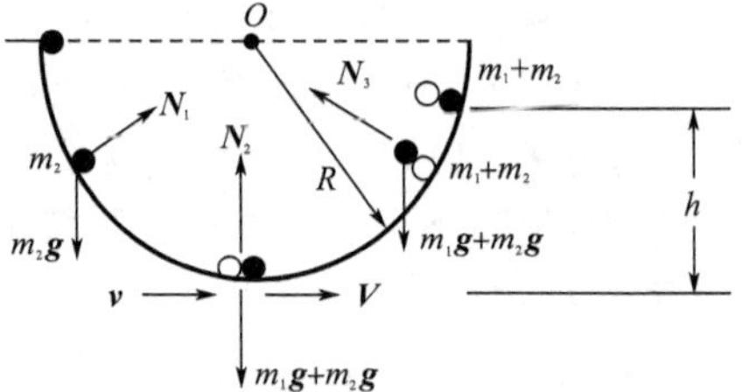

图 3-46 例 3-14 解析

解 如图 3-46 所示，B 球自碗的上边缘处由静止开始沿碗壁下滑的过程中，只有重力做功，质点 m_2 的机械能守恒。质点 m_2 到达碗底与 A 球碰撞前的速度为$\boldsymbol{v}$，取碗底处为重力势能零点

$$0+m_2gR=\frac{1}{2}m_2v^2+0,v=\sqrt{2gR}$$

B 球到达碗底与 A 球发生完全非弹性碰撞，水平方向动量守恒，设碰撞后共同的速度为$\boldsymbol{v}$

$$m_2v=(m_1+m_2)V,V=\frac{m_2}{m_1+m_2}v$$

两球发生完全非弹性碰撞后，一起从碗底出发沿碗壁上升，只有重力做功，机械能守恒，设两球一起上升的高度为 h

$$0+(m_1+m_2)gh=\frac{1}{2}(m_1+m_2)V^2+0$$

$$h=\frac{1}{2g}V^2=\frac{1}{2g}\times\left(\frac{m_2}{m_1+m_2}v\right)^2=\frac{1}{2g}\times\frac{m_2^2}{(m_1+m_2)^2}\times 2gR=\frac{m_2^2}{(m_1+m_2)^2}R$$

点评 (1)两球碰撞过程，机械能的损失

$$\Delta E=E_1-E_2=E_{k1}-E_{k2}=\frac{1}{2}m_2v^2-\frac{1}{2}(m_1+m_2)V^2=\frac{m_1m_2gR}{m_1+m_2}$$

(2)如图 3-47 所示，牛顿定律应用于小球下滑和上升过程。

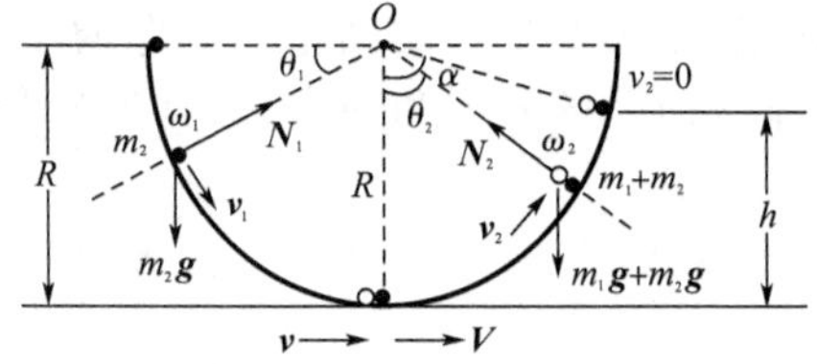

图 3-47 例 3-14 点评

对于小球 B 下滑过程，在切向方向应用牛顿定律

$$m_2g\cos\theta_1=m_2\frac{\mathrm{d}v_1}{\mathrm{d}t}=m_2\frac{\mathrm{d}v_1}{\mathrm{d}\theta_1}\frac{\mathrm{d}\theta_1}{\mathrm{d}t}=m_2\frac{v_1}{R}\frac{\mathrm{d}v_1}{\mathrm{d}\theta_1},v_1\mathrm{d}v_1=gR\cos\theta_1\mathrm{d}\theta_1$$

$$\int_0^v v_1\mathrm{d}v_1=gR\int_0^{\pi/2}\cos\theta_1\mathrm{d}\theta_1,\frac{1}{2}v^2=gR,v=\sqrt{2gR}$$

对于两个小球碰撞后上升过程，在切向方向应用牛顿定律

$$-(m_1+m_2)g\sin\theta_2=(m_1+m_2)\frac{\mathrm{d}v_2}{\mathrm{d}t}=(m_1+m_2)\frac{\mathrm{d}v_2}{\mathrm{d}\theta_2}\frac{\mathrm{d}\theta_2}{\mathrm{d}t}=(m_1+m_2)\frac{v_2}{R}\frac{\mathrm{d}v_2}{\mathrm{d}\theta_2}$$

$$v_2\mathrm{d}v_2=-gR\sin\theta_2\mathrm{d}\theta_2,\int_V^0 v_2\mathrm{d}v_2=-gR\int_0^\alpha\sin\theta_2\mathrm{d}\theta_2,\frac{1}{2}V^2=gR(1-\cos\alpha)$$

$$1-\cos\alpha=\frac{1}{2gR}V^2=\left(\frac{m_2}{m_1+m_2}\right)^2,h=R-R\cos\alpha=\frac{m_2^2R}{(m_1+m_2)^2}$$

(3)角动量定理应用于小球下滑和上升过程。

对于小球B下滑过程,应用角动量定理

$$M_1=\frac{\mathrm{d}L_1}{\mathrm{d}t},Rm_2g\cos\theta_1=\frac{\mathrm{d}}{\mathrm{d}t}(R^2m_2\omega_1)=R^2m_2\frac{\mathrm{d}\omega_1}{\mathrm{d}\theta_1}\frac{\mathrm{d}\theta_1}{\mathrm{d}t}=R^2m_2\omega_1\frac{\mathrm{d}\omega_1}{\mathrm{d}\theta_1}$$

$$R\omega_1\mathrm{d}\omega_1=g\cos\theta_1\mathrm{d}\theta_1,R\int_0^{\omega}\omega_1\mathrm{d}\omega_1=g\int_0^{\pi/2}\cos\theta_1\mathrm{d}\theta_1,v=R\omega=\sqrt{2gR}$$

对于两个小球碰撞后上升过程,应用角动量定理

$$-(m_1+m_2)Rg\sin\theta_2=\frac{\mathrm{d}}{\mathrm{d}t}[R^2(m_1+m_2)\omega_2]=R^2(m_1+m_2)\omega_2\frac{\mathrm{d}\omega_2}{\mathrm{d}\theta_2}$$

$$R\omega_2\mathrm{d}\omega_2=-g\sin\theta_2\mathrm{d}\theta_2,v_2\mathrm{d}v_2=-gR\sin\theta_2\mathrm{d}\theta_2,\int_V^0v_2\mathrm{d}v_2=-gR\int_0^{\alpha}\sin\theta_2\mathrm{d}\theta_2$$

$$\frac{1}{2}V^2=gR(1-\cos\alpha),h=R-R\cos\alpha=\frac{m_2^2R}{(m_1+m_2)^2}$$

【例3-15】 如图3-48所示,静止在光滑面上的一质量为M的车上悬挂一长为L的细绳,绳的尾部系一质量为m的小球。开始时,摆线水平,摆球静止于A点,突然放手,求:当摆球运动到摆线呈铅直位置的瞬间,摆球相对地面的速度。

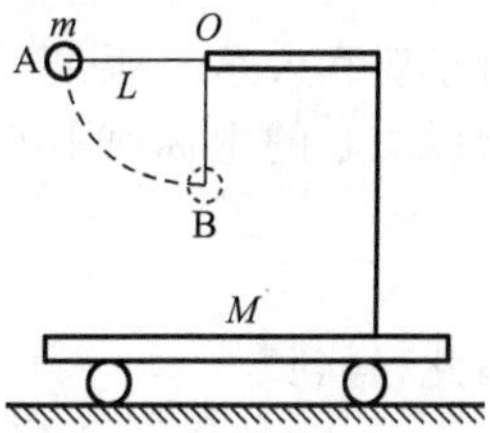

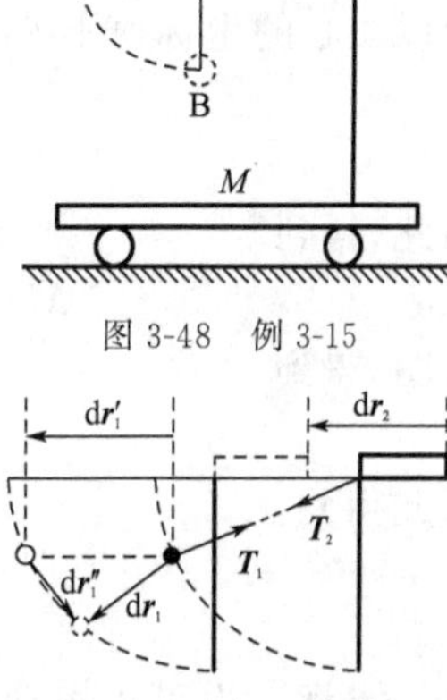

图3-48 例3-15

图3-49 例3-15解析

分析 小球在下摆的过程中,受到绳子的拉力$\boldsymbol{T}_1$,同时给车一个拉力$\boldsymbol{T}_2$,这两个力时时大小相等、方向相反(在运动过程中,大小方向都在变化):$\boldsymbol{T}_1=-\boldsymbol{T}_2$。车在拉力$\boldsymbol{T}_2$的作用下,启动并加速运动。如图3-49所示,在$t\to t+\mathrm{d}t$时间内,车的位移为$\mathrm{d}\boldsymbol{r}_2$;小球在这段时间内的位移由两部分组成:与车一起在水平方向上有位移$\mathrm{d}\boldsymbol{r}_1'=\mathrm{d}\boldsymbol{r}_2$,小球沿圆弧方向的位移$\mathrm{d}\boldsymbol{r}_1''$,则小球相对地面的位移$\mathrm{d}\boldsymbol{r}_1=\mathrm{d}\boldsymbol{r}_1''+\mathrm{d}\boldsymbol{r}_1'=\mathrm{d}\boldsymbol{r}_1''+\mathrm{d}\boldsymbol{r}_2$,其中,$\mathrm{d}\boldsymbol{r}_1''\perp\boldsymbol{T}_1$。

在$t\to t+\mathrm{d}t$时间内,$\boldsymbol{T}_2$做功为$\mathrm{d}A_2=\boldsymbol{T}_2\cdot\mathrm{d}\boldsymbol{r}_2$;$\boldsymbol{T}_1$做功为

$$\mathrm{d}A_1=\boldsymbol{T}_1\cdot\mathrm{d}\boldsymbol{r}_1=\boldsymbol{T}_1\cdot\mathrm{d}\boldsymbol{r}_1''+\boldsymbol{T}_1\cdot\mathrm{d}\boldsymbol{r}_1'=\boldsymbol{T}_1\cdot\mathrm{d}\boldsymbol{r}_1'=\boldsymbol{T}_1\cdot\mathrm{d}\boldsymbol{r}_2=-\boldsymbol{T}_2\cdot\mathrm{d}\boldsymbol{r}_2$$

因此,在$t\to t+\mathrm{d}t$时间内,$\boldsymbol{T}_1$和$\boldsymbol{T}_2$做功之和为

$$\mathrm{d}A=\mathrm{d}A_1+\mathrm{d}A_2=0$$

车还受到地面的支撑力$\boldsymbol{N}$,但它与车的位移$\mathrm{d}\boldsymbol{r}_2$垂直,不做功。

质点系在水平方向受到的外力之和为零,质点系在水平方向动量守恒。

解 如果以"地球+车+小球"为系统,则非保守内力$\boldsymbol{T}_1$、$\boldsymbol{T}_2$、$\boldsymbol{N}$做功之和为零,不受其他外力,系统的机械能守恒。在整个过程中,车的重力势能不变,小球的重力势能变化。设小球到达最低点时的重力势能为零,此时小球的速度为$\boldsymbol{v}$,车的速度为$\boldsymbol{v}$,则

$$mgL+(0+0)=0+\left(\frac{1}{2}MV^2+\frac{1}{2}mv^2\right),mgL=\frac{1}{2}MV^2+\frac{1}{2}mv^2$$

如果以"车+小球"为系统,则系统在水平方向不受外力作用,因此系统在水平方向上动量守恒。小球到达最低点时,车与小球的速度方向均沿水平方向,所以

$$0=MV+mv$$

由此得到,小球到达最低点时,小球的速度的大小为

$$v=\sqrt{\frac{M}{M+m}2gL}$$

点评 质点小球绕小车做圆周运动,可以应用角动量定理求解。由于小车在做加速运动,

而且加速度是变化的,在小车参考系中,讨论小球的运动,需要附加一个变化的惯性力。这一惯性力对小球的转动质心的力矩不为零,求解过程过于烦琐。

【例 3-16】 一质量 m 的人站在一条质量为 M、长度为 l 的船的船头上。开始时船静止,试求当人走到船尾时船移动的距离。(水的阻力不计)

分析 船和人这一系统,在水平方向不受外力,因而在水平方向的质心速度不变。又因为原来质心静止,所以在人走动过程中质心始终静止,因而质心的坐标值不变。

解 选如图 3-50 所示的坐标系。x_2 表示人在船头时,人的坐标;x_1 表示人在船头时,船本身的质心坐标;x'_2 表示人到达船尾时,人的坐标;x'_1 表示人到达船尾时,船本身的质心坐标。

人在船头时,系统的质心坐标

$$x_C=\frac{Mx_1+mx_2}{M+m}$$

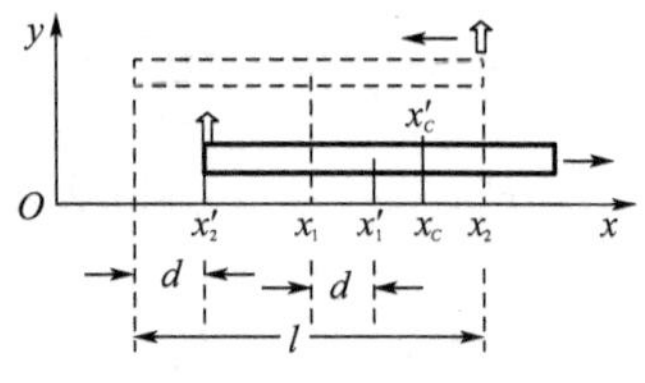

图 3-50 例 3-16 解析

人到达船尾时,系统的质心坐标

$$x'_C=\frac{Mx'_1+mx'_2}{M+m}$$

由于船和人这一系统,在水平方向不受外力,原来质心静止,所以质心的坐标值不变

$$\frac{Mx_1+mx_2}{M+m}=x_C=x'_C=\frac{Mx'_1+mx'_2}{M+m}$$

因此,得到

$$Mx_1+mx_2=Mx'_1+mx'_2,M(x_1-x'_1)=m(x'_2-x_2)$$

由图,得到

$$d=x'_1-x_1,x_2-x'_2+d=l$$

因此得到

$$Md=m(l-d),d=\frac{m}{M+m}l$$

点评 也可以由动量守恒定律解答。设人相对于地面的速度的大小为 v,船相对于地面的速度的大小为 V,由于开始时人和船都静止,运动方向相反。在水平方向不受外力,动量守恒

$$0+0=MV-mv,V=\frac{m}{M}v$$

设人相对于船的速度的大小为 v',由伽利略变换,得到

$$v=-V+v',v'=v+V$$

设人从船头走到船尾耗时为 t,则

$$l=v't,t=\frac{l}{v'}=\frac{l}{v+V}$$

在 t 时间内,船移动的距离为

$$d=Vt=\frac{m}{M}vt=\frac{m}{M}v\frac{l}{v+V}=\frac{m}{M}v\frac{l}{v+\frac{m}{M}v}=\frac{m}{m+M}l$$

【例 3-17】 如图 3-51 所示,质量为 M 的浮吊,吊着质量为 m 的货物。当吊杆与铅垂线的夹角从 θ_1 变小到 θ_2 时,浮吊在水平方向上向岸边移动了多少距离?设杆长为 L,杆的质量忽略

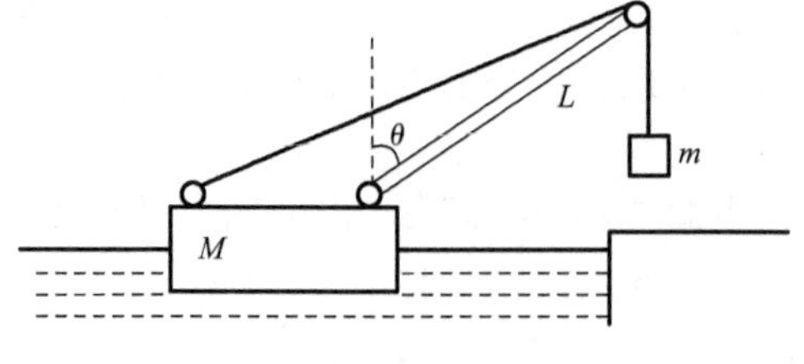

图 3-51 例 3-17

不计。

分析 在货物被吊起的过程中，货物在水平方向也离开岸边向浮吊靠拢，同时，浮吊向岸边靠拢。由于浮吊和货物没有转动，可以分别视为质点，质量集中在质心。浮吊质心的位置的变化就是浮吊向岸边移动的距离，货物质心的水平变化就是货物在水平方向上移动的距离。以浮吊和货物为系统，因不计阻力，系统水平方向不受外力，所以质心加速度 $\boldsymbol{a}_C=0$，则质心的速度 $\boldsymbol{v}_C=$常矢量。由于开始时，质心是不动的，$\boldsymbol{v}_C=0$，则系统质心的位移 $\Delta x_C=0$。

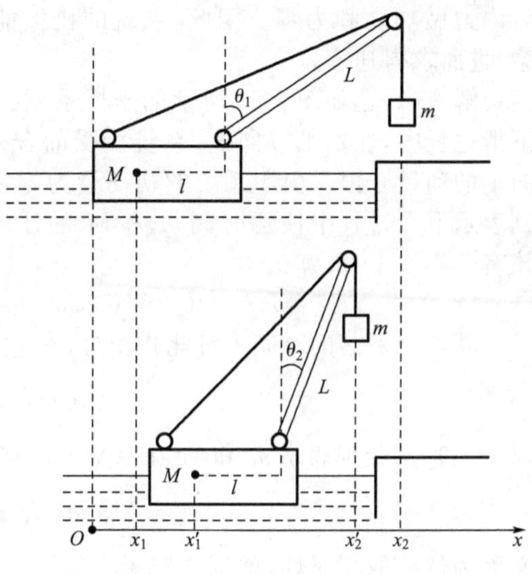

图 3-52 例 3-17 解析

解 建立如图 3-52 所示的直角坐标系。

以浮吊和货物为系统，吊运货物前后，系统的质心分别为

$$x_C=\frac{Mx_1+mx_2}{M+m},x'_C=\frac{Mx'_1+mx'_2}{M+m}$$

因不计阻力，系统水平方向不受外力，由质心运动定理，水平方向质心加速度为零，则质心的水平速度不变。由于开始质心是不动的，速度为零，则系统质心在水平方向位置不变

$$x_C=x'_C,Mx_1+mx_2=Mx'_1+mx'_2$$

由图可见

$$x_2=x_1+l+L\sin\theta_1,x'_2=x'_1+l+L\sin\theta_2$$

因此，得到浮吊在水平方向上向岸边移动的距离

$$\Delta l=x'_1-x_1=\frac{mL}{M+m}(\sin\theta_1-\sin\theta_2)$$

点评 也可以用动量守恒定律解答。因不计阻力，系统水平方向不受外力，系统水平方向动量守恒。设浮吊和货物在水平方向的速率分别为 v_1 和 v_2，则

$$Mv_1=mv_2,Mv_1\mathrm{d}t=mv_2\mathrm{d}t$$

$$\int_0^T Mv_1\mathrm{d}t=\int_0^T mv_2\mathrm{d}t\ ,M\int_0^T v_1\mathrm{d}t=m\int_0^T v_2\mathrm{d}t\ ,M(x'_1-x_1)=m(x_2-x'_2)$$

由图可见

$$(x'_1-x_1)+l+L\sin\theta_2+(x_2-x'_2)=l+L\sin\theta_1$$

因此，得到浮吊在水平方向上向岸边移动的距离和货物在水平方向移动的距离

$$\Delta l=x'_1-x_1=\frac{mL}{M+m}(\sin\theta_1-\sin\theta_2),\Delta l'=x_2-x'_2=\frac{ML}{M+m}(\sin\theta_1-\sin\theta_2)$$

【例 3-18】 如图 3-53 所示，一个有 1/4 圆弧光滑滑槽的大物体的质量为 M，停在光滑的水平面上，另一质量为 m 的小滑块自圆弧顶点由静止下滑。求当小滑块 m 滑到底时，小滑块 m 和大物体 M 在水平面上移动的距离以及相对地面的速度。

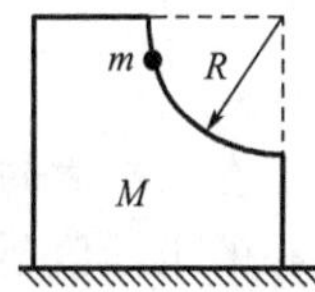

图 3-53 例 3-18

分析 小滑块 m 在重力作用下沿圆弧滑槽下滑，速率越来越大，对轨道的压力越来越大，大物体 M 受到的推力越来越大，两个质点都做变加速运动。但系统在水平方向上受到的合力为零，在水平方向上系统动量守恒，可以得到两个质点在水平方向速度的关系，积分后得到两个质点水平位移的关系，再根据几何关系而求得两个质点相对地面移动的距离。大物体 M 受到的重力和地面支撑力不做功，小滑块 m 的重力做正功；系统的一对内力轨道支撑力和轨道受到的正压力，尽管两个质点的位移不同，可以证明，这一

对内力做功之和为零。因此,系统的机械能守恒,可以得到两个质点相对地面速率之间的关系,进而求得速率。

解 (1)选如图 3-54 所示的坐标系,取 m 和 M 为系统。在 m 下滑过程中,在水平方向上,系统所受的合外力为零,因此水平方向上的动量守恒。由于系统的初动量为零,所以,如果以 $\boldsymbol{v}$ 和 $\boldsymbol{V}$ 分别表示下滑过程中任意时刻 m 和 M 的速度,则对任意时刻都应该有

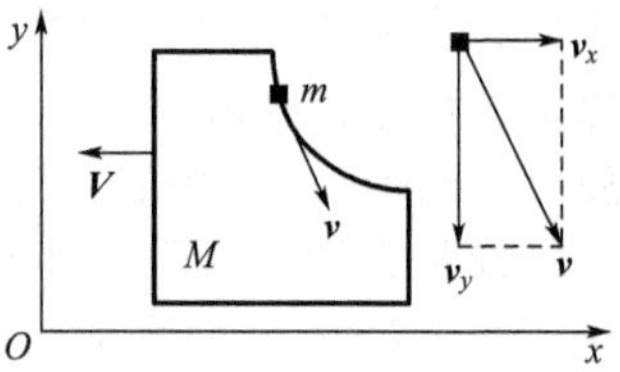

$$0=mv_x+(-MV),mv_x=MV$$

例 3-54 例 3-18 解析(1)

就整个下落的时间 t 对此式积分,有

$$m\int_0^t v_x\mathrm{d}t=M\int_0^t V\mathrm{d}t$$

以 s_m 和 s_M 分别表示 m 和 M 在水平方向移动的距离,则有

$$s_m=\int_0^t v_x\mathrm{d}t\ ,s_M=\int_0^t V\mathrm{d}t\ ,ms_m=Ms_M$$

又因为位移的相对性,如图 3-55 所示,$s_m+s_M=R$,所以

$$s_M=\frac{m}{M+m}R,s_m=\frac{M}{M+m}R$$

(2)如图 3-55 所示,以地球、大物体和小滑块为系统,水平方向动量守恒;机械能守恒,以滑块位于轨道上端为重力势能零点

$$mv_{\max}-MV_{\max}=0,\frac{1}{2}mv_{\max}^2+\frac{1}{2}MV_{\max}^2-mgR=0$$

解得当小滑块 m 滑到底时,小滑块 m 和大物体 M 相对地面的速度

$$v_{\max}=\sqrt{\frac{2MgR}{m+M}},V_{\max}=\sqrt{\frac{2m^2gR}{mM+M^2}}$$

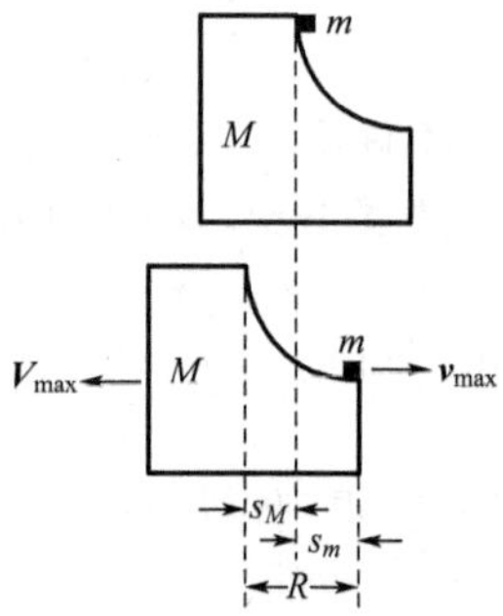

图 3-55 例 3-18 解析(2)

点评 (1)可以由质心运动定理,求大物体移动的距离。如图 3-56 所示,建立坐标系 Ox,设开始时,小滑块 m 的质心水平坐标值为 $-R$,大物体 M 质心的水平坐标值为 x_0,则开始时质点系的质心水平坐标值为

$$X_1=\frac{Mx_0-mR}{M+m}$$

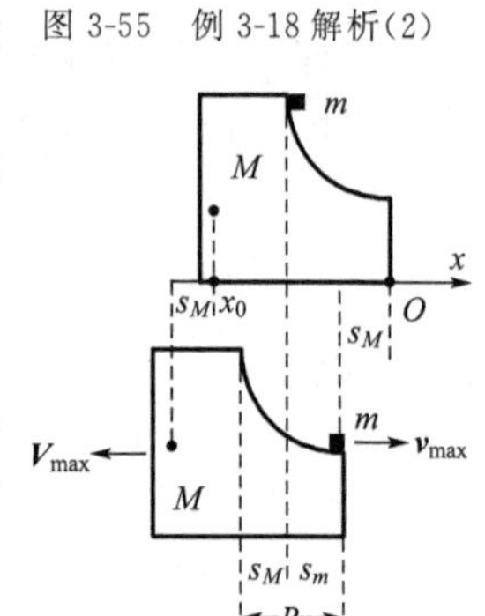

图 3-56 例 3-18 点评(1)

运动结束时,大物体 M 向左移动距离为 s_M,也就是大物体 M 质心水平位移为 $-s_M$,大物体 M 的质心水平坐标值为 x_0-s_M;由图可见,小滑块的质心水平坐标值为 $-s_M$。因此,运动结束时,质点系质心水平坐标值为

$$X_2=\frac{M(x_0-s_M)-ms_M}{M+m}$$

在水平方向上合外力为零,由质心运动定理,质点系质心的速度不变;原来质心静止,所以质心的坐标值不变

$$X_1=X_2$$

$$\frac{Mx_0-mR}{M+m}=\frac{M(x_0-s_M)-ms_M}{M+m}$$

$$s_M=\frac{m}{M+m}R$$

(2)一对内力做功之和为零

如图 3-57 所示，设大物体相对于地面的位移为 $\mathrm{d}\boldsymbol{x}_0$，小滑块相对于圆形轨道的位移为 $\mathrm{d}s$，则小滑块相对于地面的位移为

$$\mathrm{d}\boldsymbol{l}=\mathrm{d}\boldsymbol{x}_0+\mathrm{d}\boldsymbol{s}$$

支撑力 $\boldsymbol{N}$ 作用于小滑块，正压力 $\boldsymbol{N}'$ 作用于大物体，它们做功分别为

$$\mathrm{d}A(\boldsymbol{N})=\boldsymbol{N}\cdot\mathrm{d}\boldsymbol{l}=\boldsymbol{N}\cdot\mathrm{d}\boldsymbol{x}_0+\boldsymbol{N}\cdot\mathrm{d}\boldsymbol{s},\mathrm{d}A(\boldsymbol{N}')=\boldsymbol{N}'\cdot\mathrm{d}\boldsymbol{x}_0$$

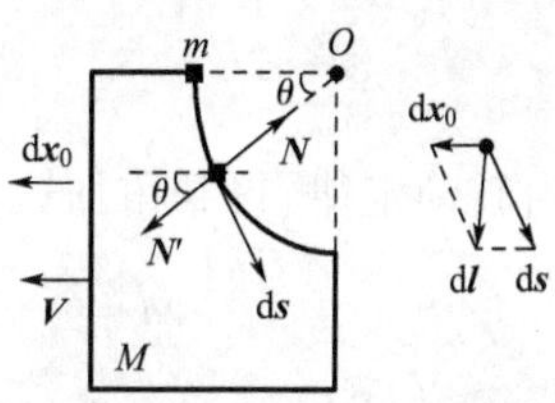

图 3-57　例 3-18 点评(2)

由于 $\boldsymbol{N}\perp\mathrm{d}\boldsymbol{s}$(位移 $\mathrm{d}s$ 是相对于轨道的，沿切向方向，与 $\boldsymbol{N}$ 垂直)，所以

$$\mathrm{d}A(\boldsymbol{N})=\boldsymbol{N}\cdot\mathrm{d}\boldsymbol{x}_0+\boldsymbol{N}\cdot\mathrm{d}\boldsymbol{s}=\boldsymbol{N}\cdot\mathrm{d}\boldsymbol{x}_0=-\boldsymbol{N}'\cdot\mathrm{d}\boldsymbol{x}_0=-\mathrm{d}A(\boldsymbol{N}'),\mathrm{d}A(\boldsymbol{N})+\mathrm{d}A(\boldsymbol{N}')=0$$

(3)可以由牛顿定律求两个质点的运动速度

如图 3-58 所示，设小滑块转到角度 θ 时，大物体相对地面的加速度为 $\boldsymbol{a}_0$，小滑块相对于圆形轨道的速度为 $\boldsymbol{v}_1$，这也就是小滑块在大物体参考系中的速度。由于大物体参考系是非惯性参考系，应用牛顿定律需要附加惯性力，对小滑块在大物体参考系中应用牛顿定律

$$N+ma_0\cos\theta-mg\sin\theta=m\frac{v_1^2}{R},ma_0\sin\theta+mg\cos\theta=m\frac{\mathrm{d}v_1}{\mathrm{d}t}$$

对大物体在地面惯性参考系中应用牛顿定律

$$N\cos\theta=Ma_0,N=\frac{Ma_0}{\cos\theta}$$

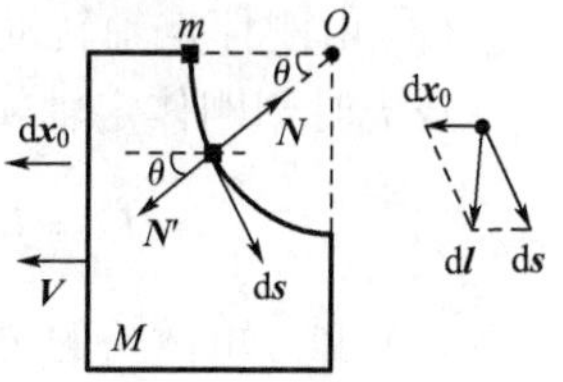

图 3-58　例 3-18 点评(3)

联立方程，并利用 $\frac{\mathrm{d}v_1}{\mathrm{d}t}=\frac{\mathrm{d}v_1}{\mathrm{d}\theta}\frac{\mathrm{d}\theta}{\mathrm{d}t}=\omega_1\frac{\mathrm{d}v_1}{\mathrm{d}\theta}=\frac{v_1}{R}\frac{\mathrm{d}v_1}{\mathrm{d}\theta}=\frac{1}{2R}\frac{\mathrm{d}v_1^2}{\mathrm{d}\theta}$，得到微分方程，进而求得 $a_0=f(\theta)$。

$$\frac{\mathrm{d}v_1^2}{\mathrm{d}\theta}-v_1^2\frac{2m\sin\theta\cos\theta}{M+m\cos^2\theta}=2R(m+M)g\frac{\cos\theta}{M+m\cos^2\theta}$$

$$a_0=\frac{Rmg\sin\theta\cos\theta+mv_1^2\cos\theta}{R(M+m\cos^2\theta)}$$

并由

$$\boldsymbol{v}_1=v_{1x}\boldsymbol{i}-v_{1y}\boldsymbol{j}=v_1\sin\theta\boldsymbol{i}-v_1\cos\theta\boldsymbol{j}$$

从而得到小滑块离开圆形滑槽时相对大物体的速度

$$\theta=\frac{\pi}{2},v_{1x,\max}=v_1,v_{1y,\max}=0$$

设大物体相对地面的速度为 $V_{\max}$，则小滑块相对于地面的速度为

$$v_{\max}=v_{1x,\max}-V_{\max}=v_1-V_{\max}$$

【例 3-19】　一飞轮的转动惯量为 J，在 $t=0$ 时角速度为 ω_0。此后飞轮经历制动过程，阻力矩 M 的大小与角速度 ω 成正比，即 $M=-k\omega$，式中恒量 $k>0$。求制动 t 时间后，飞轮的角速度和角加速度。

分析　制动力矩是角速度的函数，由刚体定轴转动的转动定律和角加速度的定义，就可以求得角速度随时间的变化关系；再由制动力矩与角速度的函数关系，就可以得到力矩随时间的变化关系，进而再由转动定律，求得角加速度随时间的变化关系。

解：已知阻力矩 $M=-k\omega$ 和角加速度的定义

$$M=-k\omega=J\beta=J\frac{\mathrm{d}\omega}{\mathrm{d}t},\frac{\mathrm{d}\omega}{\omega}=-\frac{k}{J}\mathrm{d}t,\int_{\omega_0}^{\omega}\frac{\mathrm{d}\omega}{\omega}=-\frac{k}{J}\int_0^t\mathrm{d}t$$

$$\ln\frac{\omega}{\omega_0}=-\frac{k}{J}t,\omega=\omega_0\exp\left(-\frac{k}{J}t\right)$$

由转动定律,得到角加速度

$$M=-k\omega=-k\omega_0\exp\left(-\frac{k}{J}t\right)=J\beta,\beta=-\frac{k}{J}\omega_0\exp\left(-\frac{k}{J}t\right)$$

或者,直接由求得的角速度的表达式得到角加速度

$$\beta=\frac{\mathrm{d}\omega}{\mathrm{d}t}=\frac{\mathrm{d}}{\mathrm{d}t}\left[\omega_0\exp\left(-\frac{k}{J}t\right)\right]=-\frac{k}{J}\omega_0\exp\left(-\frac{k}{J}t\right)$$

点评 (1) 飞轮转过的角度。由角速度的定义,得到

$$\omega=\frac{\mathrm{d}\theta}{\mathrm{d}t},\mathrm{d}\theta=\omega\,\mathrm{d}t=\omega_0\exp\left(-\frac{k}{J}t\right)\mathrm{d}t,$$

$$\Delta\theta=\int\mathrm{d}\theta=\omega_0\int_0^t\exp\left(-\frac{k}{J}t\right)\mathrm{d}t=\frac{k}{J}\omega_0\left[1-\exp\left(-\frac{k}{J}t\right)\right]$$

(2) 由刚体定轴转动的角动量定理求解

设 t 时刻刚体定轴转动的角速度为 ω,则

$$L=J\omega;\frac{\mathrm{d}L}{\mathrm{d}t}=\frac{\mathrm{d}}{\mathrm{d}t}(J\omega)=J\frac{\mathrm{d}\omega}{\mathrm{d}t}=M=-k\omega,\frac{\mathrm{d}\omega}{\mathrm{d}t}=-\frac{k}{J}\omega$$

(3) 由力矩做功的定义,得到

$$\mathrm{d}A=M\mathrm{d}\theta=-k\omega\,\mathrm{d}\theta=-k\omega^2\mathrm{d}t=-k\omega_0^2\exp\left(-\frac{2k}{J}t\right)\mathrm{d}t$$

$$A=\int\mathrm{d}A=-k\omega_0^2\int_0^t\exp\left(-\frac{2k}{J}t\right)\mathrm{d}t=\frac{1}{2}J\omega_0^2\exp\left(-\frac{2k}{J}t\right)-\frac{1}{2}J\omega_0^2$$

再由刚体定轴转动动能定理,可以得到

$$A=E_{\mathrm{K1}}-E_{\mathrm{K0}},\frac{1}{2}J\omega_0^2\exp\left(-\frac{2k}{J}t\right)-\frac{1}{2}J\omega_0^2=\frac{1}{2}J\omega^2-\frac{1}{2}J\omega_0^2$$

$$\frac{1}{2}J\omega^2=\frac{1}{2}J\omega_0^2\exp\left(-\frac{2k}{J}t\right),\omega=\omega_0\exp\left(-\frac{k}{J}t\right)$$

【例 3-20】 一转盘可以绕通过盘心的固定竖直轴匀角速度转动。另有一半径为 R、质量为 m 的圆盘(质量均匀分布)。将圆盘(如唱片)同心地放置到转盘上,圆盘由于受转盘的摩擦力作用随转盘转动。设圆盘与转盘之间摩擦系数为 μ,求:

(1) 圆盘受到的摩擦力力矩;

(2) 圆盘转动的角加速度;

(3) 圆盘刚放上去时到具有角速度 ω_1 所需的时间 t_1。

分析 圆盘刚放到转盘上时的角速度为零,圆盘与转盘之间有相对转动,圆盘受到转盘的摩擦力力矩的作用而加速转动。圆盘上各个点受到的切向方向的摩擦力是恒定的,因此圆盘受到的摩擦力力矩是恒定的,圆盘的角加速度是恒定的。将圆盘微分成环带,求出环带的摩擦力,进而得到环带受到的摩擦力力矩,积分得到整个圆盘受到的摩擦力力矩。转盘施加的力矩的作用,也就是摩擦力矩,它是圆盘的动力矩。再由转动定律可以求出角加速度。由角加速度积分就得到角速度与耗时之间的关系。

解 (1) 如图 3-59 所示,将圆盘微分成半径在 $r\rightarrow r+\mathrm{d}r$ 内环带,环带的质量为

$$\mathrm{d}m=\frac{m}{\pi R^2}2\pi r\,\mathrm{d}r=\frac{2m}{R^2}r\,\mathrm{d}r$$

环带受到的切向摩擦力为

$$df=\mu g\,dm=\frac{2\mu mg}{R^2}r\,dr$$

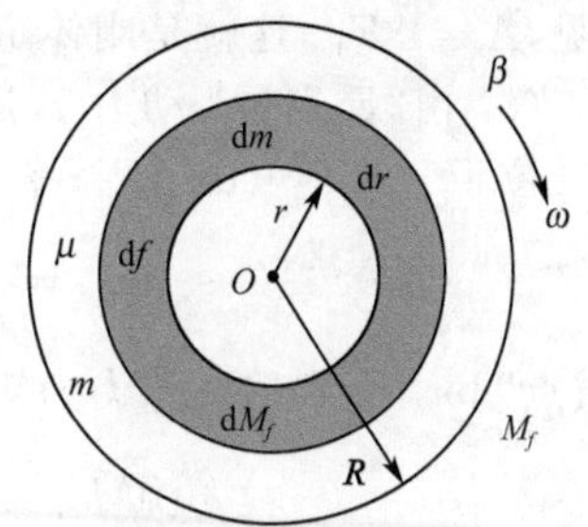

图 3-59 例 3-20 解析

环带受到的切向摩擦力矩为

$$dM_f=r\,df=\frac{2\mu mg}{R^2}r^2\,dr$$

整块圆盘受的摩擦力矩为

$$M_f=\int dM_f=\frac{2\mu mg}{R^2}\int_0^R r^2\,dr=\frac{2}{3}\mu mgR$$

(2) 视圆盘为刚体,据转动定律得到角加速度

$$M_f=J\beta,\frac{2}{3}\mu mgR=\frac{1}{2}mR^2\beta,\beta=\frac{4\mu g}{3R}$$

(3) 由角加速度的定义,得到

$$\frac{d\omega}{dt}=\beta=\frac{4\mu g}{3R},d\omega=\frac{4\mu g}{3R}dt,\int_0^{\omega_1}d\omega=\frac{4\mu g}{3R}\int_0^{t_1}dt,\omega_1=\frac{4\mu g}{3R}t_1,t_1=\frac{3R}{4\mu g}\omega_1$$

点评 (1) 圆盘绕转轴的转动惯量

半径在 $r\rightarrow r+dr$ 内的环带到转轴的距离为 r,环带对转动惯量的贡献

$$dJ=r^2\,dm=r^2\,\frac{2m}{R^2}r\,dr=\frac{2m}{R^2}r^3\,dr$$

圆盘绕转轴的转动惯量为

$$J=\int dJ=\int_0^R\frac{2m}{R^2}r^3\,dr=\frac{1}{4}\,\frac{2m}{R^2}r^4\Big|_0^R=\frac{1}{2}mR^2$$

(3) 设圆盘具有角速度 ω_1 时圆盘转过的角度 $\Delta\theta$。由角加速度定义,得到

$$\frac{d\omega}{dt}=\beta=\frac{4\mu g}{3R},d\omega=\frac{4\mu g}{3R}dt,\int_0^{\omega}d\omega=\frac{4\mu g}{3R}\int_0^t dt,\omega=\frac{4\mu g}{3R}t$$

再由角速度的定义,得到

$$\omega=\frac{d\theta}{dt},d\theta=\omega\,dt=\frac{4\mu g}{3R}t\,dt,\int_0^{\Delta\theta}d\theta=\frac{4\mu g}{3R}\int_0^{t_1}t\,dt$$

$$\Delta\theta=\frac{2\mu g}{3R}t_1^2=\frac{2\mu g}{3R}\left(\frac{3R}{4\mu g}\omega_1\right)^2=\frac{3R\omega_1^2}{8\mu R}$$

(4) 由角加速度的定义,直接得到转过的角度

$$\beta=\frac{d\omega}{dt}=\frac{d\omega}{d\theta}\,\frac{d\theta}{dt}=\omega\,\frac{d\omega}{d\theta},\omega\,d\omega=\beta\,d\theta=\frac{4\mu g}{3R}d\theta,\int_0^{\omega_1}\omega\,d\omega=\frac{4\mu g}{3R}\int_0^{\Delta\theta}d\theta$$

$$\frac{1}{2}\omega_1^2=\frac{4\mu g}{3R}\Delta\theta,\Delta\theta=\frac{3R\omega_1^2}{8\mu R}$$

(5) 圆盘具有角速度 ω_1 时,摩擦力力矩对圆盘所做的功

$$dA=M_f\,d\theta=\frac{2}{3}\mu mgR\,d\theta$$

$$A=\int dA=\frac{2}{3}\mu mgR\int_0^{\Delta\theta}d\theta=\frac{2}{3}\mu mgR\,\Delta\theta=\frac{2}{3}\mu mgR\,\frac{3R\omega_1^2}{8\mu R}=\frac{1}{4}mR^2\omega_1^2$$

而刚体(圆盘)定轴转动动能的增量为

$$\Delta E_K=E_{K1}-E_{K0}=E_{K1}=\frac{1}{2}J\omega_1^2=\frac{1}{4}mR^2\omega_1^2$$

可见，$A=\Delta E_K$，这就是刚体定轴转动的动能定理。

(6) 由"质点系"动力学求解

位于 $r \to r+\mathrm{d}r$、$\varphi \to \varphi+\mathrm{d}\varphi$ 的"质点"的质量和受到的摩擦力分别表示为

$$\mathrm{d}m_1=\frac{m}{\pi R^2}r\,\mathrm{d}r\,\mathrm{d}\varphi,\mathrm{d}f_1=\mu g\,\mathrm{d}m_1=\mu g\,\frac{m}{\pi R^2}r\,\mathrm{d}r\,\mathrm{d}\varphi$$

"质点"$\mathrm{d}m_1$ 受到的摩擦力力矩表示为

$$\mathrm{d}M_{f1}=r\,\mathrm{d}f_1=r\mu g\,\frac{m}{\pi R^2}r\,\mathrm{d}r\,\mathrm{d}\varphi=\mu g\,\frac{m}{\pi R^2}r^2\,\mathrm{d}r\,\mathrm{d}\varphi$$

"质点系"(圆盘)受到的摩擦力对转轴的力矩(外力矩)

$$M_f=\int \mathrm{d}M_{f1}=\int_0^R\int_0^{2\pi}\mu g\,\frac{m}{\pi R^2}r^2\,\mathrm{d}r\,\mathrm{d}\varphi=\frac{1}{3}\mu g\,\frac{m}{\pi R^2}R^3 2\pi=\frac{2}{3}\mu m g R$$

"质点"$\mathrm{d}m_1$ 对转轴的角动量表示为

$$\mathrm{d}L_1=rv_1\,\mathrm{d}m_1=\omega r^2\,\frac{m}{\pi R^2}r\,\mathrm{d}r\,\mathrm{d}\varphi=\omega\,\frac{m}{\pi R^2}r^3\,\mathrm{d}r\,\mathrm{d}\varphi$$

"质点系"(圆盘)对转轴的角动量为

$$L=\int \mathrm{d}L_1=\int_0^R\int_0^{2\pi}\omega\,\frac{m}{\pi R^2}r^3\,\mathrm{d}r\,\mathrm{d}\varphi=\frac{1}{4}\omega\,\frac{m}{\pi R^2}R^4 2\pi=\frac{1}{2}mR^2\omega$$

因此，由"质点系角动量定理"，得到

$$M_f=\frac{\mathrm{d}L}{\mathrm{d}t},\frac{2}{3}\mu m g R=\frac{1}{2}mR^2\,\frac{\mathrm{d}\omega}{\mathrm{d}t},\frac{\mathrm{d}\omega}{\mathrm{d}t}=\frac{4}{3}\,\frac{\mu g}{R}$$

这与由"刚体"定轴转动动力学(刚体定轴转动定律)得到的结果一样。

【例 3-21】 如图 3-60 所示，有一半径为 R，质量为 M 的均质圆盘水平放置，可绕通过盘心的铅直轴 O 自由转动。当圆盘以角速度 ω_0 转动时，有一质量为 m 的橡皮泥(可视为质点)沿铅直方向落在圆盘上，粘在距转轴 $R/2$ 处，求橡皮泥和圆盘的共同角速度。

分析 以圆盘和橡皮泥组成一系统，则系统所受重力(外力)对铅直轴 O 的力矩为零，摩擦力是系统内力，所以系统的角动量守恒。

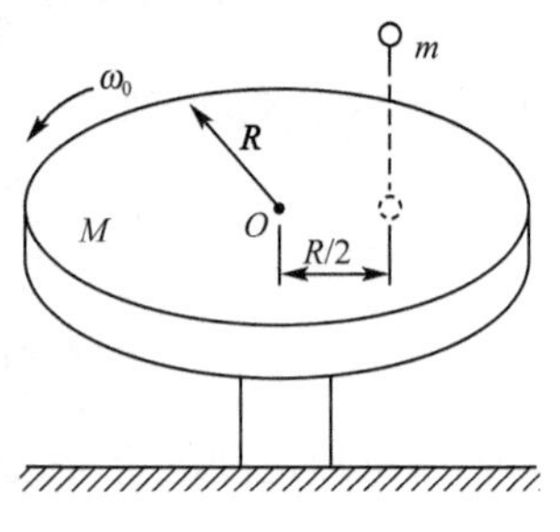

图 3-60 例 3-21

解 以圆盘和橡皮泥为系统，碰撞前后系统的转动惯量分别为

$$J_0=\frac{1}{2}MR^2,J=\frac{1}{2}MR^2+\frac{1}{4}mR^2$$

碰撞过程角动量守恒，得到

$$J_0\omega_0=J\omega,\frac{1}{2}MR^2\omega_0=\left(\frac{1}{2}MR^2+\frac{1}{4}mR^2\right)\omega,\omega=\frac{2M}{2M+m}\omega_0$$

点评 (1) 碰撞过程转动动能的损失

$$\Delta E_K=\frac{1}{2}J_0\omega_0^2-\frac{1}{2}J\omega^2=\frac{1}{4}MR^2\omega_0^2-\frac{1}{2}\left(\frac{1}{2}MR^2+\frac{1}{4}mR^2\right)\omega^2=\frac{mMR^2\omega_0^2}{4m+8M}$$

(2) 由"质点系"角动量定理(角动量守恒定律)求解

"碰撞"前位于 $r \to r+\mathrm{d}r$、$\varphi \to \varphi+\mathrm{d}\varphi$ 的"质点"$\mathrm{d}m$ 对转轴的角动量表示为

$$\mathrm{d}L_0=rv_0\,\mathrm{d}m=\omega_0 r^2\,\frac{M}{\pi R^2}r\,\mathrm{d}r\,\mathrm{d}\varphi=\omega_0\,\frac{M}{\pi R^2}r^3\,\mathrm{d}r\,\mathrm{d}\varphi$$

"碰撞"前"质点系"对转轴的角动量为

$$L_0=\int \mathrm{d}L_0=\int_0^R\int_0^{2\pi}\omega_0\,\frac{M}{\pi R^2}r^3\,\mathrm{d}r\,\mathrm{d}\varphi=\frac{1}{4}\omega_0\,\frac{M}{\pi R^2}R^4 2\pi=\frac{1}{2}MR^2\omega_0$$

设“碰撞”后，圆盘与质点的加速度为 ω，则“质点系”对转轴的角动量为

$$L=\int_0^R\int_0^{2\pi}\omega\ \frac{M}{\pi R^2}r^3\mathrm{d}r\mathrm{d}\varphi+\frac{1}{2}mRv=\frac{1}{2}MR^2\omega+\frac{1}{4}mR^2\omega$$

由于“碰撞”过程角动量守恒($L=L_0$)，所以

$$\frac{1}{2}MR^2\omega+\frac{1}{4}mR^2\omega=\frac{1}{2}MR^2\omega_0,\omega=\frac{2M}{2M+m}\omega_0$$

这与由“刚体定轴转动角动量守恒定律”得到的结果一样。

【例 3-22】 如图 3-61 所示，质量为 m_1、长度为 l 的圆筒放在光滑的水平桌面上，一端可绕垂直于桌面的光滑转轴 O 转动，另一端是开口的。质量为 m_2 的小球静止地放在圆筒转轴处。现突然给圆筒一个初始角速度 ω_0，则小球也沿着圆筒无摩擦地向圆筒的开口处滑去。求当小球滑动圆筒开口处时小球的速度。

分析 如图 3-62 所示，小球作为质点与刚体圆筒组成一个系统。小球在圆筒开口处滑动的同时，也与圆筒一起绕转轴转动，小球的速度可以分解为垂直于圆筒的切向速度 v_t 和沿圆筒的径向速度 v_r，$\boldsymbol{v}=v_t\boldsymbol{e}_t+v_r\boldsymbol{e}_r$。在圆筒转动过程中，作为外力的重力和支撑力平衡；转轴对圆筒的作用力(外力)因为过转轴而力矩为零，圆筒与小球之间的作用力是内力，因此，系统的角动量守恒。由角动量守恒可以求得系统的角速度，甚至系统的“转动动能”，但只能得到小球切向速度 v_t，还不足以得到小球的速度。再考虑到外力力矩和内力力矩都不做功，系统的动能守恒，又可以列出一个有关动能的方程，就有可能求得小球的速度。

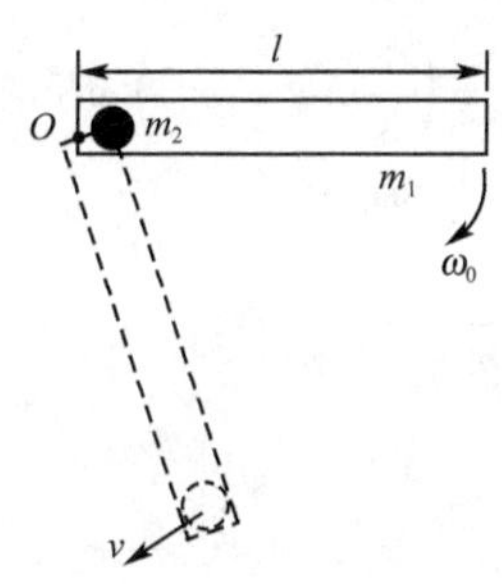

图 3-61 例 3-22

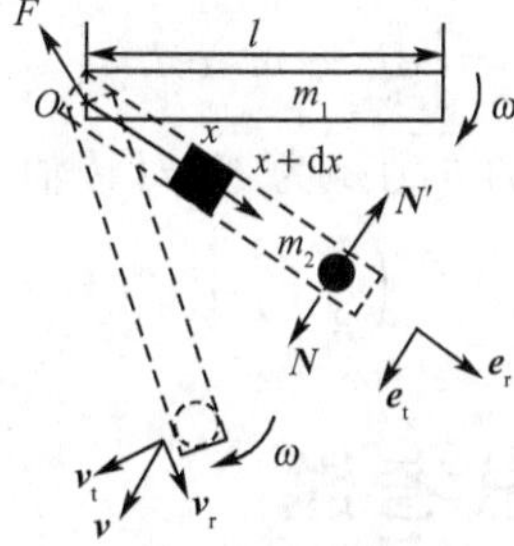

图 3-62 例 3-22 解析

解 如图 3-62 所示，取质点小球与刚体圆筒为系统。设小球滑动到圆筒开口处时，系统绕转轴的角速度为 ω，小球切向速度为 $v_t\boldsymbol{e}_t$，径向速度为 $v_r\boldsymbol{e}_r$，速度为 $\boldsymbol{v}$。实际上，小球到达圆筒开口处时，也是以角速度 ω 转动。在整个过程中，外力力矩为零，系统角动量守恒

$$J_1\omega_0=J_1\omega+m_2lv_t,\frac{1}{3}m_1l^2\omega_0=\frac{1}{3}m_1l^2\omega+m_2l^2\omega,\omega=\frac{m_1\omega_0}{m_1+3m_2}$$

外力力矩和内力力矩都不做功，系统的动能守恒，则

$$\frac{1}{2}J_1\omega_0^2=\frac{1}{2}J_1\omega^2+\frac{1}{2}m_2v^2,\frac{1}{6}m_1l^2\omega_0^2=\frac{1}{6}m_1l^2\omega^2+\frac{1}{2}m_2v^2$$

$$v^2=\frac{m_1l^2}{3m_2}(\omega_0^2-\omega^2),v=\sqrt{\frac{m_1l^2}{3m_2}[\omega_0^2-\omega^2]}=l\omega_0\frac{\sqrt{2m_1^2+3m_1m_2}}{m_1+3m_2}$$

点评 (1) 圆筒绕转轴的转动惯量

在圆筒上取 $x\rightarrow x+\mathrm{d}x$ 的“质元”，则

$$\mathrm{d}m_1=\frac{m_1}{l}\mathrm{d}x,\mathrm{d}J_1=x^2\mathrm{d}m_1=x^2\ \frac{m_1}{l}\mathrm{d}x$$

圆筒对转轴的转动惯量为

$$J_1=\int\mathrm{d}J_1=\int_0^l x^2\ \frac{m_1}{l}\mathrm{d}x=\frac{1}{3}m_1l^2$$

(2) 小球到达开口处时,小球的切向速度

$$v_t=\omega l=\frac{m_1\omega_0 l}{m_1+3m_2}$$

(3) 小球到达开口处时,小球的径向速度

$$v_r=\sqrt{v^2-v_t^2}=\sqrt{\left(l\omega_0\frac{\sqrt{2m_1^{\ 2}+3m_1m_2}}{m_1+3m_2}\right)^2-\left(\frac{m_1\omega_0 l}{m_1+3m_2}\right)^2}=l\omega_0\sqrt{\frac{m_1}{m_1+3m_2}}$$

(4)"转动动能"的损失

$$\Delta E_{K转动}=\frac{1}{6}m_1l^2\omega_0^2-\frac{1}{2}\left(\frac{1}{3}m_1l^2+m_2l^2\right)\omega^2=\frac{1}{2}\frac{m_1^2l^2\omega_0^2}{m_1+3m_2}=\frac{1}{2}m_2v_r^{\ 2}$$

损失的"转动动能"用来增加小球径向运动的动能。

(5) 由"质点系"角动量守恒定律求圆筒转动的角速度

将圆筒微分成无数个"质点",位于 $x\to x+\mathrm{d}x$ 的"质点"质量和角动量分别为

$$\mathrm{d}m_1=\frac{m_1}{l}\mathrm{d}x,\mathrm{d}L_0=xv_0\mathrm{d}m_1=x^2\omega_0\frac{m_1}{l}\mathrm{d}x,\mathrm{d}L=xv_t\mathrm{d}m_1=x^2\omega\frac{m_1}{l}\mathrm{d}x$$

圆筒刚开始转动(小球未动),"质点系"对转轴的角动量为

$$L_0=\int\mathrm{d}L_0=\int_0^l x^2\omega_0\frac{m_1}{l}\mathrm{d}x=\frac{1}{3}m_1\omega_0l^2$$

当小球滑动圆筒开口处时,"质点系"对转轴的角动量为

$$L=\int\mathrm{d}L+m_2v_tl=\int_0^l x^2\omega\frac{m_1}{l}\mathrm{d}x+m_2l^2\omega=\left(\frac{1}{3}m_1+m_2\right)\omega l^2$$

由于系统对转轴的外力矩为零,对转轴的角动量守恒,$L=L_0$,所以

$$\left(\frac{1}{3}m_1+m_2\right)\omega l^2=\frac{1}{3}m_1\omega_0l^2,\omega=\frac{m_1}{m_1+3m_2}\omega_0$$

复习思考题

3-1 什么是质点系?什么是内力、外力?内力的作用特点是什么?

3-2 什么是质点系的动量?

3-3 如何理解质点系动量定理?如何理解质点系动量定理的微分形式和积分形式?

3-4 如何理解质点系动量守恒定律?

3-5 质点系对参考点的角动量是如何定义的?质点系对轴的角动量是如何定义的?

3-6 内力的力矩有何特点?质点系受到的力矩有何特点?

3-7 如何理解质点系对参考点的角动量定理?如何理解质点系对轴的角动量定理?

3-8 如何理解质点系的角动量守恒定律?

3-9 质点系的内力做功有什么特点?

3-10 质点系的动能如何定义?如何理解质点系的动能定理?

3-11 质点系的势能如何定义?质点系的机械能如何定义?如何理解质点系的功能原理?

3-12 如何理解质点系机械能守恒定律?

3-13 如何理解质点系的质心?

3-14 什么是质心参考系?质心参考系有什么特点?

3-15 在惯性参考系中,如何理解质点系质心的"速度"、"加速度"和"动量"?

3-16 如何理解质心运动定理?如何理解质心运动守恒定理?

3-17 如何理解质点系相对于质心参考系的动量？
3-18 如何理解轨道角动量和自旋角动量？如何理解质点系的角动量？
3-19 如何理解质点系对质心的角动量定理？
3-20 如何理解质点系对质心的角动量守恒定律？
3-21 什么是轨道动能(质心动能)？什么是质点系的内动能？如何表述柯尼希定理？
3-22 如何理解质点系对质心参考系的动能定理？
3-23 如何理解质心参考系中质点系的功能原理？
3-24 如何理解质心参考系中的机械能守恒定律？
3-25 如何理解质心参考系中的惯性力？
3-26 简述刚体模型。
3-27 定轴转动刚体上质元位移、速度、加速度和角位移、角速度、角加速度有什么特点？
3-28 什么是刚体的转动惯量？如何理解转动惯量的物理意义？
3-29 简述刚体转动惯量的可叠加性和平行轴定理。
3-30 简述刚体对固定转轴的角动量。
3-31 简述刚体受到的合外力的力矩。为什么刚体内力力矩矢量和为零？
3-32 如何理解刚体定轴转动定律？
3-33 刚体的重力力矩有什么特点？
3-34 简述刚体定轴转动角动量定理和刚体定轴转动角动量守恒定律。
3-35 为什么刚体内力力矩的功为零？刚体定轴转动的重力力矩做功有什么特点？
3-36 简述刚体定轴转动的动能，刚体的重力势能。
3-37 简述刚体定轴转动的机械能。
3-38 简述刚体定轴转动的功能原理和机械能守恒定律。

第四章　机械振动

物体在一定位置附近往复地运动称为机械振动，简称振动。这是物体的一种运动形式，大至宇宙，如月盈月亏引发的潮汐；小至原子内部，如电子围绕原子核的旋转，都可以看作振动。从日常生活到生产技术以及自然界到处都存在着振动，如机械钟表的摆轮的摆动，一切发声体如琴弦、锣鼓都在振动，机器的运转总伴随着振动，海浪的起伏以及地震也都是振动，固体晶格点阵中的分子和原子都在振动。机械振动是质点机械运动的一种特殊形式。

广义地说，任何一个物理量随时间周期性地（或更一般地，在一给定值附近）变化都称为振动（振荡）。例如，电路中的电流、电压，电磁场中的电场强度和磁场强度也都可能随时间做周期性变化。这种变化也可以称为振动——电磁振动或电磁振荡。这种振动虽然与机械振动有本质的不同，但描述振动的数学形式是相同的，它们随时间变化的情况以及许多其他性质在形式上都遵从相同的规律。因此研究机械振动即可掌握振动的普遍规律。

物体在弹性介质（如空气）中振动时，可以影响周围的介质，使介质质点也陆续地振动起来，这种振动向外传播的过程，就是机械波。研究振动和波动的意义远超过了力学的范围，振动和波的基本原理是声学、光学、电工学、无线电学、自动控制等科学技术的理论基础。

对于机械振动，不同物体的振动各具特点。按振动激励特性，可分为线性振动和非线性振动；按振动产生原因，可分为自由振动、阻尼振动、受迫振动和自激振动；按物理量随时间变化规律，可分为简谐振动、非简谐振动和随机振动。

所谓线性振动，就是振动物体的质量不随运动参量（坐标、速度、加速度等）的变化而变化，并且振动物体系统所受到弹性回复力和阻尼力可用线性式表示，振动系统所受到的回复力与位移呈线性关系、阻尼力与速度一次方呈线性关系，运动的微分方程是线性的。它实际是具体的弹性体的小振幅振动的一个抽象模型。线性振动最基本的特征是适用叠加原理，可以把任意一个总激励分解为一系列分激励，在求得系统对各个分激励的响应后，就可根据叠加原理求得总响应。如果总激励是周期性的，则可应用傅立叶分析求得线性系统在时域中的脉冲响应和在频域中的频率响应。单自由度系统的线性振动是只用一个坐标就可确定系统位置的线性振动，是最简单最基本的振动，通过对它的研究，可得到振动的许多基本概念和特征。非线性振动是振动系统所受到的回复力与位移不成线性关系或阻尼力不与速度一次方呈线性关系的机械振动，运动微分方程是非线性的。振动物体大的振动，大都是非线性振动；物体在稳定平衡位置附近的微小振动，往往可以看成线性振动。

所谓自由振动，就是振动物体（单振子）除受到质量块的惯性力和弹簧的弹性回复力外，再无其他外力作用其上，阻尼又可以忽略不计的情况下的自然振动。自由振动的振幅决定于振动开始时系统所具有的能量，而振动的频率则决定于系统本身的参量，自由振动的频率就是系统的固有频率。所谓阻尼振动，就是物体振动时受阻力作用，形成能量损失而使系统的振动幅值逐渐减小的振动。阻尼振动存在阻尼力，阻尼力通常是速度的函数。所谓受迫振动，就是系统受外力作用而被强迫进行的振动。如果外力激励是周期性的和连续的，则受迫振动就是稳态振动。受迫振动的特性与外部激振力的大小、方向和频率密切相关。所谓自激振动，就是由非周期性外力所引起的振动。在自激振动中，维持运动的交变力是由运动本身所产生或控制的，当运动停止时，此交变力也随之消失，这不同于受迫振动。在受迫振动中，维持运动的交变力的存在与运动无关。

所谓简谐振动,就是物理量随时间按正弦或余弦规律变化的振动。通过傅立叶级数展开或傅立叶变换,任何复杂的振动都可以由许多不同频率和振幅的简谐振动合成。因此简谐振动是最简单也是最基本的振动。

如果振动系统可以看成是一个物理性质集中的振动系统,这样的振动系统称为质点振动系统,这是一种理想模型。在实际情况下,某个振动系统是否能够看作质点振动系统,决定于系统的线度与振动波长的比值,比值很小时,就可近似地看作质点振动系统。

一个质点系统,如果在惯性力或弹性回复力作用下(自由振动,无阻尼,无受迫)做微小振动(线性振动),则振动是简谐振动。

第一节 简谐振动

第四章 第一节 微课

做简谐振动的系统称为谐振子。在一定条件下,单摆、复摆、弹簧振子等都是谐振子。

一、简谐振动

1. 弹簧振子的微小振动

如图 4-1 所示,一劲度系数为 k 的轻弹簧左端固定,右端系一质量为 m 物体,物体在水平面内运动。平衡位置为 O 点。把物体从平衡位置向右移动一段距离后放开,忽略摩擦等阻力,物体在弹性力的作用下,做简谐振动。物体弹簧系统就是谐振子,称为弹簧振子。

当物体相对于平衡位置的位移 x 很小时,物体所受的弹性力为

$$F=-kx \tag{4-1-1}$$

由牛顿第二定律得

$$\frac{\mathrm{d}^2 x}{\mathrm{d}t^2}=-\frac{k}{m}x,\ \frac{\mathrm{d}^2 x}{\mathrm{d}t^2}+\omega^2 x=0 \tag{4-1-2}$$

式中,$\omega=\sqrt{k/m}$。该微分方程的解为

$$x=A\cos(\omega t+\varphi) \tag{4-1-3}$$

可见,弹簧振子做简谐振动,$\omega=\sqrt{k/m}$,A 和 φ 为常数。

图 4-1 弹簧振子

因此可以说,在式(4-1-1)所示的合外力作用下,质点一定做简谐振动。所以就可以说,质点在与相对于平衡位置的位移成正比而反向的合外力作用下的运动就是简谐振动,这可以作为简谐振动的动力学定义。式(4-1-2)称为简谐振动的动力学方程,也可以作为简谐振动的定义式。

反过来,做简谐振动的质点(弹簧振子),它的加速度与它相对于平衡位置的位移有式(4-1-2)所示的关系。根据牛顿第二定律,质量为 m 的质点沿 x 方向做简谐振动,沿此方向所受的合外力就应该是

$$F=m\frac{\mathrm{d}^2 x}{\mathrm{d}t^2}=-m\omega^2 x \tag{4-1-4}$$

由于对同一个简谐振动,m、ω 都是常量,所以可以说:一个做简谐振动的质点所受的沿位移方向的合外力与它相对于平衡位置的位移成正比而反向。

在质点振动过程中,如果质点在某位置所受的力(或沿运动方向受的力)等于零,则此位置称为质点机械振动的平衡位置。如果作用于质点的合力总是与质点相对于平衡位置的位移成正比、且指向平衡位置,则此作用力称为线性回复力。线性回复力的特征为:力是质点位移的线性函数,且与位移反向,回复力促使质点返回平衡位置。质点在线性回复力作用下围绕平衡

位置的机械运动称为简谐振动。

2. 单摆的微小振动

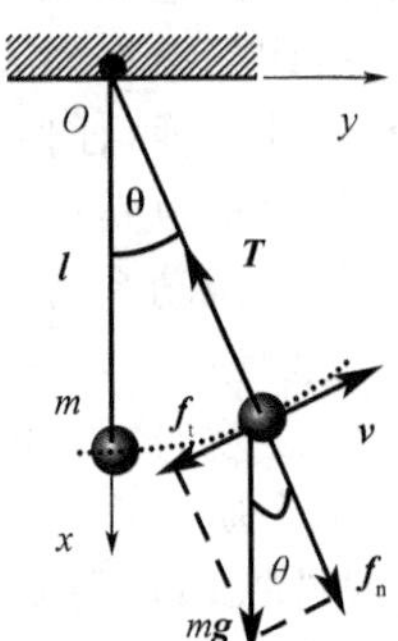

图 4-2 单摆

如图 4-2 所示,一根长度为 l,质量可以忽略不计并且不会伸缩的细线,上端固定,下端系一质量为 m 可看作质点的重物,这就构成了一个单摆质点振动系统。

把摆球从其平衡位置(竖直方向)拉开一段距离放手,摆球就在竖直平面内来回摆动。建立直角坐标系 $Oxyz$;取逆时针方向为角位移 θ 的正方向,相应地转动方向向外为正。当摆线与竖直方向成 θ 角、摆球的速度为$\boldsymbol{v}$ 时,忽略空气阻力,摆球所受的对 Oz 轴的力矩

$$M_z=-lmg\sin\theta$$

在角位移 θ 很小时,$\sin\theta=\theta-\frac{\theta^3}{3!}+\frac{\theta^5}{5!}-\cdots\approx\theta$,所以

$$M_z=-lmg\theta \tag{4-1-5}$$

摆球对 Oz 轴的角动量为

$$L_z=lmv=l^2m\omega=l^2m\frac{\mathrm{d}\theta}{\mathrm{d}t} \tag{4-1-6}$$

由角动量定理,得到

$$\frac{\mathrm{d}L_z}{\mathrm{d}t}=M_z,\frac{\mathrm{d}^2\theta}{\mathrm{d}t^2}+\frac{g}{l}\theta=0 \tag{4-1-7}$$

这一方程与式(4-1-2)具有相同的形式,该微分方程的解为

$$\theta=\theta_{\max}\cos(\omega t+\varphi),\omega=\sqrt{g/l} \tag{4-1-8}$$

所以我们可以得出结论:在角位移很小的情况下,单摆的摆动是简谐振动。

力矩 M_z 与角位移θ 成正比(线性),方向反号,促使质点(摆球)返回平衡位置。力矩 M_z 就是单摆这一质点振动系统做简谐振动的线性回复力(矩)。

对机械振动,用线性回复力、线性回复力矩的概念定义简谐振动是等价的,它们都反映简谐振动的动力学特征。任何物理量 x(例如长度、角度、电流、电压以至化学反应中某种化学组分的浓度等)的变化规律如果满足式(4-1-2),且常量 ω 决定于系统本身的性质,则该物理量做简谐振动。

二、简谐振动的能量特征

以图 4-1 所示的水平弹簧振子为例。当物体的位移为 x 时,质点的运动速度为

$$v=\frac{\mathrm{d}x}{\mathrm{d}t}=-\omega A\sin(\omega t+\varphi) \tag{4-1-9}$$

弹簧振子的动能为($\omega^2=k/m$)

$$E_k=\frac{1}{2}mv^2=\frac{1}{2}m\omega^2A^2\sin^2(\omega t+\varphi)=\frac{1}{2}kA^2\sin^2(\omega t+\varphi) \tag{4-1-10}$$

弹簧振子的势能为

$$E_p=\frac{1}{2}kx^2=\frac{1}{2}kA^2\cos^2(\omega t+\varphi) \tag{4-1-11}$$

弹簧振子的总机械能为

$$E=E_k+E_p=\frac{1}{2}mv^2+\frac{1}{2}kx^2=\frac{1}{2}kA^2 \tag{4-1-12}$$

由此可知,弹簧振子的总能量不随时间变化,即其机械能守恒。这是由于简谐振动系统中线性回复力(力矩)为弹性力(力矩),是保守力(力矩),而且弹簧振子在振动过程中没有受到其他非

保守力(力矩)的作用,所以简谐振动系统的总机械能守恒。式(4-1-12)中的 A 就是简谐振动的振幅,这说明简谐振动的总能量与振幅的平方成正比,这一点对其他的简谐振动系统也是正确的。简谐振动的振幅不仅给出了简谐振动的运动范围,而且还反映了振动系统总能量的大小,或者说反映了振动的强度。

由式(4-1-10)和式(4-1-11)可见,弹簧振子的动能和势能按正弦或余弦的平方随时间变化,图 4-3 表示,当 $\varphi=0$ 时,动能和势能随时间变化的曲线。显然,动能最大时,势能最小,动能最小时,势能最大,简谐振动的过程正是动能势能相互转化的过程。

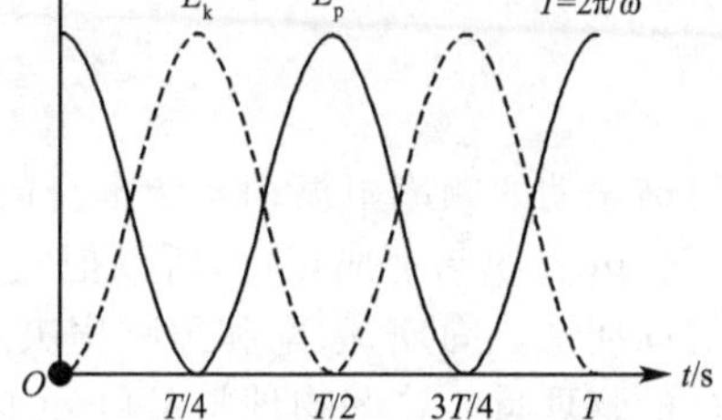

图 4-3 简谐振动的动能和势能

利用三角函数关系,将式(4-1-10)和式(4-1-11)改写为

$$E_k=\frac{1}{4}kA^2[1-\cos(2\omega t)]$$

$$=\frac{1}{4}kA^2[1+\cos(2\omega t+\pi)]$$

$$E_p=\frac{1}{4}kA^2[1+\cos(2\omega t)]$$

可见,动能和势能也是随时间周期性变化的,但变化的周期($T_k=T_p=\pi/\omega=T/2$)是简谐振动周期($T=2\pi/\omega$)的一半;或者说,动能和势能随时间周期性变化的频率($\gamma_k=\gamma_p=2\gamma$)2 倍于简谐振动的频率。

第二节 简谐振动的运动学特征

第四章 第二节 微课

简谐振动也可以用正弦函数表示

$$x=A\cos(\omega t+\varphi)=A\sin(\omega t+\varphi+\frac{\pi}{2})=A\sin(\omega t+\varphi') \tag{4-2-1}$$

式(4-1-3)和式(4-2-1)也称为简谐振动方程,其中,A 和 φ 是待定常数,要根据初始条件来决定。正弦和余弦函数都是周期性函数,因此简谐振动是围绕平衡位置的周期运动。

一、描述简谐振动的特征量

1. 周期、频率和角频率

在简谐振动方程中的 ω 称为角频率。由式(4-1-2)和式(4-1-7)可见,弹簧振子和单摆做简谐振动时的角频率分别为

$$\omega=\sqrt{\frac{k}{m}},\omega=\sqrt{\frac{g}{l}} \tag{4-2-2}$$

弹簧振子简谐振动的角频率决定于物体的质量和弹簧的劲度系数;单摆简谐振动的角频率决定于摆线长度和重力加速度。这就是说,简谐振动的角频率由振动系统本身的性质(包括力、力矩的特征和物体的质量)所决定。因此,这一角频率称为振动系统的固有(本征)角频率。

物体做简谐振动周而复始完全振动一次所需的时间称为简谐振动的周期。用 T 表示周期,根据周期的定义,由式(4-1-3)和式(4-1-8),应有

$$x=A\cos(\omega t+\varphi)=A\cos[\omega(t+T)+\varphi]=A\cos(\omega t+\varphi+\omega T)$$

由于余弦函数的周期是 2π,所以有

$$\omega T=2\pi,T=\frac{2\pi}{\omega} \tag{4-2-3}$$

弹簧振子和单摆简谐振动的周期分别为

$$T=\frac{2\pi}{\omega}=2\pi\sqrt{\frac{m}{k}},T=\frac{2\pi}{\omega}=2\pi\sqrt{\frac{l}{g}} \tag{4-2-4}$$

简谐振动的周期由振动系统本身的性质所决定,因此称为振动系统的固有(本征)周期。

单位时间内系统所做完全振动的次数,称为频率,用 γ 表示。周期的倒数就是频率

$$\gamma=\frac{1}{T}=\frac{\omega}{2\pi},\omega=2\pi\gamma \tag{4-2-5}$$

弹簧振子和单摆简谐振动的频率分别为

$$\gamma=\frac{1}{T}=\frac{1}{2\pi}\sqrt{\frac{k}{m}},\gamma=\frac{1}{T}=\frac{1}{2\pi}\sqrt{\frac{g}{l}} \tag{4-2-6}$$

简谐振动的频率由振动系统本身的性质所决定,因此称为振动系统的固有(本征)频率。

由于 ω 与 γ 成正比,所以把它称为简谐振动的角频率。ω、T 或 γ 都表示简谐振动时间上的周期性。周期、频率和角频率决定于质量、劲度系数、摆长及重力加速度等标志振动系统特征的物理量。这些物理量又可分作两类:一类反映振动系统本身的惯性,一类反映线性回复力的特征,这两方面正是形成简谐振动系统的先决条件。没有系统的惯性,则质点到达平衡位置时便不能继续运动;不存在线性回复力,便不能使它们返回平衡位置。所以,简谐振动的周期、频率和角频率都是由振动系统本身最本质的因素决定的。因此,我们把周期、频率和角频率称为固有(本征)周期、固有(本征)频率和固有(本征)角频率。

有了周期、频率和角频率等概念,我们可以用不同的简谐振动特征量表示简谐振动

$$x=A\cos(\omega t+\varphi)=A\cos(2\pi\gamma t+\varphi)=A\cos\left(\frac{2\pi}{T}t+\varphi\right) \tag{4-2-7}$$

2. 振幅

按简谐振动的运动学方程,物体的最大位移为 A,物体离开平衡位置的最大位移(或角位移等)的绝对值称为振幅。它给出了质点运动的范围,振幅由初始条件决定。

设简谐振动的初始条件为:$t=0$ 时刻,质点位移 $x=x_0$,质点速度 $v=v_0$,由此得到

$$x_0=A\cos(\omega t+\varphi)|_{t=0}=A\cos\varphi,v_0=-\omega A\sin(\omega t+\varphi)|_{t=0}=-\omega A\sin\varphi$$

两式平方和,求得振幅

$$x_0^2+\frac{v_0^2}{\omega^2}=A^2\cos^2\varphi+A^2\sin^2\varphi=A^2,A=\sqrt{x_0^2+\frac{v_0^2}{\omega^2}} \tag{4-2-8}$$

在质点振动系统确定的条件下(角频率 ω 确定),简谐振动的振幅完全由振动的初始条件(初始位移和初始速度)决定。由于初始位移决定了初始势能,初始速度决定了初始动能,所以,振幅由运动的初始势能和初始动能决定,或者说由初始机械能决定。因此,振幅反映了简谐振动的能量,同时也反映了振动的强度。

3. 相位、初相位和相位差

由式(4-2-7)表示的质点振动系统的简谐振动方程,得到质点运动的速度和加速度

$$v=\frac{dx}{dt}=-\omega A\sin(\omega t+\varphi)=-\frac{2\pi}{T}A\sin\left(\frac{2\pi}{T}t+\varphi\right) \tag{4-2-9}$$

$$a=\frac{d^2x}{dt^2}=-\omega^2A\cos(\omega t+\varphi)=-\frac{4\pi^2}{T^2}A\cos\left(\frac{2\pi}{T}t+\varphi\right) \tag{4-2-10}$$

由此可见,在简谐振动物体的振幅和角频率(频率、周期)都已确定的情况下,振动物体在任意时刻 t 的运动状态(位移 x、速度 v、加速度 a)都由

$$\phi=\omega t+\varphi=2\pi\gamma t+\varphi=\frac{2\pi}{T}t+\varphi \tag{4-2-11}$$

决定,ϕ 称为相位,简称相。在一次完全振动过程中,各个时刻物体的运动状态都不相同,而这

种不同就反映在相位的不同上。当相位 $\phi=\frac{\pi}{3}$ 时，$x=\frac{A}{2}$，$v=-\frac{\sqrt{3}}{2}\omega A<0$，$a=-\frac{1}{2}\omega^2 A<0$，振动物体位于 x 轴正半轴（位移为正）并加速向 x 轴负方向运动；当相位 $\phi=\frac{\pi}{2}$ 时，$x=0$，$v=-\omega A<0$，$a=0$，振动物体到达平衡位置并以最大速率向 x 轴负方向运动（加速度为零）；当相位 $\phi=\frac{2\pi}{3}$ 时，$x=-\frac{A}{2}$，$v=-\frac{\sqrt{3}}{2}\omega A<0$，$a=\frac{1}{2}\omega^2 A>0$，振动物体位于 x 轴负半轴（位移为负）并减速向 x 轴负方向运动（冲向负最大位移）；当相位 $\phi=\pi$ 时，$x=-A$，$v=0$，$a=\omega^2 A$，振动物体到达负最大位移处，速度为零，准备加速返回平衡位置；当相位 $\phi=\frac{4\pi}{3}$ 时，$x=-\frac{A}{2}$，$v=\frac{\sqrt{3}}{2}\omega A>0$，$a=\frac{1}{2}\omega^2 A>0$，振动物体位于 x 轴负半轴（位移为负）并加速向 x 轴正方向运动（冲向平衡位置）；当相位 $\phi=\frac{3\pi}{2}$ 时，$x=0$，$v=\omega A>0$，$a=0$，振动物体到达平衡位置，加速度为零，准备向 x 轴正方向运动；当相位 $\phi=\frac{5\pi}{3}$ 时，$x=\frac{A}{2}$，$v=\frac{\sqrt{3}}{2}\omega A>0$，$a=-\frac{1}{2}\omega^2 A<0$，振动物体位于 x 轴正半轴（位移为正）并减速冲向正最大位移处；当相位 $\phi=2\pi$ 时，$x=A$，$v=0$，$a=-\omega^2 A<0$，振动物体到达正最大位移处，速度为零，准备加速向 x 轴负方向运动返回平衡位置。可见，不同的相位表示质点不同的运动状态。“相位（相）”是一个十分重要的概念，它在振动、波动及光学、近代物理、交流电、无线电技术等方面都有着广泛的应用。

简谐振动初始时刻 $t=0$ 时的相位 φ，称为初相位，简称初相，一般取 $-\pi\leqslant\varphi\leqslant\pi$。初相的数值决定于起始条件（初始位移和初始速度）。由初始位移 $x_0=A\cos\varphi$ 确定 φ 的两个可能的取值，再由初始速度 $v_0=-\omega A\sin\varphi$ 的方向判定 φ 的两个可能的取值中的一个。一个简谐振动的物理特征在于其振幅和周期。对于一个振幅和周期已定的简谐振动，用数学公式表示时，由于选作原点的时刻不同，φ 值就不同。由于 φ 是由对时间原点的选择所决定的，所以把它称为简谐振动的初相。

两个振动方向相同、频率相同（振幅可能不同）的简谐振动的运动学方程分别为

$$x_1=A_1\cos(\omega t+\varphi_1),\ x_2=A_2\cos(\omega t+\varphi_2) \tag{4-2-12}$$

两个简谐振动的相位之差

$$\Delta\varphi=(\omega t+\varphi_1)-(\omega t+\varphi_2)=\varphi_1-\varphi_2 \tag{4-2-13}$$

称为相位差，简称相差。对于同频简谐振动，相位差等于初相差。如果 $\pi>\Delta\varphi=\varphi_1-\varphi_2>0$，称简谐振动 x_1 的相位超前于简谐振动 x_2 的相位；如果 $2\pi>\Delta\varphi=\varphi_1-\varphi_2>\pi$，称简谐振动 x_1 的相位落后于简谐振动 x_2 的相位。如果两个频率相同的简谐振动的初相差为零或为 2π 的整数倍时，则它们在任意时刻的相位差都是零或 2π 的整数倍，这时两振动物体同时到达平衡位置、正最大位移、负最大位移，同时变换运动方向，即两个简谐振动步调完全相同，我们称这两个简谐振动同相。如果两个频率相同的简谐振动的初相差为 π 或为 π 的奇数倍时，则它们在任意时刻的相位差都是 π 或为 π 的奇数倍，两振动物体一个到达正最大位移另一个振动物体就到达负最大位移，这两个振动物体同时到达平衡位置但运动方向相反，即两个简谐振动步调完全相反，我们称这两个简谐振动反相。

对于一个简谐运动，如果 A，ω（或 T、γ）和 φ 都知道了，就可以写出它的完整的表达式，也就是全部掌握该简谐振动的特征了，这三个量称为描述简谐振动的特征量。

二、振动曲线

以时间变量 t 为横轴、位移变量 x 为纵轴，将式（4-2-7）描述的振动物体的位移随时间周

期性变化的振动方程的曲线画出来,就得到了简谐振动的振动曲线。振动曲线是描述简谐振动的一种直观的方法。

如图 4-4 所示的简谐振动的振动曲线,非常直观地描述了振动质点的位移随时间周期性变化。由振动曲线可以直接读出振幅 A 和角频率 ω(频率 γ、周期 T)等简谐振动的特征量。可以从振动曲线上读出某一时刻 $t=t_0$(如 $t=0$ 时刻)时振动物体的位移 $x=x_0$,从而由 $x_0=A\cos(\omega t_0+\varphi)$ 得到初相位 φ 的两个可能的取值;再由振动曲线上读出下一个微小时刻 $t_0+\Delta t$ 振动物体的位移(位置)并与 $t=t_0$ 时刻振动物体的位移(位置)比较,判断 $t=t_0$ 时刻振动物体的运动方向;根据 $t=t_0$ 时刻振动物体运动速度 $v_0=-\omega A\sin(\omega t_0+\varphi)$ 的正负,确定 φ 的两个可能的取值中一个,最终确定初相位 φ 的取值。

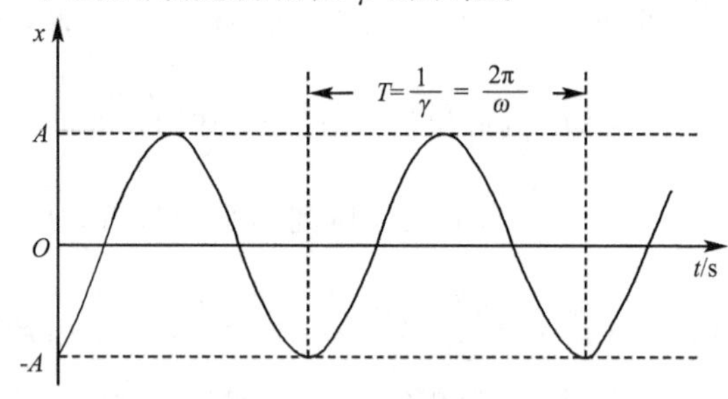

图 4-4 简谐振动的振动曲线

三、简谐振动的速度和加速度

将质点简谐振动位移、速度、加速度写为

$$\begin{cases} x=A\cos(\omega t+\varphi) \\ v=\dfrac{\mathrm{d}x}{\mathrm{d}t}=-\omega A\sin(\omega t+\varphi)=\omega A\cos\left(\omega t+\varphi+\dfrac{\pi}{2}\right) \\ a=\dfrac{\mathrm{d}v}{\mathrm{d}t}=\dfrac{\mathrm{d}^2x}{\mathrm{d}t^2}=-\omega^2A\cos(\omega t+\varphi)=\omega^2A\cos(\omega t+\varphi+\pi) \end{cases} \tag{4-2-14}$$

可见,简谐振动的物体,不仅位移是随时间"简谐"变化的,速度和加速度也是随时间"简谐"变化的。但简谐振动的位移相位比速度相位落后 $\pi/2$($T/4$ 周期);速度相位比加速度相位落后 $\pi/2$($T/4$ 周期),位移相位比加速度相位落后 π($T/2$ 周期),位移与加速度总是反相的。而加速度总是与物体受到的力同相,所以位移总是与物体受到的力反相,力是物体简谐振动的回复力。图 4-5 表示出了位移、速度和加速度振动的相位关系。

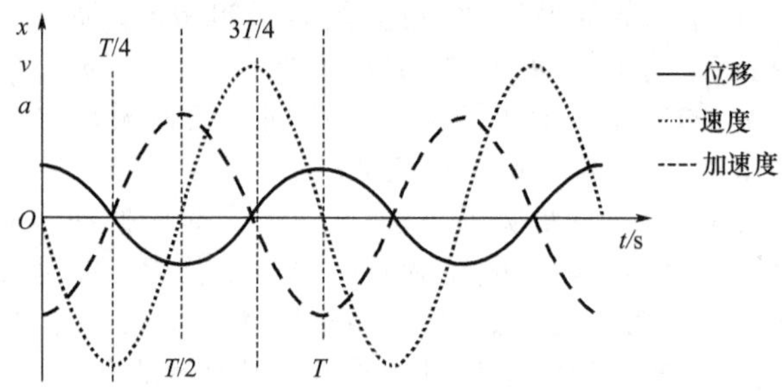

图 4-5 位移、速度、加速度简谐振动曲线

四、简谐振动的旋转矢量表示

简谐振动与匀速圆周运动有一个很简单的关系。如图 4-6 所示,设一质点沿圆心在 O 点而半径为 A 的圆周以角速度 ω 做逆时针匀速圆周运动。以圆心 O 为原点,设质点的矢径 $\boldsymbol{A}$

经过与 x 轴夹角为 φ 的位置时开始计时。在任意时刻 t，此矢径 $\boldsymbol{A}$ 与 x 轴的夹角为$(\omega t+\varphi)$，而矢径 $\boldsymbol{A}$ 在 x 轴上的投影的坐标为

$$x=A\cos(\omega t+\varphi)$$

这正与式(4-2-14)所表示的简谐振动定义公式相同，匀速旋转矢量 $\boldsymbol{A}$ 在 x 坐标轴上的投影即表示一特定的简谐振动的运动学方程的解，做匀速圆周运动的质点在某一直径(取作 x 轴)上的投影的运动就是简谐运动。质点匀速圆周运动的角速度 ω(或周期)就等于简谐振动的角频率 ω(或周期 T)，圆周轨迹的半径就等于振动的振幅 A。初始时刻做圆周运动的质点的矢径 $\boldsymbol{A}$ 与 x 轴的夹角就是简谐振动的初相 φ。任意时刻 t，此矢径 $\boldsymbol{A}$ 与 x 轴的夹角就是简谐振动在 t 时刻的相位$(\omega t+\varphi)$。

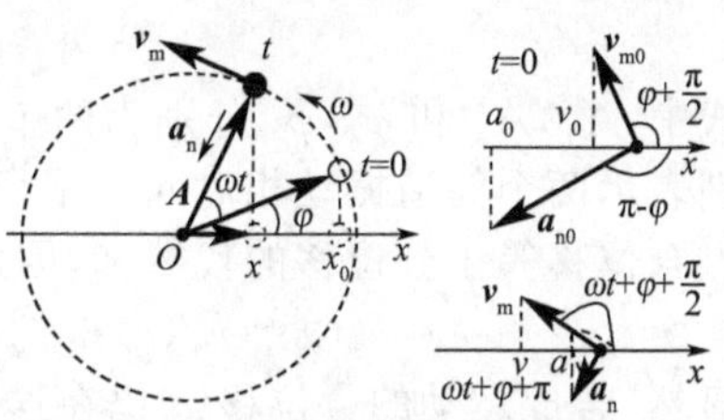

图 4-6　旋转矢量法表示简谐振动

做匀速圆周运动的质点的速率是 $v_m=\omega A$，t 时刻质点运动速度 $\boldsymbol{v}_m$(沿切向方向)与 x 轴的夹角为$(\omega t+\varphi+\pi/2)$，所以 t 时刻速度 $\boldsymbol{v}_m$ 在 x 轴上的投影为

$$v=v_m\cos(\omega t+\varphi+\pi/2)=-v_m\sin(\omega t+\varphi)=-\omega A\sin(\omega t+\varphi)$$

这正是式(4-2-14)给出的简谐运动的速度公式。做圆周运动的质点初始时刻 $t=0$ 时的速度 $\boldsymbol{v}_{m0}$ 在 x 轴上的投影 v_0，就是质点简谐振动的初始速度。做圆周运动的质点 t 时刻的速度 $\boldsymbol{v}_m$ 在 x 轴上的投影 v，就是质点简谐振动 t 时刻的速度。

做匀速圆周运动的质点的向心加速度是 $a_n=\omega^2 A$，t 时刻质点运动加速度 $\boldsymbol{a}_n$(沿法向方向)与 x 轴的夹角为$(\omega t+\varphi+\pi)$，所以 t 时刻加速度 $\boldsymbol{a}_n$ 在 x 轴上的投影为

$$a=a_n\cos(\omega t+\varphi+\pi)=-a_n\cos(\omega t+\varphi)=-\omega^2 A\cos(\omega t+\varphi)$$

这正是式(4-2-14)给出的简谐运动的加速度公式。做圆周运动的质点初始时刻 $t=0$ 时的加速度 $\boldsymbol{a}_{n0}$ 在 x 轴上的投影 a_0，就是质点简谐振动的初始加速度。做圆周运动的质点 t 时刻的加速度 $\boldsymbol{a}_n$ 在 x 轴上的投影 a，就是质点简谐振动 t 时刻的加速度。

正是由于匀速圆周运动与简谐运动的上述关系，所以常常借助于匀速圆周运动来研究简谐振动，那个对应的圆周称为参考圆。旋转矢量及其端点匀速圆周运动的速度与加速度在坐标轴上的投影正好等于特定的简谐振动的位移、速度和加速度。于是可以用一旋转矢量描述简谐振动，旋转矢量的长度等于振幅，矢量 $\boldsymbol{A}$ 称为振幅矢量。简谐振动的角频率等于旋转矢量转动的角速度，简谐振动的相位等于旋转矢量与 x 轴间的夹角。

旋转矢量直观、方便、准确地表示出了质点简谐振动的位移矢量和速度矢量(包括大小和方向)，这为寻找简谐振动的初相位提供了直观的图象。特别是，在比较若干同频简谐振动的相位(振动超期或落后)时，非常直观；在处理同频简谐振动合成问题时，可以直观方便地寻找到合振动的振幅(合振动的旋转矢量)和合振动的初相位。

用旋转矢量在坐标轴上的投影描述简谐振动的方法称为简谐振动的矢量表示法或几何表示法。但要注意，旋转矢量只是为了直观地描述振动引用的工具，不能误认为旋转矢量端点的运动就是简谐振动。

第三节　简谐振动的合成

第四章 第三节 微课

在实际问题中，常会遇到一个质点同时参与两个甚至多个振动的情况。质点的振动是这些振动的线性合成。振动合成的基本知识在声学、光学、交流电工学及无线电技术等方面都有着广泛的应用。

一、同一直线上同频率简谐振动的合成

设质点沿 x 轴同时参与两个独立的同频率简谐振动

$$x_1=A_1\cos(\omega t+\varphi_1),x_2=A_2\cos(\omega t+\varphi_2) \tag{4-3-1}$$

式中,A_1,A_2 和 φ_1,φ_2 分别为两个简谐振动的振幅和初相,ω 表示它们共同的频率,x_1、x_2 分别表示两个简谐振动相对同一平衡位置的位移。因两个分振动在同一直线方向上进行,故质点合位移等于分位移的代数和,因此,在任意时刻合振动的位移为

$$x=x_1(t)+x_2(t)=A_1\cos(\omega t+\varphi_1)+A_2\cos(\omega t+\varphi_2) \tag{4-3-2}$$

显然,合成运动的合位移 x 仍在这一直线上。将余弦函数展开,得到

$$x=(A_1\cos\varphi_1+A_2\cos\varphi_2)\cos\omega t-(A_1\sin\varphi_1+A_2\sin\varphi_2)\sin\omega t$$

由于 A_1,A_2,φ_1 和 φ_2 都是常量,引入两个新常量 A 和 φ

$$A\cos\varphi=A_1\cos\varphi_1+A_2\cos\varphi_2,A\sin\varphi=A_1\sin\varphi_1+A_2\sin\varphi_2$$

则合位移被改写为

$$x=A\cos\varphi\cos\omega t-A\sin\varphi\sin\omega t=A\cos(\omega t+\varphi),x=A\cos(\omega t+\varphi) \tag{4-3-3}$$

其中,引入的两个新常量为

$$\tan\varphi=\frac{A\sin\varphi}{A\cos\varphi}=\frac{A_1\sin\varphi_1+A_2\sin\varphi_2}{A_1\cos\varphi_1+A_2\cos\varphi_2} \tag{4-3-4}$$

$$A^2\cos^2\varphi+A^2\sin^2\varphi=(A_1\cos\varphi_1+A_2\cos\varphi_2)^2+(A_1\sin\varphi_1+A_2\sin\varphi_2)^2$$

$$A^2=A_1^2+A_2^2+2A_1A_2\cos\varphi_1\cos\varphi_2+2A_1A_2\sin\varphi_1\sin\varphi_2$$

$$A^2=A_1^2+A_2^2+2A_1A_2\cos(\varphi_2-\varphi_1)$$

$$A=\sqrt{A_1^2+A_2^2+2A_1A_2\cos(\varphi_2-\varphi_1)} \tag{4-3-5}$$

可见两个在同一直线上的同频率简谐振动的合成运动仍为简谐振动,合成简谐振动的频率与原来简谐振动频率相同。合成简谐振动的振幅 A 不仅与 A_1、A_2 有关,而且与原来两个简谐振动的初相差($\varphi_2-\varphi_1$)有关。

用旋转矢量同样可得上述结果。如图 4-7 所示,两个同一直线方向同频率的简谐振动

$$x_1=A_1\cos(\omega t+\varphi_1),x_2=A_2\cos(\omega t+\varphi_2)$$

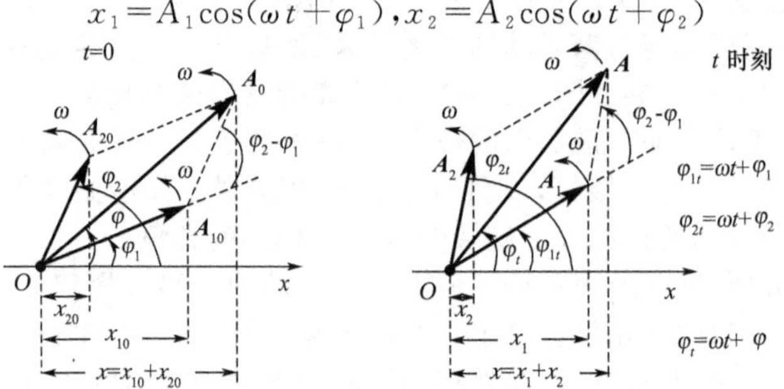

图 4-7　旋转矢量法表示两个同频简楷振动的合成

的振幅矢量(旋转矢量)分别为 $\mathbf{A}_1$ 和 $\mathbf{A}_2$,$\mathbf{A}_1$ 和 $\mathbf{A}_2$ 以相同的匀角速度 ω 绕 O 点逆时针旋转,初始时刻($t=0$)$\mathbf{A}_1$ 和 $\mathbf{A}_2$ 与 x 轴的夹角 φ_1 和 φ_2 就是两个简谐振动 x_1 和 x_2 的初相位。$t=0$ 时刻的矢量 $\mathbf{A}_1$,$\mathbf{A}_2$ 的矢量和为 $\mathbf{A}=\mathbf{A}_1+\mathbf{A}_2$,$\mathbf{A}$ 与 x 轴的夹角为 φ。由于 $\mathbf{A}_1$ 和 $\mathbf{A}_2$ 长度都不变,并且以相同的角速度 ω 绕 O 点逆时针旋转,所以它们合矢量 $\mathbf{A}$ 的长度也不变,而且也是以匀角速度 ω 绕 O 点逆时针旋转(在振幅矢量 $\mathbf{A}_1$ 和 $\mathbf{A}_2$ 旋转过程中,以 $\mathbf{A}_1$ 和 $\mathbf{A}_2$ 为邻边的整个平行四边形可视为一不变形的整体),因此合矢量 $\mathbf{A}$ 就是两个简谐振动 x_1 和 x_2 的合振动 x 的振幅矢量。$\mathbf{A}$ 在 x 轴上的投影 x 所代表的运动也是简谐振动,而且它的频率与 $\mathbf{A}_1$ 和 $\mathbf{A}_2$ 矢量投影所代表的简谐振动频率相同。t 时刻,$\mathbf{A}$,$\mathbf{A}_1$ 和 $\mathbf{A}_2$ 共同转过的角度为 ωt,所以 t 时刻 $\mathbf{A}$、$\mathbf{A}_1$ 和 $\mathbf{A}_2$ 与 x 轴的夹角分别为($\omega t+\varphi$)、($\omega t+\varphi_1$)和($\omega t+\varphi_2$)。根据矢量投影定理可知,合矢量 $\mathbf{A}$ 在 x 轴上的投影 x 等于矢量 $\mathbf{A}_1$ 和 $\mathbf{A}_2$ 在 x 轴上投影 x_1 和 x_2 的代数和

$$x=x_1+x_2=A_1\cos(\omega t+\varphi_1)+A_2\cos(\omega t+\varphi_2)=A\cos(\omega t+\varphi)$$

而且,由图示的几何关系和三角函数关系求得的 φ 和 A 与式(4-3-4)和式(4-3-5)一致。

两个同一直线方向同频率的简谐振动的合成仍然是一个简谐振动，合振动的振幅不仅与两个分振动的振幅有关，还与两个分振动的初相差有关。

如果初相差 $\varphi_2-\varphi_1=0,\pm 2\pi$，两分振动同相，那么

$$A=\sqrt{A_1^2+A_2^2+2A_1A_2}=A_1+A_2 \tag{4-3-6}$$

即合成简谐振动振幅等于原来两个简谐振动振幅之和，这是合成简谐振动振幅可能达到的最大值，振动曲线如图 4-8 所示。这是因为两个分振动同相，振动互相加强。

如果初相差 $\varphi_2-\varphi_1=\pm\pi$，两分振动反相，那么

$$A=\sqrt{A_1^2+A_2^2-2A_1A_2}=|A_1-A_2| \tag{4-3-7}$$

即合成简谐振动振幅等于原来两个简谐振动振幅之差，这是合成简谐振动振幅可能达到的最小值，振动曲线如图 4-9 所示。

如果相位差 $(\varphi_2-\varphi_1)$ 为其他值时，合振幅的值在 (A_1+A_2) 与 $|A_1-A_2|$ 之间。

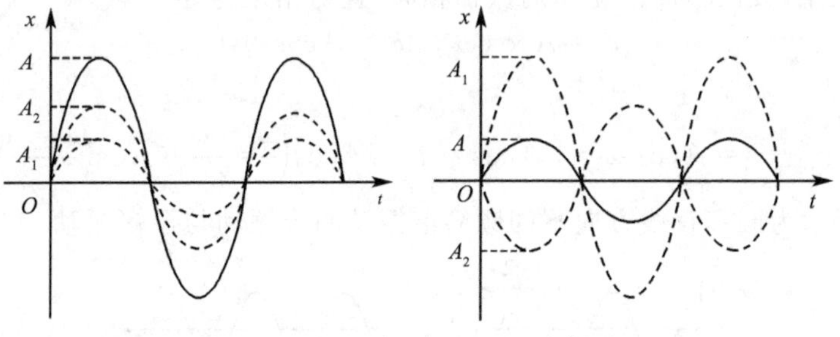

图 4-8 同相简谐振动的合成　　图 4-9 反相简谐振动的合成

二、同一直线上不同频率的简谐振动的合成

拍现象有着广泛的应用，在音乐声学中，拍的现象可用来校准乐器，还可用于测定超声波的频率；在无线电技术中，拍的现象可测量无线电波的频率等。

两个沿同一直线方向不同频率的简谐振动 x_1 和 x_2 的角频率分别为 ω_1 和 ω_2，振幅分别为 A_1 和 A_2。由于二者频率不同，总会有机会二者同相。我们就从此时刻开始计算时间，因而二者的初相相同，都记为 φ_0。这样，两个分振动的表达式可分别写成

$$x_1=A_1\cos(\omega_1 t+\varphi_0),\ x_2=A_2\cos(\omega_2 t+\varphi_0) \tag{4-3-8}$$

如图 4-10 所示，画出旋转矢量图。由于这两个简谐振动的频率不相等，旋转矢量 $\boldsymbol{A}_1$ 和 $\boldsymbol{A}_2$ 逆时针匀速旋转的角速度不等，因此它们之间的夹角

$$\Delta\varphi=(\omega_2 t+\varphi_0)-(\omega_1 t+\varphi_0)=(\omega_2-\omega_1)t \tag{4-3-9}$$

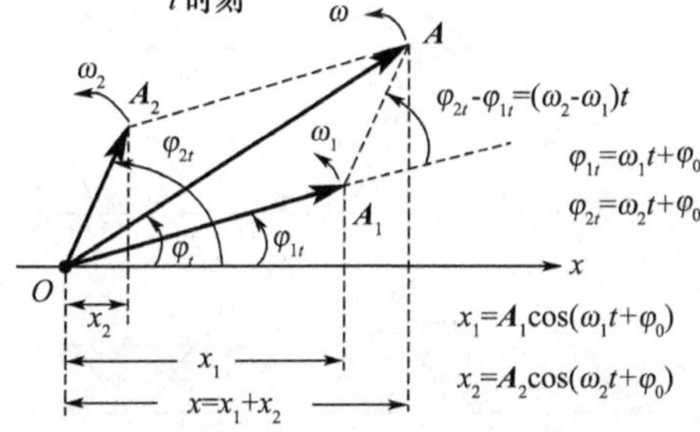

图 4-10 旋转矢量法表示两个不同频简谐振动的合成

是随时间变化的。这样，$\boldsymbol{A}_1$ 和 $\boldsymbol{A}_2$ 的合矢量 $\boldsymbol{A}=\boldsymbol{A}_1+\boldsymbol{A}_2$ 的大小也是随时间变化的，且以不恒定的角速度旋转。由图示可得合成旋转矢量 $\boldsymbol{A}$ 的大小

$$A=\sqrt{A_1^2+A_2^2+2A_1A_2\cos(\omega_2-\omega_1)t} \tag{4-3-10}$$

又由于合矢量**A** 沿 x 轴的投影 $x=x_1+x_2$ 代表两个简谐振动的合成运动,故合成运动虽是振动,但不是简谐振动,振幅 A 是随时间周期性变化的。这一非简谐振动的振幅在最大值 (A_1+A_2) 与最小值 $|A_1-A_2|$ 之间周期性变化,这一现象被称为振幅调制。合振动振幅从一次极大到相邻的另一次极大所经历的时间 τ 称为周期,由式(4-3-10)得到

$$|\omega_2-\omega_1|\tau=2\pi,\tau=\frac{2\pi}{|\omega_2-\omega_1|}=\frac{T_2T_1}{|T_2-T_1|} \tag{4-3-11}$$

单位时间内合振动振幅大小变化的次数被称为频率

$$\gamma=\frac{1}{\tau}=\frac{|\omega_2-\omega_1|}{2\pi}=|\gamma_2-\gamma_1| \tag{4-3-12}$$

振幅调制的频率等于两个简谐振动频率之差。

要特别注意的是,振幅调制的周期不是合振动的周期。为了突出两个简谐振动周期(频率)不同引起的效果,设两个简谐振动的振幅相同,且初相位均等于零

$$x_1=A\cos\omega_1t,x_2=A\cos\omega_2t \tag{4-3-13}$$

合振动的位移为

$$x=x_1+x_2=A\cos\omega_1t+A\cos\omega_2t=2A\cos\left(\frac{\omega_2-\omega_1}{2}t\right)\cos\left(\frac{\omega_2+\omega_1}{2}t\right) \tag{4-3-14}$$

如图 4-11 所示为同一直线方向不同频简谐振动的合振动与振幅振动。

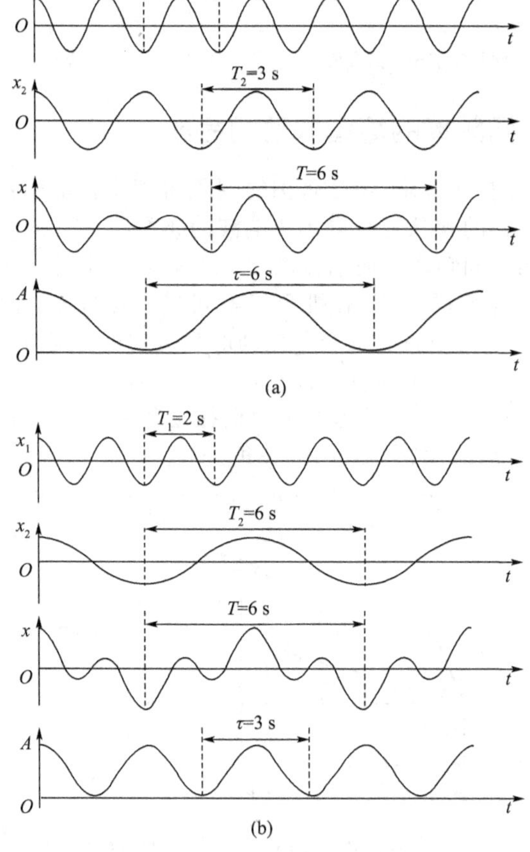

图 4-11 同一直线方向不同频简谐振动的合振动与振幅振动

为了展示振幅调制的周期与合振动的周期的区别,我们取两组简谐振动进行合成

(a)：$T_1=2\ \text{s}$，$T_2=3\ \text{s}$；$x_1=A\cos\pi t$，$x_2=A\cos\dfrac{2\pi}{3}t$

(b)：$T_1=2\ \text{s}$，$T_2=6\ \text{s}$；$x_1=A\cos\pi t$，$x_2=A\cos\dfrac{\pi}{3}t$

两组简谐振动合成振动的周期都是 $T=6\ \text{s}$；而第一组振幅振动(调制)周期为 $\tau=6\ \text{s}$，第二组振幅振动(调制)周期为 $\tau=3\ \text{s}$，这与由式(4-3-11)计算的振幅振动(调制)周期一致。可见，振幅调制的周期与合振动的周期是不同的。我们把合振动周期称为“主周期”，则主周期有两个特点，第一，主周期是分振动周期的整数倍；第二，主周期是分振动周期的最小公倍数。这容易理解，因只有存在这样一段时间，在此时间内分振动均进行了整数次，此后才有可能从头开始重复这段时间的运动而产生周期性的合振动。

由式(4-3-14)可见，同一直线方向不同频率的两个等振幅简谐振动的合振动是由两个简谐振动 $\cos\left(\dfrac{\omega_2-\omega_1}{2}t\right)$ 和 $\cos\left(\dfrac{\omega_2+\omega_1}{2}t\right)$ 的乘积决定的。如果参与振动合成的两个简谐振动的角频率 ω_1 和 ω_2 相差很小，$|\omega_2-\omega_1|\ll\omega_2+\omega_1$，那么合振动的因子(简谐振动)$\cos\left(\dfrac{\omega_2-\omega_1}{2}t\right)$ 的周期比另一因子(简谐振动)$\cos\left(\dfrac{\omega_2+\omega_1}{2}t\right)$ 的周期长得多，也就是说，因子 $\cos\left(\dfrac{\omega_2-\omega_1}{2}t\right)$ 比另一因子 $\cos\left(\dfrac{\omega_2+\omega_1}{2}t\right)$ 的周期性变化慢得多。于是，可将这一合振动看作是振幅按照 $\cos\left(\dfrac{\omega_2-\omega_1}{2}t\right)$ 缓慢周期性变化而角频率等于 $\dfrac{\omega_2+\omega_1}{2}$ 的“准简谐振动”。因子 $\cos\left(\dfrac{\omega_2-\omega_1}{2}t\right)$ 对“简谐振动”$\cos\left(\dfrac{\omega_2+\omega_1}{2}t\right)$ 的振幅起到了调制的作用，将角频率 $\dfrac{|\omega_2-\omega_1|}{2}$ 称为调制角频率，而将 $\dfrac{\omega_2+\omega_1}{2}$ 称为平均角频率。图 4-12 给出了同一直线方向不同频率的两个等振幅简谐振动 x_1 和 x_2 以及合振动 x。对于两个振幅不相等的简谐振动的合成也有类似的结果，如图 4-13 所示。

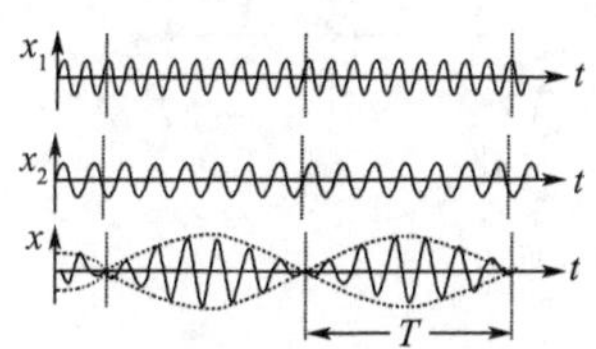

图 4-12　同一直线方向不同频率的两个等振幅简谐振动合成拍

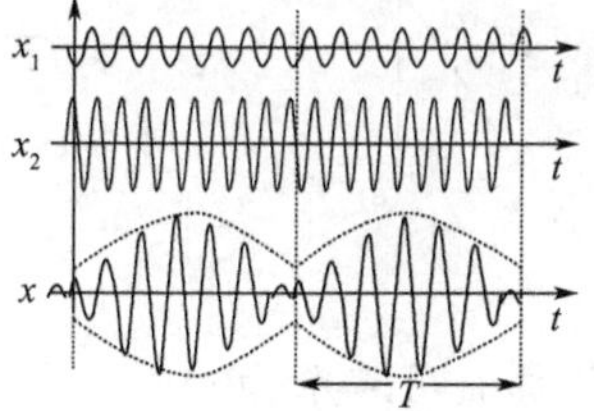

图 4-13　同一直线方向不同频率的两个不等振幅简谐振动合成拍

振动方向相同、频率之和远大于频率之差的两个简谐振动合成时，合振动振幅周期性变化的现象称为拍。合振动振幅每完成一个周期的变化称为一拍，单位时间内拍出现的次数称为拍频。不论合振动的因子 $\cos\left(\dfrac{\omega_2-\omega_1}{2}t\right)$ 达到正最大还是负最大对加强振幅来说都是等效的，因此拍的角频率应为调制角频率的 2 倍，因此拍的角频率和拍频为

$$\omega_{拍}=|\omega_2-\omega_1|,\gamma_{拍}=|\gamma_2-\gamma_1| \tag{4-3-15}$$

这与式(4-3-12)是一致的，拍频是合振动振幅周期性变化的频率。

三、互相垂直同频简谐振动的合成

一个质点同时参与两个不同方向的简谐振动，这相当于质点有两个方向的位移，合位移等

于两个分振动位移的矢量和,这就是不同方向振动合成的法则。

质点同时参与两个互相垂直的同频率的简谐振动

$$x=A_x\cos(\omega t+\varphi_x),\ y=A_y\cos(\omega t+\varphi_y) \tag{4-3-16}$$

质点既沿 Ox 轴又沿 Oy 轴运动,实际上是在 xOy 平面上运动。质点的位移表示为

$$\boldsymbol{r}=x\boldsymbol{i}+y\boldsymbol{j}=A_x\cos(\omega t+\varphi_x)\boldsymbol{i}+A_y\cos(\omega t+\varphi_y)\boldsymbol{j} \tag{4-3-17}$$

这可以看作为该质点的运动函数,从上面方程消去 t,得合振动的轨迹方程

$$\frac{x^2}{A_x^2}+\frac{y^2}{A_y^2}-\frac{2xy}{A_xA_y}\cos(\varphi_y-\varphi_x)=\sin^2(\varphi_y-\varphi_x) \tag{4-3-18}$$

可见,质点的合成运动轨道被限制在 $x=\pm A_x$,$y=\pm A_y$ 的矩形范围内。运动轨道的具体形式取决于两个垂直振动的振幅 A_x、A_y 和初相差 $\Delta\varphi=\varphi_y-\varphi_x$。一般为椭圆,特殊情况下,可能是圆或直线。

1. 初相差 $\Delta\varphi=\varphi_y-\varphi_x=0$,即两个分振动同相

两个同频垂直同相简谐振动可以表示为

$$x=A_x\cos(\omega t+\varphi),\ y=A_y\cos(\omega t+\varphi) \tag{4-3-19}$$

尽管分振动的振幅、振动方向各不相同,但相位相同,表明两个分振动的步调一致,它们同时达到正最大,同时达到负最大。因 $\Delta\varphi=\varphi_y-\varphi_x=0$ 或 2π 的整数倍,由式(4-3-18)得到该条件下,质点运动的轨迹方程为

$$\frac{x^2}{A_x^2}+\frac{y^2}{A_y^2}-\frac{2xy}{A_xA_y}=0,\ \frac{x}{A_x}-\frac{y}{A_y}=0 \tag{4-3-20}$$

两个同相垂直简谐振动的合振动轨迹为通过原点且在第Ⅰ、Ⅲ象限(斜率为正,$A_y/A_x>0$,)的直线段,而且合振动直线轨迹与 x 轴的夹角与分振动的振幅有关,如图 4-14(a)所示。

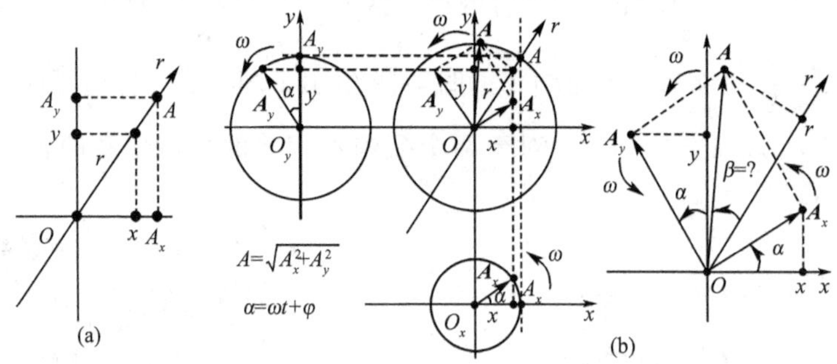

图 4-14　同相垂直简谐振动的合成

合振动位移 r 可表示为

$$r=\pm\sqrt{x^2+y^2}=\pm\sqrt{A_x^2+A_y^2}\cos(\omega t+\varphi)$$

这表明合振动轨迹依然是简谐振动,频率与两个分振动频率相同,但振幅为$\sqrt{A_x^2+A_y^2}$。

如图 4-14(b)所示,给出了 t 时刻振幅矢量$\boldsymbol{A}_x$ 和$\boldsymbol{A}_y$。$\boldsymbol{A}_x$ 和$\boldsymbol{A}_y$ 以相同的角速度ω 逆时针旋转,因此$\boldsymbol{A}_x$ 和$\boldsymbol{A}_y$ 的矢量和$\boldsymbol{A}$ 也以同样的角速度ω 逆时针旋转,$\boldsymbol{A}$ 就是合振动的振幅矢量,所以,合振动是简谐振动,而且角频率为 ω。由于 t 时刻两个垂直振动同相,$\alpha=\omega t+\varphi$,而且 $A=\sqrt{A_x^2+A_y^2}$,$r=A\cos\beta=\sqrt{A_x^2+A_y^2}\cos\beta$,所以 $\beta=\alpha=\omega t+\varphi$,即合振动的相位与分振动的相位相同

$$r=\sqrt{A_x^2+A_y^2}\cos(\omega t+\varphi) \tag{4-3-21}$$

2. 初相差 $\Delta\varphi=\varphi_y-\varphi_x=\pi$,即两个分振动反相

两个同频垂直同相简谐振动可以表示为

$$x=A_x\cos(\omega t+\varphi),\ y=A_y\cos(\omega t+\varphi+\pi)=-A_y\cos(\omega t+\varphi) \tag{4-3-22}$$

尽管分振动的振幅、振动方向各不相同，但相位相反，表明两个分振动的步调相反，尽管它们同时达到原点，但一个位移达到正最大，另一个达到负最大。因 $\Delta\varphi=\varphi_y-\varphi_x=\pi$ 或 π 的奇数倍，由式(4-3-18)得到该条件下，质点运动的轨迹方程为

$$\frac{x^2}{A_x^2}+\frac{y^2}{A_y^2}+\frac{2xy}{A_xA_y}=0,\frac{x}{A_x}+\frac{y}{A_y}=0 \tag{4-3-23}$$

两个反相垂直简谐振动的合振动轨迹为通过原点且在第Ⅱ、Ⅳ象限（斜率为负，$A_y/A_x>0$，）的直线段，合振动轨迹与 x 轴夹角与分振动的振幅有关，如图 4-15(a)所示。

合振动位移 r 可表示为

$$r=\pm\sqrt{x^2+y^2}=\pm\sqrt{A_x^2+A_y^2}\cos(\omega t+\varphi)$$

这表明合振动轨迹依然是简谐振动，频率与两个分振动频率相同，但振幅为 $\sqrt{A_x^2+A_y^2}$。

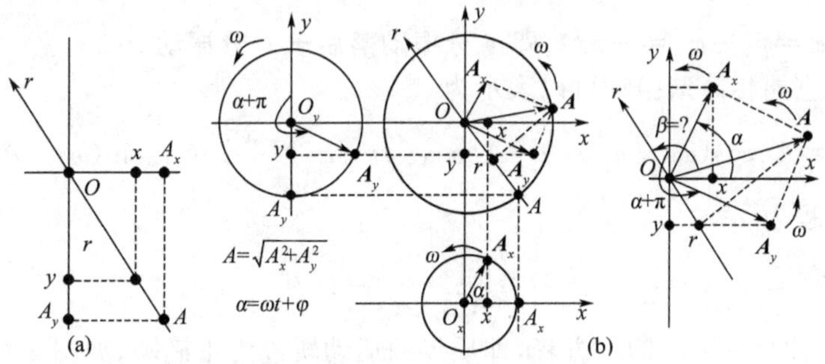

图 4-15　反相垂直简谐振动的合成

如图 4-15(b)所示，给出了 t 时刻振幅矢量 $\boldsymbol{A}_x$ 和 $\boldsymbol{A}_y$。$\boldsymbol{A}_x$ 和 $\boldsymbol{A}_y$ 以相同的角速度 ω 逆时针旋转，因此 $\boldsymbol{A}_x$ 和 $\boldsymbol{A}_y$ 的矢量和 $\boldsymbol{A}$ 也以同样的角速度 ω 逆时针旋转，$\boldsymbol{A}$ 就是合振动的振幅矢量，所以，合振动是简谐振动，而且角频率为 ω。由于 t 时刻两个垂直振动反相，$\alpha=\omega t+\varphi$，而且 $A=\sqrt{A_x^2+A_y^2}$，$r=A\cos\beta=\sqrt{A_x^2+A_y^2}\cos\beta$，所以 $\beta=\pi-\alpha=\pi-(\omega t+\varphi)$，即合振动的相位与分振动的相位相反

$$r=\sqrt{A_x^2+A_y^2}\cos[\pi-(\omega t+\varphi)]=-\sqrt{A_x^2+A_y^2}\cos(\omega t+\varphi) \tag{4-3-24}$$

3. 初相差 $\Delta\varphi=\varphi_y-\varphi_x=\pi/2$，即 x 分振动落后于 y 分振动 $\pi/2$

两个同频垂直同相简谐振动可以表示为

$$x=A_x\cos(\omega t+\varphi_x),y=A_y\cos\left[\omega t+\varphi_x+\frac{\pi}{2}\right]=-A_y\sin(\omega t+\varphi_x) \tag{4-3-25}$$

质点运动轨迹方程为

$$\frac{x^2}{A_x^2}+\frac{y^2}{A_y^2}=1 \tag{4-3-26}$$

这是以 x 轴和 y 轴为主轴的椭圆方程，即质点的运动轨迹为正椭圆，如图 4-16(a)所示。

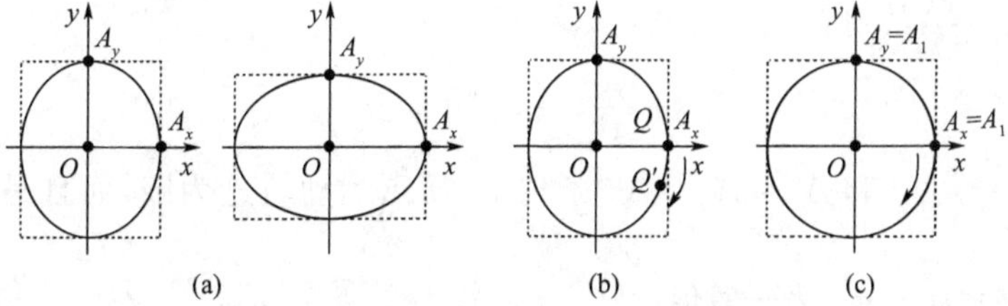

图 4-16　同频垂直振动合成右旋正椭圆(圆)运动

设 t 时刻质点的位置 $x=A_x$，$y=0$，则

$$\cos(\omega t+\varphi_x)=1,(\omega t+\varphi_x)=0,y=-A_y\sin(\omega t+\varphi_x)=0$$

即质点位于图 4-16(b)所示的 $Q(A_x,0)$点,位于 x 轴正向最大位移处。过微小时间 $\mathrm{d}t$ 后,即 $t+\mathrm{d}t$ 时刻,质点的位置坐标为

$$x=A_x\cos(\omega t+\omega\mathrm{d}t+\varphi_x)=A_x\cos(\omega\mathrm{d}t)>0$$
$$y=-A_y\sin(\omega t+\omega\mathrm{d}t+\varphi_x)=-A_y\sin(\omega\mathrm{d}t)<0$$

可见,$t+\mathrm{d}t$ 时刻质点位于第Ⅳ象限的点 $Q'(A_x,-\delta)$;t 时刻,质点在 $Q(A_x,0)$点向下运动。因此,质点沿椭圆顺时针运动,这称为右旋。

如果 $A_x=A_y=A_1$,则有

$$\frac{x^2}{A_1^2}+\frac{y^2}{A_1^2}=1,x^2+y^2=A_1^2 \tag{4-3-27}$$

在 $\Delta\varphi=\varphi_y-\varphi_x=\pi/2$ 和 $A_x=A_y=A_1$ 条件下,质点运动轨迹为圆,而且是右旋圆周运动,如图 4-16(c)所示。

4. 初相差 $\Delta\varphi=\varphi_y-\varphi_x=-\pi/2$,即 y 分振动落后于 x 分振动 $\pi/2$

两个同频垂直同相简谐振动可以表示为

$$x=A_x\cos(\omega t+\varphi_x),y=A_y\cos\left[\omega t+\varphi_x-\frac{\pi}{2}\right]=A_y\sin(\omega t+\varphi_x) \tag{4-3-28}$$

质点运动轨迹方程为

$$\frac{x^2}{A_x^2}+\frac{y^2}{A_y^2}=1 \tag{4-3-29}$$

这是以 x 轴和 y 轴为主轴的椭圆方程,即质点的运动轨迹为正椭圆,如图 4-17(a)所示。

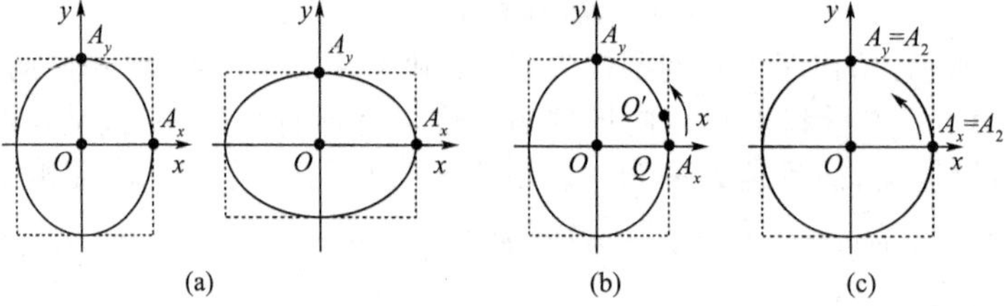

图 4-17 同频垂直振动合成左旋正椭圆(圆)运动

设 t 时刻质点的位置 $x=A_x$,$y=0$,则

$$\cos(\omega t+\varphi_x)=1,(\omega t+\varphi_x)=0,y=A_y\sin(\omega t+\varphi_x)=0$$

即质点位于图 4-17(b)所示的 $Q(A_x,0)$点,位于 x 轴正向最大位移处。过微小时间 $\mathrm{d}t$ 后,即 $t+\mathrm{d}t$ 时刻,质点的位置坐标为

$$x=A_x\cos(\omega t+\omega\mathrm{d}t+\varphi_x)=A_x\cos(\omega\mathrm{d}t)>0$$
$$y=A_y\sin(\omega t+\omega\mathrm{d}t+\varphi_x)=A_y\sin(\omega\mathrm{d}t)>0$$

可见,$t+\mathrm{d}t$ 时刻质点位于第Ⅰ象限的点 $Q'(A_x,\delta)$;t 时刻,质点在 $Q(A_x,0)$点向上运动。因此,质点沿椭圆逆时针运动,这称为左旋。

如果 $A_x=A_y=A_2$,则有

$$\frac{x^2}{A_2^2}+\frac{y^2}{A_2^2}=1,x^2+y^2=A_2^2 \tag{4-3-30}$$

在 $\Delta\varphi=\varphi_y-\varphi_x=-\pi/2$ 和 $A_x=A_y=A_2$ 条件下,质点运动轨迹为圆,而且是左旋圆周运动,如图 4-17(c)所示。

5. 初相差 $\Delta\varphi=\varphi_y-\varphi_x$ 为一般值

初相差 $\Delta\varphi=\varphi_y-\varphi_x$ 为一般值时,由式(4-3-18)可见,质点运动轨迹为椭圆,但不再是正椭圆(圆),而是斜椭圆;即使 $A_x=A_y$,质点运动轨迹也不是圆周,而是斜椭圆。椭圆相对坐标轴的倾斜程度随相位差 $\Delta\varphi=\varphi_y-\varphi_x$ 的不同而不同,而且质点运动的方向(左旋、右旋)也与相

位差 $\Delta\varphi=\varphi_y-\varphi_x$ 有关。如图 4-18 给出了几种情况下质点的运动轨迹曲线和运动方向。

在相位差 $\Delta\varphi=\varphi_y-\varphi_x=0$ 时，质点的运动轨迹为直线段（Ⅰ、Ⅲ象限）；随着相位差的增大，质点运动轨迹逐渐显示出椭圆，在 $0<\Delta\varphi<\pi/2$ 时，椭圆轨迹曲线与矩形（$-A_x\sim A_x$，$-A_y\sim A_y$）的 4 个切点逐渐向坐标轴靠近，椭圆轨迹逐渐由“瘦（直线）”变“胖”，但椭圆轨迹的长轴始终在第Ⅰ、Ⅲ象限内；当 $\Delta\varphi=\pi/2$ 时，4 个切点均到达坐标轴，椭圆最“胖”，斜椭圆的运动轨迹曲线为正椭圆（图 4-18 所示的是 $A_x<A_y$ 的情况，正椭圆的长轴是 y 轴；如果是 $A_x>A_y$ 的情况，正椭圆的长轴是 x 轴；如果是 $A_x=A_y$ 的情况，运动轨迹曲线是圆）；在 $\pi/2<\Delta\varphi<\pi$ 时，椭圆轨迹曲线与矩形的 4 个切点逐渐离开坐标轴，椭圆轨迹逐渐由“胖”变“瘦”，但椭圆轨迹的长轴始终在第Ⅱ、Ⅳ象限内；直到 $\Delta\varphi=\pi$，第Ⅱ、Ⅳ象限内的椭圆轨迹终于“瘦”成了一条直线段；在 $\pi<\Delta\varphi<3\pi/2$ 时，椭圆轨迹曲线与矩形的 4 个切点逐渐向坐标轴靠近，椭圆轨迹逐渐由“瘦（直线）”变“胖”，但椭圆轨迹的长轴始终在第Ⅱ、Ⅳ象限内；当 $\Delta\varphi=3\pi/2(-\pi/2)$ 时，4 个切点均到达坐标轴，椭圆最“胖”，斜椭圆的运动轨迹曲线为正椭圆（图 4-18 所示的是 $A_x<A_y$ 的情况，正椭圆的长轴是 y 轴；如果是 $A_x>A_y$ 的情况，正椭圆的长轴是 x 轴；如果是 $A_x=A_y$ 的情况，运动轨迹曲线是圆）；在 $3\pi/2(-\pi/2)<\Delta\varphi<2\pi(0)$ 时，椭圆轨迹曲线与矩形的 4 个切点逐渐离开坐标轴，椭圆轨迹逐渐由“胖”变“瘦”，但椭圆轨迹的长轴始终在第Ⅰ、Ⅲ象限内；直到 $\Delta\varphi=2\pi(0)$，第Ⅰ、Ⅲ象限内的椭圆轨迹终于“瘦”成了一条直线段。

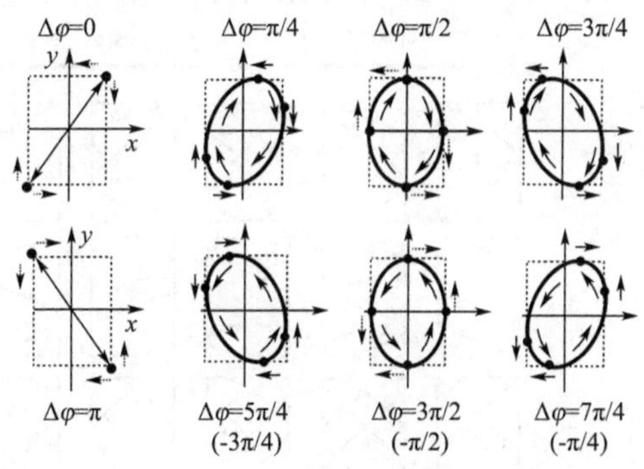

图 4-18　同频垂直简谐振动的合成

同频垂直简谐振动的合成，充分展示了运动的合成与分解原理。质点既沿 Ox 轴又沿 Oy 轴运动（简谐振动），实际上是在 xOy 平面上运动。在两个简谐振动的初相差为零或为 π 的整数倍时，两个频率相同、相互垂直的简谐振动的合成运动依然是简谐振动（合成简谐振动的方向与原来的两个简谐振动的方向都不相同）；这提示我们，一个任意方向的简谐振动一定可以分解为两个频率相同、振动方向相互垂直的简谐振动。两个简谐振动的初相差为 $\pi/2$ 的奇数倍时，两个频率相同、相互垂直的简谐振动合成为正椭圆运动轨迹；这提示我们，一个椭圆运动一定可以分解为两个频率相同、振动方向相互垂直的简谐振动。在两个简谐振动的初相差为 $\pi/2$ 的奇数倍、而且振幅相同的两个频率相同、相互垂直的简谐振动合成为圆周运动轨迹；这提示我们，一个圆周运动一定可以分解为两个频率相同、振动方向相互垂直、振幅相等的简谐振动。一般情况下，两个频率相同、相互垂直的简谐振动合成为斜椭圆运动；这提示我们，一个斜椭圆运动一定可以分解为两个频率相同、振动方向相互垂直的简谐振动。

由此我们可以推论：任何一个周期性平面运动（运动轨迹是闭合曲线），都可以分解为两个同频垂直的简谐振动。进一步推广：任何一个周期性空间运动（运动轨迹是三维空间闭合曲线），都可以分解为三个同频垂直的简谐振动。同频垂直的简谐振动就像直角坐标系的三个基矢，任何一个周期性空间运动都可以在这三个基矢方向分解。由此我们可以想象：任何一个空间运动都可以分解为三个垂直方向的运动，而每个方向的运动又可以分解为若干个频率的简谐振动。

四、互相垂直不同频振动的合成

一般说来,在两个互相垂直的简谐振动频率不同的条件下,合运动的轨迹不能形成稳定的图案。但如果两个简谐振动的频率之比为两个整数之比,则合成运动的轨迹为稳定的曲线,曲线的花样与两个简谐振动的频率比、初相位有关。

两个频率不同的互相垂直的简谐振动的合成比较复杂,这时只能根据质点运动轨迹的参数方程

$$x=A_x\cos(\omega_x t+\varphi_x),y=A_y\cos(\omega_y t+\varphi_y) \tag{4-3-31}$$

了解质点的运动情况。

如果两分振动频率之差很小,则合振动可近似地看成是同频率的两个互相垂直的简谐振动的合成,但由于相位差随时间缓慢变化,因此合成振动的轨迹依图 4-18 所示的次序不断变化,由直线变成椭圆再变成直线等。如果两分振动频率相差较大,但有简单整数比,则合成运动具有稳定闭合的轨迹,这种质点运动轨迹称为李萨如图形,如图 4-19 所示。两个简谐振动频率有简单整数比时,合成运动具有稳定闭合的轨迹,是因为分别经过若干周期后,两个简谐振动的状态(相)可以重复开始合成时两个简谐振动的状态(相),从而开始下一个周期性运动,质点的运动具有周期性,运动轨迹是闭合曲线。两个频率比不为整数比的两个简谐振动的合成运动轨迹为永不闭合的曲线,也就是说合成运动为非周期运动。

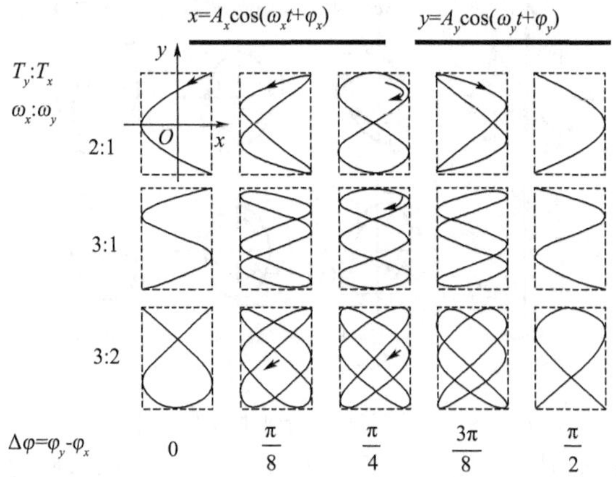

图 4-19 李萨如图形

已知一个振动的周期,根据李萨如图形就可求出另一振动的周期。这是常用的测定频率的方法。如图 4-20 所示,设某李萨如图形与 x 轴有 n_x 个交点,与 y 轴有 n_y 个交点。沿 x 轴简谐振动的周期为 T_x(角频率为 ω_x),沿 y 轴简谐振动的周期为 T_y(角频率为 ω_y),则

$$\frac{T_x}{T_y}=\frac{n_x}{n_y},\frac{\omega_x}{\omega_y}=\frac{n_y}{n_x} \tag{4-3-32}$$

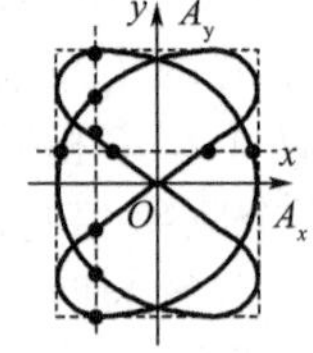

图 4-20 李萨如图形测量频率

第四章 第四节 微课

第四节 谐振分析

任何一个复杂的周期性振动都可以分解成一系列简谐振动之和,这就是谐振分析。若某物理量(如机械振动的质点位移)随时间的周期性变化可用函数

$$x=f(\omega t) \tag{4-4-1}$$

表示，其中 $\omega=2\pi/T$ 为正的常量，T 是 x 随时间 t 变化的周期，这样，x 变化的周期为 2π。可以将物理量进行傅立叶级数展开

$$x=A_0+\sum_{k=1}^{\infty}A_k\cos(k\omega t+\alpha_k)=A_0+\sum_{k=1}^{\infty}A_k\cos(\omega_k t+\alpha_k) \tag{4-4-2}$$

式中的展开系数称为傅立叶系数，表示为

$$A_0=\frac{1}{2\pi}\int_{-\pi}^{\pi}f(\omega t)\mathrm{d}(\omega t),A_k=\frac{1}{\pi}\int_{-\pi}^{\pi}f(\omega t)\cos(k\omega t)\mathrm{d}(\omega t) \tag{4-4-3}$$

$$\tan\alpha_k=-\frac{\int_{-\pi}^{\pi}f(\omega t)\cos(k\omega t)\mathrm{d}(\omega t)}{\int_{-\pi}^{\pi}f(\omega t)\sin(k\omega t)\mathrm{d}(\omega t)} \tag{4-4-4}$$

可见，任一周期振动可以分解成几个(甚至无穷多个)简谐振动，它们的频率是原周期振动频率的整数倍，每一简谐振动的振幅 A_k 和初相位 α_k 可以由原振动函数通过傅立叶积分得到。在傅立叶级数展开式中，$k=1$ 的简谐振动与原周期振动有相同的频率，称为基频振动，其他 $k=2,3,\cdots$ 诸简谐振动的频率 $\omega_2=2\omega,\omega_3=3\omega,\cdots$ 是原振动频率的整数倍，分别称为二次、三次……谐频等。这种将任一周期振动分解为许多简谐振动的方法，称为谐振分析。

如果振动 $x=f(t)$ 是非周期的，例如脉冲等，可把它分解为频率连续分布的简谐振动的和，即可将非周期性的振动展开为傅立叶积分

$$x=f(t)=\int_0^{\infty}A(\omega)\cos(\omega t)\mathrm{d}\omega+\int_0^{\infty}B(\omega)\sin(\omega t)\mathrm{d}\omega \tag{4-4-5}$$

式中的连续函数 $A(\omega)$ 和 $B(\omega)$ 仍然称为傅立叶系数，需要由 $f(t)$ 来决定。

复杂振动可分解为若干简谐振动，这些简谐振动的频率连同相应的振幅，称为该复杂振动的振动谱，表示一个实际振动所包含的各种谐振成分的振幅和它们的频率的关系。周期振动可分解成若干频率为原来振动频率整数倍的简谐振动，因此周期振动具有分立线状谱。非周期振动分解为频率连续变化的简谐振动，所以非周期振动的谱是连续谱。图 4-21 表示周期性振动的锯齿波及其分立的频谱，图 4-22 表示非周期性振动的阻尼振动及其连续的频谱。

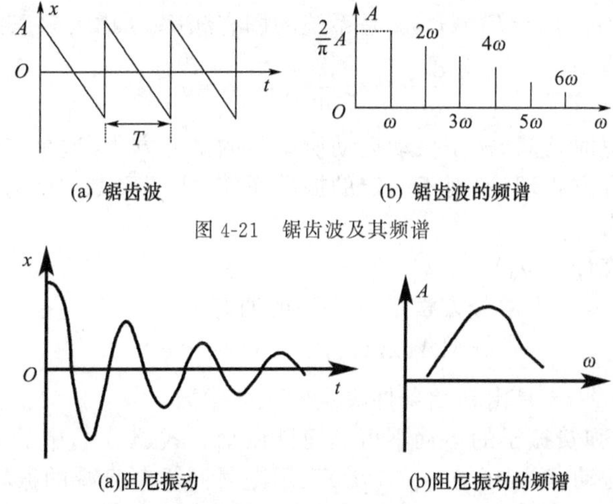

(a) 锯齿波　(b) 锯齿波的频谱

图 4-21　锯齿波及其频谱

(a)阻尼振动　(b)阻尼振动的频谱

图 4-22　阻尼振动及其频谱

谐振分析无论对实际应用或理论研究，都是十分重要的方法，因为实际存在的振动大多不是严格的简谐运动，而是比较复杂的振动。在实际现象中，一个复杂振动的特征总跟组成它的

各种不同频率的谐振成分有关。例如,同为C音,音调(即基频)相同,但钢琴和胡琴发出的C音的音色不同,就是因为它们所包含的高次谐频的个数与振幅不同。

第四章 第五节 微课

第五节 阻尼振动

实际上,简谐振动只是一个理想化模型,振动物体总是要受到各种阻力的作用,使得机械能不断地转化为其他形式的能量(如转化为热能而耗散、转化为周围介质的能量),如无外界能量补偿,振幅将不断减小而归于零,振动最后趋于停止。振动系统因受阻力做振幅减小的运动,称为阻尼振动。

从理论上研究有阻力情况下物体振动的运动规律较为繁杂,通常只研究黏滞阻尼的情况。物体运动速度(振动速度)较小时,可认为摩擦阻力正比于质点的速率,这种阻尼称为黏滞阻尼。例如,流体(液体、气体)中的物体在弹性回复力和流体阻力作用下做振动,如果物体振动速度较小,流体阻力就近似为与物体运动速率的大小成正比而方向与速度方向相反,物体做阻尼振动。在黏滞阻尼的情况下,物体(质点)的运动方程是线性常系数齐次微分方程,便于求解。当然,如果物体的振动速度较大时,阻力与物体运动速率的2次甚至3次方成正比,物体(质点)的运动方程是非线性微分方程。

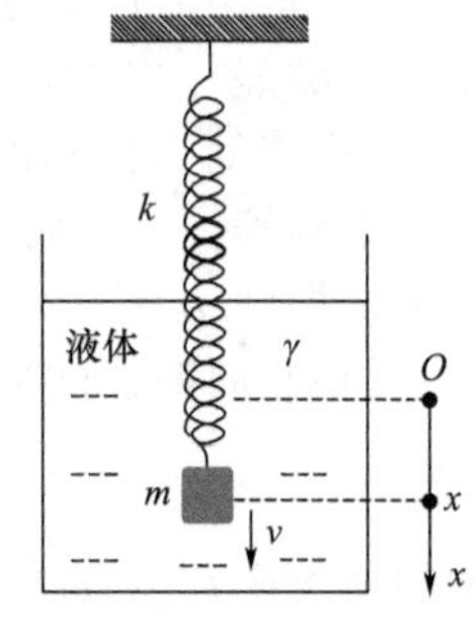

图 4-23 阻尼振动实验

如图4-23所示,质量为m的质点悬挂在劲度系数为k的弹簧下置于黏滞阻力系数为γ的液体中振动。选择质点平衡位置为原点,令坐标轴Ox与质点轨迹重合,振动物体速度不太大时,物体所受阻力与物体的速度大小成正比、与速度的方向相反

$$f=-\gamma v=-\gamma\frac{\mathrm{d}x}{\mathrm{d}t} \tag{4-5-1}$$

物体的动力学方程为

$$m\frac{\mathrm{d}^2x}{\mathrm{d}t^2}=-kx-\gamma\frac{\mathrm{d}x}{\mathrm{d}t} \tag{4-5-2}$$

令$\omega_0=\sqrt{k/m}$,$2\beta=\gamma/m$,$f_0=F_0/m$,ω_0是系统的固有频率,β称为阻尼系数,则有

$$\frac{\mathrm{d}^2x}{\mathrm{d}t^2}+2\beta\frac{\mathrm{d}x}{\mathrm{d}t}+\omega_0^2x=0 \tag{4-5-3}$$

这就是考虑到黏滞阻尼时,弹簧振子振动运动所满足的微分方程,这是一个二阶线性常系数齐次微分方程。按照微分方程理论,对于一定的振动系统,阻尼系数β大小不同,动力学方程解出三种可能的运动状态。

1. 欠阻尼运动状态($\beta<\omega_0$)

如果阻力很小,$\beta<\omega_0$,则微分方程式(4-5-3)的通解为

$$x=A\exp(-\beta t)\cos(\omega t+\varphi) \tag{4-5-4}$$

式中,$\omega=\sqrt{\omega_0^2-\beta^2}$,而$A$,$\varphi$是由初始条件决定的积分常数。

在欠阻尼情况下,弹簧振子的运动不再是简谐振动。式(4-5-4)中的$\cos(\omega t+\varphi)$项表示的是角频率为ω的简谐振动,而因子$A\exp(-\beta t)$表示随时间不断衰减的振幅,二因子相乘表示质点做范围不断缩小的往复运动,这种振动状态称为欠阻尼状态。因子$A\exp(-\beta t)$随时间的推移趋于零,表示质点趋于静止,β越大,阻尼越大,振动衰减越快;β越小,衰减越慢。图4-24(a)画出了欠阻尼状态的位移—时间曲线。

由于在欠阻尼状态质点的运动状态不可能每经过一段时间便完全重复出现,因此阻尼振

动不是周期运动。不过因子 $\cos(\omega t+\varphi)$ 是周期性变化的,它保证了质点每连续两次通过平衡位置并沿相同方向运动所需的时间间隔是相同的,于是把 $\cos(\omega t+\varphi)$ 的周期称为阻尼振动的周期。这时仍把 ω 看作角频率,则阻尼振动周期(衰减振动周期)为

$$T=\frac{2\pi}{\omega}=\frac{2\pi}{\sqrt{\omega_0^2-\beta^2}}>T_0=\frac{2\pi}{\omega_0} \qquad (4\text{-}5\text{-}5)$$

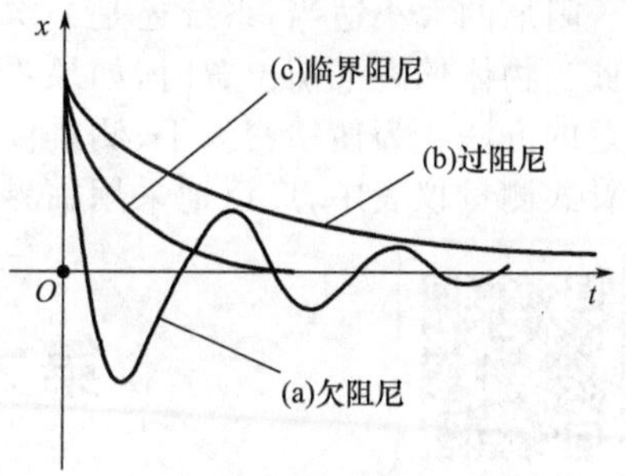

图 4-24　阻尼振动曲线

阻尼振动周期大于同样的振动系统的简谐振动周期(固有振动周期)$T_0=2\pi\sqrt{m/k}$。阻尼振动的周期不仅决定于弹簧振子本身的性质,还与阻尼大小有关,阻尼越大,阻尼振动的周期越大。由固有振动周期 T_0 的表达式可见,振子的质量越大,振动周期越大。因此,就振动周期而言,阻尼振动就如同增加了振子的质量一样,振动周期变大。

由于振幅不断减小,振动能量也不断减小。由于振动能量与振幅的平方成正比,所以

$$E=E_0\exp(-2\beta t)$$

其中 E_0 为起始能量。能量减小到起始能量的 $1/e$ 所经过的时间为

$$\tau=\frac{1}{2\beta}$$

这一时间可以作为阻尼振动的特征时间而称为时间常数,或叫鸣响时间。阻尼越小,则时间常数越大,鸣响时间也越长。

在通常情况下,阻尼很难避免,振动常常是阻尼的。对这种实际振动,常常用在鸣响时间内可能振动的次数来比较振动的“优劣”,振动次数越多越“好”。因此,技术上就用这一次数的 2π 倍定义为阻尼振动的品质因数,并以 Q 表示,因此又称为振动系统的 Q 值

$$Q=2\pi\frac{\tau}{T}=\omega\tau$$

在阻尼不严重的情况下,此式中的 T 和 ω 就可以用振动系统的固有周期和固有角频率计算。一般音叉和钢琴弦的 Q 值为几千,即它们在敲击后到基本听不见之前大约可以振动几千次,无线电技术中的振荡回路的 Q 值为几百,激光器的光学谐振腔的 Q 值可达 10^7。

2. 过阻尼运动状态($\beta>\omega_0$)

如果阻力很大,$\beta>\omega_0$,则微分方程式(4-5-3)的通解为

$$x=A\exp[-(\beta-\sqrt{\beta^2-\omega_0^2})t]+B\exp[-(\beta+\sqrt{\beta^2-\omega_0^2})t] \qquad (4\text{-}5\text{-}6)$$

式中,A,B 是由起始条件决定的积分常数。显然上式所表示的运动为非周期性的,随着时间的增长,质点最终趋近于平衡位置。

阻尼作用过大时,物体的运动将不再具有任何周期性,物体将从原来远离平衡位置的状态慢慢回到平衡位置,这种情况称为过阻尼,图 4-24(b)给出了过阻尼状态的位移—时间曲线。将弹簧振子放在黏度较大的油类介质中,就可以观察到大阻尼情况下弹簧振子的运动。银行、宾馆等大型建筑物的弹簧门上常装有一个消振油缸,使其工作于过阻尼状态,其作用就是避免门来回振动。

3. 临界阻尼运动状态($\beta=\omega_0$)

如果阻力适当,$\beta=\omega_0$,则微分方程式(4-5-3)的通解为

$$x=(A+Bt)\exp(-\beta t) \qquad (4\text{-}5\text{-}7)$$

式中,A,B 是由起始条件决定的积分常数。此解仍不表示周期性运动,由于阻力较过阻尼状态时为小,将质点移开平衡位置释放后,质点很快回到平衡位置并停下来,这种运动叫临界阻尼状态,其位移—时间曲线如图 4-24(c)所示。

阻尼的大小适当,系统还是一次性地回到平衡状态,但所用的时间比过阻尼的情况要短。因此当物体偏离平衡位置时,如果要它以最短的时间一次性地回到平衡位置,就常用施加临界阻尼的方法。为使精密天平、测量仪表等快速地逼近正确读数或返回平衡位置,在天平及各类指针式测量仪表中,广泛地采用临界阻尼系统。

第四章 第六节 微课

第六节　受迫振动

振动系统在连续的周期性外力作用下进行的振动运动称为受迫振动。这种周期性的外力称为策动力。在连续的周期性策动力作用下的受迫振动是稳态振动。受迫振动的特性与连续的周期性策动力的大小、方向和频率有关。

在受迫振动系统中,一般可以将阻尼也一并考虑进去,因此,振动物体除受到弹性回复力、阻力(欠阻尼)外,还受到一个周期性连续变化的策动力的作用。振动物体的运动方程是二阶常系数线性非齐次微分方程,周期性策动力表现在方程的非齐次项上。由傅立叶分析可知,周期性策动力可以分解为若干个简谐力;而由微分方程理论可知,由若干个非齐次项组成的微分方程的解等于各个非齐次项单独组成的微分方程的解的和。因此,我们只需讨论非齐次项只含一个简谐力的微分方程的解。

如图 4-25(a)所示的受迫振动实验,半径为 R 的圆盘可以绕垂直于纸面的 O' 轴以匀角速度 ω 逆时针旋转。在盘的边缘固定一柱体 B,柱体 B 又镶嵌在水平滑道 cc′内,而水平滑道 cc′又可以在竖直滑道 aa′bb′内上下滑动。质量为 m 的弹簧振子的上端与水平滑道 cc′固连,下端放在具有阻尼系数 γ 的流体中。当柱体 B 跟随圆盘一起以匀角速度 ω 逆时针旋转时,带动水平滑道 cc′沿竖直滑道 aa′bb′上下周期性滑动,从而带动弹簧周期性伸缩,因而给振动系统一个周期性的策动力。振动物体在重力、弹簧弹性力和周期性策动力(也是弹簧弹性力)的作用下做受迫振动。

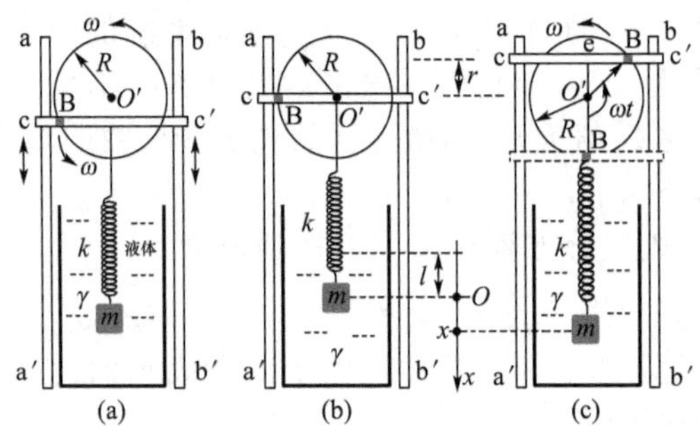

图 4-25　弹簧振子在简谐力作用下的受迫振动

如图 4-25(b)所示,假设当水平滑道 cc' 位于 O' 位置时振动系统静止,在重力的作用下,弹簧伸长量为 l,则有 $mg=kl$。取振动物体 m 静止的位置为坐标原点 O(平衡位置),建立方向向下的坐标系 Ox。

如图 4-25(c)所示,取水平滑道 cc′位于最低位置时为计时零点(相当于弹簧再被压缩 R)。t 时刻振动物体相对于坐标原点 O(平衡位置)的位移为 x,柱体 B(圆盘)转过的角度为 ωt,水平滑道 cc′位于位置 e,水平滑道 cc′带动振动系统上升(相对于 O' 位置)

$$r=R\sin\left(\omega t-\frac{\pi}{2}\right)=-R\cos(\omega t)$$

这相当于策动力引起的弹簧的伸长量。因此,振动系统受到的周期性策动力为

$$F(t)=-kr=kR\cos(\omega t)=F_0\cos(\omega t) \tag{4-6-1}$$

式中，$F_0=kR$ 为一常量。这一周期性策动力为简谐力，策动力的初相位为零。

一、受迫振动的动力学方程

如图 4-25(c)所示，t 时刻弹簧总的伸长量为 $x+l-R\cos(\omega t)$，振动物体还受到重力 mg 和阻尼力 $\gamma \mathrm{d}x/\mathrm{d}t$ 的作用。物体做受迫振动的动力学方程为

$$m\frac{\mathrm{d}^2x}{\mathrm{d}t^2}=-k(x+l-R\cos(\omega t))+mg-\gamma\frac{\mathrm{d}x}{\mathrm{d}t}$$

令 $\omega_0=\sqrt{k/m}$，$2\beta=\gamma/m$，$f_0=F_0/m$，ω_0 是系统的固有频率，β 称为阻尼系数。再利用 $F_0=kR$ 和 $mg=kl$，物体做受迫振动的动力学方程可以进一步化为

$$\frac{\mathrm{d}^2x}{\mathrm{d}t^2}+2\beta\frac{\mathrm{d}x}{\mathrm{d}t}+\omega_0^2x=f_0\cos(\omega t) \tag{4-6-2}$$

这是一个二阶线性常系数非齐次常微分方程，是受迫振动普遍的动力学方程。

受迫振动是考虑阻尼的存在，如果没有阻尼，也可能就不需要策动力(持续补充能量)系统就能保持振动。所以，受迫振动的动力学方程就是在阻尼振动的“齐次”方程中增加“非齐次”项的策动力。受迫振动的动力学方程是“二阶常系数线性非齐次”微分方程。

由微分方程理论，“二阶常系数线性非齐次”微分方程的通解是由相应的“二阶常系数线性齐次”微分方程的通解与“二阶常系数线性非齐次”微分方程的一个特解的线性组合构成。“二阶常系数线性齐次”微分方程就是“阻尼振动”动力学方程，其通解为 $x'(t)$；需要寻找二阶常系数线性非齐次”微分方程的一个特解 $x''(t)$。

如果“二阶常系数线性非齐次”微分方程的“非齐次项”是若干项的线性组合，则可以由每一项分别与“二阶常系数线性齐次”微分方程组成一个“二阶常系数线性非齐次”微分方程；如果能够找到每一个新构成的“二阶常系数线性非齐次”微分方程的特解 $x''_n(t)$，那么就可以由这些特解的线性组合构成“总的二阶常系数线性非齐次”微分方程的特解。

再考虑任何一个周期性函数都可以进行傅里叶级数展开，则任何一个周期性策动力都可以分解为若干频率的“简谐策动力”的线性组合。因此，只需要解策动力为“简谐”形式 $F(t)=F_0\cos(\omega t)$ 的“二阶常系数线性非齐次”微分方程。

考察“存在阻尼的受迫振动”。由于阻尼的作用，“阻尼振动项”最终是要趋于停止，“二阶常系数线性齐次”微分方程的“稳态解”为零；受迫振动完全由策动力控制。在“简谐”策动力作用下的受迫振动，其“二阶常系数线性非齐次”微分方程的“稳态解”必定是振动频率与“简谐”策动力振动频率相同的简谐振动；这一简谐振动就是“存在阻尼的受迫振动(简谐策动力)”的“二阶常系数线性非齐次”微分方程的一个特解。

二、受迫振动的运动学特征

式(4-6-2)的通解由相应的齐次方程的通解 $x'(t)$ 和非齐次方程的一个特解 $x''_{(}t)$ 组成。对于齐次方程，就是阻尼振动的动力学方程，其通解为

$$x'(t)=\begin{cases}A_1\exp(-\beta t)\cos(\sqrt{\omega_0^2-\beta^2}\,t+\varphi_0) & (\beta<\omega_0)\\ (A_2+B_2t)\exp(-\beta t) & (\beta=\omega_0)\\ A_3\exp[-(\beta-\sqrt{\beta^2-\omega_0^2})t]+B_3\exp[-(\beta+\sqrt{\beta^2-\omega_0^2})t] & (\beta>\omega_0)\end{cases} \tag{4-6-3}$$

其中，A_1，A_2，B_2，A_3，B_3，φ_0 是由振动的初始条件决定的积分常数，与策动力无关。式(4-6-2)的非齐次项是角频率为 ω 的简谐振动，所以式(4-6-2)的一个特解为

$$x''(t)=A\cos(\omega t+\varphi) \tag{4-6-4}$$

其中，A 和 φ 是由周期性策动力决定的常数。由此，受迫振动的动力学方程的通解为

$$x(t)=x'(t)+x''(t)=x'(t)+A\cos(\omega t+\varphi) \tag{4-6-5}$$

此解为两项之和,表明振动物体(质点)的运动包含两个分运动。第一项为阻尼振动,随时间的推移而趋于消失,它反映受迫振动的暂态行为,与策动力无关;第二项表示与周期性策动力频率相同且振幅为 A 的简谐振动。

由式(4-6-3)可知,不论是小阻尼还是大阻尼情况,阻尼振动方程的通解 $x'(t)$ 都是随时间增长($t\to\infty$)而衰减至零。因而,受迫振动的稳态解为由策动力激发的简谐振动

$$x(t)=x''(t)=A\cos(\omega t+\varphi) \tag{4-6-6}$$

由此,不难理解,在周期性简谐策动力作用下的(阻尼)受迫振动,开始时,由于存在阻尼,受迫振动的振幅较小,经过一定时间后,阻尼振动即可忽略不计,振动物体(质点)的运动逐渐发展为由周期性简谐策动力所决定的与策动力同频率的简谐振动,称为受迫振动的稳定振动状态。稳态受迫振动与初始状态无关,完全由策动力决定,初始条件影响暂态过程,不影响稳态振动。要特别强调的是,稳态受迫振动(简谐振动)的角频率 ω 是周期性简谐策动力的角频率 ω,而不是振动系统的固有角频率 ω_0;稳态受迫振动(简谐振动)的振幅 A 和初相位 φ 并非决定于初始条件,而是依赖于振动系统本身的性质、阻尼的大小和策动力的特征,即与参量有关。

将受迫振动的稳态解式(4-6-6)代入受迫振动的动力学方程式(4-6-2),得到

$$-\omega^2 A\cos(\omega t+\varphi)-2\beta\omega A\sin(\omega t+\varphi)+\omega_0^2 A\cos(\omega t+\varphi)=f_0\cos(\omega t)$$

$$-\omega^2 A\cos\omega t\cos\varphi+\omega^2 A\sin\omega t\sin\varphi-2\beta\omega A\sin\omega t\cos\varphi-2\beta\omega A\cos\omega t\sin\varphi$$
$$+\omega_0^2 A\cos\omega t\cos\varphi-\omega_0^2 A\sin\omega t\sin\varphi=f_0\cos(\omega t)$$

等式两边的和前的系数应该分别相等,于是得到

$$A(\omega_0^2-\omega^2)\cos\varphi-2\beta\omega A\sin\varphi=f_0 \tag{4-6-7}$$

$$A(\omega_0^2-\omega^2)\sin\varphi+2\beta\omega A\cos\varphi=0 \tag{4-6-8}$$

1. 稳态受迫振动的初相位

由式(4-6-8)可以得到稳态受迫振动(简谐振动)的初相位

$$\tan\varphi=-\frac{2\beta\omega}{\omega_0^2-\omega^2} \tag{4-6-9}$$

稳态受迫振动的初相位 φ 不仅与振动系统本身的性质(ω_0)、阻尼的大小(β)有关,还与周期性简谐策动力的角频率(ω)有关,是角频率 ω 的函数。

实际上,由于周期性策动力的初相位为零,所以稳态受迫振动的初相位 φ 是稳态受迫振动的初相位与周期性策动力的初相位差(也就等于相位差)。由于 φ 一般并不为零,所以稳态受迫振动与周期性策动力并不同相(同步调),有一定的相位差,而且这一相位差在振动系统确定的情况下,与周期性简谐策动力的角频率(ω)有关。如果 $\omega=0$,则 $\varphi=0$,稳态受迫振动与周期性策动力的振动同相;如果周期性策动力的角频率小于振动系统的固有振动频率,$\omega<\omega_0$,则 $\tan\varphi<0$,$-\pi/2<\varphi<0$,稳态受迫振动落后于周期性策动力的振动,而且随着周期性简谐策动力的角频率 ω 的增大,相位差逐渐增大;如果周期性策动力的角频率等于振动系统的固有振动频率,$\omega=\omega_0$,则 $\tan\varphi=-\infty$,$\varphi=-\pi/2$,稳态受迫振动比周期性策动力的振动落后 $\pi/2$;如果周期性策动力的角频率大于振动系统的固有振动频率,$\omega>\omega_0$,则 $\tan\varphi>0$,$-\pi/2>\varphi>-\pi$,稳态受迫振动落后于周期性策动力的振动,而且随着周期性简谐策动力的角频率 ω 的增大,相位差逐渐增大;如果 $\omega\to\infty$,则 $\tan\varphi\to0$,$\varphi\to-\pi$,稳态受迫振动与周期性策动力的振动反相。由此可见,稳态受迫振动的位移变化总是滞后于周期性策动力的振动。

2. 稳态受迫振动的振幅

取式(4-6-7)和式(4-6-8)的平方和,得到

$$A^2(\omega_0^2-\omega^2)^2+4\beta^2\omega^2A^2=f_0^2,A=\frac{f_0}{\sqrt{(\omega_0^2-\omega^2)^2+4\beta^2\omega^2}} \tag{4-6-10}$$

稳态受迫振动的振幅 A 不仅与振动系统本身的性质(ω_0)、阻尼的大小(β)和策动力的大小(f_0)有关,还与周期性简谐策动力的角频率(ω)有关,是角频率 ω 的函数。

受迫振动的稳态振幅与周期性策动力的频率有关。对一定的振动系统，改变策动力的频率，当策动力频率为某一值时，振幅会达到极大值。用求极值的方法可以得到，使振幅达到极大值时，策动力的角频率为

$$\omega=\sqrt{\omega_0^2-2\beta^2} \tag{4-6-11}$$

相应的最大振幅为

$$A_{\max}=\frac{f_0}{2\beta\sqrt{\omega_0^2-\beta^2}}=\frac{F_0/m}{2\beta\sqrt{\omega_0^2-\beta^2}} \tag{4-6-12}$$

当策动力的频率 $\omega=\sqrt{\omega_0^2-2\beta^2}$ 时，受迫振动的位移的振幅最大，这个现象称为位移共振。

图 4-26 给出了几种阻尼系数不同的情况下受迫振动的振幅随策动力的角频率变化的情况。对某一定的振动系统，在阻尼一定的条件下，受迫振动的振幅随策动力角频率 ω 的增加而增加，待达到最大值后(此时系统发生位移共振)，又随策动力角频率的增加而减小，待策动力达到很高频率时，振动物体却几乎不动，振幅趋近于零。对一定振动系统，阻尼不同，振幅随策动力变化的情况不同。一般地说，虽然阻尼不能阻止受迫振动发生，也不能使受迫振动振幅逐渐衰减，但是阻尼的存在对受迫振动的振幅起着抑制作用，即阻尼越大，受迫振动振幅越小，阻尼对受迫振动的抑制作用特别明显地表现在共振区。

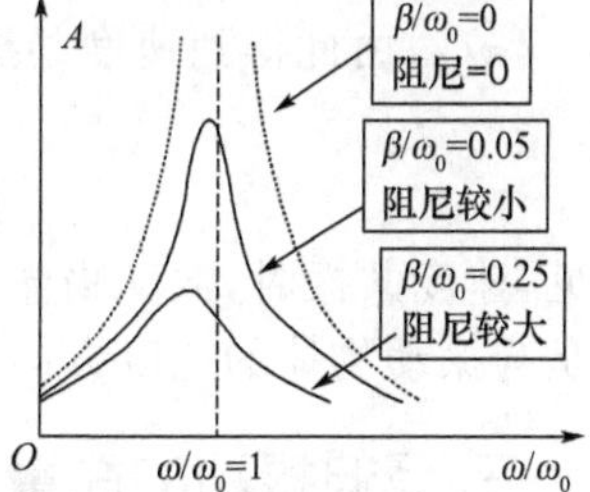

图 4-26 受迫振动的振幅曲线

位移共振频率一般不等于振动系统的固有频率 ω_0，仅当阻尼无限变小时，共振频率无限接近于固有频率，振幅将趋于无穷大，产生极强烈的位移共振。在弱阻尼，即 $\beta\ll\omega_0$ 的情况下，当 $\omega\approx\omega_0$，即策动力频率等于振动系统的固有频率时，振幅达到极大值。

由式(4-6-11)和式(4-6-9)，可以得到位移共振时，稳态受迫振动的初相位与周期性策动力的相位差(初相位差)

$$\tan\varphi=-\frac{\sqrt{\omega_0^2-2\beta^2}}{\beta}<0,\ -\pi/2<\varphi<0 \tag{4-6-13}$$

可见，位移共振时，稳态受迫振动与周期性策动力的振动并不同相。当阻尼很小时，$\beta\ll\omega_0$，$\tan\varphi\to-\infty$，$\varphi\to-\pi/2$。

3. 稳态受迫振动的振动速度

由受迫振动的稳态解式(4-6-6)得到稳态时振动物体的振动速度表达式

$$v=\frac{\mathrm{d}x}{\mathrm{d}t}=-\omega A\sin(\omega t+\varphi)=\omega A\cos\left(\omega t+\varphi+\frac{\pi}{2}\right) \tag{4-6-14}$$

速度简谐振动的振幅为

$$v_{\mathrm{m}}=\omega A=\frac{\omega f_0}{\sqrt{(\omega_0^2-\omega^2)^2+4\beta^2\omega^2}} \tag{4-6-15}$$

稳态受迫振动速度的振幅 v_{m} 不仅与振动系统本身的性质(ω_0)、阻尼的大小(β)和策动力的大小(f_0)有关，还与周期性简谐策动力的角频率(ω)有关，是角频率 ω 的函数。

稳态受迫振动的速度振幅与周期性策动力的角频率有关。对一定的振动系统，改变策动力的角频率，当策动力角频率为某一值时，速度振幅会达到极大值。用求极值的方法可以得到，使速度振幅达到极大值时，策动力的角频率为

$$\frac{\mathrm{d}v_{\mathrm{m}}}{\mathrm{d}t}=0,\ \omega=\omega_0 \tag{4-6-16}$$

相应的最大速度振幅为

$$v_{\max}=\frac{f_0}{2\beta}=\frac{F_0}{2m\beta} \tag{4-6-17}$$

当策动力的角频率 $\omega=\omega_0$ 时,稳态受迫振动的速度的振幅最大,这种现象称为速度共振。

图 4-27 给出了几种阻尼系数不同的情况下受迫振动的速度振幅随策动力的角频率变化的情况。对某一定的振动系统,在阻尼一定的条件下,受迫振动的速度振幅随策动力角频率 ω 的增加而增加,待达到最大值后(此时系统发生速度共振),又随策动力角频率的增加而减小,待策动力达到很高频率时,速度振幅趋近于零。

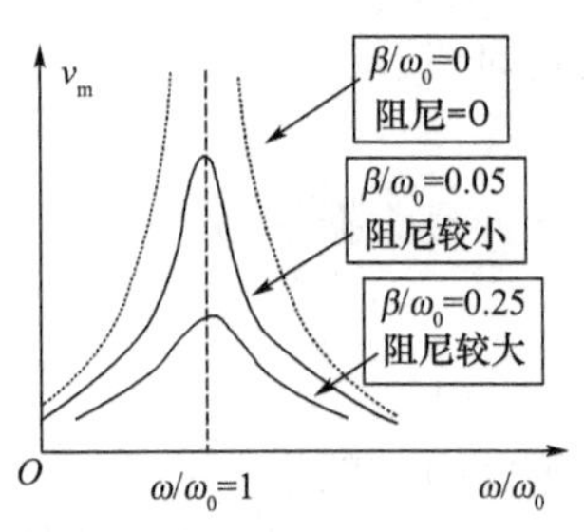

图 4-27　受迫振动的速度振幅曲线

无论阻尼情况如何,速度振幅都在 $\omega=\omega_0$ 时达到最大,即速度共振。对弱阻尼情况,即 $\beta\ll\omega_0$ 时,速度共振时速度振幅可以很大,甚至可以趋于无穷大。

当速度共振时($\omega=\omega_0$),由式(4-6-9)可以得到稳态受迫振动(简谐振动)的初相位为 $\varphi=-\pi/2$,由此得到速度共振时($\omega=\omega_0$)时速度振动的表达式

$$v=\omega A\cos\left(\omega t-\frac{\pi}{2}+\frac{\pi}{2}\right)=\frac{F_0}{2m\beta}\cos(\omega t) \tag{4-6-18}$$

可见,速度共振时,振动物体的速度振动与周期性策动力的振动同相位。周期性策动力的方向总是与振动物体的速度方向相同,加速度为正,振动物体总是被加速,因此速度最大。

三、受迫振动的能量转化

由式(4-6-1)和式(4-6-14),可以得到周期性策动力和稳态振动时的振动速度

$$F(t)=F_0\cos(\omega t),v=\omega A\cos\left(\omega t+\varphi+\frac{\pi}{2}\right)$$

可见,一般情况下,策动力与速度的相位不同,在每一周期内,有时策动力与速度方向相同,力做正功,有时方向相反,力做负功。不过,在全周期内,策动力做正功,即在数值上正功大于负功,只有如此,才能不断补偿因阻尼而消耗的能量。

在位移共振时,速度振动与策动力不同相($\varphi\neq-\pi/2$),即速度与策动力不能实时保持同方向,因此在位移振动的一个周期内,有时策动力与速度同方向,策动力对振动系统做正功,振动物体加速运动;有时策动力与速度方向相反,策动力对振动系统做负功,振动物体减速运动。策动力对振动系统做的正功与负功的差值用于振动系统克服阻尼力做功而转化为其他形式的能量。在位移共振中,策动力对振动系统做的总功等于振动系统克服阻尼力做的功,振动系统吸收的功与消耗的功相等,从而保持了稳定的振动状态。

在速度共振时,速度振动与策动力同相($\varphi=-\pi/2$),即速度与策动力实时保持同方向,因此在速度振动的一个周期内,策动力总是对振动系统做正功。策动力对振动系统做的功完全用于振动系统克服阻尼力做功而转化为其他形式的能量。在速度共振中,策动力对振动系统做的功最多,但由于这时振动速度最大,阻尼力也最大。在数值上,阻尼力做的功等于策动力做的功,从而保持了稳定的速度共振状态。

解题指导 >>>

本章研究简谐振动这一质点特殊的机械运动形式。主要包括质点简谐振动的表示方法、质点简谐振动的判定、质点简谐振动的动力学、简谐振动的合成及分解、受迫振动和阻尼振动,共振现象等。

要求：掌握简谐振动的基本特征和规律；掌握质点简谐振动的解析表示法，描述简谐振动的特征量（振幅、角频率、相位）的物理意义，并能熟练地确定这些特征量；掌握旋转矢量法表示简谐振动，熟练地应用旋转矢量法解决具体的简谐振动问题，特别是分析物体简谐振动状态（相位和相位差）；能熟练应用牛顿定律或角动量定理等准确建立简谐振动的动力学方程；掌握简谐振动的能量关系；理解同方向、同频率的两个简谐振动的合成规律；了解同频率、互相垂直的简谐振动的合成规律；了解"拍"现象和李萨如图形；了解阻尼振动、受迫振动和共振发生的条件和规律；了解谐振分析。

1. 简谐振动的描述

质点做振动运动时，相对于平衡位置的位移（角位移）是随时间周期性变化的，而表示周期性运动的运动函数可以是三角函数。如果质点机械运动的运动函数是余弦函数或正弦函数（一般用余弦函数），则质点的机械运动是简谐振动

$$x=A\cos(\omega t+\varphi),\theta=\theta_{\max}\cos(\omega t+\varphi)$$

要特别强调的是，这里的位移 x（角位移 θ）指的是相对于平衡位置的位移（角位移）。

所谓平衡位置，是指振动系统稳定静止时质点的位置（对于转动振动指的是方位）。因此，可以根据振动系统不振动时的状态准确地判定平衡位置，这对解决振动运动动力学问题尤为重要。

对于平动振动，振幅 A 表示质点简谐振动时离开平衡位置的最大距离，它限制了质点的运动范围，$-A\leqslant x\leqslant A$；对于转动振动，振幅 $\theta_{\max}$ 限定了角位移的范围，$-\theta_{\max}\leqslant\theta\leqslant\theta_{\max}$。一般来说，振幅由初始条件（$t=0$ 时刻的位移 x_0 和速率 v_0；转动振动是角位移 θ_0 和角频率 ω_0）决定，严格来说是由初始能量决定。由于简谐振动机械能守恒，初始能量也就是振动能量，因此，有时可以由动力学分析（能量分析），得到简谐振动的振幅。

简谐振动的角频率 ω，一般来说由振动系统决定，是振动系统所固有的，是振动系统本身的物理属性，与初始条件无关。因此，我们可以通过动力学分析，而不管初始条件，找到质点机械振动的动力学方程，从而确定振动系统所固有的角频率 ω，进而可以确定振动系统固有的振动频率和振动周期。

对于简谐振动，相位 $(\omega t+\varphi)$ 是非常重要的，它完全确定了质点的机械运动状态。质点相对于平衡位置的位移 x 的大小和方向（正负）被完全确定；对于转动振动，角位移 θ 的大小和方向（正负）被完全确定。质点运动速度 $\boldsymbol{v}$ 的大小和方向（正负）被完全确定，$v=-\omega A\cos(\omega t+\varphi)$；对于转动振动，角速度的大小和方向（正负）被完全确定。质点运动加速度 $\boldsymbol{a}$ 的大小和方向（正负）被完全确定，$a=-\omega^2 A\cos(\omega t+\varphi)$；对于转动振动，角加速度的大小和方向（正负）被完全确定。

对于初相位 φ，完全由初始条件（初始位移 x_0 的大小和正负，初始速度 v_0 的正负；初始角位移 θ_0 的大小和正负，初始角频率 ω_0 的正负）确定。它不是振动系统的物理属性，是数学属性，包括计时零点的选择，坐标轴正方向的选择等。我们要强调的是，初相位 φ 的不同，仅仅是简谐振动的数学表述可能有差别，但绝不会影响系统做简谐振动的物理本质，振动的周期和振幅不会受数学表述的变化的影响。

本章一大类问题是给定各种各样的初始条件组合来求简谐振动方程。只要能确定振动角频率（振动周期或频率）、振幅和初相位，就可以写出具体的简谐振动方程。振动角频率 ω 由振动系统本身决定，可以由动力学分析而得到。对于振幅 A，可以根据简谐振动机械能守恒列出方程而求得。但要注意，在振幅处，质点达到了最大位移，对于转动振动，达到了最大角位移。这时，质点的速度（动能）为零，对于转动振动，角速度为零，势能达到最大。振幅与初始能量有关，而与初速度（角速度）的方向（正负）无关。也可以通过初始条件（初始位移 x_0 和初始速度 v_0）来确定振幅

$$x_0=A\cos\varphi,v_0=-\omega A\sin\varphi$$

$$A^2\cos^2\varphi+A^2\sin^2\varphi=x_0^2+\frac{v_0^2}{\omega^2},A=\sqrt{x_0^2+\frac{v_0^2}{\omega^2}}$$

对于转动振动,可以通过

$$\theta_0=\theta_{max}\cos\varphi,\omega_0=-\omega\theta_{max}\sin\varphi$$

$$\theta_{max}^2\cos^2\varphi+\theta_{max}^2\sin^2\varphi=\theta_0^2+\frac{\omega_0^2}{\omega^2},\theta_{max}=\sqrt{\theta_0^2+\frac{\omega_0^2}{\omega^2}}$$

来确定振幅。对于初相位 φ,则完全由初始条件决定。由 $t=0$ 时刻(或某一时刻)的位移,$x_0=A\cos\varphi$,可以确定初相位 φ 可能的两个值($-\pi\leqslant\varphi\leqslant\pi$),再根据初始速度 v_0 的方向(正负),$v_0=-\omega A\sin\varphi$,判定初相位 φ 可能的两个值到底应该取哪一个(对于转动振动也是同样的处理方式)。

2. 简谐振动的振动曲线

简谐振动的振动曲线就是简谐振动方程的 x-t 曲线,是以曲线的形式表示的质点的位移随时间的变化规律,曲线上的坐标值(t,x)表示 t 时刻质点的位移为 x。振动曲线实际上是由振动方程用描点法绘出的,由于简谐振动的解析表示是用余弦(正弦)函数给出的,所以简谐振动的振动曲线是余弦(正弦)函数的图象。要注意的是,振动曲线描述的是质点的位移随时间的变化规律,振动曲线上的点不是质点的位置,质点还是在 x 轴上,振动曲线上的点在 x 轴上的投影才是质点的位置。

振动曲线也是简谐振动的一种表示方法,由振动曲线一般可以直接读出简谐振动的振幅 A(振动曲线的最高点在 x 轴上的投影值)。由振动曲线一般也能够直接读出简谐振动的振动周期(一个完整周期的余弦或正弦函数图象所对应的时间间隔),从而找到简谐振动的角频率和频率。由振动曲线也可以得到简谐振动的初相位。由振动曲线读出 $t=0$ 时刻(或某一确定时刻)质点的位移 x_0(包括大小和正负),从而得到 $x_0=A\cos\varphi$,$\cos\varphi=x_0/A$,由此可以得到初相位 φ 的两个可能值($-\pi\leqslant\varphi\leqslant\pi$);再由振动曲线读出下一个微小时刻质点在 x 轴上的位置是位于 $t=0$ 时刻(或某一确定时刻)的位置的上方还是下方,从而断定 $t=0$ 时刻(或某一确定时刻)质点在 x 轴上的运动方向,即 $t=0$ 时刻(或某一确定时刻)质点运动速度 v_0 的正负;再由 $v_0=-\omega A\sin\varphi$,就可以断定 $\sin\varphi$ 的正负,从而可以从初相位的两个可能值中挑出一个来,求得初相位 φ。这样,有了振幅 A、振动角频率 ω 和初相位 φ,就可以由振动曲线求得简谐振动的解析表达式。

3. 简谐振动的旋转矢量表示法

用旋转矢量图表示简谐振动直观方便。旋转矢量 $\boldsymbol{A}$ 的端点所画出的圆(旋转矢量端点轨迹)的圆心就是质点振动运动的平衡位置;旋转矢量 $\boldsymbol{A}$ 沿逆时针旋转的角速度就是简谐振动的角频率 ω;旋转矢量 $\boldsymbol{A}$ 与 x 轴的夹角就是质点简谐振动的相位$(\omega t+\varphi)$;旋转矢量 $\boldsymbol{A}$ 的大小就是简谐振动的振幅 A;旋转矢量 $\boldsymbol{A}$ 在 x 轴上的投影就是质点的位移 x;旋转矢量 $\boldsymbol{A}$ 的端点的运动速度(沿圆的切线方向,大小为 ωA)在 x 轴上的投影就是质点沿 x 轴运动的速度,投影值的大小表示质点运动速度的大小,投影值的正负表示运动速度的方向(正负);旋转矢量 $\boldsymbol{A}$ 的端点运动的向心加速度(沿旋转矢量的反方向,大小为 ω^2A)在 x 轴上的投影就是质点沿 x 轴运动的加速度,投影值的大小表示质点运动加速度的大小,投影值的正负表示运动加速度的方向(正负)。

由旋转矢量图还可以方便地读出简谐振动的振动方程:旋转矢量 $\boldsymbol{A}$ 沿逆时针旋转的角速度就是简谐振动的角频率 ω;旋转矢量 $\boldsymbol{A}$ 的大小就是简谐振动的振幅 A;$t=0$ 时刻的旋转矢量 $\boldsymbol{A}$ 与 x 轴的夹角就是质点简谐振动的初相位 φ。

在简谐振动的合成方面,应用旋转矢量表示法是极为方便的。但要注意,旋转矢量只是为了直观地描述简谐振动而引入的工具,旋转矢量的运动绝不是简谐振动,更不能误认为旋转矢量端点的运动就是质点的运动,旋转矢量在 x 轴上的投影值才代表质点的运动。

4. 简谐振动的动力学方程

对于质点沿直线的振动,可以分析质点受到的沿直线方向的合力,如果合力的大小与质点离开平衡位置的位移成正比而方向与位移的方向相反,$F=-kx$,则质点一定是以平衡位置为中心做简谐振动;对于质点的转动振动,可以分析质点受到的合力矩,如果合力矩的大小与质点离开平衡位置(方位)的角位移成正比而方向与角位移的方向相反,$M_z=-k\theta$,则质点一定是以平衡位置(方位)为中心做简谐振动(转动)。这也是评价质点是否做简谐振动的一个判据。

对于简谐振动,应用牛顿定律(对于直线振动)或角动量定理(对于转动振动),可以分别得到质点运动的动力学方程

$$\frac{\mathrm{d}^2x}{\mathrm{d}t^2}+\omega^2x=0,\frac{\mathrm{d}^2\theta}{\mathrm{d}t^2}+\omega^2\theta=0$$

如果 ω 是一个只与振动系统本身有关而与振动的初始条件无关的常数,则振动一定是简谐振动,这也是评价质点是否做简谐振动的一个判据。而且 ω 就是振动系统做简谐振动的角频率。这为寻找简谐振动系统的振动周期(角频率和频率)提供了最有效的方法。实际上,动力学方程是二阶微分方程,它们的通解为

$$x=A\cos(\omega t+\varphi),\theta=\theta_{\max}\cos(\omega t+\varphi)$$

这就是简谐振动的解析表示。其中的常数 ω 由振动系统决定,与初始条件无关;待定常数 φ,A 和 $\theta_{\max}$ 由初始条件决定。

在寻找振动的动力学方程时,首先一定要准确无误地判定振动的平衡位置,而且特别注意,位移(角位移)是相对于平衡位置(方位)的。因为坐标系的选择是个数学问题,它绝不会影响物理结果,但它会影响数学结果;因为振动的动力学问题,最终是要寻找与数学表示无关而由振动系统本身的物理属性决定的振动角频率 ω(频率和周期),与坐标系的选择没有关系,所以,坐标系的选择是人为的。为了使动力学问题处理起来简单一些,一般将坐标系的原点建在平衡位置(方位),这会使得到的动力学方程极为直观,且不影响物理结果。

5. 简谐振动的能量

对于简谐振动,在质点运动过程中,机械能守恒,简谐振动过程只是动能与势能的相互转化,这为我们寻找简谐振动的振幅提供了极大的便利。无论是直线振动还是转动振动,当质点到达最大位移(角位移)处时,动能为零,只有与振幅有关的势能;而机械能是动能与势能的代数和,如果已知初始动能和势能(由初始条件决定),由机械能守恒定律,可以列出质点到达最大位移处的机械能(只有与振幅有关的势能)等于振动系统的机械能(一般来说等于初始动能与初始势能之和)的方程式,从而求得振动的振幅。

6. 简谐振动的合成

对于同方向、同频率简谐振动的合成,合振动依然是简谐振动,而且振动的角频率(频率和周期)与两个振动的角频率(频率和周期)相同;剩下的问题就是寻找合振动的振幅和初相位。可以将两个参与合成的简谐振动看成是合振动的分振动,$x_1=A_1\cos(\omega t+\varphi_1)$,$x_2=A_2\cos(\omega t+\varphi_2)$,合振动的位移是两个分振动位移的代数和

$$x=x_1+x_2=A_1\cos(\omega t+\varphi_1)+A_2\cos(\omega t+\varphi_2)$$

进行三角函数的和差化积,就可以得到合振动方程,$x=A\cos(\omega t+\varphi)$。但这种方法既不方便又不直观,特别是对于两个分振动的振幅不相等的简谐振动的合成是极为复杂的。

简谐振动的旋转矢量表示法为求解同方向、同频率简谐振动的合成提供了直观方便的方法。我们注意到,合振动也是简谐振动,其简谐振动的角频率与两个分振动的角频率 ω 是相等的,这样,合振动的旋转矢量 $\boldsymbol{A}$ 与两个分振动的旋转矢量 $\boldsymbol{A}_1$ 和 $\boldsymbol{A}_2$ 旋转的角速度相同;在旋转矢量旋转的过程中,三个旋转矢量保持相对方位不变,某一时刻两个分振动的旋转矢量 $\boldsymbol{A}_1$

与 $\boldsymbol{A}_2$ 的矢量和就是该时刻合振动的旋转矢量 $\boldsymbol{A}$；还应该注意到，在旋转矢量旋转的过程中，旋转矢量的大小不变，任意时刻旋转矢量的大小就是简谐振动的振幅；可以利用两个分振动初始时刻的旋转矢量的矢量和得到初始时刻合振动的旋转矢量，$\boldsymbol{A}_0=\boldsymbol{A}_{10}+\boldsymbol{A}_{20}$；初始时刻合振动的旋转矢量 $\boldsymbol{A}_0$ 的大小就是合振动的振幅 A，初始时刻合振动的旋转矢量 $\boldsymbol{A}_0$ 与 x 轴的夹角就是合振动的初相位 φ。由此，可以得到合振动的解析表示。用旋转矢量法求多个同方向、同频率简谐振动的合成，也是极为方便的。

对于两个同频率、垂直振动的简谐振动的合成，一般来说是个椭圆运动，特殊情况下可能合成为圆周运动，也有可能合成为一个直线振动。可以将两个参与合成的简谐振动看成是合运动的分运动，$x=A_1\cos(\omega t+\varphi_1)$，$y=A_2\cos(\omega t+\varphi_2)$，利用三角函数的关系，从中消去时间变量 t，从而得到质点的运动轨迹方程，$f(x,y)=0$。但这种方法既不方便又不直观，特别是对于两个简谐振动的初相位差不等于 $\pi/2$ 的整数倍的两个简谐振动的合成(合成结果是质点沿一个斜椭圆运动)是极为复杂的。

简谐振动的旋转矢量表示法为求解两个同频率、垂直振动的简谐振动的合成运动轨迹提供了直观方便的方法。我们注意到，两个同频率、垂直振动的简谐振动的合成，实际上可以看作质点参与了两个方向的运动，两个振动方程表示了质点的位移在两个垂直方向(x 轴和 y 轴)的投影，(x,y)就是质点在 xOy 平面上的位置。我们可以利用两个简谐振动的旋转矢量图，找到各个时刻质点在 xOy 平面上的位置，从而画出振动的运动轨迹。在 xOy 平面上画出直角坐标系 xOy；沿 x 轴方向画出矢量 $\boldsymbol{A}_1$ 的旋转矢量图，沿 y 轴方向画出矢量 $\boldsymbol{A}_2$ 的旋转矢量图，注意，两个旋转矢量图的圆心与 xOy 坐标系的原点对齐；在两个旋转矢量图上分别画出 $t=0$ 时刻的初始旋转矢量 $\boldsymbol{A}_{10}$ 和 $\boldsymbol{A}_{20}$；初始旋转矢量 $\boldsymbol{A}_{10}$ 在 x 轴上的投影就是质点在初始时刻的位置矢量在 x 轴上的投影(x 坐标值)，初始旋转矢量 $\boldsymbol{A}_{20}$ 在 y 轴上的投影就是质点在初始时刻的位置矢量在 y 轴上的投影(y 坐标值)，由此，就找到了 $t=0$ 时刻质点在 xOy 坐标系的位置；依次可以找到各个时刻，质点在 xOy 坐标系的位置；把这些位置点光滑地依次连起来，就得到了质点运动的轨迹，而且还可以同时得到质点运动的方向。这种方法可以运用到三个同频垂直振动简谐振动的合成运动轨迹，甚至可以画出不同频垂直振动简谐振动的合成运动轨迹。

7. 谐振分析

一般来说，一个周期性运动(包括振动)并非是简谐的。但是我们根据傅里叶级数展开，任何一个周期性函数都可以展开成若干频率的简谐函数之和；也就是说一个一般性的周期性的运动(振动)可以由各种(若干)频率的简谐振动的线性组合构成。对于非周期性的振动，可以展开为傅里叶积分，也就是展开为频率连续取值的简谐振动，这就是谐振分析。

通过谐振分析，我们可以把一般性振动分解为若干频率简谐振动的振幅(强度)的组合。这为由简谐振动合成一般性振动提供了理论上的支持。

8. 阻尼振动

简谐振动的特点是振幅(能量)不变，系统是要永远振动下去的，这仅仅是个理想化的模型。一般来说，振动并非都是简谐的，都会存在着阻尼，在阻尼的作用下振动要趋于停止。在只有阻尼作用下的振动就是阻尼振动。

阻尼振动的动力学方程是一个“二阶常系数线性齐次”微分方程。这个微分方程的解分为三种情况：欠阻尼、过阻尼、临界阻尼。虽然三种阻尼下微分方程的解不同，但它们共同的特点就是最终的命运都是趋于零，或者说“振幅”趋于零，即最终趋于不振动。

阻尼振动是消耗能量的过程。当由于阻尼作用，振动系统将初始能量消耗完毕后，将停止振动(运动)。

9. 受迫振动

由于振动总是存在着阻尼的，阻尼的存在就是逐渐消耗振动系统的能量，如果没有能量持续补给，那么振动可能就持续不下去。在阻尼存在的情况下，为了维持振动，需要给振动系统提供持续的能量（施加一个策动力），逼迫着系统持续振动下去，这就是受迫振动。

在“简谐”策动力 $F(t)=F_0\cos(\omega t)$ 作用下的阻尼受迫振动，其“二阶常系数线性非齐次”微分方程的“稳态解”必定是振动频率与“简谐”策动力振动频率相同的简谐振动

$$x(t)=A\cos(\omega t+\varphi)$$

式中，初相 φ 和振幅 A 都是“简谐”策动力振动角频率 ω 的函数。

一般来说，初相 φ 并不为零，稳态简谐振动的初相位与“简谐”策动力振动的初相位并不相同，稳态简谐振动与“简谐”策动力不同相。

“简谐”策动力作用下的稳态受迫振动（简谐振动）的振幅 A 不仅是“简谐”策动力振动角频率 ω 的函数，还与振动系统本身的性质（ω_0）和阻尼的大小（β）及策动力的大小（f_0）有关；但在振动系统（包含阻尼）确定的情况下，振幅 A 只由“简谐”策动力振动角频率 ω 确定。当“简谐”策动力振动角频率为 $\omega=\sqrt{{\omega_0}^2-2\beta^2}$ 时，稳态受迫振动（简谐振动）的振幅 A 达到极大值（位移共振）。由于阻尼的存在，位移共振时的“简谐”策动力振动角频率 ω 小于振动系统本身的固有振动角频率 ω_0。

“简谐”策动力作用下的稳态受迫振动的振动速度也是“简谐振动”的。速度的振幅 v_m 不仅与振动系统本身的性质（ω_0）和阻尼的大小（β）及策动力的大小（f_0）有关，还与周期性简谐策动力的角频率（ω）有关，是角频率 ω 的函数。当策动力的角频率为 $\omega=\omega_0$ 时，稳态受迫振动速度的振幅 v_m 达到极大值（速度共振）。

阻尼受迫振动的暂态过程（初始阶段），由于振动系统初始能量的存在，策动力还不能完全控制振动系统的振动。但在阻尼的作用下，振动系统逐渐消耗掉初始能量，振动完全由策动力控制。当策动力做功所提供的能量完全补充上阻尼振动的能量损失时，振动系统达到稳定振动状态，这就是稳态受迫振动。

【例 4-1】 一质点沿 x 轴做简谐振动，振幅 $A=0.12$ m，周期 $T=2$ s，$t=0$ 时，位移 $x_0=0.06$ m，$v_0>0$。求：(1)简谐振动函数；(2)画出质点简谐振动的振动曲线；(3)$t=T/4$ 时，质点的速度的大小和方向；(4)质点第一、二次通过平衡位置的时间。(5)质点第一次到达最大正位移的时间和第一次到达最大负位移的时间。

分析 已知简谐振动的基本特征量（振幅和振动周期）以及初始条件（初始位移和速度），求振动函数。可以先设定一个初相位，写出标准形式的振动函数，根据初始位移定出初相位的两个可能值，再根据初始速度的方向确定两个可能的初相位值中的一个为初相位，从而写出振动函数。有了振动函数，可以用描点法画出振动曲线。由振动函数对时间求导一次，得到速度随时间的变化关系，就可以知道各个时刻的速度。由振动曲线可以直接读出质点位移为零（质点通过平衡位置）的时刻。

解 设质点简谐振动函数为

$$x=A\cos(\omega t+\varphi)$$

则依题，质点简谐振动的振幅和角频率分别为

$$A=0.12\ \text{m},\omega=\frac{2\pi}{T}=\frac{2\pi}{2}=\pi\ \text{rad}\cdot\text{s}^{-1}$$

所以质点简谐振动函数化为 $x=0.12\cos(\pi t+\varphi)$

(1)$t=0$ 时，$x_0=0.06$ m，代入简谐振动函数得

$$0.12\cos(\varphi)=0.06,\cos\varphi=0.5,\varphi=\pm\pi/3$$

质点简谐振动的速度函数为 $v=\frac{\mathrm{d}x}{\mathrm{d}t}=-\omega A\sin(\omega t+\varphi)$，由于 $t=0$ 时，$v_0>0$，所以，$-\omega A\sin(\varphi)>0$，$\sin\varphi<0$，因此取 $\varphi=-\pi/3$，这样，简谐振动函数为

$$x=0.12\cos(\pi t-\pi/3)$$

(2)振动曲线如图 4-28 所示。

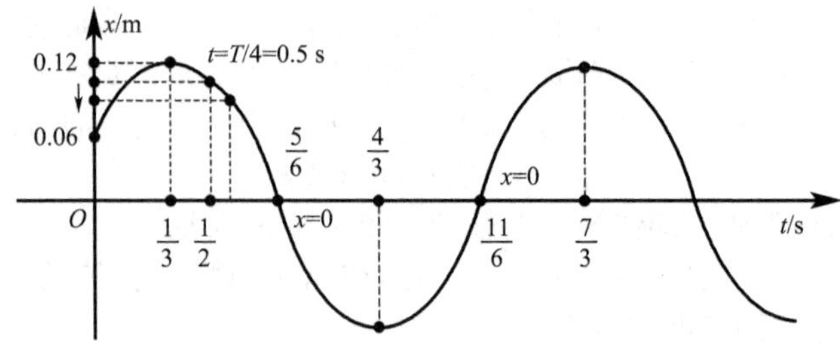

图 4-28　例 4-1 解析

(3)$t=T/4=0.5$ s 时，质点的速度为

$$v|_{t=0.5\ s}=-0.12\pi\sin\left(\pi\times 0.5-\frac{\pi}{3}\right)=-0.188\ \text{m}\cdot\text{s}^{-1}$$

速度是负的，表示此时质点正在向 x 轴的负方向运动。

由振动曲线可以看出，在 $t=T/4=0.5$ s 时刻的下一微小时刻，质点在 x 轴上位于 $t=T/4=0.5$ s时刻的下方，所以 $t=T/4=0.5$ s 时刻，质点向 x 轴的负方向运动。质点运动速度为负。

(4)由振动曲线可知，质点第一、二次通过平衡位置的时间为

$$t_1=\frac{5}{6}=0.83\ \text{s},t_2=\frac{11}{6}=1.83\ \text{s}$$

(5)由振动曲线可知，质点第一次到达最大正位移和最大负位移的时间分别为

$$t_3=\frac{1}{3}=0.33\ \text{s},t_4=\frac{4}{3}=1.33\ \text{s}$$

点评　(1)也可以用旋转矢量法求解。建立坐标系 Ox，以坐标原点为圆心、$A=0.12$ m 为半径画圆，如图 4-29 所示。

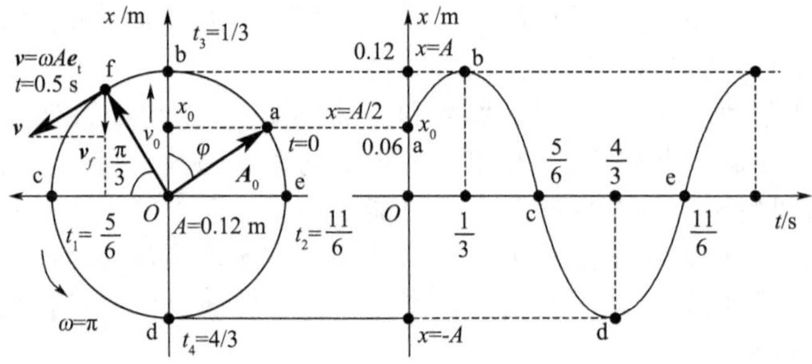

图 4-29　例 4-1 点评

由初始时刻质点位置 $x_0=0.06\ \text{m}=A/2>0$，以及 $v_0>0$，可以判断出，初始旋转矢量 $\boldsymbol{A}_0$ 位于第Ⅳ象限；由初始时刻质点在 x 轴上的位置向第Ⅳ象限引 x 轴的垂线与圆相交于 a 点；有向线段 Oa 就是初始旋转矢量 $\boldsymbol{A}_0$；再根据 $x_0=A/2$，可以得出初始旋转矢量 $\boldsymbol{A}_0$ 与 x 轴夹角为 $\pi/3$，由此确定初相位为 $\varphi=-\pi/3$。这样，就得到了振动函数

$$x=A\cos(\omega t+\varphi)=0.12\cos(\pi t-\pi/3)$$

如图，初始时刻质点 $x_0=0.06\ \text{m}=\dfrac{A}{2}>0$，可以在 xOt 坐标系中找到 a 点；质点第一次到达最大正位移处($x=A$)所用时间设为 t_3，旋转矢量的端点位于 b 点，旋转矢量转过的角度为$\dfrac{\pi}{3}$，则

$$\omega t_3=\frac{\pi}{3},\pi t_3=\frac{\pi}{3},t_3=\frac{1}{3}$$

由此，可以在 xOt 坐标系中找到 b 点；质点第一次到达平衡位置($x=0$)所用时间设为 t_1，旋转矢量的端点位于 c 点，旋转矢量转过的角度为 $\frac{\pi}{3}+\frac{\pi}{2}=\frac{5\pi}{6}$，则

$$\omega t_1=\frac{5\pi}{6}, \pi t_1=\frac{5\pi}{6}, t_1=\frac{5}{6}$$

由此，可以在 xOt 坐标系中找到 c 点；质点第一次到达最大负位移处($x=-A$)所用时间设为 t_4，旋转矢量的端点位于 d 点，旋转矢量转过的角度为 $\frac{\pi}{3}+\pi=\frac{4\pi}{3}$，则

$$\omega t_4=\frac{4\pi}{3}, \pi t_4=\frac{4\pi}{3}, t_4=\frac{4}{3}$$

由此，可以在 xOt 坐标系中找到 d 点；质点第二次到达平衡位置($x=0$)所用时间设为 t_2，旋转矢量的端点位于 e 点，旋转矢量转过的角度为 $\frac{\pi}{3}+\frac{3\pi}{2}=\frac{11\pi}{6}$，则

$$\omega t_2=\frac{11\pi}{6}, \pi t_2=\frac{11\pi}{6}, t_2=\frac{11}{6}$$

由此，可以在 xOt 坐标系中找到 e 点。描点法将 abcde 连接起来，就得到振动曲线。

如图，$t=T/4=0.5$ s，旋转矢量端点到达 f 点，旋转矢量转过角度 $\omega t=\pi\times 0.5=\pi/2$，旋转矢量端点的速度 $\boldsymbol{v}=\omega A\boldsymbol{e}_t$ 在 x 轴的投影，就是质点的运动速度

$$\boldsymbol{v}_f=-\boldsymbol{i}\omega A\cos\frac{\pi}{3}=-\boldsymbol{i}\pi\times 0.12\cos\frac{\pi}{3}=-0.188\boldsymbol{i}\ \text{m}\cdot\text{s}^{-1}$$

(2)如果初始条件改为 $x_0=0.06$ m，$v_0<0$，则设质点简谐振动函数为

$$x=A\cos(\omega t+\varphi)=0.12\cos(\pi t+\varphi)$$

$t=0$ 时，$x_0=0.06$ m，代入简谐振动函数得

$$0.12\cos(\varphi)=0.06, \cos\varphi=0.5, \varphi=\pm\frac{\pi}{3}$$

质点简谐振动的速度函数为 $v=\frac{dx}{dt}=-\omega A\sin(\omega t+\varphi)$，由于 $t=0$ 时，$v_0<0$，所以，$-\omega A\sin(\varphi)<0$，$\sin\varphi>0$，因此取 $\varphi=\pi/3$，这样，简谐振动函数为

$$x=0.12\cos(\pi t+\pi/3)$$

(3)如果初始条件改为 $x_0=-0.06$ m，$v_0<0$，则设质点简谐振动函数为

$$x=A\cos(\omega t+\varphi)=0.12\cos(\pi t+\varphi)$$

$t=0$ 时，$x_0=-0.06$ m，代入简谐振动函数得

$$0.12\cos(\varphi)=-0.06, \cos\varphi=-0.5, \varphi=\pm 2\pi/3$$

质点简谐振动的速度函数为 $v=\frac{dx}{dt}=-\omega A\sin(\omega t+\varphi)$，由于 $t=0$ 时，$v_0<0$，所以，$-\omega A\sin(\varphi)<0$，$\sin\varphi>0$，因此取 $\varphi=2\pi/3$，这样，简谐振动函数为

$$x=0.12\cos(\pi t+2\pi/3)$$

(4)如果初始条件改为 $x_0=-0.06$ m，$v_0>0$，则设质点简谐振动函数为

$$x=A\cos(\omega t+\varphi)=0.12\cos(\pi t+\varphi)$$

$t=0$ 时，$x_0=-0.06$ m，代入简谐振动函数得

$$0.12\cos(\varphi)=-0.06, \cos\varphi=-0.5, \varphi=\pm 2\pi/3$$

质点简谐振动的速度函数为 $v=\frac{dx}{dt}=-\omega A\sin(\omega t+\varphi)$，由于 $t=0$ 时，$v_0>0$，所以，$-\omega A\sin(\varphi)>0$，$\sin\varphi<0$，因此取 $\varphi=-2\pi/3$，这样，简谐振动函数为

$$x=0.12\cos(\pi t-2\pi/3)$$

(5)如果初始条件改为 $x_0=-0.12$ m,则设质点简谐振动函数为

$$x=A\cos(\omega t+\varphi)=0.12\cos(\pi t+\varphi)$$

$t=0$ 时,$x_0=-0.12\ \text{m}=-A$,代入简谐振动函数得

$$0.12\cos(\varphi)=-0.12,\cos\varphi=-1,\varphi=\pi$$

这样,简谐振动函数为

$$x=0.12\cos(\pi t+\pi)$$

(6)如果初始条件改为 $x_0=0.12$ m,则设质点简谐振动函数为

$$x=A\cos(\omega t+\varphi)=0.12\cos(\pi t+\varphi)$$

$t=0$ 时,$x_0=0.12\ \text{m}=A$,代入简谐振动函数得

$$0.12\cos(\varphi)=0.12,\cos\varphi=1,\varphi=0$$

这样,简谐振动函数为

$$x=0.12\cos(\pi t)$$

(7)如果初始条件改为 $x_0=0,v_0>0$,则设质点简谐振动函数为

$$x=A\cos(\omega t+\varphi)=0.12\cos(\pi t+\varphi)$$

$t=0$ 时,$x_0=0$,代入简谐振动函数得

$$0.12\cos(\varphi)=0,\cos\varphi=0,\varphi=\pm\pi/2$$

质点简谐振动的速度函数为 $v=\frac{\mathrm{d}x}{\mathrm{d}t}=-\omega A\sin(\omega t+\varphi)$,由于 $t=0$ 时,$v_0>0$,所以,$-\omega A\sin(\varphi)>0,\sin\varphi<0$,因此取 $\varphi=-\pi/2$,这样,简谐振动函数为

$$x=0.12\cos(\pi t-\pi/2)$$

(8)如果初始条件改为 $x_0=0,v_0<0$,则设质点简谐振动函数为

$$x=A\cos(\omega t+\varphi)=0.12\cos(\pi t+\varphi)$$

$t=0$ 时,$x_0=0$,代入简谐振动函数得

$$0.12\cos(\varphi)=0,\cos\varphi=0,\varphi=\pm\pi/2$$

质点简谐振动的速度函数为 $v=\frac{\mathrm{d}x}{\mathrm{d}t}=-\omega A\sin(\omega t+\varphi)$,由于 $t=0$ 时,$v_0<0$,所以,$-\omega A\sin(\varphi)<0,\sin\varphi>0$,因此取 $\varphi=\pi/2$,这样,简谐振动函数为

$$x=0.12\cos(\pi t+\pi/2)$$

【例 4-2】 已知一水平放置的弹簧振子的振动曲线如图 4-30 所示,由图确定:

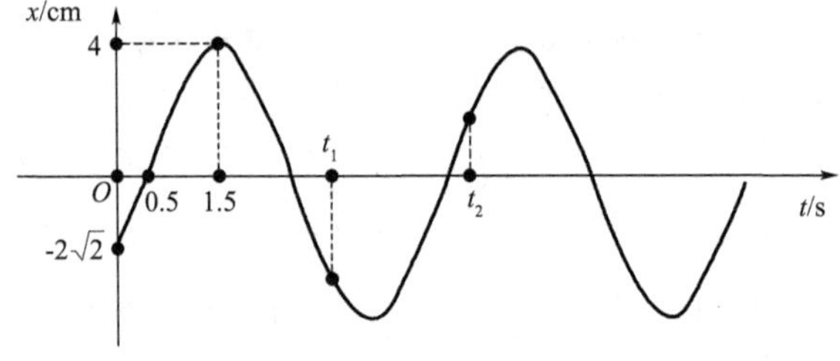

图 4-30　例 4-2

(1)振动函数;

(2)t_1 和 t_2 时刻质点的速度和加速度的方向;

(3)何时质点的速度为零,何时质点的加速度为零;

(4)何时质点的速度为正最大,何时质点的速度为负最大;

(5)何时质点的加速度为正最大,何时质点的加速度为负最大;

(6)何时质点的动能最大,何时质点的动能最小;

(7)何时势能最大,何时势能最小。

分析 由振动曲线可以确定振幅和振动周期(进而确定角频率);由初始位移可以求得初相位的两个可能值;由振动曲线可以确定初始时刻质点运动的方向,从而最终确定初相位;最后写出振动函数。由振动曲线可以找到某一时刻质点的位移(在 x 轴上的位置),再由振动曲线读出下一微小时间后质点在 x 轴上的位置,从而确定该时刻质点运动的方向,从而判定该时刻质点速度的方向。质点运动的加速度方向与其位移方向相反,由振动曲线可以确定某一时刻质点位移的正负,如果位移为正,则加速度为负,加速度沿 x 轴负方向;如果位移为负,则加速度为正,加速度沿 x 轴正方向。质点位移最大(绝对值)时,速度为零,这可以直接由振动曲线读出。质点位移最小(位于平衡位置)时,加速度为零,这可以直接由振动曲线读出。质点位移最小(位于平衡位置)时,速率最大;至于速度是正最大还是负最大,要根据振动曲线读出下一微小时刻,质点位于 x 轴的上方还是下方来判断质点运动的方向,从而判定速度的正负。质点位移最大(绝对值)时,加速度的大小最大;至于加速度是正最大还是负最大,要根据振动曲线读出该时刻质点位移的正负;位移为正最大时,加速度负最大;位移为负最大时,加速度正最大。质点位于平衡位置(位移为零)时,速率最大,质点的动能最大;质点位于最大位移(绝对值)处时,速率最小(为零),质点的动能最小(为零)。质点位于最大位移(绝对值)处时,弹簧伸长(压缩)量最大,系统的势能最大;质点位于平衡位置(位移为零)处时,弹簧伸长(压缩)量最小(为零),系统的势能最小。

解 由振动曲线直接读得振幅和振动周期为

$$A=4\ \text{cm}=4\times10^{-2}\ \text{m},T=4\times(1.5-0.5)=4\ \text{s},\omega=\frac{2\pi}{T}=\frac{2\pi}{4}=\frac{\pi}{2}\ \text{rad}\cdot\text{s}^{-1}$$

(1)设振动函数为

$$x=A\cos(\omega t+\varphi)=4\times10^{-2}\cos\left(\frac{\pi}{2}t+\varphi\right)$$

由振动曲线读得,当 $t=0$ 时,初始位移为 $x_0=-2\sqrt{2}\times10^{-2}$ m,则有

$$4\times10^{-2}\cos\varphi=x_0=-2\sqrt{2}\times10^{-2},\cos\varphi=-\frac{\sqrt{2}}{2},\varphi=\pm\frac{3\pi}{4}$$

由振动曲线读得,在 $t=0$ 时刻的下一微小时刻,质点位于 $t=0$ 时的上方,因此,$t=0$ 时刻质点沿 x 轴正方向运动,$v_0>0$,因而得到

$$v_0=-\omega A\sin\varphi>0,\sin\varphi<0$$

因此,初相位取 $\varphi=-\frac{3\pi}{4}$。振动函数为

$$x=A\cos(\omega t+\varphi)=4\times10^{-2}\cos\left(\frac{\pi}{2}t+\varphi\right)=4\times10^{-2}\cos\left(\frac{\pi}{2}t-\frac{3\pi}{4}\right)$$

(2)由振动曲线可以读得,t_1 时刻,质点的位移为 $x_1<0$,所以 t_1 时刻,质点运动的加速度为正;而且在 t_1 时刻的下一微小时刻,质点位于 t_1 时的下方,因此,t_1 时刻质点沿 x 轴负方向运动,$v_1<0$。由振动曲线可以读得,t_2 时刻,质点的位移为 $x_2>0$,所以 t_2 时刻,质点运动的加速度为负;而且在 t_2 时刻的下一微小时刻,质点位于 t_2 时的上方,因此,t_2 时刻质点沿 x 轴正方向运动,$v_2>0$。如图 4-31 所示。

(3)最大位移处速度为零,由振动曲线可以读得,$t=1.5,3.5,5.5,7.5,\cdots$(s);

位移为零处,受力为零,加速度为零,由振动曲线可以读得,$t=0.5,2.5,4.5,\cdots$(s)。

(4)质点在平衡位置时,速率最大。

质点向正方向运动,速度为正最大,由振动曲线可以读得,$t=0.5,4.5,\cdots$(s);

质点向负方向运动,速度为负最大,由振动曲线可以读得,$t=2.5,6.5,\cdots$(s)。

(5)最大位移处,受力大小最大,加速度大小最大。

负最大位移,加速度为正最大,由振动曲线可以读得,$t=3.5,7.5,\cdots$(s);

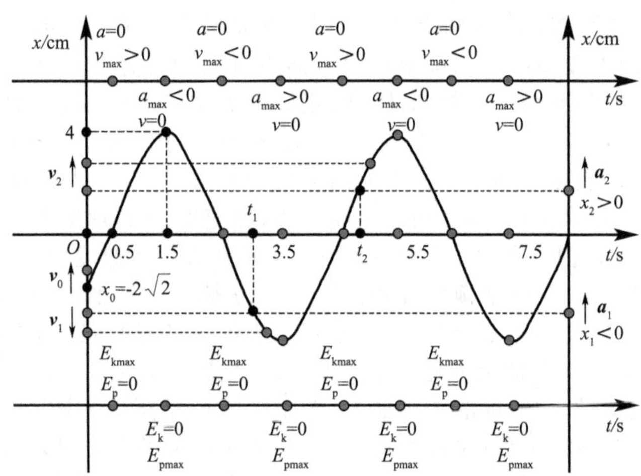

图 4-31 例 4-2 解析

正最大位移,加速度为负最大,由振动曲线可以读得,$t=1.5,5.5,\cdots$(s)。

(6)平衡位置时,速率最大,动能最大,由振动曲线可以读得,$t=0.5,2.5,4.5,\cdots$(s);

最大位移处,速率为零,动能最小,由振动曲线可以读得,$t=1.5,3.5,5.5,\cdots$(s)。

(7)最大位移处,势能最大,由振动曲线可以读得,$t=1.5,3.5,5.5,\cdots$(s);

平衡位置时,势能最小,由振动曲线可以读得,$t=0.5,2.5,4.5,\cdots$(s)。

点评 (1)可以用旋转矢量求解,更直观。

在质点简谐振动过程中,旋转矢量 $\boldsymbol{A}$ 的端点逆时针匀速圆周运动。旋转矢量 $\boldsymbol{A}$ 在 X 轴上的投影就是简谐振动的质点相对于平衡位置的位移,$x=\boldsymbol{A}\cdot\boldsymbol{i}=A\cos(\omega t+\varphi)$。旋转矢量 $\boldsymbol{A}$ 的端点逆时针匀速圆周运动的速度$\boldsymbol{v}=\omega A\boldsymbol{e}_t$ 在 X 轴上的投影就是简谐振动的质点的运动速度(注意:沿圆周切线方向并指向运动前方),$v_x=\boldsymbol{v}\cdot\boldsymbol{i}=\omega A\boldsymbol{e}_t\cdot\boldsymbol{i}=-\omega A\sin(\omega t+\varphi)$。旋转矢量 $\boldsymbol{A}$ 的端点逆时针匀速圆周运动的法向加速度 $\boldsymbol{a}=\omega^2 A\boldsymbol{e}_n$ 在 X 轴上的投影就是简谐振动的质点的加速度(注意:$\boldsymbol{a}$ 的方向与 $\boldsymbol{A}$ 的方向相反,指向圆周轨迹的圆心),$a_x=\boldsymbol{a}\cdot\boldsymbol{i}=\omega^2 A\boldsymbol{e}_n\cdot\boldsymbol{i}=-\omega^2 A\cos(\omega t+\varphi)$。

如图 4-32 所示,建立坐标系 Ox,以坐标原点为圆心、$A=4\times10^{-2}$ m 为半径画圆。由初始时刻质点位置 $x_0=-2\sqrt{2}\times10^{-2}=-\sqrt{2}A/2$ 向 x 轴引垂线与圆相交于第Ⅱ、Ⅲ象限两个点;由振动曲线可以读得 $t=0$ 时刻,质点的运动速度为正,$v_0>0$,所以初始旋转矢量位于第Ⅲ象限;由此可以画出初始旋转矢量 $\boldsymbol{A}_0$。再根据 $x_0=-\sqrt{2}A/2$,可以断定初相位 $\varphi=-3\pi/4$。由此,得到振动函数为

$$x=A\cos(\omega t+\varphi)=4\times10^{-2}\cos\left(\frac{\pi}{2}t+\varphi\right)=4\times10^{-2}\cos\left(\frac{\pi}{2}t-\frac{3\pi}{4}\right)$$

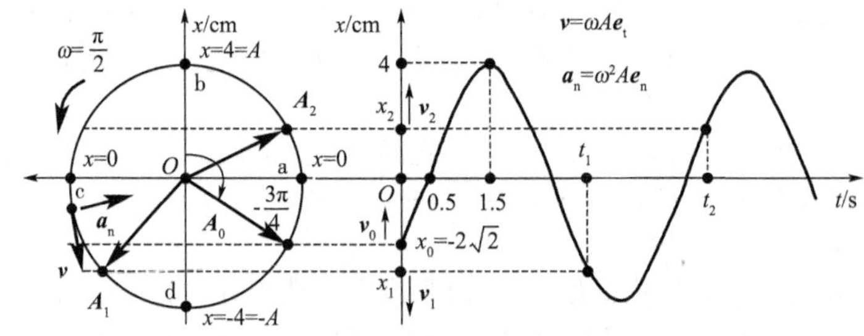

图 4-32 例 4-2 点评(1)

由 t_1 时刻质点位置 $x_1<0$ 向 x 轴引垂线与圆相交于第Ⅱ、Ⅲ象限两个点;由振动曲线可

见，2.5 s$<t_1<$3.5 s，所以 t_1 时刻振动相位 $\pi/2<\varphi_1<\pi$，因此，t_1 时刻的旋转矢量位于第Ⅱ象限；由此可以画出旋转矢量 $\boldsymbol{A}_1$；由旋转矢量图可见，t_1 时刻质点的运动速度为负，$v_1<0$。由 t_2 时刻质点位置 $x_2>0$ 向 x 轴引垂线与圆相交于第Ⅰ、Ⅳ象限两个点；由振动曲线可见，4.5 s$<t_2<$5.5 s，所以 t_2 时刻振动相位 $3\pi/2<\varphi_2<2\pi$，因此，t_2 时刻的旋转矢量位于第Ⅳ象限；由此可以画出旋转矢量 $\boldsymbol{A}_2$；由旋转矢量图可见，t_2 时刻质点的运动速度为正，$v_2>0$。实际上，找到了 t_1 和 t_2 时刻的旋转矢量 $\boldsymbol{A}_1$ 和 $\boldsymbol{A}_2$，旋转矢量 $\boldsymbol{A}_1$ 和 $\boldsymbol{A}_2$ 的端点沿圆轨迹逆时针的切线方向就是 t_1 和 t_2 时刻旋转矢量 $\boldsymbol{A}_1$ 和 $\boldsymbol{A}_2$ 的端点运动速度 $\boldsymbol{v}_1$ 和 $\boldsymbol{v}_2$ 的方向，$\boldsymbol{v}_1$ 和 $\boldsymbol{v}_2$ 在 X 轴上的投影值 v_{x1} 和 v_{x2} 的正负就代表了简谐振动质点在 X 轴上的运动方向。

由旋转矢量图可见，t_1 时刻旋转矢量 $\boldsymbol{A}_1$ 端点圆周运动的法向加速度 $\boldsymbol{a}_{n1}$ 在 X 轴上的投影值 $a_{n1x}>0$，质点沿 X 轴运动的加速度为正；但 t_1 时刻质点沿 X 轴运动的速度为负，$v_{1x}<0$；质点沿 X 轴运动的加速度与速度方向相反，实际上质点在减速运动。t_2 时刻旋转矢量 $\boldsymbol{A}_2$ 端点圆周运动的法向加速度 $\boldsymbol{a}_{n2}$ 在 X 轴上的投影值 $a_{n2x}<0$，质点沿 X 轴运动的加速度为负；但 t_2 时刻质点沿 X 轴运动的速度为正，$v_{2x}>0$；质点沿 X 轴运动的加速度与速度方向相反，实际上质点在减速运动。

由旋转矢量图可见，在 b 点和 d 点 $\boldsymbol{v}$ 在 x 轴上的投影 v_x 为零；旋转矢量由初始位置旋转到 b 点和 d 点所转过的角度分别为

$$\frac{3\pi}{4}+2k\pi \text{ 和 } \frac{3\pi}{4}+\pi+\frac{\pi}{2}+2k\pi=\frac{7\pi}{4}+2k\pi$$

因为 $\omega=\pi/2$，因此有

$$\omega t=\frac{\pi}{2}t=\frac{3\pi}{4}+2k\pi \text{ 和 } \omega t=\frac{\pi}{2}t=\frac{7\pi}{4}+2k\pi$$

因此，质点运动速度为零的时刻为

$$t=\frac{3}{2}+4k=1.5, 5.5, \cdots(\mathrm{s}) \text{ 和 } t=\frac{7}{2}+4k=3.5, 7.5, \cdots(\mathrm{s})$$

由旋转矢量图可见，在 a 点和 c 点 $\boldsymbol{a}_{\mathrm{n}}=\omega^2 A\boldsymbol{e}_{\mathrm{n}}$ 在 x 轴上的投影 $a_{\mathrm{n}x}$ 为零；旋转矢量由初始位置旋转到 a 点和 c 点所转过的角度分别为

$$\frac{3\pi}{4}-\frac{\pi}{2}+2k\pi=\frac{\pi}{4}+2k\pi \text{ 和 } \frac{3\pi}{4}+\frac{\pi}{2}+2k\pi=\frac{5\pi}{4}+2k\pi$$

因为 $\omega=\pi/2$，因此有

$$\omega t=\frac{\pi}{2}t=\frac{\pi}{4}+2k\pi \text{ 和 } \omega t=\frac{\pi}{2}t=\frac{5\pi}{4}+2k\pi$$

因此，质点运动加速度为零的时刻为

$$t=\frac{1}{2}+4k=0.5, 4.5, \cdots(\mathrm{s}) \text{ 和 } t=\frac{5}{2}+4k=2.5, 6.5, \cdots(\mathrm{s})$$

由旋转矢量图可见，在 a 点 $\boldsymbol{v}$ 在 x 轴上的投影 v_x 为正最大；旋转矢量由初始位置旋转到 a 点所转过的角度为

$$\frac{3\pi}{4}-\frac{\pi}{2}+2k\pi=\frac{\pi}{4}+2k\pi$$

因为 $\omega=\pi/2$，因此有

$$\omega t=\frac{\pi}{2}t=\frac{\pi}{4}+2k\pi$$

因此，质点运动速度为正最大的时刻为

$$t=\frac{1}{2}+4k=0.5, 4.5, \cdots(\mathrm{s})$$

由旋转矢量图可见，在 c 点 $\boldsymbol{v}$ 在 x 轴上的投影 v_x 为负最大；旋转矢量由初始位置旋转到 c 点

所转过的角度为

$$\frac{3\pi}{4}+\frac{\pi}{2}+2k\pi=\frac{5\pi}{4}+2k\pi$$

因为 $\omega=\pi/2$,因此有

$$\omega t=\frac{\pi}{2}t=\frac{5\pi}{4}+2k\pi$$

因此,质点运动速度为负最大的时刻为

$$t=\frac{5}{2}+4k=2.5,6.5,\cdots(\mathrm{s})$$

由旋转矢量图可见,在 d 点 $\boldsymbol{a}_n=\omega^2 A\boldsymbol{e}_n$ 在 x 轴上的投影 a_{nx} 为正最大;旋转矢量由初始位置旋转到 d 点所转过的角度为

$$\frac{3\pi}{4}+\pi+2k\pi=\frac{7\pi}{4}+2k\pi$$

因为 $\omega=\pi/2$,因此有

$$\omega t=\frac{\pi}{2}t=\frac{7\pi}{4}+2k\pi$$

因此,质点运动加速度为正最大的时刻为

$$t=\frac{7}{2}+4k=3.5,7.5,\cdots(\mathrm{s})$$

由旋转矢量图可见,在 b 点 $\boldsymbol{a}_n=\omega^2 A\boldsymbol{e}_n$ 在 x 轴上的投影 a_{nx} 为负最大;旋转矢量由初始位置旋转到 b 点所转过的角度为

$$\frac{3\pi}{4}+2k\pi$$

因为 $\omega=\pi/2$,因此有

$$\omega t=\frac{\pi}{2}t=\frac{3\pi}{4}+2k\pi$$

因此,质点运动加速度为负最大的时刻为

$$t=\frac{3}{2}+4k=1.5,5.5,\cdots(\mathrm{s})$$

(2)求得了振动函数,完全可以解答余下的问题。由振动函数

$$x=4\times10^{-2}\cos\left(\frac{\pi}{2}t-\frac{3\pi}{4}\right)$$

可以得到质点速度函数和加速度函数分别为

$$v=-2\pi\times10^{-2}\sin\left(\frac{\pi}{2}t-\frac{3\pi}{4}\right),a=-\pi^2\times10^{-2}\cos\left(\frac{\pi}{2}t-\frac{3\pi}{4}\right)$$

t_1 时刻质点的速度和加速度为

$$v_1=-2\pi\times10^{-2}\sin\left(\frac{\pi}{2}t_1-\frac{3\pi}{4}\right),a_1=-\pi^2\times10^{-2}\cos\left(\frac{\pi}{2}t_1-\frac{3\pi}{4}\right)$$

由振动曲线可以得到,t_1 时刻质点余弦简谐振动有效相位在第Ⅱ象限,因此

$$\frac{\pi}{2}<\left(\frac{\pi}{2}t_1-\frac{3\pi}{4}\right)<\pi,\sin\left(\frac{\pi}{2}t_1-\frac{3\pi}{4}\right)>0,\cos\left(\frac{\pi}{2}t_1-\frac{3\pi}{4}\right)<0$$

因此,t_1 时刻质点的速度和加速度为

$$v_1=-2\pi\times10^{-2}\sin\left(\frac{\pi}{2}t_1-\frac{3\pi}{4}\right)<0,a_1=-\pi^2\times10^{-2}\cos\left(\frac{\pi}{2}t_1-\frac{3\pi}{4}\right)>0$$

t_2 时刻质点的速度和加速度为

$$v_2=-2\pi\times10^{-2}\sin\left(\frac{\pi}{2}t_2-\frac{3\pi}{4}\right),a_2=-\pi^2\times10^{-2}\cos\left(\frac{\pi}{2}t_2-\frac{3\pi}{4}\right)$$

由振动曲线可以得到，t_2 时刻质点余弦简谐振动有效相位在第Ⅳ象限，因此

$$-\frac{\pi}{2}<\left(\frac{\pi}{2}t_2-\frac{3\pi}{4}\right)<0,\sin\left(\frac{\pi}{2}t_2-\frac{3\pi}{4}\right)<0,\cos\left(\frac{\pi}{2}t_2-\frac{3\pi}{4}\right)>0$$

因此，t_2 时刻质点的速度和加速度为

$$v_2=-2\pi\times10^{-2}\sin\left(\frac{\pi}{2}t_2-\frac{3\pi}{4}\right)>0,a_2=-\pi^2\times10^{-2}\cos\left(\frac{\pi}{2}t_2-\frac{3\pi}{4}\right)<0$$

由质点速度函数得到速度为零的时刻

$$v=-2\pi\times10^{-2}\sin\left(\frac{\pi}{2}t-\frac{3\pi}{4}\right)=0,\sin\left(\frac{\pi}{2}t-\frac{3\pi}{4}\right)=0$$

$$\frac{\pi}{2}t-\frac{3\pi}{4}=k\pi,t=\frac{3}{2}+2k=1.5,3.5,5.5,\cdots(\text{s})$$

这也是质点加速度和势能最大以及动能为零的时刻。

由质点加速度函数得到加速度为零的时刻

$$a=-\pi^2\times10^{-2}\cos\left(\frac{\pi}{2}t-\frac{3\pi}{4}\right)=0,\cos\left(\frac{\pi}{2}t-\frac{3\pi}{4}\right)=0$$

$$\frac{\pi}{2}t-\frac{3\pi}{4}=k\pi+\frac{\pi}{2},t=\frac{1}{2}+2k=0.5,2.5,4.5,6.5,\cdots(\text{s})$$

这也是质点速度最大和势能为零以及动能最大的时刻。

由质点速度函数得到速度为正最大的时刻

$$v=-2\pi\times10^{-2}\sin\left(\frac{\pi}{2}t-\frac{3\pi}{4}\right)=2\pi\times10^{-2},\sin\left(\frac{\pi}{2}t-\frac{3\pi}{4}\right)=-1$$

$$\frac{\pi}{2}t-\frac{3\pi}{4}=-\frac{\pi}{2}+2k\pi,t=\frac{1}{2}+4k=0.5,4.5,\cdots(\text{s})$$

速度为负最大的时刻

$$v=-2\pi\times10^{-2}\sin\left(\frac{\pi}{2}t-\frac{3\pi}{4}\right)=-2\pi\times10^{-2},\sin\left(\frac{\pi}{2}t-\frac{3\pi}{4}\right)=1$$

$$\frac{\pi}{2}t-\frac{3\pi}{4}=\frac{\pi}{2}+2k\pi,t=\frac{5}{2}+4k=2.5,6.5,\cdots(\text{s})$$

由质点加速度函数得到加速度为正最大的时刻

$$a=-\pi^2\times10^{-2}\cos\left(\frac{\pi}{2}t-\frac{3\pi}{4}\right)=\pi^2\times10^{-2},\cos\left(\frac{\pi}{2}t-\frac{3\pi}{4}\right)=-1$$

$$\frac{\pi}{2}t-\frac{3\pi}{4}=2k\pi+\pi,t=\frac{7}{2}+4k=3.5,7.5,\cdots(\text{s})$$

加速度为负最大的时刻

$$a=-\pi^2\times10^{-2}\cos\left(\frac{\pi}{2}t-\frac{3\pi}{4}\right)=-\pi^2\times10^{-2},\cos\left(\frac{\pi}{2}t-\frac{3\pi}{4}\right)=1$$

$$\frac{\pi}{2}t-\frac{3\pi}{4}=2k\pi,t=\frac{3}{2}+4k=1.5,5.5,\cdots(\text{s})$$

(3)振动曲线如图 4-33 所示，求振动函数。

如图 4-34 所示，振幅为 $A=4\ \text{cm}=4\times10^{-2}\ \text{m}$，振动周期为 $T=4\times(1.5-0.5)=4\ \text{s}$，由此可设振动函数为

$$x=A\cos(\omega t+\varphi)=4\times10^{-2}\cos\left(\frac{2\pi}{T}t+\varphi\right)=4\times10^{-2}\cos\left(\frac{\pi}{2}t+\varphi\right)$$

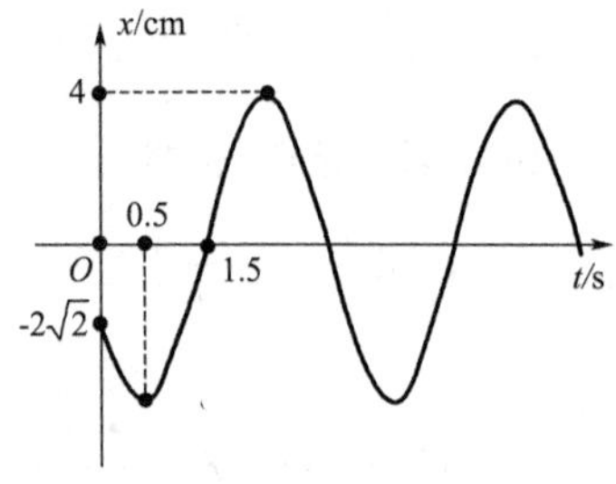

图 4-33　例 4-2 点评(2)

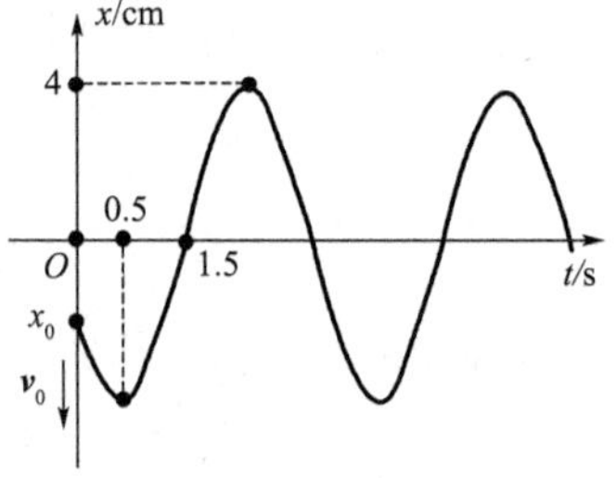

图 4-34　例 4-2 点评(3)

由振动曲线可见，$t=0$ 时，$x_0=-2\sqrt{2}\times10^{-2}=-\sqrt{2}A/2$，所以

$$x_0=4\times10^{-2}\cos\varphi=-2\sqrt{2}\times10^{-2},\cos\varphi=-\frac{\sqrt{2}}{2},\varphi=\pm\frac{3\pi}{4}$$

由振动曲线可见，$t=0$ 时，$v_0=-\omega A\sin\varphi<0,\sin\varphi>0$，所以取 $\varphi=\frac{3\pi}{4}$，振动函数为

$$x=4\times10^{-2}\cos\left(\frac{\pi}{2}t+\frac{3\pi}{4}\right)$$

由振动曲线可见，当 $t=0.5$ s 时，$x_1=-4$，所以

$$\cos\left(\frac{\pi}{2}\times0.5+\varphi\right)=-1,\frac{\pi}{4}+\varphi=\pi,\varphi=\frac{3}{4}\pi$$

在 $t=0.5$ s 时刻，运动物体达到了极大(负)位置，速度为零，速度方向的条件已经失去意义；但由于 $\cos\varphi=-1$(或 $\cos\varphi=+1$)，相位 φ 有唯一确定的解(当然可以相差 $2k\pi$，但不会影响初相位 φ 的确定)。

由振动曲线可见，当 $t=2.5$ s 时，$x_2=4$，所以

$$\cos\left(\frac{\pi}{2}\times2.5+\varphi_2\right)=1,\frac{5\pi}{4}+\varphi_2=0,\varphi_2=-\frac{5}{4}\pi$$

由于得到的“初相位”φ_2 超出了“$-\pi\leqslant\varphi\leqslant\pi$”的范围，需要对“初相位”$\varphi_2$ 增加“$2k\pi$”的修正，不影响物理结论

$$\varphi=\varphi_2+2\pi=-\frac{5}{4}\pi+2\pi=\frac{3}{4}\pi$$

由振动曲线可见，当 $t=1.5$ s 时，$x_3=0$，所以

$$\cos\left(\frac{\pi}{2}\times1.5+\varphi_3\right)=0,\frac{3\pi}{4}+\varphi_3=\pm\frac{\pi}{2}$$

再由振动曲线可见，当 $t=1.5$ s 时，$v_3>0$，得到“初相位” 所以

$$-\sin\left(\frac{\pi}{2}\times1.5+\varphi_3\right)>0,\sin\left(\frac{\pi}{2}\times1.5+\varphi_3\right)<0$$

因此，得到“初相位”

$$\frac{3\pi}{4}+\varphi_3=-\frac{\pi}{2},\varphi_3=-\frac{3\pi}{4}-\frac{\pi}{2}=-\frac{5\pi}{4}$$

由于得到的“初相位”φ_3 超出了“$-\pi\leqslant\varphi\leqslant\pi$”的范围，需要对“初相位”$\varphi_3$ 增加“$2k\pi$”的修正，不影响物理结论

$$\varphi=\varphi_3+2\pi=-\frac{5}{4}\pi+2\pi=\frac{3}{4}\pi$$

可见,无论选择振动曲线的哪一个时刻进行计算,最终的结果是一样的。

(4)求如图 4-35 和图 4-36 所示两种振动曲线下的振动函数。

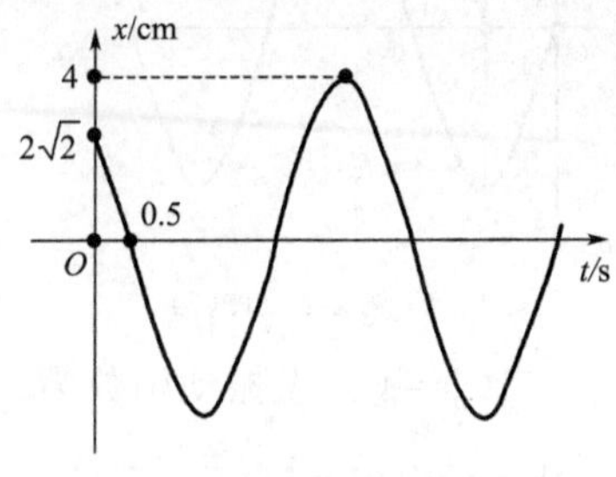

图 4-35 例 4-2 点评(4)

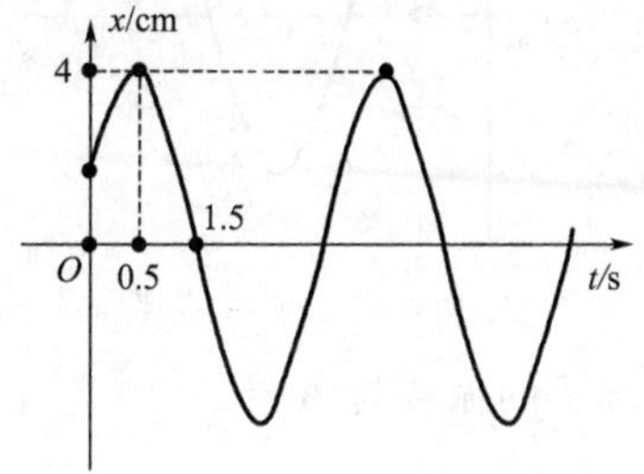

图 4-36 例 4-2 点评(5)

对于图 4-35 所示的振动曲线,设振动函数为

$$x=A\cos(\omega t+\varphi)=4\times10^{-2}\cos\left(\frac{2\pi}{T}t+\varphi\right)$$

由于 $t=0$ 时,$x_0=2\sqrt{2}\times10^{-2}=\frac{\sqrt{2}}{2}A$,则

$$x_0=A\cos\varphi=\frac{\sqrt{2}}{2}A,\cos\varphi=\frac{\sqrt{2}}{2},\varphi=\pm\frac{\pi}{4}$$

由振动曲线可见,当 $t=0$ 时,$v_0<0$,$v_0=-\omega A\sin\varphi<0$,$\sin\varphi>0$,所以取 $\varphi=\frac{\pi}{4}$,因此,振动函数进一步表示为

$$x=A\cos(\omega t+\varphi)=4\times10^{-2}\cos\left(\frac{2\pi}{T}t+\frac{\pi}{4}\right)$$

又由振动曲线可见,当 $t=0.5$ s 时,$x=0$,所以有

$$\cos\left(\frac{2\pi}{T}\times0.5+\frac{\pi}{4}\right)=0,\frac{2\pi}{T}\times0.5+\frac{\pi}{4}=\frac{\pi}{2},T=4\text{ s}$$

因此,振动函数为

$$x=4\times10^{-2}\cos\left(\frac{2\pi}{T}t+\frac{\pi}{4}\right)=4\times10^{-2}\cos\left(\frac{\pi}{2}t+\frac{\pi}{4}\right)$$

对于图 4-36 所示的振动曲线,振动周期为 $T=(1.5-0.5)\times4=4$ s,设振动函数为

$$x=A\cos(\omega t+\varphi)=4\times10^{-2}\cos\left(\frac{2\pi}{T}t+\varphi\right)=4\times10^{-2}\cos\left(\frac{\pi}{2}t+\varphi\right)$$

由振动曲线可见,当 $t=0.5$ s 时,$x=A$,$4\times10^{-2}\cos\left(\frac{\pi}{2}\times0.5+\varphi\right)=4\times10^{-2}$ 所以

$$\cos\left(\frac{\pi}{2}\times0.5+\varphi\right)=1,\frac{\pi}{2}\times0.5+\varphi=0,\varphi=-\frac{\pi}{4}$$

因此,振动函数为

$$x=4\times10^{-2}\cos\left(\frac{\pi}{2}t+\varphi\right)=4\times10^{-2}\cos\left(\frac{\pi}{2}t-\frac{\pi}{4}\right)$$

(5)求如图 4-37 和图 4-38 所示两种振动曲线下的振动函数。

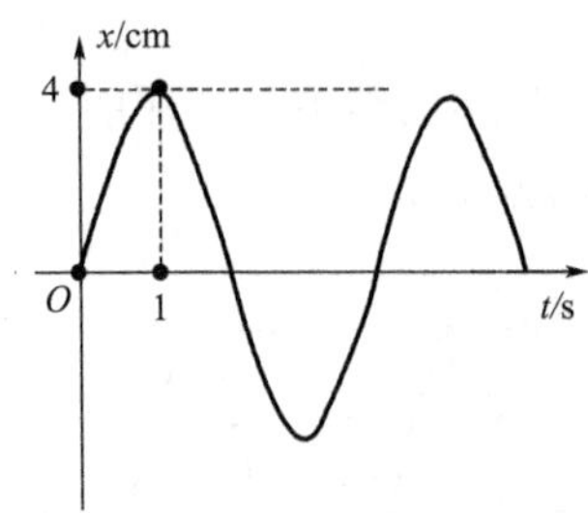

图 4-37　例 4-2 点评(6)

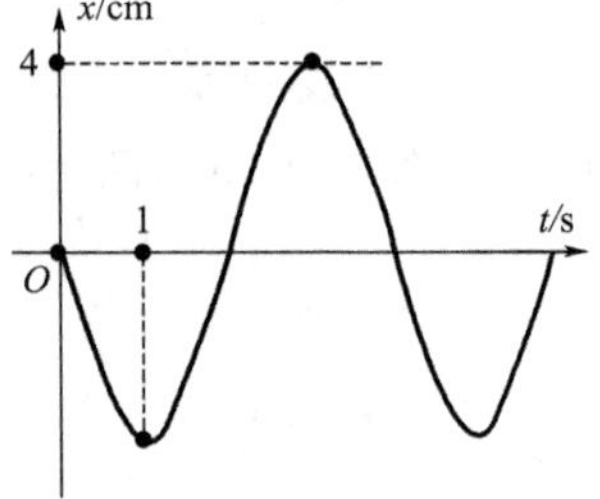

图 4-38　例 4-2 点评(7)

两种情况下的振幅为 $A=4\times10^{-2}$ cm,周期为 $T=1\times4=4$ s,设振动函数为

$$x=A\cos(\omega t+\varphi)=4\times10^{-2}\cos\left(\frac{2\pi}{T}t+\varphi\right)=4\times10^{-2}\cos\left(\frac{\pi}{2}t+\varphi\right)$$

对于图 4-37 和图 4-38 所示的振动曲线,当 $t=0$ 时,$x_0=0$,所以

$$x_0=A\cos\varphi=0,\cos\varphi=0,\varphi=\pm\pi/2$$

对于图 4-37 所示的振动曲线,当 $t=0$ 时,$v_0=-\omega A\sin\varphi>0$,$\sin\varphi<0$,取 $\varphi=-\pi/2$,振动函数为

$$x=4\times10^{-2}\cos\left(\frac{\pi}{2}t+\varphi\right)=4\times10^{-2}\cos\left(\frac{\pi}{2}t-\frac{\pi}{2}\right)$$

对于图 4-38 所示的振动曲线,当 $t=0$ 时,$v_0=-\omega A\sin\varphi<0$,$\sin\varphi>0$,取 $\varphi=\pi/2$,振动函数为

$$x=4\times10^{-2}\cos\left(\frac{\pi}{2}t+\varphi\right)=4\times10^{-2}\cos\left(\frac{\pi}{2}t+\frac{\pi}{2}\right)$$

(6)求图 4-39 和图 4-40 所示两种振动曲线下的振动函数。

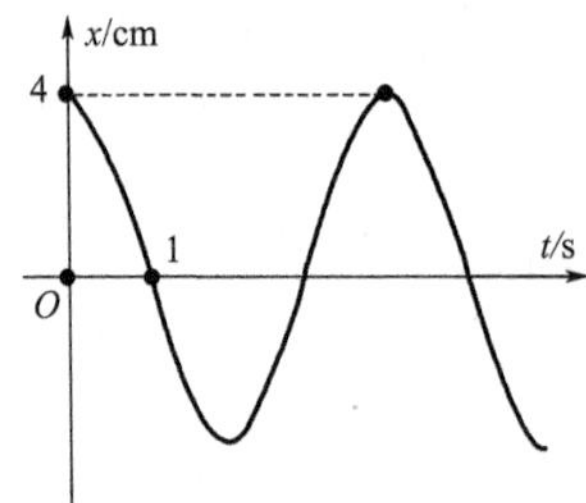

图 4-39　例 4-2 点评(8)

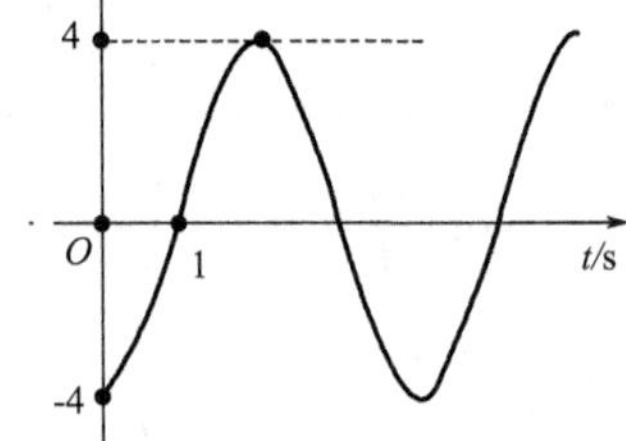

图 4-40　例 4-2 点评(9)

两种情况下的振幅为 $A=4\times10^{-2}$ cm,周期为 $T=1\times4=4$ s,设振动函数为

$$x=A\cos(\omega t+\varphi)=4\times10^{-2}\cos\left(\frac{2\pi}{T}t+\varphi\right)=4\times10^{-2}\cos\left(\frac{\pi}{2}t+\varphi\right)$$

对于图 4-39 所示的振动曲线,当 $t=0$ 时,$x_0=A$,所以

$$A\cos\varphi=A,\cos\varphi=1,\varphi=0$$

振动函数为

$$x=4\times10^{-2}\cos\left(\frac{\pi}{2}t+\varphi\right)=4\times10^{-2}\cos\left(\frac{\pi}{2}t\right)$$

对于图 4-40 所示的振动曲线,当 $t=0$ 时,$x_0=-A$,所以

$$A\cos\varphi=-A,\cos\varphi=-1,\varphi=\pi$$

振动函数为

$$x=4\times10^{-2}\cos\left(\frac{\pi}{2}t+\varphi\right)=4\times10^{-2}\cos\left(\frac{\pi}{2}t+\pi\right)=-4\times10^{-2}\cos\left(\frac{\pi}{2}t\right)$$

【例 4-3】 如图 4-41 所示的弹簧振子沿 x 轴做简谐振动，振子的质量 $m=2.5$ kg，弹簧的原长为 l_0，质量不计，弹簧的劲度系数 $k=250\ \text{N}\cdot\text{m}^{-1}$。当振子处于平衡位置右方且向 x 轴的负方向运动时开始计时($t=0$)，此时的动能 $E_{k0}=0.45$ J，势能 $E_{p0}=0.80$ J，试计算：

(1)$t=0$ 时，振子的位移和速度；(2)系统的振动方程。

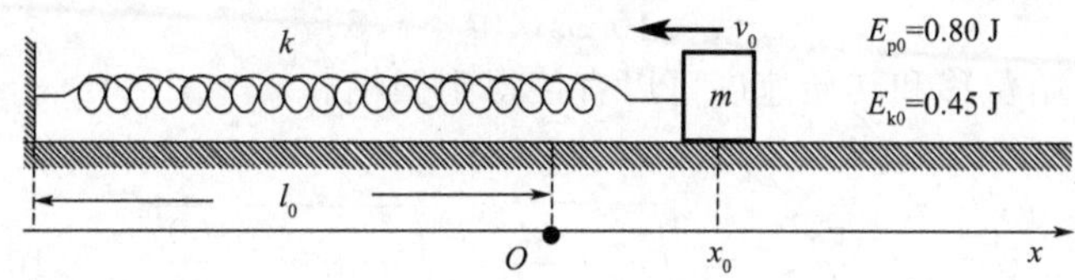

图 4-41 例 4-3

分析 振子沿水平方向围绕原点 O 做简谐振动，需要确定振动角频率 ω、振幅 A 和初相位 φ 的具体值。由弹簧的劲度系数 k 和振子的质量 m 可以确定振子的振动角频率 ω；简谐振动，机械能守恒，由初始机械能(初始动能与初始势能之和)与最大位移处的势能(位移为振幅)，可以得到振动的振幅；由初始势能可以得到初始位移 x_0(大小和正负)；由初始动能可以得到初始速度 v_0(大小)；由初始位移 x_0(大小和正负)以及振幅可以得到初相位的两个可能值；再由初始速度的方向判定初相位的取值；最终得到振动方程。

解 如图 4-42 所示。

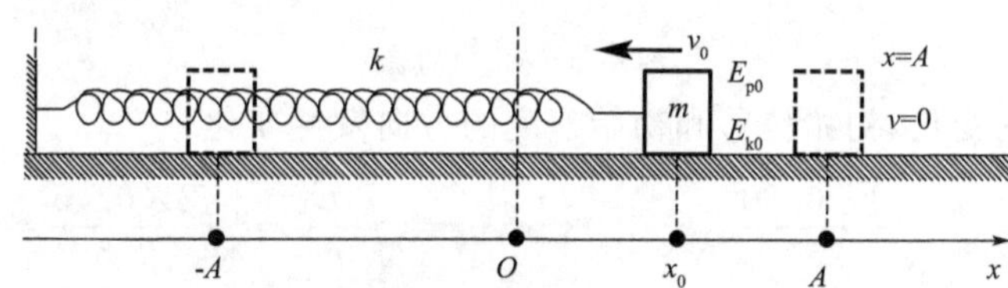

图 4-42 例 4-3 解析

(1)当 $t=0$ 时，$E_{p0}=0.80$ J，由 $E_{p0}=\frac{1}{2}kx_0^2$ 得

$$x_0=\pm\sqrt{\frac{2E_{p0}}{k}}=\pm\sqrt{\frac{2\times0.80}{250}}=\pm0.08\ \text{m}$$

根据题意可知，在 $t=0$ 时，振子在平衡位置的右方，且向 x 轴的负方向运动，因此，$x_0>0$，$v_0<0$，则有 $x_0=0.08$ m。

由题意，当 $t=0$ 时，$E_{k0}=0.45$ J，由 $E_{k0}=\frac{1}{2}mv_0^2$，得

$$v_0=-\sqrt{\frac{2E_{k0}}{m}}=-\sqrt{\frac{2\times0.45}{2.5}}=-0.60\ \text{m}\cdot\text{s}^{-1}$$

(2)当 $t=0$ 时，系统的总机械能为

$$E=E_{k0}+E_{p0}=0.45+0.80=1.25\ \text{J}$$

总的机械能又可以写为 $E=\frac{1}{2}kA^2$，由此可得

$$A=\sqrt{\frac{2E}{k}}=\sqrt{\frac{2(E_{k0}+E_{p0})}{k}}=\sqrt{\frac{2\times1.25}{250}}=0.10\ \text{m}$$

振动的角频率 $\omega=\sqrt{\frac{k}{m}}=\sqrt{\frac{250}{2.5}}=10(\text{rad}\cdot\text{s}^{-1})$，设其振动方程为

$$x=A\cos(\omega t+\varphi)=0.10\cos(10t+\varphi)$$

由 $t=0$ 时，$x_0=0.08$ m，得到

$$0.10\cos\varphi=0.08, \cos\varphi=4/5, \varphi=\pm\pi/5$$

由 $t=0$ 时，$v_0<0$，得到

$$v_0=-\omega A\sin\varphi<0, \sin\varphi>0, 取\ \varphi=\pi/5$$

由此，振动方程为

$$x=0.10\cos(10t+\pi/5)$$

点评 (1)由初始位移和初始速度可以直接得到振幅。

$$x_0=A\cos\varphi, v_0=-\omega A\sin\varphi=-10A\sin\varphi$$

$$A^2\cos^2\varphi+A^2\sin^2\varphi=x_0^2+\frac{v_0^2}{\omega^2}, A=\sqrt{x_0^2+\frac{v_0^2}{\omega^2}}=\sqrt{0.08^2+\frac{0.60^2}{10^2}}=0.10\ \text{m}$$

(2)如图 4-43 所示，坐标轴反向。振动的角频率和振幅不变

$$\omega=\sqrt{\frac{k}{m}}=\sqrt{\frac{250}{2.5}}=10(\text{rad}\cdot\text{s}^{-1}), A=\sqrt{\frac{2E}{k}}=\sqrt{\frac{2\times1.25}{250}}=0.10\ \text{m}$$

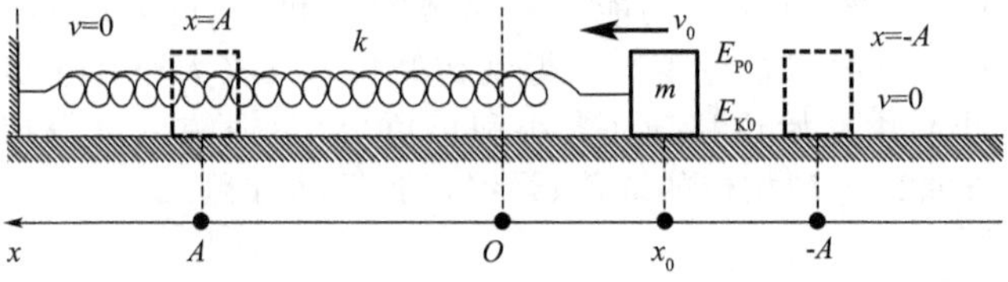

图 4-43 例 4-3 点评

但由于坐标轴方向的变化，初始位移和初始速度的方向发生变化

$$x_0=-\sqrt{\frac{2E_{p0}}{k}}=-\sqrt{\frac{2\times0.80}{250}}=-0.08\ \text{m}, v_0=\sqrt{\frac{2E_k}{m}}=\sqrt{\frac{2\times0.45}{2.5}}=0.60\ \text{m}\cdot\text{s}^{-1}$$

由 $t=0$ 时，$x_0=-0.08$ m，得到

$$0.10\cos\varphi=-0.08, \cos\varphi=-4/5, \varphi=\pm4\pi/5$$

由 $t=0$ 时，$v_0>0$，得到

$$v_0=-\omega A\sin\varphi>0, \sin\varphi<0, 取\ \varphi=-4\pi/5$$

由此，振动方程为

$$x=0.10\cos(10t-4\pi/5)$$

可见，数学上坐标轴的变化，并不影响振动的周期(频率)和振动的振幅，因为它们是谐振子的物理属性，不会因为数学表示的变化而变化；坐标轴的变化使初相位的数学表示发生变化，不会影响简谐振动的物理特征。

【例 4-4】 如图 4-44 所示，原长为 $l_0=1.20$ m 的弹簧，上端固定，下端挂一质量为 $m=0.04$ kg 的砝码。当砝码静止时，弹簧的长度为 $l=1.60$ m。(重力加速度取 $g=10\ \text{m}\cdot\text{s}^{-2}$)

(1)证明砝码的上下运动为简谐振动，并求此简谐振动的角频率；

(2)若将砝码向上推，使弹簧恢复到原长，然后放手，砝码自由振动，从放手时开始计时，求此简谐振动的振动方程(取向下为正)；

(3)若系统处于平衡状态时，突然给砝码一个向下的初速度 $v_0=1.50\ \text{m}\cdot\text{s}^{-1}$，求简谐振动的振动方程(取向下为正)。

(4)若从弹簧的长度为 $l=1.60$ m 时，向下拉 $\Delta l=0.30$ m，静止放手，求振动方程。

分析 物体(质点)挂在弹簧下，组成了一个弹簧振子。物体受到重力和弹簧弹性力的作用。当弹簧振子静止时，重力与弹簧弹性力平衡，此时物体(质点)的位置称为平衡位置。当上下受到某种扰动时，弹簧振子获得一定的能量，物体将围绕平衡位置上下振动。忽略一切阻

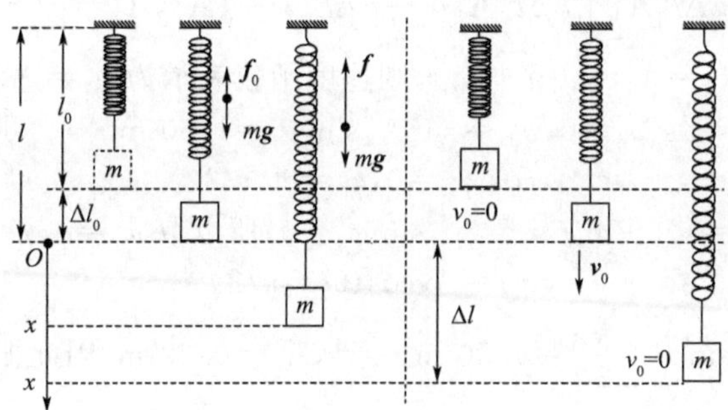

图 4-44　例 4-4

力，在弹簧弹性范围内，振子做简谐振动。在振子振动过程中，弹簧弹性力是变化的，与弹簧的伸长(压缩)量成正比。物体受到的合力(重力与弹簧弹性力的矢量和)与物体相对于平衡位置的位移成正比，方向与相对位移相反，振子做简谐振动。弹簧振子的振动周期(振动频率)和振动初始条件无关，因此，在求弹簧振子的振动周期(振动频率)时，可以任意给定初始条件。弹簧振子振动的振幅与振子获得的初始能量有关，在这种振动过程中，机械能守恒，动能与势能相互转化，由给定的初始机械能就可以求得振动的振幅。振动的初相位与初始条件密切相关，必须由初始条件确定初相位。

解　如图 4-44 所示，当弹簧振子处于平衡状态时

$$\Delta l_0=l-l_0=1.60-1.20=0.40\ \text{m},mg=k\Delta l_0,k=\frac{mg}{\Delta l_0}=\frac{0.04\times 10}{0.40}=1\ \text{N}\cdot\text{m}^{-1}$$

(1)如图 4-44 所示，以振动平衡位置为坐标原点，设 t 时刻砝码坐标为 x，物体受到的合力为

$$F=-k(\Delta l_0+x)+mg=-k\Delta l_0-kx+mg=-mg-kx+mg=-kx$$

所以，砝码的上下运动为简谐振动。由牛顿第二定律，得到

$$m\frac{\mathrm{d}^2x}{\mathrm{d}t^2}=F=-kx,\frac{\mathrm{d}^2x}{\mathrm{d}t^2}+\frac{k}{m}x=0,\frac{\mathrm{d}^2x}{\mathrm{d}t^2}+\omega^2x=0$$

弹簧振子简谐振动的角频率为

$$\omega=\sqrt{\frac{k}{m}}=\sqrt{\frac{g}{\Delta l_0}}=\sqrt{\frac{10}{0.40}}=5\ \text{rad}\cdot\text{s}^{-1}$$

(2)设振动函数为 $x_1=A_1\cos(5t+\varphi_1)$，则速度函数表示为 $v_1=-5A_1\sin(5t+\varphi_1)$

当 $t=0$ 时，$x_{10}=-\Delta l_0=A_1\cos\varphi_1$，$v_{10}=-5A_1\sin\varphi_1=0$，所以

$$\sin\varphi_1=0,\varphi_1=0,\pi$$

由于 $x_{10}=A_1\cos\varphi_1=-\Delta l_0=-0.40\ \text{m}<0$，$\cos\varphi_1<0$，所以取 $\varphi_1=\pi$。所以

$$x_1=A_1\cos(5t+\pi)$$

而 $t=0$ 时，$x_{10}=-\Delta l_0=A_1\cos\pi=-A_1$，$A_1=\Delta l_0=0.40$ m，因此振动函数为

$$x_1=0.40\cos(5t+\pi)=-0.40\cos 5t$$

也可以由初始条件直接计算振幅

$$A_1=\sqrt{x_{10}^2+\frac{v_{10}^2}{\omega^2}}=|x_{10}|=\Delta l_0=0.40\ \text{m}$$

还可以利用能量守恒求振幅，取平衡位置为重力势能零点

$$0+mg\Delta l_0+0=0-mgA_1+\frac{1}{2}k(\Delta l_0+A_1)^2$$

$$mg\Delta l_0=-mgA_1+k\Delta l_0A_1+\frac{1}{2}k\Delta l_0^2+\frac{1}{2}kA_1^2$$

$$k\Delta l_0^2=-k\Delta l_0 A_1+k\Delta l_0 A_1+\frac{1}{2}k\Delta l_0^2+\frac{1}{2}kA_1^2,A_1=\Delta l_0=0.40\ \text{m}$$

(3)设振动函数为 $x_2=A_2\cos(5t+\varphi_2)$，则速度函数表示为 $v_2=-5A_2\sin(5t+\varphi_2)$

当 $t=0$ 时，$x_{20}=A_2\cos\varphi_2=0$，$v_{20}=-5A_2\sin\varphi_2=1.50\ \text{m}\cdot\text{s}^{-1}$，所以

$$\cos\varphi_2=0,\varphi_2=\pm\pi/2$$

由于 $v_{20}=-5A_2\sin\varphi_2=1.50\ \text{m}\cdot\text{s}^{-1}>0$，$\sin\varphi_2<0$，所以取 $\varphi_2=-\pi/2$。所以，

$$x_2=A_2\cos(5t-\pi/2)$$

而 $t=0$ 时，$v_{20}=-5A_2\sin\left(-\frac{\pi}{2}\right)=1.50\ \text{m}\cdot\text{s}^{-1}$，$A_2=0.30\ \text{m}$，因此振动函数为

$$x_2=A_2\cos\left(5t-\frac{\pi}{2}\right)=0.30\cos\left(5t-\frac{\pi}{2}\right)$$

也可以由初始条件直接计算振幅

$$A_2=\sqrt{x_{20}^2+\frac{v_{20}^2}{\omega^2}}=\frac{|v_{20}|}{\omega}=\frac{1.50}{5}=0.30\ \text{m}$$

还可以利用能量守恒求振幅，取平衡位置为重力势能零点

$$\frac{1}{2}mv_{20}^2+0+\frac{1}{2}k\Delta l_0^2=0-mgA_2+\frac{1}{2}k(\Delta l_0+A_2)^2$$

$$\frac{1}{2}mv_{20}^2+\frac{1}{2}k\Delta l_0^2=-mgA_2+k\Delta l_0A_2+\frac{1}{2}k\Delta l_0^2+\frac{1}{2}kA_2^2$$

$$\frac{1}{2}mv_{20}^2=-mgA_2+k\Delta l_0A_2+\frac{1}{2}kA_2^2,\frac{1}{2}mv_{20}^2=-mgA_2+mgA_2+\frac{1}{2}kA_2^2$$

$$A_2^2=\frac{mv_{20}^2}{k},A_2^2=\frac{v_{20}^2}{\omega^2},A_2=\frac{|v_{20}|}{\omega}=\frac{1.50}{5}=0.30\ \text{m}$$

(4)设振动函数为 $x_3=A_3\cos(5t+\varphi_3)$，则速度函数表示为 $v_3=-5A_3\sin(5t+\varphi_3)$

当 $t=0$ 时，$x_{30}=\Delta l=A_3\cos\varphi_3$，$v_{30}=-5A_3\sin\varphi_3=0$，所以

$$\sin\varphi_3=0,\varphi_3=0,\pi$$

由于 $x_{30}=A_3\cos\varphi_3=\Delta l=0.30\ \text{m}>0$，$\cos\varphi_3>0$，所以取 $\varphi_3=0$。所以，

$$x_3=A_3\cos(5t)$$

而 $t=0$ 时，$x_{30}=\Delta l=A_3\cos 0=A_3$，$A_3=\Delta l=0.30\ \text{m}$，因此振动函数为

$$x_3=0.30\cos(5t)=0.30\cos 5t$$

也可以由初始条件直接计算振幅

$$A_3=\sqrt{x_{30}^2+\frac{v_{30}^2}{\omega^2}}=|x_{30}|=\Delta l=0.30\ \text{m}$$

还可以利用能量守恒求振幅，取平衡位置为重力势能零点

$$0-mg\Delta l+\frac{1}{2}k(\Delta l_0+\Delta l)^2=0-mgA_3+\frac{1}{2}k(\Delta l_0+A_3)^2,A_3=\Delta l=0.30\ \text{m}$$

点评 (1)若从弹簧的长度为 $l=1.60\ \text{m}$ 时，向下拉 $\Delta l=0.30\ \text{m}$，放手时再给砝码一个向下的初速度 $v_{40}=2.0\ \text{m}\cdot\text{s}^{-1}$，求振动方程。

设振动函数为 $x_4=A_4\cos(5t+\varphi_4)$，则速度函数表示为 $v_4=-5A_4\sin(5t+\varphi_4)$

当 $t=0$ 时，$x_{40}=\Delta l=A_4\cos\varphi_4=0.30\ \text{m}$，$v_{40}=-5A_4\sin\varphi_4=2.0\ \text{m}\cdot\text{s}^{-1}$，所以

$$A_4^2\cos^2\varphi_4+A_4^2\sin^2\varphi_4=x_{40}^2+\left(\frac{v_{40}}{-\omega}\right)^2$$

$$A_4=\sqrt{x_{40}^2+\left(\frac{v_{40}}{\omega}\right)^2}=\sqrt{0.30^2+\left(\frac{2.0}{5}\right)^2}=0.50\ \text{m}$$

因此振动函数进一步表示为

$$x_4=A_4\cos(5t+\varphi_4)=0.50\cos(5t+\varphi_4)$$

当 $t=0$ 时，$x_{40}=\Delta l=A_4\cos\varphi_4$

$$\cos\varphi_4=\frac{\Delta l}{A_4}=\frac{0.30}{0.50}=\frac{3}{5},\varphi_4=\pm\cos^{-1}\frac{3}{5}$$

由于当 $t=0$ 时，$v_{40}=-5A_4\sin\varphi_4=2.0\ \mathrm{m\cdot s^{-1}}>0$，$\sin\varphi_4<0$，取 $\varphi_4=-\cos^{-1}(3/5)$，振动函数为(这里 $\cos^{-1}(3/5)$ 取第一象限的值)

$$x_4=A_4\cos(5t+\varphi_4)=0.50\cos\left(5t-\cos^{-1}\frac{3}{5}\right)$$

(2)如图 4-45 所示，以平衡位置为坐标原点，但坐标轴改为向上。

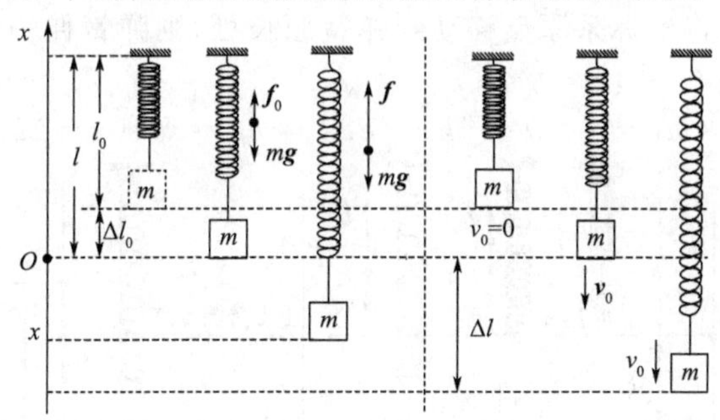

图 4-45 例 4-4 点评(1)

平衡时，弹簧伸长量为 Δl_0，则

$$f_0-mg=0,k\Delta l_0-mg=0,k=mg/\Delta l_0$$

如果从平衡位置向下拉 x，即质点的位移为 $x(x<\Delta l_0)$，则弹簧伸长量为 Δl_0-x，则质点受到的合力

$$F=f-mg=k(\Delta l_0-x)-mg=k\Delta l_0-kx-mg=-kx$$

如果从平衡位置向上举 x，即质点的位移为 $x(x>\Delta l_0)$，则弹簧压缩量为 $x-\Delta l_0$，则质点受到的合力

$$F=-f-mg=-k(x-\Delta l_0)-mg=-kx+k\Delta l_0-mg=-kx$$

可见，质点受到的合力与质点相对于平衡位置的位移成正比，方向与位移相反，因此质点做简谐振动。由牛顿定律，可以得到

$$m\frac{\mathrm{d}^2x}{\mathrm{d}t^2}=F=-kx,\frac{\mathrm{d}^2x}{\mathrm{d}t^2}+\frac{k}{m}x=0,\frac{\mathrm{d}^2x}{\mathrm{d}t^2}+\omega^2x=0$$

弹簧振子简谐振动的角频率为

$$\omega=\sqrt{\frac{k}{m}}=\sqrt{\frac{g}{\Delta l_0}}=\sqrt{\frac{10}{0.40}}=5\ \mathrm{rad\cdot s^{-1}}$$

可见，坐标系的变化，不影响质点做简谐振动这一物理事实，也不影响简谐振动的周期和频率。以"从弹簧的长度为 $l=1.60$ m 时，向下拉 $\Delta l=0.30$ m，放手时再给砝码一个向下的初速度 $v_{40}=2.0\ \mathrm{m\cdot s^{-1}}$"为例，看一看，坐标系的变化对振幅和初相位的影响。

设振动函数为 $x=A\cos(5t+\varphi)$，则速度函数为 $v=-5A\sin(5t+\varphi)$。由初始条件，$t=0$，$x_0=-\Delta l=-0.3$ m，$v_0=-2.0\ \mathrm{m\cdot s^{-1}}$，得到

$$A\cos\varphi=-0.3,-5A\sin\varphi=-2.0$$

$$A^2\cos^2\varphi+A^2\sin^2\varphi=(-0.3)^2+(2.0/5)^2$$

$$A=\sqrt{x_0^2+(v_0/\omega)^2}=\sqrt{(-0.3)^2+(2.0/5)^2}=0.50\ \mathrm{m}$$

因此，振动函数可以进一步表示为

$$x=A\cos(5t+\varphi)=0.50\cos(5t+\varphi)$$

再由初始条件，$x_0=0.5\cos\varphi=-\Delta l=-0.3\ \mathrm{m}$，得到

$$\cos\varphi=-\frac{0.3}{0.5}=-\frac{3}{5},\varphi=\pm\cos^{-1}(-3/5)$$

由于初始速度，$v_0=-5A\sin\varphi<0$，$\sin\varphi>0$，取 $\varphi=\cos^{-1}(-3/5)$，振动函数为

$$x=A\cos(5t+\varphi)=0.50\cos\left[5t+\cos^{-1}\left(-\frac{3}{5}\right)\right]$$

综上可见，坐标系的变化，对质点是否做简谐振动、简谐振动的周期和频率、振动的振幅等简谐振动的基本物理量没有影响；对初相位有影响，但初相位不是简谐振动的物理量，它是一个数学量，它应该随着数学上的坐标系的变化而变化。

(3)如图 4-46 所示，将坐标系原点移动到弹簧原长处，则弹簧伸长量为 x 时，质点受到的合力为

$$F=mg-f=mg-kx=k\Delta l_0-kx=-k(x-\Delta l_0)$$

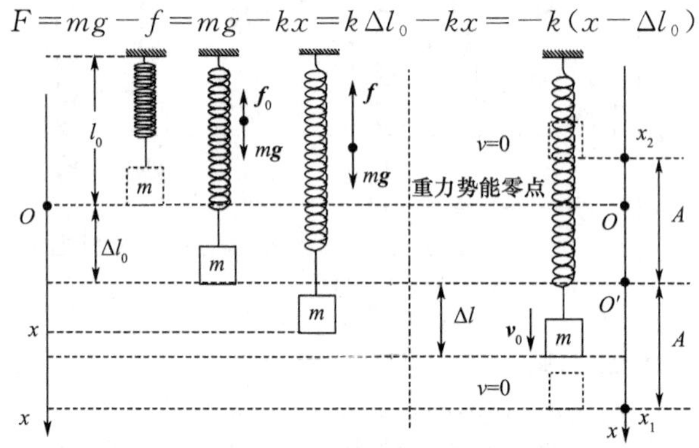

图 4-46　例 4-4 点评(2)

似乎合力不是与 x 成正比，而是与$(x-\Delta l_0)$成正比，而$(x-\Delta l_0)$是质点相对于平衡位置的位移。如果把$(x-\Delta l_0)$看作是“位移”，那么，质点的“位移”与合力成正比，质点做“简谐振动”。因此，简谐振动的“位移”指的是质点相对于平衡位置的“位移”。也只是为了在数学上简洁清晰地表示简谐振动，我们要选择平衡位置为坐标系的原点。但无论如何，坐标系原点的选择只会影响简谐振动的数学表达，绝不会改变质点做简谐振动这一物理事实。特别是，弹簧振子的振动周期 $T=2\pi/\omega=2\pi\sqrt{m/k}$，更是与坐标系无关，是谐振子的物理属性。

我们还是以点评(2)中的初始条件为例，考察质点上下运动的范围。在以弹簧原长位置为坐标系原点的坐标系中，设质点向下可以运动到最低位置 x_1，向上可以运动到最高位置 x_2，取弹簧原长处为重力势能零点。则由机械能守恒，得到

$$\frac{1}{2}mv_0^2+\frac{1}{2}k(\Delta l_0+\Delta l)^2-mg(\Delta l_0+\Delta l)=0+\frac{1}{2}kx_1^2-mgx_1$$

$$\frac{1}{2}mv_0^2+\frac{1}{2}k(\Delta l_0+\Delta l)^2-mg(\Delta l_0+\Delta l)=0+\frac{1}{2}kx_2^2-mgx_2$$

要注意，在图示中，$x_2<0$。两式相减，得到

$$\frac{1}{2}k(x_1^2-x_2^2)=mg(x_1-x_2),\frac{1}{2}k(x_1+x_2)=mg,x_1+x_2=\frac{2mg}{k}=2\Delta l_0$$

根据振幅的物理含义，另外得到

$$x_1-x_2=2A$$

由此，得到

$$x_1=A+\Delta l_0,x_2=\Delta l_0-A$$

这已经很明显了，如图所示，质点不是围绕坐标系原点 O 振动，而是围绕平衡位置 O'在振动，

而且振幅为 A。将 $x_1=A+\Delta l_0$ 代入机械能守恒定律，得到

$$\frac{1}{2}mv_0^2+\frac{1}{2}k(\Delta l_0+\Delta l)^2-mg(\Delta l_0+\Delta l)=\frac{1}{2}k(A+\Delta l_0)^2-mg(A+\Delta l_0)$$

再利用，$mg=k\Delta l_0$，$\omega^2=k/m$，得到

$$\frac{1}{2}mv_0^2+\frac{1}{2}k\Delta l^2=\frac{1}{2}kA^2, A=\sqrt{\Delta l^2+\frac{mv_0^2}{k}}=\sqrt{\Delta l^2+\frac{v_0^2}{\omega^2}}$$

这与点评(2)中得到的简谐振动振幅是一样的。可见，振幅也是与坐标系的变化无关的。这是因为，振幅也是谐振子简谐振动的物理属性，与数学形式无关。

至于初相位和振动函数，它们是与坐标系的选择有关的。在以原长位置为坐标系原点的坐标系中，已经无法用简洁的三角函数表示质点的振动函数(运动方程)了。这也是可以理解的，因为质点运动方程的具体数学表达式是与坐标系的选择有关的。

【例 4-5】 如图 4-47 所示，劲度系数为 $k=25\ \mathrm{N\cdot m^{-1}}$ 的轻弹簧与质量为 $m=0.25\ \mathrm{kg}$ 的物体组成弹簧振子，放在倾角为 θ 的光滑斜面上。现将振子由原来在斜面上静止的位置再向下拉 $x_0=0.04\ \mathrm{m}$ 距离并给定一个沿斜面向上的初速度 $v_0=-0.3\ \mathrm{m\cdot s^{-1}}$ 而放手。求：

(1)振子沿斜面振动的角频率和振幅；

(2)振子的振动方程。

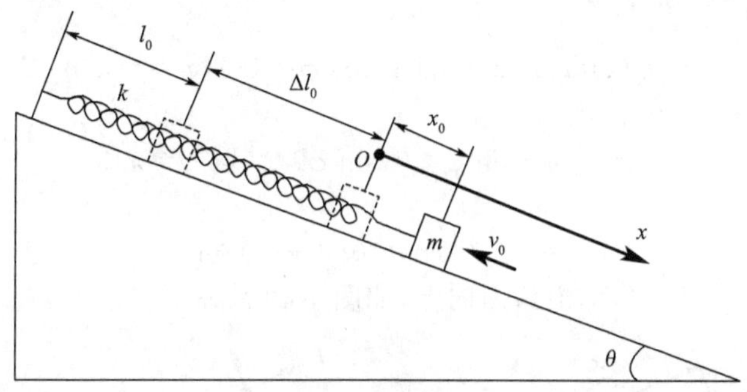

图 4-47 例 4-5

分析 物体受到重力、斜面的支撑力和弹簧弹性力的作用，支撑力与重力沿垂直于斜面方向的分量平衡而对运动无影响。物体在弹簧弹性力与重力沿斜面方向的分量的合力作用下，围绕物体静止的位置(平衡位置)沿斜面振动。由牛顿定律可以列出沿斜面方向的动力学方程，从而求出振动的角频率。由初始能量(动能和势能之和)或初始位移和初始速度，可以求得振动的振幅。由初始位移和初始速度的方向可以确定简谐振动的初相位。

解 (1)如图 4-48 所示，设物体静止在斜面上时，弹簧伸长量为 Δl_0，则

$$k\Delta l_0=mg\sin\theta, \Delta l_0=\frac{mg\sin\theta}{k}$$

以物体静止在斜面上的位置为坐标原点，建立坐标系，如图 4-48 所示。将物体再向下拉 x，即物体相对于坐标原点(平衡位置)的位移为 x 时，物体沿斜面方向的合力为

$$F=mg\sin\theta-k(\Delta l_0+x)=mg\sin\theta-k\Delta l_0-kx=-kx$$

由牛顿定律，得到

$$m\frac{\mathrm{d}^2x}{\mathrm{d}t^2}=F=-kx, \frac{\mathrm{d}^2x}{\mathrm{d}t^2}+\frac{k}{m}x=0, \frac{\mathrm{d}^2x}{\mathrm{d}t^2}+\omega^2x=0$$

因此，振子沿斜面以平衡位置为中心做简谐振动，振动角频率为

$$\omega=\sqrt{\frac{k}{m}}=\sqrt{\frac{25}{0.25}}=10\ \mathrm{rad\cdot s^{-1}}$$

设振动方程为

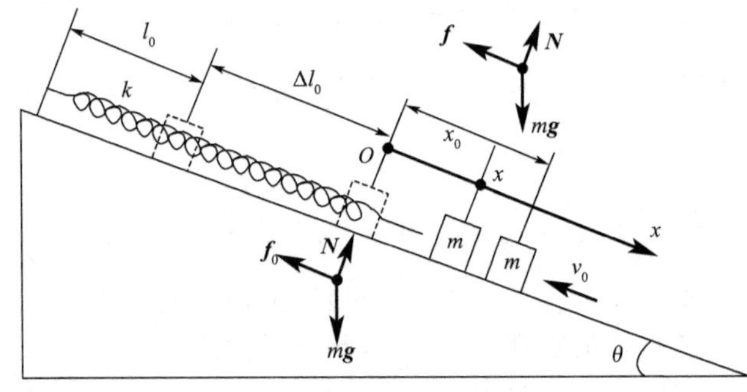

图 4-48 例 4-5 解析

$$x=A\cos(\omega t+\varphi)=A\cos(10t+\varphi)$$

则 $t=0$ 时刻,$x_0=A\cos\varphi=0.04\ \text{m}$,$v_0=-\omega A\sin\varphi=-0.3\ \text{m}\cdot\text{s}^{-1}$,则

$$A^2\cos^2\varphi+A^2\sin^2\varphi=x_0^2+\frac{v_0^2}{\omega^2},A=\sqrt{x_0^2+\frac{v_0^2}{\omega^2}}=\sqrt{0.04^2+\frac{0.3^2}{10^2}}=0.05\ \text{m}$$

(2)振动方程可以进一步设为

$$x=A\cos(\omega t+\varphi)=0.05\cos(10t+\varphi)$$

由 $x_0=0.04\ \text{m}$,得到

$$x_0=0.05\cos\varphi=0.04,\cos\varphi=4/5,\varphi=\pm\pi/5$$

再由 $v_0=-0.3\ \text{m}\cdot\text{s}^{-1}<0$,得到

$$v_0=-\omega A\sin\varphi<0,\sin\varphi>0,\text{取 }\varphi=\pi/5$$

所以,振动方程为

$$x=0.05\cos(10t+\pi/5)\ \text{m}$$

点评 (1)将坐标轴反向,即沿斜面向上,如图 4-49 所示。

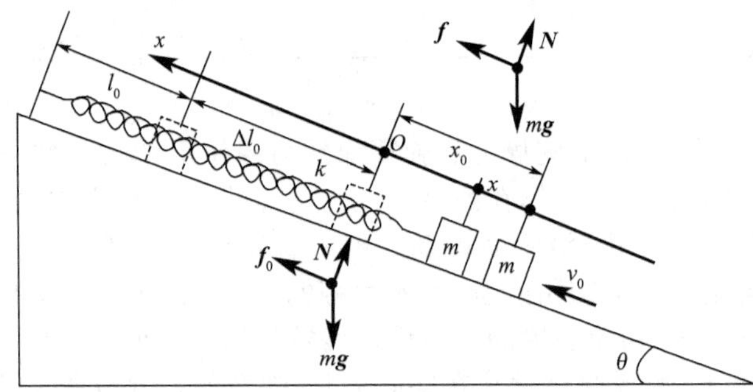

图 4-49 例 4-5 点评(1)

质点位移为 x(图示 $x<0$)时,质点沿斜面方向受到的合力为

$$F=f-mg\sin\theta=k(\Delta l_0-x)-mg\sin\theta=-kx$$

振子沿斜面以坐标原点为中心做简谐振动,振动的角频率依然为

$$\omega=\sqrt{\frac{k}{m}}=\sqrt{\frac{25}{0.25}}=10\ \text{rad}\cdot\text{s}^{-1}$$

振动的振幅依然为

$$A=\sqrt{x_0^2+\frac{v_0^2}{\omega^2}}=\sqrt{0.04^2+\frac{0.3^2}{10^2}}=0.05\ \text{m}$$

但简谐振动的初相位可能不同。由 $x_0=-0.04\ \text{m}$,得到

$$x_0=0.05\cos\varphi=-0.04,\cos\varphi=-4/5,\varphi=\pm 4\pi/5$$

再由 $v_0=0.3\ \text{m}\cdot\text{s}^{-1}>0$,得到

$$v_0=-\omega A\sin\varphi>0,\sin\varphi<0,取\ \varphi=-4\pi/5$$

所以,振动方程为

$$x=0.05\cos(10t-4\pi/5)\ \text{m}$$

(2)如图 4-50 所示,将坐标原点建在弹簧原长处。

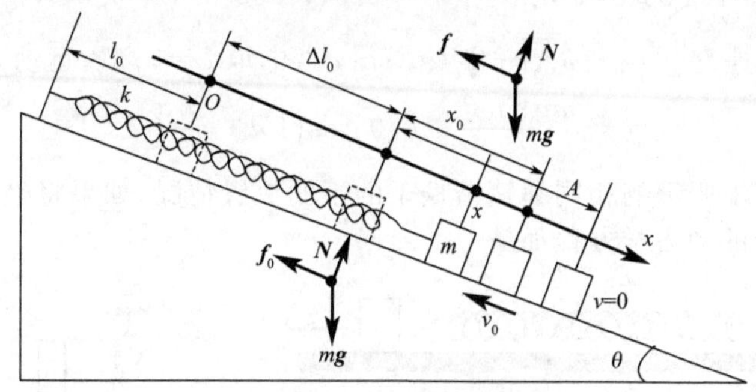

图 4-50 例 4-5 点评(2)

质点位移为 x(图示 $x>0$)时,质点沿斜面方向受到的合力为

$$F=mg\sin\theta-f=mg\sin\theta-kx$$

由牛顿定律,得到

$$m\frac{\mathrm{d}^2x}{\mathrm{d}t^2}=F=mg\sin\theta-kx,\frac{\mathrm{d}^2x}{\mathrm{d}t^2}=g\sin\theta-\frac{k}{m}x,\frac{\mathrm{d}^2x}{\mathrm{d}t^2}=g\sin\theta-\omega^2x$$

该微分方程的通解为

$$x=\frac{mg\sin\theta}{k}+A\cos(\omega t+\varphi)$$

质点的运动依然是简谐振动,只不过振动的中心即质点的平衡位置的坐标为 $x=\Delta l_0=\dfrac{mg\sin\theta}{k}$。如果令 $x=x'+\Delta l_0=x'+\dfrac{mg\sin\theta}{k}$,即建立以平衡位置为原点的坐标系,则

$$x'=A\cos(\omega t+\varphi)$$

这就是我们熟悉的简谐振动方程。振动的角频率为

$$\omega=\sqrt{\frac{k}{m}}=\sqrt{\frac{25}{0.25}}=10\ \text{rad}\cdot\text{s}^{-1}$$

根据振幅的物理意义和简谐振动机械能守恒,可以求得振幅。取平衡位置为重力势能的零点,则由机械能守恒,物体初始时刻的机械能与物体到达最大位移(离开平衡位置的最大距离,即振幅 A)时的机械能相等

$$\frac{1}{2}mv_0^2-mgx_0\sin\theta+\frac{1}{2}k(\Delta l_0+x_0)^2=0-mgA\sin\theta+\frac{1}{2}k(\Delta l_0+A)^2$$

再由平衡条件,$k\Delta l_0=mg\sin\theta$,得到

$$\frac{1}{2}mv_0^2+\frac{1}{2}kx_0^2=\frac{1}{2}kA^2,\frac{m}{k}v_0^2+x_0^2=A^2,\frac{v_0^2}{\omega^2}+x_0^2=A^2$$

由此得到简谐振动的振幅为

$$A=\sqrt{x_0^2+\frac{v_0^2}{\omega^2}}=\sqrt{0.04^2+\frac{0.3^2}{10^2}}=0.05\ \text{m}$$

质点的运动方程进一步写为

$$x=\frac{mg\sin\theta}{k}+0.05\cos(10t+\varphi)$$

由初始($t=0$)位移,$x_1=\Delta l_0+x_0=\dfrac{mg\sin\theta}{k}+0.04$,得到

$$\frac{mg\sin\theta}{k}+0.05\cos\varphi=\frac{mg\sin\theta}{k}+0.04,\ 0.05\cos\varphi=0.04,\ \varphi=\pm\frac{\pi}{5}$$

再由初始($t=0$)速度 $v_0=-\omega A\sin\varphi<0$,$\sin\varphi>0$,取 $\varphi=\pi/5$。运动方程为

$$x=\frac{mg\sin\theta}{k}+0.05\cos\left(10t+\frac{\pi}{5}\right)$$

(3)对于如图 4-51 所示的相同弹簧谐振子的不同放置情况,如果将坐标原点选在平衡位置 O,那么,质点运动的动力学方程都是

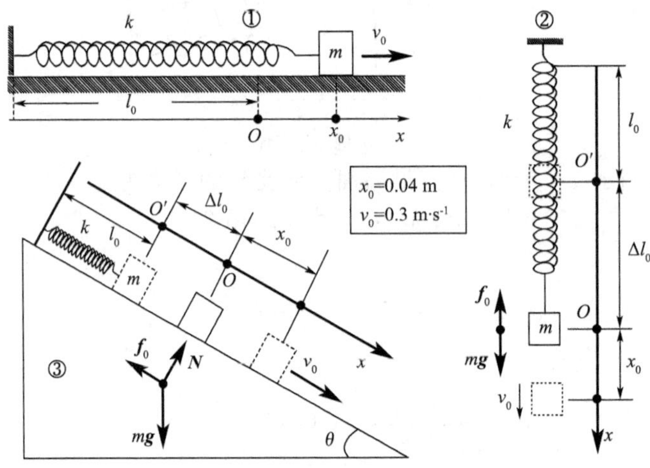

图 4-51　例 4-5 点评(3)

$$\frac{d^2x}{dt^2}+\frac{k}{m}x=0,\ \frac{d^2x}{dt^2}+\omega^2x=0$$

振子做简谐振动,振动角频率都为

$$\omega=\sqrt{\frac{k}{m}}=\sqrt{\frac{25}{0.25}}=10\ \text{rad}\cdot\text{s}^{-1}$$

振动的角频率(振动周期)与初始条件无关。振动的振幅为

$$A=\sqrt{x_0^2+\frac{v_0^2}{\omega^2}}=\sqrt{0.04^2+\frac{0.3^2}{10^2}}=0.05\ \text{m}$$

振幅由初始条件(初始能量)决定。而初相位为

$$\varphi=-\frac{\pi}{5}$$

因此,振子的运动规律完全相同。

如果将坐标原点选在弹簧原长位置 O',那么,质点运动的动力学方程可以统一表示为

$$m\frac{d^2x'}{dt^2}=F=mg\sin\theta-kx',\ \frac{d^2x'}{dt^2}+\frac{k}{m}x'=g\sin\theta,\ \frac{d^2x'}{dt^2}+\omega^2x'=g\sin\theta$$

其中,对于振子水平放置的情况,$\theta=0$;对于振子竖直放置的情况,$\theta=\pi/2$。振子的运动学方程也可以统一表示为

$$x'=\frac{mg\sin\theta}{k}+A\cos(\omega t+\varphi)$$

这实际上也是简谐振动方程，只不过振动的中心即质点的平衡位置的坐标为 $x=\Delta l_0=\dfrac{mg\sin\theta}{k}$。而简谐振动的角频率为

$$\omega=\sqrt{\frac{k}{m}}=\sqrt{\frac{25}{0.25}}=10\ \text{rad}\cdot\text{s}^{-1}$$

振动的角频率(振动周期)与初始条件无关。振动的振幅为

$$A=\sqrt{x_0^2+\frac{v_0^2}{\omega^2}}=\sqrt{0.04^2+\frac{0.3^2}{10^2}}=0.05\ \text{m}$$

振幅由初始条件(初始能量)决定；不过，这里的 x_0 指的是振子相对于平衡位置的位移，而不是相对于坐标原点的位移。对于初相位，由 $t=0$ 时的初始位移，得到

$$x_0'=\Delta l_0+x_0=\frac{mg\sin\theta}{k}+x_0,\cos\varphi=\frac{x_0}{A}=\frac{0.04}{0.05}=\frac{4}{5},\varphi=\pm\frac{\pi}{5}$$

而由 $t=0$ 时的初始速度，$v_0=0.3\ \text{m}\cdot\text{s}^{-1}>0$，得到

$$v_0=-\omega A\sin\varphi>0,\sin\varphi<0,\text{取 }\varphi=-\pi/5$$

可见，三种情况下，尽管振子的运动学方程不尽相同，但简谐振动部分是完全相同的。

当然，如果坐标轴反向，则简谐振动的振动周期(角频率)是不变的；简谐振动的振幅也只取决于初始条件(初始能量)而与坐标轴的变换无关；但简谐振动的初相位是随坐标轴的变化而变化的。

只有将坐标原点建在平衡位置，才能用熟悉的三角函数形式表示简谐振动，因此位移也是用相对于平衡位置的位移来表示。如果坐标系变化，简谐振动的数学表示会随之变化，但不改变弹簧振子简谐振动的物理实质。

弹簧振子的振动周期不会因数学上的坐标变换而变化，也与初始条件无关。因此，简谐振动的振动周期和频率是谐振子的基本物理属性。

简谐振动的振幅是由初始条件，确切地说是由振动的能量，即振动的机械能(动能与势能之和)决定的，与坐标系的选择无关(但位移一定得是相对于平衡位置的位移)。因为简谐振动过程中，机械能守恒，可以利用初始机械能求得简谐振动的振幅。但要注意的是，振幅是质点离开平衡位置的最大距离，而不是弹簧的最大伸长量或最大压缩量。在最大位移处(相对于平衡位置)，质点的动能为零，简谐振动是势能与动能的相互转化过程。

【例 4-6】 如图 4-52(a)所示，质量为 m 的摆锤用长度为 l 的摆线连接起来，摆线的另一端悬挂在固定点 O，构成一个单摆。求下列两种情况，单摆的振动方程。

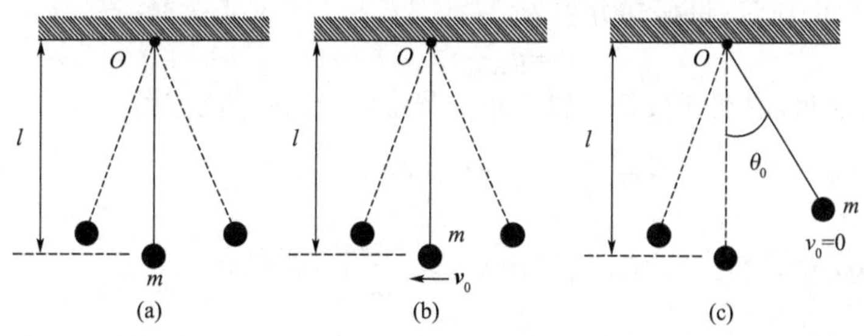

图 4-52　例 4-6

(1)如图 4-52(b)所示，当单摆处于竖直位置静止时，给摆锤一个初速度 $\boldsymbol{v}_0$；

(2)如图 4-52(c)所示，将摆线拉成与竖直方向成 θ_0 角，放手，摆锤自由摆动。

分析　在没有任何扰动能量的情况下，单摆将静止在竖直位置，即与竖直方向的夹角为零，因此，单摆的平衡位置为竖直方向。当单摆获得一定的能量后将围绕平衡位置(竖直方向)左右摆动，因此，质点(摆球)的位移可以使用角位移来表示。单摆的这种摆动也是一种振动，

在摆角幅度不是很大的条件下,振动的周期(频率)与摆锤的初始能量无关。因为摆锤以 O 点为圆心做圆周运动,可以对摆锤应用质点角动量定理列出摆锤的动力学方程,从而求出单摆的振动周期(角频率)。再根据具体的初始能量和初始条件求出振动的振幅(摆线相对于竖直方向的最大摆角)和初相位,从而得到具体的振动方程。

解 如图 4-53(a)所示,以竖直方向为零点,建立逆时针方向为正方向的角坐标系。当摆线转到 θ 角时,摆锤受到的力有重力 $m\boldsymbol{g}$ 和摆线的拉力 $\boldsymbol{f}$。拉力 $\boldsymbol{f}$ 通过转轴 O,对转轴的力矩为零,重力对转轴的力矩为

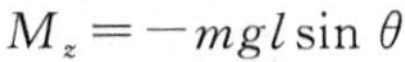

$$M_z=-mgl\sin\theta$$

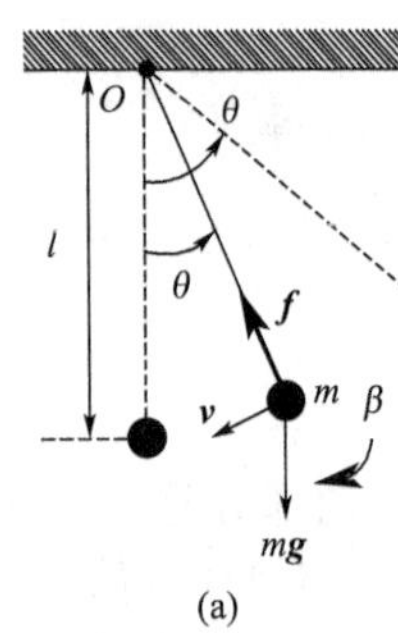

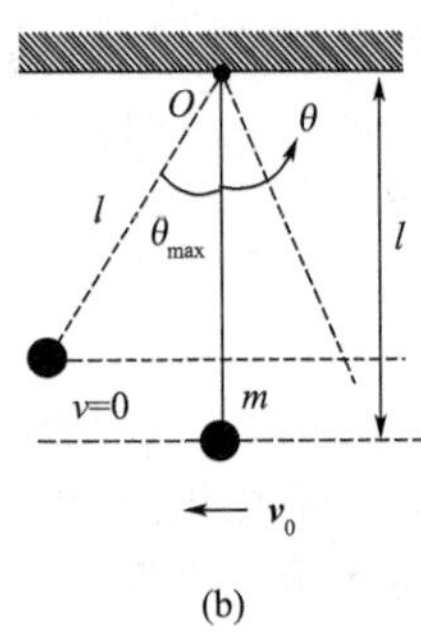

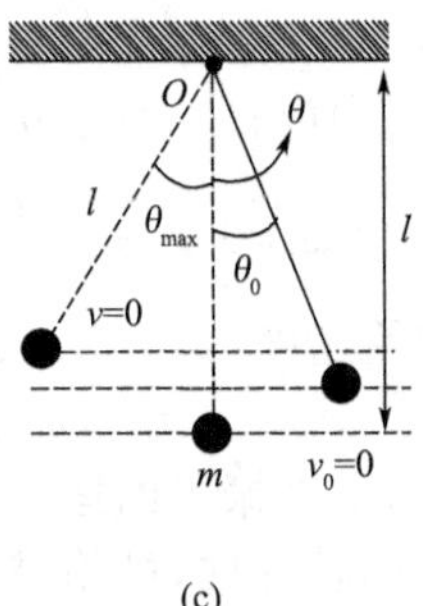

图 4-53 例 4-6 解析

设此时摆锤的速度(切向方向)为$\boldsymbol{v}$,则摆锤对转轴的角动量为

$$L_z=mlv=ml^2\frac{\mathrm{d}\theta}{\mathrm{d}t}$$

对摆锤应用角动量定理

$$M_z=\frac{\mathrm{d}L_z}{\mathrm{d}t},ml^2\frac{\mathrm{d}^2\theta}{\mathrm{d}t^2}=-mgl\sin\theta,\frac{\mathrm{d}^2\theta}{\mathrm{d}t^2}=-\frac{g}{l}\sin\theta$$

在摆角很小的情况下,$\sin\theta\approx\theta$,则

$$\frac{\mathrm{d}^2\theta}{\mathrm{d}t^2}=-\frac{g}{l}\theta,\frac{\mathrm{d}^2\theta}{\mathrm{d}t^2}+\omega^2\theta=0,\omega^2=\frac{g}{l}$$

由此可见,单摆做简谐振动,振动的角频率和周期分别为

$$\omega=\sqrt{\frac{g}{l}},T=\frac{2\pi}{\omega}=2\pi\sqrt{\frac{l}{g}}$$

(1)如图 4-53(b)所示,设振动方程为

$$\theta=\theta_{\max}\cos(\omega t+\varphi)$$

其中,$\theta_{\max}$ 为最大摆角,取摆锤最低位置为重力势能零点,机械能守恒

$$\frac{1}{2}mv_0^2+0=0+mgl(1-\cos\theta_{\max})$$

由于 $\theta_{\max}$ 很小,$\cos\theta_{\max}=1-2\sin^2\left(\frac{\theta_{\max}}{2}\right)\approx1-2\left(\frac{\theta_{\max}}{2}\right)^2$,所以有

$$\frac{1}{2}mv_0^2=mgl\left(\frac{\theta_{\max}^2}{2}\right),\theta_{\max}^2=\frac{v_0^2}{gl},\theta_{\max}=\frac{v_0}{\sqrt{gl}}$$

当 $t=0$ 时,$\theta_0=0$,有

$$\theta_0=\theta_{\max}\cos\varphi=0,\cos\varphi=0,\varphi=\pm\pi/2$$

当 $t=0$ 时,初始角速度 $\omega_0=-\omega\theta_{\max}\sin\varphi<0$,所以有

$$\sin\varphi>0,取\ \varphi=\pi/2$$

因此,振动方程为

$$\theta=\theta_{\max}(\omega t+\varphi)=\frac{v_0}{\sqrt{gl}}\cos\left(\sqrt{\frac{g}{l}}t+\frac{\pi}{2}\right)$$

(2)如图 4-53(c)所示,设振动方程为

$$\theta=\theta_{\max}\cos(\omega t+\varphi)$$

其中,$\theta_{\max}$ 为最大摆角,取摆锤最低位置为重力势能零点,机械能守恒

$$0+mgl(1-\cos\theta_0)=0+mgl(1-\cos\theta_{\max}),\theta_{\max}=\theta_0$$

振动方程进一步写为

$$\theta=\theta_0\cos(\omega t+\varphi)$$

当 $t=0$ 时,$\theta=\theta_0$,有

$$\theta_0=\theta_0\cos\varphi,\cos\varphi=1,\varphi=0$$

因此,振动方程为

$$\theta=\theta_{\max}\cos(\omega t+\varphi)=\theta_0\cos\left(\sqrt{\frac{g}{l}}t\right)$$

点评 (1)也可以应用牛顿定律求振动的角频率。

如图 4-53(a)所示,质点在切向方向受到的合力为

$$F_t=-mg\sin\theta$$

由牛顿定律,得到

$$m\frac{dv}{dt}=F_t=-mg\sin\theta,ml\frac{d^2\theta}{dt^2}=-mg\sin\theta,\frac{d^2\theta}{dt^2}+\frac{g}{l}\sin\theta=0$$

在摆角很小的情况下,$\sin\theta\approx\theta$,则

$$\frac{d^2\theta}{dt^2}+\frac{g}{l}\theta=0,\frac{d^2\theta}{dt^2}+\omega^2\theta=0,\omega^2=\frac{g}{l}$$

由此可见,单摆做简谐振动,振动的角频率和周期分别为

$$\omega=\sqrt{\frac{g}{l}},T=\frac{2\pi}{\omega}=2\pi\sqrt{\frac{l}{g}}$$

(2)将角坐标的正方向反向,即顺时针方向为正方向,如图 4-54(a)所示。

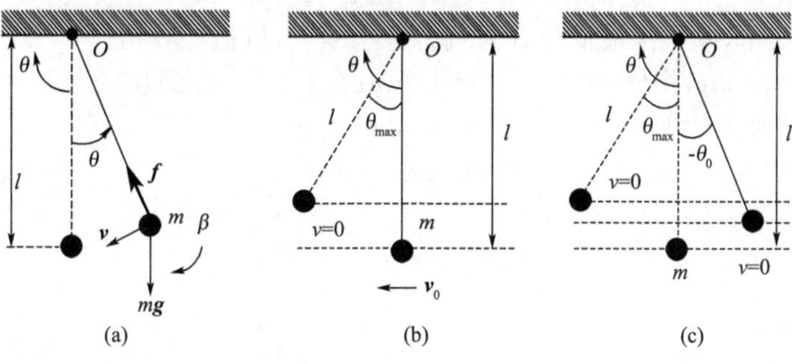

图 4-54 例 4-6 点评(1)

当摆线转到 θ 角时(图示 θ 为负),摆锤受到的力有重力 $m\boldsymbol{g}$ 和摆线的拉力 $\boldsymbol{f}$。拉力 $\boldsymbol{f}$ 通过转轴 O,对转轴的力矩为零,重力对转轴的力矩为

$$M_z=-mgl\sin\theta$$

设此时摆锤的速度(切向方向)为 $\boldsymbol{v}$,则摆锤对转轴的角动量为

$$L_z=mlv=ml^2\frac{d\theta}{dt}$$

对摆锤应用角动量定理

$$M_z=\frac{\mathrm{d}L_z}{\mathrm{d}t},ml^2\frac{\mathrm{d}^2\theta}{\mathrm{d}t^2}=-mgl\sin\theta,\frac{\mathrm{d}^2\theta}{\mathrm{d}t^2}=-\frac{g}{l}\sin\theta$$

在摆角很小的情况下，$\sin\theta\approx\theta$，则

$$\frac{\mathrm{d}^2\theta}{\mathrm{d}t^2}=-\frac{g}{l}\theta,\frac{\mathrm{d}^2\theta}{\mathrm{d}t^2}+\omega^2\theta=0,\omega^2=\frac{g}{l}$$

由此可见，单摆做简谐振动，振动的角频率和周期分别为

$$\omega=\sqrt{\frac{g}{l}},T=\frac{2\pi}{\omega}=2\pi\sqrt{\frac{l}{g}}$$

如图 4-54(b)所示，设振动方程为

$$\theta=\theta_{\max}\cos(\omega t+\varphi)$$

其中，$\theta_{\max}$ 为最大摆角，取摆锤最低位置为重力势能零点，机械能守恒

$$\frac{1}{2}mv_0^2+0=0+mgl(1-\cos\theta_{\max})$$

由于 $\theta_{\max}$ 很小，$\cos\theta_{\max}=1-2\sin^2\left(\frac{\theta_{\max}}{2}\right)\approx1-2\left(\frac{\theta_{\max}}{2}\right)^2$，所以有

$$\frac{1}{2}mv_0^2=2mgl\left(\frac{\theta_{\max}}{2}\right)^2,\theta_{\max}^2=v_0^2\frac{1}{gl},\theta_{\max}=v_0\sqrt{\frac{1}{gl}}$$

当 $t=0$ 时，$\theta_0=0$，有

$$\theta_0=\theta_{\max}\cos\varphi=0,\cos\varphi=0,\varphi=\pm\pi/2$$

当 $t=0$ 时，初始角速度 $\omega_0=-\omega\theta_{\max}\sin\varphi>0$，所以有

$$\sin\varphi<0,\text{取 }\varphi=-\pi/2$$

因此，振动方程为

$$\theta=\theta_{\max}\cos(\omega t+\varphi)=v_0\sqrt{\frac{1}{gl}}\cos\left(\sqrt{\frac{g}{l}}t-\frac{\pi}{2}\right)$$

如图 4-54(c)所示，设振动方程为

$$\theta=\theta_{\max}\cos(\omega t+\varphi)$$

其中，$\theta_{\max}$ 为最大摆角，取摆锤最低位置为重力势能零点，机械能守恒

$$0+mgl[1-\cos(-\theta_0)]=0+mgl(1-\cos\theta_{\max}),\theta_{\max}=\theta_0$$

振动方程进一步写为

$$\theta=\theta_0\cos(\omega t+\varphi)$$

当 $t=0$ 时，$\theta=-\theta_0$，有

$$-\theta_0=\theta_0\cos\varphi,\cos\varphi=-1,\varphi=\pi$$

因此，振动方程为

$$\theta=\theta_{\max}\cos(\omega t+\varphi)=\theta_0\cos\left(\sqrt{\frac{g}{l}}t+\pi\right)=-\theta_0\cos\left(\sqrt{\frac{g}{t}}t\right)$$

可见，当坐标轴反向时，单摆的简谐振动性质不变，而且振动周期(角频率)与坐标系的选择无关，完全是单摆振子的特性；单摆简谐振动的振幅与坐标系的选择无关，只由初始能量决定；但振动的初相位与坐标轴的取向有关。

(3)如图 4-55 所示，将单摆拉到 θ_0 角度，并给摆锤沿切向方向的初速度 v_0。设单摆简谐振动的振幅为 $\theta_{\max}$，取摆锤最低位置为重力势能零点，机械能守恒

$$\frac{1}{2}mv_0^2+mgl(1-\cos\theta_0)=0+mgl(1-\cos\theta_{\max})$$

因为 θ_0 和 $\theta_{\max}$ 都很小，所以

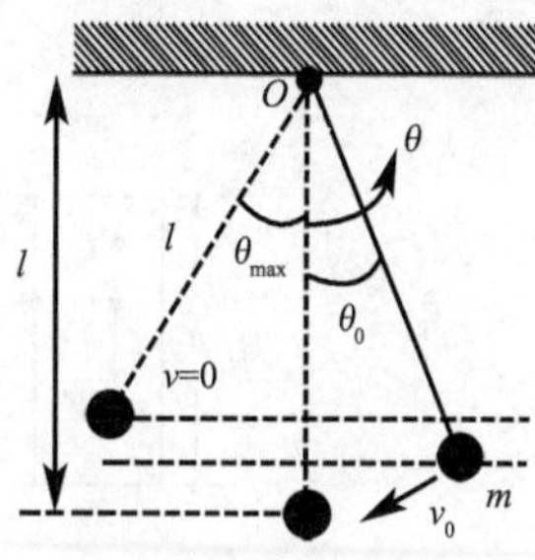

图 4-55 例 4-6 点评(2)

$$\cos\theta_{\max}=1-2\sin^2\left(\frac{\theta_{\max}}{2}\right)\approx1-2\left(\frac{\theta_{\max}}{2}\right)^2$$

$$\cos\theta_0=1-2\sin^2\left(\frac{\theta_0}{2}\right)\approx1-2\left(\frac{\theta_0}{2}\right)^2$$

由此得到

$$\frac{1}{2}mv_0^2+2mgl\left(\frac{\theta_0}{2}\right)^2=2mgl\left(\frac{\theta_{\max}}{2}\right)^2$$

$$gl\theta_{\max}^2=gl\theta_0^2+v_0^2$$

由此,得到单摆简谐振动的振幅

$$\theta_{\max}=\sqrt{\theta_0^2+\frac{v_0^2}{gl}}$$

也可以设振动方程为

$$\theta=\theta_{\max}\cos(\omega t+\varphi)$$

当 $t=0$ 时,$\theta_0=\theta_{\max}\cos\varphi$,$v_0=-\omega l\theta_{\max}\sin\varphi$,则

$$\theta_{\max}^2\cos^2\varphi+\theta_{\max}^2\sin^2\varphi=\theta_0^2+\left(\frac{v_0}{\omega l}\right)^2$$

由此,得到单摆简谐振动的振幅

$$\theta_{\max}=\sqrt{\theta_0^2+\frac{v_0^2}{(\omega l)^2}}=\sqrt{\theta_0^2+\frac{v_0^2}{gl}}=\sqrt{\theta_0^2+\frac{\omega_0^2}{\omega^2}}$$

$\omega=\sqrt{g/l}$ 为单摆简谐振动的角频率,而 $\omega_0=v_0/l$ 是摆锤在初始时刻绕转轴的角速度。

由 $\theta_0=\theta_{\max}\cos\varphi$ 得到

$$\cos\varphi=\frac{\theta_0}{\theta_{\max}}=\frac{\theta_0}{\sqrt{\theta_0{}^2+v_0{}^2/gl}}$$

由此可以得到初相位 φ 的 2 个可能值。再由 $v_0=-\omega l\theta_{\max}\sin\varphi$,最终确定初相位 φ。

综合上述点评,单摆简谐振动的圆频率 $\omega=\sqrt{g/l}$、周期和频率,均是由系统参量决定,与初始条件无关;而振幅 $\theta_{\max}$ 和初相位 φ 不仅与系统参量有关还与初始条件有关,在振动系统参量确定的情况下,只由初始条件决定。

【例 4-7】 一质量为 m 的圆柱状封闭容器直立浮于水中,容器的圆形横截面的半径为 R,容器高为 h。设水的密度为 ρ,不计水的阻力。求:

(1)容器上下振动的周期;

(2)把容器压入水中并使其上表面刚好没入水面,然后由静止释放,求振动振幅;

(3)给处于平衡状态的容器一个向下的初速度 v_0,求振动振幅。

分析 容器放入水中,将受到重力和浮力的作用,当浮力与重力大小相等时,达到平衡。如果从平衡位置把容器压入水中,浮力将大于重力,放开容器后,容器将向上加速运动,到达平衡位置时合力为零,停止加速,但容器继续向上运动,但重力将大于浮力,容器减速向上运动,到速度为零时,容器又开始加速向下运动,到达平衡位置后又开始减速运动,这样,容器将围绕平衡位置上下振动。如果从平衡位置给定一个向下的初速度,容器在向下运动的同时,浮力大于重力,容器将减速向下运动,到速度为零时又开始加速向上运动,到达平衡位置时,停止加速,继续向上运动,重力大于浮力,减速向上运动,到速度为零时,又开始加速向下运动,这样,容器也是围绕平衡位置上下振动。至于将容器提升至水面和给容器一个向上的初速度,情况类似。

解 (1)如图 4-56(a)所示,柱状容器浮在水面,达到平衡时,浮力与重力平衡,容器沉入水中的高度为 Δh_0。则

$$f_0=\pi R^2\Delta h_0\rho g=mg,\Delta h_0=\frac{m}{\pi R^2\rho}$$

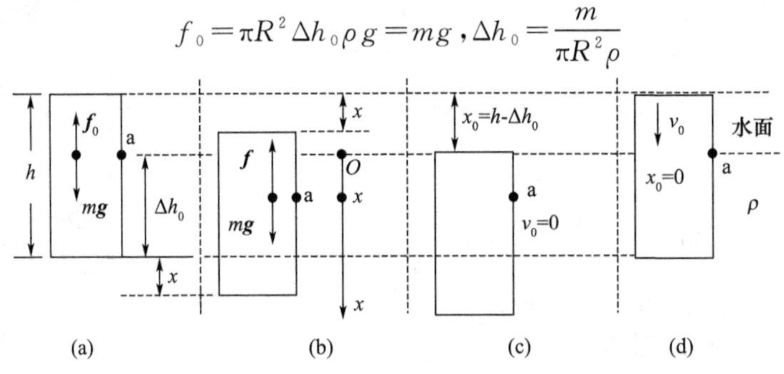

图 4-56 例 4-7 解析

取平衡状态容器上的 a 点,a 点的运动就代表了整个容器的运动。如图 4 56(b)所示,以容器平衡时,水面为原点建立向下的坐标系。将容器再向下压 x 深度,容器受到的合力为

$$F=mg-f=mg-\pi R^2(\Delta h_0+x)\rho g=-\pi R^2\rho gx$$

由牛顿定律,得到

$$m\frac{\mathrm{d}^2x}{\mathrm{d}t^2}=F=-\pi R^2\rho gx,\frac{\mathrm{d}^2x}{\mathrm{d}t^2}+\frac{\pi R^2\rho g}{m}x=0,\frac{\mathrm{d}^2x}{\mathrm{d}t^2}+\omega^2x=0,\omega=\sqrt{\frac{\pi R^2\rho g}{m}}$$

松开容器后,容器以水面为平衡位置,上下做简谐振动,振动周期为

$$T=\frac{2\pi}{\omega}=2\pi\sqrt{\frac{m}{\pi R^2\rho g}}=2\sqrt{\frac{\pi m}{R^2\rho g}}$$

(2)如图 4-56(c)所示,当容器压入水中并使其上表面刚好没入水面时,a 点相对于平衡位置的位移(初始位移)为 $x_0=h-\Delta h_0$,初始速度为 $v_0=0$。设振动方程为

$$x=A_1\cos(\omega t+\varphi)$$

则由初始位移和初始速度,得到

$$x_0=A_1\cos\varphi=h-\Delta h_0,v_0=-\omega A_1\sin\varphi=0,A_1^2\cos^2\varphi+A_1^2\sin^2\varphi=x_0^2+\frac{v_0^2}{\omega^2}$$

$$A_1=\sqrt{x_0^2+\frac{v_0^2}{\omega^2}}=\sqrt{(h-\Delta h_0)^2+\frac{v_0^2}{\omega^2}}=h-\frac{m}{\pi R^2\rho}$$

(3)如图 4-56(d)所示,初始时刻,a 点相对于平衡位置的位移(初始位移)为 $x_0=0$,初始速度为 v_0。设振动方程为

$$x=A_2\cos(\omega t+\varphi)$$

则由初始位移和初始速度,得到

$$x_0=A_2\cos\varphi=0,v_0=-\omega A_2\sin\varphi,A_2^2\cos^2\varphi+A_2^2\sin^2\varphi=x_0^2+\frac{v_0^2}{\omega^2}$$

$$A_2=\sqrt{x_0^2+\frac{v_0^2}{\omega^2}}=\sqrt{0^2+\frac{v_0^2}{\omega^2}}=\frac{v_0}{\omega}=\frac{v_0}{R}\sqrt{\frac{m}{\pi\rho g}}$$

点评 (1)容器以平衡位置为中心上下简谐振动,振动周期与初始条件无关,但振幅却是与初始条件(初始能量)有关的。如果振幅过大,有可能使容器整体冲出水面而破坏简谐振动。例如,如果将容器压入水面过深,给予的初始能量过大,简谐振动的振幅过大,放松后,有可能容器会冲出水面。如图 4-57 所示,容器以平衡位置为中心上下简谐振动,最大振幅为

$$A_{\max}=\Delta h_0+h-\Delta h_0=h$$

如果振幅 $A\geqslant A_{\max}$,则容器将整体冲出水面。如果容器上表面被压入水中 Δx,自由松开后,容器简谐振动的振幅应该为

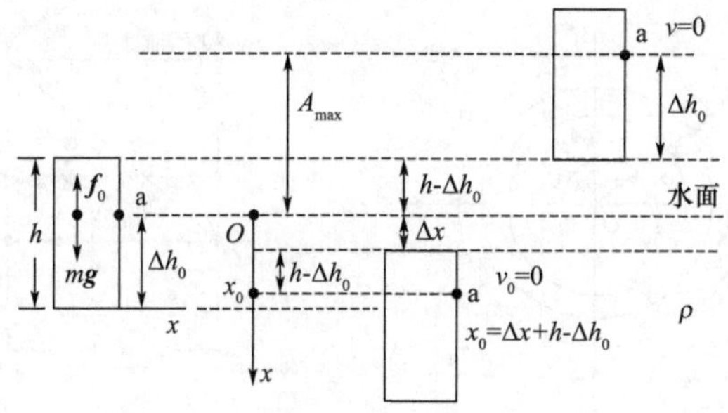

图 4-57 例 4-7 点评

$$A=\sqrt{x_0^2+\frac{v_0^2}{\omega^2}}=\sqrt{x_0^2}=x_0=\Delta x+h-\Delta h_0$$

为了松开容器不至于冲出水面,要求

$$A\leqslant A_{max},\Delta x+h-\Delta h_0\leqslant h,\Delta x\leqslant\Delta h_0$$

(2)很多运动都可以看作是简谐振动,如U形管中液体的运动、复摆的摆动,指针式仪表的指针的摆动等。甚至 LC 振荡器中电容器储存电荷、电路中的电流以及电容器内的电场等随时间的变化规律也都是简谐的,这些被称为电磁振荡。

【例 4-8】 质点同时参与振动方程为

$$x_1=4\cos(2\pi t+\pi)\ \text{cm},x_2=3\cos(2\pi t+\pi/2)\ \text{cm}$$

的两个简谐振动,求合成简谐振动的振动方程。

分析 同频率振动方向相同的简谐振动,合成运动依然是同频同方向的简谐振动,只不过是振幅和初相位不同。只要能确定合振动的振幅和初相位,就可以确定合振动方程。合振动也可以用旋转矢量表示,而且与两个分振动的旋转矢量旋转的角速度相同。合振动旋转矢量的大小就是合振动的振幅,初始合振动旋转矢量与 x 轴的夹角就是合振动的初相位。由分振动的振动方程,可以方便地读出分振动的振幅,这也就是分振动旋转矢量的大小;由分振动的振动方程,可以方便地读出分振动的初相位,这也就是分振动初始旋转矢量与 x 轴的夹角。由此,可以画出各个分振动的初始旋转矢量,这些初始旋转矢量的矢量和就是合振动的初始旋转矢量。由合振动的初始旋转矢量,可以读出合振动的振幅和初相位,从而得到合振动的振动方程。这不仅可以进行两个同频同方向简谐振动的合成,甚至可以进行多个同频同方向简谐振动的合成。

解 由振动方程可以读出两个同频同方向简谐振动的振幅和初相位

$$A_1=4\ \text{cm},\varphi_1=\pi;A_2=3\ \text{cm},\varphi_2=\pi/2$$

由此,可以在旋转矢量图中画出初始旋转矢量 $\boldsymbol{A}_{10}$ 和 $\boldsymbol{A}_{20}$,如图 4-58(a)所示。$\boldsymbol{A}_{10}$ 与 $\boldsymbol{A}_{20}$ 的矢量和就是合振动的初始旋转矢量

$$\boldsymbol{A}_0=\boldsymbol{A}_{10}+\boldsymbol{A}_{20}$$

由图可见,$\boldsymbol{A}_{10}$ 与 $\boldsymbol{A}_{20}$ 垂直,得到合振动初始旋转矢量的大小,即合振动的振幅

$$A=\sqrt{A_1^2+A_2^2}=\sqrt{4^2+3^2}=5\ \text{cm}$$

由图 4-58(a)可以判定,合振动的初始旋转矢量 $\boldsymbol{A}_0$ 位于第Ⅱ象限,因此合振动的初相位为

$$\tan\varphi=-\frac{A_2}{A_1}=-\frac{3}{4},\varphi=\frac{4\pi}{5}(\text{不取位于第Ⅳ象限的 }\varphi=-\frac{\pi}{5})$$

或者,由合振动初始旋转矢量判断,合振动的初始速度为负,$-\sin\varphi<0,\sin\varphi>0$,因此,取 $\varphi=4\pi/5$。

合振动的振动方程为

$$x=5\cos\left(2\pi t+\frac{4\pi}{5}\right)\text{cm}$$

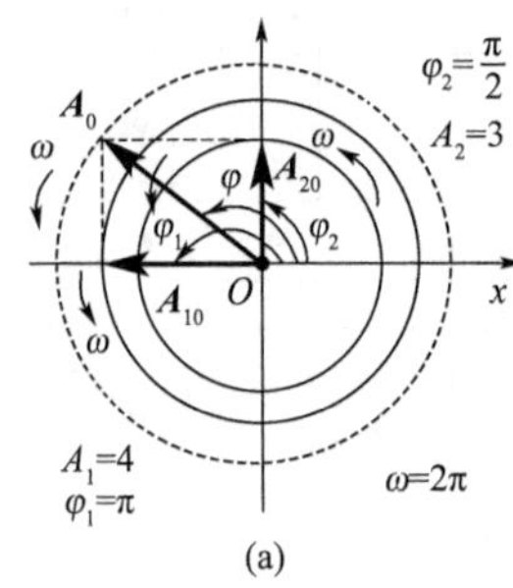

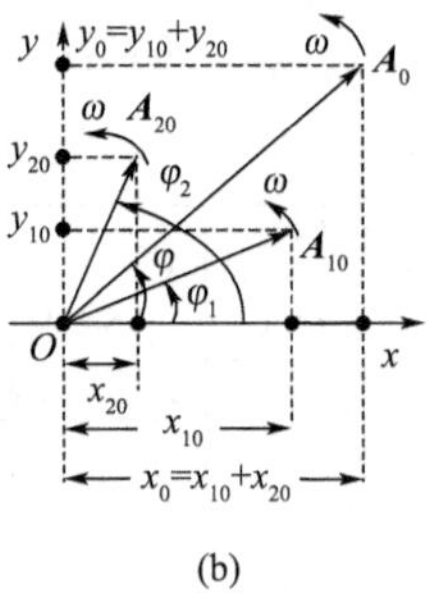

图 4-58　例 4-8 解析

点评　(1)可以直接由同频同方向简谐振动合振动振幅和初相位公式求解

$$A=\sqrt{A_1^2+A_2^2+2A_1A_2\cos(\varphi_2-\varphi_1)}=\sqrt{4^2+3^2+2\times4\times3\cos(\pi/2-\pi)}=5\ \text{cm}$$

$$\tan\varphi=\frac{A_1\sin\varphi_1+A_2\sin\varphi_2}{A_1\cos\varphi_1+A_2\cos\varphi_2}=\frac{4\sin\pi+3\sin\pi/2}{4\cos\pi+3\cos\pi/2}=-\frac{3}{4},\varphi=\frac{4\pi}{5},-\frac{\pi}{5}$$

(2)如图 4-58(b)所示,再建立一个 y 轴。由图可见,合振动的初始旋转矢量在 x 轴上的投影等于各个分振动的初始旋转矢量在 x 轴上的投影的代数和

$$x_0=x_{10}+x_{20}=4\cos\pi+3\cos\frac{\pi}{2}=-4+0=-4\ \text{cm}$$

这也就是合振动的初始位移,$x_0=A\cos\varphi=-4$ cm。合振动的初始旋转矢量在 y 轴上的投影等于各个分振动的初始旋转矢量在 y 轴上的投影的代数和

$$y_0=y_{10}+y_{20}=4\sin\pi+3\sin\frac{\pi}{2}=0+3=3\ \text{cm}$$

由此,可以得到合振动 $x=A\cos(2\pi t+\varphi)$ 的振幅和初相位

$$A=\sqrt{x_0^2+y_0^2}=\sqrt{(-4)^2+3^2}=5\ \text{cm}$$

$$\tan\varphi=\frac{y_0}{x_0}=-\frac{3}{4},\varphi=\frac{4\pi}{5},-\frac{\pi}{5}$$

再由合振动的初始位移,$x_0=A\cos\varphi=-4\ \text{cm}<0$,$\cos\varphi<0$,取 $\varphi=4\pi/5$。

(3)如果质点还参与第三个同频同方向的简谐振动,$x_3=2\cos(2\pi t-\pi/5)$ cm,可以求得合振动的振动方程。($\tan\frac{\pi}{5}=\frac{3}{4}$,$\sin\frac{\pi}{5}=\frac{3}{5}$,$\cos\frac{\pi}{5}=\frac{4}{5}$)

设合振动的振动方程为 $x=A\cos(2\pi t+\varphi)$。合振动的初始旋转矢量在 x 轴上的投影等于各个分振动的初始旋转矢量在 x 轴上的投影的代数和

$$x_0=x_{10}+x_{20}+x_{30}=4\cos\pi+3\cos\frac{\pi}{2}+2\cos\left(-\frac{\pi}{5}\right)=-4+0+\frac{8}{5}=-\frac{12}{5}\ \text{cm}$$

这也就是合振动的初始位移,$x_0=A\cos\varphi=-\frac{12}{5}$ cm。合振动的初始旋转矢量在 y 轴上的投影等于各个分振动的初始旋转矢量在 y 轴上的投影的代数和

$$y_0=y_{10}+y_{20}+y_{30}=4\sin\pi+3\sin\frac{\pi}{2}+2\sin\left(-\frac{\pi}{5}\right)=0+3-\frac{6}{5}=\frac{9}{5}\ \text{cm}$$

由此,可以得到合振动 $x=A\cos(2\pi t+\varphi)$ 的振幅和初相位

$$A=\sqrt{x_0^2+y_0^2}=\sqrt{\left(-\frac{12}{5}\right)^2+\left(\frac{9}{5}\right)^2}=3\ \text{cm}$$

$$\tan\varphi=\frac{y_0}{x_0}=-\frac{9/5}{12/5}=-\frac{3}{4},\varphi=\frac{4\pi}{5},-\frac{\pi}{5}$$

再由合振动的初始位移，$x_0=A\cos\varphi=-\dfrac{12}{5}\ \text{cm}<0$，$\cos\varphi<0$，取 $\varphi=\dfrac{4\pi}{5}$。

合振动方程为

$$x=3\cos\left(2\pi t+\frac{4\pi}{5}\right)\ \text{cm}$$

【例 4-9】 一质点同时参与互相垂直的两个振动

$$x=8\cos\left(\frac{\pi}{2}t+\frac{\pi}{4}\right)\ \text{cm},\ y=6\cos\left(\frac{\pi}{2}t-\frac{\pi}{4}\right)\ \text{cm}$$

求质点的轨迹方程。

分析 一般说来，两个同频垂直振动合成为一个椭圆运动轨迹，特殊情况还可以合成为一个圆运动轨迹，甚至合成为一个直线振动轨迹，这取决于两个垂直振动的振幅和初相位差。一般可以利用三角函数之间的关系消去两个方程中的时间变量，得到运动轨迹。本例中，两个垂直振动的初相位差为 π/2，利用三角函数关系很容易消去两个方程中的时间变量，质点的运动轨迹是一个正椭圆。

解 由振动方程得到

$$\frac{x}{8}=\cos\left(\frac{\pi}{2}t+\frac{\pi}{4}\right),\ \frac{y}{6}=\cos\left(\frac{\pi}{2}t-\frac{\pi}{4}\right)=\sin\left(\frac{\pi}{2}t+\frac{\pi}{4}\right)$$

$$\left(\frac{x}{8}\right)^2+\left(\frac{y}{6}\right)^2=\cos^2\left(\frac{\pi}{2}t+\frac{\pi}{4}\right)+\sin^2\left(\frac{\pi}{2}t+\frac{\pi}{4}\right)=1,\ \frac{x^2}{8^2}+\frac{y^2}{6^2}=1$$

这是一个正椭圆方程。

点评 (1)判断质点椭圆运动轨迹的旋转方向。由振动方程可以判断质点椭圆运动的方向，如图 4-59 所示，在 $t_1=0.5$ s 时，质点位于椭圆轨道的 A 点

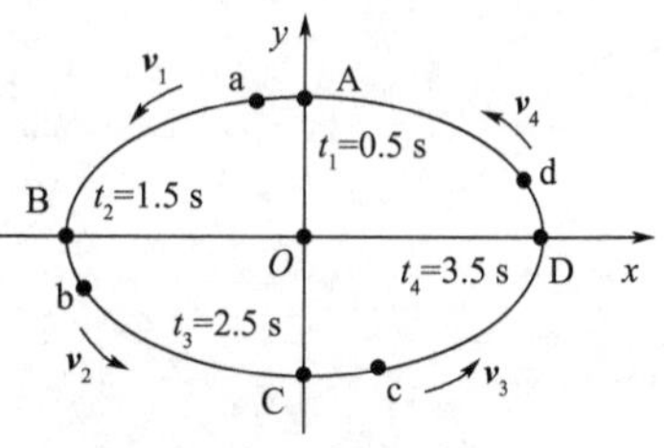

图 4-59　例 4-9 解析(1)

$$x_1=8\cos\left(\frac{\pi}{2}\times0.5+\frac{\pi}{4}\right)=0,\ y_1=6\cos\left(\frac{\pi}{2}\times0.5-\frac{\pi}{4}\right)=6\ \text{cm}$$

在下一微小时刻，$t_1+\text{d}t=0.5\ \text{s}+\text{d}t$

$$x_1+\text{d}x_1=8\cos\left[\frac{\pi}{2}\times(0.5+\text{d}t)+\frac{\pi}{4}\right]=8\cos\left[\frac{\pi}{2}\times\text{d}t+\frac{\pi}{2}\right]<0$$

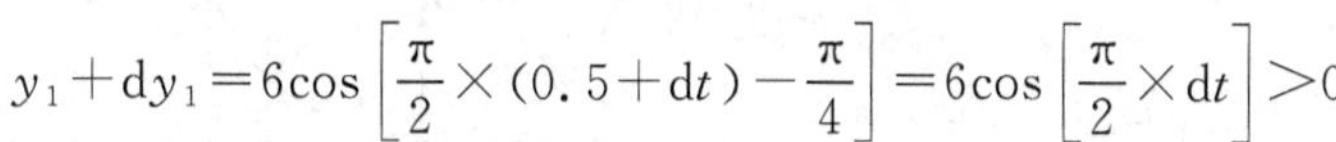

$$y_1+\text{d}y_1=6\cos\left[\frac{\pi}{2}\times(0.5+\text{d}t)-\frac{\pi}{4}\right]=6\cos\left[\frac{\pi}{2}\times\text{d}t\right]>0$$

质点位于 a 点，所以，在 $t_1=0.5$ s 时，质点沿椭圆轨迹左旋。

在 $t_2=1.5$ s 时，质点位于椭圆轨道的 B 点

$$x_2=8\cos\left(\frac{\pi}{2}\times1.5+\frac{\pi}{4}\right)=-8\ \text{cm},\ y_2=6\cos\left(\frac{\pi}{2}\times1.5-\frac{\pi}{4}\right)=0$$

在下一微小时刻，$t_2+\text{d}t=1.5\ \text{s}+\text{d}t$

$$x_2+\text{d}x_2=8\cos\left[\frac{\pi}{2}\times(1.5+\text{d}t)+\frac{\pi}{4}\right]=8\cos\left[\frac{\pi}{2}\times\text{d}t+\pi\right]<0$$

$$y_2+\text{d}y_2=6\cos\left[\frac{\pi}{2}\times(1.5+\text{d}t)-\frac{\pi}{4}\right]=6\cos\left[\frac{\pi}{2}\times\text{d}t+\frac{\pi}{2}\right]<0$$

质点位于 b 点，所以，在 $t_2=1.5$ s 时，质点沿椭圆轨迹左旋。

在 $t_3=2.5$ s 时，质点位于椭圆轨道的 C 点

$$x_3=8\cos\left(\frac{\pi}{2}\times2.5+\frac{\pi}{4}\right)=0,\ y_3=6\cos\left(\frac{\pi}{2}\times2.5-\frac{\pi}{4}\right)=-6\ \text{cm}$$

在下一微小时刻，$t_3+\text{d}t=2.5\ \text{s}+\text{d}t$

$$x_3+dx_3=8\cos\left[\frac{\pi}{2}\times(2.5+dt)+\frac{\pi}{4}\right]=8\cos\left[\frac{\pi}{2}\times dt+\frac{3\pi}{2}\right]>0$$

$$y_3+dy_3=6\cos\left[\frac{\pi}{2}\times(2.5+dt)-\frac{\pi}{4}\right]=6\cos\left[\frac{\pi}{2}\times dt+\pi\right]<0$$

质点位于 c 点，所以，在 $t_3=2.5$ s 时，质点沿椭圆轨迹左旋。

在 $t_4=3.5$ s 时，质点位于椭圆轨道的 D 点

$$x_4=8\cos\left(\frac{\pi}{2}\times3.5+\frac{\pi}{4}\right)=8\ \text{cm},y_4=6\cos\left(\frac{\pi}{2}\times3.5-\frac{\pi}{4}\right)=0$$

在下一微小时刻，$t_4+dt=3.5\ s+dt$

$$x_4+dx_4=8\cos\left[\frac{\pi}{2}(3.5+dt)+\frac{\pi}{4}\right]=8\cos\left[\frac{\pi}{2}\times dt+2\pi\right]>0$$

$$y_4+dy_4=6\cos\left[\frac{\pi}{2}\times(3.5+dt)-\frac{\pi}{4}\right]=6\cos\left[\frac{\pi}{2}\times dt+\frac{3\pi}{2}\right]>0$$

质点位于 d 点，所以，在 $t_4=3.5$ s 时，质点沿椭圆轨迹左旋。

(2)描点法绘制质点运动轨迹。实际上，振动方程给出的任意时刻质点的坐标值(相对于坐标原点的位移)，或者说是质点平面椭圆运动在平面直角坐标系中的分解。由于 x 坐标值和 y 坐标值是简谐振动的，可以用各自的旋转矢量在各自坐标轴上的投影来寻找各自的坐标值，进而找到该时刻质点的位置。如图 4-60 所示。

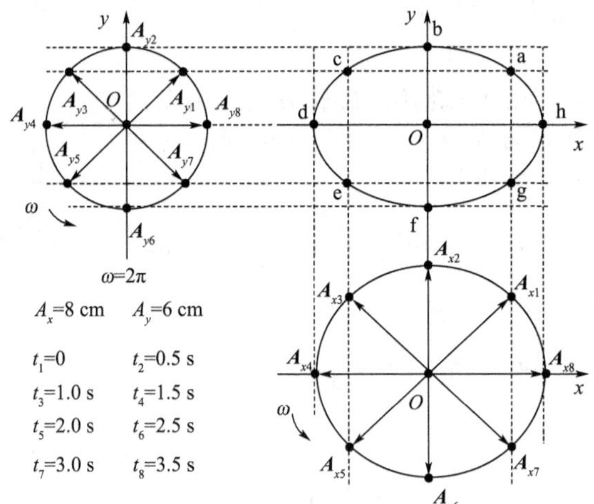

图 4-60 例 4-9 解析(2)

$t_1=0$ 时，x 方向振动的旋转矢量 $\boldsymbol{A}_{x1}$ 在 x 轴上的投影值为

$$x_1=8\cos\left(\frac{\pi}{2}\times0+\frac{\pi}{4}\right)=4\sqrt{2}\ \text{cm}$$

y 方向振动的旋转矢量 $\boldsymbol{A}_{y1}$ 在 y 轴上的投影值为

$$y_1=6\cos\left(\frac{\pi}{2}\times0-\frac{\pi}{4}\right)=3\sqrt{2}\ \text{cm}$$

由此找到 $t_1=0$ 时质点在 xOy 坐标系中的位置 $a(x_1,y_1)=(4\sqrt{2},3\sqrt{2})$。

$t_2=0.5$ s 时，x 方向振动的旋转矢量 $\boldsymbol{A}_{x2}$ 在 x 轴上的投影值为

$$x_2=8\cos\left(\frac{\pi}{2}\times0.5+\frac{\pi}{4}\right)=0$$

y 方向振动的旋转矢量 $\boldsymbol{A}_{y2}$ 在 y 轴上的投影值为

$$y_2=6\cos\left(\frac{\pi}{2}\times0.5-\frac{\pi}{4}\right)=6\ \text{cm}$$

由此找到 $t_2=0.5$ s 时质点在 xOy 坐标系中的位置 $b(x_2,y_2)=(0,6)$。

$t_3=1.0$ s 时，x 方向振动的旋转矢量 $\boldsymbol{A}_{x3}$ 在 x 轴上的投影值为

$$x_3=8\cos\left(\frac{\pi}{2}\times1.0+\frac{\pi}{4}\right)=-4\sqrt{2}\ \text{cm}$$

y 方向振动的旋转矢量 $\boldsymbol{A}_{y3}$ 在 y 轴上的投影值为

$$y_3=6\cos\left(\frac{\pi}{2}\times1.0-\frac{\pi}{4}\right)=3\sqrt{2}\ \text{cm}$$

由此找到 $t_3=1.0$ s 时质点在 xOy 坐标系中的位置 $c(x_3,y_3)=(-4\sqrt{2},3\sqrt{2})$。

$t_4=1.5$ s 时，x 方向振动的旋转矢量 $\boldsymbol{A}_{x4}$ 在 x 轴上的投影值为

$$x_4=8\cos\left(\frac{\pi}{2}\times1.5+\frac{\pi}{4}\right)=-8\ \text{cm}$$

y 方向振动的旋转矢量 $\boldsymbol{A}_{y4}$ 在 y 轴上的投影值为

$$y_4=6\cos\left(\frac{\pi}{2}\times1.5-\frac{\pi}{4}\right)=0$$

由此找到 $t_4=1.5$ s 时质点在 xOy 坐标系中的位置 $d(x_4,y_4)=(-8,0)$。

$t_5=2.0$ s 时，x 方向振动的旋转矢量 $\boldsymbol{A}_{x5}$ 在 x 轴上的投影值为

$$x_5=8\cos\left(\frac{\pi}{2}\times2.0+\frac{\pi}{4}\right)=-4\sqrt{2}\ \text{cm}$$

y 方向振动的旋转矢量 $\boldsymbol{A}_{y5}$ 在 y 轴上的投影值为

$$y_5=6\cos\left(\frac{\pi}{2}\times2.0-\frac{\pi}{4}\right)=-3\sqrt{2}\ \text{cm}$$

由此找到 $t_5=2.0$ s 时质点在 xOy 坐标系中的位置 $e(x_5,y_5)=(-4\sqrt{2},-3\sqrt{2})$。

$t_6=2.5$ s 时刻，x 方向振动的旋转矢量 $\boldsymbol{A}_{x6}$ 在 x 轴上的投影值为

$$x_6=8\cos\left(\frac{\pi}{2}\times2.5+\frac{\pi}{4}\right)=0$$

y 方向振动的旋转矢量 $\boldsymbol{A}_{y6}$ 在 y 轴上的投影值为

$$y_6=6\cos\left(\frac{\pi}{2}\times2.5-\frac{\pi}{4}\right)=-6\ \text{cm}$$

由此找到 $t_6=2.5$ s 时质点在 xOy 坐标系中的位置 $f(x_6,y_6)=(0,-6)$。

$t_7=3.0$ s 时，x 方向振动的旋转矢量 $\boldsymbol{A}_{x7}$ 在 x 轴上的投影值为

$$x_7=8\cos\left(\frac{\pi}{2}\times3.0+\frac{\pi}{4}\right)=4\sqrt{2}\ \text{cm}$$

y 方向振动的旋转矢量 $\boldsymbol{A}_{y7}$ 在 y 轴上的投影值为

$$y_7=6\cos\left(\frac{\pi}{2}\times3.0-\frac{\pi}{4}\right)=-3\sqrt{2}\ \text{cm}$$

由此找到 $t_7=3.0$ s 时质点在 xOy 坐标系中的位置 $g(x_7,y_7)=(4\sqrt{2},-3\sqrt{2})$。

$t_8=3.5$ s 时刻，x 方向振动的旋转矢量 $\boldsymbol{A}_{x8}$ 在 x 轴上的投影值为

$$x_8=8\cos\left(\frac{\pi}{2}\times3.5+\frac{\pi}{4}\right)=8\ \text{cm}$$

y 方向振动的旋转矢量 $\boldsymbol{A}_{y8}$ 在 y 轴上的投影值为

$$y_8=6\cos\left(\frac{\pi}{2}\times3.5-\frac{\pi}{4}\right)=0$$

由此找到 $t_8=3.5$ s 时质点在 xOy 坐标系中的位置 $h(x_8,y_8)=(8,0)$。

【例 4-10】 求加速运动的电梯内的弹簧振子和单摆的振动周期。

(1)一弹簧振子竖直挂在电梯内,电梯以加速度 a 向上做匀加速运动,弹簧的劲度系数为 k,振子的质量为 m,求电梯内振子的振动周期和频率。

(2)一单摆挂在电梯顶上,电梯以加速度 a 向下做匀加速运动,摆线长度为 l,摆球质量为 m,求电梯内单摆的振动周期和频率。

分析 如果电梯的加速度为零,则振子的上下运动和单摆的摆动都是简谐振动。如果电梯是加速运动的,则在电梯内应用牛顿定律需要考虑附加一个惯性力。在电梯内附加一个惯性力后,对弹簧振子应用牛顿定律,对单摆应用牛顿定律或角动量定理,列出动力学方程。如果是简谐振动,就可以求出振动的角频率,进而求得频率和振动周期。

解 (1)如图 4-61 所示,在电梯这一非惯性参考系中求解,要考虑附加惯性力。惯性力的大小为 $f^*=ma$,方向向下。振子在电梯中静止时,弹簧伸长量为 Δl_0,则

$$k\Delta l_0=mg+f^*=mg+ma,\Delta l_0=\frac{a+g}{k}m$$

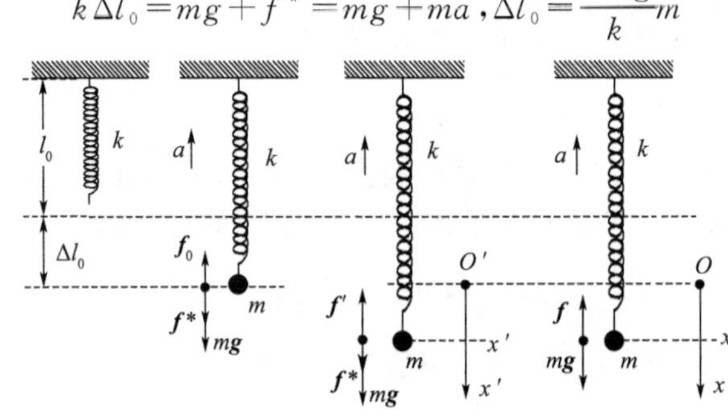

图 4-61 例 4-10 解析(1)

弹簧再伸长 x' 时,合力为

$$F'=mg+f^*-k(\Delta l_0+x')=mg+ma-(a+g)m-kx'=-kx',F'=-kx'$$

系统在电梯这一非惯性参考系中依然做简谐振动,而且振动的频率不变

$$m\frac{\mathrm{d}^2x'}{\mathrm{d}t^2}=-kx',\frac{\mathrm{d}^2x'}{\mathrm{d}t^2}+\omega^2x'=0,\omega=\sqrt{\frac{k}{m}}$$

因此,振子的振动周期和频率分别为

$$T=\frac{2\pi}{\omega}=2\pi\sqrt{\frac{m}{k}},\gamma=\frac{\omega}{2\pi}=\frac{1}{2\pi}\sqrt{\frac{k}{m}}$$

这与电梯的加速度为零时所得到的振动周期结果相同。

(2)如图 4-62 所示,当电梯加速下降时,电梯是非惯性参考系,在电梯参考系中应用牛顿定律需要考虑附加一个惯性力。在电梯参考系中,质点受到的力矩为

$$M=mal\sin\theta'-mgl\sin\theta'\approx-m(g-a)l\theta'$$

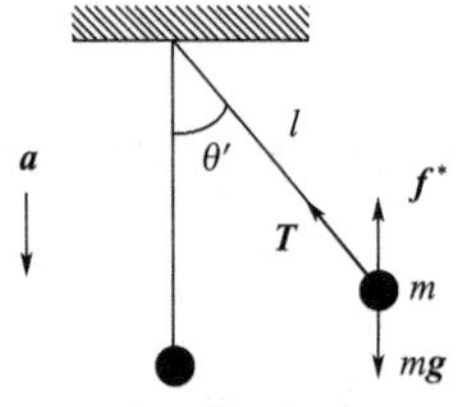

图 4-62 例 4-10 解析(2)

由质点运动的角动量定理,得到

$$M=\frac{\mathrm{d}L}{\mathrm{d}t}=\frac{\mathrm{d}}{\mathrm{d}t}(mlv)=ml^2\frac{\mathrm{d}^2\theta'}{\mathrm{d}t^2},ml^2\frac{\mathrm{d}^2\theta'}{\mathrm{d}t^2}=-m(g-a)l\theta'$$

$$\frac{\mathrm{d}^2\theta'}{\mathrm{d}t^2}+\frac{g-a}{l}\theta'=0,\frac{\mathrm{d}^2\theta'}{\mathrm{d}t^2}+\omega^2\theta'=0,\omega=\sqrt{\frac{g-a}{l}}$$

单摆做简谐振动,振动周期和频率分别为

$$T=\frac{2\pi}{\omega}=2\pi\sqrt{\frac{l}{g-a}},\gamma=\frac{\omega}{2\pi}=\frac{1}{2\pi}\sqrt{\frac{g-a}{l}}$$

可见,这与电梯的加速度为零时的单摆振动周期和频率是不同的。

点评 也可以直接在惯性参考系中讨论。如图 4-61 所示，在电梯中，设弹簧的原长为 l_0，挂上质量为 m 的物体后伸长量为 Δl_0，弹簧的劲度系数为 k，则

$$ma=f_0-mg=k\Delta l_0-mg,\Delta l_0=m\frac{a+g}{k}$$

弹簧再向下伸长 x，则合力

$$F=mg-k(\Delta l_0+x)=-ma-kx,m\frac{\mathrm{d}^2x}{\mathrm{d}t^2}=-ma-kx$$

令 $x'=x+\frac{ma}{k}$，则

$$m\frac{\mathrm{d}^2x'}{\mathrm{d}t^2}=-kx',\frac{\mathrm{d}^2x'}{\mathrm{d}t^2}+\frac{k}{m}x'=0,\frac{\mathrm{d}^2x'}{\mathrm{d}t^2}+\omega^2x'=0,\omega=\sqrt{\frac{k}{m}}$$

则仍然可以看作简谐振动，振动的周期和频率为

$$\boldsymbol{T}=\frac{2\pi}{\omega}=\frac{2\pi}{\sqrt{k/m}},\gamma=\frac{\omega}{2\pi}=\frac{1}{2\pi}\sqrt{\frac{k}{m}}=\gamma_0$$

振动的周期和频率与电梯静止时振子的振动周期和频率相同。

同样，也可以在惯性参考系中直接用牛顿定律讨论加速电梯中的单摆振动周期问题。设单摆（质点）在电梯参考系（非惯性参考系）中的加速度为 $\boldsymbol{a}'$，则在惯性参考系（地面）中质点的加速度为 $\boldsymbol{a}'+\boldsymbol{a}$；而在惯性参考系中质点受到的力为 $m\boldsymbol{g}+\boldsymbol{T}$。由牛顿定律得到

$$m\boldsymbol{a}'+m\boldsymbol{a}==m\boldsymbol{g}+\boldsymbol{T}$$

在电梯参考系中，质点做圆周运动。将牛顿定律向圆周切向方向投影，即

$$-ma'_t+ma\sin\theta'=mg\sin\theta'+0,a'_t=(a-g)\sin\theta'$$

由于 $a'_t=\frac{\mathrm{d}v'}{\mathrm{d}t}=l\frac{\mathrm{d}\omega'}{\mathrm{d}t}=l\frac{\mathrm{d}^2\theta'}{\mathrm{d}t^2}$，$\sin\theta'\approx\theta'$，所以

$$l\frac{\mathrm{d}^2\theta'}{\mathrm{d}t^2}=(a-g)\theta',\frac{\mathrm{d}^2\theta'}{\mathrm{d}t^2}+\frac{g-a}{l}\theta'=0,\frac{\mathrm{d}^2\theta'}{\mathrm{d}t^2}+\omega^2\theta'=0,\omega=\sqrt{\frac{g-a}{l}}$$

【例 4-11】 如图 4-63 所示，一劲度系数为 k 的轻弹簧，一端固定在墙上，另一端连接一质量为 m_1 的物体，放在光滑的水平面上。将一质量为 m_2 的物体跨过一质量为 M、半径为 R 的定滑轮与 m_1 相连，求此系统的振动角频率。

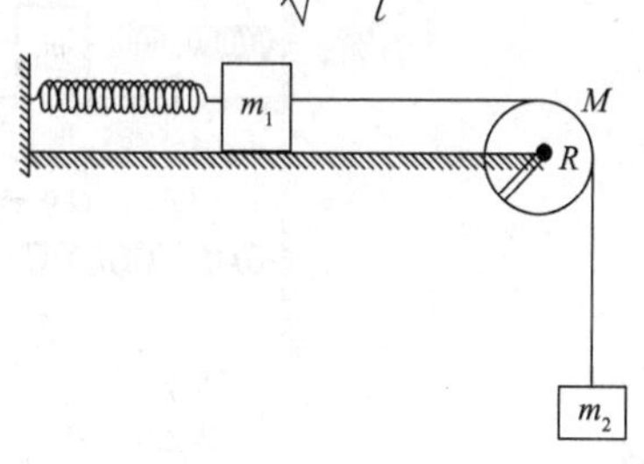

图 4-63　例 4-11

分析 整个系统是联动的，当 m_2 在重力作用下向下运动时，通过绳子间接地拉动 m_1 运动，弹簧伸长，弹簧弹性力增大，m_2 受到的合力减小，当 m_2 受到的合力为零时向下运动速度达到最大；m_2 继续向下运动，弹簧继续伸长，m_2 受到的合力反向并逐渐增大，m_2 减速下降；当 m_2 向下运动速度减为零时，又开始加速向上运动，向上的合力逐渐减小；当 m_2 向上运动到合力为零时，停止加速，速度达到最大；继续向上运动，速度开始减小；当速度降为零时，达到最大高度；m_2 开始向下加速运动；如此反复，m_2 围绕自己的平衡位置上下振动。在 m_2 上下振动时，带动定滑轮围绕自己的平衡位置转动振动。在定滑轮转动振动的带动下，弹簧伸缩，带动 m_1 在水平方向围绕自己的平衡位置振动。尽管三个物体振动运动形式不一样，但振动的周期（频率）是相同的。要注意的是，由于定滑轮质量不能忽略，在其变角速度转动过程中，合力矩不为零，因此，绳子两端的张力的大小是不相等的。还要注意，当系统达到平衡时，定滑轮不振动，绳子两端的张力大小相等；平衡时，绳子的张力与 m_2 的重力平衡（大小相等）；m_1 受到绳子的拉力与绳子的张力大小相等，平衡时 m_1 受到的拉力与弹簧弹性

力大小相等;平衡时,弹簧有一定的伸长量,因此,m_1 的平衡位置不是弹簧原长处,而是弹簧有一定的伸长量的位置,这一伸长量可以通过力的平衡由 m_2 的重力来确定。另外,如果从各自的平衡位置算起,m_1 和 m_2 的位移始终保持一致;这一位移实际上就是弹簧从平衡位置算起的伸长(压缩)量;m_1 和 m_2 都做直线运动,因此,如果将表示 m_1 和 m_2 运动的坐标系的原点选择在各自的平衡位置,这两个坐标系是相同的;定滑轮从自己的平衡位置转过的角度与 m_1 和 m_2 对各自的平衡位置的位移之间有定量的关系。还有,m_1 受到的重力总是与其受到的支撑力平衡,对运动没有影响,可以忽略不计;定滑轮受到的支撑力,因为过转轴,对定滑轮的转动没有贡献,可以忽略不计。

解 系统达到平衡时,弹簧伸长量为 Δl,各个物体的受力如图 4-64 所示,则有

$$m_2 g = T_{20}, T_{20} = T'_{20}, T'_{20} = T_{10} = T'_{10}, T'_{10} = f_0, f_0 = k\Delta l$$

由此得到平衡时弹簧的伸长量

$$k\Delta l = m_2 g, \Delta l = \frac{m_2 g}{k}$$

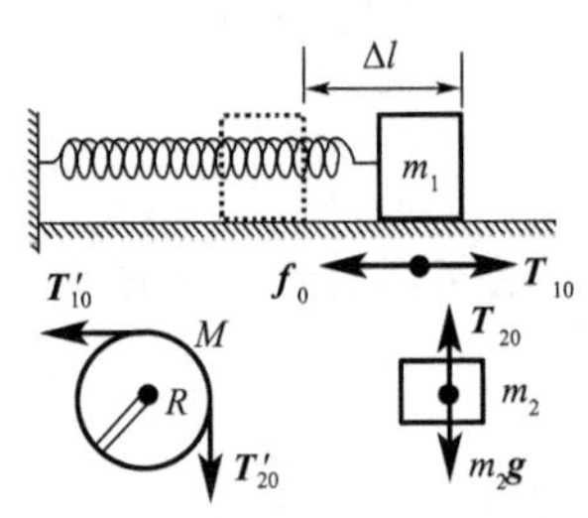

图 4-64 例 4-11 解析(1)

如图 4-65 所示,物体 m_2 从自己的平衡位置再下落 x,物体 m_2 相对自己平衡位置的位移为 x;物体 m_1 从自己的平衡位置向右移动 x,物体 m_1 相对自己平衡位置的位移为 x,也就是弹簧再伸长 x,弹簧伸长 $\Delta l + x$;定滑轮由自己的平衡位置顺时针转过 θ 角度,由线量与角量的关系得到,$x = R\theta$,定滑轮转动的角加速度为 $\beta = \frac{d^2\theta}{dt^2} = \frac{1}{R}\frac{d^2 x}{dt^2} = \frac{a}{R}$。对物体 m_1 和 m_2 应用牛顿第二定律

$$-f + T_1 = m_1 a = m_1 \frac{d^2 x}{dt^2}, m_2 g - T_2 = m_2 a = m_2 \frac{d^2 x}{dt^2}$$

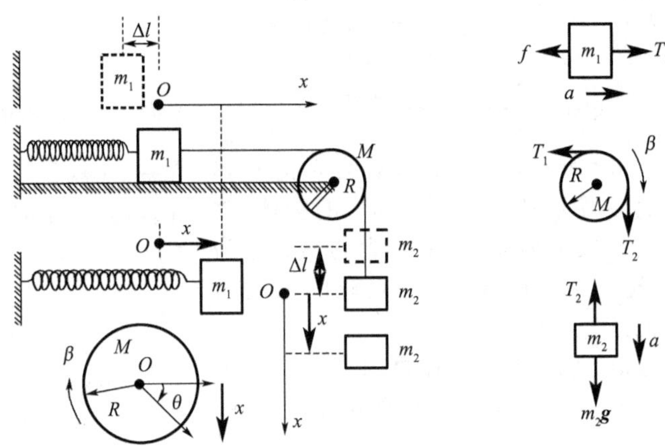

图 4-65 例 4-11 解析(2)

另外,取滑轮(圆盘)上 $(r, \theta) \to (r + dr, \theta + d\theta)$ 处的质元 dm

$$dm = \sigma dS = \frac{M}{\pi R^2} r\, dr\, d\theta$$

某一时刻,滑轮(圆盘)上所有质元 dm 转动的角速度 ω(以及角加速度 β)都相同。质元 dm 对滑轮(圆盘)中心(或转轴)的角动量为

$$dL_o = rv\, dm = r^2 \omega\, dm = \omega r^2 \frac{M}{\pi R^2} r\, dr\, d\theta = \omega \frac{M}{\pi R^2} r^3\, dr\, d\theta$$

整个滑轮(圆盘)对滑轮(圆盘)中心(或转轴)的角动量为

$$L = \int dL_o = \int_0^R \int_0^{2\pi} \omega \frac{M}{\pi R^2} r^3\, dr\, d\theta = \frac{1}{2} M R^2 \omega$$

滑轮受到的力 T_1 和 T_2 对滑轮(圆盘)中心(或转轴)的力矩为$(T_2-T_1)R$。对滑轮应用角动量定理

$$(T_2-T_1)R=\frac{\mathrm{d}L}{\mathrm{d}t}=\frac{1}{2}MR^2\frac{\mathrm{d}\omega}{\mathrm{d}t}=\frac{1}{2}MR^2\beta=\frac{1}{2}MRa=\frac{1}{2}MR\frac{\mathrm{d}^2x}{\mathrm{d}t^2}$$

以及弹簧弹性力,$f=k(\Delta l+x)=m_2g+kx$,得到

$$-k(\Delta l+x)+m_2g=m_1\frac{\mathrm{d}^2x}{\mathrm{d}t^2}+m_2\frac{\mathrm{d}^2x}{\mathrm{d}t^2}+\frac{1}{2}M\frac{\mathrm{d}^2x}{\mathrm{d}t^2},(m_1+m_2+M/2)\frac{\mathrm{d}^2x}{\mathrm{d}t^2}+kx=0$$

可见,系统为谐振子,系统的振动角频率为

$$\omega_{123}=\sqrt{\frac{k}{m_1+m_2+M/2}}$$

也可以用定滑轮转过的角度为变量,则对物体 m_1 和 m_2 应用牛顿第二定律

$$-f+T_1=m_1a=m_1\frac{\mathrm{d}^2x}{\mathrm{d}t^2}=m_1R\frac{\mathrm{d}^2\theta}{\mathrm{d}t^2},m_2g-T_2=m_2a=m_2\frac{\mathrm{d}^2x}{\mathrm{d}t^2}=m_2R\frac{\mathrm{d}^2\theta}{\mathrm{d}t^2}$$

对滑轮应用角动量定理

$$T_2R-T_1R=\frac{\mathrm{d}L}{\mathrm{d}t}=\frac{1}{2}MR\frac{\mathrm{d}^2x}{\mathrm{d}t^2}=\frac{1}{2}MR^2\frac{\mathrm{d}^2\theta}{\mathrm{d}t^2}$$

以及弹簧弹性力,$f=k(\Delta l+x)=m_2g+kx=m_2g+kR\theta$,得到

$$(m_1+m_2+M/2)\frac{\mathrm{d}^2\theta}{\mathrm{d}t^2}+k\theta=0$$

可见,系统为谐振子,系统的振动角频率为

$$\omega_{123}=\sqrt{\frac{k}{m_1+m_2+M/2}}$$

点评 物体 m_2 相对自己平衡位置的位移为 x,由牛顿定律和角动量定理可以得到物体 m_1,m_2 的加速度和定滑轮转动的角加速度

$$a=-\frac{k}{m_1+m_2+M/2}x,\beta=-\frac{k}{m_1+m_2+M/2}\theta$$

以及绳子的张力(物体受到的绳子的拉力)和弹簧弹性力

$$T_1=m_2g+kx-\frac{km_1}{m_1+m_2+M/2}x=m_2g+\frac{km_2+kM/2}{m_1+m_2+M/2}x$$

$$T_2=m_2g+\frac{km_2}{m_1+m_2+M/2}x,f=k(\Delta l+x)=m_2g+kx$$

(1)物体 m_1 受到的合力

$$F_1=T_1-f=m_2g+\frac{km_2+kM/2}{m_1+m_2+M/2}x-(m_2g+kx)=-\frac{km_1}{m_1+m_2+M/2}x$$

或者,物体 m_1 的运动的微分方程

$$m_1\frac{\mathrm{d}^2x_1}{\mathrm{d}t^2}=F_1=-\frac{km_1}{m_1+m_2+M/2}x_1,\frac{\mathrm{d}^2x_1}{\mathrm{d}t^2}+\omega_1^2x_1=0$$

物体 m_1 做简谐振动,振动的角频率为

$$\omega_1=\sqrt{\frac{k}{m_1+m_2+M/2}}$$

(2)物体 m_2 受到的合力

$$F_2=m_2g-T_2=m_2g-\left(m_2g+\frac{km_2}{m_1+m_2+M/2}x\right)=-\frac{km_2}{m_1+m_2+M/2}x$$

或者,物体 m_2 的运动的微分方程

$$m_2\frac{d^2x_2}{dt^2}=F_2=-\frac{km_2}{m_1+m_2+M/2}x_2, \frac{d^2x_2}{dt^2}+\omega_2^2x_2=0$$

物体 m_2 做简谐振动,振动的角频率为

$$\omega_2=\sqrt{\frac{k}{m_1+m_2+M/2}}$$

(3)定滑轮受到的合力矩为

$$M_z=(T_2-T_1)R=-\frac{kM/2}{m_1+m_2+M/2}Rx=-\frac{kMR^2/2}{m_1+m_2+M/2}\theta$$

或者,定滑轮转动运动的微分方程

$$\frac{1}{2}MR^2\frac{d^2\theta}{dt^2}=-\frac{kMR^2/2}{m_1+m_2+M/2}\theta, \frac{d^2\theta}{dt^2}=-\frac{k}{m_1+m_2+M/2}\theta$$

定滑轮做简谐振动,振动的角频率为

$$\omega_3=\sqrt{\frac{k}{m_1+m_2+M/2}}$$

由此可见,三个物体都在做简谐振动,而且振动角频率相同,$\omega_1=\omega_2=\omega_3$。

(4)把圆盘看作刚体研究圆盘转动的动力学方程

圆盘绕中心转轴的转动惯量为 $J=MR^2/2$。设圆盘转过角度 θ 时的角速度为 ω,则对圆盘应用刚体定轴转动角动量定理,得到

$$(T_2-T_1)R=\frac{dL}{dt}=\frac{d}{dt}(J\omega)=J\frac{d\omega}{dt}=\frac{1}{2}MR^2\frac{d^2\theta}{dt^2}$$

对质点 m_1 和 m_2 分别应用牛顿第二定律,注意到 $x=R\theta$,得到

$$T_1-f=T_1-k(\Delta l+x)=T_1-k(m_2g+R\theta)=m_1\frac{d^2x}{dt^2}=m_1R\frac{d^2\theta}{dt^2}$$

$$m_2g-T_2=m_2\frac{d^2x}{dt^2}=m_2R\frac{d^2\theta}{dt^2}$$

$$T_1=km_2g+kR\theta+m_1R\frac{d^2\theta}{dt^2}, T_2=m_2g-m_2R\frac{d^2\theta}{dt^2}$$

由此,最终得到

$$\left[m_2g-m_2R\frac{d^2\theta}{dt^2}-\left(km_2g+kR\theta+m_1R\frac{d^2\theta}{dt^2}\right)\right]R=\frac{1}{2}MR^2\frac{d^2\theta}{dt^2}$$

$$\left(\frac{1}{2}M+m_1+m_2\right)\frac{d^2\theta}{dt^2}+k\theta=0, \frac{d^2\theta}{dt^2}+\frac{k}{m_1+m_2+M/2}\theta=0$$

复习思考题

4-1 什么是机械振动?什么是简谐振动?

4-2 弹簧振子微小振动时的受力特征是什么?动力学方程怎么写?

4-3 单摆微小振动时受力力矩的特征是什么?动力学方程怎么写?

4-4 简谐振动的机械能有什么特征?动能与势能有什么关系?

4-5 描述简谐振动的特征量都有哪些?

4-6 什么是简谐振动的周期、频率和角频率?为什么说它们是振动系统本身所固有的?弹簧振子和单摆简谐振动的角频率、周期和频率如何表示?

4-7 什么是简谐振动的振幅?振幅由什么决定?

4-8 什么是简谐振动的相位？什么是简谐振动的初相位？什么是两个简谐振动的相位差？

4-9 由简谐振动的振动曲线上可以读到什么信息？

4-10 什么是旋转矢量法？如何用旋转矢量表示质点的简谐振动运动状态？

4-11 同一直线上同频率简谐振动合成的是什么运动？何种情况下合振动得到最大加强？何种情况下合振动得到最大削弱？

4-12 同一直线上不同频率的简谐振动合成的是什么运动？

4-13 互相垂直同频简谐振动一般来说合成的是什么运动？如果互相垂直同频简谐振动的初相差为零，$\Delta\varphi=\varphi_y-\varphi_x=0$，则合成的是什么运动？如果互相垂直同频简谐振动的初相差为π，$\Delta\varphi=\varphi_y-\varphi_x=\pi$，则合成的是什么运动？如果互相垂直同频简谐振动的初相差$\Delta\varphi=\varphi_y-\varphi_x=\pi/2$，即$x$分振动落后于$y$分振动$\pi/2$，则合成的是什么运动？如果互相垂直同频简谐振动的初相差$\Delta\varphi=\varphi_y-\varphi_x=-\frac{\pi}{2}$，即$y$分振动落后于$x$分振动$\pi/2$，则合成的是什么运动？在什么条件下，质点的合成运动为圆周运动？

4-14 在什么条件下，互相垂直不同频振动合成的是闭合轨迹？李萨如图形有何用处？

4-15 什么是谐振分析？

4-16 什么是阻尼振动？什么是黏滞阻尼振动？如何理解黏滞阻尼振动动力学方程？

4-17 阻尼振动有几类？各有什么特点？

4-18 什么是受迫振动？什么是策动力？

4-19 为什么在受迫振动中，只考虑周期性策动力只是简谐力？

4-20 在受迫振动中，考虑到阻尼和周期性简谐策动力，振动系统的动力学方程是什么？

4-21 为什么在阻尼和周期性简谐策动力作用下的受迫振动的稳定振动是简谐振动，而且简谐振动的角频率与周期性简谐策动力的角频率相同，与振动系统的固有振动角频率无关？

4-22 稳态受迫振动的初相位由什么因素决定？稳态受迫振动的初相位与周期性简谐策动力的初相位有何关系？

4-23 稳态受迫振动的振幅由什么因素决定？

4-24 什么是位移共振？什么条件下位移共振的振幅可以达到无限大？

4-25 稳态受迫振动的速度振幅由什么因素决定？

4-26 什么是速度共振？什么条件下速度共振的振幅可以达到无限大？

4-27 简述受迫振动的能量转化过程。

第五章 相对论基础

以牛顿三定律为基础的牛顿力学，是在 17 世纪形成的，在以后的两个多世纪里，牛顿力学对科学和技术的发展起了很大的推动作用，自身也得到了很大的发展。历史踏入 20 世纪时，物理学开始深入拓展到高速领域和微观领域，特别是电磁学（包括光学）的发展和逐步完善，使人们发现牛顿力学在这些领域不再适用。物理学的发展要求对牛顿力学及其基本概念做出根本性的改革。相对论和量子力学就是在这种时代背景下应运而建立起来的。

1905 年以前科学家就已经发现一些电磁现象与经典物理概念相抵触。迈克尔逊-莫雷实验没有观测到地球相对于以太的运动；运动物体的电磁感应现象表现出相对性，磁体运动而导体不运动和导体运动而磁体不运动效果上是一样的；电子的电荷量与电子的惯性质量之比（荷质比）随电子运动速度的增加而变大。特别是，电磁规律（麦克斯韦方程组）在伽利略变换下不是不变的，也就是说电磁定律不满足牛顿力学中的伽利略相对性原理。修改和发展牛顿理论使之能够圆满解释新发现的物理现象，成为 19 世纪末、20 世纪初的当务之急。

由于牛顿力学的巨大成功，使得人们习惯于将一切现象归结为由机械运动所引起的。在电磁场概念提出以后，特别是认识到光是电磁波之后，人们假设存在一种名叫"以太"的媒质，它弥漫于整个宇宙，渗透到所有的物体中，绝对静止不动，没有质量，对物体的运动不产生任何阻力，也不受万有引力的影响。电磁场被认为是以太中的应力，电磁波是以太中的弹性波，它在以太中向各方向的传播速度都一样大。可以将以太作为一个绝对静止的参考系，因此，相对于以太做匀速运动的参考系都是惯性参考系。按牛顿力学的伽利略变换，在相对于以太做匀速运动的惯性参考系中观察，电磁波的传播速度应该随着波的传播方向不同而改变，这就给利用测量不同方向光速的方法在所有的惯性参考系中确定哪些是绝对静止的参考系提供了可能性。但是，实测的结果却出乎意料，在不同的、相对做匀速运动的惯性参考系中，几乎全部的实验，特别是迈克尔逊和莫雷进行的非常精确的实验，没有观测到这种由牛顿力学得出的电磁波（光波）沿不同方向在以太中传播的速度的差别。

当绝大多数物理学家还沉迷于企图通过对牛顿物理学体系加以修补来解释新发现的这些物理现象的时候，爱因斯坦以敏锐的洞察力充分地认识到了牛顿力学体系的巨大缺陷，对牛顿的绝对时空观进行了彻底的批判。1905 年，爱因斯坦从实验事实出发，对空间、时间的概念进行了深刻的分析，从而建立了新的相对时空观念，在此基础上他提出了狭义相对论。爱因斯坦的这种批判精神应该是受到了 1900 年普朗克提出的"量子假说"的启发，因为我们注意到，爱因斯坦运用和发展普朗克的"量子假说"成功解释"光电效应"实验（外光电效应）是在创立"狭义相对论"之前。同时我们也充分理解，爱因斯坦的"狭义相对论"之所以不被部分物理学家所接受，是因为牛顿力学的概念和理论根深蒂固的缘故。

在狭义相对论中，为了便于说明时空的本质，选用惯性参考系或惯性坐标系来描述物体的运动。在这一类参考系或坐标系中，如果没有外力作用，物体就会保持静止或匀速直线运动的状态。在狭义相对论中，爱因斯坦摒弃了不必要的以太假设，肯定电磁学的规律对于一切惯性参考系都是成立的，且具有相同的形式，真空中的光速不变，不同惯性系之间的变换关系为洛伦兹变换。在狭义相对论中，爱因斯坦摒弃了牛顿的绝对时空观，认为空间、时间与运动有关，并首创性地提出了质量与能量的对等关系，将牛顿力学修正后成功地应用于物体高速运动的情形。修改后的力学称为相对论力学，它对于洛伦兹变换具有不变性。在相对论力学中，预言了牛顿经典物理学所没有的一些新效应（相对论效应），光速是物体机械运动速度的极限，不可逾越。当物体运动速度无限趋近光速时，它的动量、能量、惯性质量均将趋于无穷大；以全新的视角，解释了如时间膨胀、长度收缩、横向多普勒效应的概念。

当然，狭义相对论与牛顿力学也并不是完全不相容。当物体的速度远小于光速时，相对论力学定律就趋近于经典力学定律。因此在低速运动时，经典力学定律仍然是很好的相对真理。例如，地球绕太阳运行的速度约为 30 km/s。这同日常生活中遇到的机械运动的速度相比是很大的速度；但与光速相比却是很小的，仅为光速的万分之一。因此处理这类问题，经典力学定律仍然是很好的相对真理，仍然能用来解决工程技术中的力学问题。

牛顿力学的另一局限性表现在它不能圆满地解释强引力场中物体的运动，如无法定量解释水星轨道近日点的进动问题；牛顿力学对万有引力的存在没有任何理论解释。1916 年，爱因斯坦创立了广义相对论，肯定了惯性质量与引力质量等同的等效原理，将非惯性参考系中观测到的惯性力与局域的引力等同起来，进而提出一切参考系均有相同的物理规律这一广义相对性原理，而引力被理解为空间弯曲的必然结果。广义相对论成功地预言了一些效应，如强引力场中光线的弯曲，引力场与光谱线频移的关系，并用空间的弯曲很自然地解释了引力的存在。广义相对论的预言也已经被实验所证实。

狭义相对论是平直时空理论，从根本上改变了把时间和空间互相分离、互不影响和绝对不变的时空观（牛顿绝对时空观）。一维时间和三维空间只是一个四维统一体（四维时空）的不同维数；一切物理定律都必须满足狭义相对论的要求。“狭义”（或“特殊”）表示它只适用于惯性参考系，只有在观察高速运动现象时才能觉察出这个理论和经典物理学对同一物理现象的预言之间的差别。狭义相对论在许多学科中有着广泛的应用，它与量子力学一起，已经成为近代物理学的两大基础理论。广义相对论是弯曲时空引力理论，是描写引力规律的相对论性理论。广义相对论是针对强引力场和大质量物体提出来的，因而广泛应用于天体物理学，构成了现代宇宙学的基础。相对论已经成为现代物理学和现代宇宙学的理论基础。

第一节　狭义相对论的实验基础和基本假设

第五章 第一节 微课

一切物理学原理都是以实验为基础的，都是物理学家为了解释实验事实的发明创造。在爱因斯坦创立狭义相对论前，已经有了大量的物理实验运用经典牛顿力学理论无法解释，其中典型的是迈克尔逊-莫雷实验结果和电磁学实验规律（麦克斯韦方程组）与牛顿力学理论的伽利略变换相抵触。这些实验结果促使人们寻找新的理论去加以解释。

一、迈克尔逊-莫雷实验结果与经典物理理论不符

19 世纪物理学家曾经设想一种称为“以太”的物质充满宇宙空间，用以解决光波和电磁波传播的介质问题。假设“以太”是绝对静止不动的，那么由于地球相对于“以太”在运动（也可以看作是“以太风”吹向地球），地球上的物理实验仪器装置就相对于“以太”在运动。假设光波（电磁波）相对于绝对静止的“以太”的速度为 c，则按经典牛顿力学的伽利略变换就可以求得光波（电磁波）相对于地球的速度，从而得到“以太风”的速度，进而证明“以太”的存在。这类物理实验有很多种，其中著名的是迈克尔逊-莫雷实验。

如图 5-1 所示为迈克尔逊-莫雷实验原理图，实际上是光的干涉实验装置，是 1881 年迈克尔逊发明的直角干涉仪（又称迈克尔逊干涉仪），用来证实以太的存在。由光源 S 发射的一束光线经半透明反射镜在 A 点分为两束：第一束是反射光从 A 点射向平面反射镜 M_2 的 B 点而

被反射回来再透过 A 射到观测屏幕 D;第二条光线透过 A 点射到另一面反射镜 M_1 的 C 点后反射回来再在 A 点反射到 D。两束光经过不同的路径后在 D 会合而形成干涉条纹。干涉仪随地球运动,如果地球是在以太中移动,那么干涉仪周围就会存在“以太风”,因而两束光线会具有不同的速度;这样,两束光到达观测屏 D(实际上就是两束光返回到达 A)时具有一定的光行差(光程差),由干涉理论可以在观测屏处形成稳定的干涉条纹。把干涉仪转动 90°使两束光线的方位互换因而改变了两束光的光行差,则屏幕 D 上的干涉条纹会产生移动。迈克尔逊-莫雷实验就是测量这种干涉条纹的移动,实验做得非常精确,实验结果不容置疑。

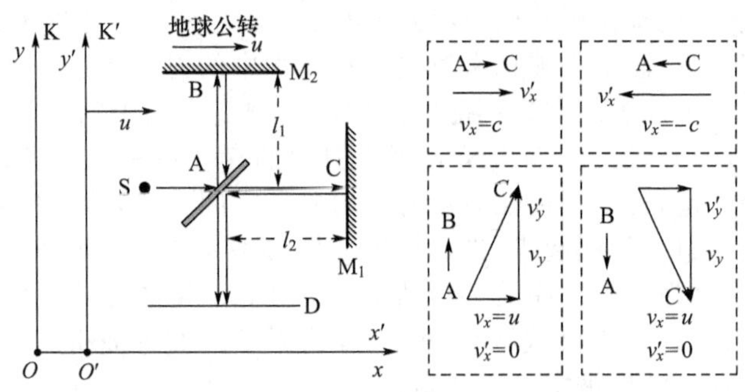

图 5-1　迈克尔逊-莫雷实验

如图 5-1 所示,建立“以太”参考系(如太阳参考系)K:xOy 和地球表面(实验装置)参考系 K′:$x'O'y'$。参考系 $x'O'y'$ 相对于参考系 K:xOy 的运动速率(沿 x 轴正方向)为 u。

按伽利略变换,在参考系 K′:$x'O'y'$ 中,光波由 A 到 C 的传播速度表示为

$$v'_{x,\mathrm{A\to C}}=v_{x,\mathrm{A\to C}}-u=c-u,v'_{y,\mathrm{A\to C}}=v_{y,\mathrm{A\to C}}=0;v'_{\mathrm{A\to C}}=c-u$$

所以,光波由 A 到 C 所用时间为

$$t_{\mathrm{A\to C}}=\frac{l_{\mathrm{A\to C}}}{v'_{\mathrm{A\to C}}}=\frac{l_2}{c-u}$$

在参考系 K′:$x'O'y'$ 中,光波由 C 到 A 的传播速度表示为

$$v'_{x,\mathrm{C\to A}}=v_{x,\mathrm{C\to A}}-u=-c-u,v'_{y,\mathrm{C\to A}}=v_{y,\mathrm{C\to A}}=0;v'_{\mathrm{C\to A}}=c+u$$

所以,光波由 C 到 A 所用时间为

$$t_{\mathrm{C\to A}}=\frac{l_{\mathrm{C\to A}}}{v'_{\mathrm{C\to A}}}=\frac{l_2}{c+u}$$

由此,光波由 A 到 C 再返回到 A 所用时间为

$$t_{\mathrm{A\to C\to A}}=t_{\mathrm{A\to C}}+t_{\mathrm{C\to A}}=\frac{l_2}{c-u}+\frac{l_2}{c+u}=\frac{2cl_2}{c^2-u^2}$$

按伽利略变换,在参考系 K′:$x'O'y'$ 中,光波由 A 到 B 的传播速度表示为

$$v'_{x,\mathrm{A\to B}}=v_{x,\mathrm{A\to B}}-u=0,v'_{y,\mathrm{A\to B}}=v_{y,\mathrm{A\to B}};\ \sqrt{v^2_{x,\mathrm{A\to B}}+v^2_{y,\mathrm{A\to B}}}=c;$$

$$v_{x,\mathrm{A\to B}}=u;u^2+v^2_{y,\mathrm{A\to B}}=c^2;|v'_{y,\mathrm{A\to B}}|=|v_{y,\mathrm{A\to B}}|=\sqrt{c^2-u^2};$$

$$v'^2_{\mathrm{A\to B}}=v'^2_{x,\mathrm{A\to B}}+v'^2_{y,\mathrm{A\to B}}=0+c^2-u^2;v'_{\mathrm{A\to B}}=\sqrt{c^2-u^2}$$

所以,光波由 A 到 B 所用时间为

$$t_{\mathrm{A\to B}}=\frac{l_{\mathrm{A\to B}}}{v'_{\mathrm{A\to B}}}=\frac{l_1}{\sqrt{c^2-u^2}}$$

同理,光波由 B 到 A 所用时间为

$$t_{\mathrm{B\to A}}=\frac{l_{\mathrm{B\to A}}}{v'_{\mathrm{B\to A}}}=\frac{l_1}{\sqrt{c^2-u^2}}$$

由此,光波由 A 到 B 再返回到 A 所用时间为

$$t_{A\to B\to A}=t_{A\to B}+t_{B\to A}=\frac{l_1}{\sqrt{c^2-u^2}}+\frac{l_1}{\sqrt{c^2-u^2}}=\frac{2l_1}{\sqrt{c^2-u^2}}$$

这样，两束光波到达观察屏D处的时间差为

$$\Delta t=t_{A\to C\to A}-t_{A\to B\to A}=\frac{2cl_2}{c^2-u^2}-\frac{2l_1}{\sqrt{c^2-u^2}}$$

这一时间差伴随着两束光波的一个固定的相位差，从而在观察屏D上形成稳定的干涉条纹(实际上，只有一束粗的光束才能形成干涉条纹分布)。如果把干涉仪在图形的平面内转动90°之后，“以太风”的方向则与AB平行，这时到达观察屏D的两束光的时间差为

$$\Delta t'=t'_{A\to B\to A}-t'_{A\to C\to A}=\frac{2l_2}{\sqrt{c^2-u^2}}-\frac{2cl_1}{c^2-u^2}$$

同样，两束光波也会在观察屏D上形成稳定的干涉条纹分布；不过，由于$\Delta t\neq\Delta t'$，两组干涉条纹在观察屏D的位置不同，也就是引起了干涉条纹在观察屏D上的平移。根据光波干涉理论，两组干涉条纹在观察屏D上的平移量为

$$\Delta N=\frac{c}{\lambda}\Delta t-\frac{c}{\lambda}\Delta t'=\frac{c}{\lambda}\frac{2c(l_1+l_2)}{c^2-u^2}-\frac{c}{\lambda}\frac{2(l_1+l_2)}{\sqrt{c^2-u^2}}$$

由泰勒展开，并略去高阶小量(取$u\ll c$)

$$\frac{1}{1-u^2/c^2}=1+\left(\frac{u}{c}\right)^2+\cdots\approx1+\left(\frac{u}{c}\right)^2,\frac{1}{\sqrt{1-u^2/c^2}}=1+\frac{1}{2}\left(\frac{u}{c}\right)^2+\cdots\approx1+\frac{1}{2}\left(\frac{u}{c}\right)^2$$

由此，得到干涉条纹在观察屏D上的平移量为

$$\Delta N=\frac{l_1+l_2}{\lambda}\left(\frac{u}{c}\right)^2$$

式中，λ为光的波长。如果取$l_1+l_2=22\ \text{m}$，地球公转速度$u=3\times10^4\ \text{m}\cdot\text{s}^{-1}$，光波使用钠黄光$\lambda=589.3\ \text{nm}$，则条纹移动为$\Delta N=0.4$。这是由经典物理理论得出的结果。

迈克尔逊1881年的实验没有看到条纹的移动，$\Delta N\approx0$；按照当时的实验精度，如果有“以太风”，其速度应小于21.2千米/秒。迈克尔逊和莫雷从1881年到1887年，在不同地理条件、不同季节条件下，多次进行精心的实验，却始终看不到干涉条纹的移动。1887年迈克尔逊和莫雷进行了更高精度的实验，仍然没有看到条纹的移动；按照实验精度，“以太风”的速度应小于4.7千米/秒。1905年，狭义相对论问世之后，物理学家使用新的技术和装置不断进行类似的实验，也没有观察到条纹的移动。一直到1930年，曾有11位科学家有13项准确的实验记录，结果都是“零”。1958年塞达罗姆和汤斯等人用微波做了“以太风”实验，在精度上比最好的迈克尔逊-莫雷类型的实验提高了50倍，结果还是“零”。精度越来越高，最高的已给出“以太漂移”的上限速度小于1米/秒。

迈克尔逊-莫雷实验的“零”结果，引起了物理学界广泛而激烈的争论。许多科学家提出不同的假说来解释实验结果，但很少有人怀疑伽利略变换的正确性，因而他们都失败了。以致当时英国物理学家开尔文把这一悬案说成是在物理学晴朗天空边际的“一朵乌云”。

二、电磁规律不满足伽利略变换

18世纪后期，麦克斯韦总结前人对于电和磁的实验规律，建立了统一的电磁场理论(后人整理成现在的麦克斯韦方程组)，即电场和磁场必须满足的微分方程

$$\nabla\cdot\boldsymbol{D}=\rho,\nabla\cdot\boldsymbol{B}=0,\nabla\times\boldsymbol{E}=-\frac{\partial\boldsymbol{B}}{\partial t},\nabla\times\boldsymbol{H}=\boldsymbol{J}_0+\frac{\partial\boldsymbol{D}}{\partial t}$$

麦克斯韦据此预言光波是电磁波。这里，$\boldsymbol{D}$为空间点的电场的电位移矢量，$\boldsymbol{B}$为空间点的电场的电场强度矢量，$\boldsymbol{E}$为空间点的磁场的磁感应强度矢量，$\boldsymbol{H}$为空间点的磁场的磁场强度矢

量,ρ 为空间点的电荷密度,$\boldsymbol{J}_0$ 为空间点的传导电流密度矢量。麦克斯韦方程组把电场和磁场统一起来,电场和磁场是统一的整体。麦克斯韦方程组是有关电和磁现象实验规律的总结,是不容置疑的。

随后,人们试图将麦克斯韦的电磁场规律纳入牛顿力学体系。将代表牛顿力学最高成就的伽利略变换

$$x'=x-ut,y'=y,z'=z,t'=t$$

运用到麦克斯韦方程组,试图得到

$$\nabla'\cdot\boldsymbol{D}'=\rho',\nabla'\cdot\boldsymbol{B}'=0,\nabla'\times\boldsymbol{E}'=-\frac{\partial\boldsymbol{B}'}{\partial t'},\nabla'\times\boldsymbol{H}'=\boldsymbol{J}_0'+\frac{\partial\boldsymbol{D}'}{\partial t'}$$

即电磁规律在不同的惯性参考系中具有相同的形式,也就是说电磁规律满足牛顿相对性原理(伽利略相对性原理)。但令全体物理学家失望的是,经过艰苦的努力,这种企图以失败告终,麦克斯韦方程组不满足伽利略变换,即在伽利略变换下麦克斯韦方程组不是不变的;也就是在伽利略变换下麦克斯韦方程组在不同的惯性参考系中具有不同的数学形式;或者说,电磁规律不满足经典牛顿力学的相对性原理。

伽利略变换与电磁现象的矛盾,促使人们思考这样的问题:是"伽利略变换是正确的、而电磁现象的基本规律本身不符合牛顿相对性原理"?还是"已经发现的电磁现象的基本规律是符合相对性原理的,而伽利略变换需要修改呢"?

三、狭义相对论的基本假设

迈克尔逊-莫雷实验的"零"结果和麦克斯韦方程组(电磁规律)不满足伽利略变换,以及当时的诸多实验事实,直指伽利略变换(坐标)和伽利略速度变换(实际称为速度相加定理)。因为伽利略变换被看作是相对性原理的数学体现,甚至有人开始怀疑相对性原理。

对经典力学进行一次革命已经不可避免了,许多学者都从实验和理论上进行积极的探索。如庞加莱在 1898 年就已经提出了"光速不变性"假说,1902 年阐明了"相对性原理",1904 年庞加莱将洛伦兹给出的两个惯性参考系之间的坐标变换关系命名为"洛伦兹变换";1895 年为了解释迈克尔逊-莫雷实验的结果,洛伦兹提出了"长度收缩"的概念,并于 1895 年给出了长度收缩的准确公式;1904 年洛伦兹发表了后来被庞加莱命名为"洛伦兹变换"的著名的变换公式(1895 年就已经提出),以及质量与速度的关系式,并已经指出了光速是物体相对于以太运动速度的极限等。但这些学者都没有挣脱经典力学的束缚,没有认识到经典力学绝对时空观的局限性。实际上,"相对论"还是洛伦兹给爱因斯坦的理论起的名字。

爱因斯坦深受奥地利物理学家和哲学家马赫的影响。马赫曾勇敢地批判当时已经占统治地位的牛顿的绝对时间和绝对空间观念以及绝对运动概念。爱因斯坦接受了马赫有关相对运动的思想,认为以太理论和绝对空间概念都应该放弃。爱因斯坦认为伽利略变换不等于相对性原理,"麦克斯韦电磁场理论"和"相对性原理"比伽利略变换更为基本,实际上已经放弃了伽利略变换。在此基础上,爱因斯坦进一步认识到,真空中的光速在所有惯性系中都是一个常数,即"光速不变"。

带着他的"光速不变"的思想,爱因斯坦经过长时间反复思考,特别是与他的好友贝索的讨论,爱因斯坦突然明白了,"时间"并不是绝对的,"时间"与"信号传递速度"之间有着不可分割的联系。在此基础上,爱因斯坦进一步认识到,如果坚持"光速不变"和"相对性原理",那么,"同时"这一概念是相对的。

经过反复的思考和演算,爱因斯坦认识到,有了"光速不变"和"相对性原理",就可以自然地得到他的"相对时空观",进而解释当时发现的新的物理现象。于是,1905 年,在他的著名论文《论动体的电动力学》中他提出:

在一切惯性参考系中,基本物理规律都一样,都可用同一组数学方程来表达;

对于任何一个光源发出来的光，在一切惯性参考系中测量其传播速率，结果都相等。

第一个假设，我们现在称其为“爱因斯坦相对性原理”。一切物理定律在所有惯性系中的形式保持不变。显然，这个原理是力学中的伽利略相对性原理的推广。如果我们知道了物理现象在某一惯性系中的运动规律，那么很容易根据爱因斯坦相对性原理写出该物理现象在任何惯性系中的运动规律。

爱因斯坦相对性原理说明，不但是力学现象，其他所有物理现象都遵守相对性原理。在任何一个惯性系内，不但是力学实验，任何实验都不能用来确定本参考系的运动速度。绝对运动或绝对静止的概念，从整个物理学中被排除了。电动力学和光学的很多例子，特别是电磁感应现象，都是相对性原理的实验基础。

第二个假设，我们现在称其为“光速不变原理”。光在真空中总是以确定的速度 c 传播，这个速度的大小与光源的运动状态无关。在真空中的各个方向上，光信号传播速度（即单向光速）的大小均相同（即光速各向同性）；光速与频率无关；光速与光源的运动状态无关；光速与观察者所处的惯性参考系无关。

与光速不变原理有关的大量实验已经证明，真空中光速与光源的运动速度无关、与光波的频率（即光的颜色）无关、与观察者的惯性运动状态无关。定量的测量表明，真空中平均回路光速是一个常数，约为每秒 30 万千米（c 的精确测量值见基本物理常数）。这类实验中，最著名的是迈克尔逊-莫雷实验。

事实上，爱因斯坦提出“光速不变原理”时，并不是完全根据“迈克尔逊-莫雷实验”的实验结果。电磁场理论给出真空中电磁波的传播速度为：$c=1/\sqrt{\varepsilon_0\mu_0}=299\ 792\ 458\ \mathrm{m\cdot s^{-1}}$，这已经明白无误地告诉我们，真空中的光速是一个物理学常量；由于 ε_0 和 μ_0 都是物理学常数，都不依赖于参考系，因此真空中的光速也不依赖于参考系。如果把“真空中的光速”看作一个“物理规律”，根据“爱因斯坦相对性原理”，在任何惯性参考系中，光速都应该是一样的。

光速与参考系无关这一点是与人们的预计相反的，日常经验总是使我们确信伽利略变换是正确的。但要知道，日常遇到的物体运动的速率比起光速来是非常小的，炮弹飞出炮口的速率不过 $10^3\ \mathrm{m\cdot s^{-1}}$，人造卫星的发射速率也不过 $10^4\ \mathrm{m\cdot s^{-1}}$，不及光速的万分之一。我们本来不能，也不应该轻率地期望在低速情况下适用的规律在很高速的情况下也一定适用。

狭义相对论不但可以解释经典物理学所能解释的全部物理现象，还可以解释一些经典物理学所不能解释的物理现象，并且预言了不少新的效应。狭义相对论推导出了光速是极限速度，推导出了不同地点的同时性只有相对意义，预言了长度收缩和时钟变慢，给出了爱因斯坦速度相加公式、质量随速度变化的公式和质能关系。此外，按照狭义相对论，光子的静止质量必须是零。这些结论都可以由“爱因斯坦相对性原理”和“光速不变原理”得出的“洛伦兹变换”自然得出。但要特别指出，这些物理现象只是狭义相对论的表观结果；狭义相对论隐含着“时间是相对的、空间是相对的，时间和空间是联系在一起的”这一“相对时空观”，是对牛顿“绝对时空观”的批判，这是相对论的精髓所在。

第二节　洛伦兹变换

第五章 第二节 微课

既然放弃了伽利略变换（因为伽利略变换不满足爱因斯坦相对性原理），就必须寻找一个新的时间空间坐标变换关系满足爱因斯坦相对性原理，也就是要给狭义相对论寻找一个数学表示。这一新的时间空间坐标变换关系应该满足“爱因斯坦相对性原理”和“光速不变原理”；同时，当物体机械运动速度远小于真空中的光速时，新的时间空间坐标变换关系应该能够使伽利略变换重新成立，因为伽利略变换毕竟是物体低速运动时的牛顿相对性原理的具体表示，而牛顿相对性原理又是物体低速运动时的物理实验事实。

实际上,在相对论以前,洛伦兹从存在绝对静止以太的观念出发,考虑物体运动发生收缩的物质过程得出了洛伦兹变换。但在洛伦兹理论中,变换所引入的量仅仅看作是数学上的辅助手段,并不包含相对论的时空观。

一、洛伦兹变换

爱因斯坦以观察到的物理实验事实为依据,立足于相对性原理和光速不变原理,着眼于修改运动、时间、空间等基本概念,重新导出洛伦兹变换,并赋予洛伦兹变换崭新的物理内容。在狭义相对论中,洛伦兹变换是最基本的关系式,狭义相对论的运动学结论和时空性质,如同时性的相对性、长度收缩、时间延缓、速度变换公式、相对论多普勒效应等都可以从洛伦兹变换中直接得出。

如图 5-2 所示,惯性参考系 K′:$O'x'y'z'$相对于惯性参考系 K:$Oxyz$ 沿 $x(x')$轴方向以速度 $\boldsymbol{u}=u\boldsymbol{i}$ 运动。$Oxyz$ 坐标系与$O'x'y'z'$坐标系的原点O 与O'在$t=t'=0$ 时重合。某一物理事件 P 的时空坐标(时刻和位置)在惯性参考系 K:$Oxyz$ 中表示为 P(x,y,z,t),在惯性参考系 K′:$O'x'y'z'$中表示为 P(x',y',z',t')。爱因斯坦根据“爱因斯坦相对性原理”和“光速不变原理”得到这两组坐标值的关系为

$$\begin{cases}x'=\gamma(x-ut)\\ y'=y,z'=z\\ t'=\gamma\left(t-\dfrac{u}{c^2}x\right)\end{cases}\qquad \begin{cases}x=\gamma(x'+ut')\\ y=y',z=z'\\ t=\gamma\left(t'+\dfrac{u}{c^2}x'\right)\end{cases} \tag{5-2-1}$$

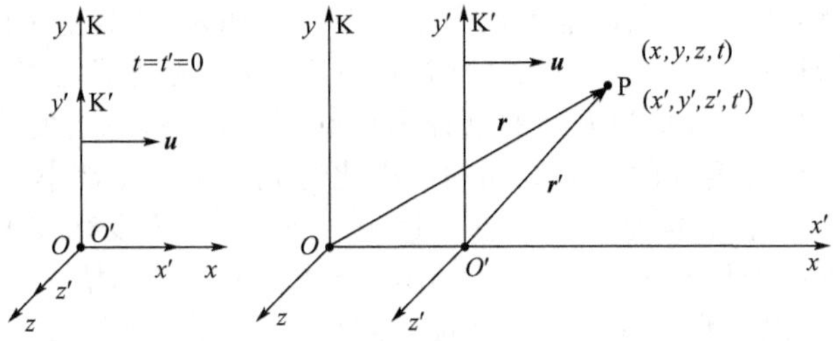

图 5-2 洛伦兹变换

其中,$\gamma=\dfrac{1}{\sqrt{1-\beta^2}}$,$\beta=\dfrac{u}{c}$,这组坐标值的关系称为洛伦兹变换(以及逆变换)。

洛伦兹变换实际上是爱因斯坦狭义相对论在具体坐标系中的数学表述。洛伦兹变换可以由爱因斯坦相对性原理和光速不变原理推导出来。同时,在洛伦兹变换下,可以导出“光速不变原理”以及“电磁规律在任何惯性系下形式不变”。因此,狭义相对论的两条基本假设与洛伦兹变换是等价的。要注意,洛伦兹变换归根结底也还是一条假设,它的合理性还是要靠由此得出的结论是否能够经受得住实践的检验。由于“电磁规律”自动满足洛伦兹变换,所以电磁规律(麦克斯韦方程组)本身就是相对论下的;这是因为电磁规律研究的是电磁场的问题,而电磁场的问题实质上是电磁波(光)的传播问题,是高速运动的问题,牛顿力学无法解决这样的问题,只有相对论才能彻底地解决电磁场问题。

应该注意到,在洛伦兹变换中,时间和空间坐标变换是线性变换关系。尽管时间坐标中含有空间坐标和时间坐标,但时间坐标与时间坐标和空间坐标是线性关系(不含有时间坐标和空间坐标的非线性项);尽管空间坐标中含有时间坐标和空间坐标,但空间坐标与空间坐标和时间坐标是线性关系(不含有空间坐标和时间坐标的非线性项)。

当 $u\ll c$ 时,$\beta\to 0$。这时,洛伦兹变换可以近似地由伽利略变换来代替,即在 $u\ll c$ 时,洛伦兹变换过渡到伽利略变换。我们日常生活中所见到的物体的运动速度都是远小于光速的,

不可能看出伽利略变换与实践的矛盾。而电磁现象是处理光速的问题的，当然表现出了伽利略变换与相对性原理的尖锐矛盾。因此，伽利略变换仅仅是洛伦兹变换在低速下的近似。

在洛伦兹变换中，时间坐标中包含有空间坐标；空间坐标中包含有时间坐标。这充分表现了时间与空间不再是绝对的、无关的，而是相互联系的。这就是四维时空的概念。在狭义相对论中，时间坐标的测量是相对的，不是绝对的，与测量的空间坐标有关；同时，空间坐标的测量与时间坐标的测量有关，也是相对的。爱因斯坦狭义相对论的表述很简单，但它所得出的结论是惊人的，将彻底改变人类的时空概念。

二、爱因斯坦速度相加定理

物体（质点）在相互做匀速直线运动的惯性参考系中速度是不同的。如图 5-3 所示，同一个质点在两个惯性参考系中的时空坐标分别为 $P(x,y,z,t)$ 和 $P(x',y',z',t')$，速度分别表示为 $\boldsymbol{v}(v_x,v_y,v_z)$ 和 $\boldsymbol{v}'(v'_x,v'_y,v'_z)$。按速度的定义

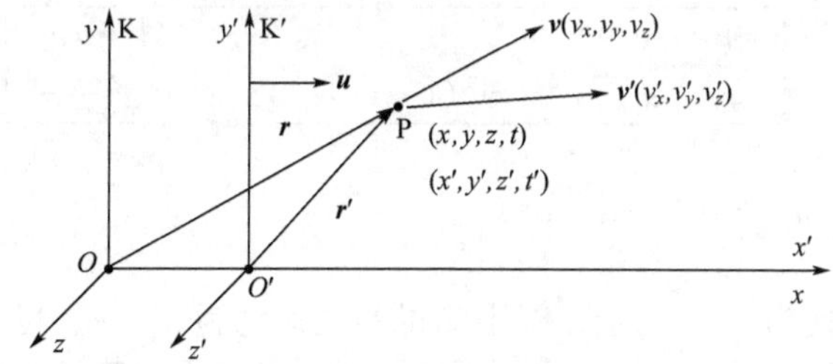

图 5-3　爱因斯坦速度叠加定理

$$v_x=\frac{\mathrm{d}x}{\mathrm{d}t},v_y=\frac{\mathrm{d}y}{\mathrm{d}t},v_z=\frac{\mathrm{d}z}{\mathrm{d}t};v'_x=\frac{\mathrm{d}x'}{\mathrm{d}t'},v'_y=\frac{\mathrm{d}y'}{\mathrm{d}t'},v'_z=\frac{\mathrm{d}z'}{\mathrm{d}t'}$$

再由洛伦兹变换，得到

$$v'_x=\frac{\mathrm{d}x'}{\mathrm{d}t'}=\frac{\mathrm{d}x'}{\mathrm{d}t}\bigg/\frac{\mathrm{d}t'}{\mathrm{d}t}=\frac{\frac{\mathrm{d}x}{\mathrm{d}t}-u}{1-\frac{u}{c^2}\frac{\mathrm{d}x}{\mathrm{d}t}}=\frac{v_x-u}{1-\frac{u}{c^2}v_x}$$

$$v'_y=\frac{\mathrm{d}y'}{\mathrm{d}t'}=\frac{\mathrm{d}y'}{\mathrm{d}t}\bigg/\frac{\mathrm{d}t'}{\mathrm{d}t}=\frac{\frac{\mathrm{d}y}{\mathrm{d}t}}{\gamma\left(1-\frac{u}{c^2}\frac{\mathrm{d}x}{\mathrm{d}t}\right)}=\frac{v_y}{1-\frac{u}{c^2}v_x}\sqrt{1-\frac{u^2}{c^2}}$$

$$v'_z=\frac{\mathrm{d}z'}{\mathrm{d}t'}=\frac{\mathrm{d}z'}{\mathrm{d}t}\bigg/\frac{\mathrm{d}t'}{\mathrm{d}t}=\frac{\frac{\mathrm{d}z}{\mathrm{d}t}}{\gamma\left(1-\frac{u}{c^2}\frac{\mathrm{d}x}{\mathrm{d}t}\right)}=\frac{v_z}{1-\frac{u}{c^2}v_x}\sqrt{1-\frac{u^2}{c^2}}$$

综合得到两个惯性参考系中，同一质点运动速度的关系

$$v'_x=\frac{v_x-u}{1-uv_x/c^2},v'_y=\frac{\sqrt{1-\beta^2}}{1-uv_x/c^2}v_y,v'_z=\frac{\sqrt{1-\beta^2}}{1-uv_x/c^2}v_z \tag{5-2-2}$$

这一关系称为爱因斯坦速度叠加定理或相对论速度变换。

同样，由洛伦兹变换的逆变换和速度的定义，得到

$$v_x=\frac{v'_x+u}{1+uv'_x/c^2},v_y=\frac{\sqrt{1-\beta^2}}{1+uv'_x/c^2}v'_y,v_z=\frac{\sqrt{1-\beta^2}}{1+uv'_x/c^2}v'_z \tag{5-2-3}$$

这称为相对论速度变换的逆变换。

爱因斯坦速度相加定理解释了斐索于 1851 年完成的流动水中的光速实验；1905 年之后

许多运动流体和运动固体中的光速实验也都在更高的精度上与爱因斯坦速度相加公式的预言相符。

当两个惯性参考系的相对运动速度远小于光速，$u\ll c$；同时物体的运动速度也远小于光速，$v_x\ll c$，由爱因斯坦速度叠加定理，得到

$$v'_x=v_x-u,v'_y=v_y,v'_z=v_z;v_x=v'_x+u,v_y=v'_y,v_z=v'_z$$

爱因斯坦速度叠加定理退化为伽利略速度叠加定理，相对论运动学退回牛顿运动学。可见，洛伦兹变换这一假设可能是合理的假设，它至少与低速运动的实验事实不抵触。

由相对论的速度叠加定理，可以得到两个惯性参考系中物体运动速率的关系

$$\begin{aligned}v'^2&=v'^2_x+v'^2_y+v'^2_z\\&=\left(\frac{v_x-u}{1-uv_x/c^2}\right)^2+\left(\frac{v_y}{1-uv_x/c^2}\sqrt{1-\frac{u^2}{c^2}}\right)^2+\left(\frac{v_z}{1-uv_x/c^2}\sqrt{1-\frac{u^2}{c^2}}\right)^2\\&=\frac{(v_x-u)^2+(v_y^2+v_z^2)(1-u^2/c^2)}{(1-uv_x/c^2)^2}=\frac{u^2v_x^2/c^2-2uv_x+u^2+v^2(1-u^2/c^2)}{(1-uv_x/c^2)^2}\\&=\frac{(1-uv_x/c^2)^2c^2+u^2-c^2+v^2(1-u^2/c^2)}{(1-uv_x/c^2)^2}=c^2+\frac{u^2-c^2+v^2(1-u^2/c^2)}{(1-uv_x/c^2)^2}\\&=\left[1-\frac{(1-u^2/c^2)(1-v^2/c^2)}{(1-uv_x/c^2)^2}\right]c^2\end{aligned}$$

如果在 K 中，测得的光速为 $v=c$，则在 K′中测得的光速也为 $v'=c$。可见，在任何惯性系中测量，光速都是一样的。而且 $v<c$ 时，$v'<c$，不可能通过参考系的变换实现超光速！但是，要注意：光速不变是指光传播的速率不变，并非光传播的方向不变！

第五章 第三节 微课

第三节 狭义相对论的时空观

爱因斯坦对物理规律和参考系进行考察时，不仅注意到了物理规律的具体形式，而且注意到了更根本更普遍的关于时间和长度的测量问题，由此而得出了全新的相对论时空观。

一、“同时性”的相对性

如图 5-4(a)所示，惯性参考系 K′相对于惯性参考系 K 沿 x 轴方向以速度$\boldsymbol{u}=u\boldsymbol{i}$ 运动。在 K′系中不同空间地点同时发生两个物理事件 $P_1(x'_1,t'_1=t')$ 和 $P_2(x'_2,t'_2=t')$，即$(x'_1\neq x'_2,t'_1=t'_2=t')$；那么，在 K 系中，这两事件是否还会同时发生？即 $t_1=t_2$？由洛伦兹变换，得到

$$t_1=\gamma\left(t'_1+\frac{u}{c^2}x'_1\right)=\gamma\left(t'+\frac{u}{c^2}x'_1\right),t_2=\gamma\left(t'_2+\frac{u}{c^2}x'_2\right)=\gamma\left(t'+\frac{u}{c^2}x'_2\right)\tag{5-3-1}$$

如果在 K′系中两个同时发生的物理事件空间地点无限近($\mathrm{d}t'=0,\mathrm{d}x'\neq0$)，则由洛伦兹变换(逆变换)对空间坐标 x'求微分得到

$$\mathrm{d}t=\gamma\left(\mathrm{d}t'+\frac{u}{c^2}\mathrm{d}x'\right)=\frac{\mathrm{d}t'+\frac{u}{c^2}\mathrm{d}x'}{\sqrt{1-u^2/c^2}}=\frac{\frac{u}{c^2}\mathrm{d}x'}{\sqrt{1-u^2/c^2}}\tag{5-3-2}$$

由于 $x'_1\neq x'_2(\mathrm{d}x'\neq0)$，所以，$t_1\neq t_2(\mathrm{d}t\neq0)$。在 K′系中不同空间地点同时发生两个物理事

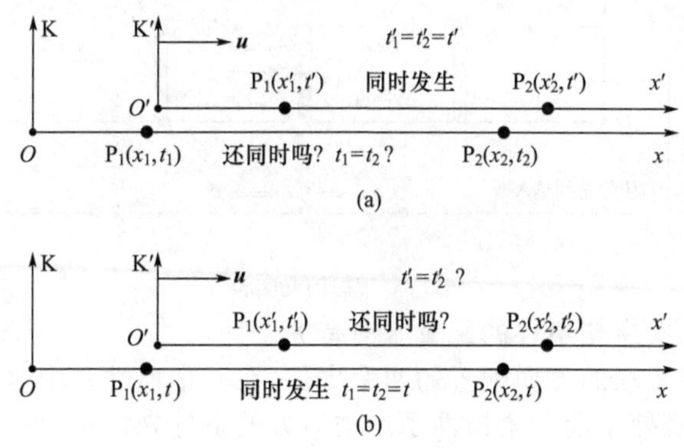

图 5-4 “同时性”的相对性

件，在 K 系中测量这两个物理事件就不是同时发生的。

同样，如图 5-4(b)所示，如果在 K 系中不同空间地点同时发生两个事件 $P_1(x_1,t_1=t)$和 $P_2(x_2,t_2=t)$，即$(x_1\neq x_2,t_1=t_2=t)$。那么，由洛伦兹变换，得到

$$t_1'=\gamma\left(t_1-\frac{u}{c^2}x_1\right)=\gamma\left(t-\frac{u}{c^2}x_1\right),t_2'=\gamma\left(t_2-\frac{u}{c^2}x_2\right)=\gamma\left(t-\frac{u}{c^2}x_2\right) \tag{5-3-3}$$

如果在 K 系中两个同时发生的物理事件空间地点无限近($\mathrm{d}t=0,\mathrm{d}x\neq 0$)，则由洛伦兹变换对空间坐标 x 求微分得到

$$\mathrm{d}t'=\gamma\left(\mathrm{d}t-\frac{u}{c^2}\mathrm{d}x\right)=\frac{\mathrm{d}t-\frac{u}{c^2}\mathrm{d}x}{\sqrt{1-u^2/c^2}}=-\frac{\frac{u}{c^2}\mathrm{d}x}{\sqrt{1-u^2/c^2}} \tag{5-3-4}$$

由于 $x_1\neq x_2(\mathrm{d}x\neq 0)$，所以，$t_1'\neq t_2'(\mathrm{d}t'\neq 0)$。在 K 系中不同空间地点同时发生两个物理事件，在 K′系中测量这两个物理事件就不是同时发生的。

在一个惯性系中同时发生的两个物理事件，在另一个与其相对运动的惯性系中，就不一定是同时发生的。由此可以得出结论：“同时性”是相对的。在狭义相对论中，同时性的概念已经不再有绝对意义，同时性与惯性系有关，只有相对意义。

1.“同时性”的相对性是相对论效应

如果两个惯性参考系的相对运动速度远小于光速，$u\ll c$，那么，在一个惯性系中不同地点同时发生的两个物理事件，在另一个惯性系中也是同时发生的。可见，“同时性”的相对性是相对论效应；在运动速度远小于光速的牛顿力学中是不可能观察到“同时性”的相对性效应的，在牛顿力学中“同时性”是绝对的。

2. 同时性的相对性是光速不变原理的必然结果

同时性的相对性是与光速不变紧密联系在一起的，是光速不变原理的必然结果。为此，我们来考察“理想闪光实验”

如图 5-5 所示的理想闪光实验，在 K′系中 x'轴上的 A、B 两点各放置一个接收器，每个接收器旁各有一个静止于 K′坐标系的时钟，在 AB 的中点 M 处有一个闪光光源。某一时刻由光源发出光信号，由于两个接收器和光源随 K′系一起运动，而且光源到两个接收器的距离相等，K′系中的观测者观测到光信号同时到达两个接收器；也就是说，光信号到达 A 和 B 这两个物理事件在 K′系中的观测者观测到是同时发生的。由于光速不变，在 K 系中的观测者观测的光速也是 c，闪光必定先到达 A，后到达 B；或者说，光到达 A 和到达 B 这两个物理事件，在 K 系中观测到不是同时发生的。这完全是光速不变的结果。

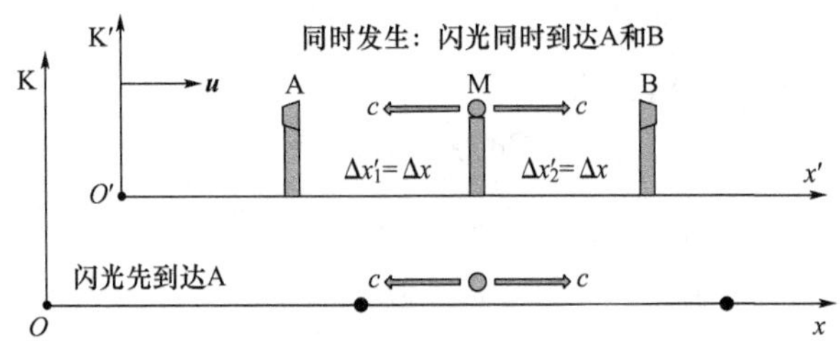

图 5-5　理想闪光实验

3. 物理事件发生的次序与事件的配置方向有关

沿两个惯性系相对运动的方向配置的两个事件，在一个惯性系中这两个事件同时发生，在另一惯性系中观测，总是处于前一个惯性系运动后方的事件先发生。

如图 5-6(a)所示，在 K′系中不同空间地点同时发生两个物理事件 $P_1(x_1', t_1'=t')$ 和 $P_2(x_2', t_2'=t')$，即$(x_2'>x_1', t_1'=t_2'=t')$，在 K 系中这两个物理事件不会同时发生。由洛伦兹变换逆变换，得到

$$t_2-t_1=\gamma\left(t'+\frac{u}{c^2}x_2'\right)-\gamma\left(t'+\frac{u}{c^2}x_1'\right)=\gamma\,\frac{u}{c^2}(x_2'-x_1')>0, t_2>t_1$$

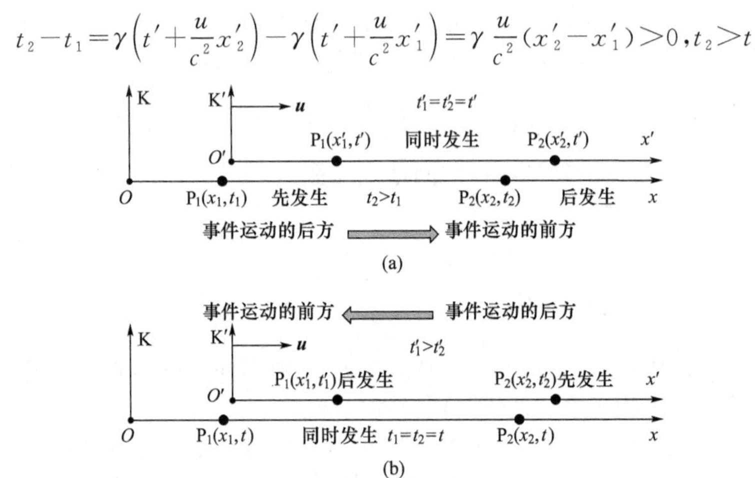

图 5-6　物理事件发生的次序

在 K 系中物理事件 $P_1(x_1, t_1)$先发生，物理事件 $P_2(x_2, t_2)$后发生；在 K 系看来，两个物理事件是运动的，由于物理事件 P_1 发生在运动方向的后方，所以发生在运动惯性参考系 K′系运动后方的物理事件先发生。

如图 5-6(b)所示，在 K 系中不同空间地点同时发生两个物理事件 $P_1(x_1, t_1=t)$ 和 $P_2(x_2, t_2=t)$，即$(x_2>x_1, t_1=t_2=t)$，在 K′系中这两个物理事件不会同时发生。由洛伦兹变换，得到

$$t_2'-t_1'=\gamma\left(t-\frac{u}{c^2}x_2\right)-\gamma\left(t-\frac{u}{c^2}x_1\right)=\gamma\,\frac{u}{c^2}(x_1-x_2)<0, t_2'<t_1'$$

在 K′系中物理事件 $P_2(x_2', t_2')$先发生，物理事件 $P_1(x_1', t_1')$后发生；在 K′系看来，两个物理事件是运动的，由于物理事件 P_2 发生在运动方向的后方，所以发生在运动惯性参考系 K 系运动后方的物理事件先发生。

4. 因果关系不可颠倒

尽管同时性只有相对的意义，但物理事件的因果顺序不会因参考系的不同而颠倒。

所谓的 $P_1(x_1, t_1)$，$P_2(x_2, t_2)$两个物理事件有因果关系，就是说物理事件$P_2(x_2, t_2)$是物理事件 $P_1(x_1, t_1)$引起的。一般地说，物理事件 $P_1(x_1, t_1)$引起物理事件 $P_2(x_2, t_2)$的发生，必然是从物理事件 $P_1(x_1, t_1)$向物理事件 $P_2(x_2, t_2)$传递了一种“作用”或“信号”，这种“信号”在

t_1 时刻到 t_2 时刻这段时间内，从地点 x_1 到达地点 x_2 处，因而传递的速度是

$$v_s = \frac{x_2 - x_1}{t_2 - t_1}$$

这个速度就称为“信号速度”。由于信号实际上是一些物体或光波等的机械运动，因此信号速度总是不能大于光速。

如图5-7所示，在K系中，两个有因果关系的物理事件$P_1(x_1, t_1)$和$P_2(x_2, t_2)$，物理事件$P_1(x_1, t_1)$是“因”，物理事件$P_2(x_2, t_2)$是“果”，即物理事件$P_1(x_1, t_1)$先发生，物理事件$P_2(x_2, t_2)$后发生，$t_2 > t_1$；在K′系中，两个有因果关系的物理事件为$P_1(x_1', t_1')$，$P_2(x_2', t_2')$，即，在t_1'时刻到t_2'时刻这段时间内，“信号”从x_1'到达x_2'处。由洛伦兹变换，得到

$$\begin{aligned} t_2' - t_1' &= \gamma\left(t_2 - \frac{u}{c^2}x_2\right) - \gamma\left(t_1 - \frac{u}{c^2}x_1\right) = \gamma(t_2 - t_1) - \gamma\frac{u}{c^2}(x_2 - x_1) \\ &= \gamma(t_2 - t_1)\left(1 - \frac{u}{c^2}\frac{x_2 - x_1}{t_2 - t_1}\right) = \gamma(t_2 - t_1)\left(1 - \frac{u}{c^2}v_s\right) \end{aligned}$$

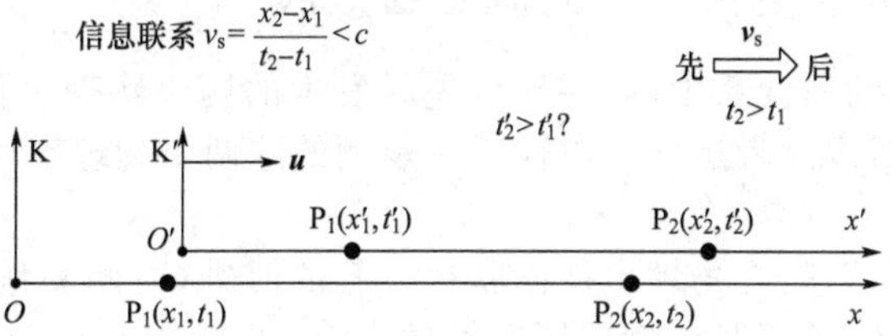

图5-7 有因果关系的两个物理事件

由于$u < c$，$v_s \leqslant c$，所以$(t_2' - t_1')$与$(t_2 - t_1)$同号。这就是说，在K系中观测，如果有因果关系的物理事件$P_1(x_1, t_1)$先于物理事件$P_2(x_2, t_2)$发生，$t_2 > t_1$，则必定有$t_2' > t_1'$，即在任何其他惯性参考系K′中观测，有因果关系的物理事件$P_1(x_1', t_1')$也总是先于物理事件$P_2(x_2', t_2')$发生，时间顺序不会颠倒，但时间间隔可能会变化。

当然，无因果关系（无信息联系，v_s 可取任意值）的两个物理事件，发生的先后次序在不同惯性系可能颠倒。可见，在相对论中，如果要求信号传递或物体运动速度小于光速，就不会出现因果颠倒的后果；反过来，为了满足因果律，在相对论中就要求信号传递或物体运动速度必须小于光速。

5. 同一空间点发生的物理事件，同时性是绝对的

在一个惯性系中的同一地点同时发生两事件，则在另一个惯性系中也将是同时发生的。

在K′系中同一空间地点同时发生两个事件$P_1(x_1' = x', t_1' = t')$和$P_2(x_2' = x', t_2' = t')$，即$(x_1' = x_2' = x', t_1' = t_2' = t')$。那么，由洛伦兹变换逆变换，得到

$$t_1 = \gamma\left(t_1' + \frac{u}{c^2}x_1'\right) = \gamma\left(t' + \frac{u}{c^2}x'\right), t_2 = \gamma\left(t_2' + \frac{u}{c^2}x_2'\right) = \gamma\left(t' + \frac{u}{c^2}x'\right)$$

可见，$t_1 = t_2$。即，在K系中测量，这两个物理事件也是同时发生的。

同样，如果在K系中同一空间地点同时发生两个事件$P_1(x_1 = x, t_1 = t)$和$P_2(x_2 = x, t_2 = t)$，即$(x_1 = x_2 = x, t_1 = t_2 = t)$。那么，由洛伦兹变换，得到

$$t_1' = \gamma\left(t_1 - \frac{u}{c^2}x_1\right) = \gamma\left(t - \frac{u}{c^2}x\right), t_2' = \gamma\left(t_2 - \frac{u}{c^2}x_2\right) = \gamma\left(t - \frac{u}{c^2}x\right), t_1' = t_2'$$

即，在K′系中，这两个物理事件也是同时发生的。

6. 沿垂直于相对运动方向上发生的事件的同时性是绝对的

在惯性参考系K′中沿垂直于参考系相互运动方向同时发生两个物理事件$P_1(x_1' = x', y_1' = y', t_1' = t')$和$P_2(x_2' = x', y_2' = -y', t_2' = t')$，由洛伦兹变换逆变换得到

$$t_1=\gamma\left(t_1'+\frac{u}{c^2}x_1'\right)=\gamma\left(t'+\frac{u}{c^2}x'\right),t_2=\gamma\left(t_2'+\frac{u}{c^2}x_2'\right)=\gamma\left(t'+\frac{u}{c^2}x'\right)$$

可见,$t_1=t_2$。在K系中测量,这两个事件也是同时发生的。

7. 时间的量度是相对的

在K′系中发生两个物理事件$P_1(x_1',t_1')$和$P_2(x_2',t_2')$;在K系中,这两个物理事件表示为$P_1(x_1,t_1)$和$P_2(x_2,t_2)$。由洛伦兹变换,得到

$$t_1'=\gamma(t_1-ux_1/c^2),t_2'=\gamma(t_2-ux_2/c^2)$$

两物理事件的时间间隔为

$$\Delta t'=t_1'-t_2'=\gamma\left(t_1-\frac{u}{c^2}x_1\right)-\gamma\left(t_2-\frac{u}{c^2}x_2\right)=\gamma\Delta t-\gamma\frac{u}{c^2}\Delta x,\Delta t'\neq\Delta t$$

可见,时间间隔的量度是相对的,不同的惯性系中测量同样的两个物理事件的时间间隔是不同的,时间间隔的测量依赖于惯性系。

二、"时间间隔"是相对的——时间延缓效应

在相对观测者静止的惯性系中,同一地点先后发生的两个物理事件的时间间隔称为固有时(原时);在另一个相对观测者运动的惯性系中观测的这两个物理事件的时间间隔,称为坐标时(测时)。

所谓"固有时(原时)",是与物理事件固联在一起的时钟(时间测量工具)记录的两个物理事件的时间间隔;此时,时钟相对于物理事件是静止的,或者说时钟与物理事件是一起运动的,或者说是物理事件本身携带的时钟;因此,固有时测量的是两个物理事件发生在同一地点的时间间隔。用与物理事件固联在一起的时钟测量两个物理事件的时间间隔是唯一能够反映两个物理事件时间间隔的方法,所以测得的两个物理事件的时间间隔称为固有时或原时。如图5-8所示,物理事件P_1和P_2发生在K′系中(物理事件的发生相对于K′系是静止的),时钟A也是与K′系一起运动的,也就是说时钟A是与物理事件固联在一起的,物理事件P_1和P_2发生在K′系中的同一个地点($x_2'=x_1'=x'$),因此时钟A测得的P_1和P_2两个物理事件的时间间隔$\Delta t'=t_2'-t_1'$就是固有时(原时)。

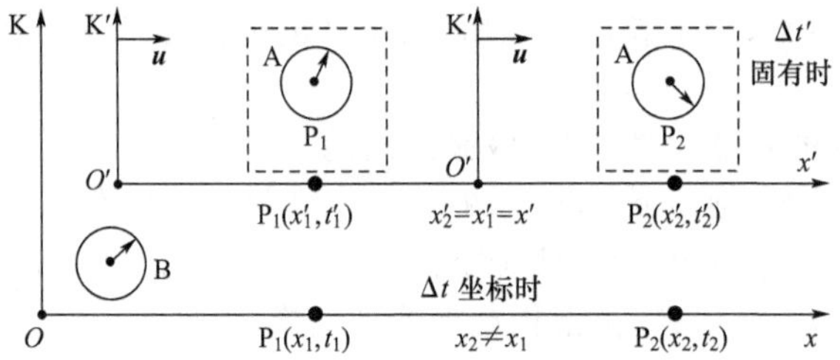

图5-8 固有时(原时)与坐标时(测时)

所谓坐标时(测时),是相对于物理事件运动的时钟测得的两个物理事件发生的时间间隔。如图5-8所示,物理事件P_1和P_2相对于K系是运动的(运动速度为$\boldsymbol{u}$),时钟B相对于K系是静止的;时钟B测量的是两个运动的物理事件P_1与P_2的时间间隔,反过来也可以认为时钟B相对于物理事件P_1和P_2是运动的,也就可以说时钟B测得的两个物理事件P_1和P_2的时间间隔是运动的时钟测得的时间间隔。相对于时钟B,两个物理事件P_1和P_2发生在不同地点,或者说两个物理事件P_1和P_2发生在K系的不同空间坐标处,$x_2\neq x_1$,因此,时钟B测得的两个物理事件P_1与P_2的时间间隔$\Delta t=t_2-t_1$称为坐标时(测时)。由于两个物理事件P_1和P_2相对于时钟B是运动的(也可以认为时钟B相对于两个物理事件P_1和P_2是运动的),而且相对于不同的惯性系,两个物理事件P_1和P_2的运动速度还有可能不同,我们无法保证时钟B测得的时间间隔能够真实地反映两个物理事件P_1与P_2的时间间隔。

如图 5-9(a)所示，设两个物理事件在 K′系中发生在同一空间地点($x'_1=x'_2=x'$)，$P_1(x',t'_1)$，$P_2(x',t'_2)$，在 K 系中，这两个物理事件发生在 $P_1(x_1,t_1)$，$P_2(x_2,t_2)$；也就是说，K′系跟随事件，或者说，事件的发生在 K′系中是静止的。那么，K′系测得的两个物理事件的时间间隔 $\Delta t'=t'_2-t'_1$ 为原时；K 系测得的两个物理事件的时间间隔 $\Delta t=t_2-t_1$ 为测时。由洛伦兹变换逆变换，得到

$$\Delta t=t_2-t_1=\gamma(t'_2+ux'/c^2)-\gamma(t'_1+ux'/c^2)=\gamma(t'_2-t'_1)=\gamma\Delta t'$$

$$\Delta t=\gamma\Delta t'=\frac{1}{\sqrt{1-u^2/c^2}}\Delta t'>\Delta t' \tag{5-3-5}$$

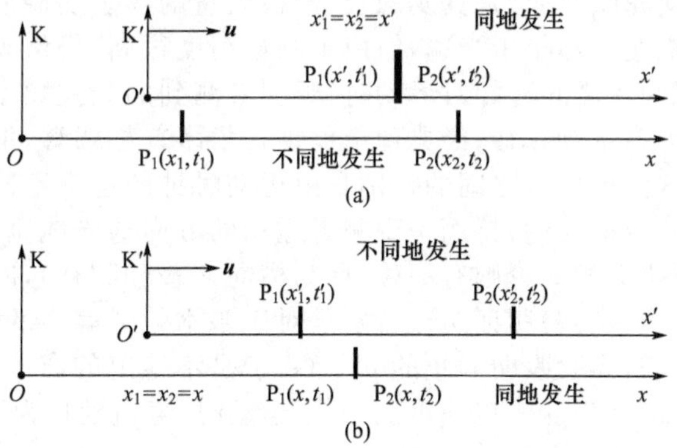

(a)

(b)

图 5-9 时间延缓效应(时间膨胀效应)

如果两个物理事件 P_1 和 P_2 的时间间隔为无限小，则由洛伦兹变换逆变换以及 $\mathrm{d}x'=0$，得到

$$\mathrm{d}t=\gamma\mathrm{d}t'=\frac{1}{\sqrt{1-u^2/c^2}}\mathrm{d}t'>\mathrm{d}t' \tag{5-3-6}$$

可见，在相对于事件发生的惯性系(K′)运动的惯性系(K)来说，观测到的两个物理事件的时间间隔(Δt)要比与事件发生一起运动的惯性系(K′)中观测到的同样两个物理事件的时间间隔($\Delta t'$)要长一些。这样，K 系的观测者认为：K′系的时钟变慢了。由于 K 系的观测者认为 K′系的时钟相对于 K 系是运动的，所以运动的时钟变慢。

如图 5-9(b)所示，如果设两个物理事件在 K 系中发生在同一空间地点($x_1=x_2=x$)，$P_1(x,t_1)$，$P_2(x,t_2)$，在 K′系中，这两个事件发生在 $P_1(x'_1,t'_1)$，$P_2(x'_2,t'_2)$；也就是说，K 系跟随事件，或者说，事件的发生在 K 系是静止的。那么，K 系测得的两个物理事件的时间间隔为原时 $\Delta t=t_2-t_1$；K′系测得的两个物理事件的时间间隔 $\Delta t'=t'_2-t'_1$ 为测时。由洛伦兹变换，得到

$$\Delta t'=t'_2-t'_1=\gamma\left(t_2-\frac{u}{c^2}x\right)-\gamma\left(t_1-\frac{u}{c^2}x\right)=\gamma(t_2-t_1)=\gamma\Delta t=\frac{\Delta t}{\sqrt{1-u^2/c^2}}$$

$$\Delta t'=\gamma\Delta t=\frac{\Delta t}{\sqrt{1-u^2/c^2}}>\Delta t \tag{5-3-7}$$

如果两个物理事件 P_1 和 P_2 的时间间隔为无限小，则由洛伦兹变换，可以得到

$$\mathrm{d}t'=\gamma\mathrm{d}t=\frac{1}{\sqrt{1-u^2/c^2}}\mathrm{d}t>\mathrm{d}t \tag{5-3-8}$$

可见，在相对于事件发生的惯性系(K)运动的惯性系(K′)来说，观测到的两个物理事件的时间间隔($\Delta t'$)要比与事件发生一起运动的惯性系(K)中观测到的同样两个物理事件的时间间隔(Δt)要长一些。这样，K′系的观测者认为：K 系的时钟变慢了。由于 K′系的观测者也认为 K 系的时钟相对于 K′系是运动的，所以运动的时钟变慢。

考虑到 K′系的观测者认为 K 系也是做匀速直线运动的，则可以得出如下结论：在一个惯

性系中观测,另一个做匀速直线运动的惯性系中同地发生的两个事件的时间间隔变大,这称为时间延缓效应,或时间膨胀效应。在不同的惯性系中测量两个物理事件发生的时间间隔是不同的,时间的测量依赖于惯性系,时间的测量是相对的。

因为任何过程都是由一系列相继发生的事件构成的,所以时间延缓效应表明:在一个惯性系中观测,运动惯性系中的任何过程(包括物理、化学和生命过程)的节奏变慢。

在对称情况下,时间延缓(时间膨胀)是相对的。K 系的观测者认为 K′系的时钟(包括物理、化学、生物过程)节奏变慢。同时,K′系的观测者认为 K 系的时钟(包括物理、化学、生物过程)节奏变慢。

时间延缓效应(时间膨胀效应)是真实的,已经被大量的物理实验所证实。在原子钟环球航行的实验中,虽然飞机速度远小于光速,但由于测量精度很高,仍然观测到了时间膨胀的相对论效应。当光源与观测者之间有相对运动时,观测者测到的光波频率将与光源静止时的光频有差别,这种差别称为多普勒频移;经典理论也预言了多普勒频移,但狭义相对论的预言与经典理论的预言不同;这两种预言之间的差别是由运动时钟的速率不同于静止时钟的速率造成的,也就是时钟变慢效应造成的;特例是观测者运动的方向与光线垂直的横向情况,按照经典理论,没有频移,而按狭义相对论则有频移(称为横向多普勒频移),时钟变慢直接导致相对论性的多普勒频移已为许多实验所证实。特别是对于基本粒子寿命的测量,精确地证明了相对论时间膨胀效应。例如,实验表明静止的 μ 子(μ 子是不稳定的介子,会衰变为电子和中微子)的平均寿命为 2.2 μs,但当 μ 子以速度 $0.995c$ 运动时,寿命延长为 22 μs,这与相对论预言的时间延缓效应精确地一致。

当然,如果物体的运动速度远小于光速,$u \ll c$,$\sqrt{1-u^2/c^2} \approx 1$,则

$$\Delta t' = \Delta t, \mathrm{d}t' = \mathrm{d}t$$

这表明,在低速运动的情况下,两个物理事件之间的时间间隔在各个参考系中测得的结果都是一样的,即时间的测量与参考系无关,在任何惯性系中测量两个物理事件的时间间隔是相同的,不存在时间延缓效应(时间膨胀效应),这就是牛顿的绝对时间概念。时间延缓效应(时间膨胀效应)是相对论效应,在低速运动的牛顿力学中运动物体不可能表现出时间延缓效应(时间膨胀效应)。可见,牛顿的绝对时间概念是爱因斯坦的相对时间概念在参考系(物体)的相对运动速度很低时的近似。

三、“长度”是相对的——长度收缩效应

长度的测量是在坐标系中测量物体两端的空间坐标值,空间坐标值之差定义为物体的长度。长度的测量是与同时性概念密切相关的,把测量物体两端的空间坐标值定义为两个物理事件 P_1 和 P_2。如图 5-10 所示,物体在 K′系中静止(物体与 K′系一起运动),测量物体两端空间坐标值的物理事件为 $P_1(x_1', t_1')$ 和 $P_2(x_2', t_2')$,物体的长度定义为 $l=\Delta x'=x_2'-x_1'$;由于物体静止于 K′系,在 K′系中坐标值 x_2' 和 x_1' 是不随时间变化的,我们可以在不同时刻分别测量坐标值 x_2' 和 x_1',也就是没有必要要求 P_1 和 P_2 两个物理事件是同时发生的。但是,如果在 K 系(K′系相对于 K 系的运动速度为 $\boldsymbol{u}$)中测量物体的长度,就必须同时测量物体两端的空间坐标值,也就是要求测量物体两端的空间坐标值这两个物理事件 P_1 和 P_2 必须同时发生,$t_2=t_1$;只有这样,$\Delta x=x_2-x_1$ 才能代表在 K 系中测量物体的长度。可见,长度的测量是与同时性概念密切相关的,测量物体的长度时必须“同时”测量物体两端的空间坐标值(当然,唯一的特例是在物体静止的参考系中测量物体的长度,可以不必同时测量物体两端的空间坐标值)。由于“同时性”是相对的,在一个惯性系中认为是同时发生的两个物理事件在另一个与之相对运动的惯性系中认为不是同时发生的;而长度的测量又要求必须同时测量物体两端的空间坐标值,因此,在不同的惯性系中测量同一个物体的长度有可能得到不同的结果;但唯一能够代表物体长度的测量值是在与物体一起运动的惯性系中的测量值。为此,我们把测量物体

的长度区分为原长(固有长度)和测长。原长(固有长度):在物体静止的坐标系中测得的物体两端点的位置坐标之差。测长:在某一坐标系中同时测量物体两端点的位置坐标之差。如图5-10中,$\Delta x'=x'_2-x'_1$ 为原长,$\Delta x=x_2-x_1$ 为测长。

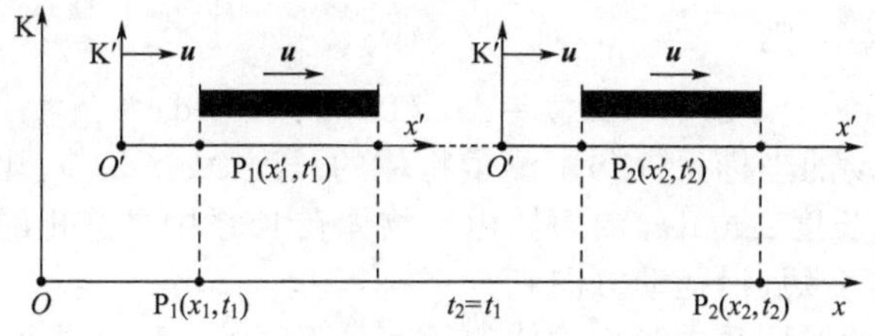

图 5-10　长度的测量

由于同时性是相对的,长度的测量也必定是相对的,即在不同的参考系中,测量同一物体的长度的数值可能是不一样的,长度的测量可能依赖于惯性参考系。

如图5-11(a)所示,物体静止于K′系中,在K′系中测量物体的两个端点坐标的两个物理事件:$P_1(x'_1, t'_1)$,$P_2(x'_2, t'_2)$,则在K′系中测量物体的长度(原长)为

$$\Delta x'=x'_2-x'_1$$

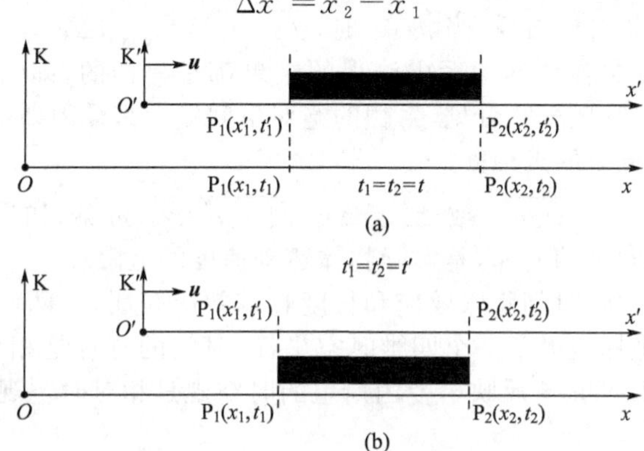

图 5-11　长度收缩效应

在K系中测量物体的两个端点坐标的两个物理事件:$P_1(x_1, t_1=t)$,$P_2(x_2, t_2=t)$,则由洛伦兹变换,

$$\begin{aligned}\Delta x'&=x'_2-x'_1=\gamma(x_2-ut_2)-\gamma(x_1-ut_1)=\gamma(x_2-x_1)-\gamma u(t_2-t_1)\\&=\gamma(x_2-x_1)-\gamma u(t-t)=\gamma(x_2-x_1)=\gamma\Delta x\end{aligned}$$

得到在K系中测量物体的长度(测长)为

$$\Delta x=\Delta x'/\gamma=\Delta x'\sqrt{1-u^2/c^2}<\Delta x' \tag{5-3-9}$$

如果物体的长度为无限小,则由洛伦兹变换,得到

$$\mathrm{d}x=\mathrm{d}x'/\gamma=\mathrm{d}x'\sqrt{1-u^2/c^2}<\mathrm{d}x' \tag{5-3-10}$$

可见,在相对于物体运动的坐标系(K)中测量物体的长度 $\Delta x(\mathrm{d}x)$,比相对于物体静止的坐标系(K′)中测量物体的长度 $\Delta x'(\mathrm{d}x')$ 要短。由于物体在K′系中是静止的,在K系中是运动的,因此运动的物体的长度变短(沿运动方向)。

如图5-11(b)所示,如果物体静止于K系中,在K系中测量物体的两个端点坐标的两个物理事件:$P_1(x_1, t_1)$,$P_2(x_2, t_2)$,则在K系中测量物体的长度(原长)为

$$\Delta x=x_2-x_1$$

在K′系中测量物体的两个端点坐标的两个物理事件:$P_1(x'_1, t'_1=t')$,$P_2(x'_2, t'_2=t')$,则由洛伦兹变换逆变换,

$$\Delta x=x_2-x_1=\gamma(x'_2+ut'_2)-\gamma(x'_1+ut'_1)=\gamma(x'_2-x'_1)+\gamma u(t'_2-t'_1)$$

$$=\gamma(x_2'-x_1')+\gamma u(t'-t')=\gamma(x_2'-x_1')=\gamma\Delta x'$$

得到在K′系中测量物体的长度(测长)为

$$\Delta x'=\Delta x/\gamma=\Delta x\sqrt{1-u^2/c^2}<\Delta x \tag{5-3-11}$$

如果物体的长度为无限小,则

$$\mathrm{d}x'=\mathrm{d}x/\gamma=\mathrm{d}x\sqrt{1-u^2/c^2}<\mathrm{d}x \tag{5-3-12}$$

可见,在相对于物体运动的坐标系(K′)中测量物体的长度$\Delta x'(\mathrm{d}x')$,比相对于物体静止的坐标系(K)中测量物体的长度$\Delta x(\mathrm{d}x)$要短。由于物体在K系中是静止的,在K′系中是运动的,因此运动的物体的长度变短(沿运动方向)。

综上所述,在不同的惯性系中测量物体的长度是不同的。K′系中测量静止于K系的物体的长度要短于K系中测量的该物体的长度;同样,K系中测量静止于K′系的物体的长度要短于K′系中测量的该物体的长度。在物体静止的惯性系中测量物体的长度(原长)最长;在与物体有相对运动的惯性系中测量物体的长度(测长)总要比原长短一些。这种效应称为长度收缩效应。在不同的惯性系中测量同一物体的长度是不同的,长度的测量依赖于惯性系,长度的测量是相对的。长度收缩效应反映了空间的相对性。

长度收缩也是一种相对论效应,当$u\ll c$时,$\sqrt{1-u^2/c^2}\approx 1$,$\Delta x'\approx\Delta x$。这表明,在低速运动的情况下,物体的长度在各个参考系中测得的结果都是一样的,即空间的测量与参考系无关,这就是牛顿的绝对空间概念。可见,牛顿的绝对空间概念是爱因斯坦的相对空间概念在参考系的相对运动速度很低时的近似。

另外,从$\Delta x'=\Delta x\sqrt{1-u^2/c^2}$(或$\Delta x=\Delta x'\sqrt{1-u^2/c^2}$)可见,如果$u\geqslant c$,则测长为零或虚数,不合理。因此,真空中的光速,是实际物体运动速度的上限。

总之,同时性的相对性、时间膨胀效应和长度收缩效应表明,空间与时间是紧密联系在一起的,空间坐标和时间坐标组成了一个四维时空坐标;时间的测量是相对的,空间(长度)的测量是相对的,这反映了爱因斯坦的时空观是相对时空观。

第五章 第四节 微课

第四节　相对论力学

狭义相对论对空间和时间的概念进行了革命性的变革,并且否定了以太的概念,肯定了电磁场是一种独立的、物质存在的特殊形式。由于空间和时间是物质存在的普遍形式,因此狭义相对论对物理学产生了广泛而又深远的影响。在狭义相对论中,空间和时间是彼此密切联系的统一体,空间距离是相对的,时间间隔是相对的。因此尺的长短、时间的长短都是相对的。

狭义相对论是建立在电磁场理论基础之上的,它与电磁场理论完全兼容。而经典力学(牛顿力学)是建立在低速运动之上的,在高速运动的情况下,就要对牛顿力学的基本概念进行革命性的变革。修改力学要遵守的原则是,在坚持"相对性原理"的前提下,也即坚持动量守恒(定理)、能量守恒(定理)在任何惯性参考系中都成立的理念,对牛顿力学的基本概念进行修改使之适合相对论,使动力学方程满足洛伦兹变换下的不变性。但要注意,牛顿力学毕竟是实验规律的总结,只是在相对论看来牛顿力学是物体低速运动的理论。因此,修改后的力学概念必须在物体运动速度远小于光速时趋近于牛顿力学概念。相对论力学不是为了推翻牛顿力学,而是牛顿力学理论的提高,使力学概念和规律也能适合物体高速运动的情况。因此,尽管有了相对论力学,在低速运动时,经典力学定律仍然是很好的相对真理,对于解决工程技术中的力学问题,牛顿力学还是非常实用的。

相对论的相对时空观揭示出,时间和空间与物质密不可分,时间与空间是联系在一起的,没有物质也就谈不上时间和空间。时间和空间是运动着的物质的存在形式或固有属性,物质运动离不开时间和空间，离开时间和空间的物质运动是根本不存在的；空间和时间也离不开物质运动，离开物质运动的空间和时间也是根本不存在的。在相对论力学中，质量和能量是可以相互转化的。如果认为质量是物质的量的一种度量，能量是运动的量的一种度量，则可以得出物质与运动之间存在着不可分割的联系。不存在没有运动的物质，也不存在没有物质的运动，物质与运动可以相互转化。这一规律已在核能的研究和实践中得到了证实。

一、相对论质量

力学中的三个基本量是时间、长度、质量。时间和长度是与惯性系有关的相对量，因此，我们有理由认为，质量也是一个相对量。再来看一下以实验为基础的牛顿第二定律，$\boldsymbol{F}=m\boldsymbol{a}$。如果对物体的"惯性质量为常量"这一概念不加以修改，在力的持续作用（保持加速度）下，物体运动速度将会持续增加，最终导致超光速甚至运动速度无限大这样违反物理学实验和物理学思想的结果。为使动量守恒定律（动量定理）在相对论中仍然成立，也就是说在洛伦兹变换下形式保持不变，必须放弃质量与速度无关的概念。

为了更好地理解相对论质量的概念，我们来考察一个理想实验。如图 5-12 所示，一均质球形粒子（可看作质点），原来静止于 K′系的原点 O'。在某一时刻此粒子分裂为完全相同的两个半球 A 和 B，分别沿 x'轴的正向和反向运动。根据动量守恒定律（在 K′系中），这两个半球的速率（相对于 K′系）应该相等，以 u 表示两个半球 A 和 B 相对于 K′系的速率，则在 K′系中的速度表示为

$$\boldsymbol{v}'_{\mathrm{A}}=-u\boldsymbol{i}',\boldsymbol{v}'_{\mathrm{B}}=u\boldsymbol{i}'$$

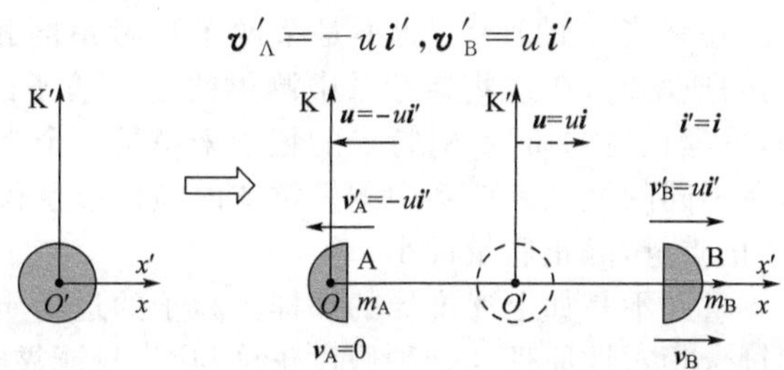

图 5-12　理想运动粒子分裂实验

再建立一个与半球 A 固联的参考系 K，则 K 系相对于 K′系以速率 u 沿$-\boldsymbol{i}'$方向运动，K′系相对于 K 系以速率 u 沿$\boldsymbol{i}$ 方向运动（$\boldsymbol{i}'=\boldsymbol{i}$）。相对于 K 参考系，A 是静止的，B 是运动的。由相对论速度变换公式（爱因斯坦速度相加定理），得到 A 和 B 在 K 参考系中的速度为

$$\boldsymbol{v}_{\mathrm{A}}=0,\boldsymbol{v}_{\mathrm{B}}=\frac{\boldsymbol{v}'_{\mathrm{B}}+u}{1+uv'_{\mathrm{B}}/c^2}\boldsymbol{i}=\frac{2u}{1+u^2/c^2}\boldsymbol{i}$$

在 K 参考系看来，粒子在分裂前的速度为$\boldsymbol{v}=u\boldsymbol{i}$；设在 K 系中粒子分裂前的质量为 M，则在 K 参考系看来，粒子在分裂前的动量为 $M\boldsymbol{v}=Mu\boldsymbol{i}$；在 K 参考系看来，粒子在分裂后，尽管分裂的两个新粒子 A 和 B 完全一样，但它们的运动速度不同，因而 A 和 B 的质量有可能不同，以 m_{A} 和 m_{B} 分别表示 A 和 B 在 K 参考系中的质量，则在 K 参考系中，粒子在分裂后的总动量为 $m_{\mathrm{A}}\boldsymbol{v}_{\mathrm{A}}+m_{\mathrm{B}}\boldsymbol{v}_{\mathrm{B}}=m_{\mathrm{B}}\boldsymbol{v}_{\mathrm{B}}$。根据动量守恒（在 K 系中），应有

$$Mu\boldsymbol{i}=m_{\mathrm{B}}v_{\mathrm{B}}\boldsymbol{i}$$

假定在 K 参考系中粒子分裂前后质量也是守恒的，即 $M=m_{\mathrm{A}}+m_{\mathrm{B}}$，则有

$$(m_{\mathrm{A}}+m_{\mathrm{B}})u=m_{\mathrm{B}}\frac{2u}{1+u^2/c^2},m_{\mathrm{B}}=m_{\mathrm{A}}\frac{1+u^2/c^2}{1-u^2/c^2}$$

另外，解速度变换式中有关 u 的一元二次方程，得到 $u=\dfrac{c^2}{v_{\mathrm{B}}}\left(1-\sqrt{1-v_{\mathrm{B}}^2/c^2}\right)$，由此得到

$$m_B = m_A \frac{1+\left(\frac{c^2}{v_B}(1-\sqrt{1-v_B^2/c^2})\right)^2\Big/c^2}{1-\left(\frac{c^2}{v_B}(1-\sqrt{1-v_B^2/c^2})\right)^2\Big/c^2} = m_A \frac{2\frac{c^2}{v_B^2}(1-\sqrt{1-v_B^2/c^2})}{2\frac{c^2}{v_B^2}\left(-1+\sqrt{1-v_B^2/c^2}+\frac{v_B^2}{c^2}\right)}$$

$$= m_A \frac{(1-\sqrt{1-v_B^2/c^2})}{(-1+\sqrt{1-v_B^2/c^2}+v_B^2/c^2)} = m_A \frac{(1-\sqrt{1-v_B^2/c^2})}{(1-\sqrt{1-v_B^2/c^2})\sqrt{1-v_B^2/c^2}}$$

$$m_B = \frac{m_A}{\sqrt{1-v_B^2/c^2}}$$

这说明,在K系中测量,m_A 和 m_B 有了差别。由于在K系中,A是静止的,它的质量称为静质量,以 m_0 表示。粒子B如果静止,质量也是 m_0,因为这两个粒子是完全相同的。在K系中,B以速率 v_B 运动,它的质量不等于 m_0,以 v 代替 v_B,以 m 代替 m_B,表示粒子以速率 v 运动时的质量,由此得到在相对论中物体质量的表达式。

在狭义相对论中,以速率 v 运动的物体的质量为

$$m = \frac{m_0}{\sqrt{1-v^2/c^2}} \tag{5-4-1}$$

这一质量可称为相对论质量,是物体以速率 v 运动时的质量;m_0 称为物体的静止质量。该式给出一个物体的相对论质量与它的速率的关系,称为相对论质量—速度公式(质速关系)。注意,速率 v 是粒子相对于某一参考系的速率,而不是某两个参考系的相对速率。同一粒子相对于不同的参考系有不同的速率时,在这些参考系中测得的这一粒子的质量也是不同的。静止质量是粒子相对于参考系静止时的质量,对特定的粒子来说是一个常量。在相对论中,物体的惯性质量具有相对性,在不同的惯性参考系中测量物体的惯性质量得到的结果是不同的;唯一可以确定的是物体的静止质量,静止质量最小。

实际上,粒子的运动质量并不是如上述推导的那样。粒子的运动质量是爱因斯坦假设,只有这样假设,力学规律才符合相对性原理。这种假设正确与否,只能靠实践检验。

在宏观物体所能达到的速度范围内,质量随速率的变化非常小,因而可以忽略不计。在微观粒子的实验中,粒子的速率会达到接近光速的程度,质量随速率的变化就不能忽略。

当 $v \ll c$ 时,$m \approx m_0$,可以认为物体的质量与速率无关,等于静止质量。这就是牛顿力学的情况,也就是说牛顿力学的结论是相对论力学在速度非常小时的近似。

当 $v > c$ 时,m 将成为虚数而无实际意义。这也就是说,在真空中,光速是一切物体运动速度的极限。有一种粒子,例如光子,具有质量,但总是以 c 运动;在 m 有限的情况下,只可能是 $m_0 = 0$;这也就是说,以光速运动的粒子的静止质量为零。

质量—速度公式(质速关系)已经得到实验的验证。在爱因斯坦狭义相对论创立前的1901年,考夫曼在研究β射线(电子束)的荷质比(e/m)的实验中发现电子的荷质比与电子的速率有关,布塞勒在狭义相对论创立后的1909年以很高的精度重新做了电子荷质比实验。如果认为电子的电荷量 e 是不随电子运动速度变化的常量,则电子的质量就是随电子运动速度变化而变化的。如图5-13所示,给出了电子质量随运动速度变化的实验结果和狭义相对论给出的物体质速关系理论曲线。可见,随着电子运动速度的增加,电子的质量也增加,而且实验值与狭义相对论的理论值符合得非常好。这个实验可以看作狭义相对论质速关系的强有力的实验验证和实验基础。

如果我们承认相对论,考夫曼和布塞勒的实验结果也可以看作是电荷量不随电荷运动速度变化而变化的实验基础,也就是电荷量是相对论不变量。后来的其他实验也表明,电荷量确实与运动速度无关。当然,对于考夫曼和布塞勒的实验结果(电子荷质比随电子速度增加而减小),也可以认为电子的质量不变、电荷量随速度的增大而减小,或者电子的质量随运动速度的

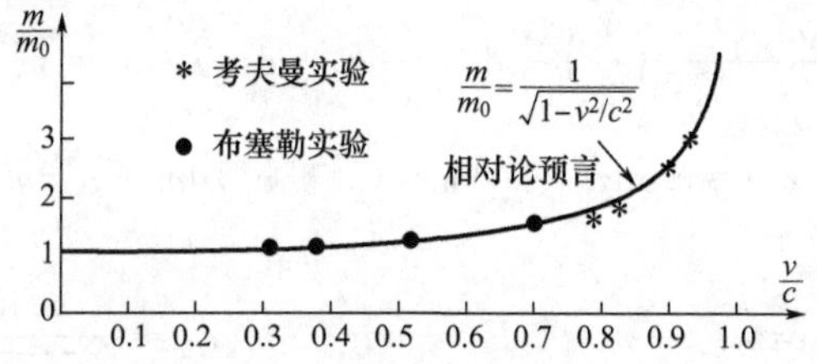

图 5-13 质速关系实验与相对论理论比较

增大而增大、电荷量随速度的增大而减小，或者电子的质量随运动速度的增大而增大、电荷量随速度的增大而增大，但电荷量的增大比质量的增大慢，等等。不过，由于电磁规律(麦克斯韦方程组)满足洛伦兹变换，那里要求电荷量是一个相对论不变量；而且到目前为止也没有实验证据证明电荷量随运动速度变化而变化。因此，电荷量是相对论不变量。

二、相对论动量

经典的动量守恒定律在伽利略变换下形式不变，即在一切惯性系中具有相同的形式。在相对论中，我们仍可将动量定义为质量与速度的乘积，但此时速度不服从伽利略变换而服从洛伦兹变换，如果质量仍像经典力学中那样与速度无关，在洛伦兹变换下，动量守恒就不可能在一切惯性系中成立。在狭义相对论中动量定义为

$$\boldsymbol{p}=m\boldsymbol{v}=\frac{m_0\boldsymbol{v}}{\sqrt{1-v^2/c^2}} \tag{5-4-2}$$

相对论动量也是一个相对量。可以证明，如此定义的动量，可以使动量守恒定律在洛伦兹变换下保持不变，也就是说，动量守恒定律满足爱因斯坦相对性原理。

相对论动量不再像牛顿力学中那样与速度成正比关系。在普遍情况下，动量的数值大于 m_0v，只有当物体的速度 $v\ll c$ 时，相对论动量表示式才退化为牛顿力学中动量的定义式。

三、相对论动力学基本方程

因为质量随着速度的增加而增大，在狭义相对论中，牛顿第二定律不能再取 $\boldsymbol{F}=m\boldsymbol{a}$ 的形式，而必须按动量的定义，把牛顿第二定律写成下列形式：

$$\boldsymbol{F}=\frac{\mathrm{d}\boldsymbol{p}}{\mathrm{d}t}=\frac{\mathrm{d}}{\mathrm{d}t}(m\boldsymbol{v})=\frac{\mathrm{d}}{\mathrm{d}t}\left(\frac{m_0\boldsymbol{v}}{\sqrt{1-v^2/c^2}}\right) \tag{5-4-3}$$

式中，$\boldsymbol{F}$，$\boldsymbol{p}$，t 都是在同一惯性系中的观测值。这表明，物体所受的合外力等于物体动量对时间的变化率。这就是相对论动力学的基本方程；当 $v\ll c$ 时，就是牛顿第二定律。

在牛顿力学中，质量是恒量，一个物体在恒力作用下，加速度是恒量，只要力作用时间足够长，物体速度可以无限地增大。而在相对论中，物体在恒力的作用下，不会有恒定的加速度，随着速度的增加，物体的加速度不断地减小。无论用多大的力，力的作用时间多么长，都不可能把一个物体从静止加速到等于或大于光速。相对论力学与牛顿力学的本质差异，就在于相对论力学具有普遍意义，而牛顿力学只不过是相对论力学在低速下的近似而已。

四、相对论动能

在相对论中，仍然定义粒子的动能为：力 $\boldsymbol{F}$ 使粒子的速度由 0 增加到 v 的过程中，力 $\boldsymbol{F}$ 对粒子所做的功

$$E_\mathrm{k}=\int_{(v=0)}^{v}\boldsymbol{F}\cdot\mathrm{d}\boldsymbol{l}=\int_{(v=0)}^{v}\frac{\mathrm{d}(m\boldsymbol{v})}{\mathrm{d}t}\cdot\mathrm{d}\boldsymbol{l}=\int_{(v=0)}^{v}\boldsymbol{v}\cdot\mathrm{d}(m\boldsymbol{v})$$

由于 $\boldsymbol{v}\cdot\mathrm{d}(m\boldsymbol{v})=m\boldsymbol{v}\cdot\mathrm{d}\boldsymbol{v}+\boldsymbol{v}\cdot\boldsymbol{v}\mathrm{d}m=mv\mathrm{d}v+v^2\mathrm{d}m$，而

$$\mathrm{d}m=\frac{m_0}{(1-v^2/c^2)^{\frac{3}{2}}}\left(\frac{1}{2}\right)\frac{2v}{c^2}\mathrm{d}v=\frac{mv}{c^2-v^2}\mathrm{d}v, mv\mathrm{d}v=(c^2-v^2)\mathrm{d}m$$

$$\boldsymbol{v}\cdot\mathrm{d}(m\boldsymbol{v})=mv\mathrm{d}v+v^2\mathrm{d}m=(c^2-v^2)\mathrm{d}m+v^2\mathrm{d}m=c^2\mathrm{d}m$$

因此,得到动能表达式

$$E_\mathrm{k}=\int_{m_0}^{m}c^2\mathrm{d}m=mc^2-m_0c^2, E_\mathrm{k}=mc^2-m_0c^2=\frac{m_0c^2}{\sqrt{1-v^2/c^2}}-m_0c^2$$

这就是相对论动能公式,其中 m 为相对论质量。

由于

$$\frac{1}{\sqrt{1-v^2/c^2}}=1+\frac{1}{2}\frac{v^2}{c^2}+\frac{3}{8}\frac{v^4}{c^4}+\cdots$$

则动能公式化为

$$E_\mathrm{k}=\frac{m_0c^2}{\sqrt{1-v^2/c^2}}-m_0c^2=\frac{1}{2}m_0v^2+\frac{3}{8}m_0\frac{v^4}{c^2}+\cdots \tag{5-4-4}$$

当 $v\ll c$ 时,

$$E_\mathrm{k}=\frac{m_0c^2}{\sqrt{1-v^2/c^2}}-m_0c^2\approx\frac{1}{2}m_0v^2$$

这又回到了牛顿力学的动能公式。

在不同的惯性系中,物体的动能是不同的,动能是相对量。将动能公式变化为

$$v^2=c^2\left[1-\left(1+\frac{E_\mathrm{k}}{m_0c^2}\right)^{-2}\right] \tag{5-4-5}$$

此式表明,当粒子的动能 E_k 由于力对它做的功增多而增大时,它的速率也逐渐增大。但无论 E_k 增到多大,速率 v 都不能无限增大,而有一极限值 c。我们又一次看到,对粒子来说,存在着一个极限速率,它就是光在真空中的速率。

1962 年,贝托齐利用直线加速器加速电子轰击铝靶,证实了粒子速率有一极限这一结论。如图 5-14 所示,贝托齐的实验结果明确地显示出电子动能增大时,速率趋近于极限速率 c,而且与相对论给出的理论曲线非常一致,而按牛顿公式电子速率是会很快地无限地增大的。

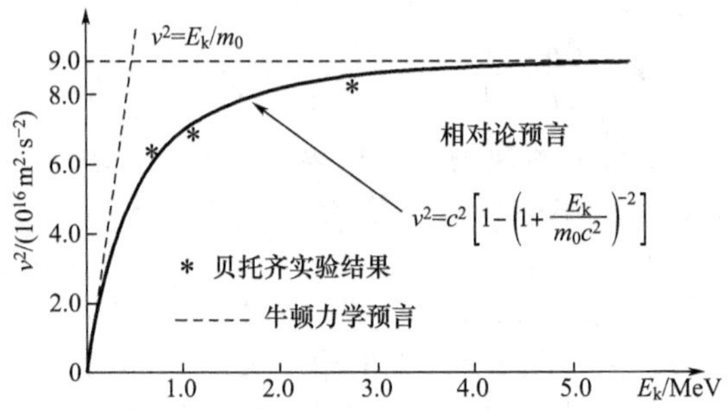

图 5-14 电子极限速度实验与相对论理论比较

五、相对论能量

在相对论动能公式 $E_\mathrm{k}=mc^2-m_0c^2$ 中,等号右端两项都具有能量的量纲,因此 mc^2 和 m_0c^2 也应该是某种“能量”;再来考察质量,m_0 为物体的静止质量,m 为物体以速率 v 运动时的质量;由此可以认为 m_0c^2 表示物体静止时具有的能量,称为静能,而 mc^2 表示物体以速率 v 运动时所具有的能量;两者的差值正好就是物体的动能。

在相对论中,定义物体(粒子)的总能量为

$$E=mc^2, E=\frac{m_0c^2}{\sqrt{1-v^2/c^2}} \tag{5-4-6}$$

这就是著名的质能关系。在不同的惯性系中，物体(粒子)的能量是不同的，能量是相对量。在物体(粒子)速率等于零时，总能量就是静能

$$E_0=m_0c^2 \tag{5-4-7}$$

这样，物体(粒子)的动能也可以写成

$$E_k=E-E_0=E-m_0c^2 \tag{5-4-8}$$

即粒子的动能等于物体(粒子)该时刻的总能量与静能之差。

把粒子的能量 E 与它的质量 m（甚至是静质量 m_0）直接联系起来的结论是相对论最有意义的结论之一。一定的质量对应于一定的能量，二者的数值只相差一个恒定的因子。

在相对论中，物体(粒子)的能量是一个相对量；在不同的惯性参考系中，物体(粒子)的能量是不同的。静能是物体(粒子)的最小能量，对于一定的物体(粒子)，静能是常量。

如果在一个物理过程(如核反应)中，粒子系统的总静止质量有损失，就意味着粒子系统的静能有损失，就意味着该物理过程释放了一定的能量。以 $\Delta m_0=m_{02}-m_{01}$ 表示物理过程中粒子系统的静止质量损失，称为质量亏损；以 ΔE 表示物理过程释放的能量，则

$$\Delta E=\Delta m_0c^2 \tag{5-4-9}$$

这是质能关系的又一种表述方式，物理过程中释放一定的能量对应于一定的质量亏损。这是关于原子能的一个基本公式。1 g 物质如果全部湮灭(消失)，将释放 9×10^{13} J 的能量；而 1 kg 的 TNT 炸药所释放的解离化学键的能量约为 4.54×10^6 J；1 g 物质蕴藏着相当于 2 万吨 TNT 炸药完全爆炸所释放的能量！

原子弹和氢弹技术以及核动力等就是狭义相对论质能关系的具体应用，这些成功的应用也成为狭义相对论的实验验证。1932 年考夫罗夫特和瓦尔顿利用加速器加速质子，并用高速运动的质子轰击锂(Li)靶，以及 1939 年史密斯所做的更精密实验，直接证实了相对论质能关系。

六、相对论能量守恒

按相对论的概念，几个粒子在相互作用(如碰撞)过程中，最一般的能量守恒应表示为

$$\sum_i E_i=\sum_i(m_ic^2)=\text{常量} \tag{5-4-10}$$

由此公式立即可以得出，在相互作用过程中

$$\sum_i m_i=\text{常量} \tag{5-4-11}$$

这表示质量守恒。

在历史上，能量守恒和质量守恒是分别发现的两条相互独立的自然规律。在相对论中二者完全统一起来了。应该指出，在科学史上，质量守恒只涉及粒子的静质量，它只是相对论质量守恒在粒子能量变化很小时的近似。一般情况下，当涉及的能量变化比较大时，以上守恒给出的粒子的静质量也是可以改变的。爱因斯坦在 1905 年首先指出："就一个粒子来说，如果由于自身内部的过程使它的能量减小了，它的静质量也将相应地减小。"他又接着指出："用那些所含能量是高度可变的物体(比如用镭盐)来验证这个理论，不是不可能成功的。"后来的事实正如他预料的那样，在放射性蜕变、原子核反应以及高能粒子实验中，无数事实都证明了质能关系式所表示的质量能量关系的正确性。原子能时代可以说是随同这一关系的发现而到来的。

七、相对论动量能量关系

将相对论能量公式 $E=mc^2$ 与动量公式 $\boldsymbol{p}=m\boldsymbol{v}$ 相比较，得到

$$\boldsymbol{v}=\frac{c^2}{E}\boldsymbol{p}$$

将此 v 值代入能量公式 $E=mc^2=\dfrac{m_0c^2}{\sqrt{1-v^2/c^2}}$，整理后，得到

$$E^2=p^2c^2+m_0^2c^4 \tag{5-4-12}$$

这就是相对论动量－能量关系式。

由于 $E_k=E-E_0=E-m_0c^2$，$E^2=p^2c^2+m_0^2c^4$，所以

$$p^2c^2=E^2-m_0^2c^4=(E-m_0c^2)(E+m_0c^2)=E_k(E+m_0c^2)$$

$$E_k=\frac{p^2c^2}{E+m_0c^2}=\frac{p^2c^2}{mc^2+m_0c^2}=\frac{p^2}{m+m_0}$$

当 $v\ll c$ 时，$m=m_0$，得到

$$E_k=\frac{p^2}{m+m_0}\approx\frac{p^2}{m_0+m_0}=\frac{p^2}{2m_0}$$

这就是经典牛顿力学的动量－能量关系式。

解题指导>>>

本章主要研究高速运动(速度可以与真空中的光速比拟)的物体(可以视为质点)的运动特性，包括运动学和动力学特性。由于物体运动速度很高，经典牛顿力学理论已经无法描述这种物体(粒子)的运动特性，只能采用爱因斯坦相对论来描述这种物体的运动。由此需要放弃经典牛顿力学的伽利略变换，而采用洛伦兹变换来描述物理量在不同惯性参考系之间的变换关系。由此而带来了全新的时空观，通过由洛伦兹变换得出的“同时性的相对性”“时间膨胀效应”“长度收缩效应”等相对论效应得出相对论时空观。时间和空间联系在一起，组成四维时空，用四维时空坐标值表示物理事件发生的时间和地点；时间的测量是相对的，空间的测量是相对的，时间和空间都与物质的运动有关。

在相对论的一系列结论中，同时性的相对性是一个关键性的相对论效应，相对论中一系列时空特征都与这一基本原理有关。对于运动的物体，只有“同时”测量物体两端的空间坐标值才能正确地得到物体的长度；对于静止的物体，则无须“同时”测量物体两端的空间坐标值。由于“同时”是相对的，由洛伦兹变换得出在不同惯性系中均为运动物体在沿运动方向“长度缩短”，这是“同时”的相对性带来的物质的空间属性。对于“动钟变慢”效应，由洛伦兹变换得出在不同惯性系中均为“运动时钟变慢”，这是“同时”的相对性带来的物质的时间属性。至于质量与速度的关系，表明物体的惯性质量与物体的运动速度有关，在不同的惯性参考系中，物体的惯性质量是不同的；但应注意质量并非物质本身，它是物体惯性的量度，这种量度与惯性系的选择有关，惯性质量变化了，并非物质本身的量发生变化。物体运动的动量、能量、动能等都是相对的，都与惯性系的选择有关。相对论力学最重要的原理是质能关系，一定的质量对应一定的能量；物体即使不运动也拥有能量(而且是很大的能量)，这就是静能。在一个物理过程中，一定的质量亏损(总静止质量的减少)意味着该物理过程释放一定的能量。当然，在低速的情况下，相对论力学趋同于牛顿力学，牛顿力学仍然是人们处理低速情况下物理问题的基础。

要求：理解狭义相对论的基本原理，爱因斯坦相对性原理和光速不变原理；确实掌握洛伦兹变换，掌握把一个物理事件的时空坐标从一个惯性系变换到另一个惯性系；理解狭义相对论的时空观，理解同时性的相对性原理，了解“时间膨胀效应”和“长度收缩效应”，了解四维时空概念，了解“时间是相对的、空间是相对的、空间和时间是联系在一起的，是物质运动的具体表现”；了解爱因斯坦速度相加定理，会将物体运动速度从一个惯性系变换到另一个惯性系；理解

相对论质量、惯性质量的相对性；理解相对论力学中动量的定义，了解动量的相对性；深刻掌握质能关系，掌握质量亏损对应一定的能量释放；理解相对论动能公式。了解在低速运动($v\ll c$)的情况下，狭义相对论的相对时空观退化为经典牛顿力学的绝对时空观；了解在低速运动($v\ll c$)的情况下，相对论力学退化为经典牛顿力学。

1. 相对论时空观

相对论时空观由“同时性的相对性”“时间膨胀效应”“长度收缩效应”等相对论效应组成。相对论时空观是以洛伦兹变换为基础的，洛伦兹变换是狭义相对论最根本的原理。原则上来说狭义相对论能够解决的问题，都可以用洛伦兹变换来解决。特别是，有些问题“同时性的相对性”“时间膨胀效应”“长度收缩效应”等无法解决，但仍然可以使用洛伦兹变换加以解决；有些问题很难找到“原时”“测时”“原长”“测长”，甚至根本找不到。如两个物理事件发生在“同一地点”，可能就无法找到“原长”(或“测长”)，而两个物理事件同时发生，可能就找不到“原时”(或“测时”)等。在这类问题中，就只能使用洛伦兹变换。可以说，洛伦兹变换在解决相对论时空观的问题上是万能的。

洛伦兹变换(逆变换)的具体形式为

$$x'=\frac{x-ut}{\sqrt{1-u^2/c^2}},y'=y,z'=z,t'=\frac{t-ux/c^2}{\sqrt{1-u^2/c^2}};$$

$$x=\frac{x'+ut'}{\sqrt{1-u^2/c^2}},y=y',z=z',t=\frac{t'+ux'/c^2}{\sqrt{1-u^2/c^2}}$$

要特别提示，这是“同一个”物理事件在“不同”的惯性系中的时空坐标值之间的关系；不是“两个”物理事件在“同一”惯性系中的时空坐标值之间的关系；更不是“两个”物理事件在“不同”的惯性系中的时空坐标值之间的关系。一般为了清楚，用“上角标带撇”和“上角标不带撇”表示“两个不同”的惯性系，如K′系和K系；用“下角标(一般用1,2等)”区分“不同”的物理事件，如t'_1,t'_2,t_1,t_2和x'_1,x'_2,x_1,x_2。还要注意，这一组洛伦兹变换，要求K′系沿着$x(x')$轴“正”方向以速度$\boldsymbol{u}=u\boldsymbol{i}$相对于K系匀速直线运动，不包括K′系绕K系转动，也不是K′系沿着$x(x')$轴“负”方向以速度$\boldsymbol{u}=u\boldsymbol{i}$相对于K系匀速直线运动(“负”方向运动，洛伦兹变换，逆变换中的“加号”要变为“减号”)；还要求两个坐标系原点重合时计时开始。

在使用洛伦兹变换前，必须根据实际问题选择好各个相关的物理事件，再根据问题的特点和物理事件的特点建立好两个惯性系(包括坐标系)甚至若干个惯性系；至于哪个惯性系是K系、哪个惯性系是K′系，可以根据问题的特点和个人的习惯任意选择，影响数学表达结果，但不影响物理结果。然后，将各个物理事件在不同的惯性系中表示出来：

$$P_1(x_1,t_1),P_2(x_2,t_2),\cdots;P_1(x'_1,t'_1),P_2(x'_2,t'_2),\cdots$$

由洛伦兹变换(逆变换)列出同一物理事件在两个惯性系中时空坐标值之间的关系：

$$(x_1,t_1)\sim(x'_1,t'_1);(x_2,t_2)\sim(x'_2,t'_2);\cdots$$

$$t'_1=\frac{t_1-ux_1/c^2}{\sqrt{1-u^2/c^2}},x'_1=\frac{x_1-ut_1}{\sqrt{1-u^2/c^2}};t'_2=\frac{t_2-ux_2/c^2}{\sqrt{1-u^2/c^2}},x'_2=\frac{x_2-ut_2}{\sqrt{1-u^2/c^2}}$$

最后，不同物理事件的时(空)坐标变换之差，得到两个相关物理事件的时间间隔(空间间隔)在两个不同惯性系中的关系

$$x_2-x_1\sim x'_2-x'_1,t'_2-t'_1;t_2-t_1\sim t'_2-t'_1,x'_2-x'_1$$

从而，将两个相关的物理事件的时间间隔(空间间隔)从一个惯性系变换到另一个惯性系。

2. 爱因斯坦速度相加定理

爱因斯坦速度相加定理也称为相对论速度变换(洛伦兹速度变换)，是同一物体的运动速度在两个惯性系中的表示之间的关系。由这一组关系，可以将一个物体的运动速度从一个惯性系的表示转换到另一个惯性系的表示。要特别提请注意的是，这里指的是“同一个物体”的

运动“速度”而不是“速率”,是“速度在坐标系中的分量”的变换关系;至于“速率”,要根据“速度分量”变换的结果由速率的定义来确定。还要注意,这里的“物体运动速度”不是惯性系之间的相对运动速度 $\boldsymbol{u}$;在我们的洛伦兹变换中,$\boldsymbol{u}$ 只能是沿 $x(x')$ 轴方向的,而 $\boldsymbol{v}$ (或 $\boldsymbol{v}'$)是可以沿任意方向的,甚至可以是变化的。$\boldsymbol{v}=\boldsymbol{v}_x+\boldsymbol{v}_y+\boldsymbol{v}_z$ 是物体相对于 K 系的速度,$\boldsymbol{v}'=\boldsymbol{v}'_x+\boldsymbol{v}'_y+\boldsymbol{v}'_z$ 是物体相对于 K' 系的速度。

3. 相对论力学

在相对论力学中,重要的是:质量(质速关系)、动量、动能、静能、能量(质能关系)、质量亏损、动量守恒、能量守恒等概念和原理,特别是“质速关系”、“质能关系”、“静能公式”和“动能公式”是相对论最为精彩的结论。

在狭义相对论中,定义物体的惯性质量为

$$m=\frac{m_0}{\sqrt{1-v^2/c^2}}$$

其中,m_0 为物体的静止质量;对于特定的物体,m_0 是一个常量,不随物体的运动速度变化。m 是物体以速率 v 运动时的质量,称为运动质量;m 是一个相对量,物体运动速率不同,运动质量不同。要特别提请注意的是,这里的 v 是物体相对于某一惯性系的运动速率,而不是惯性系之间的相对运动速率;在不同的惯性系中,物体的运动速率 v 是不同的,所以不同惯性系中测得的物体的惯性质量是不同的,这就是物体的质量是相对量的含义。

在狭义相对论中,将物体的能量定义为动能与静能之和

$$E=E_k+E_0=mc^2=\frac{m_0c^2}{\sqrt{1-v^2/c^2}}$$

在不同的惯性系中,物体的运动速率可能不同,因此物体的能量是相对量,物体能量的大小依赖于惯性系的选择。

狭义相对论给出了物体动能的新的计算公式

$$E_k=E-E_0=E-m_0c^2=\frac{m_0c^2}{\sqrt{1-v^2/c^2}}-m_0c^2$$

毫无疑问,物体的动能也是相对量,物体动能的大小依赖于惯性系的选择。

相对论力学最精彩之处是发现静能和质能关系

$$E_0=m_0c^2,E=mc^2,\Delta E=\Delta m_0c^2$$

一定的质量对应一定的能量;特别是静能的发现,物体不运动也拥有能量而且是很大的能量,一定的静止质量的损失(质量亏损),一定伴随着一定的能量释放。

在狭义相对论中,物体的动量定义为

$$\boldsymbol{p}=m\boldsymbol{v}=\frac{m_0\boldsymbol{v}}{\sqrt{1-v^2/c^2}}$$

动量也是相对量。由此,可以得到相对论下的动量能量关系式

$$E^2=p^2c^2+m_0{}^2c^4$$

要特别提示的是,在狭义相对论中,光速和电荷量是相对论不变量,即在不同的惯性系中光速和电荷量式相同的。在狭义相对论中,最基本的假设是洛伦兹变换(给出了时间和空间的相对性)和质速关系(给出了惯性质量的相对性)。在这些基本假设下,力学中的基本物理量都要进行相应的修正,力学的基本规律在不同惯性系中都是一样的。当然,电磁学(包括光学)的基本规律自动满足相对论的要求。

【例 5-1】 惯性系 K′相对 K 系沿 x 轴方向运动,当两坐标原点 O,O' 重合时开始计时。如果在 K 系中测得某两个物理事件的时空坐标分别为 $x_1=6\times10^4$ m,$t_1=1\times10^{-4}$ s;$x_2=12\times10^4$ m,$t_2=2\times10^{-4}$ s,而在 K′系中测得这两个物理事件同时发生,试问:

(1)K′系相对K系的速度如何?

(2)K′系中测得这两个物理事件的空间间隔是多少?

分析 如图5-15所示,由于两个惯性系是相对运动的,在两个坐标系中测得的同一事件的时空坐标不同,两个物理事件 P_1 和 P_2 的时空坐标值由洛伦兹变换联系在一起。

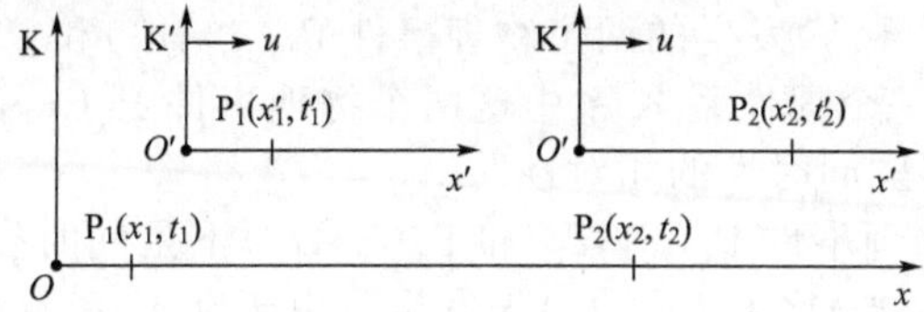

图5-15 例5-1解析

题目中"在K系中测得某两个物理事件的时空坐标",暗示着"两个物理事件 P_1 和 P_2 在K系中是静止的",那么"两个物理事件 P_1 和 P_2 在K′系中是运动的"。

由于两个物理事件 P_1 和 P_2 在K′系中是同时发生的,$t'_2=t'_1$,而在K系中两个物理事件 P_1 和 P_2 的时空坐标值已知,由洛伦兹变换可以给出用 $P_1(x_1,t_1)$ 和 $P_2(x_2,t_2)$ 表示的 t'_1 和 t'_2,由此可以解得两个惯性系K′系和K系的相对运动速度 u。

两个物理事件在某坐标系中的时间间隔,就是这两个物理事件在该坐标系中的时间坐标之差;两个物理事件在某坐标系中的空间间隔,就是这两个物理事件在该坐标系中的空间坐标之差。由洛伦兹变换可以给出用 $P_1(x_1,t_1)$ 和 $P_2(x_2,t_2)$ 表示的 x'_1 和 x'_2,由此可以解得两个物理事件在K′系中的空间间隔,$\Delta x'=x'_2-x'_1$。

解 (1)设K′系相对K系的速度为 u,由洛伦兹变换,在K′系中测得这两个物理事件的时间坐标分别表示为

$$t'_1=\gamma\left(t_1-\frac{u}{c^2}x_1\right)=\frac{t_1-ux_1/c^2}{\sqrt{1-u^2/c^2}},t'_2=\gamma\left(t_2-\frac{u}{c^2}x_2\right)=\frac{t_2-ux_2/c^2}{\sqrt{1-u^2/c^2}}$$

由题意 $t'_2=t'_1$,得到

$$t_2-\frac{u}{c^2}x_2=t_1-\frac{u}{c^2}x_1,u=\frac{c^2(t_2-t_1)}{x_2-x_1}=\frac{(3\times10^8)^2(2-1)\times10^{-4}}{(12-6)\times10^4}=1.5\times10^8\ \text{m}\cdot\text{s}^{-1}$$

$u>0$,说明K′系沿K系 x 轴正方向运动。

(2)设K′系中测得这两个事件的空间坐标分别为 x'_1,x'_2,由洛伦兹变换得到

$$x_1=\gamma(x'_1+ut'_1)=\frac{x'_1+ut'_1}{\sqrt{1-u^2/c^2}},x_2=\gamma(x'_2+ut'_2)=\frac{x'_2+ut'_2}{\sqrt{1-u^2/c^2}}$$

由于 $t'_2=t'_1$,得到K′系中测得这两个事件的空间间隔

$$x'_2-x'_1=\frac{x_2-x_1}{\gamma}=(x_2-x_1)\sqrt{1-\beta^2}=(x_2-x_1)\sqrt{1-\left(\frac{u}{c}\right)^2}=5.2\times10^4\ \text{m}$$

点评 (1)这两个事件在K系和K′系中都不是发生在同一地点,因此两个事件在K系和K′系中的时间坐标之差都不是原时(固有时间)。无法应用时间膨胀的概念。

(2)从计算结果来看,$\Delta x'=x'_2-x'_1=5.2\times10^4$ m,$\Delta x=x_2-x_1=6\times10^4$ m,$\Delta x'\neq\Delta x$,这说明在不同的惯性系中测量两个物理事件的空间间隔是不同的,空间间隔的测量依赖于惯性系,空间间隔的测量是相对的。

(3)由于"两个物理事件 P_1 和 P_2 在K系中是静止的",$\Delta x=x_2-x_1=6\times10^4$ m 为"原长";"两个物理事件 P_1 和 P_2 在K′系中是运动的",而且在K′系中两个物理事件 P_1 和 P_2 是同时发生的,$\Delta x'=x'_2-x'_1=5.2\times10^4$ m 为"测长"。$\Delta x'<\Delta x$,说明"测长"小于"原长",这就是"长度收缩效应"。

(4)这两个事件在K系中的发生是静止的,所以这两个事件的空间坐标之差 $\Delta x=x_2-x_1$

可以看作"原长";这两个事件在 K′系中虽然是运动的,但在 K′系中这两个事件是同时发生的,因此在 K′系中这两个事件的空间坐标之差 $\Delta x'=x'_2-x'_1$ 可以看作"测长"。可以应用长度收缩的概念

$$\Delta x'=\Delta x\sqrt{1-\beta^2},x'_2-x'_1=(x_2-x_1)\sqrt{1-u^2/c^2}$$

(5)在 K′系中同时($t'_1=t'_2$)发生的两个物理事件 $P_1(x'_1,t'_1)$ 和 $P_2(x'_2,t'_2)$,由于发生的地点不同($x'_1\neq x'_2$),则在另一个惯性系 K 系中这两个物理事件 $P_1(x_1,t_1)$ 和 $P_2(x_2,t_2)$ 不是同时发生的($t_1\neq t_2$)。这就是"同时性的相对性"。

(6)在 K 系中,两个物理事件 $P_1(x_1,t_1)$ 和 $P_2(x_2,t_2)$ 不是同时发生的,而且 $t_1<t_2$,说明在 K 系中物理事件 $P_1(x_1,t_1)$ 比 $P_2(x_2,t_2)$ 先发生。由于在 K 系看来,两个物理事件同时发生的惯性系(K′系)是运动的而且沿 x 轴正方向;在 K 系看来,物理事件 $P_1(x_1,t_1)$ 位于 K′系运动的后方,物理事件 $P_2(x_2,t_2)$ 位于 K′系运动的前方;因此,在 K 系中,物理事件 $P_1(x_1,t_1)$ 先发生,物理事件 $P_2(x_2,t_2)$ 后发生。

(7)在 K′系中同时发生的这两个物理事件的时间坐标和空间坐标。

$$t'_1=\frac{t_1-\frac{u}{c^2}x_1}{\sqrt{1-u^2/c^2}}=\frac{1\times10^{-4}-\frac{1.5\times10^8}{(3\times10^8)^2}\times6\times10^4}{\sqrt{1-(1.5\times10^8)^2/(3\times10^8)^2}}=0$$

$$t'_2=\frac{t_2-\frac{u}{c^2}x_2}{\sqrt{1-u^2/c^2}}=\frac{2\times10^{-4}-\frac{1.5\times10^8}{(3\times10^8)^2}\times12\times10^4}{\sqrt{1-(1.5\times10^8)^2/(3\times10^8)^2}}=0$$

$$x'_1=\frac{x_1-ut_1}{\sqrt{1-u^2/c^2}}=\frac{6\times10^4-1.5\times10^8\times1\times10^{-4}}{\sqrt{1-(1.5\times10^8)^2/(3\times10^8)^2}}=5.2\times10^{-4}\ \text{m}$$

$$x'_2=\frac{x_2-ut_2}{\sqrt{1-u^2/c^2}}=\frac{12\times10^4-1.5\times10^8\times2\times10^{-4}}{\sqrt{1-(1.5\times10^8)^2/(3\times10^8)^2}}=10.4\times10^{-4}\ \text{m}$$

【例 5-2】 在惯性系 K 系中,测得某两个物理事件发生在同一地点,时间间隔为 4 s;在另一个惯性系 K′系中,测得这两个物理事件发生的时间间隔为 6 s。求在 K′系中,这两个物理事件的空间间隔。

分析 在同一地点先后发生的两个物理事件的时间间隔为固有时间(原时),所以在 K 系中测得的 $\Delta t=4$ s 是固有时间。在另一个惯性系 K′系中,这两个物理事件不可能发生在同一地点,测得这两个物理事件发生的时间间隔(测时)为 $\Delta t'=6$ s,这是时间膨胀效应的结果。

由相对论的时间膨胀效应以及两个物理事件 P_1 和 P_2 在不同惯性系中测得的时间间隔(原时和测时),可以求得两个惯性系的相对运动速度 u。由洛伦兹变换,可以列出在 K′系中两个物理事件的空间坐标 x'_1 和 x'_2 与两个物理事件在 K 系中的时空坐标 (x_1,t_1) 和 (x_2,t_2) 之间的关系(比例系数相等的线性关系);由于两个物理事件在 K 系中发生在同一地点($x_2=x_1$)而且时间间隔(固有时)$\Delta t=t_2-t_1$ 已知,由此可以求得两个物理事件在 K′系中的空间间隔,$\Delta x'=x'_2-x'_1$。

解 如图 5-16 所示,假设惯性系 K′相对 K 系沿 x 轴正方向运动的速度为 u,在 K 系中同一地点发生的两个物理事件为 $P_1(x_1,t_1)$ 和 $P_2(x_2,t_2)$,在 K′系中这两个物理事件表示为 $P_1(x'_1,t'_1)$ 和 $P_2(x'_2,t'_2)$。由相对论时间膨胀效应(或洛伦兹变换)得到($x_1=x_2$)

$$\Delta t'=t'_2-t'_1=\frac{t_2-t_1}{\sqrt{1-u^2/c^2}}=\frac{\Delta t}{\sqrt{1-u^2/c^2}},6=\frac{4}{\sqrt{1-u^2/c^2}},u=\frac{\sqrt{5}}{3}c=0.745c$$

根据洛伦兹变换,在 K′系中,测得这两个物理事件的空间坐标为

$$x'_1=\gamma(x_1-ut_1)=\frac{x_1-ut_1}{\sqrt{1-u^2/c^2}},x'_2=\gamma(x_2-ut_2)=\frac{x_2-ut_2}{\sqrt{1-u^2/c^2}}$$

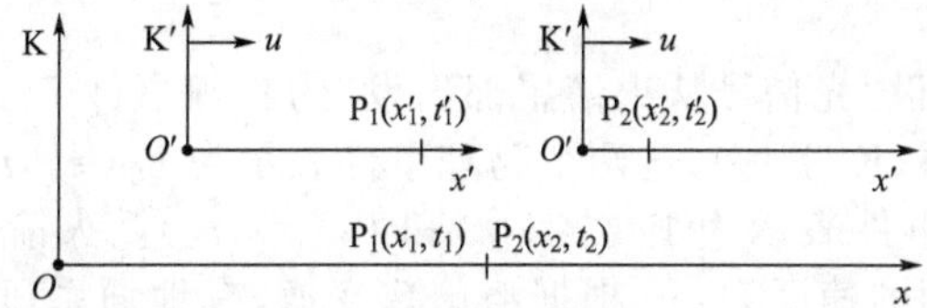

图 5-16　例 5-2 解析

由于在惯性系 K 系中，这两个事件发生在同一地点，$\Delta x=x_2-x_1=0$，所以在 K′系中，这两个事件的空间间隔为

$$\Delta x'=x'_2-x'_1=\gamma(x_2-ut_2)-\gamma(x_1-ut_1)=-u\gamma\Delta t$$
$$=-\frac{u\Delta t}{\sqrt{1-u^2/c^2}}=-\frac{\sqrt{5}/3\times 3\times 10^8\times 4}{\sqrt{1-5/9}}=-1.34\times 10^9\ \text{m}$$

点评　(1)由于在 K′系中，两个物理事件的空间坐标不是同时测量的，$\Delta x'$不是测长，无法应用长度收缩的概念，只能应用洛伦兹变换。

(2)如图 5-17 所示，如果设惯性系 K′相对 K 系沿 x 轴负方向运动，由相对论时间膨胀效应(或洛伦兹变换)得到

$$\Delta t'=t'_2-t'_1=\frac{t_2-t_1}{\sqrt{1-u^2/c^2}}=\frac{\Delta t}{\sqrt{1-u^2/c^2}},6=\frac{4}{\sqrt{1-u^2/c^2}},u=\frac{\sqrt{5}}{3}c=0.745c$$

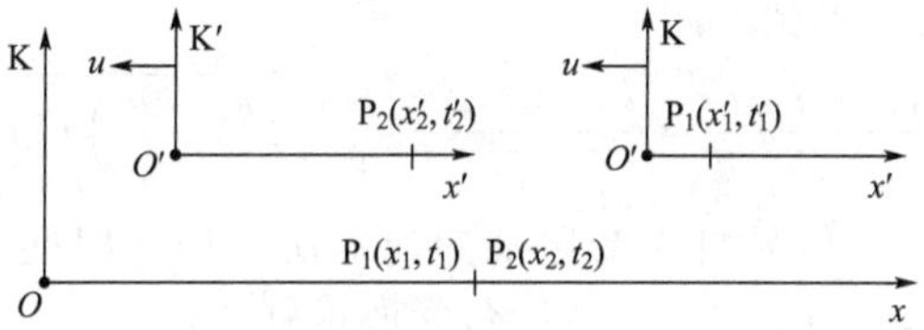

图 5-17　例 5-2 点评

根据洛伦兹变换，在 K′系中，测得这两个物理事件的空间坐标为

$$x'_1=\gamma(x_1+ut_1)=\frac{x_1+ut_1}{\sqrt{1-u^2/c^2}},x'_2=\gamma(x_2+ut_2)=\frac{x_2+ut_2}{\sqrt{1-u^2/c^2}}$$

由于在惯性系 K 系中，这两个事件发生在同一地点，$\Delta x=x_2-x_1=0$，所以在 K′系中，这两个事件的空间间隔为

$$\Delta x'=x'_2-x'_1=\gamma(x_2+ut_2)-\gamma(x_1+ut_1)=u\gamma\Delta t$$
$$=\frac{u\Delta t}{\sqrt{1-u^2/c^2}}=\frac{\sqrt{5}/3\times 3\times 10^8\times 4}{\sqrt{1-5/9}}=1.34\times 10^9\ \text{m}$$

【例 5-3】　一静止长度为 l_0 的火箭，以速率 u 相对地面飞行，现自火箭尾端发射一个光信号。试求：在地面参考系中观测，光信号自火箭尾端到前端所经历的位移、时间。

分析　尽管 l_0 为火箭的原长，但在地面系测量“光信号从火箭尾部出发”和“光信号到达火箭前端”这两个物理事件不是同时测量的，地面系测得的光信号走过的空间距离不是地面系测得的火箭的长度(测长)，无法使用“长度收缩效应”。在火箭参考系中，“光信号从火箭尾部出发”和“光信号到达火箭前端”这两个物理事件不是发生在同一地点，“光信号从火箭尾部出发”与“光信号到达火箭前端”的时间间隔也就不是所谓的“原时”，地面系测得的“光信号从火箭尾部出发”与“光信号到达火箭前端”的时间间隔也就不是所谓的“测时”，无法使用“时间膨胀效应”。只能使用洛伦兹变换，选定两个物理事件，列出这两个物理事件在火箭系和地面系的时空坐标，根据洛伦兹变换求解。唯一可以利用的是，在火箭系(K′系)中，测量火箭的长度是原长 $\Delta x'=l_0$，光信号是以 c 传送的，所以，在 K′系中，光信号自火箭尾端到前端所经历的时

间为 $\Delta t'=\Delta x'/c=l_0/c$。

解 如图 5-18 所示,设"光信号从火箭尾部出发"为物理事件 P_1,"光信号到达火箭前端"为物理事件 P_2。在火箭系(K′系)中,这两个物理事件表示为 $P_1(x_1',t_1')$ 和 $P_2(x_2',t_2')$;在地面系(K 系)中,这两个物理事件表示为 $P_1(x_1,t_1)$ 和 $P_2(x_2,t_2)$。火箭系(K′系)相对于地面系(K 系)沿 x 轴正方向运动的速度为 u。根据洛伦兹变换,在地面系(K 系)中测得的光信号自火箭尾端到前端所经历的位移表示为

$$\Delta x=x_2-x_1=\gamma(x_2'+ut_2')-\gamma(x_1'+ut_1')=\frac{\Delta x'+u\Delta t'}{\sqrt{1-u^2/c^2}}$$

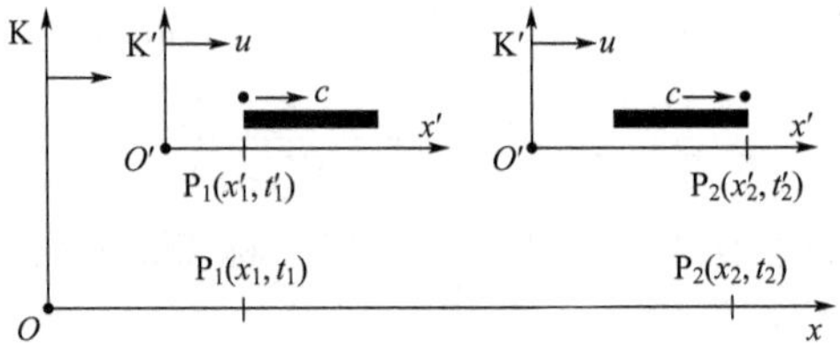

图 5-18 例 5-3 解析

在火箭系(K′系)中,光信号自火箭尾端到前端所经历的位移就是火箭的长度,而且因为在火箭系(K′系)中火箭是静止的,这一位移就是"原长",$\Delta x'=x_2'-x_1'=l_0$;在火箭系(K′系)中,"光信号"传播的速度为 c,所以,在火箭系(K′系)中,光信号自火箭尾端到前端所经历的时间为 $\Delta t'=\Delta x'/c=l_0/c$。由此得到

$$\Delta x=\frac{\Delta x'+u\Delta t'}{\sqrt{1-u^2/c^2}}=\frac{l_0+ul_0/c}{\sqrt{1-u^2/c^2}}=l_0\sqrt{\left(1+\frac{u}{c}\right)\Big/\left(1-\frac{u}{c}\right)}$$

在地面系(K 系)中,测得的光信号自火箭尾端到前端所经历的时间就是物理事件 $P_1(x_1,t_1)$ 和 $P_2(x_2,t_2)$ 的时间间隔 $\Delta t=t_2-t_1$,由洛伦兹变换得到

$$\Delta t=t_2-t_1=\gamma\left(t_2'+\frac{u}{c^2}x_2'\right)-\gamma\left(t_1'+\frac{u}{c^2}x_1'\right)=\gamma\Delta t'+\frac{u}{c^2}\gamma\Delta x'$$

$$=\frac{\Delta t'+\frac{u}{c^2}\Delta x'}{\sqrt{1-u^2/c^2}}=\frac{\frac{l_0}{c}+\frac{u}{c^2}l_0}{\sqrt{1-u^2/c^2}}=\frac{l_0}{c}\sqrt{\left(1+\frac{u}{c}\right)\Big/\left(1-\frac{u}{c}\right)}$$

点评 (1)在地面系中观测,光信号自火箭尾端到前端的速度为

$$v=\frac{\Delta x}{\Delta t}=c$$

光信号在火箭系和地面系中的传递速率都为 c。这完全满足"光速不变原理"。

(2)在火箭系(K′系)中,光信号自火箭尾端发射的"事件 1"与光信号到达火箭前端的"事件 2"不是发生在同一地点,因此,$\Delta t'=\Delta x'/c=l_0/c$ 不是所谓的"原时";由此,$\Delta t=t_2-t_1$ 也就不是所谓的"测时"。$\Delta t=t_2-t_1$ 是地面系(K 系)中测得的"光信号从火箭尾部出发"与"光信号到达火箭前端"这两个物理事件的时间间隔。由于

$$t_2'-t_1'=\frac{t_2-ux_2/c^2}{\sqrt{1-u^2/c^2}}-\frac{t_1-ux_1/c^2}{\sqrt{1-u^2/c^2}}=\frac{\Delta t-u\Delta x/c^2}{\sqrt{1-u^2/c^2}}$$

$$=\frac{\frac{l_0}{c}\sqrt{\left(1+\frac{u}{c}\right)\Big/\left(1-\frac{u}{c}\right)}-\frac{u}{c^2}l_0\sqrt{\left(1+\frac{u}{c}\right)\Big/\left(1-\frac{u}{c}\right)}}{\sqrt{1-u^2/c^2}}=\frac{l_0}{c}=\Delta t'$$

所以,$\Delta t'$ 是火箭系(K′系)中测得的"光信号从火箭尾部出发"与"光信号到达火箭前端"这两个物理事件的时间间隔。

(3)实际上,根据"长度收缩效应",如果在地面系(K 系)中能够准确测量(同时测量火箭

首尾空间坐标值)，则在地面系(K 系)中测得的火箭长度为

$$l=l_0\sqrt{1-u^2/c^2}$$

这与 $\Delta x=x_2-x_1=l_0\sqrt{(1+u/c)/(1-u/c)}$ 明显不同。Δx 不是在地面系(K 系)中测得的火箭的“测长”；$l=l_0\sqrt{1-u^2/c^2}$ 才是在地面系(K 系)中测得的火箭的“测长”。

(4)物理事件时间间隔的比较

$$\frac{\Delta t}{\Delta t'}=\frac{\frac{l_0}{c}\sqrt{\left(1+\frac{u}{c}\right)\Big/\left(1-\frac{u}{c}\right)}}{\frac{l_0}{c}}=\sqrt{\left(1+\frac{u}{c}\right)\Big/\left(1-\frac{u}{c}\right)}>1,\Delta t>\Delta t'$$

可见，在地面系(K 系)中测得的“光信号从火箭尾部出发”与“光信号到达火箭前端”这两个物理事件的时间间隔比在火箭系(K′系，物理事件发生的惯性系)中测量的时间间隔要长一些。尽管如此，这也不是“时间膨胀效应”的结果，仅仅是两个物理事件在不同的惯性系中时间间隔不同，因为这两个物理事件在两个惯性系中都不是发生在同一地点，这一数据结果不能显示“时间膨胀效应”。

如果光信号由火箭头部向尾部发射，如图 5-19 所示，则

$$x'_2-x'_1=-(x'_1-x'_2)=-l_0,\Delta t'=t'_2-t'_1=l_0/c$$

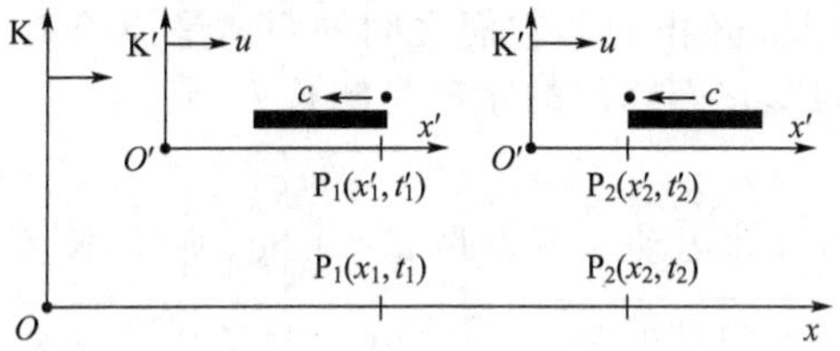

图 5-19　例 5-3 点评

由洛伦兹变换，得到在地面系(K 系)中测得的“光信号从火箭头部出发”与“光信号到达火箭尾部”这两个物理事件的时间间隔

$$\Delta t^-=t_2-t_1=\gamma(t'_2+ux'_2/c^2)-\gamma(t'_1+ux'_1/c^2)$$

$$=\frac{(t'_2-t'_1)+\frac{u}{c^2}(x'_2-x'_1)}{\sqrt{1-u^2/c^2}}=\frac{\frac{l_0}{c}-\frac{u}{c^2}l_0}{\sqrt{1-u^2/c^2}}=\frac{l_0}{c}\sqrt{\left(1-\frac{u}{c}\right)\Big/\left(1+\frac{u}{c}\right)}$$

我们还能够得到 $\Delta t^-<\Delta t'$ 的结果，这就明显地表示出 $\Delta t^-<\Delta t'$ 不是“时间膨胀效应”。

【例 5-4】 在地球—月球系中测得地—月距离为 3.844×10^8 m，一火箭以 $0.8c$ 的速率沿着从地球到月球的方向飞行，先经过地球，后经过月球。问在地球—月球系和火箭系中观测，火箭由地球飞向月球各需多少时间？

分析　在火箭看来，火箭与地球相遇和火箭与月球相遇这两个物理事件是在同一地点发生的，这两个物理事件的时间间隔是原时，可以用时间膨胀效应求解。

解　设火箭与地球相遇为“物理事件 1”，火箭与月球相遇为“物理事件 2”。设地—月系为 K 系，火箭系为 K′系，如图 5-20 所示。在地—月系中，这两个物理事件表示为 $P_1(x_1,t_1)$ 和 $P_2(x_2,t_2)$；在火箭系中，这两个物理事件表示为 $P_1(x'_1,t'_1)$ 和 $P_2(x'_2,t'_2)$。

在 K 系(地—月系)中，两个物理事件发生的空间间隔为(地—月距离)

$$\Delta x=x_2-x_1=3.844\times10^8\ \text{m}$$

所以，在 K 系(地—月系)中，两个事件发生的时间间隔为(火箭以速度 u 运动)

$$\Delta t=\frac{\Delta x}{u}=\frac{x_2-x_1}{u}=\frac{3.844\times10^8}{0.8\times3\times10^8}=1.6\ \text{s}$$

在 K′系(火箭系)中两个物理事件是在同一地点发生的，两个物理事件的时间间隔 $\Delta t'=t'_2-t'_1$ 是原

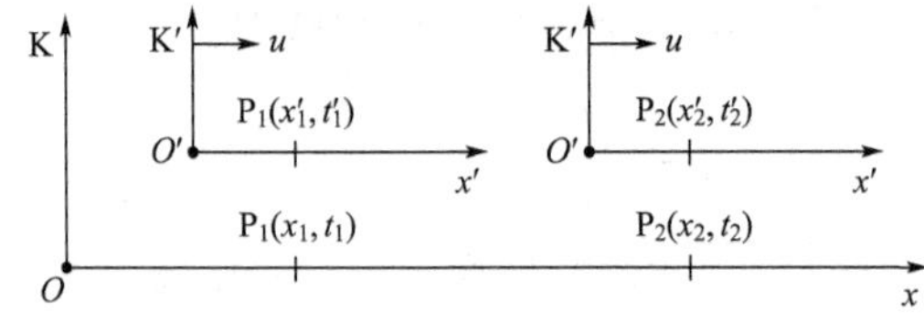

图 5-20　例 5-4 解析

时,在 K 系(地—月系)中两个物理事件的时间间隔 $\Delta t=t_2-t_1$ 是测时。

$$\Delta t'=\Delta t\sqrt{1-u^2/c^2}=1.6\times\sqrt{1-0.8^2}=0.96\ \text{s}$$

点评　(1)火箭由地球飞到月球,在火箭看来这两个物理事件发生在同一地点,所以在火箭系中测量的这两个物理事件的时间间隔 $\Delta t'=t'_2-t'_1=0.96s$ 是原时;相应地,在地—月系中测得的这两个物理事件的时间间隔 $\Delta t=t_2-t_1=1.6$ s 是测时。测时大于原时,$\Delta t=1.6$ s$>\Delta t'=0.96$ s,这就是时间膨胀效应。

(2)用洛伦兹变换求解

$$\Delta t'=t'_2-t'_1=\frac{t_2-ux_2/c^2}{\sqrt{1-u^2/c^2}}-\frac{t_1-ux_1/c^2}{\sqrt{1-u^2/c^2}}=\frac{\Delta t-u\Delta x/c^2}{\sqrt{1-u^2/c^2}}=0.96\ \text{s}$$

(3)用长度收缩效应求解

在 K 系中,地球和月球是“静止的”,它们之间的距离是原长 $l_0=3.844\times10^8$ m。而在 K′系中,地球和月球是“运动的”,它们之间的距离是测长 l',则

$$l'=l_0\sqrt{1-u^2/c^2}$$

在 K′系中(火箭系),地球和月球运动速度也是 $u=0.8c$,所以,K′系测得的时间间隔为

$$\Delta t'=\frac{l'}{u}=\frac{l_0\sqrt{1-u^2/c^2}}{0.8c}=\frac{3.844\times10^8\times\sqrt{1-0.8^2}}{0.8\times3\times10^8}=0.96\ \text{s}$$

【例 5-5】　离地面 6 000 m 的高空大气中,产生一 π 介子,以速度 $v=0.998c$ 飞向地球。假定 π 介子在自身参考系中的平均寿命为 2×10^{-6} s,根据相对论理论,试问:

(1)地球上的观测者判断 π 介子能否到达地球?

(2)与 π 介子一起运动的参考系中观测者的判断结果又如何?

分析　介子在自身参考系中的平均寿命 $\tau_0=2\times10^{-6}$ s 就是原时,如果用此寿命乘以介子的运动速度,介子是无论如何也不可能到达地球的。但如果考虑到相对论效应,地球上的观测者认为介子是运动的,由于时间膨胀效应,地球上测得的介子的寿命是测时,测时大于原时,地球上测得介子的寿命增长,介子有可能到达地球。反过来,地球上的观测者相对于介子的出生地和地球是静止的,地球上的观测者测量介子出生地与地球之间的距离是原长;介子认为地球是在向自己扑来,介子认为自己的出生地与地球一起运动,介子测得的地球与介子出生地之间的距离是测长;由相对论的长度收缩效应可知,介子测量的地球与介子出生地之间的距离要比地球上的观测者测量的距离要短,介子有可能到达地球。

解　(1)π 介子在自身参考系中是静止的,因此,在 π 介子自身参考系中,π 介子的产生和消失这两个物理事件的时间间隔(平均寿命)$\Delta t_0=2\times10^{-6}$ s 是固有时间。

地球上的观测者,由于时间膨胀效应,测得 π 介子的平均寿命(测时)为

$$\Delta t=\frac{\Delta t_0}{\sqrt{1-v^2/c^2}}=\frac{2\times10^{-6}}{\sqrt{1-0.998^2}}=31.6\times10^{-6}\ \text{s}$$

所以,在地球上的观测者看来,π 介子一生可以飞行的距离为

$$L=v\Delta t=0.998\times3\times10^8\times31.6\times10^{-6}\approx9\ 460\ \text{m}>6\ 000\ \text{m}$$

所以,地球上的观测者判断 π 介子能够到达地球。

(2)在与 π 介子一起运动的参考系中,π 介子是静止的,但地球以速率 $v=0.998c$ 接近 π

介子。从地面到 π 介子出生地为 $H_0=6\ 000$ m 是在地球上测得的。由于空间收缩效应，在与 π 介子一起运动的参考系中，这段距离应为

$$H=H_0\sqrt{1-v^2/c^2}=6\ 000\times\sqrt{1-0.998^2}=379\ \text{m}$$

在与 π 介子一起运动的参考系中，在 π 介子一生中，地球的行程为

$$L_0=v\Delta t_0=0.998\times3\times10^8\times2\times10^{-6}\ \text{s}\approx599\ \text{m}>379\ \text{m}$$

所以 π 介子判断地球能够在有生之年赶到其出生地，即 π 介子能够到达地球。

点评 (1)按照经典力学的理论，π 介子在自身参考系中的平均寿命 $\tau_0=2\times10^{-6}$ s 与 π 介子相对于地球的速度 $v=0.998c$ 相乘，得到

$$l'=v\tau_0=0.998c\times2\times10^{-6}=598.8\ \text{m}$$

按照经典力学理论，π 介子一生只能行走 $l'=598.8$ m，所以无论如何也是不可能到达地球的。而按照相对论，无论是 π 介子系还是地球系，π 介子都是可以到达地球的。实际上，π 介子能够到达地球，这是客观事实，不会因为参考系的不同而改变。大量的高能粒子实验事实与相对论理论的预言一致，证明了相对论是比经典力学更精确的理论。

(2)也可以通过洛伦兹变换计算 π 介子的一生行程来判断

取 π 介子参考系为 K′系，地球参考系为 K 系，则两个参考系的相对运动速度为 $v=0.998c$。设 π 介子出生为物理事件 1，π 介子衰变(死亡)为物理事件 2。则在 K 系(地球参考系)中，π 介子出生和衰变这两个物理事件表示为 $P_1(x_1,t_1)$ 和 $P_2(x_2,t_2)$；在 K′系(π 介子参考系)中，这两个物理事件表示为 $P_1(x_1',t_1')$ 和 $P_2(x_2',t_2')$。在 K′系(π 介子参考系)中，π 介子出生和衰变这两个物理事件发生在同一地点，$x'_2=x'_1$；而 $\Delta t'=t'_2-t'_1$ 即为原时 $\tau_0=2\times10^{-6}$ s。由洛伦兹变换，得到在 K 系(地球参考系)中 π 介子一生的行程为

$$\begin{aligned}\Delta x&=x_2-x_1=\frac{x'_2+vt'_2}{\sqrt{1-v^2/c^2}}-\frac{x'_1+vt'_1}{\sqrt{1-v^2/c^2}}=\frac{v(t'_2-t'_1)}{\sqrt{1-v^2/c^2}}\\&=\frac{v\tau_0}{\sqrt{1-v^2/c^2}}=\frac{0.998\times3\times10^8\times2\times10^{-6}}{\sqrt{1-0.998^2}}\approx9\ 460\ \text{m}>6\ 000\ \text{m}\end{aligned}$$

所以，地球上的观测者判断 π 介子能够到达地球。

(3)还可以通过洛伦兹变换计算介子到达地球所需要的时间来判断

取 π 介子参考系为 K′系，地球参考系为 K 系，则两个参考系的相对运动速度为 $v=0.998c$。设 π 介子出生为物理事件 1，π 介子到达为物理事件 3。则在 K 系(地球参考系)中，π 介子出生和到达地球这两个物理事件表示为 $P_1(x_1,t_1)$ 和 $P_3(x_3,t_3)$；在 K′系(π 介子参考系)中，这两个物理事件表示为 $P_1(x_1',t_1')$ 和 $P_3(x_3',t_3')$。在 K 系(地球参考系)中，π 介子从出生地到到达地球所行走的路程为 $\Delta x=x_3-x_1=H_0=6\ 000$ m，所需要行走的时间为 $\Delta t=t_3-t_1=\Delta x/v=H_0/v$。由洛伦兹变换，得到在 K′系($\pi$ 介子参考系)中，π 介子从出生地到到达地球所需要行走的时间为

$$\begin{aligned}\Delta t'&=t'_3-t'_1=\frac{t_3-vx_3/c^2}{\sqrt{1-v^2/c^2}}-\frac{t_1-vx_1/c^2}{\sqrt{1-v^2/c^2}}=\frac{(t_3-t_1)-v(x_3-x_1)/c^2}{\sqrt{1-v^2/c^2}}\\&=\frac{H_0/v-vH_0/c^2}{\sqrt{1-v^2/c^2}}=\frac{H_0}{v}\frac{1-v^2/c^2}{\sqrt{1-v^2/c^2}}=\frac{H_0}{v}\sqrt{1-v^2/c^2}\\&\approx1.267\times10^{-6}\ \text{s}<2\times10^{-6}\ \text{s}\end{aligned}$$

所以 π 介子能够在有生之年赶到地球。

【例 5-6】 在太阳参考系中观测，一束星光垂直射向地面，速率为 c，而地球以速率 $u=3\times10^4\ \text{m}\cdot\text{s}^{-1}$ 垂直于光线运动。求在地面上测量，这束星光的速度的大小和方向。

分析 如图 5-21 所示，在太阳参考系(惯性系)中，星光的速度矢量只有一个垂直于地面的分量；而在相对论中，由爱因斯坦速度相加定理可知，在地面参考系(惯性系)中，星光可能还有平行于地面的速度分量。需要根据爱因斯坦速度相加定理求出星光在地面参考系中速度矢

量沿各个坐标轴方向的分量,才能求得星光相对于地面的速度的大小和方向。

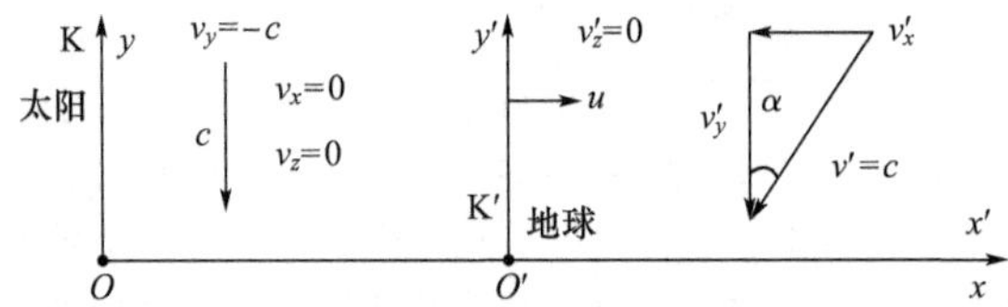

图 5-21 例 5-6 解析

解 如图 5-21 所示,取太阳参考系(惯性系)为 K 系,地面参考系(惯性系)为 K′系。在 K 系中,星光的速度矢量沿坐标轴方向的分量为

$$v_x=0, v_y=-c, v_z=0$$

由爱因斯坦速度相加定理,得到在 K′系中星光的速度矢量沿坐标轴方向的分量为

$$v'_x=\frac{v_x-u}{1-uv_x/c^2}=-u, v'_y=\frac{v_y}{1-uv_x/c^2}\sqrt{1-\frac{u^2}{c^2}}=-c\sqrt{1-\frac{u^2}{c^2}}, v'_z=0$$

由此得到星光在 K′系中的速率,即相对于地面的速率

$$v'=\sqrt{v'^2_x+v'^2_y+v'^2_z}=\sqrt{(-u)^2+(-c\sqrt{1-u^2/c^2})^2+0}=c$$

星光相对于地面的速率仍然为 c。

在 K′系中,星光的方向用 α 表示,则

$$\tan\alpha=\frac{|v'_x|}{|v'_y|}=\frac{u}{c\sqrt{1-u^2/c^2}}$$

由于 $u=3\times10^4\ \mathrm{m\cdot s^{-1}}$,$u\ll c$,则 $\tan\alpha\approx\frac{u}{c}=10^{-4}$,$\alpha\approx20.6''$。

点评 (1)星光相对于地面的速率 $v'=c$,也就是在 K′系中星光的速率仍然为 c,这就是光速不变原理,在任何惯性系中光速率都等于 c,这是狭义相对论的必然结果。但要注意,光速不变原理指的是光速率是常量,光在不同的惯性参考系中的传播方向是不同的。

(2)如果按经典力学的伽利略速度变换来计算,星光在地面参考系中的光速为

$$v'_x=v_x-u=-u, v'_y=v_y=-c, v'_z=0$$

星光相对于地面的速率为

$$v'=\sqrt{v'^2_x+v'^2_y+v'^2_z}=\sqrt{(-u)^2+(-c)^2+0}=\sqrt{u^2+c^2}>c$$

可见,在经典牛顿力学中是不会有"光速不变原理"的。

【例 5-7】 在地面上测到有两个飞船分别以 $+0.9c$ 和 $-0.9c$ 的速度向相反方向飞行。求此飞船相对于另一飞船的速度。

分析 物体运动速度是一个物体相对于另一个物体(可视为参考系)的速度,是两个物体之间的相对运动速度,与第三方(地面)无关。如图 5-22 所示,为了求得两个向相反方向运动的飞船之间的相对运动速度,建立一个与 A 飞船固联在一起的惯性系;这样,B 飞船相对于 A 飞船的速度转化为 B 飞船在 A 飞船参考系的速度;由 B 飞船在地面参考系中的速度,经爱因斯坦速度相加定理可以求得 B 飞船在 A 飞船参考系的速度,从而求得 B 飞船相对于 A 飞船的相对运动速度,也就是两个飞船的相对运动速度。

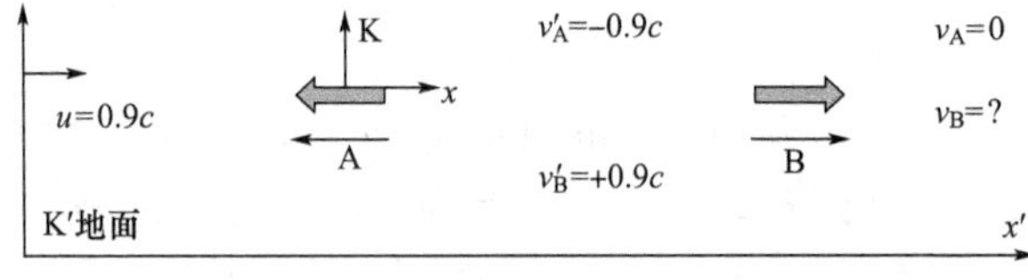

图 5-22 例 5-7 解析

解　如图 5-22 所示，设 K 系是速度为 $-0.9c$ 的飞船 A 在其中静止的参考系，地面参考系对此参考系以速度 $0.9c$ 沿 x 轴正方向运动。设地面参考系为 K′系，则 K′系相对 K 系的运动速度为 $u=0.9c$。飞船 A 在 K 系中速度为 $v_{\mathrm{A}}=0$，在 K′系中运动速度为 $v'_{\mathrm{A}}=-0.9c$。另一个飞船 B 在 K′系中运动速度为 $v'_{\mathrm{B}}=+0.9c$，在 K 系中运动速度 v_{B} 正是所求的飞船 B 相对于飞船 A 运动的速度。

由爱因斯坦速度相加定理（相对论速度变换公式），得到

$$v_{\mathrm{B}}=\frac{v'_{\mathrm{B}}+u}{1+uv'_{\mathrm{B}}/c^2}=\frac{0.9c+0.9c}{1+0.9c\times0.9c/c^2}=0.994c$$

点评　(1)相对论的洛伦兹变换（爱因斯坦速度相加定理）给出的结果是，$v_{\mathrm{B}}=0.994c<c$，即一个飞船测得另一个飞船的速度不可能大于光速。如果按经典力学的伽利略速度变换（伽利略速度叠加原理），$v_{\mathrm{B}}=v'_{\mathrm{B}}+u=1.8c$，给出的结果是超光速的。

(2)值得注意的是，相对于地面来说，两个飞船的"相对速度"确实是 $1.8c$，由地面上的观测者测量，两个飞船的距离是按 $1.8c$ 的速率增加的。但是，就一个物体来说，它对任何其他物体或参考系的速度的大小是不可能大于光速的，而这一速度正是速度概念的真正含义。

(3)也可以将参考系与飞船 B 固联在一起，求飞船 A 相对于飞船 B 的运动速度。

如图 5-23 所示，设 K′系是飞船 B 在其中静止的参考系，地面（参考系）为 K 系，则 K′系相对 K 系的运动速度为 $u=0.9c$。B 飞船在 K 系中速度为 $v_{\mathrm{B}}=+0.9c$，在 K′系中运动速度为 $v'_B=0$。A 飞船在 K 系中运动速度为 $v_{\mathrm{A}}=-0.9c$，在 K′系中运动速度 v'_{A} 正是所求的飞船 A 相对于飞船 B 运动的速度。

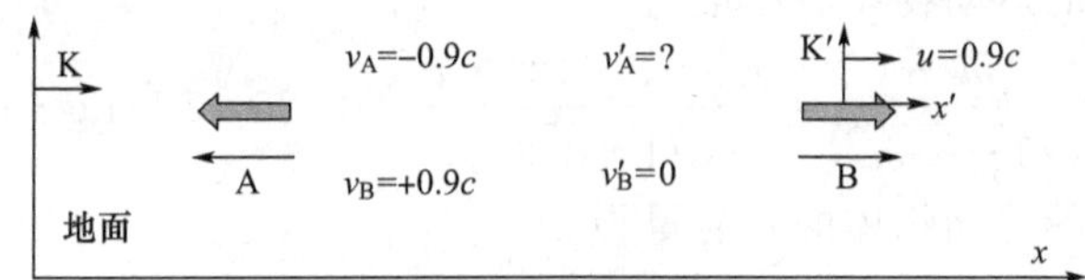

图 5-23　例 5-7 点评

由爱因斯坦速度相加定理（相对论速度变换公式），得到

$$v'_{\mathrm{A}}=\frac{v_{\mathrm{A}}-u}{1-uv_{\mathrm{A}}/c^2}=\frac{-0.9c-0.9c}{1-0.9c\times(-0.9c)/c^2}=-0.994c$$

得到一致的物理结果（方向相反）。

【例 5-8】　如图 5-24 所示，一静止面积为 $S_0=100\ \mathrm{m}^2$、静止质量为 $m_0=10\ \mathrm{kg}$ 的正方形板，以 $v=0.6c$ 的速度相对于观测者沿正方形对角线运动。求质量面密度。

分析　如图 5-25 所示，考虑到相对论的长度收缩效应，当"正方形"沿着其对角线相对观测者运动时，观测者发现沿运动方向的长度变短，而沿垂直于运动方向上不发生长度收缩。也就是观测者观测到"正方形"的一条对角线变短，另一个与之垂直的对角线的长度不变。因此，观测者观测到的板的图形是一个"棱形"；"棱形"面积 S 比"正方形"面积 S_0 小；由长度收缩效应可以求得"棱形"面积 S。由于物体相对于观测者在运动，观测者测得的"质量"是"运动质量"。由此，可以求得观测者观测到的板的质量面密度。

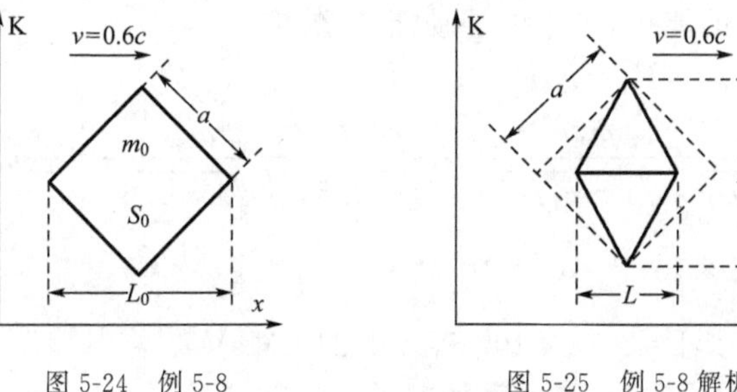

图 5-24　例 5-8

图 5-25　例 5-8 解析

解 如图 5-24 所示,当板静止时是“正方形”,“正方形”的边长和对角线的长度分别为

$$a=\sqrt{S_0}=\sqrt{100}=10\ \mathrm{m},L_0=\sqrt{2}a=\sqrt{2S_0}=10\sqrt{2}\ \mathrm{m}$$

如图 5-25 所示,根据相对论长度收缩效应,观测者测得沿运动方向的对角线收缩为

$$L=L_0\sqrt{1-\frac{u^2}{c^2}}=L_0\sqrt{1-0.6^2}=0.8L_0=0.8\sqrt{2S_0}$$

垂直于运动方向的对角线仍然为 $L_0=\sqrt{2}a$,所以,观测者测得图形的形状为菱形,面积为

$$S=\frac{LL_0}{2}=\frac{0.8L_0^2}{2}=\frac{0.8\times 2a^2}{2}=0.8S_0=80\ \mathrm{m}^2$$

板的静止质量为 $m_0=10$ kg,按相对论板的运动质量为

$$m=\frac{m_0}{\sqrt{1-v^2/c^2}}=\frac{m_0}{\sqrt{1-0.6^2}}=\frac{5}{4}m_0$$

所以,观测者测得的面密度为

$$\sigma=\frac{m}{S}=\frac{5m_0/4}{0.8S_0}=\frac{25}{16}\times\frac{10}{100}=0.156\ 25\ \mathrm{kg\cdot m^{-2}}$$

点评 (1)由于相对论效应,运动的物体长度收缩、质量增大,质量面密度增大

$$\sigma_0=\frac{m_0}{S_0}=\frac{10}{100}=0.1\ \mathrm{kg\cdot m^{-2}},\frac{\sigma}{\sigma_0}=\frac{m/S}{m_0/S_0}=\frac{25}{16}$$

(2)观测者观测到的运动物体的动量为

$$p=mv=\frac{m_0v}{\sqrt{1-v^2/c^2}}=\frac{0.6\times 3\times 10^8\times 10}{\sqrt{1-0.6^2}}=2.25\times 10^9\ \mathrm{kg\cdot m\cdot s^{-1}}$$

(3)观测者观测到的运动物体的总能量为

$$E=mc^2=\frac{m_0c^2}{\sqrt{1-v^2/c^2}}=\frac{10\times 3\times 10^8\times 3\times 10^8}{\sqrt{1-0.6^2}}=1.125\times 10^{18}\ \mathrm{J}$$

(4)物体的静能为

$$E_0=m_0c^2=10\times 3\times 10^8\times 3\times 10^8=0.9\times 10^{18}\ \mathrm{J}$$

(5)观测者观测到的运动物体的动能为

$$E_k=E-E_0=\frac{m_0c^2}{\sqrt{1-v^2/c^2}}-m_0c^2=1.125\times 10^{18}-0.9\times 10^{18}=0.225\times 10^{18}\ \mathrm{J}$$

运动物体的动能与物体的静能相比小很多,静能是物体的主要能量。

【例 5-9】 把静止质量为 $m_0=9.11\times 10^{-31}$ kg 的电子从 $v_1=0.6c$ 的速度加速到 $v_2=0.8c$,需要提供给电子的能量是多少?

分析 高速运动的电子,必须要考虑相对论效应。按相对论爱因斯坦能量公式,高速运动的电子的能量等于动能与静能之和 $E=E_k+E_0$,静能 $E_0=m_0c^2$ 是一个常量,所以动能的增量等于能量的增量。由能量守恒,动能的增量(能量的增量)就等于需要提供的能量。

解 加速电子所需要的能量,等于电子动能的增加

$$\begin{aligned}\Delta E_k&=(E_2-E_0)-(E_1-E_0)=E_2-E_1\\&=\frac{m_0c^2}{\sqrt{1-v_2^2/c^2}}-\frac{m_0c^2}{\sqrt{1-v_1^2/c^2}}=\frac{m_0c^2}{\sqrt{1-0.8^2}}-\frac{m_0c^2}{\sqrt{1-0.6^2}}=\frac{5}{12}m_0c^2\\&=\frac{5}{12}\times 9.11\times 10^{-31}\times(3\times 10^8)^2\\&\approx 3.4\times 10^{-14}\ \mathrm{J}=2.13\times 10^5\ \mathrm{eV}=0.213\ \mathrm{MeV}\end{aligned}$$

即需要对电子做 0.213 MeV 的功;这也就是电子能量的增量。

点评 (1)如果把电子从 $v_1=0.4c$ 的速度加速到 $v_2=0.6c$,可以计算,需要做 0.084 MeV 的功。可见,电子的速度越高,加速越困难。

实际上,如果将动能(能量)公式对物体运动速度微分

$$\frac{\mathrm{d}E}{\mathrm{d}v}=\frac{\mathrm{d}E_k}{\mathrm{d}v}=\frac{m_0 v}{(1-v^2/c^2)^{3/2}},\mathrm{d}E=\mathrm{d}E_k=\frac{m_0 v\mathrm{d}v}{(1-v^2/c^2)^{3/2}}$$

可见,物体运动速度 v 越大,增大相同的速度 $\mathrm{d}v$ 需要提供的能量 $\mathrm{d}E$(动能的增量、能量的增量)越高;尤其是在接近光速时,加速电子需要提供巨大的能量。实际上,不可能将电子加速到光速。

(2)电子质量的增量

$$m_1=\frac{m_0}{\sqrt{1-v_1^2/c^2}}=\frac{9.11\times10^{-31}}{\sqrt{1-0.6^2}}=1.138\ 75\times10^{-30}\ \mathrm{kg}$$

$$m_2=\frac{m_0}{\sqrt{1-v_2^2/c^2}}=\frac{9.11\times10^{-31}}{\sqrt{1-0.8^2}}=1.518\ 33\times10^{-30}\ \mathrm{kg}$$

$$\Delta m=m_2-m_1=1.518\ 33\times10^{-30}-1.138\ 75\times10^{-30}=0.379\ 58\times10^{-30}\ \mathrm{kg}$$

与静止质量相比,质量增量还是相当大的,达到 42%。

实际上,将相对论质量公式对物体运动速度微分

$$\frac{\mathrm{d}m}{\mathrm{d}v}=\frac{m_0 v}{c^2(1-v^2/c^2)^{3/2}},\mathrm{d}m=\frac{m_0 v\mathrm{d}v}{c^2(1-v^2/c^2)^{3/2}}$$

可见,物体运动速度 v 越大,增大相同的速度 $\mathrm{d}v$,物体质量的增量 $\mathrm{d}m$ 越大;尤其是在接近光速时,电子的质量变得巨大。实际上,不可能将电子加速到光速。

(3)电子动量的增量

$$p_1=m_1v_1=\frac{m_0v_1}{\sqrt{1-v_1^2/c^2}}=\frac{9.11\times10^{-31}\times0.6\times3\times10^8}{\sqrt{1-0.6^2}}=2.05\times10^{-22}\ \mathrm{kg\cdot m\cdot s^{-1}}$$

$$p_2=m_2v_2=\frac{m_0v_2}{\sqrt{1-v_2^2/c^2}}=\frac{9.11\times10^{-31}\times0.8\times3\times10^8}{\sqrt{1-0.8^2}}=3.644\times10^{-22}\ \mathrm{kg\cdot m\cdot s^{-1}}$$

$$\Delta p=p_2-p_1=3.644\times10^{-22}-2.049\ 75\times10^{-22}=1.594\ 25\times10^{-22}\ \mathrm{kg\cdot m\cdot s^{-1}}$$

与速度增量相比,动量的增量很大。

实际上,将相对论动量公式对物体运动速度微分

$$\frac{\mathrm{d}p}{\mathrm{d}v}=\frac{m_0}{(1-v^2/c^2)^{1/2}}+\frac{m_0v^2}{c^2(1-v^2/c^2)^{3/2}}=\frac{m_0}{(1-v^2/c^2)^{3/2}},\mathrm{d}p=\frac{m_0\mathrm{d}v}{(1-v^2/c^2)^{3/2}}$$

物体运动速度越高,动量增加的速率比物体运动速度增加的速率越快。这是因为,物体运动速度越大,物体质量增加比物体运动速度的增加快的缘故。

【例 5-10】 在一种热核反应:${}_1^2\mathrm{H}+{}_1^3\mathrm{H}\rightarrow{}_2^4\mathrm{He}+{}_0^1\mathrm{n}$ 中,各种粒子的静止质量分别是

氘核(${}_1^2\mathrm{H}$):$m_D=3.343\ 7\times10^{-27}$ kg;氚核(${}_1^3\mathrm{H}$):$m_T=5.004\ 9\times10^{-27}$ kg

氦核(${}_2^4\mathrm{He}$):$m_{He}=6.642\ 5\times10^{-27}$ kg;中子(${}_0^1\mathrm{n}$):$m_n=1.675\ 0\times10^{-27}$ kg

求这一热核反应释放的能量。

分析 在原子核反应过程中,参与反应的物质的静止质量之和与反应生成物的静止质量之和之差称为核反应的质量亏损。按相对论理论,一定的质量相当于一定的能量,核反应中的质量亏损以能量的方式释放出来。计算核反应前后静止质量之差(质量亏损),按相对论的质能关系公式,就可以计算出核反应所释放的能量。

解 题目求的是:一个氘核与一个氚核反应,生成一个氦核和一个中子,所释放的能量。核反应的质量亏损

$$\Delta m_0=(m_D+m_T)-(m_{He}+m_n)=0.031\ 1\times10^{-27}\ \mathrm{kg}$$

相应地,释放的能量为

$$\Delta E=\Delta m_0c^2=0.031\ 1\times10^{-27}\times(3\times10^8)^2=2.799\times10^{-12}\ \text{J}$$

点评 (1)一次核反应所释放的能量还是比较少的。但 1 摩尔(约 5 g)释放的能量约为

$$\Delta E_{\text{mol}}=N_A\Delta E=6.023\times10^{23}\times2.799\times10^{-12}=1.686\times10^{12}\ \text{J}$$

1 kg 这种核燃料释放的热量为

$$T_1=\frac{\Delta E}{m_D+m_T}=3.35\times10^{14}\ \text{J}$$

而 1 kg 优质煤充分燃烧释放的热量为 $T_2=2.93\times10^7$ J

$$T_1/T_2=1.15\times10^7$$

核反应释放的能量是优质煤的一千万倍。

(2)核反应中,静止质量并没有完全消失,只是质量有所减少(质量亏损)。

如果 1 kg 的物质完全消失,按相对论理论,释放的能量为

$$T_3=c^2=9\times10^{16}\ \text{J}$$

是 1 kg 优质煤充分燃烧释放热量的 3 亿倍;相当于 2 000 万吨 TNT 炸药爆炸所释放的能量。

【例 5-11】 如图 5-26 所示,两个静止质量均为 m_0 的粒子,以相同的速率 $3c/5$ 相向运动而发生完全非弹性碰撞。如果不计其他能量损失(经典力学中的其他能量),求两个粒子发生完全非弹性碰撞而合为一体后的静止质量 m'。

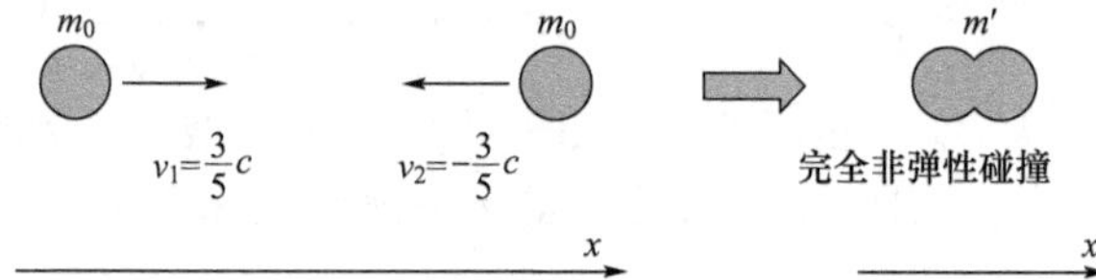

图 5-26 例 5-11

分析 高速运动粒子碰撞,必须考虑相对论效应。由于碰撞过程动量守恒,由此可以求得碰撞后合成粒子的动量,进而求得合成粒子的运动速度(本例中合成粒子的速度为零),进而求得合成粒子的动能(本例中合成粒子的动能为零)。再根据相对论能量公式(总能量等于动能与静能之和),由能量守恒定律可以求出合成粒子的静止质量。

解 设完全非弹性碰撞后合成粒子的静止质量为 m',运动速度为 v',由动量守恒得到

$$\frac{m'v'}{\sqrt{1-v'^2/c^2}}\boldsymbol{i}=\boldsymbol{p}_1+\boldsymbol{p}_2=\frac{m_0\ \frac{3}{5}c}{\sqrt{1-0.6^2}}\boldsymbol{i}-\frac{m_1\ \frac{3}{5}c}{\sqrt{1-0.6^2}}\boldsymbol{i}=0,v'=0$$

可见,完全非弹性碰撞后,合成粒子的运动速度为零,因此动能为零。

再由能量守恒,得到

$$\frac{m'c^2}{\sqrt{1-v'^2/c^2}}=\frac{m_0c^2}{\sqrt{1-v_1^2/c^2}}+\frac{m_0c^2}{\sqrt{1-v_2^2/c^2}}=\frac{m_0c^2}{\sqrt{1-0.6^2}}+\frac{m_0c^2}{\sqrt{1-0.6^2}}=\frac{5}{2}m_0c^2$$

由此得到合成粒子的静止质量

$$m'=\frac{5}{2}m_0$$

合成粒子的静止质量比碰撞前两个粒子的静止质量之和大。

点评 (1)碰撞前总动能

$$E_k=\frac{m_0c^2}{\sqrt{1-v_1^2/c^2}}+\frac{m_0c^2}{\sqrt{1-v_2^2/c^2}}-2m_0c^2=\frac{2m_0c^2}{\sqrt{1-(3/5)^2}}-2m_0c^2=\frac{1}{2}m_0c^2$$

系统的总能量为

$$E=E_k+E_0=\frac{1}{2}m_0c^2+2m_0c^2=\frac{5}{2}m_0c^2=\frac{m'c^2}{\sqrt{1-v'^2/c^2}}=m'c^2=E'_0$$

碰撞过程静能增量

$$\Delta E_0=E'_0-E_0=\frac{5}{2}m_0c^2-2m_0c^2=\frac{1}{2}m_0c^2$$

碰撞过程动能增量

$$\Delta E_k=E'_k-E_k=0-\frac{1}{2}m_0c^2=-\frac{1}{2}m_0c^2$$

碰撞过程动能的损失全部转化为系统的静能，或者说转化为系统的静止质量。

(2)按经典力学理论，

$$\Delta E_k=\frac{1}{2}m_0v_1^2+\frac{1}{2}m_0v_2^2-0=m_0\left(\frac{3}{5}c\right)^2=\frac{9}{25}m_0c^2$$

按经典力学理论，动能的损失将转化为系统的势能和释放的能量。按经典力学理论，高速粒子碰撞过程将释放出巨大的能量。

而按相对论理论，高速粒子碰撞过程将动能损失转化为系统的静能。

【例 5-12】 如图 5-27 所示，惯性参考系 K′以速度 $\boldsymbol{u}=0.6c\boldsymbol{i}$ 沿 x 轴正方向相对于惯性参考系 K 运动；静止质量为 m_0 的粒子，相对于 K′系以 $\boldsymbol{v}'=0.8c\boldsymbol{i}$ 的速度运动。求：K 系中的观测者测得的粒子的运动速度 $\boldsymbol{v}$、质量 m、动量 $\boldsymbol{p}$、总能量 E 和动能 E_k。

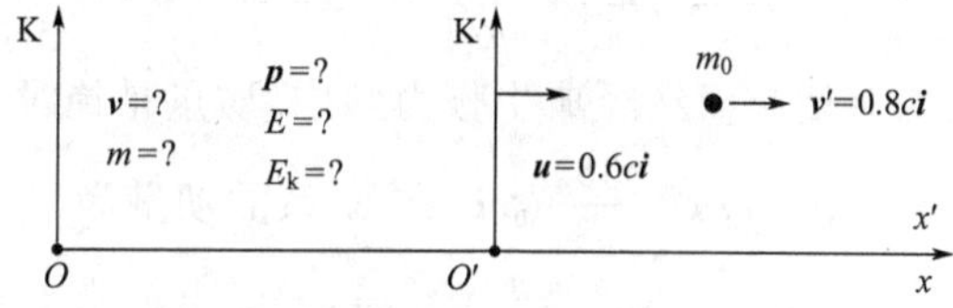

图 5-27　例 5-12

分析　物体高速运动，需要考虑相对论效应。由静止质量可以得到物体的静能表达式；由物体相对于 K′系的速度，经爱因斯坦速度相加定理，可以求得物体相对于 K 系的速度表达式；由物体相对于 K 系的速度就可以求得运动物体在 K 系的动量；由物体相对于 K 系的速度以及静止质量就可以求得物体在 K 系的总能量；由物体在 K 系的总能量以及静能就可以求得物体在 K 系的动能。

解　物体的静能为(与物体的运动无关，适用于任何惯性系)

$$E_0=m_0c^2$$

(1)物体在 K′系的速度表示为

$$v'_x=0.8c,v'_y=0,v'_z=0;v'=\sqrt{v'^2_x+v'^2_y+v'^2_z}=0.8c$$

由爱因斯坦速度相加定理，得到物体在 K 系的速度表示为

$$v_x=\frac{v'_x+u}{1+uv'_x/c^2}=\frac{0.8c+0.6c}{1+0.6c\times\frac{1}{c^2}\times0.8c}=\frac{35}{37}c,v_y=0,v_z=0$$

$$v=\sqrt{v_x^2+v_y^2+v_z^2}=\frac{35}{37}c,\boldsymbol{v}=\frac{35}{37}c\boldsymbol{i}$$

(2)物体在 K 系的质量表示为

$$m=\frac{m_0}{\sqrt{1-v^2/c^2}}=\frac{m_0}{\sqrt{1-(35/37)^2}}=\frac{37}{12}m_0$$

(3)物体在K系的动量表示为

$$\boldsymbol{p}=m\boldsymbol{v}=\frac{m_0\boldsymbol{v}}{\sqrt{1-v^2/c^2}}=\frac{m_0}{\sqrt{1-(35/37)^2}}\frac{35}{37}c\boldsymbol{i}=\frac{35}{12}m_0c\boldsymbol{i}$$

(4)物体在K系的能量表示为

$$E=mc^2=\frac{m_0c^2}{\sqrt{1-v^2/c^2}}=\frac{m_0c^2}{\sqrt{1-(35/37)^2}}=\frac{37}{12}m_0c^2$$

(5)物体在K系的动能表示为

$$E_{\mathrm{k}}=E-E_0=mc^2-m_0c^2=\frac{37}{12}m_0c^2-m_0c^2=\frac{25}{12}m_0c^2$$

点评 (1)物体在K系的速率为$v=\frac{35}{37}c$,在K′系的速率为$v'=\frac{4}{5}c$,都没有超过光速;但如果按经典牛顿力学,物体在K系的速率为

$$v_x=v_x'+u=\frac{4}{5}c+\frac{3}{5}c=\frac{7}{5}c,v_y=0,v_z=0;v=\sqrt{v_y^2+v_y^2+v_z^2}=\frac{7}{5}c>c$$

按经典牛顿力学,物体在K系的速率是超光速的。

(2)物体在K系的质量为$m=\frac{37}{12}m_0$,在K′系的质量为

$$m'=\frac{m_0}{\sqrt{1-v'^2/c^2}}=\frac{m_0}{\sqrt{1-(4/5)^2}}=\frac{5}{3}m_0$$

可见,在相对论中,质量是相对量。而在经典牛顿力学中,质量是绝对量。

(3)物体在K系的动量为$\boldsymbol{p}=m\boldsymbol{v}=\frac{35}{12}m_0c\boldsymbol{i}$,在K′系的动量为

$$\boldsymbol{p}'=m'\boldsymbol{v}'=\frac{m_0\boldsymbol{v}'}{\sqrt{1-v'^2/c^2}}=\frac{m_0}{\sqrt{1-(4/5)^2}}\frac{4}{5}c\boldsymbol{i}=\frac{4}{3}m_0c\boldsymbol{i}$$

可见,在相对论中,动量是相对量。而在经典牛顿力学中,物体在K系和K′系的动量为

$$\boldsymbol{p}=m\boldsymbol{v}=\frac{7}{5}m_0c\boldsymbol{i},\boldsymbol{p}'=m'\boldsymbol{v}'=\frac{4}{5}m_0c\boldsymbol{i}$$

在经典牛顿力学中,物体的动量虽然也是相对量,但与相对论的结果有很大的不同。

(4)物体在K系的能量为$E=mc^2=\frac{m_0c^2}{\sqrt{1-v^2/c^2}}=\frac{37}{12}m_0c^2$,在K′系的能量为

$$E'=m'c^2=\frac{m_0c^2}{\sqrt{1-v'^2/c^2}}=\frac{m_0c^2}{\sqrt{1-(4/5)^2}}=\frac{5}{3}m_0c^2$$

可见,在相对论中,能量是相对量。

(5)物体在K系的动能为$E_{\mathrm{k}}=E-E_0=mc^2-m_0c^2=\frac{25}{12}m_0c^2$,在K′系的动能为

$$E_{\mathrm{k}}'=E'-E_0=m'c^2-m_0c^2=\frac{5}{3}m_0c^2-m_0c^2=\frac{2}{3}m_0c^2$$

可见,在相对论中,动能是相对量。而在经典牛顿力学中,物体在K系和K′系的动能为

$$E_{\mathrm{k}}=\frac{1}{2}m_0v^2=\frac{49}{50}m_0c^2,E_{\mathrm{k}}'=\frac{8}{25}m_0c^2$$

在经典牛顿力学中,物体的动能虽然也是相对量,但与相对论的结果有很大的不同。

(6)动量与能量的关系

$$E^2-p^2c^2=\left(\frac{37}{12}m_0c^2\right)^2-\left(\frac{35}{12}m_0c\right)^2c^2=m_0^2c^4$$

参考文献

[1] 程守洙,江之永.普通物理学[M].6版.北京:高等教育出版社,2006.
[2] 吴百诗.大学物理学[M].北京:高等教育出版社,2016.
[3] 张三慧.大学物理学[M].3版.北京:清华大学出版社,2008.
[4] 陆 果.基础物理学[M].北京:高等教育出版社,1997.
[5] 漆安慎,杜婵英.普通物理学教程:力学[M].3版.北京:高等教育出版社,2012.
[6] 李椿,章立源,钱尚武.热学[M].3版.北京:高等教育出版社,2016.
[7] 姚启钧.光学教程.3版.北京:高等教育出版社,2006.
[8] 叶玉堂,饶建珍,肖峻.光学教程[M].4版.北京:清华大学出版社,2005.
[9] 钟锡华.现代光学基础[M].北京:北京大学出版社,2003.
[10] 梁灿彬,秦光戎,梁竹健.电磁学[M].3版.北京:高等教育出版社,2012.
[11] 赵凯华,陈熙谋.电磁学[M].3版.北京:高等教育出版社,2011.
[12] 褚圣麟.原子物理学[M].北京:人民教育出版社,1979.
[13] 杨福家.原子物理学[M].4版.北京:高等教育出版社,2008.
[14] 周世勋.量子力学[M].上海:上海科学技术出版社,1961.
[15] 周世勋.量子力学教程[M].2版.北京:高等教育出版社,2009.
[16] (美)费因曼等.费因曼物理学讲义(新千年版)[M].上海:上海科学技术出版社,2013.
[17] 周光召.中国大百科全书(物理学)[M].北京:中国大百科全书出版社,2009.

$$E'^2-p'^2c^2=\left(\frac{5}{3}m_0c^2\right)^2-\left(\frac{4}{3}m_0c\right)^2c^2=m_0^2c^4$$

可见,$E^2-P^2c^2$ 是一个相对论不变量。

复习思考题

5-1 迈克尔逊-莫雷实验的结果说明了什么?

5-2 电磁规律(麦克斯韦方程组)不满足伽利略变换,说明了什么?

5-3 狭义相对论的基本假设是什么? 如何理解相对论的基本假设?

5-4 什么是洛伦兹变换?

5-5 什么是爱因斯坦速度相加定理?

5-6 什么是“同时性”的相对性?

5-7 什么是固有时(原时)? 什么是坐标时(测时)? 如何理解时间延缓效应?

5-8 如何定义长度? 什么是原长(固有长度)? 什么是测长? 如何理解长度收缩效应?

5-9 为什么对电磁规律(麦克斯韦方程组)不用进行相对论性修改? 对于牛顿力学的相对论性修改需要遵守的原则是什么?

5-10 在相对论下,如何定义物体的惯性质量?

5-11 在相对论下,如何定义物体的动量?

5-12 如何理解相对论动力学基本方程?

5-13 在相对论中,如何定义物体运动的动能? 动能公式如何?

5-14 如何理解相对论下物体的能量?

5-15 什么是质量亏损? 质量亏损意味着什么?

5-16 如何理解相对论能量守恒?

5-17 如何理解相对论动量能量关系?